普通化学(第二版)

主　编　周为群　朱琴玉

副主编　杨　文　薛明强　刘　玮

曹　洋　施　玲

苏州大学出版社

图书在版编目(CIP)数据

普通化学/周为群,朱琴玉主编. —2版. —苏州:苏州大学出版社,2014.9
ISBN 978-7-5672-1076-9

Ⅰ.①普… Ⅱ.①周…②朱… Ⅲ.①普通化学—高等学校—教材 Ⅳ.①O6

中国版本图书馆CIP数据核字(2014)第210373号

普通化学(第二版)
周为群　朱琴玉　主编
责任编辑　陈孝康

苏州大学出版社出版发行
(地址:苏州市十梓街1号　邮编:215006)
宜兴市盛世文化印刷有限公司印装
(地址:宜兴市万石镇南漕河滨路58号　邮编:214217)

开本787 mm×1 092 mm　1/16　印张28.25　字数705千
2014年9月第1版　2014年9月第1次印刷
ISBN 978-7-5672-1076-9　定价:50.00元

苏州大学出版社营销部　电话:0512-65225020
苏州大学出版社网址　http://www.sudapress.com

第一版序

化学是研究物质及其变化的科学.宇宙万物中,大至银河系的星体,小至生物细胞及细胞核中的DNA序列,无一不是化学家研究的范畴.人类赖以生存的衣、食、住、行中的各种物质都是由化学元素构成的.现代高新科技中一切创造发明,如由火箭运载到宇宙中的人造卫星和航天飞船,以硅材料为核心技术、以大规模集成电路为基础的电子计算机技术,以光纤和数码技术构成的互联网技术,以及2009年诺贝尔化学奖得主约纳特等的核糖体的结构测定和诺贝尔生理学与医学奖得主格雷德等的端粒和端粒酶的发现及其对染色体的保护机理的创立,都离不开化学,没有化学的参与就没有以上的创造和发现.化学研究的重要性在当今世界是不言而喻的.

正是基于化学对很多学科有重要的作用,因此,高等学校中除化学专业外,理、工、医、农、生物、材料学中的许多专业都将化学作为基础课.但现代化学发展迅猛,可谓日新月异、内容繁多,如何将化学基础知识在一定课时内授予学生,并使学生基本掌握,首先遇到的就是教材是否适用的问题.

本教材是编者通过多年教学生涯的不断积累,在对教学内容推陈出新的基础上编写而成的.书中囊括了学习现代化学所必备的基础知识,包括无机化学、分析化学、仪器分析、物理化学,以及物质结构的一些基本知识.对教材的编排也作了精心的考虑,如将能够判断化学反应进行的方向和限度的热力学放在第二章.此外,教材充分介绍了分析化学的基础知识,并对仪器分析也作了较详尽的介绍.教材的这种安排,使学生在应用化学知识和仪器操作技能、技巧方面能打下一定的基础.

另外,本教材在物理化学中涉及原电池和氧化还原及化学反应的理论部分也作了较为详细的介绍,使学生对电池在现代能源中的重要作用有了深刻的认识,并引导学生深入理解化学反应发生的机理.本教材对物质结构内容的安排也恰到好处.在介绍元素知识方面,着重介绍一些重要的元素是完全必要的,如果不是这样,势必使教材过于庞大.总之,本书对非化学和非化工类专业的大学生来说,确实是一本难得的合适教材.

曹　阳

2010年6月

第一版序

第二版前言

进入21世纪以来，国内外高等教育进行了较大的改革，一些综合性大学通过合并和重新组合，专业门类、学科方向更加齐全. 随着一些先进教学理念的引入，专业基础教学的口径逐渐拓宽. 为了顺应高校学科发展和教学改革的需要，编写一本适用于不同专业的大学普通化学课程的教材很有必要.

大学普通化学是一门关于物质及其变化规律的基础课，是非化学和非化工类专业的一门重要基础课程，其教学目标是学生通过对化学反应基本规律和物质结构的学习，了解当代化学学科的基本理论和框架，并能运用化学的理论、观点和方法来处理在专业学习中的有关化学的问题. 目前国内外大学普通化学教材种类繁多，各有各的特色. 有的普通化学教材，除了无机化学的基本内容外，还有有机化学和物质结构的内容；也有的普通化学教材，仅介绍无机化学的基本内容.

作为学生进入大学后的一门化学基础课程，普通化学的教学改革一直在各高校循序渐进地进行着. 为了充分体现注重基础、淡化专业的现代基础课教学理念，让学生接触更多的前沿知识，增强他们的动手能力，使他们在学习普通化学时能够有足够的选择空间，在2010年出版的《普通化学》(第一版)的基础上，根据教学需要和使用反馈，我们组织有关教师编写了《普通化学》(第二版).

本教材首先阐述了化学反应的基本原理、水溶液的知识和电化学原理，再介绍了原子和分子结构的基础知识，对近代配位化合物的基本知识也作了介绍，同时介绍了一些重要元素和化合物的组成、结构、性质及其变化规律，对分析化学的基础知识和一些近代常用分析方法进行了简单介绍，最后介绍了化学实验的基础知识. 与一般的普通化学教材相比，本教材增加了部分分析化学和化学实验的内容. 我们认为，普通化学是一门实验课程，在授课时间相对较少的情况下，对化学实验基础知识的介绍很有必要.

教学改革的基本宗旨是重视学生各种能力的培养，不仅要帮助学生积累更多的知识，学会更多解决问题的办法，而且要帮助学生增长智慧，让他们在未来的工作中更聪明地解决问题. 因此，本教材在编写中力求做到：

1. 方便自学

为了使学生能主动地学习，首要的是提高学习兴趣. 本教材介绍了与相关知识点有关的诺贝尔奖得主和一些有重大贡献的科学家的生平，力图使学习过程成为一个激发学习兴趣的过程. 本教材除了在内容安排上下功夫外，还注意摆脱传统教科书的叙述方式，力求使语言更加生动、讨论更有启发性.

2. 启发思维

本教材尽可能结合相关专业的实际问题和日常生活实践及本书编者在科研工作中接触到的问题进行阐述,以表明基础知识可用于解决实际问题,科学的理论可从实际问题的解决中提炼出来.这样做有助于鼓励学生在学习中发现和提出问题.我们力求启发学生跳出书本,敞开思想,大胆质疑,敢于提出自己的看法,认识科学发展的过程.对于学生来说,不了解结构化学、热力学和动力学的发展过程,就很难正确而深刻地理解有关概念和理论;如果把它们当成绝对的真理,就会失去进一步钻研的心态和动力.在化学发展史上,就有一些曾经被认为正确的理论,到后来却又证明是不正确或者不全面的.回顾过去,认识现在,才能放眼未来.

为了使教材更好地发挥应有的作用,本书根据教学要求在第一版的基础上对全书作了大量的补充与调整,在部分内容上作了必要的修改,以适应当前普通化学教学的需要.例如,把第一章水溶液与第二章化学反应的基本原理进行了对调;根据知识的连贯性,先介绍化学反应的基本原理,包括热力学和化学平衡,在此基础上,再学习水溶液中的平衡,有利于学生对化学平衡知识点的掌握和利用平衡常数进行水溶液中化学平衡的计算.又如,根据教学反馈,结合普通化学课程课时的学习特点,为便于学生巩固知识点,对各章后练习题的题型、题量,难度以及次序均进行了调整,并适当调整版式,使之看起来更加协调、舒适.同时,我们对第一版进行了勘误.我们力求《普通化学》(第二版)能够适合当前大学教学需要,教材内容易学易懂.

本教材的编写人员有:丁建刚、朱利明、刘玮、朱琴玉、任志刚、李宝宗、李敏、杨文、周为群、钟文星、曹洋、曹雪琴、施玲、储海虹、薛明强.全书由曹阳教授审阅,周为群、朱琴玉主编.

苏州大学材化部陈红教授、姚建林教授、戴洁教授和李宝龙教授对本书的编写给予了热情的关心和指导,在此表示衷心的感谢.在本书编写过程中,我们参阅了一些本校及兄弟院校已出版的教材和专著,借鉴了许多有益内容,在此对相关作者深表谢意.

限于编者水平,书中难免存在错误和不足,祈望专家、读者批评指正,使之不断得到补充和完善.

编　者

2014 年 6 月于苏州

目 录

第五章 配位化合物

第六章 重要元素及化合物

第七章 分析化学概论

第八章 化学实验基本技能概述

附　录

第一章　化学反应的基本原理

学习要求

1. 了解热力学能、焓、熵及吉布斯自由能等状态函数的概念.
2. 理解热力学第一定律、第二定律和第三定律的基本内容.
3. 掌握化学反应的标准摩尔焓变的各种计算方法.
4. 掌握化学反应的标准摩尔熵变和标准摩尔吉布斯自由能变的计算方法.
5. 会用 ΔG 来判断化学反应的方向,并了解温度对 ΔG 的影响.
6. 掌握标准平衡常数以及标准平衡常数与标准吉布斯自由能变的关系.
7. 掌握有关化学平衡的计算,包括运用多重平衡规则进行的计算.
8. 了解化学反应速率、反应速率理论的概念.
9. 理解基元反应、复杂反应、反应级数、反应分子数的概念.
10. 掌握浓度、温度及催化剂对反应速率的影响.

研究化学反应,如要使某反应实现工业生产,必须研究以下三个问题:(1) 该反应能否自发进行?即反应的方向性问题;(2) 在给定条件下,有多少反应物可以最大限度地转化为生成物?即化学平衡问题;(3) 实现这种转化需要多少时间?即反应速率问题. 问题(1) 和(2) 是热力学要解决的问题,即化学反应的方向和限度,是本章要讨论的前两个问题. 而问题(3) 是反应的速率问题,也是本章要讨论的第三个问题.

1-1　化学反应进行的方向

物质的任何变化,总伴随有能量的转变和传递. 热力学就是研究体系状态变化时能量相互转换规律的科学. 它主要包括**热力学第一定律(the first law of thermodynamics)**和**热力学第二定律(the second law of thermodynamics)**. 这两个定律是人们长期经验的总结,有着牢固的实验基础. 它们不能用理论方法来证明,但它们的正确性和可靠性已由无数实验事实所证实.

将热力学的基本原理用于研究化学现象及与化学有关的物理现象的学科,称为**化学热力学(chemical thermodynamics)**. 它的主要内容是应用热力学第一定律来研究和解决化学变化和相变化中的热效应问题,即**热化学(thermochemistry)**;应用热力学第二定律来解决化学变化和物理变化的方向和限度问题,以及化学平衡和相平衡中的有关问题.

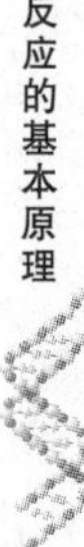

化学热力学在生产实践和科学研究中都具有重大的指导作用.在化工生产中的能量衡算与能量的合理利用方面,在设计新的反应路线或研制新的化学产品方面及研究有关反应变化的方向和限度等方面,化学热力学的应用都是十分重要的.例如,在19世纪末,人们试图用石墨制造金刚石,但无数次的实验均以失败而告终.通过热力学的计算人们才知道,只有当压力超过大气压力15 000倍时,石墨才有可能转变成金刚石.20世纪人造金刚石的制造成功,充分显示了热力学在解决实际问题中的重要作用.

热力学的研究方法和特点是从能量的观点出发,讨论由大量质点组成的集合体的宏观性质,而不涉及物质的微观结构、过程进行的机理和速率.热力学只需知道变化过程的起始状态和最终状态及条件,就可预示过程进行的可能性和限度.

本章将介绍化学热力学的基础知识,以便用化学热力学的理论、方法解释一些化学现象和物理现象.

1-1-1 一些基本术语

一、体系与环境(System and Surrounding)

在热力学研究中,根据需要把研究的对象与周围其他部分区分开,把研究的对象称为**体系(system)**,把体系之外而与体系有关的部分称为**环境(surrounding)**.

根据体系与环境之间的关系,可将体系分为三类:

敞开体系:在体系与环境之间既有物质交换,又有能量交换.

封闭体系:在体系与环境之间没有物质交换,只有能量交换.

孤立体系:在体系与环境之间既没有物质交换,也没有能量交换.

例如,研究在一个烧杯中进行的溶液反应时,可以把烧杯中的溶液作为体系,而液面以上的水蒸气、空气等就是环境.体系与环境之间既有物质交换,又有能量交换,是一个敞开体系.若在烧杯上加一个盖子,将烧杯内的物质作为体系,则体系与烧杯外面的环境之间不再有物质交换,但还有能量交换,是一个封闭体系.若再用绝热层将烧杯包住,烧杯内的溶液就成了一个孤立体系.

为了研究的方便,在某些条件下可近似地把一个系统视为孤立体系.

二、状态和状态函数(State and State Function)

体系的**状态(state)**是体系所有宏观性质如压力(p)、温度(T)、质量(m)、体积(V)、物质的量(n)及本章要介绍的热力学能(U)、焓(H)、熵(S)、吉布斯自由能(G)等宏观物理量的综合表现.当所有这些宏观物理量都不随时间改变时,我们称体系处于一定的状态.同样,当体系处于一定状态时,这些宏观物理量也都具有确定值.我们把这些确定体系存在状态的宏观物理量称为体系的**状态函数(state function)**.体系的某个状态函数或若干个状态函数发生变化时,体系的状态也随之发生变化.状态函数之间是相互联系、相互制约的,具有一定的内在联系.因此确定了体系的几个状态函数后,体系其他的状态函数也随之而定.例如,理想气体的状态就是 p,V,n,T 这些状态函数的综合表现,它们的内在联系就是理想气体状态方程 $pV=nRT$.

状态函数最重要的特点是它的数值仅仅取决于体系的状态,当体系状态发生变化时,状态函数的数值也随之改变.但状态函数的变化值只取决于体系的始态与终态,而与体系变化的途径无关.

三、过程与途径(Process and Path)

1. 过程

体系状态发生变化时，变化的经过称为**过程(process)**. 例如，气体的液化、固体的溶解、化学反应等. 经历这些过程后，体系的状态都发生了变化. 热力学中常见的过程有：

等温过程(isothermal process)：体系始、终态温度相等且等于环境温度的过程，即 $T_1 = T_2 = T_e$，下标 1、2 和 e 分别表示始态、终态和环境.

等压过程(isobaric process)：体系始、终态压力相等且等于环境压力的过程，即 $p_1 = p_2 = p_e$.

等容过程(isochoric process)：体系的体积始终保持不变的过程.

绝热过程(adiabatic process)：体系与环境之间没有热交换的过程，即 $Q=0$.

循环过程(cyclic process)：体系经一系列变化后又恢复到起始状态的过程.

此外，还有许多其他的热力学过程.

2. 途径

体系由始态到终态，完成一个变化过程，其中完成变化的具体步骤称为**途径(path)**.

一个过程往往可以经多种不同的途径来完成. 例如，欲将一杯 303 K 的水加热到 373 K，可以逐渐升温完成这个变化，也可以每次升温 10 K 完成这个变化，还可以每次升温 20 K，还可以……无论经由哪种途径，过程都是从 303 K 到 373 K，状态函数 T 的变化值 ΔT 都是 +70 K.

1-1-2 热力学第一定律

一、热和功

热和功是体系状态发生变化时与环境之间的两种能量交换的形式，单位均为焦(J)或千焦(kJ).

体系与环境之间因存在温度差异而发生的能量交换形式称为**热(heat)**(或热量)，符号为 Q. 热力学中规定：

体系向环境吸热，Q 取正值(体系能量升高，$Q>0$)；

体系向环境放热，Q 取负值(体系能量下降，$Q<0$).

体系与环境之间除热以外的其他各种能量交换形式统称为**功(work)**，符号为 W. 热力学中规定：

体系对环境做功，功取负值(体系能量下降，$W<0$)；

环境对体系做功，功取正值(体系能量升高，$W>0$).

功有多种形式，通常分为**体积功**和**非体积功**两大类. 由于体系体积变化反抗外力所做的功称为体积功，其他功如电功、表面功等都称为非体积功. 在一般情况下，化学反应中体系只做体积功. 等压过程的体积功计算公式为：$W = -p\Delta V = -p(V_2 - V_1)$. 注意：本章下面的讨论都局限于体系只做体积功的情况.

必须指出，热和功都不是体系的状态函数，除了与体系的始态、终态有关以外，还与体系状态变化的具体途径有关. 它们只有在体系发生变化时才体现出来，不能说体系在某种状态下含有多少热或多少功.

二、热力学能

热力学能也称为**内能**,它是体系内部各种形式能量的总和,符号为 U,具有能量单位(J 或 kJ).它包括分子运动的动能、分子间的位能以及分子、原子内部所蕴藏的能量等.热力学能是体系内部能量的总和,是体系自身的一种性质,在一定的状态下应有一定的数值.因此,热力学能是状态函数.

至今我们还无法知道体系热力学能的绝对值.但当体系状态发生改变时,体系和环境有能量的交换,即有功和热的传递,据此可确定体系热力学能的变化值.

三、热力学第一定律

“自然界的一切物质都具有能量,能量有各种不同的形式,能够从一种形式转化为另一种形式.在转化的过程中,能量的总值不变.”这就是**能量守恒和转化定律**.能量守恒和转化定律是人类长期实践的总结,把它应用于热力学体系,就是**热力学第一定律**.

根据热力学第一定律,体系热力学能的改变值 ΔU 等于体系与环境之间的能量传递,这就是热力学第一定律的数学表达式:

$$\Delta U = W + Q \tag{1-1}$$

式(1-1)表明:体系热力学能的增量应等于环境以热的形式供给体系的能量加上环境对体系以做功的形式所增加的能量.即热力学规定:体系吸收热量为正,放出热量为负;环境对体系做功为正,体系对环境做功为负.

例 1-1 某体系从环境吸收热量并膨胀做功,已知从环境吸收热量 200 kJ,对环境做功 120 kJ,求该过程中体系的热力学能变和环境的热力学能变.

解:由热力学第一定律式(1-1)知:

$$\begin{aligned}\Delta U(\text{体系}) &= Q + W = 200 + (-120)\\ &= 80(\text{kJ})\\ \Delta U(\text{环境}) &= Q + W = (-200) + 120\\ &= -80(\text{kJ})\end{aligned}$$

即完成这一过程后,体系净增了 80 kJ 的热力学能,而环境减少了 80 kJ 的热力学能,体系与环境的总和(孤立体系)保持能量守恒.即

$$\Delta U(\text{体系}) + \Delta U(\text{环境}) = 0$$

1-1-3 热化学

化学反应总伴随有各种形式的能量变化,通常表现为热量的放出和吸收.在等温、不做非体积功的条件下,化学反应吸收或放出的热量就称为化学反应热效应,简称**反应热(heat of reaction)**.应用热力学第一定律研究化学反应热效应的科学称为**热化学(Thermochemistry)**.热化学提供的反应热数据在化学理论研究和化工生产中有很重大的意义.

一、等容反应热和等压反应热

根据化学反应是在等容还是等压条件下进行,反应热又可分为等容反应热和等压反应热.

(一) 等容反应热

若体系在变化过程中,体积始终保持不变($\Delta V = 0$),体系不做体积功,即 $W = 0$.根据热力学第一定律可得

$$Q_V = \Delta U - W = \Delta U \tag{1-2}$$

上式表明，等容反应热等于体系的热力学能变化.

(二) 等压反应热

若体系在变化过程中，压力始终保持不变，根据热力学第一定律，其反应热 Q_p 为

$$
\begin{aligned}
Q_p &= \Delta U - W = \Delta U - (-p\Delta V) \qquad (W = -p\Delta V = -p(V_2 - V_1)) \\
&= (U_2 - U_1) + p(V_2 - V_1) \\
&= (U_2 + pV_2) - (U_1 + pV_1) \qquad (1\text{-}3)
\end{aligned}
$$

即在等压过程中，体系吸收的热量 Q_p 等于终态和始态的 $(U+pV)$ 值之差. U、p、V 都是状态函数，它们的组合 $(U+pV)$ 当然也是状态函数. 为了方便起见，我们把这个新的状态函数叫作**焓(enthalpy)**，用符号 H 表示

$$H = U + pV \qquad (1\text{-}4)$$

这样，式(1-3)就可简化为

$$Q_p = H_2 - H_1 = \Delta H \qquad (1\text{-}5)$$

这就是说，在等压过程中，体系吸收的热量全部用来增加体系的焓. 所以等压反应热就是体系的焓变，常用 ΔH 来表示.

由上可知，在等压变化中，体系的焓变(ΔH)和热力学能的变化(ΔU)之间的关系式为

$$\Delta H = \Delta U + p\Delta V \qquad (1\text{-}6)$$

由上述可知，等压反应热等于反应的焓变，即等于体系的热力学能变加上体系所做的体积功. 若 ΔH 为正值，体系的焓值增加，则反应为吸热反应；若 ΔH 为负值，体系的焓值减小，则反应为放热反应.

因 $Q_V = \Delta U$，$Q_p = \Delta H$，故 Q_V 与 Q_p 有如下关系：

$$Q_p = Q_V + p\Delta V \qquad (1\text{-}7)$$

当反应物和生成物都处于固态和液态时，反应的 ΔV 值很小，$p\Delta V$ 可忽略，故 $\Delta H \approx \Delta U$. 对有气体参加的反应，$\Delta V$ 值往往较大. 应用理想气体状态方程式可得

$$p\Delta V = p(V_2 - V_1) = (n_2 - n_1)RT = (\Delta n)RT$$

式中 Δn 为气体生成物的物质的量减去气体反应物的物质的量. 将此关系式代入式(1-6)，可得

$$\Delta H = \Delta U + (\Delta n)RT \qquad (1\text{-}8)$$

$$Q_p = Q_V + (\Delta n)RT \qquad (1\text{-}9)$$

化学反应通常是在等压条件下进行的，因此反应的焓变(等压反应热)更有实际意义. 一般反应热如不加以说明，均指等压反应热.

例 1-2 实验测得 1.2 g 尿素在 298 K 时在弹式量热计(等容过程)中完全燃烧，放热 12.658 kJ，求 298 K 时尿素燃烧反应的等容反应热和等压反应热. (尿素的摩尔质量为 60.04)

解： 已知：$CO(NH_2)_2(s) + \frac{3}{2}O_2(g) \xlongequal{} CO_2(g) + N_2(g) + 2H_2O(l)$

$$Q_V = -12.658 \text{ kJ}$$

$$Q_{V,\mathrm{m}} = -12.658 \times \frac{60.04}{1.2} = -633.3 \ (\mathrm{kJ \cdot mol^{-1}})$$

$$
\begin{aligned}
Q_{p,\mathrm{m}} &= Q_{V,\mathrm{m}} + (\Delta n)RT \\
&= -633.3 + \left(2 - \frac{3}{2}\right) \times 8.314 \times 298 \times 10^{-3} \\
&= -632.1 \ (\mathrm{kJ \cdot mol^{-1}})
\end{aligned}
$$

$$Q_p = -632.1 \times \frac{1.2}{60.04} = -12.633\ (\text{kJ})$$

尿素燃烧是放热反应,故 Q_V 和 Q_p 都是负数.

二、热化学方程式

热化学方程式用以表示化学反应与反应热的关系.例如:

$$O_2(g)+2H_2(g) = 2H_2O(l);\ \Delta_r H^{\ominus}_{m,298} = -571.6\ \text{kJ}\cdot\text{mol}^{-1}$$

因为 H 为状态函数,ΔH 的值与体系的始、终态有关,所以在书写热化学方程式时应标明反应体系的状态,即:

(1) 标明物质的物态.通常用 s、l、g、aq 分别表示固态、液态、气态和水溶液.对于有几种晶型的固体物质还需标明晶型,如 C(石墨)、C(金刚石).

(2) 标明反应时的温度和压力.若温度和压力分别是 298 K 和标准压力 $p^{\ominus}$[在 SI 单位制中,标准压力应为 101.3 kPa,但这个数字使用不太方便,国际纯粹与应用化学联合会(IUPAC)建议以 1×10^5 Pa 作为标准压力]则可以不注明.

(3) 反应通常在定压下完成,因此可用 ΔH 表示反应热,负数表示放热,正数表示吸热.

(4) $\Delta_r H^{\ominus}_m$ 的意义是"在标准压力下,按反应形式完全反应的焓变".下标 r 代表反应(reaction),下标 m 代表反应进度 ξ(参加反应的物质已经反应的量比上它的化学计量数)是 1 mol,上标$\ominus$表示标准态."标准态"是指物质(理想气体、纯固体、纯液体)处于标准压力 $p^{\ominus}$ 下的状态."标准态"是为了处理问题方便而人为规定的一种状态.

若压力不为 $p^{\ominus}$,反应焓变的符号为 $\Delta_r H_m$.

例 1-3 在 298 K,标准状态下,1 mol H_2 完全燃烧生成水,放热 285.84 kJ.此反应可分别表示为:

A: $H_2(g)+\frac{1}{2}O_2(g) = H_2O(l)$

B: $2H_2(g)+O_2(g) = 2H_2O(l)$

若过程 A、B 中都有 1 mol H_2 燃烧,分别求两过程的焓变 $\Delta H^{\ominus}(A)$和 $\Delta H^{\ominus}(B)$.

解:按计量方程 A:$\Delta_r H^{\ominus}_m(A) = -285.84\ \text{kJ}\cdot\text{mol}^{-1}$.

按计量方程 B:$\Delta_r H^{\ominus}_m(B) = -561.68\ \text{kJ}\cdot\text{mol}^{-1}$.

对于过程 A,反应进度 $\xi(A)=1$ mol.$\Delta H^{\ominus}(A) = -285.84$ kJ.对于过程 B,反应进度 $\xi(B)=0.5$ mol,$\Delta H^{\ominus}(B) = -285.84$ kJ.

此例说明反应热 $\Delta_r H^{\ominus}_m$ 或 $\Delta_r H_m$ 的数值与计量方程有关;而某一具体过程的焓变 $\Delta H^{\ominus}$ 或 ΔH 的数值与计量方程无关.

三、盖斯定律(Hess's Law)

俄国化学家盖斯(G. H. Hess)根据大量实验事实,总结出一条规律:**一个反应,在定压或定容条件下,不论是一步完成还是分几步完成,其反应热是相同的**.这就是**盖斯定律**,是热化学的一条基本规律.盖斯定律适用于任何状态函数.

盖斯定律是在热力学第一定律建立之前提出来的经验定律,在热力学第一定律建立之后,盖斯定律在理论上得到圆满的解释.当反应体系不做非体积功时,$Q_V=\Delta U$,$Q_p=\Delta H$,而 H 和 U 都是状态函数.当反应的始态(反应物)和终态(生成物)一定时,H 和 U 的改变值 ΔH 和 ΔU 与途径无关.所以,无论是一步完成反应还是多步完成反应,反应热都一样.

根据盖斯定律，可以利用已知的反应热数据计算某些不易测定的反应热. 例如，C 与 O_2 生成 CO 的反应，因很难把反应控制在只生成 CO 的阶段，故其反应热难以用实验方法精确测定. 但 C 与 O_2 生成 CO_2 以及 CO 与 O_2 生成 CO_2 的反应热都能准确测定，利用盖斯定律便可求得 C 与 O_2 生成 CO 时的反应热.

$$C(石墨,s)+O_2(g) \xlongequal{} CO_2(g)$$

$$CO(g)+\frac{1}{2}O_2(g) \xlongequal{} CO_2(g)$$

以上反应的关系可用热化学循环图(图 1-1)表示. 以 C(石墨，s)+O_2(g)为初始状态，CO_2(g)为终了状态，设想完成初态到终态的过程可经历两条不同途径.

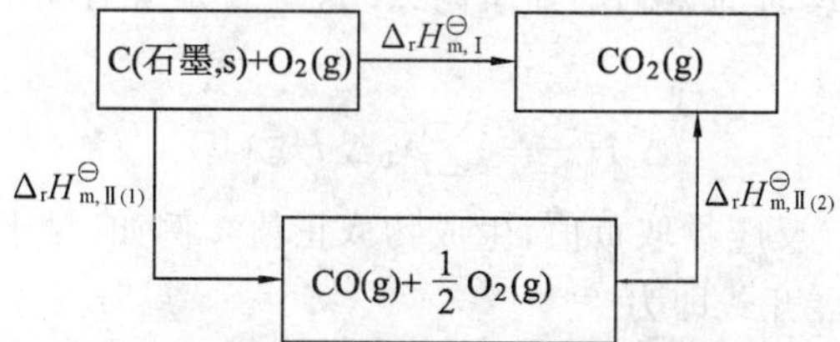

图 1-1 C(石墨，s)转化为 CO_2(g)的两种途径

根据状态函数的特征，即有

$$\Delta_r H^{\ominus}_{m,Ⅰ}=\Delta_r H^{\ominus}_{m,Ⅱ(1)}+\Delta_r H^{\ominus}_{m,Ⅱ(2)}$$

由于 $\Delta_r H^{\ominus}_{m,Ⅰ}$、$\Delta_r H^{\ominus}_{m,Ⅱ(2)}$ 可由实验测定，其值分别为 $-393.51 kJ \cdot mol^{-1}$ 和 $-282.97 kJ \cdot mol^{-1}$，所以

$$\begin{aligned}\Delta_r H^{\ominus}_{m,Ⅱ(1)}&=\Delta_r H^{\ominus}_{m,Ⅰ}-\Delta_r H^{\ominus}_{m,Ⅱ(2)}\\&=(-393.51)-(-282.97)\\&=-110.54(kJ \cdot mol^{-1})\end{aligned}$$

例 1-4 已知 298 K 时下列反应的标准摩尔焓变：

(1) $CH_3COOH(l)+2O_2(g) \xlongequal{} 2CO_2(g)+2H_2O(l)$，$\Delta_r H^{\ominus}_{m,1}=-871.5 kJ \cdot mol^{-1}$

(2) $C(石墨,s)+O_2(g) \xlongequal{} CO_2(g)$，$\Delta_r H^{\ominus}_{m,2}=-393.51 kJ \cdot mol^{-1}$

(3) $H_2(g)+\frac{1}{2}O_2(g) \xlongequal{} H_2O(l)$，$\Delta_r H^{\ominus}_{m,3}=-285.85 kJ \cdot mol^{-1}$

计算生成乙酸 CH_3COOH(l)反应的标准摩尔焓变.

解：设计生成乙酸的反应：

$$2C(石墨,s)+2H_2(g)+O_2(g) \xlongequal{} CH_3COOH(l)$$

根据盖斯定律，(3)×2−(1)可得：

$$2H_2(g)+2CO_2(g) \xlongequal{} CH_3COOH(l)+O_2(g) \quad (4)$$

$$\Delta_r H^{\ominus}_{m,4}=2\Delta_r H^{\ominus}_{m,3}-\Delta_r H^{\ominus}_{m,1}$$

(2)×2+(4)可得：

$$2C(石墨,s)+2H_2(g)+O_2(g) \xlongequal{} CH_3COOH(l) \quad (5)$$

$$\Delta_r H^{\ominus}_{m,5}=2\Delta_r H^{\ominus}_{m,2}+\Delta_r H^{\ominus}_{m,4}$$

(5) 是乙酸的生成反应，$\Delta_r H^{\ominus}_{m,5}$ 即为生成乙酸 CH_3COOH(l)反应的标准摩尔焓变.

故 $\Delta_r H^{\ominus}_{m,5}=2\times(-393.51)+2\times(-285.85)-(-871.5)=-487.22(kJ \cdot mol^{-1})$

必须注意：在利用化学反应方程式之间的代数关系进行计算，把相同物质项消去时，不仅物质种类必须相同，而且状态（即物态、温度、压力等）也要相同.

四、生成焓

由元素的稳定单质生成 1 mol 某物质时的热效应叫作该物质的**生成焓**.如果生成反应在标准态和指定温度（通常为 298 K）下进行，这时的生成焓称为该温度下的标准生成焓，用 $\Delta_f H_m^\ominus$ 表示[下标 f 表示“生成”(formation)]. 例如，石墨与氧气在 $p^\ominus$ 和 298 K 下反应，生成 1 mol CO_2，放热 393.5 kJ，则 CO_2 的 $\Delta_f H_m^\ominus$(298K)为 $-393.5\ kJ \cdot mol^{-1}$.

按照定义，稳定单质的 $\Delta_f H_m^\ominus$ 为零，因为由稳定单质仍旧生成该稳定单质，这意味着未起反应.

一些物质在 298.15K 时的 $\Delta_f H_m^\ominus$ 列于附录. 这个表是很有用的，因为任何反应的标准摩尔焓变都可用下式求得：

$$\Delta_r H_m^\ominus = \sum \nu_B \Delta_f H_m^\ominus(B) \tag{1-10}$$

式中 ν_B 为化学计量系数（反应物取负值，生成物取正值）. 例如，对于一般化学反应 $aA + dD = gG + hH$，式(1-10)的展开式即为

$$\Delta_r H_m^\ominus = [g\Delta_f H_m^\ominus(G) + h\Delta_f H_m^\ominus(H)] - [a\Delta_f H_m^\ominus(A) + d\Delta_f H_m^\ominus(D)]$$

例 1-5 试求下述反应的标准摩尔焓变 $\Delta_r H_m^\ominus$：

$$4NH_3(g) + 5O_2(g) = 4NO(g) + 6H_2O(g)$$

解：查书后附录表得各物质的 $\Delta_r H_m^\ominus$ 为

	$NH_3(g)$	$O_2(g)$	$NO(g)$	$H_2O(g)$
$\Delta_f H_m^\ominus/(kJ \cdot mol^{-1})$	−46.11	0	90.4	−241.8

$$\Delta_r H_m^\ominus = 4\times 90.4 + 6\times(-241.8) - [4\times(-46.11) + 5\times 0]$$
$$= -904.76(kJ \cdot mol^{-1})$$

1-1-4 热力学第二定律

自然界一切变化都不违背热力学第一定律. 但大量事实证明，不违背热力学第一定律的过程不一定都能自动进行. 例如，一杯热水可以自动地向周围环境散发热量，但决不能自动从温度比它低的环境吸收热量而沸腾，即使环境放出的热量与水吸收的热量相等，也决不会自动进行. 可见，热力学第一定律不能回答过程自发进行的方向，也不能回答进行到何种程度为止. 这些问题的解决有赖于热力学第二定律.

一、化学反应的自发性

自发过程(spontaneous process)是在一定条件下，不借助任何外力可以自动进行的过程. 例如，水可以自动地从高处向低处流动，热可以自动地从高温物体传给低温物体. 这种可以自动发生变化的例子很多，这些变化都是自发过程.

在对自发过程的研究中，人们发现许多体系能量降低的过程是自发的. 例如，水从势能高处自动流向势能低处；正电荷自动从电势高处流向电势低处；化学反应也有类似的情况，很多放热反应可以自发进行. 但研究也发现很多能量升高的过程也可能自发进行. 例如，298 K 时，冰自动融化成水，同时吸热；NH_4NO_3 等固体物质在水中溶解也是吸热的过程，却可以自发进行.

显然，决定一个过程能否自发进行，除了能量因素之外，还有其他因素. 研究表明，体系

混乱度增大的过程往往可以自发进行.

二、熵(Entropy)

体系的混乱度在热力学中用物理量**熵**来表征,混乱度越大,熵值越大.如同热力学能、焓一样,熵也是状态函数,用符号 S 表示,单位为 $J \cdot K^{-1}$ 或 $kJ \cdot K^{-1}$.

当体系的状态发生变化时,熵值也随之改变.体系的熵变用符号 ΔS 表示,它等于终态的熵 S_2 与始态的熵 S_1 之差,即

$$\Delta S = S_2 - S_1$$

等温过程的熵变可由下式计算:

$$\Delta S = \frac{Q_r}{T} \tag{1-11}$$

Q_r(下标 r 代表"可逆",reversible)是可逆过程的热效应,T 为体系的热力学温度.

三、热力学第二定律(The Second Law of Thermodynamics)

熵增加原理是指"孤立体系的熵永不减少",是热力学第二定律的一种表述.即

$$\Delta S(\text{孤立}) > 0 \tag{1-12}$$

孤立体系是指与环境不发生物质和能量交换的体系.真正的孤立体系是不存在的,因为能量交换不能完全避免.但是若将与体系有物质或能量交换的那一部分环境也包括进去而组成一个新的体系,这个新体系可算作孤立体系.因此式(1-12)可表示为

$$\Delta S(\text{体系}) + \Delta S(\text{环境}) > 0 \tag{1-13}$$

如果某一变化过程中,体系的熵变 ΔS(体系)和环境的熵变 ΔS(环境)都已知,则可用式(1-13)来判断该过程是否为自发过程.即

$\Delta S(\text{体系}) + \Delta S(\text{环境}) > 0$　　自发过程

$\Delta S(\text{体系}) + \Delta S(\text{环境}) < 0$　　不可能自动发生的过程

热力学第二定律是热力学最基本的定律之一,是人类经验的总结,它的正确性和普适性是不容置疑的.

四、标准摩尔熵(Standard Molar Entropy)

熵是表示体系混乱度的热力学函数.对纯净物质的完美晶体,在热力学温度 0 K 时,分子间排列整齐,且分子任何热运动也停止了,这时体系完全有序化了.因此热力学第三定律指出:在热力学温度 0 K 时,任何纯物质的完美晶体的熵值等于零.

有了热力学第三定律,我们就能测量任何纯物质在温度 T 时熵的绝对值.因为

$$S_T - S_0 = \Delta S \tag{1-14}$$

S_T 表示温度为 T(K)时的熵值,S_0 表示 0 K 时的熵值,由于 $S_0 = 0$,所以

$$S_T = \Delta S$$

这样只需求得物质从 0 K 到 T 的熵变 ΔS,就可得该物质在 T 时熵的绝对值.在标准态下,1 mol 物质的熵值称为该物质的**标准摩尔熵**(简称标准熵),用符号 $S_m^{\ominus}$ 表示.在本书附录中列出了一些物质在 298.15 K 时的标准摩尔熵,单位是 $J \cdot K^{-1} \cdot mol^{-1}$.需要指出,水合离子的标准摩尔熵不是绝对值,而是在规定标准态下水合 H^+ 的熵值为零的基础上求得的相对值.

根据熵的含义,不难看出物质标准熵的大小应有如下的规律:

(1) 同一物质所处的聚集态不同,熵值大小次序是:气态>液态>固态.例如:

$$H_2O(g)[188.7] \qquad H_2O(l)[69.91] \qquad H_2O(s)[39.33]$$

方括号内的数值是 298 K 时物质的标准摩尔熵，单位为 $J \cdot K^{-1} \cdot mol^{-1}$. 下同.

(2) 聚集态相同时，复杂分子比简单分子熵值大. 例如：

$$O(g)[160.95] \qquad O_2(g)[205.0] \qquad O_3(g)[238.8]$$

(3) 结构相似的物质，相对分子质量大的熵值大. 例如：

$$F_2(g)[202.7] \qquad Cl_2(g)[223] \qquad Br_2(g)[245.3] \qquad I_2(g)[260.58]$$

(4) 相对分子质量相同的物质，分子构型复杂的熵值大. 例如：

$$C_2H_5OH(g)[282] \qquad CH_3—O—CH_3(g)[266.3]$$

这是由于二甲醚分子对称性大于乙醇.

熵是状态函数，有了 $S_m^{\ominus}$ 的数值，运用下式就可计算反应的标准摩尔熵变 $\Delta_r S_m^{\ominus}$：

$$\Delta_r S_m^{\ominus} = \sum_B \nu_B S_m^{\ominus}(B) \tag{1-15}$$

1-1-5 吉布斯自由能及其应用

决定自发过程能否发生，既有能量因素，又有混乱度因素，因此要涉及 ΔH 和 ΔS 这两个状态函数改变量. 1876 年，美国物理化学家吉布斯(J. W. Gibbs)提出用自由能来判断等温等压条件下过程的自发性.

一、吉布斯自由能(Gibbs's Free Energy)

吉布斯自由能 G 的定义是：

$$G = H - TS \tag{1-16}$$

H、T 和 S 都是状态函数，它们的线性组合 G 也是状态函数. G 具有能量的量纲，单位是 J 或 kJ. 体系的自由能与热力学能、焓一样，不可能知道其绝对值，但体系经历某一过程后，自由能的改变量 ΔG 是可以求得的：$\Delta G = G_2 - G_1$，式中 G_2 和 G_1 分别为终态和始态的自由能，若是化学反应体系，则分别是生成物和反应物的自由能，即

$$\Delta G = G_2 - G_1 = (H_2 - TS_2) - (H_1 - TS_1) = (H_2 - H_1) - T(S_2 - S_1)$$

$$\Delta G = \Delta H - T\Delta S \tag{1-17}$$

这个关系式称为**吉布斯-赫姆霍兹(Gibbs-Helmholtz)**方程式，是一个非常重要的公式.

体系的自由能是体系在等温等压条件下对外做有用功的能力. 若经某一过程后，体系的 $\Delta G < 0$，即 $G_2 < G_1$，说明这是自由能降低的过程. 在此过程中自由能释放出来做有用功，而自发过程也是可以对外做有用功的. 当体系达到平衡时，便不再能做有用功，此时 $G_2 = G_1$.

综上所述，在等温、等压不做有用功的条件下，体系发生变化，可以用自由能的改变量来判断过程的自发性：

$\Delta G < 0$　　自发过程

$\Delta G = 0$　　平衡状态

$\Delta G > 0$　　非自发过程，其逆过程可自发进行

这就是判断过程自发性的自由能判据.

二、标准生成吉布斯自由能

因吉布斯自由能是状态函数，在化学反应中如果我们能够知道反应物和生成物的吉布斯自由能的数值，则反应的吉布斯自由能变 ΔG 可由简单的加减法求得. 但是从吉布斯自由

能的定义可知，它与热力学能、焓一样，是无法求得绝对值的. 为了求算反应的 ΔG，我们可仿照求标准生成焓的处理方法：首先规定一个相对的标准——在指定的反应温度（一般为298.15 K）和标准态下，令稳定单质的吉布斯自由能为零，并且把在指定温度和标准态下，由稳定单质生成 1 mol 某物质的吉布斯自由能变称为该物质的标准生成吉布斯自由能（$\Delta_f G_m^\ominus$）. 一些物质在 298.15 K 时的标准生成吉布斯自由能列于书后附录中. 有了 $\Delta_f G_m^\ominus$ 的数据，就可方便地由下式计算任何反应的标准摩尔吉布斯自由能变（$\Delta_r G_m^\ominus$）：

$$\Delta_r G_m^\ominus = \sum_B \nu_B \Delta_f G_m^\ominus(B) \tag{1-18}$$

例 1-6 求 298 K、标准状态下反应 $Cl_2(g) + 2HBr(g) = Br_2(l) + 2HCl(g)$ 的 $\Delta_r G_m^\ominus$，并判断反应的自发性.

解：查表得：$\Delta_f G_m^\ominus(HBr) = -53.6\ kJ \cdot mol^{-1}$，$\Delta_f G_m^\ominus(HCl) = -95.4\ kJ \cdot mol^{-1}$，故

$$\begin{aligned}\Delta_r G_m^\ominus &= 2\Delta_f G_m^\ominus(HCl) + \Delta_f G_m^\ominus(Br_2) - 2\Delta_f G_m^\ominus(HBr) - \Delta_f G_m^\ominus(Cl_2)\\ &= 2\times(-95.4) + 0 - 2\times(-53.6) - 0\\ &= -83.6(kJ \cdot mol^{-1})\end{aligned}$$

$\Delta_r G_m^\ominus < 0$，反应可以自发进行.

三、ΔG 与温度的关系

由标准生成吉布斯自由能的数据算得 $\Delta_r G_m^\ominus$，可用来判断反应在标准态下能否自发进行. 但是能查到的标准生成吉布斯自由能一般都是 298 K 时的数据. 那么在其他温度，如在人的体温 37 ℃时，某一生化反应能否自发进行？为此我们需要了解温度对 ΔG 的影响.

一般来说温度变化时，ΔH、ΔS 变化不大，而 ΔG 却变化很大. 因此，当温度变化不太大时，可近似地把 ΔH、ΔS 看作不随温度而变的常数. 这样，只要求得 298 K 时的 $\Delta H_{298}^\ominus$ 和 $\Delta S_{298}^\ominus$，利用如下近似公式就可求算温度 T 时的 $\Delta G_T^\ominus$.

$$\Delta G_T^\ominus = \Delta H_{298}^\ominus - T\Delta S_{298}^\ominus \tag{1-19}$$

由上式可知，吉布斯自由能变化既考虑了过程的焓变，又考虑了温度和熵变. ΔG 的符号决定于 ΔH 和 ΔS 的相对大小，且温度 T 对 ΔG 的符号也会有影响. 表 1-1 归纳了 ΔH、ΔS 和 T 对 ΔG 符号影响的几种情况.

表 1-1　恒压下温度对 ΔG 符号的影响

ΔH 的符号	ΔS 的符号	ΔG 的符号	反应情况
－	＋	－	任何温度下均为自发过程
＋	－	＋	任何温度下均为非自发过程
＋	＋	低温（＋）	低温时为非自发过程
＋	＋	高温（－）	温度升高时转化为自发过程
－	－	低温（－）	低温时为自发过程
－	－	高温（＋）	高温时为非自发过程

例 1-7 求 298 K 和 1000 K 时下列反应的 $\Delta_r G_m^\ominus$，判断在此两温度下反应的自发性，估算反应可以自发进行的最低温度.

$$CaCO_3(s) = CaO(s) + CO_2(g)$$

解：首先利用标准摩尔生成焓和标准摩尔熵的数据求 $\Delta_r H_m^\ominus$(298 K)和 $\Delta_r S_m^\ominus$(298 K).

$$\Delta_r H_m^\ominus(298\ K)=\Delta_f H_m^\ominus(CaO)+\Delta_f H_m^\ominus(CO_2)-\Delta_f H_m^\ominus(CaCO_3)$$
$$=(-635.1)+(-393.5)-(-1\ 206.9)$$
$$=178.3\ (kJ\cdot mol^{-1})$$

$$\Delta_r S_m^\ominus(298\ K)=S_m^\ominus(CaO)+S_m^\ominus(CO_2)-S_m^\ominus(CaCO_3)$$
$$=39.7+213.6-92.9$$
$$=160.4(J\cdot K^{-1}\cdot mol^{-1})$$

$$\Delta_r G_m^\ominus(298\ K)=\Delta_r H_m^\ominus(298\ K)-T\Delta_r S_m^\ominus(298\ K)$$
$$=178.3-298\times160.4\times10^{-3}$$
$$=130.5(kJ\cdot mol^{-1})$$

因 $\Delta_r G_m^\ominus(298\ K)>0$,故在 298 K、$p^\ominus$ 下该反应不能自发进行.

$$\Delta_r G_m^\ominus(1\ 000K)\approx\Delta_r H_m^\ominus(298\ K)-T\times\Delta_r S_m^\ominus(298\ K)$$
$$=178.3-1\ 000\times160.4\times10^{-3}$$
$$=17.9(kJ\cdot mol^{-1})$$

因 $\Delta_r G_m^\ominus(1\ 000\ K)>0$,故在 1 000K、$p^\ominus$ 下该反应仍不能自发进行.

设在温度 T 时此反应可自发进行,则

$$\Delta_r G_m^\ominus(T)\approx\Delta_r H_m^\ominus(298K)-T\times\Delta_r S_m^\ominus(298K)<0$$
$$178.3-T\times160.4\times10^{-3}<0$$
$$T>1\ 111K$$

因此,温度高于 1 111K 时反应才能自发进行.

1-2 化学反应的限度和化学平衡

当确定了一个反应能自发进行后,不仅要考虑其反应的速率,而且还须研究反应进行的程度,即研究化学平衡及影响平衡的因素.

化学平衡是本课程基本理论的重要部分,也是后面有关章节所要讨论的水溶液中离子四大平衡(酸碱平衡、沉淀溶解平衡、配位平衡、氧化还原平衡)的理论基础.研究化学平衡,在理论和实践上都有重要意义.

本节通过对化学平衡共同特点和规律的探讨,并通过热力学基本原理的应用,讨论化学平衡建立的条件以及化学平衡移动的方向与化学反应限度等重要问题.

1-2-1 可逆反应与化学平衡

一、可逆反应

在一定的反应条件下,一个化学反应既能从反应物变成生成物,在相同条件下也能从生成物变为反应物,即在同一条件下能同时向正、逆两个方向进行的化学反应称为**可逆反应(reversible reaction)**.对于一个用反应方程式表示的化学反应,习惯上,把从左向右进行的反应称为**正反应**,把从右向左进行的反应称为**逆反应**.

原则上所有的化学反应都具有可逆性,只是不同的反应其可逆程度不同而已.反应的可逆性和不彻底性是一般化学反应的普遍特征.由于正、逆反应同处一个系统中,所以在密

闭容器中可逆反应不能进行到底，即反应物不能全部转化为生成物.

在反应式中用双向半箭头号强调反应的可逆性. 例如，$H_2(g)$与$I_2(g)$的可逆反应可写成：

$$H_2(g)+I_2(g)\rightleftharpoons 2HI(g)$$

二、化学平衡

在恒温恒压且非体积功为零时，可用化学反应的吉布斯自由能变$\Delta_r G_m$来判断化学反应进行的方向. 随着反应的进行，体系吉布斯自由能在不断变化，直至最终体系的吉布斯自由能G值不再改变，此时反应的$\Delta_r G_m=0$. 这时化学反应达到了热力学平衡态，简称**化学平衡(chemical equilibrium)**. 只要体系的温度和压力保持不变，同时没有物质加入到体系中或从体系中移走，这种平衡就能持续下去.

例如，在四个密闭容器中分别加入不同数量的$H_2(g)$、$I_2(g)$和$HI(g)$，发生如下反应：

$$H_2(g)+I_2(g)\rightleftharpoons 2HI(g)$$

在恒温427 ℃下，不断测定$H_2(g)$、$I_2(g)$和$HI(g)$的分压，经一定时间后，$H_2(g)$、$I_2(g)$和$HI(g)$三种气体的分压均不再变化，说明体系达到了平衡，见表1-2.

表1-2　$H_2(g)+I_2(g)\rightleftharpoons 2HI(g)$平衡体系各组分分压

编号	起始分压/kPa			平衡分压/kPa			$\frac{p^2(HI)}{p(H_2)p(I_2)}$
	$p(H_2)$	$p(I_2)$	$p(HI)$	$p(H_2)$	$p(I_2)$	$p(HI)$	
1	66.00	43.70	0	26.57	4.293	78.82	54.47
2	62.14	62.63	0	13.11	13.60	98.10	53.98
3	0	0	26.12	2.792	2.792	20.55	54.17
4	0	0	27.04	2.878	2.878	21.27	54.62

显然，不管起始反应是正向反应(从反应物开始)，还是逆向反应(从生成物开始)，最后四个容器中的反应物和生成物的分压虽各不相同，但都不再变化，此时体系达到了平衡，有

$$H_2(g)+I_2(g)\rightleftharpoons 2HI(g)$$
$$\Delta_r G_m=0$$

化学平衡有以下特征：

(1) 化学平衡是一个**动态平衡(dynamic equilibrium)**.

例如，表1-2的反应体系达到平衡时，表面上反应已经停止，实际上$H_2(g)$和$I_2(g)$的化合以及$HI(g)$的分解仍以相同的速率进行.

(2) 化学平衡是相对的，同时也是有条件的.

一旦维持平衡的条件发生了变化(如温度、压力的变化)，体系的宏观性质和物质的组成都将发生变化. 原有的平衡将被破坏，代之以新的平衡.

(3) 在一定温度下化学平衡一旦建立，以化学反应方程式中化学计量系数为幂指数的反应方程式中各物质的浓度(或分压)的乘积为一常数，叫**平衡常数**. 在同一温度下，同一反应的平衡常数相同.

三、标准平衡常数

$\Delta_r G^\ominus$只能用来判断化学反应在标准态下能否自发进行，但是通常遇到的反应体系都是

非标准态,处于标准态的反应体系是极罕见的.对于非标准态,应该用 $\Delta_r G$ 来判断反应的方向.那么,$\Delta_r G$ 如何求算呢?范霍夫(Van't Hoff)化学反应等温方程式给出了 $\Delta_r G$ 的计算式.

对任一化学反应

$$aA+dD \rightleftharpoons gG+hH$$

范霍夫化学反应等温方程式为

$$\Delta_r G=\Delta_r G^{\ominus}+RT\ln\frac{a_G^g\cdot a_H^h}{a_A^a\cdot a_D^d} \tag{1-20}$$

式中 a_A,a_D,a_G,a_H 分别是体系中物质 A,D,G,H 的**活度**(介绍见后).式(1-20)是一个很有用的公式.

如果反应处于平衡状态,$\Delta_r G=0$,由式(1-20)可得

$$\Delta_r G^{\ominus}+RT\ln\frac{a_G^g\cdot a_H^h}{a_A^a\cdot a_D^d}=0 \tag{1-21}$$

式中 a_A,a_D,a_G,a_H 均是平衡状态下的活度.令

$$\frac{a_G^g\cdot a_H^h}{a_A^a\cdot a_D^d}=K^{\ominus} \tag{1-22}$$

则

$$\Delta_r G^{\ominus}=-RT\ln K^{\ominus} \tag{1-23}$$

在一定温度下,指定反应的 $\Delta_r G^{\ominus}$ 为一固定值.由式(1-23)不难看出,$K^{\ominus}$ 也必是一不变的数值.式(1-23)表明:**在一定温度下,反应处于平衡状态时,生成物的活度以方程式中化学计量数为乘幂的乘积,除以反应物的活度以方程式中化学计量数的绝对值为乘幂的乘积等于一常数**,并称之为**标准平衡常数**.

关于**活度**,这里可粗略地把它看作"有效浓度",它的量纲为一.它是将物质所处的状态与标准态相比后所得的数值,故标准态本身为单位活度,即 $a=1$.由于物质所处的状态不同,标准态定义不同,故活度的表达式不同.所以对不同类型的反应,$K^{\ominus}$ 的表达式也有所不同.

1. 气体反应

理想气体(或低压下的真实气体)的活度为气体的分压与标准压力的比值:

$$a=\frac{p}{p^{\ominus}}$$

将此代入式(1-22)得

$$K^{\ominus}=\frac{\left(\frac{p_G}{p^{\ominus}}\right)^g\times\left(\frac{p_H}{p^{\ominus}}\right)^h}{\left(\frac{p_A}{p^{\ominus}}\right)^a\times\left(\frac{p_D}{p^{\ominus}}\right)^d}=\frac{p_G^g\times p_H^h}{p_A^a\times p_D^d}\times\left(\frac{1}{p^{\ominus}}\right)^{\sum\nu} \tag{1-24}$$

式中 $\sum\nu=(g+h)-(a+d)$.这就是气体反应标准平衡常数的表达式.

2. 溶液反应

理想溶液(或浓度稀的真实溶液)的活度是溶液浓度 c(单位 $mol\cdot L^{-1}$)与标准浓度 $c^{\ominus}$(即 $1\ mol\cdot L^{-1}$)的比值:

$$a=\frac{c}{c^{\ominus}}$$

将此式代入式(1-22)得

$$K^{\ominus}=\frac{\left(\frac{c_{\mathrm{G}}}{c^{\ominus}}\right)^{g}\times\left(\frac{c_{\mathrm{H}}}{c^{\ominus}}\right)^{h}}{\left(\frac{c_{\mathrm{A}}}{c^{\ominus}}\right)^{a}\times\left(\frac{c_{\mathrm{D}}}{c^{\ominus}}\right)^{d}}=\frac{c_{\mathrm{G}}^{g}\times c_{\mathrm{H}}^{h}}{c_{\mathrm{A}}^{a}\times c_{\mathrm{D}}^{d}}\times\left(\frac{1}{c^{\ominus}}\right)^{\Sigma\nu} \quad (1\text{-}25)$$

这就是溶液反应标准平衡常数的表达式.

3. 复相反应

复相反应是指反应体系中存在两个以上相的反应. 如反应

$$CaCO_3(s)+2H^+(aq)=\!=\!=Ca^{2+}(aq)+CO_2(g)+H_2O(l)$$

就是复相反应. 由于固相和纯液相的标准态是它本身的纯物质，故固相和纯液相均为单位活度，即 $a=1$，所以在标准平衡常数表达式中可不列入. 则上述反应的标准平衡常数表达式为

$$K^{\ominus}=\frac{[c(Ca^{2+})/c^{\ominus}][p(CO_2)/p^{\ominus}]}{[c(H^+)/c^{\ominus}]^2}$$

平衡常数的表达式和数值与反应式的书写有关. 如合成氨反应

$$N_2+3H_2=\!=\!=2NH_3$$

$$K_1^{\ominus}=\frac{(p_{NH_3}/p^{\ominus})^2}{(p_{H_2}/p^{\ominus})^3(p_{N_2}/p^{\ominus})}$$

$$\frac{1}{2}N_2+\frac{3}{2}H_2=\!=\!=NH_3$$

$$K_2^{\ominus}=\frac{p_{NH_3}/p^{\ominus}}{(p_{H_2}/p^{\ominus})^{3/2}(p_{N_2}/p^{\ominus})^{1/2}}$$

显然 $K_1^{\ominus}\neq K_2^{\ominus}$，$K_1^{\ominus}=(K_2)^2$. 因此使用和查阅平衡常数时，必须注意它们所对应的化学反应方程式.

4. 多重平衡规则

一个给定化学反应计量方程式的平衡常数，不取决于反应过程中经历的步骤，无论反应分几步完成，其平衡常数表达式完全相同，这就是**多重平衡规则**. 也就是说，当某总反应为若干个分步反应之和(或之差)时，则总反应的平衡常数为这若干个分步反应平衡常数的乘积(或商). 例如，将 $CO_2(g)$ 通入 $NH_3(aq)$ 中，发生如下反应：

$$CO_2(g)+2NH_3(aq)+H_2O(l)=\!=\!=2NH_4^+(aq)+CO_3^{2-}(aq) \quad (1)$$

$$K_1^{\ominus}=\frac{[c(NH_4^+)/c^{\ominus}]^2[c(CO_3^{2-})/c^{\ominus}]}{[p(CO_2)/p^{\ominus}][c(NH_3)/c^{\ominus}]^2}$$

反应(1)是 $CO_2(g)$ 与 $NH_3(aq)$ 的总反应，实际上溶液中存在(a)、(b)、(c)、(d)四种平衡关系. 也就是说，总反应(1)可表示为(a)、(b)、(c)、(d)四步反应的总和，其中 OH^- 既参与平衡(a)又参与平衡(d)的反应，H_2CO_3 参与平衡(b)和(c)的反应.

$$2NH_3(aq)+2H_2O(l)\rightleftharpoons 2NH_4^+(aq)+2OH^-(aq) \quad (a)$$

$$CO_2(g)+H_2O(l)\rightleftharpoons H_2CO_3(aq) \quad (b)$$

$$H_2CO_3(aq)\rightleftharpoons CO_3^{2-}(aq)+2H^+(aq) \quad (c)$$

$$2H^+(aq)+2OH^-(aq)\rightleftharpoons 2H_2O(l) \quad (d)$$

在同一平衡体系中，一种物质的平衡浓度只能有一个数值. 所以 OH^- 和 H_2CO_3 的浓度项可消去，因而有

$$CO_2(g)+2NH_3(aq)+H_2O(l)\rightleftharpoons 2NH_4^+(aq)+CO_3^{2-}(aq)$$

$$K_1^{\ominus}=\frac{[c(NH_4^+)/c^{\ominus}]^2[c(CO_3^{2-})/c^{\ominus}]}{[p(CO_2)/p^{\ominus}][c(NH_3)/c^{\ominus}]^2}=K_a^{\ominus}\ K_b^{\ominus}\ K_c^{\ominus}\ K_d^{\ominus}$$

多重平衡规则说明 $K^{\ominus}$ 值与体系达到平衡的途径无关,仅取决于体系的状态——反应物(始态)和生成物(终态).

例 1-8 已知在 298 K 时:

(1) $H_2(g)+S(g)\rightleftharpoons H_2S(g)$; $K_1^{\ominus}=1.0\times10^{-3}$

(2) $S(g)+O_2(g)\rightleftharpoons SO_2(g)$; $K_2^{\ominus}=5.0\times10^{6}$

求反应 $H_2(g)+SO_2(g)\rightleftharpoons H_2S(g)+O_2(g)$ 在该温度时的 $K^{\ominus}$.

解:(1)-(2):$H_2(g)+SO_2(g)\rightleftharpoons H_2S(g)+O_2(g)$

$$K^{\ominus}=\frac{K_1^{\ominus}}{K_2^{\ominus}}=\frac{1.0\times10^{-3}}{5.0\times10^{6}}=2.0\times10^{-10}$$

四、Gibbs 自由能变化与化学平衡

根据范霍夫化学反应等温式:

$$\Delta_r G=\Delta_r G^{\ominus}+RT\ln\frac{a_G^e\cdot a_H^f}{a_A^b\cdot a_D^d}$$

当反应达平衡时,$\Delta_r G=0$,$\frac{a_G^e\cdot a_H^f}{a_A^b\cdot a_D^d}=K^{\ominus}$,则有

$$\Delta_r G^{\ominus}=-RT\ln K^{\ominus}$$

将它代入式(1-20)得

$$\Delta_r G=-RT\ln K^{\ominus}+RT\ln Q$$

其中的 Q 称为**反应商**,它的形式、写法与标准平衡常数完全相同,只是各活度项不再是平衡状态而是起始状态,因此其值与不同阶段时反应中各物质的浓度或分压有关.

因此,等温方程式中的 $\Delta_r G$ 仅决定于 Q 与 $K^{\ominus}$ 的相对比值:

当 $Q<K^{\ominus}$ 时,$\Delta_r G<0$,正向反应自发进行;

当 $Q=K^{\ominus}$ 时,$\Delta_r G=0$,反应达平衡;

当 $Q>K^{\ominus}$ 时,$\Delta_r G>0$,逆向反应自发进行.

五、化学反应进行的程度

化学反应达到平衡时,体系中物质 B 的浓度不再随时间而改变,此时反应物已最大限度地转变为生成物. 平衡常数具体反映出平衡时各物质相对浓度、相对分压之间的关系,通过平衡常数可以计算化学反应进行的最大程度,即化学平衡组成. 在化工生产中常用**转化率**(α)来衡量化学反应进行的程度. 某反应物的转化率是指该反应物已转化为生成物的百分数,即

$$\alpha=\frac{\text{某反应物已转化的量}}{\text{某反应物的总量}}\times100\% \tag{1-26}$$

化学反应达平衡时的转化率称为平衡转化率. 显然,平衡转化率是理论上该反应的最大转化率. 而在实际生产中,反应达到平衡需要一定的时间,流动的生产过程中,往往体系还没有达到平衡,反应物就离开了反应容器,所以实际的转化率要低于平衡转化率. 实际转化率与反应进行的时间有关. 工业生产中所说的转化率一般指实际转化率,而一般教材中所说

的转化率是指平衡转化率.

例 1-9 在容积为 10.00 L 的容器中装有等物质的量的 $PCl_3(g)$ 和 $Cl_2(g)$. 已知在 523 K 发生以下反应：

$$PCl_3(g)+Cl_2(g)\rightleftharpoons PCl_5(g)$$

达平衡时，$p(PCl_5)=100\ kPa$，$K^\ominus=0.57$. 求：

(1) 开始装入的 $PCl_3(g)$ 和 $Cl_2(g)$ 的物质的量；

(2) $Cl_2(g)$ 的平衡转化率.

解：(1) 设 $PCl_3(g)$ 和 $Cl_2(g)$ 的起始分压为 x kPa.

	$PCl_3(g)$	$+Cl_2(g)\rightleftharpoons$	$PCl_5(g)$
起始反压/kPa	x	x	0
平衡分压/Pa	$x-100$	$x-100$	100

$$K^\ominus=\frac{p(PCl_5)/p^\ominus}{[p(PCl_3)/p^\ominus][p(Cl_2)/p^\ominus]}$$

$$0.57=\frac{\frac{100}{100}}{\left(\frac{x-100}{100}\right)^2},x=232(\text{kPa})$$

起始 $n(PCl_3)=n(Cl_2)$

$$=\frac{p(PCl_3)V(PCl_3)}{RT}$$

$$=\frac{232\times10^3\times10.00\times10^{-3}}{8.314\times523}=0.534(\text{mol})$$

(2) $\alpha(Cl_2)=\dfrac{n_{\text{转化}}(Cl_2)}{n_{\text{起始}}(Cl_2)}\times100\%=\dfrac{p_{\text{转化}}(Cl_2)}{p_{\text{起始}}(Cl_2)}\times100\%$

$$=\frac{100}{232}\times100\%=43.1\%$$

例 1-10 将 1.0 mol H_2 和 1.0 mol I_2 放入 10 L 容器中，使其在 793 K 下达到平衡. 经分析，平衡体系中含 HI 0.12 mol，求反应

$$H_2(g)+I_2(g)\rightleftharpoons 2HI(g)$$

在 793 K 时的 $K^\ominus$.

解：从反应式可知，每生成 2 mol HI 要消耗 1 mol H_2 和 1 mol I_2. 根据这个关系，可求出平衡时各物质的物质的量.

	$H_2(g)$	+	$I_2(g)$	$\rightleftharpoons$	$2HI(g)$
起始时的物质的量/mol	1.0		1.0		0
平衡时的物质的量/mol	$1.0-\frac{0.12}{2}$		$1.0-\frac{0.12}{2}$		0.12

利用公式 $pV=nRT$，求得平衡时各物质的分压，代入标准平衡常数表达式：

$$K^\ominus=\frac{[n(HI)RT/V]^2}{[n(H_2)RT/V][n(I_2)RT/V]}\left(\frac{1}{p^\ominus}\right)^{\Sigma\nu}$$

$$=\frac{n^2(HI)}{n(H_2)\times n(I_2)}=\frac{(0.12)^2}{(0.94)^2}=0.016$$

第一章 化学反应的基本原理

1-2-2 化学平衡的移动

化学平衡是相对的,有条件的,一旦维持平衡的条件发生了变化(如浓度、压力、温度的变化),系统的宏观性质和物质的组成都将发生变化.原有的平衡将被破坏,代之以新的平衡.这种**因外界条件的改变而使化学反应从一种平衡状态向另一种平衡状态转变的过程称为化学平衡的移动**.影响化学平衡的因素主要有浓度、压力和温度等.

1. 浓度对化学平衡的影响

体系处于平衡状态时,$Q=K^{\ominus}$,如果改变平衡体系中某物质的浓度,必将导致体系内的真实浓度商 Q_c 不等于 $K^{\ominus}$,从而破坏原有的平衡状态,使平衡发生移动.如果增大反应物浓度或减小产物浓度,将使 $Q_c < K^{\ominus}$,则体系将向减小反应物浓度或增大产物浓度的方向,即正反应方向移动.随着反应的进行,反应物浓度不断减小,产物浓度不断增大,Q_c 值也随之不断增大.当 Q_c 值重新等于 $K^{\ominus}$ 时,体系又在新的浓度基础上建立起新的平衡.反之,如果增大平衡体系的产物浓度或减小平衡体系的反应物浓度,将使 $Q_c > K^{\ominus}$,体系将向减小产物或增大反应物浓度的方向,即逆反应方向移动.总之,在平衡体系中,增大(或减小)其中某物质的浓度,平衡就向减小(或增大)该物质浓度的方向移动.

例 1-11 800 ℃时,反应 $CO(g)+H_2O(g) \rightleftharpoons H_2(g)+CO_2(g)$ 的 $K^{\ominus}$ 等于 1.0.

(1) 若 CO 和 H_2O 的起始浓度分别为 2.0 mol·L^{-1} 和 3.0 mol·L^{-1},求反应达到平衡时各物质的浓度以及 CO 的转化率;

(2) 在(1)的平衡基础上增大水蒸气浓度,使之达到 6.0 mol·L^{-1},求达到新的平衡时各物质的浓度以及 CO 的转化率.

解:(1) 设平衡时 CO_2 的浓度为 x mol·L^{-1}.

	$CO(g)$	$+H_2O(g)$	$\rightleftharpoons H_2(g)$	$+CO_2(g)$
$c_{始}$/mol·L^{-1}	2.0	3.0	0	0
$c_{平}$/mol·L^{-1}	$2.0-x$	$3.0-x$	x	x

$$K_c^{\ominus}=\frac{\frac{[CO_2]}{c^{\ominus}}\frac{[H_2]}{c^{\ominus}}}{\frac{[CO]}{c^{\ominus}}\frac{[H_2O]}{c^{\ominus}}}=\frac{\frac{x^2}{(c^{\ominus})^2}}{\frac{(2.0-x)}{c^{\ominus}}\frac{(3.0-x)}{c^{\ominus}}}=1.0 \quad x=1.2(\text{mol}\cdot\text{L}^{-1})$$

$[CO]=2.0-x=0.8(\text{mol}\cdot\text{L}^{-1})$ $[H_2O]=3.0-x=1.8(\text{mol}\cdot\text{L}^{-1})$

$[CO_2]=[H_2]=x=1.2(\text{mol}\cdot\text{L}^{-1})$

$$\alpha_{CO}=\frac{\text{CO 的转化量}}{\text{CO 的起始量}}\times 100\%=\frac{1.2}{2}\times 100\%=60\%$$

(2) 设达到新的平衡时 CO_2 的浓度又增加 y.

	$CO(g)$	$+H_2O(g)$	$\rightleftharpoons H_2(g)$	$+CO_2(g)$
$c_{始}$/mol·L^{-1}	0.8	1.8	1.2	1.2
$c_{平}$/mol·L^{-1}	$0.8-y$	$6.0-y$	$1.2+y$	$1.2+y$

$$K_c^{\ominus}=\frac{\frac{[CO_2]}{c^{\ominus}}\frac{[H_2]}{c^{\ominus}}}{\frac{[CO][H_2O]}{(c^{\ominus})^2}}=\frac{\frac{(1.2+y)^2}{(c^{\ominus})^2}}{\frac{(0.8-y)(6.0-y)}{(c^{\ominus})^2}}=1.0 \qquad y=0.37\ \text{mol}\cdot\text{L}^{-1}$$

$[CO]=0.8-y=0.43(mol\cdot L^{-1})$，$[H_2O]=6.0-y=5.63(mol\cdot L^{-1})$

$[CO_2]=[H_2]=1.2+y=1.57(mol\cdot L^{-1})$

$$\alpha_{CO}=\frac{\text{CO 的转化量}}{\text{CO 的起始量}}\times 100\%=\frac{2-0.43}{2}\times 100\%=78.5\%$$

该例题说明，增加反应物浓度，则平衡向生成物方向移动，有利于提高反应物的转化率．在工业生产中常采用不断分离出产物的方法来提高反应物的利用率．

2．压力对化学平衡的影响

由于压力对固体和液体的体积影响很小，所以压力改变对固体和液体反应的平衡体系几乎没有影响．对于有气体参加的反应，压力改变可使平衡发生移动．压力改变有两种情况：平衡体系中某气体的分压发生改变；体系的总压力发生改变．

某气体分压的改变对平衡的影响与改变某物质的浓度相同．例如，增大某反应物的分压或减小某产物的分压，这时 $Q_p<K^\ominus$，平衡将向正反应方向移动，使反应物的分压减小和产物的分压增大．反之，如减小反应物的分压或增大产物的分压，这时 $Q_p>K^\ominus$，平衡将向逆反应方向移动，使反应物的分压增大和产物的分压减小．平衡移动的结果是使改变的影响减弱．

总压力的改变对那些反应前后计量系数不变的气相反应的平衡没有影响，因为增大或减小压力对生成物和反应物的分压产生的影响是等效的，所以对平衡的位置没有影响；对那些反应前后计量系数有变化的气相反应，总压的改变会影响它们的平衡位置，影响的程度可以通过平衡常数的计算来获得．

例 1-12　已知反应

$$N_2O_4(g)\rightleftharpoons 2NO_2(g)$$

在总压为 101.3 kPa 和温度为 325 K 时达到平衡，$N_2O_4(g)$的转化率为 50.2%．求：

(1) 该反应的 $K^\ominus$；

(2) 相同温度下，压力为 5×101.3 kPa 时 $N_2O_4(g)$的平衡转化率．

解：(1) 设反应起始时，$n(N_2O_4)=1$ mol，$N_2O_4(g)$的平衡转化率为 α．

	$N_2O_4(g)$	$\rightleftharpoons 2NO_2(g)$
起始时物质的量 n_B/mol	1	0
平衡时物质的量 n_B/mol	$1-\alpha$	2α
平衡时总物质的量 $n_{总}$/mol	$1-\alpha+2\alpha=1+\alpha$	
平衡分压 p_B/kPa	$\frac{1-\alpha}{1+\alpha}\times 101.3$	$\frac{2\alpha}{1+\alpha}\times 101.3$

$$\text{标准平衡常数 } K^\ominus=\frac{[p(NO_2)/p^\ominus]^2}{p(N_2O_4)/p^\ominus}$$

$$=\left(\frac{2\alpha}{1+\alpha}\times\frac{101.3}{100}\right)^2\times\left(\frac{1-\alpha}{1+\alpha}\times\frac{101.3}{100}\right)^{-1}$$

$$=\frac{4\times 0.502^2}{1-0.502^2}\times\frac{101.3}{100}=1.37$$

(2) 温度不变，$K^\ominus$不变：

$$K^\ominus=\frac{4\alpha^2}{1-\alpha^2}\times\frac{5\times 101.3}{100}=1.37$$

$$\alpha = 0.251 = 25.1\%$$

计算结果表明增加总压,平衡向气体化学计量系数减少的方向移动.

3. 温度对化学平衡的影响

温度对化学平衡的影响与浓度、压力的影响有本质上的区别. 浓度、压力改变时,平衡常数不变. 而温度改变使标准平衡常数的数值发生变化. 因此要定量地讨论温度的影响,必须先了解温度与平衡常数的关系. 因为

$$\Delta_r G^{\ominus} = -RT\ln K^{\ominus}$$

$$\Delta_r G^{\ominus} = \Delta_r H^{\ominus} - T\Delta_r S^{\ominus}$$

合并两式:

$$\ln K^{\ominus} = -\frac{\Delta_r H^{\ominus}}{RT} + \frac{\Delta_r S^{\ominus}}{R}$$

设在温度 T_1 和 T_2 时的平衡常数为 $K_1^{\ominus}$ 和 $K_2^{\ominus}$,并设 $\Delta_r H^{\ominus}$ 和 $\Delta_r S^{\ominus}$ 不随温度而变,则

$$\ln \frac{K_2^{\ominus}}{K_1^{\ominus}} = \frac{\Delta_r H^{\ominus}}{R}\left(\frac{1}{T_1} - \frac{1}{T_2}\right) \tag{1-27}$$

式(1-27)是表述 $K^{\ominus}$ 与 T 关系的重要方程式. 当已知化学反应的 $\Delta_r H^{\ominus}$ 时,只要知道某温度下 T_1 的 $K_1^{\ominus}$,即可利用上式求另一温度 T_2 下的 $K_2^{\ominus}$. 此外也可以从已知两温度下的平衡常数求反应的 $\Delta_r H^{\ominus}$.

例 1-13 试计算反应

$$CO_2(g) + 4H_2(g) \rightleftharpoons CH_4(g) + 2H_2O(g)$$

在 800 K 时的 $K^{\ominus}$.

解: 欲利用式(1-27)计算 800 K 时的 $K^{\ominus}$,必须先知道另一温度时的 $K^{\ominus}$. 为此,可先查表求得 298 K 时的 $K_{298}^{\ominus}$ 和 $\Delta_r H_m^{\ominus}$. 查表得

	$CO_2(g)$	$H_2(g)$	$CH_4(g)$	$H_2O(g)$
$\Delta_f H_m^{\ominus}/(kJ \cdot mol^{-1})$	−393.5	0	−74.8	−241.8
$\Delta_f G_m^{\ominus}/(kJ \cdot mol^{-1})$	−394.4	0	−50.8	−228.6

$$\Delta_r H_m^{\ominus} = -74.8 + 2\times(-241.8) - (-393.5)$$
$$= -164.9(kJ \cdot mol^{-1})$$

$$\Delta_r G_m^{\ominus} = -50.8 + 2\times(-228.6) - (-394.4)$$
$$= -113.6(kJ \cdot mol^{-1})$$

$$\ln K_{298}^{\ominus} = \frac{-\Delta_r G_m^{\ominus}}{RT} = \frac{-(-113.6\times10^3)}{8.314\times298} = 45.85$$

将上述数据代入式(1-27),得

$$\ln \frac{K_{800}^{\ominus}}{K_{298}^{\ominus}} = -41.74$$

$$\ln K_{800}^{\ominus} = 45.85 - 41.74 = 4.11,\ K_{800}^{\ominus} = 60.95$$

4. 催化剂对化学平衡的影响

催化剂虽然能改变反应速率,但对正、逆反应速率的改变是相同的. 因此,它只能缩短反应达到平衡的时间,而不影响平衡的状态,即不使平衡发生移动.

通过讨论浓度、压力和温度等对化学平衡移动的影响,可以总结出平衡移动的总规律为:如果改变平衡系统的条件之一(如浓度、压力或温度),平衡就向减弱这种改变的方向移

动. 这一规律称为勒·夏特列(Le Chatelier)原理，又称为**平衡移动原理**. 如果增加反应物的浓度或反应气体的分压，平衡向生成物方向移动，以减弱反应物浓度或反应气体分压增加的影响；如果增加平衡体系的总压(不包括充入不参与反应的气体)，平衡向气体分子数减少的方向移动，以减小总压的影响；如果升高温度，平衡向吸热反应方向移动，减弱温度升高对体系的影响. 例如，在下列的平衡体系中：

$$3H_2(g)+N_2(g)\rightleftharpoons 2NH_3(g)$$

$$\Delta_r H^{\ominus}=-92.2\ kJ\cdot mol^{-1}$$

增加 H_2 的浓度或分压	平衡向右移动
减小 NH_3 的浓度或分压	平衡向右移动
增加体系总压力	平衡向右移动
增加体系温度	平衡向左移动

勒·夏特列原理不仅适用于化学平衡，也适用于物理平衡，是关于平衡移动的一个普遍性规律. 但应当注意，此原理只适用于已经达到平衡的体系，对于未达到平衡的体系是不适用的，而且只能做出定性的判断.

1-3 化学反应速率

1-3-1 化学反应速率的表示

化学反应进行的快慢是用化学反应速率来表示的. 历史上曾出现过各种定量地表示反应速率的方法，目前普遍采用单位时间内反应物的浓度的减少或生成物浓度的增加量来表示。在容积不变的反应器中，通常是用单位时间内反应物浓度的减少或生成物浓度的增加(均取正值)来表示。浓度单位一般用摩尔·升$^{-1}$，时间单位用秒、分或小时。

表达式为

$$r=\frac{\Delta c}{\Delta t} \tag{1-28}$$

上述化学反应速率是平均速率，而不是瞬时速率. 无论浓度的变化是增加还是减少，一般都取正值，所以化学反应速率一般为正值。

例 1-14 在 2L 的密闭容器中，加入 1 mol N_2 和 3 mol H_2，发生 $N_2+3H_2 = 2NH_3$，在 2s 末时，测得容器中含有 0.4mol 的 NH_3，求该反应的化学反应速率。

解：三步法：

	N_2	$+3H_2$	$=2NH_3$
起始浓度(mol/L)	0.5	1.5	0
变化浓度(mol/L)	0.1	0.3	0.2
2s 末浓度(mol/L)	0.4	1.2	0.2

$$r(N_2)=\frac{\Delta c}{\Delta t}=\frac{0.1\ mol/L}{2s}=0.05(mol\cdot L^{-1}\cdot s^{-1})$$

$$r(H_2)=\frac{\Delta c}{\Delta t}=\frac{0.3mol/L}{2s}=0.15(mol\cdot L^{-1}\cdot s^{-1})$$

$$r(NH_3)=\frac{\Delta c}{\Delta t}=\frac{0.2mol/L}{2s}=0.10(mol\cdot L^{-1}\cdot s^{-1})$$

由上题可知，同一反应的反应速率用不同的物质表示，其数值可能不同，但所表示的意义是相同的，所以应注明是由哪种物质表示的反应速率。此外，在同一个反应中，各物质的反应速率之比等于方程式中的系数比。如上题中：

$$\frac{r(N_2)}{r(H_2)}=\frac{1}{3},\frac{r(H_2)}{r(NH_3)}=\frac{3}{2}$$

1-3-2 反应速率理论和活化能

有关化学反应速率理论，一是20世纪初在接受了阿累尼乌斯关于“活化态”和“活化能”概念的基础上，利用已经建立起来的气体分子运动论，在1918年由Lewis建立的简单碰撞理论；二是20世纪30年代Eyring在量子力学和统计力学的基础上提出的化学反应速率的过渡状态理论.下面分别简单介绍这两种理论.

一、碰撞理论(Collision Theory)

碰撞理论是在气体分子运动论的基础上建立的，主要适用于气相双分子反应.其主要论点是：

(1) 反应物分子必须相互碰撞才能发生反应，反应速率与碰撞频率 $Z(AB)$ 成正比.

分子发生碰撞是指两个分子以很高的速度相互接近，彼此进入到分子力场的范围之内，并使各自的分子力场发生变化.在发生碰撞时造成旧的化学键断裂，新的化学键生成，同时完成化学反应.

(2) 不是每一次碰撞都能发生反应，只有分子间相对平动能超过某一临界值 E_C 时，它们碰撞才能发生反应，这种碰撞称为有效碰撞.

能够发生有效碰撞的分子称为活化分子，通常它只是分子总数中的一小部分.活化分子具有的最低能量与反应物分子的平均能量之差称为**活化能(activation energy)**，用符号 E_a 表示.温度一定时，活化能越低的反应其活化分子分数越大；相反，活化能越高，则活化分子分数越小.即在其他条件相同时，活化能越低的反应其反应速率越大，而活化能越高的反应其反应速率越小.可见，活化能就是化学反应的阻力，也称能垒.不同的化学反应具有不同的活化能，因而活化分子分数也不同，这就是化学反应有快有慢的根本原因.

(3) 气体分子运动论中把分子看成刚性小球，但实际上分子有一定的几何形状，有特有的空间结构.要使分子能发生化学反应，除了分子必须具有足够高的相对平动能之外，还必须考虑碰撞时分子的空间方位.

二、过渡态理论

过渡态理论是在量子力学和统计力学的基础上提出来的.该理论认为在反应过程中，反应物必须经过一个高能量的过渡状态，再转化为生成物，在反应过程中有化学键的重新排布和能量的重新分配.例如：

$$A+BC \longrightarrow AB+C$$

其实际过程是：

$$A+BC \xrightleftharpoons{快} [A\cdots B\cdots C] \xrightarrow{慢} AB+C \tag{1-29}$$

A与BC反应时，A与B接近并产生一定的作用力，同时B与C之间的键减弱，生成不稳定的[A…B…C]，称为过渡态或活性复合物.

图 1-2 表明反应物 A+BC 和生成物 AB+C 均是能量低的稳定状态，过渡态是能量高的不稳定状态. 在反应物和生成物之间有一道能量很高的势垒，过渡态是反应历程中能量最高的点.

反应物吸收能量成为过渡态，反应的活化能就是翻越势垒所需的能量. 正反应的活化能与逆反应的活化能之差可认为是反应的热效应 ΔH. 过渡态极不稳定，很容易分解为原来的反应物(快反应)，也可能分解得到产物(慢反应).

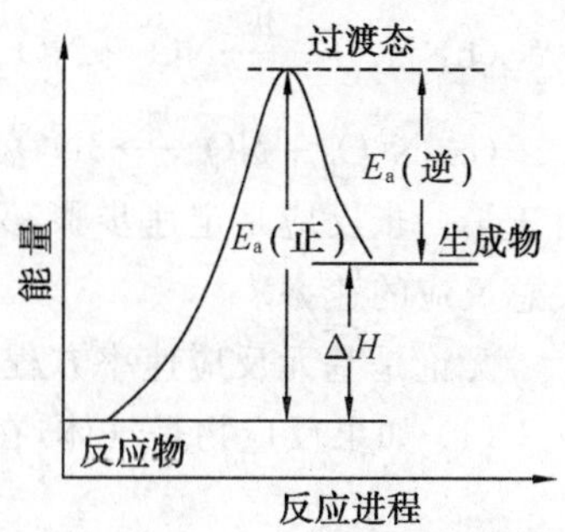

图 1-2　反应物、产物和过渡态的能量关系

1-3-3　浓度对化学反应速率的影响

一、质量作用定律

大量实验表明，在一定温度下，增加反应物的浓度可以增大反应速率. 这个结论可以用反应速率理论来解释. 因为在一定温度下，反应物中的活化分子百分数是一定的，增加反应物浓度，单位体积内活化分子总数增加，有效碰撞的机会增多，因而反应速率加快.

1. 基元反应(Elementary Reaction)

实验证明，有些反应从反应物转化为生成物是一步完成的，这样的反应称为基元反应. 而大多数反应是多步完成的，这些反应称为非基元反应，或复杂反应.

2. 基元反应的化学反应速率方程式

对于基元反应，**在一定温度下反应速率与反应物浓度系数次方的乘积成正比，这就是质量作用定律.**

基元反应　　$aA + dD \longrightarrow gG + hH$

反应速率　　$r = kc_A^a c_D^d$　　(1-30)

式(1-30)就是质量作用定律的数学表达式，也称为基元反应的速率方程. 式中的 k 为**速率常数(rate constant)**，在数值上等于反应物浓度均为 1 mol · L^{-1}时的反应速率. k 的大小由反应物的本性决定，与反应物的浓度无关. 改变反应物的浓度，可以改变反应的速率，但不会改变 k 的大小. 改变温度或使用催化剂，会使 k 的数值发生改变. 速率常数 k 一般是实验测定的. 在相同条件下，k 的大小反映了反应的快慢程度，k 值越大表示反应速率越大，k 值越小表示反应速率越小. k 的单位则取决于反应速率的单位和各反应物浓度幂的指数.

二、非基元反应的速率方程式

质量作用定律只适用于基元反应及复杂反应中的基元反应，但绝大多数的反应是复杂反应，不能用质量作用定律直接写出它们的速率方程式，必须通过实验数据来确定反应速率方程式.

如反应

$$2N_2O_5 \longrightarrow 4NO_2 + O_2$$

实验测得其速率方程式为

$$r = kc_{N_2O_5}$$

说明此反应的速率仅与 N_2O_5 浓度的一次方成正比，而不是与其二次方成正比. 原因是这个反应实际上是分三步进行的：

(a) $N_2O_5 \xrightarrow{慢} N_2O_3 + O_2$

(b) $N_2O_3 \xrightarrow{快} NO_2 + NO$

(c) $N_2O_5 + NO \xrightarrow{快} 3NO_2$

由于第一步反应是定速步骤,又是基元反应,可以用质量作用定律,所得的反应速率即可代表总反应的速率.

无论是基元反应速率方程式还是非基元反应速率方程式,在应用时都应加以注意:

(1) 如果反应物是气体,在反应速率方程式中可用气体分压来代替浓度.例如:

$$2NO_2 \longrightarrow 2NO + O_2$$

用浓度表示的反应速率方程式为

$$r = k_c c_{NO_2}^2$$

用分压表示则为

$$r = k_p p_{NO_2}^2$$

式中 k_p 和 k_c 都是速率常数,但两者的数值是不相等的.

(2) 如果反应物中有纯固体或纯液体参加,则把它们的浓度视为常数,不写进速率方程式中.例如,碳的燃烧反应为

$$C(s) + O_2(g) \longrightarrow CO_2(g)$$

当碳的表面积一定时,反应速率仅与 O_2 的浓度或分压成正比,故

$$r = k_c c_{O_2} \text{ 或 } r = k_p p_{O_2}$$

(3) 对有溶剂水参加的反应,如反应过程中溶剂的相对量变化不大时,则可以把水的浓度也近似看作常数而合并到速率常数项内.如蔗糖的水解反应:

$$\underset{(蔗糖)}{C_{12}H_{22}O_{11}} + \underset{(溶剂)}{H_2O} \longrightarrow \underset{(果糖)}{C_6H_{12}O_6} + \underset{(葡萄糖)}{C_6H_{12}O_6}$$

$$r = k' c_{C_{12}H_{22}O_{11}} c_{H_2O}$$

设 $$k = k' c_{H_2O}$$

则 $$r = k c_{C_{12}H_{22}O_{11}}$$

例 1-15 N_2O_5 的分解反应 $2\,N_2O_5 = 4\,NO_2 + O_2$,各反应物质的速率方程分别如下:

$$r_{N_2O_5} = k_1 c_{N_2O_5}, r_{NO_2} = k_2 c_{N_2O_5}, r_{O_2} = k_3 c_{N_2O_5}$$

试写出它们反应速率常数之间的关系。

解:由于 $r_{N_2O_5} = 2/4 r_{NO_2} = 2/1 r_{O_2}$

所以:$k_1 = \frac{1}{2} k_2 = 2k_3$

三、反应级数和反应分子数

1. 反应级数(reaction order)

多数化学反应的速率方程都可表示为反应物浓度某方次的乘积,$r = kc_A^a\ c_D^d \cdots$ 式中某反应物浓度的方次是该反应物的反应级数,如反应物 A 的级数是 a,反应物 D 的级数是 d.所有反应物级数的加和 $a + d + \cdots$ 就是该反应的级数.

一般而言,基元反应中反应物的级数与其计量系数一致,非基元反应中则可能不同.反应级数都是实验测定的,而且可能因实验条件改变而发生变化.例如,蔗糖水解是二级反应,但当反应体系中水的量很大时,反应前后体系中水的量可认为未改变,则此反应表现为

一级反应.

反应级数可以是整数,也可以是分数或为零. 但对一般化学反应来说,大多数为一级或二级反应,其中尤以一级反应更为常见. 反应级数的大小,说明浓度对反应速率影响的程度. 级数越大,受浓度的影响就越明显.

例 1-16 下列为三个反应的速率方程实验测定结果,试讨论它们的反应级数。

$$H_2+Cl_2 \rightarrow 2HCl \qquad r=kc_{H_2}c_{Cl_2}^{1/2} \tag{1}$$

$$H_2+Br_2 \rightarrow 2HBr \qquad r=\frac{kc_{H_2}c_{Br_2}^{1/2}}{1+k'\frac{c_{HBr}}{c_{Br_2}}} \tag{2}$$

$$H_2+I_2 \rightarrow 2HI \qquad r=kc_{H_2}c_{I_2} \tag{3}$$

解:式(1)为简单级数反应,式(2)的反应速率方程不具有 $r=kc_A^{\alpha}c_B^{\beta}\cdots\cdots$ 的形式,无级数可言,式(3)为二级反应。所以,速率方程的各个指数可以与方程中反应物前的计量数一致,也可不一致,要根据实验确定。三个反应的计量系数相同,但速率方程不同,说明它们的反应机制不同。

反应级数是动力学的一个重要参数。从反应级数可确立反应速率方程,了解浓度对反应速率的影响程度,以便控制反应速率,还可帮助了解反应机制和过程。

2. 反应分子数

基元反应中实际参加反应的分子、原子、离子或自由基的数目称为反应分子数. 由一个分子参加而完成的反应称为单分子反应;由两个分子参加而完成的反应称为双分子反应;由三个分子参加而完成的反应称为三分子反应. 三分子以上的反应目前还未发现.

必须明确,反应级数和反应分子数的概念是不同的. 前者是根据实验求得的反应速率方程式而提出的概念,多用于总反应;而后者是从反应机理提出的概念,是指基元反应中实际参加反应的微粒数目,它只能是正整数,没有分数或小数. 对于同一反应来说,两者的数值往往是不同的,只有基元反应和少数其他反应的反应级数才和反应分子数相同.

1-3-4 温度对反应速率的影响

温度对反应速率有显著的影响,且其影响比较复杂. 多数化学反应随温度升高反应速率增大. 一般温度每升高 10 K,反应速率大约增加 2~4 倍. 这是一个很近似的规律. 1889 年阿累尼乌斯在总结大量实验事实的基础上,提出了反应速率常数与温度的定量关系式:

$$k=Ae^{-\frac{E_a}{RT}} \tag{1-31}$$

或

$$\ln k=-\frac{E_a}{RT}+\ln A \tag{1-32}$$

式中 E_a 为反应的活化能,R 为摩尔气体常数,A 称为指前因子(对指定反应来说为一常数),e 为自然对数的底(e=2.718). 由式(1-31)可见,k 与温度 T 成指数的关系,温度微小的变化将导致 k 值较大的变化.

如果由实验测得某反应在一系列不同温度时的 k 值,并以 $\ln k$ 对 $\frac{1}{T}$ 作图,由式(1-32)可知,应得一直线. 直线的斜率为 $-\frac{E_a}{R}$,截距为 $\ln A$,则该反应的活化能 E_a 可求得.

反应活化能也可用阿累尼乌斯公式直接计算得到. 设某反应在温度 T_1 和 T_2 时的速率常数分别为 k_1 和 k_2,则

$$\ln\frac{k_2}{k_1}=\frac{E_a}{R}\left(\frac{1}{T_1}-\frac{1}{T_2}\right)=\frac{E_a}{R}\left(\frac{T_2-T_1}{T_1T_2}\right) \tag{1-33}$$

例 1-17 已知反应 $2N_2O_5(g)\longrightarrow 4NO_2(g)+O_2(g)$ 在 318 K 和 338 K 时的反应速率常数分别为 $k_1=4.98\times10^{-4}\ s^{-1}$ 和 $k_2=4.87\times10^{-3}\ s^{-1}$,求该反应的活化能 E_a 和 298 K 时的速率常数 k_3.

解:由 $\ln\frac{k_2}{k_1}=\frac{E_a}{R}\left(\frac{1}{T_1}-\frac{1}{T_2}\right)$ 得

$$\ln\frac{4.87\times10^{-3}}{4.98\times10^{-4}}=\frac{E_a}{8.314}\left(\frac{1}{318}-\frac{1}{338}\right)$$

$$E_a=1.02\times10^{5}=102(kJ\cdot mol^{-1})$$

设 298 K 时的速率常数为 k_3:

$$\ln\frac{k_3}{4.98\times10^{-4}}=\frac{1.02\times10^{5}}{8.314}\left(\frac{1}{318}-\frac{1}{298}\right)$$

$$k_3=3.74\times10^{-5}(s^{-1})$$

1-3-5 催化剂对反应速率的影响

催化剂(catalyst)是一种只要少量存在就能显著改变反应速率,但不改变化学反应的平衡位置,而且在反应结束时,其自身的质量、组成和化学性质基本不变的物质. 通常,能加快反应速率的催化剂称为**正催化剂(positive catalyst)**,简称为催化剂;而减慢反应速率的催化剂称为**负催化剂(negative catalyst)**,或阻化剂、抑制剂. 催化剂对化学反应的作用称为**催化作用(catalysis)**. 例如,合成氨生产中使用的铁,硫酸生产中使用的 V_2O_5,以及促进生物体化学反应的各种酶(如淀粉酶、蛋白酶、脂肪酶等)均为正催化剂;减慢金属腐蚀速率的缓蚀剂,防止橡胶、塑料老化的防老化剂等均为负催化剂.

对可逆反应,催化剂既能加快正反应速率,也能加快逆反应速率,因此催化剂能缩短平衡到达的时间. 但在一定温度下,催化剂并不能改变平衡混合物的浓度,即不能改变平衡状态,反应的平衡常数不受影响. 因此催化剂不能改变反应的标准摩尔吉布斯自由能变 $\Delta_rG_m^{\ominus}$. 催化剂不能启动热力学证明不能进行的反应(即 $\Delta_rG_m>0$ 的反应).

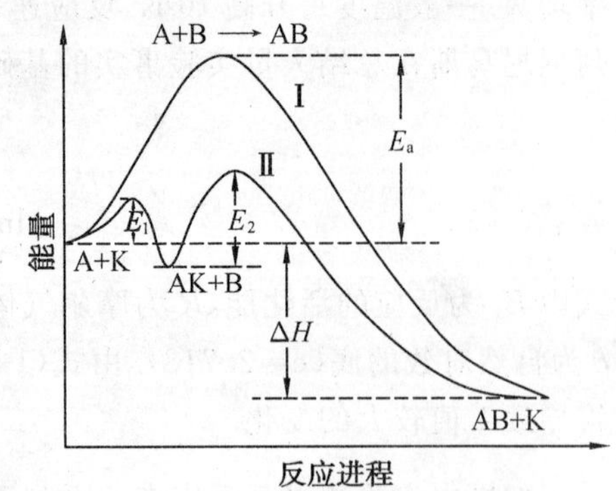

图 1-3 催化剂对反应速率的影响

催化剂能显著地加快化学反应速率,是由于在反应过程中催化剂与反应物之间形成一种能量较低的活化络合物,改变了反应的途径,与无催化剂的反应途径相比较,所需的活化能显著地降低(图 1-3),从而使活化分子百分数和有效碰撞次数增多,导致反应速率增大. 例如,化学反应 $A+B\longrightarrow AB$,无催化剂存在时是按照途径Ⅰ进行的,它的活化能为 E_a;当有催化剂 K 存在时,其反应机理发生了变化,反应按照途径Ⅱ分两步进行:

A+K ⟶ AK　　活化能为 E_1

AK+B ⟶ AB+K　　活化能为 E_2

由于 E_1、E_2 均小于 E_a，所以反应速率增大了.

例如，在 503 K 时，反应

$$2HI(g) \rightleftharpoons H_2(g)+I_2(g)$$

在无催化剂时，反应的活化能为 184.1 $kJ \cdot mol^{-1}$；当用 Au 作催化剂时，反应的活化能为 104.6 $kJ \cdot mol^{-1}$，活化能降低了约 80 $kJ \cdot mol^{-1}$，可使反应速率增大 1 亿多倍.

习　题

1. 一隔板将一刚性绝热容器分为左右两室，左室气体压力大于右室气体压力. 现将隔板抽去，左、右两室中气体的压力达到平衡. 若以全部气体为体系，则 ΔU、Q、W 是为正，还是为负、为零？($\Delta U=Q=W=0$)

2. 计算下列体系的热力学能变化：

(1) 体系吸收了 100 J 的热量，并且体系对环境做了 540 J 的功；

(2) 体系放出 100 J 热量，并且环境对体系做了 635 J 的功.

[(1) $\Delta U=-440$ J，(2) $\Delta U=535$ J]

3. 298 K 时，水的蒸发热为 43.93 $kJ \cdot mol^{-1}$. 计算蒸发 1 mol 水时的 Q_p、W 和 ΔU.

($\Delta_r H_m^\ominus = Q_p = 43.93\ kJ \cdot mol^{-1}$，$W=2.48$ kJ，$\Delta_r U_m^\ominus = 41.45\ kJ \cdot mol^{-1}$)

4. 298 K 时 6.5 g 液体苯在弹式量热计中完全燃烧，放热 272.3 kJ. 求该反应的 $\Delta_r U_m^\ominus$ 和 $\Delta_r H_m^\ominus$. ($-3267.6 kJ \cdot mol^{-1}$，$-3271.3 kJ \cdot mol^{-1}$)

5. 已知 298 K，标准状态下：

(1) $Cu_2O(s)+\frac{1}{2}O_2(g) = 2CuO(s)$；　$\Delta_r H_m^\ominus = -146.02\ kJ \cdot mol^{-1}$

(2) $CuO(s)+Cu(s) = Cu_2O(s)$；　$\Delta_r H_m^\ominus = -11.30\ kJ \cdot mol^{-1}$

求反应 $CuO(s) = Cu(s)+\frac{1}{2}O_2(g)$ 的 $\Delta_r H_m^\ominus$. (157.32 $kJ \cdot mol^{-1}$)

6. 已知 298 K，标准状态下：

(1) $Fe_2O_3(s)+3CO(g) = 2Fe(s)+3CO_2(g)$；　$\Delta_r H_m^\ominus = -24.77\ kJ \cdot mol^{-1}$

(2) $3Fe_2O_3(s)+CO(g) = 2Fe_3O_4(s)+CO_2(g)$；　$\Delta_r H_m^\ominus = -52.19\ kJ \cdot mol^{-1}$

(3) $Fe_3O_4(s)+CO(g) = 3FeO(s)+CO_2(g)$；　$\Delta_r H_m^\ominus = 39.01\ kJ \cdot mol^{-1}$

求反应 $Fe(s)+CO_2(g) = FeO(s)+CO(g)$ 的 $\Delta_r H_m^\ominus$. (16.69 $kJ \cdot mol^{-1}$)

7. 由 $\Delta_f H_m^\ominus$ 的数据计算下列反应在 298 K、标准状态下的反应热 $\Delta_r H_m^\ominus$.

(1) $4NH_3(g)+5O_2(g) = 4NO(g)+6H_2O(l)$

(2) $8Al(s)+3Fe_3O_4(s) = 4Al_2O_3(s)+9Fe(s)$

(3) $CO(g)+H_2O(g) = CO_2(g)+H_2(g)$

($-1\,168.8\ kJ \cdot mol^{-1}$，$-3\,352.7\ kJ \cdot mol^{-1}$，$-41.2\ kJ \cdot mol^{-1}$)

8. 由 $\Delta_f G_m^\ominus$ 和 $S_m^\ominus$ 的数据，计算下列反应在 298 K 时的 $\Delta_r G_m^\ominus$、$\Delta_r S_m^\ominus$ 和 $\Delta_r H_m^\ominus$.

(1) $Ca(OH)_2(s)+CO_2(g)$ ══ $CaCO_3(s)+H_2O(l)$

(2) $N_2(g)+3H_2(g)$ ══ $2NH_3(g)$

(3) $2H_2S(g)+3O_2(g)$ ══ $2SO_2(g)+2H_2O(l)$

[(1) −74.8 kJ・mol^{-1}, −134.18 J・mol^{-1}・K^{-1}, −114.79 kJ・mol^{-1};(2) −33.0 kJ・mol^{-1}, −197.4 J・mol^{-1}・K^{-1}, −91.83 kJ・mol^{-1};(3) −1 007.6 kJ・mol^{-1}, −391.27 J・mol^{-1}・K^{-1}, −1 123.9 kJ・mol^{-1}]

9. 1 mol 水在其沸点 100 ℃下汽化,恒压汽化热为 2.26 kJ・g^{-1},求 W、Q、ΔU、ΔH 和 ΔG.(−3.10 kJ, 40.68 kJ, 37.58 kJ, 40.68 kJ, 0 kJ)

10. 判断下列反应:

$C_2H_5OH(g)$ ══ $C_2H_4(g)+H_2O(g)$(附录可查所需的 $\Delta_f H_m^\ominus$、$\Delta_f G_m^\ominus$ 和 $S_m^\ominus$ 值.)

(1) 在 25 ℃下能否自发进行?

(2) 在 360 ℃下能否自发进行?

(3) 求该反应能自发进行的最低温度.(不能,能,362 K)

11. 写出下列反应的标准平衡常数表达式.

(1) $N_2(g)+3H_2(g)$ ══ $2NH_3(g)$

(2) $CH_4(g)+2O_2(g)$ ══ $CO_2(g)+2H_2O(l)$

(3) $CaCO_3(s)$ ══ $CaO(s)+CO_2(g)$

12. 已知在某温度时:

(1) $2CO_2(g)$ ══ $2CO(g)+O_2(g)$;$K_1^\ominus=A$

(2) $SnO_2(s)+2CO(g)$ ══ $Sn(s)+2CO_2(g)$;$K_2^\ominus=B$

则在同一温度下的反应 $SnO_2(s)$ ══ $Sn(s)+O_2(g)$ 的 $K_3^\ominus$ 为多少?(AB)

13. 在 585 K 和总压力为 100 Pa 时,有 56.4% NOCl 按下式分解:$2NOCl(g)$ ══ $2NO(g)+Cl_2(g)$.若未分解时 NOCl 的量为 1 mol,计算:(1) 平衡时各组分的物质的量;(2) 各组分的平衡分压;(3) 该温度时的 $K^\ominus$.

[(1) 0.436 mol, 0.564 mol, 0.282 mol;(2) 34kPa, 44 kPa, 22 kPa;(3) 0.368]

14. 反应 $H_2(g)+I_2(g)$ ══ $2HI(g)$ 在 713 K 时的 $K^\ominus=49$, 698 K 时的 $K^\ominus=54.3$.

(1) 上述反应的 $\Delta_r H_m^\ominus$ 为多少(698 K~713 K)?上述反应是吸热反应,还是放热反应?

(2) 计算 713 K 时的 $\Delta_r G_m^\ominus$.

(3) 当 H_2、I_2、HI 的分压分别为 100 kPa、100 kPa 和 50 kPa 时,计算 713 K 时反应的 $\Delta_r G_m$.[(1)−28.33 kJ・mol^{-1},放热;(2)−23.07 kJ・mol^{-1};(3)−31.29 kJ・mol^{-1}]

15. 某反应 25 ℃时 $K^\ominus=32$, 37 ℃时 $K^\ominus=50$. 求 37 ℃时该反应的 $\Delta_r G_m^\ominus$, $\Delta_r H_m^\ominus$, $\Delta_r S_m^\ominus$(设此温度范围内 $\Delta_r H_m^\ominus$ 为常数).

(−10.08 kJ・mol^{-1}, 28.56 kJ・mol^{-1}, 124.6 J・K^{-1}・mol^{-1})

16. 已知气相反应:

$$N_2O_4(g) \rightleftharpoons 2NO_2(g)$$

在 318 K 时,向 0.5 L 的真空容器中引入 3×10^{-3} mol 的 N_2O_4,当达到平衡时总压力为 25.8 kPa,试计算:

(1) 318 K 时 N_2O_4 的分解百分率;

(2) 318 K 时的标准平衡常数和 $\Delta_r G_m^\ominus$;

(3) 已知反应在 298 K 时的 $\Delta_r H_m^\ominus = 72.8\ \text{kJ} \cdot \text{mol}^{-1}$，计算 318 K 下反应的 $\Delta_r S_m^\ominus$. [(1) 62.26%；(2) 1.14 kJ·mol^{-1}；(3) 240.5 J·K^{-1}·mol^{-1}]

17. 在 497 ℃、101.3 kPa 下，在某一容器中反应 $2NO_2(g) \rightleftharpoons 2NO(g) + O_2(g)$ 建立平衡，有 56% 的 NO_2 转化为 NO 和 O_2，求 $K^\ominus$. 若要使 NO_2 的转化率增加到 80%，则平衡时压力是多少？(0.37，7.8 kPa)

18. 将 1.50 mol NO、1.00 mol Cl_2 和 2.50 mol NOCl 放在容积为 15.0 L 的容器中混合，230 ℃时，反应 $2NO(g) + Cl_2(g) \rightleftharpoons 2NOCl(g)$ 达到平衡，测得有 3.06 mol 的 NOCl 存在. 计算平衡时 NO 的物质的量和该反应的标准平衡常数. (0.94 mol，5.27)

19. 反应 $PCl_5(g) \rightleftharpoons PCl_3(g) + Cl_2(g)$ 在 760 K 时的标准平衡常数 $K^\ominus$ 为 33.3. 若将 50.0 g 的 PCl_5 注入容积为 3.00 L 的密闭容器中，求 760 K 下反应达平衡时 PCl_3 的分解率和容器中的压力. (88.1%，950 kPa)

20. 反应 $2NO(g) + 2H_2(g) \longrightarrow N_2(g) + 2H_2O(g)$ 的速率方程式中，对 NO(g) 为二次方，对 $H_2(g)$ 为一次方.

(1) 写出 $N_2(g)$ 的生成速率方程式.

(2) 浓度单位为 mol·L^{-1}、时间单位为 s 时，该反应速率常数 k 的单位是什么？

(3) 如果浓度用气体分压(用 kPa)表示，k 的单位又是什么？

(4) 写出 NO(g) 消耗的速率方程式. 在这个方程式中，k 在数值上是否与问题(1)中方程式的 k 值相同？($r_{N_2} = k_{N_2} C_{NO_2} CH_{21}$，mol^{-2}·L^2·s^{-1}，$k$Pa^{-2}·s^{-1}，$r_{NO} = k_{NO} C_{NO_2} c_{H_2}$，不相同，$2r_{N_2} = r_{NO}$，$2k_{N_2} = k_{NO}$)

21. 求反应 $C_2H_5Br \longrightarrow C_2H_4 + HBr$ 在 700 K 时的速率常数. 已知该反应活化能为 225 kJ·mol^{-1}，650 K 时 $k = 2.0 \times 10^{-5}\ s^{-1}$. ($3.9 \times 10^{-4}\ s^{-1}$)

22. 反应 $C_2H_4 + H_2 \longrightarrow C_2H_6$ 在 300 K 时 $k_1 = 1.3 \times 10^{-3}$ mol·L^{-1}·s^{-1}，400 K 时 $k_2 = 4.5 \times 10^{-3}$ mol·L^{-1}·s^{-1}，求该反应的活化能 E_a. (12.37 kJ·mol^{-1})

23. 设某一化学反应的活化能为 100 kJ·mol^{-1}.

(1) 当温度从 300 K 升高到 400 K 时速率增大了多少倍？

(2) 温度从 400 K 升高到 500 K 时速率增大了多少倍？说明在不同温度区域，温度同样升高 100 K，反应速率增大倍数有什么不同. (22 340，407)

24. 295K 时，反应 $2NO + Cl_2 \rightarrow 2NOCl$，其反应物浓度与反应速率关系的数据如下：

[NO]/mol·L^{-1}	[Cl_2]/mol·L^{-1}	r_{Cl_2}/mol·L^{-1}·s^{-1}
0.100	0.100	8.0×10^{-3}
0.500	0.100	2.0×10^{-1}
0.100	0.500	4.0×10^{-2}

(1) 对不同反应物反应级数各为多少？

(2) 写出反应的速率方程；

(3) 反应的速率常数为多少？(对 NO 为二级，对 Cl_2 为一级，$r = kc_{NO}^2 c_{Cl_2}$，8.0L^2·mol^{-2}·s^{-1})

25. $CO(CH_2COOH)_2$ 在水溶液中分解成丙酮和二氧化碳，分解反应的速率常数在

283 K时为 1.08×10^{-4} mol·L^{-1}·s^{-1}，333 K 时为 5.48×10^{-2} mol·L^{-1}·s^{-1}，试计算在 303 K 时，分解反应的速率常数.（1.67×10^{-3} mol·L^{-1}·s^{-1}）

26. 反应 $2NO(g)+2H_2(g)\longrightarrow N_2(g)+2H_2O(g)$的反应速率表达式为 $r=kc_{NO}^2c_{H_2}$，试讨论下列各种条件变化时对初速率有何影响.

(1) NO 的浓度增加一倍；

(2) 有催化剂参加；

(3) 降低温度；

(4) 将反应容器的容积增大一倍；

(5) 向反应体系中加入一定量的 N_2.（4 倍；增大；减小；减小到原来的 1/8；不变）

27. The latent heat of vaporization of water is 40.0 kJ·mol^{-1} at 373 K and 101.325 kPa. For the vaporization of 1 mol of water under these conditions, calculate the external work done and the changes in internal energy (U), enthalpy (H), Gibbs free energy (G), entropy (S). (3.1 kJ, 36.9 kJ, 40 kJ, 0 kJ, 107 J·K^{-1}·mol^{-1})

28. The heats of formation of CO and CO_2 at constant pressure and 298K are −110.5kJ·mol^{-1} and −393.5kJ·mol^{-1}, respectively. Calculate the corresponding heats of formation at constant volume. (−282.97 kJ·mol^{-1})

29. The equilibrium constant K_p for the dissociation of dinitrogen tetroxide into nitrogen dioxide is 1.34 atm at 60 ℃ and 6.64 atm at 100 ℃. Determine the free energy change of this reaction at each temperature, and the mean heat content (enthalpy) change over the temperature range. (41.3 kJ·mol^{-1})

30. The following table shows the rate constants for the rearrangement of methyl isonitrile H_3C-NC at various temperatures:

Temperature /℃	k /s^{-1}
189.7	$2.52.\times10^{-5}$
198.9	$5.25.\times10^{-5}$
230.3	$6.30.\times10^{-4}$
251.2	$3.16.\times10^{-3}$

(1) From these data, calculate the activation energy for the reaction.

(2) What is the value of the rate constant at 430.0 K? (154kJ·mol^{-1}, 1.1×10^{-6} mol·L^{-1}·s^{-1})

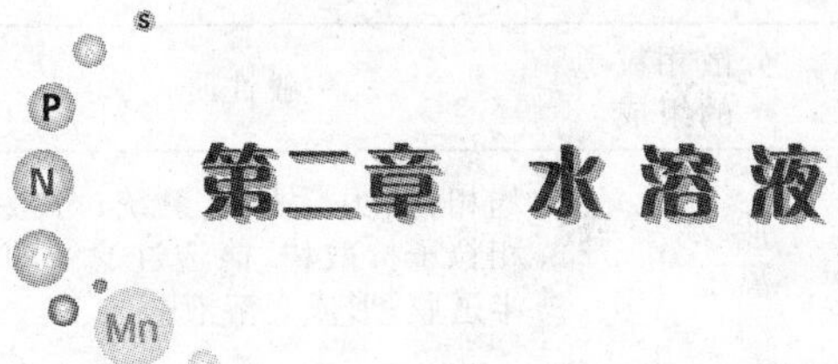

第二章　水溶液

学习要求

1. 掌握溶液组成标度的表示法及其计算和渗透压力的概念.

2. 掌握稀溶液的蒸气压下降、沸点升高和凝固点降低等依数性;熟悉溶胶的性质.

3. 掌握酸碱质子理论的基本内容及应用,缓冲溶液的组成和作用原理,同离子效应,一元弱酸、弱碱溶液中的 H^+ 浓度和 pH 计算以及缓冲溶液的 pH 计算.

4. 熟悉盐效应,多元弱酸、弱碱的 H^+ 浓度计算,缓冲溶液的配制方法,缓冲容量的概念.

5. 掌握难溶强电解质的沉淀溶解平衡及表达式.

6. 掌握溶度积与溶解度的关系,溶度积规则;能应用溶度积规则判断沉淀的生成和溶解及沉淀的次序.

2-1　溶液的通性

2-1-1　分散系

由一种或几种物质以细小的颗粒分散在另一种物质中所形成的系统称为**分散系统**,简称**分散系**.被分散的物质称为**分散相**(或称分散质),容纳分散相的物质称为**分散介质**(或称分散剂).例如,氯化钠溶液、泥浆、糖水这几种分散系中的氯化钠、泥沙、糖是分散相,水是分散介质.

根据物态,分散系有固态、液态与气态之分,本章只讨论分散介质为液态的液体分散系.液体分散系按其分散相粒子的大小不同可分为真溶液、胶体分散系和粗分散系三类(表 2-1).

我们把系统中物理性质和化学性质完全相同的一部分称为**相**.相与相之间有明确的界面分隔开来.只有一个相的系统称为单相系统(或均相系统),有两个或两个以上相的系统称多相系统(或非均相系统).因此,真溶液、高分子溶液为均相分散系,只有一个相;溶胶和粗分散系的分散相和分散介质为不同的相,为非均相分散系.

表 2-1 分散系的分类

分散相粒子大小	分散系统类型		分散相粒子的组成	一般性质	实例
<1 nm	真溶液		低分子或离子	均相;热力学稳定系统;分散相粒子扩散快、能透过滤纸和半透膜;形成真溶液	氯化钠、氢氧化钠、葡萄糖等水溶液
1～100 nm	胶体分散系	溶胶	胶粒(分子、离子、原子的聚集体)	非均相;热力学不稳定系统;分散相粒子扩散慢、能透过滤纸,不能透过半透膜	氢氧化铁、硫化砷、碘化银及金、银、硫等单质溶胶
		高分子溶液	高分子	均相;热力学稳定系统;分散相粒子扩散慢、能透过滤纸,不能透过半透膜;形成溶液	蛋白质、核酸等水溶液,橡胶的苯溶液
>100 nm	粗粒分散系(乳状液、悬浮液)		粗粒子	非均相;热力学不稳定系统;分散相粒子不能透过滤纸和半透膜	乳汁、泥浆等

2-1-2 溶液的一般概念

分子分散系又称溶液,因此溶液是指分散质以分子或者比分子更小的质点(如原子或离子)均匀地分散在分散介质中所得到的分散系. 在形成溶液时,物态不改变的组分称为溶剂. 如果溶液由几种相同物态的组分形成,往往把其中数量最多的一种组分称为溶剂. 溶液可分为固体溶液(如合金)、气体溶液(如空气)和液体溶液. 最常见的是液体溶液,其中,最重要的溶剂是水,通常不指明溶剂的溶液即是水溶液.

溶液的浓或稀,常用其组成标度来表示. 所谓溶液组成标度,就是用来表示在一定量溶液或溶剂中所含溶质量多少的一些物理量. 它们的表示方法很多,可分为两大类:一类是用一定体积溶液中所含溶质的量表示;另一类是用溶质与溶液(或溶剂)的相对量(比值)表示. 这里所指的量可以是质量(m)、物质的量(n)或体积(V).

2-1-3 溶液组成标度的表示

一、物质的量浓度

用符号 c_B 表示,定义为溶质 B 的物质的量 n_B 除以溶液的体积 V,即

$$c_B=\frac{n_B}{V} \tag{2-1}$$

物质的量浓度的 SI 单位为摩尔每立方米($mol \cdot m^{-3}$),常用的单位为摩尔每升($mol \cdot L^{-1}$)、毫摩尔每升($mmol \cdot L^{-1}$)和微摩尔每升($\mu mol \cdot L^{-1}$)等.

物质的量浓度可简称为浓度,常用 c_B 表示物质 B 的总浓度.

在使用物质的量浓度时,必须指明物质 B 的基本单元. 基本单元可以是原子、分子、离子以及其他粒子或这些粒子的特定组合,可以是实际存在的,也可以是根据需要而指定的. 例如:

$c(NaOH)=0.1\ mol \cdot L^{-1}$,表示每升溶液中含 0.1 mol NaOH;

$c(NaOH)=0.2\ mol \cdot L^{-1}$,表示每升溶液中含 0.2 mol NaOH;

$c(2NaOH)=0.1\ mol \cdot L^{-1}$，表示每升溶液中含 0.1 mol 2NaOH.

由于浓度两字只是物质的量浓度的简称，其他溶液组成标度的表示法中，若使用浓度两字时，前面应用特定的定语，如质量浓度、质量摩尔浓度等.

二、质量浓度

物质 B 的质量浓度用符号 ρ_B 表示，定义为溶质 B 的质量 m_B 除以溶液的体积 V，即

$$\rho_B=\frac{m_B}{V} \tag{2-2}$$

质量浓度的 SI 单位为千克每立方米($kg \cdot m^{-3}$)，常用的单位为克每升($g \cdot L^{-1}$)、毫克每升($mg \cdot L^{-1}$)和微克每升($\mu g \cdot L^{-1}$).

三、质量摩尔浓度

物质 B 的质量摩尔浓度用符号 b_B 表示，定义为溶质 B 的物质的量 n_B 除以溶剂 A 的质量 m_A(单位为 kg). 即

$$b_B=\frac{n_B}{m_A} \tag{2-3}$$

质量摩尔浓度的 SI 单位是摩尔每千克($mol \cdot kg^{-1}$)，使用时应注明基本单元.

四、质量分数

物质 B 的质量分数用符号 w_B 表示，定义为物质 B 的质量 m_B 除以混合物的质量 $\sum m_i$. 即

$$w_B=m_B/\sum m_i \tag{2-4}$$

对于溶液而言，溶质 B 和溶剂 A 的质量分数分别为

$$w_B=\frac{m_B}{m_A+m_B},\ w_A=\frac{m_A}{m_A+m_B}$$

式中 m_A 为溶剂 A 的质量，m_B 为溶质 B 的质量. 显然，$w_A+w_B=1$.

五、摩尔分数

摩尔分数又称为物质的量分数，用符号 x_B 表示，定义为物质 B 的物质的量 n_B 除以混合物的物质的量 $\sum n_i$，即

$$x_B=n_B/\sum n_i \tag{2-5}$$

若溶液由溶质 B 和溶剂 A 组成，则溶质 B 和溶剂 A 的摩尔分数分别为

$$x_B=\frac{n_B}{n_A+n_B},x_A=\frac{n_A}{n_A+n_B}$$

式中 n_B 为溶质 B 的物质的量，n_A 为溶剂 A 的物质的量. 显然 $x_A+x_B=1$.

六、体积分数

物质 B 的体积分数用符号 φ_B 表示，定义为物质 B 的体积 V_B 除以混合物的体积 $\sum V_i$，即

$$\varphi_B=V_B/\sum V_i \tag{2-6}$$

例 2-1 7.00 g 结晶草酸($H_2C_2O_4 \cdot 2H_2O$)溶于 93.0 g 水中，求草酸的质量摩尔浓度 $b(H_2C_2O_4)$和摩尔分数 $x(H_2C_2O_4)$.

解：$M(H_2C_2O_4 \cdot 2H_2O)=126\ g \cdot mol^{-1}$，$M(H_2C_2O_4)=90.0\ g \cdot mol^{-1}$

在 7.00 g $H_2C_2O_4 \cdot 2H_2O$ 中 $H_2C_2O_4$ 的质量为

$$m(H_2C_2O_4)=\frac{7.00\times 90.0}{126}=5.00(g)$$

溶液中水的质量为

$$m(H_2O)=93.0+(7.00-5.00)=95.0(g)$$

草酸的质量摩尔浓度和摩尔分数分别为

$$b(H_2C_2O_4)=\frac{5.00/90.0}{95.0/1\,000}=0.585(mol\cdot kg^{-1})$$

$$x(H_2C_2O_4)=\frac{5.00/90.0}{(5.00/90.0)+(95.0/18.0)}=0.010\,4$$

例 2-2 在 25 ℃时,质量分数为 0.094 7 的稀硫酸溶液的密度为 $1.06\times 10^3\ kg\cdot m^{-3}$,在该温度下纯水的密度为 $997\ kg\cdot m^{-3}$. 计算 H_2SO_4 的物质的量分数、物质的量浓度和质量摩尔浓度.

解: 在 1 L 该硫酸溶液中

$$n(H_2SO_4)=1.06\times 10^3\times 0.094\,7\div 98.0=1.02(mol)$$

$$n(H_2O)=1.06\times 10^3\times(1-0.094\,7)\div 18.0=53.3(mol)$$

$$x(H_2SO_4)=\frac{n(H_2SO_4)}{n(H_2SO_4)+n(H_2O)}=\frac{1.02}{1.02+53.3}=0.018\,8$$

$$c(H_2SO_4)=\frac{n(H_2SO_4)}{V}=\frac{1.02}{1.00}=1.02(mol\cdot L^{-1})$$

$$b(H_2SO_4)=\frac{n(H_2SO_4)}{m(H_2O)}=\frac{1.02}{1.06\times 103\times(1-0.094\,7)\times 10^{-3}}$$

$$=1.06(mol\cdot kg^{-1})$$

2-1-4 稀溶液的依数性

不同的溶质分别溶于某种溶剂中,所得的溶液其性质往往各不相同. 但是只要溶液的浓度较稀,却有一类性质是共同的,即这类性质只与溶液的浓度有关,而与溶质的本性无关. 这类性质包括蒸气压、沸点、凝固点和渗透压等,我们称之为稀溶液的依数性(依赖于溶质粒子数的性质). 下面分别讨论.

一、溶液的蒸气压下降

在一定温度下,将某纯溶剂(如水)置于一密闭容器中,水面上一部分动能较高的水分子将克服液体分子间的引力自液面逸出,扩散到容器的空间中成为蒸气分子,这一过程称为**蒸发(evaporation)**. 在水分子不断蒸发的同时,气相中的水蒸气分子也会接触到液面并被吸引到液相中,这一过程称为**凝聚(condensation)**. 开始蒸发速率大,但随着水蒸气密度的增大,凝聚的速率也随之增大,最终必然达到蒸发速率与凝聚速率相等的平衡状态. 在平衡时,水面上的蒸气浓度不再改变,这时水面上的蒸气压力称为该温度下的饱和蒸气压,简称**蒸气压(vapor pressure)**,用符号 p 表示,单位是帕(Pa)或千帕(kPa).

在温度一定时,蒸气压的大小与液体的本性有关,同一液体的蒸气压随温度的升高而增大. 固体和液体相似,在一定温度下也有一定的蒸气压. 在一般情况下,固体的蒸气压都很小,它也随温度的升高而增大. 表 2-2 列出了不同温度下冰和水的蒸气压.

表 2-2　不同温度下冰和水的蒸气压

温度/K	蒸气压/kPa		温度/K	蒸气压/kPa
	冰	水		水
263	0.26	0.29	283	1.23
268	0.40	0.42	293	2.34
269	0.44	0.45	298	3.17
270	0.48	0.49	303	4.24
271	0.52	0.53	323	12.33
272	0.56	0.57	353	47.34
273	0.61	0.61	373	101.32

在一定温度下，纯溶剂的蒸气压(p^0)为一定值．当难挥发的溶质(B)溶入溶剂(A)后，必然会降低单位体积内溶剂分子的数目，从而在单位时间内逸出液面的溶剂分子数比纯溶剂减少，当在一定温度下达到平衡时，溶液的蒸气压(p)必然低于纯溶剂的蒸气压(p^0)，这称为**溶液的蒸气压下降**(Δp)．这里所指的溶液的蒸气压，实际上是指溶剂的蒸气压．因为难挥发的溶质的蒸气压很小，可忽略．

1887 年法国化学家拉乌尔(F. M. Raoult)根据大量实验结果，得出了一定温度下，难挥发性非电解质稀溶液的蒸气压下降值(Δp)与溶液浓度关系的著名的拉乌尔定律．该定律可用下式表达

$$\Delta p = K b_B \tag{2-7}$$

式中，Δp 为难挥发性非电解质稀溶液的蒸气压下降值，b_B 为溶液的质量摩尔浓度，K 为比例常数．

式(2-7)是常用的拉乌尔定律的数学表达式．它表明：在一定温度下，难挥发性非电解质稀溶液的蒸气压下降与溶液的质量摩尔浓度成正比．该定律说明蒸气压下降只与一定量溶剂中所含溶质的微粒数有关，而与溶质的本性无关．

二、溶液的沸点升高

液体的**沸点(boiling point)**是液体的蒸气压等于外压时的温度．可见液体的沸点是随外界压力而改变的，液体的正常沸点是指外压为标准大气压即 101.3 kPa 时的沸点．例如，水的正常沸点为 373 K．通常情况下，没有注明压力条件的沸点都是指正常沸点．

实验证明，溶液的沸点高于纯溶剂的沸点，这一现象称为溶液的沸点升高．溶液沸点升高的原因是溶液的蒸气压低于纯溶剂的蒸气压．稀溶液的沸点升高和凝固点下降示意图见图 2-1，aa'表示纯溶剂水的蒸气压曲线，bb'表示稀溶液的蒸气压曲线．

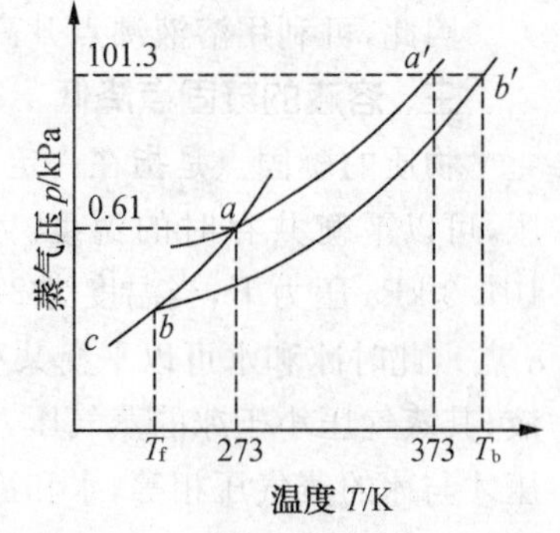

图 2-1　水、冰和溶液的蒸气压与温度的关系

在纯水的沸点 373 K(T_b^0)处，溶液的蒸气压小于外界的大气压，当温度升高至 T_b 时(b'点)，溶液的蒸气压才与外界大气压相等而沸腾，此时溶液的沸点上升为 $\Delta T_b = T_b - T_b^0$．溶液越浓，其蒸气压就下降越多，沸点也升高越多．根据拉马尔定律，稀溶液的沸点升高与蒸气压下降成正比，即

$$\Delta T_b = K' \Delta p$$

而
$$\Delta p = K b_B$$

所以
$$\Delta T_b = K' K b_B = K_b b_B \tag{2-8}$$

式中 K_b 称为溶剂的质量摩尔沸点升高常数，它只与溶剂的本性有关. 表 2-3 列出了常见溶剂的沸点及 K_b 值.

表 2-3　常见溶剂的沸点(T_b^0)及质量摩尔沸点升高常数(K_b)

溶　剂	T_b^0/K	K_b/(K·kg·mol^{-1})
乙酸	391	2.93
水	373	0.512
苯	353	2.53
乙醇	351.4	1.22
四氯化碳	349.7	5.03
氯仿	334.2	3.63
乙醚	307.7	2.02

从式(2-8)可以看出，在一定条件下，难挥发性非电解质稀溶液的沸点升高只与溶液的质量摩尔浓度成正比，而与溶质的本性无关.

例 2-3　已知苯的沸点是 353.2 K. 将 2.67 g 难挥发性物质溶于 100 g 苯中，测得该溶液的沸点升高了 0.531 K，求该物质的摩尔质量.

解：设所求物质的摩尔质量为 M_B. 查得苯的摩尔沸点升高常数 $K_b = 2.53\ \text{K·kg·mol}^{-1}$. 根据 $\Delta T_b = K_b b_B$，代入得

$$0.531 = 2.53 \times \frac{\frac{2.67}{M_B}}{\frac{100}{1\,000}}$$

$$M_B = \frac{2.53 \times 2.67}{0.531 \times 0.1} = 128(\text{g·mol}^{-1})$$

因此，可利用溶液沸点升高测定溶质的摩尔质量.

三、溶液的凝固点降低

物质的凝固点是指在一定外压下(一般是 101.3 kPa)物质的液相与固相具有相同蒸气压，可以平衡共存时的温度. 水的凝固点又称冰点. 图 2-1 中 ac 为冰的蒸气压曲线，在 101.3 kPa 压力下，当温度为 273 K 时，冰和水的蒸气压均为 0.61 kPa(aa' 和 ac 曲线的交点 a 点)，此时冰和水可以平衡共存，故水的凝固点为 273 K(T_f^0). 而对难挥发的非电解质溶液，其蒸气压小于冰的蒸气压，冰将不断融化，只有当温度降低至 T_f 时(b 点)，溶液的蒸气压才与冰的蒸气压相等，水和冰重新处于平衡状态. 图 2-1 中的 T_f 便是该溶液的凝固点. 溶剂的凝固点与溶液的凝固点之差($T_f^0 - T_f$)就是该溶液的凝固点降低 ΔT_f.

对于稀溶液而言，溶液的凝固点降低 ΔT_f 与溶液的蒸气压下降 Δp 成正比：

$$\Delta T_f = K'' \Delta p$$

而
$$\Delta p = K b_B$$

所以
$$\Delta T_f = K'' K b_B = K_f b_B \tag{2-9}$$

式中 K_f 称为溶剂的质量摩尔凝固点降低常数，它只与溶剂的本性有关. 表 2-4 列出了一些溶剂的凝固点及 K_f 值.

表 2-4 常见溶剂的凝固点(T_f^0)及质量摩尔凝固点降低常数(K_f)

溶　剂	T_f^0/K	K_f/(K·kg·mol^{-1})
萘	353	6.90
乙酸	290	3.90
苯	278.5	5.12
水	273	1.86
四氯化碳	250.1	32.0
乙醚	156.8	1.80

从式(2-9)可以看出，难挥发性非电解质稀溶液的凝固点降低与溶液的质量摩尔浓度成正比，而与溶质的本性无关.

通过测定溶液的沸点升高和凝固点降低都可以推算溶质的摩尔质量(或分子量). 但在实际工作中，多采用凝固点降低法. 因为大多数溶剂的 K_f 值大于 K_b 值，因此同一溶液的凝固点降低值比沸点升高值大，因而灵敏度高且相对误差小. 而且溶液的凝固点测定是在低温下进行的，不会引起生物样品的变性或破坏，溶液浓度也不会变化，因此，在医学和生物科学实验中凝固点降低法的应用更为广泛.

例 2-4 苯的凝固点为 5.53 ℃，将 5.50 g 某纯净试样溶于 250 g 苯中，测得该溶液的凝固点为 4.51 ℃，求该试样的相对分子质量.

解：设该试样的摩尔质量为 M，

$$\Delta T_f = K_f \cdot b = 5.12\,\frac{\frac{5.50\times10^{-3}}{M}}{0.250} = 5.53-4.51$$

$$M = \frac{5.12\times5.50\times10^{-3}}{(5.53-4.51)\times0.25} = 0.110(\text{kg}\cdot\text{mol}^{-1})$$

该试样的相对分子质量为 110.

例 2-5 实验测得 4.94 g $K_3Fe(CN)_6$ 溶解在 100 g 水中所得溶液的凝固点为 −1.1 ℃，$M(K_3Fe(CN)_6)=329\ \text{g}\cdot\text{mol}^{-1}$，写出 $K_3Fe(CN)_6$ 在水中的解离方程式.

解：
$$b(K_3Fe(CN)_6) = \frac{4.94/329}{0.100} = 0.150(\text{mol}\cdot\text{kg}^{-1})$$

由凝固点降低测得溶液中各种溶质(包括分子和离子)的总质量摩尔浓度为：

$$b_{总} = \frac{\Delta T_f}{K_f} = \frac{1.1}{1.86} = 0.591(\text{mol}\cdot\text{kg}^{-1})$$

$b(K_3Fe(CN)_6)$ 不等于 $b_{总}$ 是由于 $K_3Fe(CN)_6$ 在水中解离成离子所致. 设 1 个 $K_3Fe(CN)_6$ 解离成 x 个离子，则：

$$b_{总} = xb(K_3Fe(CN)_6)$$

$$x = \frac{b_{总}}{b(K_3Fe(CN)_6)} = \frac{0.591}{0.150} \approx 4$$

由此可知，$K_3Fe(CN)_6$ 在水中解离按下式进行：

$$K_3Fe(CN)_6 \longrightarrow 3K^+ + [Fe(CN)_6]^{3-}$$

在生产和科学实验中,溶液的凝固点下降这一性质得到广泛应用.例如,冰和盐的混合物常用来作为制冷剂.冰的表面总附有少量水,当撒上盐后,盐溶解在水中成溶液,此时溶液的蒸气压下降,当它低于冰的蒸气压时,冰就要融化.随着冰的融化,要吸收大量的热,于是冰盐混合物的温度就降低.采用 NaCl 和冰,温度可降到 −22 ℃,用 $CaCl_2 \cdot 2H_2O$ 和冰,可降到−55 ℃.

四、溶液的渗透压力

若在浓的蔗糖溶液的液面上小心地加一层清水,在避免任何机械振动的情况下静置一段时间,则蔗糖分子将由溶液层向水层扩散,同时,水分子也将从水层向溶液层扩散,直至浓度均匀为止.这种物质从高浓度区域向低浓度区域的自动迁移过程叫扩散.

如果用一种**半透膜(semi-permeable membrane)**[一种只允许溶剂(如水)分子透过而溶质分子不能透过的薄膜,如动物的肠衣、动植物的细胞膜、毛细血管壁、人工制备的羊皮纸、火棉胶等]将蔗糖溶液和纯水隔开,使膜一侧溶液的液面和膜另一侧的水面相平,如图 2-2(a)所示,不久便可见因纯水透过半透膜进入溶液而使溶液的液面上升,如图 2-2(b)所示.这种由溶剂分子透过半透膜自动扩散的过程称为**渗透(osmosis)**.若将溶质相同而浓度不同的两种溶液用半透膜隔开,由于渗透,水将从稀溶液一侧透入浓溶液一侧,我们会看到浓溶液的液面上升.

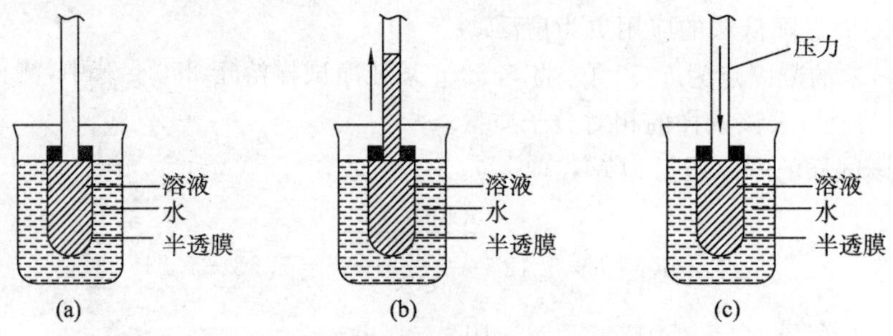

图 2-2 渗透现象与渗透压力

产生渗透的原因,是由于膜两侧单位体积内溶剂分子数不相等.当纯水和蔗糖溶液被半透膜隔开时,由于半透膜只允许水分子自由透过,而单位体积内纯水比蔗糖溶液中的水分子数目多,因此单位时间内由纯溶剂进入溶液中的溶剂分子数要比由溶液进入纯溶剂的溶剂分子数多,其结果是溶液一侧的液面升高.溶液液面升高后,静水压增大,驱使溶液中的溶剂分子加速通过半透膜.当静水压增大至一定值后,单位时间内从膜两侧透过的溶剂分子数相等,渗透作用达到平衡,称为**渗透平衡**.

由此可见,产生渗透现象必须具备两个条件:一是要有半透膜存在;二是要膜两侧单位体积内溶剂分子数不相等,即存在浓度差.因此,渗透现象不仅在溶液和纯溶剂之间可以发生,在浓度不同的两种溶液之间也可以发生.渗透的方向总是溶剂分子从纯溶剂向溶液,或是从稀溶液向浓溶液进行渗透.

如图 2-2(c)所示,为了阻止渗透的进行,必须在溶液液面上施加一额外的压力.国家标准规定:为维持只允许溶剂分子通过的膜所隔开的溶液与溶剂之间的渗透平衡而需要的超额压力称为渗透压力.渗透压力用符号 Π 表示,单位为 Pa 或 kPa.如果被半透膜隔开的是两种不同浓度的溶液,为阻止渗透现象发生,应在浓溶液液面上施加一超额压力,实验证明,此压力既不是浓溶液的渗透压力,也不是稀溶液的渗透压力,而是浓溶液与稀溶液的渗透压力之差.

如果外加在溶液上的压力超过渗透压,则反而会使溶液中的水向纯水的方向渗透,使水的体积增加,这个过程叫作**反渗透(reverse osmosis)**.反渗透广泛应用于海水淡化、工业废水和溶液的浓缩等方面.

1886 年,荷兰物理学家 Van't Hoff 根据渗透实验结果提出:难挥发性非电解质稀溶液的渗透压力 Π 与温度、浓度的关系为:

$$\Pi V=n_B RT \tag{2-10}$$

$$\Pi=c_B RT \tag{2-11}$$

式中 Π 为溶液的渗透压力(kPa);n_B 为溶液中溶质的物质的量(mol);V 是溶液的体积(L);c_B 为溶液的物质的量浓度($mol \cdot L^{-1}$);T 为绝对温度(K);R 为气体常数($8.314\ J \cdot K^{-1} \cdot mol^{-1}$).

式(2-10)和(2-11)称为 Van't Hoff 定律.它表明在一定温度下,稀溶液渗透压力的大小与溶液的浓度成正比,也就是说,与单位体积溶液中溶质微粒数的多少有关,而与溶质的本性无关.因此,渗透压力也是稀溶液的一种依数性.

对于稀水溶液来说,其物质的量浓度与质量摩尔浓度近似相等,即 $c_B \approx b_B$,因此,式(2-11)可改写为

$$\Pi \approx b_B RT \tag{2-12}$$

常用渗透压力法来测定高分子物质的相对分子质量.

例 2-6 1 L 溶液中含 5.0 g 马的血红素,在 298 K 时测得溶液的渗透压力为 1.80×10^2 Pa,求马的血红素的相对分子质量.

解:

$$\Pi V=n_B RT=\frac{m}{M}RT$$

$$M=\frac{mRT}{\Pi V}=\frac{5.0 \times 8.31 \times 298}{180 \times 1 \times 10^{-3}}=6.9 \times 10^4 (g \cdot mol^{-1})$$

则

$$M_r=6.9 \times 10^4$$

尽管从理论上讲,利用凝固点降低法和测定溶液渗透压力法均可推算溶质的相对分子质量,但在实际当中,由于溶液的渗透压力愈高,对半透膜耐压的要求就愈高,就愈难直接测定.故确定低分子溶质的相对分子质量多用凝固点降低法;而对高分子溶质的稀溶液,因溶质的质点数很少,故其凝固点降低值很小,使用一般仪器无法测定,但其渗透压力足以达到可以进行观测的程度,故确定高分子溶质的相对分子质量多用渗透压力法.

2-1-5 胶体溶液

胶体是分散系的一种,其分散相粒子的直径在 1～100 nm 范围内,即一种或几种物质以 1～100 nm 的粒径分散于另一种物质中所构成的分散系统称为**胶体分散系(colloidal dispersed system)**.

与人体密切相关的许多物质如蛋白质、多糖、核酸的溶液均属于胶体分散系统,甚至整个人体也可以看成一个含水的胶体.所以人体的许多生理、病理现象,如血液的凝固、血球的沉降、水肿的发生、结石的形成,均与胶体性质有关.多相系统所具有的很多表面现象,如

吸附、乳化等,也与医学专业关系密切.所以熟悉本节内容将对生理学、病理学、药理学和生物化学等课程的学习有所帮助.

胶体分散系按分散相和分散介质聚集态不同可分成多种类型,其中以固体分散在水中的溶胶最为重要.

溶胶(sol)的胶粒是由大量分子(或原子、离子)构成的聚集体.直径为 1～100 nm 的胶粒分散在分散介质中形成多相系统,具有很大的界面和界面能,因而是热力学不稳定体系.多相性、高度分散性和聚结不稳定性是溶胶的基本特性,其光学性质、动力学性质和电学性质都是由这些基本特性引起的.

一、溶胶的制备

要制得稳定的溶胶,需满足两个条件:一是分散相粒子大小在合适的范围内;二是胶粒在液体介质中保持分散而不聚结.为此必须加入稳定剂.通常溶胶是用分散法或凝聚法制备的.

1. 分散法

这种方法是用适当的手段将大块或粗粒物质在有稳定剂存在下分散成溶胶粒子般大小.常用的方法有:

① 研磨法,用特殊的胶体磨,将粗颗粒研细.

② 超声波法,用超声波所产生的能量来进行分散作用.

③ 电弧法,此法可制取金属溶胶,它实际上包括了分散和凝聚两个过程,即在放电时金属原子因高温而蒸发,随即又被溶液冷却而凝聚.

④ 胶溶法,它并不是粗粒分散成溶胶,而只是使新凝聚起来的分散相又重新分散.

2. 凝聚法

它又可分为物理凝聚法和化学凝聚法两种.物理凝聚法是利用适当的物理过程使某些物质凝聚成胶粒般大小的粒子.例如,将汞蒸气通入冷水中就可得到汞溶胶.化学凝聚法是使能生成难溶物质的反应在适当的条件下进行.反应条件必须选择恰当,使凝聚过程达到一定的阶段即行停止,所得到的产物恰好处于胶体状态.例如,将 H_2S 通入稀的亚砷酸溶液,通过复分解反应,可得到硫化砷溶胶:

$$2H_3A_sO_3 + 3H_2S \xlongequal{} As_2S_3(\text{溶胶}) + 6H_2O$$

二、溶胶的性质

1. 溶胶的光学性质——丁铎尔效应

用一束聚焦的白光照射置于暗处的溶胶,在与光束垂直的方向观察,可见一束光锥通过溶胶,此即为丁铎尔效应(图 2-3).

丁铎尔效应的产生与分散相粒子的大小和入射光的波长有关.当光线射入分散体系时,可能发生三种情况:当分散相粒子的直径大于入射光的波长时,光发生反射;当分散相粒子的直径远远小于入射光的波长时,光发生透射;当分散相粒子的直径略小于入射光的波长时,光发生散射.例如,可见光(波长 400～760 nm)照射溶胶(胶粒直径 1～100 nm)时,由于发生光的散射,使胶粒本身好像一个发光体,因此,我们在丁铎尔效应中观察到的不是胶体粒子本身,而只是看到了被散射的光,也称乳光.

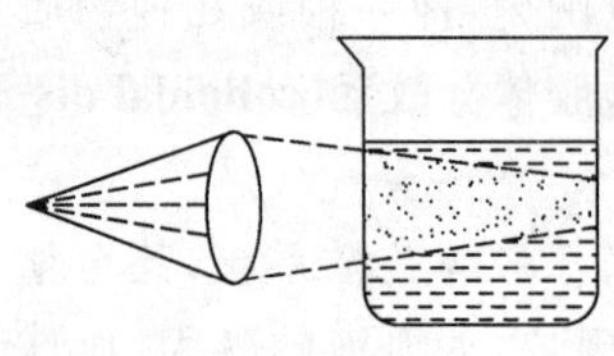

图 2-3 丁铎尔效应

真溶液中分散相粒子是分子或离子,它们的直径很小,对光的散射非常微弱,肉眼无法观察到乳光;粗分散系中的粒子直径大于光的波长，故只有反射光而呈混浊状；对于高分子溶液而言，它属于均相体系，分散相与分散介质的折射率相差不大，所以散射光很弱. 因此，可以利用丁铎尔效应区分溶胶与其他分散系.

2. 溶胶的动力学性质

植物学家 Brown R. 在显微镜下观察悬浮在水中的花粉时，发现花粉微粒在不停地做无规则运动. 后来人们在研究溶胶时，也发现了类似的现象，因此，把胶粒在介质中不停地做不规则运动的现象称为 Brown 运动. 它是由于在某一瞬间胶粒受到来自周围各个方向介质分子碰撞的合力未被完全抵消而引起的. 实验证明，胶粒质量愈小，温度愈高，介质黏度愈小，Brown 运动就愈剧烈. 由于 Brown 运动使胶体粒子不易下沉，所以溶胶具有动力学稳定性.

当溶胶中的粒子存在浓度差时，由于 Brown 运动使胶体粒子自发地由浓度大的区域向浓度小的区域移动，这种现象称为胶粒的扩散. 对于球形胶粒而言，扩散速度数值上与浓度梯度成正比，但方向相反；温度越高，扩散速率越大；分散介质黏度越大，胶粒半径越大，扩散速率越小. 在生物体内，扩散是物质的输送或物质的分子、离子透过细胞膜的一种动力.

扩散使粒子浓度趋于均匀，但胶粒在重力作用下会发生下沉的现象——沉降. 胶粒的直径、密度越大，沉降速率越大；分散介质密度、黏度越大，沉降速率越小. 由于沉降作用，势必造成容器底部胶粒浓度大于容器上部的浓度，即产生浓度差，因而使胶粒由下向上扩散. 当这两种相反的作用力达平衡时就称为达到了沉降平衡. 沉降平衡时，溶胶粒子的浓度随容器的高度而分布成一定的梯度——底部浓、上部稀.

因为胶粒沉降速率与胶粒的体积、密度有关，所以可以通过测定胶粒达到沉降平衡所需的平均时间，确定胶粒的平均胶团质量或大分子化合物的平均相对分子质量. 由于胶粒直径较小，在重力场作用下达到沉降平衡所需时间太长，故必须采用超速离心来缩短其达到沉降平衡的时间.

溶胶中胶粒沉降困难也是它相对稳定的原因之一.

3. 电泳与电渗

图 2-4 是试验溶胶中胶粒电泳的装置. U 形管中加入红棕色 $Fe(OH)_3$ 溶胶至活塞，上部注入无色 NaCl 溶液，如图 2-4(a)所示. 在溶胶中插入两个电极，通入直流电一段时间后，可以观察到红棕色 $Fe(OH)_3$ 溶胶的界面向负极上升，而正极溶胶界面下降，如图 2-4(b)所示，这表明 $Fe(OH)_3$ 溶胶胶粒带正电. 而用黄色的 As_2S_3 溶胶进行相同实验，发现正极一侧黄色界面上升，而负极一侧黄色界面下降，说明 As_2S_3 溶胶中胶粒带负电.

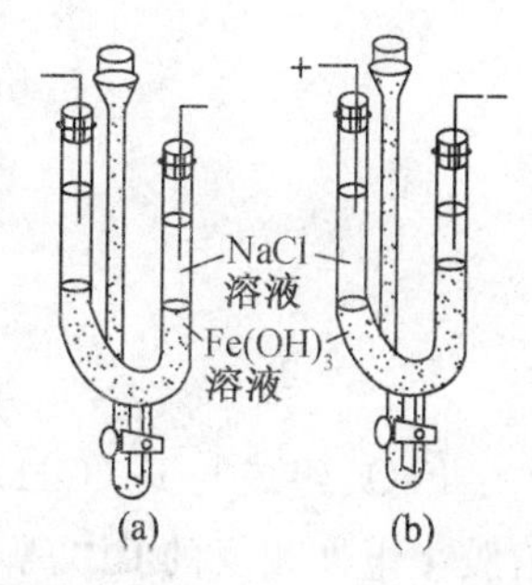

图 2-4　$Fe(OH)_3$ 溶胶的电泳

这种在电场作用下胶粒发生定向移动的现象称为电泳. 电泳现象说明溶胶中胶粒带电，所带电荷种类可由胶粒移动方向确定. 胶粒带正电荷的溶胶称为正溶胶，胶粒带负电荷的溶胶称为负溶胶.

通过电泳实验表明，大多数金属氢氧化物溶胶为正溶胶；多数金属硫化物、硅酸、硫、重金属、黏土等溶胶为负溶胶. 也有一些溶胶的胶粒在不同条件下，带不同种类的电荷，如 AgI 溶胶.

表 2-5 列出了一些溶胶胶粒的带电情况.

表 2-5 一些溶胶胶粒的带电情况

正 溶 胶	负 溶 胶
氢氧化铁溶胶	金、银、铂等金属溶胶
氢氧化铝溶胶	硫、硒、碳等非金属溶胶
氧化钍、氧化锆溶胶	氧化锡、氧化钒溶胶
氢氧化铬溶胶	硫化砷、硫化锑、硫化铜溶胶
次甲基蓝溶胶	刚果红等酸性染料溶胶

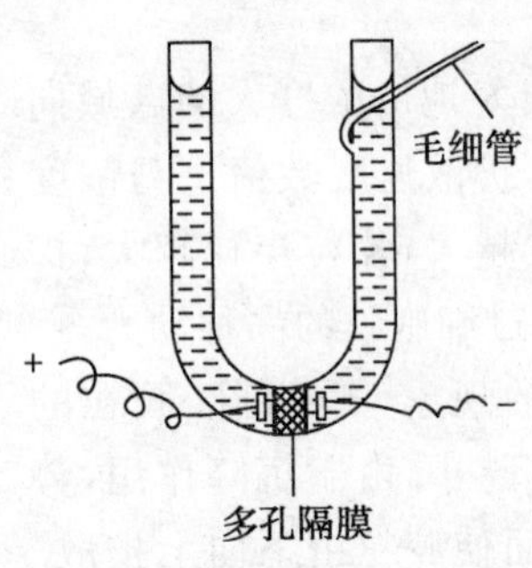

图 2-5 电渗仪示意图

由于整个胶体系统呈电中性,所以若胶体粒子带某种电荷,则分散介质必定带相反电荷. 在直流电作用下分散介质发生定向移动的现象称为电渗. 图 2-5 是观察电渗的仪器示意图.

它是一个 U 形管,中间有一个多孔隔膜(如活性炭、素烧瓷片等),U 形管右上方附有一个带刻度的毛细管,将溶胶加入 U 形管中,在多孔隔膜两侧放两个不同电性的直流电极. 通电后,分散介质则通过隔膜定向移动. 电渗方向可由右侧毛细管中液体弯月面的升降来判断. 电泳与电渗合称为电动现象.

产生电动现象的根本原因是胶粒带有一定种类的电荷,胶粒带电的原因主要有下面两种.

(1) 吸附. 吸附是胶粒带电的主要原因. 因为溶胶是高度分散的多相体系,分散相粒子必然会自发地吸附分散介质中其他物质(如离子)以降低其表面能. 研究表明,胶粒中的胶核总是优先选择性地吸附分散介质中与其组成相似的离子. 若吸附正离子则带正电荷,若吸附负离子则带负电荷.

例如,水解法制备氢氧化铁溶胶,水解过程中产生 Cl^- 与 FeO^+(单铁氧根离子).

$$FeCl_3 + H_2O \longrightarrow Fe(OH)Cl_2 + HCl$$

$$Fe(OH)Cl_2 + H_2O \longrightarrow Fe(OH)_2Cl + HCl$$

$$\Downarrow$$

$$FeO^+ \cdot H_2O + Cl^-$$

$$Fe(OH)_2Cl + H_2O \rightleftharpoons Fe(OH)_3 + HCl$$

FeO^+ 组成与 $Fe(OH)_3$ 类似,故首先被 $Fe(OH)_3$ 吸附,使 $Fe(OH)_3$ 胶粒带正电荷,而溶胶中电性相反的 Cl^- 离子则留在介质中.

又如,As_2S_3 溶胶的制备反应为

$$As_2O_3 + 3H_2S \longrightarrow As_2S_3 + 3H_2O$$

H_2S 离解反应为

$$H_2S \rightleftharpoons H^+ + HS^-$$

胶核$(As_2S_3)_m$ 表面选择吸附与其组成相似的 HS^- 而带负电荷.

(2) 胶粒表面分子的解离. 胶粒表面分子解离是胶粒带电的另一原因. 例如,硅酸溶胶的胶粒是由若干 SiO_2 分子聚集而成的. 表面上的 SiO_2 分子与水分子作用,在表面形成

H_2SiO_3，它解离产生 H^+ 和 $HSiO_3^-$：

$$SiO_2 + H_2O \rightleftharpoons H_2SiO_3$$

$$H_2SiO_3 \rightleftharpoons H^+ + HSiO_3^-$$

H^+ 扩散至水中，而 $HSiO_3^-$ 留在胶粒表面，所以 H_2SiO_3 胶粒带负电荷，H_2SiO_3 溶胶为负溶胶.

三、胶团的结构

胶团是由胶粒和扩散层构成的，其中胶粒又是由胶核和吸附层组成.

胶核是溶胶中分散相分子、原子或离子的聚集体，是胶粒或胶团的核心；胶核能选择吸附介质中的某种离子或表面分子离解而形成带电离子. 由于带电离子的静电引力作用又吸引了介质中部分与胶粒所带电性相反的离子(称为反离子). 带电离子与部分反离子紧密结合在一起构成了吸附层，另一部分反离子因扩散作用分布在吸附层外围，形成了与吸附层电性相反的扩散层，这种由吸附层和扩散层构成的电量相等、电性相反的两层结构称为**扩散双电层(diffused electric double layer)**.

扩散层以外的均匀溶液为胶团间液，它是电中性的. 溶胶是指胶团和胶团间液构成的分散系. 图 2-6 是制备 AgI 溶胶时，KI 过量所得的 AgI 负溶胶的胶团结构式和结构示意图，其中$(AgI)_m$ 为胶核，I^- 为电势离子，K^+ 为反离子(其中一部分被电势离子牢固吸引，另一部分组成扩散层).

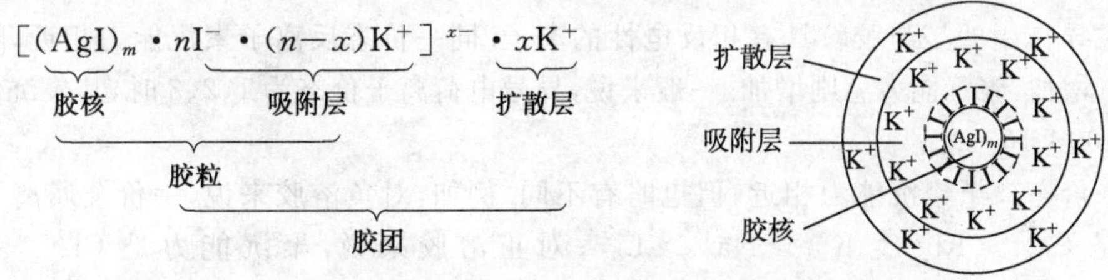

图 2-6　AgI 负溶胶胶团结构式和结构示意图

如果制备 AgI 溶胶时，$AgNO_3$ 过量，则生成 AgI 正溶胶. 胶团的结构式如下：

$$[(AgI)_m \cdot nAg^+ \cdot (n-x)NO_3^-]^{x+} \cdot xNO_3^-$$

这里要说明的是，溶胶中胶核吸附的离子(带电离子和反离子)和扩散层中的反离子都是溶剂化的，所以扩散双电层也是溶剂化的. 在直流电场作用下发生电动现象时，胶团就从吸附层与扩散层之间裂开，具有溶剂化吸附层的胶粒向与其电性相反的电极移动，而溶剂化的扩散层则向另一电极移动.

四、溶胶的稳定性

溶胶是热力学不稳定系统，具有自发聚结的趋势，应该很容易聚结而沉降. 但事实上很多溶胶相当稳定，如法拉第制备的金溶胶几十年后才沉淀. 溶胶相对稳定的原因有如下几方面.

1. 布朗运动

由于溶胶分散度很高，胶粒体积小，具有剧烈的布朗运动，可以克服重力作用，所以不易沉降. 但胶粒剧烈的布朗运动又使碰撞次数增加，从而使胶粒易于聚结. 所以除动力学因素外，必然有其他原因使溶胶稳定.

2. 溶剂化作用

溶胶胶团结构中的吸附层和扩散层中的离子都是水化的,在此水化层保护下,胶粒就很难因碰撞而聚沉.水化层的厚度主要决定于扩散层的厚度,扩散层越厚,溶胶越稳定;扩散层越薄,溶胶越不稳定.

3. 胶粒的带电

同种溶胶中的胶粒带有相同电荷,当两胶粒接近时,静电斥力的作用使它们又分开,不易聚集成大颗粒,保持了溶胶的稳定.

五、溶胶的聚沉

溶胶的稳定性是相对的,如果失去了稳定因素,胶粒就会相互聚结而沉降,这种现象称为聚沉.引起溶胶聚沉的因素很多,如加入电解质、溶胶的相互作用、加热、溶胶的温度和浓度以及异电溶胶之间的相互作用等.其中最主要的是加入电解质所引起的聚沉.

1. 电解质的聚沉作用

在溶胶中加入电解质可以引起聚沉.一般认为这是由于电解质的反离子与扩散层中的反离子同性相斥,将反离子排斥入吸附层,使水化层变薄,因而聚结沉降.

电解质对溶胶聚沉能力的大小可以用聚沉值来表示.聚沉值指使 1 L 溶胶开始聚沉所需要的电解质浓度,单位为 $mmol \cdot L^{-1}$.聚沉值越大,说明该电解质对这种溶胶聚沉能力越小.

电解质对溶胶的聚沉作用有如下规律:

起主导作用的是与胶粒具有相反电性的离子.同一价态反离子聚沉能力相近,随着反离子价态增加,聚沉能力急剧增加.一般来说,异号电荷离子价态为1、2、3时,其聚沉值的比例约为 100∶16∶0.14.

同一价态离子聚沉能力相近,但也略有不同.例如,对负溶胶来说,一价金属离子的聚沉能力是 $Cs^+ > Rb^+ > K^+ > Na^+ > Li^+$;对正溶胶来说,聚沉能力是 $Cl^- > Br^- > I^- > CNS^-$.

2. 加热聚沉

加热增加了胶粒之间的碰撞机会,同时削弱了胶粒的溶剂化作用,使溶胶聚沉.例如,将 As_2S_3 溶胶加热煮沸时,As_2S_3 呈黄色沉淀析出.

3. 溶胶的相互聚沉

正、负溶胶有相互聚沉能力.将带相反电荷的溶胶按适当比例混合致使胶粒所带电荷恰被完全中和时,溶胶完全聚沉.若两者比例不适当,则聚沉不完全,甚至不发生聚沉.

明矾净水作用就是溶胶相互聚沉的典型例子.因天然水中胶态的悬浮物大多是带负电的,而明矾在水中水解产生的 $Al(OH)_3$ 溶胶是带正电的,它们能相互聚沉而使水净化.

六、大分子化合物溶液对溶胶的保护

1. 大分子化合物溶液

由许多原子组成的相对分子质量大于 10^4 的一类化合物称为大分子(也称高分子)化合物.它包括天然和合成两大类,前者如蛋白质、多糖、核酸等,是构成生物体的基础;后者如聚乙烯、聚苯乙烯等.这类物质可以是电解质,如蛋白质、核酸等,也可以是非电解质,如多糖、聚乙烯等.大分子的分子大小与胶粒大小相近,因此它的溶液表现出某些溶胶的性质,如扩散速度慢,分散质点不能通过半透膜等.因此研究大分子化合物的某些方法,也和研究溶胶的方法有相似之处.

大分子化合物都是由一种或几种小的基本单位连接而成的,所以也称为高聚物.例如,聚乙烯的基本单位是$-CH_2-$.这些基本单位重复地结合形成长链,故聚乙烯的分子式可以写成$\left[CH_2 \right]_n$.每一个基本单位称为一个链节,链节的数目n称为聚合度,聚乙烯的聚合度为500～2 000.由于聚合度只是一个范围,所以大分子化合物没有确定的相对分子质量,只能用平均相对分子质量M表示.聚乙烯的M为40 000左右.

大分子化合物与适当的溶剂接触时,吸收溶剂,本身体积胀大,最后溶解在溶剂中,形成均相体系,即为大分子化合物溶液,简称为**大分子溶液(macromolecular solution)**.虽然大分子溶液分散相粒子的大小与胶粒大小相似,某些性质与溶胶类似,如扩散速率慢、不能透过半透膜等,但其本质是真溶液,是均相的热力学体系,因此与溶胶的性质又有不同.大分子溶液也有电解质溶液和非电解质溶液之分.蛋白质、核酸的水溶液是大分子电解质溶液,而多糖的水溶液是大分子非电解质溶液.

2. 大分子溶液的稳定性

大分子溶液比溶胶更稳定,这是它的一个重要特征.大分子电解质溶液稳定的原因是大分子离子带有相同的电荷和大分子离子高度溶剂化形成溶剂膜.大分子非电解质溶液主要由于长链上的基团高度溶剂化形成溶剂化膜,从而增大了稳定性.

大分子溶液虽然稳定性很高,但在其中加入某些有机溶剂,如甲醇、乙醇、丙酮,以及某些无机盐,如Na_2SO_4,$(NH_4)_2SO_4$,$MgSO_4$等,仍能引起大分子溶液的沉淀.这些有机溶剂或无机盐类具有高度的亲水性,能“争夺”水分子而破坏大分子化合物的水化层,从而降低了其稳定性,使其沉淀.

加入无机盐使大分子溶液沉淀的作用称为**盐析(salting out)**.例如,在胎盘浸出液中,加入一定量$(NH_4)_2SO_4$,使丙种球蛋白沉淀就是利用盐析作用的原理.盐析大分子溶液所需无机盐的最低浓度称为盐析浓度,单位为$mol \cdot L^{-1}$.盐析浓度越大,说明盐析能力越低.

大分子溶液的盐析与溶胶的聚沉有以下几点区别:

(1) 对电解质的敏感性不同.大分子溶液盐析所需电解质的浓度大,而溶胶聚沉所需浓度小.

(2) 盐析作用的大小与大分子溶液的pH,以及大分子化合物带电情况有关.

(3) 可逆性不同.盐析具有可逆性,如盐析得到的蛋白质沉淀,可以重新溶解于水形成大分子溶液;而聚沉通常是不可逆的.

(4) 在溶胶聚沉中反离子起主导作用,而在大分子溶液盐析中正、负离子都起作用,负离子尤为突出.

(5) 电解质对溶胶的聚沉能力与反离子价数具有明显的关系,而大分子溶液的盐析能力虽与价数有关,但规律性并不明显.

3. 大分子溶液对溶胶的保护作用

将一定浓度的大分子溶液加入到溶胶中可以增加溶胶的稳定性,这种作用称为保护作用.例如,在红色金溶胶中加入某种电解质可引起聚沉.若先加入一定量的动物胶,然后再加同样量的电解质,金溶胶就不会发生聚沉.这种现象就是大分子化合物对溶胶的保护作用.

大分子溶液保护作用的原因,一般认为是由于大分子与溶胶的胶粒之间发生相互作

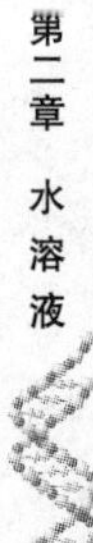

用,形成了大分子在胶粒表面上的吸附,因而增加了稳定性.研究表明,不同的大分子溶液适用于保护不同的溶胶,而且大分子溶液要达到一定的浓度才能起到保护作用,如果大分子溶液的浓度不够,非但起不到保护作用,反而加速聚沉.这种作用称为敏化.

大分子物质的保护作用在生理过程中有着重要意义.微溶性的碳酸钙和磷酸钙等无机盐均以溶胶形式存在于血液中,由于血液中的蛋白质对它们起到了保护作用,使其表观溶解度大大提高并仍能稳定存在而不聚沉.当血液中蛋白质减少,这些微溶性盐类便沉淀出来,形成肾脏、胆囊等器官中的结石.

2-2 电解质溶液

在熔融状态或水溶液中能导电的物质称为电解质,它们的水溶液称为**电解质溶液**(**electrolytic solution**).一般根据其在水溶液中解离的完全程度把电解质分为**强电解质**(**strong electrolyte**)和**弱电解质**(**weak electrolyte**).在水中完全电离的电解质称为强电解质,在水中部分电离的称为弱电解质.弱电解质溶液中始终存在着离解产生的正、负离子和未离解的分子之间的平衡.另外在水溶液中还会有盐的水解平衡、难溶强电解质在水中的解离平衡等,这些通称为该溶液中的**离子平衡**(**ion equilibrium**).

生命体的体液和组织中存在多种电解质离子,如 HCO_3^-、CO_3^{2-}、$H_2PO_4^-$、HPO_4^{2-}、Na^+、K^+、Cl^- 等,这些离子在体液和组织中的含量维持着体内的渗透平衡、酸碱平衡及无机盐代谢平衡等生物机制,对神经、肌肉等组织的生理、生化功能起到重要的作用.有关强电解质溶液理论、各类电解质在溶液中的特征及其变化规律和有关计算,是生命科学非常重要的基础知识.

缓冲溶液是一类非常重要的电解质溶液,广泛存在于生命体的体液中,并通过溶液中的离子平衡维持着生命体的正常酸碱度.在生物学、微生物学、医学、药剂学等领域的实际工作中,缓冲溶液也有着大量的运用.

2-2-1 强电解质溶液

根据近代物质结构理论,强电解质在水中是完全解离的,其**解离度**(**dissociation degree, α**)应该是 100%.但是根据物理化学实验所测得强电解质溶液的电导率(电阻率的倒数)计算得到的解离度都小于 100%.表 2-6 中是实验测得的 KCl 等强电解质的解离度.

表 2-6 强电解质的解离度 (298 K, 0.10 mol·L^{-1})

电解质	KCl	$ZnSO_4$	HCl	HNO_3	H_2SO_4	NaOH	$Ba(OH)_2$
解离度 α/%	86	40	92	92	61	91	81

强电解质在水溶液中完全解离,而实验数据又表现出不完全解离的假象,为此 1923 年德拜(P. Debye) 和休克尔(E. Hükel)提出了**离子相互作用理论**(**ion-ion interaction theory, 又称离子互吸理论**)加以解释.

一、离子相互作用理论

德拜和休克尔认为强电解质在水溶液中完全解离，因而溶液中离子浓度很大. 由于相反电荷离子之间的相互吸引和相同电荷离子之间的相互排斥作用，使得每个离子周围都有相对较多的异号电荷离子，形成"**离子氛**"(**ion atmosphere**)，如图 2-7 所示. 阳离子周围有相对较多的阴离子，阴离子周围有相对较多的阳离子，这样离子就相当于被异号电荷离子所包围，在溶液中的移动将受到牵制，并且这种牵制作用是相互的. 如果将电流通过电解质溶液，阳离子向阴极移动，而它的"离子氛" 向阳极移动，离子间的作用力会使离子的迁移速度变慢，溶液的导电性就会比理论值小，产生一种解离不完全的假象. 溶液中离子浓度愈大，牵制作用越强，这种现象愈明显.

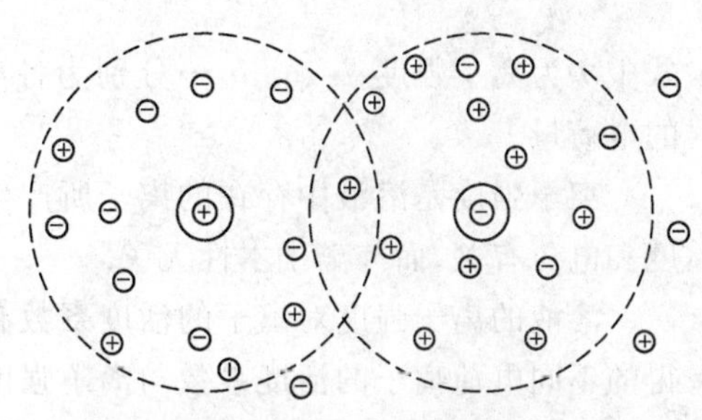
图 2-7 "离子氛"示意图

由此可以看出，强电解质的解离度与弱电解质的解离度意义不同，强电解质的解离度仅反映溶液中离子的相互牵制作用的强弱，通常称为**表观解离度**(**apparent dissociation degree**)；而弱电解质的解离度则真实地反映了弱电解质部分解离的程度. 实际上弱电解质的溶液中也存在离子氛和离子的相互牵制作用，但由于弱电解质的离子浓度非常低，对解离度的影响不大.

二、活度和活度系数

在德拜和休克尔离子氛概念发表以前，路易斯(G. N. Lewis)为解决电解质溶液中离子规律的问题，在 1907 年提出"有效浓度"概念.

由于强电解质溶液中离子之间相互牵制的作用，使得离子的有效浓度(表观浓度)比理论浓度(配制浓度)小. 因此，将离子的有效浓度称为**活度**(**activity**)，用 a 表示，活度等于活度系数乘以实际浓度，无量纲.

$$a=\gamma\frac{c}{c^{\ominus}} \tag{2-13}$$

式中 c 为浓度(配制浓度)；$c^{\ominus}$ 为 1 $mol\cdot L^{-1}$ 的标准浓度；γ 为**活度系数**(**activity coefficient**)[①]，反映了离子相互牵制作用的大小. 浓度越高，离子电荷越高，离子之间相互牵制的作用越大，γ 越小 ($\gamma<1$)，活度与浓度之间差别越大；反之，当浓度极稀时，离子之间平均距离增大，相互牵制的作用极小；如果 γ 趋近于 1，活度则趋近浓度. 在近似计算中，通常把中性分子、液态和固态纯物质以及纯水的活度系数视为 1，其他弱电解质的活度系数也往往视为 1.

三、离子强度和活度系数

离子的活度系数，不仅与本身浓度有关，也与离子所带的电荷有关，同时还受到溶液中其他各种离子的浓度和电荷的影响. 为了进一步衡量溶液中正负离子作用情况，人们引入了**离子强度**(**ionic strength**)的概念.

离子强度定义为

---

① 有的教材和参考书籍上以 f 作为活度系数的符号.

$$I=\frac{1}{2}(b_1z_1{}^2+b_2z_2{}^2+b_3z_3{}^2+\cdots+b_iz_i{}^2)=\frac{1}{2}\sum b_iz_i{}^2 \tag{2-14}$$

式中 I 为离子强度;b_1、b_2、b_3…分别为各离子质量摩尔浓度;z_1、z_2、z_3…分别为各离子所带的电荷量.

离子强度是溶液中存在的离子所产生的电场强度的量度,它仅与溶液中各种离子的浓度和电荷有关,而与离子本性无关.

溶液的离子强度对离子的活度系数有明显的影响,表 2-7 列出了 298.15 K 时,实验测得的不同电荷离子的活度系数与离子强度的关系. 从表 2-7 中看出,溶液的离子强度越大,离子所带电荷越多,离子间相互牵制作用越强,活度系数越小;反之,活度系数越大. 离子强度相同时,离子所带电荷越多,活度系数越小. 当溶液中的离子强度很小($I<1\times10^{-4}\ \text{mol}\cdot\text{kg}^{-1}$)时,$\gamma\to1$,活度越接近浓度.

表 2-7 不同离子强度时的活度系数

离子强度/($\text{mol}\cdot\text{kg}^{-1}$)	活度系数		
	$z=1$	$z=2$	$z=3$
1×10^{-4}	0.99	0.95	0.90
5×10^{-4}	0.97	0.90	0.80
1×10^{-3}	0.96	0.86	0.73
5×10^{-3}	0.92	0.72	0.51
1×10^{-2}	0.89	0.63	0.39
5×10^{-2}	0.81	0.44	0.15
0.10	0.78	0.33	0.08
0.20	0.70	0.24	0.04

例 2-7 含 0.010 $\text{mol}\cdot\text{kg}^{-1}$ HCl 的溶液中,同时含有 0.090 $\text{mol}\cdot\text{kg}^{-1}$ KCl,求该溶液中 H^+ 的活度.

解: $I=\frac{1}{2}(0.010\times1^2+0.010\times1^2+0.090\times1^2+0.090\times1^2)=0.10(\text{mol}\cdot\text{kg}^{-1})$

从表 2-7 查出 $I=0.10(\text{mol}\cdot\text{kg}^{-1})$时,一价离子 $\gamma=0.78$,则

$$a(H^+)=\gamma\frac{c}{c^{\ominus}}=0.78\times0.010=0.0078$$

2-2-2 弱电解质的电离平衡

一、电离理论

19 世纪末阿累尼乌斯(S. A. Arrhenius)提出了经典的酸碱理论即酸碱电离理论. 他认为,凡是在水中能解离出 H^+ 的物质是**酸(acid)**,能解离出 OH^- 的物质是**碱(base)**. 酸碱反应的实质是 H^+ 与 OH^- 结合生成 H_2O 的反应. 酸碱电离理论从物质的化学组成上揭示了酸碱的本质,这是人们对酸碱的认识从现象到本质的一次飞跃,对化学的发展起了积极作用. 直到现在这个理论仍在普遍应用,我们在中学学习的主要是电离理论.

近几十年来,随着科学的发展,电离理论也显现了不少不足之处.

首先,电离理论把酸碱反应局限在水溶液中,而在现代科学实验中,愈来愈多的反应是在非水溶剂中进行的.例如,以液态氨为溶剂时,NH_3 发生解离:

$$2NH_3 \rightleftharpoons NH_4^+ + NH_2^-$$

液氨溶液中氨基钠与氯化铵可以发生酸碱中和反应:

$$NaNH_2 + NH_4Cl \rightleftharpoons NaCl + 2NH_3$$

其次,为了解释许多不含 H^+ 和 OH^- 的物质,如酸式盐、强酸弱碱盐、强碱弱酸盐等表现出来的酸碱性,电离理论引入了水解等概念,使理论复杂化.

此外,电离理论把碱限制为氢氧化物,因而,氨水呈现碱性这一事实也无法解释,使人们长期错误地认为 NH_3 溶于水后,先形成 NH_4OH,再解离出 OH^-,因而显碱性,但科学家至今也未分离出 NH_4OH 这种物质.实际上,在液态甚至气态的环境下,氨可以不借助水,直接和酸(如氯化氢)反应.

以上问题说明酸碱电离理论尚不完善,需要进一步补充和发展.为了简明地解释上述问题,在阿累尼乌斯之后有不少学者提出过各种酸碱理论,其中较重要的是**酸碱质子理论(proton theory of acid and base)**,它是 1923 年由布朗斯特(J. N. Bronsted)和劳瑞(T. M. Lowry)分别独立提出来的.同年,美国化学家路易斯(G. N. Lewis)根据分子的电子结构提出了酸碱电子理论.这些理论克服了电离理论的局限性,大大扩大了酸碱的范围.本书重点讨论质子理论.

二、质子理论的酸、碱定义

质子理论认为:凡是能给出质子的物质都是酸,凡是能接受质子的物质都是碱.它们的关系如下:

酸		碱		质子
HCl	$\rightleftharpoons$	Cl^-	+	H^+
HAc	$\rightleftharpoons$	Ac^-	+	H^+
H_2O	$\rightleftharpoons$	OH^-	+	H^+
H_3O^+	$\rightleftharpoons$	H_2O	+	H^+
NH_4^+	$\rightleftharpoons$	NH_3	+	H^+
$H_2PO_4^-$	$\rightleftharpoons$	HPO_4^{2-}	+	H^+
HPO_4^{2-}	$\rightleftharpoons$	PO_4^{3-}	+	H^+
$[Al(H_2O)_6]^{3+}$	$\rightleftharpoons$	$[Al(H_2O)_5OH]^{2+}$	+	H^+

从以上酸碱半反应可以看出,左侧物质都能给出质子,所以是酸,右侧物质都能接受质子,所以是碱.酸可以是分子酸,如 HCl、HAc;也可以是正离子酸,如 NH_4^+、H_3O^+,或负离子酸,如 $H_2PO_4^-$、HPO_4^{2-}.碱可以是分子碱,如 NH_3、H_2O;也可以是正离子碱,如 $[Al(H_2O)_5OH]^{2+}$,或负离子碱,如 OH^-、Ac^-.像 H_2O、HPO_4^{2-} 等物质,给出质子表现为酸,接受质子表现为碱,是**两性物质(amphoteric substance)**.应该指出,质子理论中没有盐的概念,如 NH_4Cl 在质子理论中 NH_4^+ 是酸,Cl^- 是碱.从上述关系式中还可以看出,酸和碱并不孤立,酸给出质子即成为碱,碱接受质子即成为酸.这种酸和碱之间仅相差一个质子的关系称为共轭关系.其相应的酸碱对称为**共轭酸碱对(conjugate acid-base pairs)**.在上述半反

应式中,左边的酸是右边碱的**共轭酸(conjugate acid)**,而右边的碱则是左边酸的**共轭碱(conjugate base)**.

三、酸碱反应的实质

事实上质子很难单独存在,酸给出质子的同时,质子就和另一碱结合.根据酸碱质子理论,酸碱反应的实质就是两对共轭酸碱对之间的质子传递的过程.例如:

$$\underset{酸_1}{HCl}+\underset{碱_2}{NH_3} \rightleftharpoons \underset{酸_2}{NH_4^+}+\underset{碱_1}{Cl^-}$$

HCl 与 NH_3 的反应,无论是在水溶液、液氨、苯溶剂或气相中,其实质都是一样,即作为酸$_1$(HCl)将质子传递给碱$_2$(NH_3),转变为它的共轭碱——碱$_1$(Cl^-);作为碱$_2$(NH_3)接受质子,转变为它的共轭酸——酸$_2$(NH_4^+).质子理论的意义在于强调酸碱相互依赖关系,摆脱了溶剂是水的限制,可以用于非水体系和气体之间的酸碱反应,扩大了酸碱物质的范围.

质子理论把电离理论中的解离反应、中和反应和水解反应等都归纳为酸碱反应.其质子传递过程如下:

$$H_3O^+ + OH^- \xrightarrow{H^+} H_2O + H_2O \qquad (中和反应)$$

$$HCl + H_2O \xrightarrow{H^+} H_3O^+ + Cl^- \qquad (解离反应)$$

$$HAc + H_2O \rightleftharpoons H_3O^+ + Ac^- \qquad (解离反应)$$

$$NH_4^+ + H_2O \rightleftharpoons H_3O^+ + NH_3 \qquad (解离反应)$$

$$H_2O + Ac^- \rightleftharpoons HAc + OH^- \qquad (水解反应)$$

习惯上,把质子理论中各种酸和碱与水进行的反应都称为解离反应.从以上反应可以看出,一种酸和一种碱反应,总是导致新酸、新碱的生成.自发的酸碱反应的方向,总是由较强的酸和较强的碱作用,向着生成较弱的酸和较弱的碱方向进行.

四、酸碱强度

酸的强度是指酸给出质子的能力,这种能力愈强即酸性愈强,其共轭碱的碱性则愈弱;碱的强度是指碱接受质子的能力,这种能力愈强即碱性愈强,其共轭酸的酸性则愈弱.酸碱强度与酸碱的本性(分子结构)有密切的关系,如卤族元素的氢化物 HF、HCl、HBr、HI 的酸强度,因为从 HF 到 HI,卤原子的半径增大,键长增长,键能减小,所以酸的强度逐渐增大.此外,酸碱的强度还与溶剂的性质有关.根据酸碱质子理论,酸碱的强度应该是在某种溶剂中表现出来的相对强度,我们所能测定的也只是酸碱在某溶剂中表现出来的相对强度.例如,酸在水溶液中表现出来的相对强度是指酸在以水为溶剂时释放出质子的能力,我们可以用**酸的解离常数(dissociation constant of acid)**K_a 来衡量这种酸的强度.

酸碱质子理论扩大了酸碱的含义及酸碱反应的范围,突破了酸碱反应必须在水溶液中进行的局限性,解释了非水溶剂或气体间的酸碱反应.质子理论非常重视溶剂的作用,因为溶剂本身也是碱或酸，要接受质子或释放质子，所以，酸碱的强度与溶剂的本性有关.一般来说，在生命科学中，常用的溶剂仍然是水，所以如不特别指出，我们默认以水作为溶剂.总之，酸碱质子理论发展了经典理论，具有比较大的实用价值.

2-2-3 水溶液中的质子转移平衡

一、水的质子自递作用和溶液的pH

水是两性物质，水分子之间存在着质子自递作用，也称质子自递反应.

$$H_2O + H_2O \overset{H^+}{\rightleftharpoons} H_3O^+ + OH^-$$

其平衡常数表示式为

$$K^{\ominus} = \frac{a_{H_3O^+} \times a_{OH^-}}{a_{H_2O}^2} \tag{2-15}$$

式中 $K^{\ominus}$ 为水的质子自递反应的标准平衡常数(即热力学平衡常数)，a 为各物质的活度，对于弱电解质，一般认为活度系数为1，即

$$K^{\ominus} = \frac{a_{H_3O^+} \times a_{OH^-}}{a_{H_2O}^2} \approx \frac{\frac{[H_3O^+]}{c^{\ominus}} \times \frac{[OH^-]}{c^{\ominus}}}{\left(\frac{[H_2O]}{c^{\ominus}}\right)^2}$$

为了简便，本章将公式中的标准浓度($c^{\ominus}$)去掉，平衡常数以 K 表示，即

$$K = \frac{[H_3O^+][OH^-]}{[H_2O]^2}$$

因为水是极弱电解质，自递反应十分弱，故把$[H_2O]$看成常数.

$$[H_3O^+][OH^-] = K[H_2O]^2 = K_w$$

为简便，$[H_3O^+]$写成$[H^+]$，则

$$K_w = [H^+][OH^-] \tag{2-16}$$

K_w 称为**水的质子自递平衡常数**，又称**水的离子积常数(ion-product constant of water)**，是一个与浓度无关与温度有关的数值.

实验测得295 K时的纯水中，$[H^+] = [OH^-] = 1 \times 10^{-7}\ mol \cdot L^{-1}$，代入式(2-16)：

$$K_w = [H^+][OH^-] = 1 \times 10^{-14} \tag{2-17}$$

水的质子自递作用是吸热过程，故 K_w 随温度升高而增大(表2-8)，但室温下改变不大，均可按 10^{-14} 计算.

水的质子自递常数 K_w 不仅适用于纯水，也适用于以水作溶剂的稀溶液.只要知道水溶液的 H^+ 浓度，就可计算出 OH^- 浓度；反之亦然.故可以用 H^+ 浓度或 OH^- 浓度表示溶液的酸碱性.

表2-8 水的离子积与温度的关系

温度/K	K_w	温度/K	K_w
273	1.1×10^{-15}	298	1.0×10^{-14}
293	6.8×10^{-15}	323	5.5×10^{-14}
297	1.0×10^{-14}	373	5.5×10^{-13}

一般溶液的浓度,直接用物质的量浓度 c 表示,酸度则用$[H^+]$表示. 例如,0.1 mol·L^{-1} HCl 和 0.1 mol·L^{-1} HAc 浓度相同,都是 0.1 mol·L^{-1},但酸度显然不同. 当 H^+、OH^- 浓度较小时,如血清中$[H^+]=3.98\times10^{-8}$ mol·L^{-1},用浓度直接表示溶液的酸碱度就很不方便. 为此常用 a_{H^+} 的负对数即 pH 来表示:

$$pH=-\lg a_{H^+} \tag{2-18}$$

人体各种体液的 pH 见表 2-9.

在稀溶液中,浓度和活度基本相等,有

$$pH=-\lg[H^+] \tag{2-19}$$

同样也可以用 OH^- 的负对数 pOH 来表示溶液的酸碱性:

$$pOH=-\lg[OH^-]$$

由于常温下$[H^+][OH^-]=1\times10^{-14}$,故

$$pH+pOH=14 \tag{2-20}$$

表 2-9 人体各种体液的 pH

体液	pH	体液	pH
血清	7.35～7.45	大肠液	8.3～8.4
成人胃液	0.9～1.5	乳汁	6.6～6.9
婴儿胃液	5.0	泪水	7.4
唾液	6.35～6.85	尿液	4.8～7.5
胰液	7.5～8.0	脑脊液	7.35～7.45
小肠液	7.5～7.6		

二、其他弱酸弱碱在水溶液中的质子转移平衡

1. 质子转移平衡及平衡常数

一元弱酸(HAc,NH_4^+)在水溶液中可以发生质子转移平衡:

$$HB+H_2O\rightleftharpoons H_3O^++B^-$$

$$K_a=\frac{[H_3O^+][B^-]}{[HB]} \tag{2-21}$$

式中 HB 和 B^- 分别代表弱酸和它的共轭碱,K_a 表示该弱酸在溶液中的**酸解离常数**(**dissociation constant of acid**,简称**酸常数**),它反映了不同的酸在相同溶剂(水)中所表现出来的相对强度. K_a 值愈大,酸性愈强.

同理,一元弱碱(NH_3,Ac^-)在水溶液中的质子转移平衡:

$$B^-+H_2O\rightleftharpoons OH^-+HB$$

$$K_b=\frac{[HB][OH^-]}{[B^-]} \tag{2-22}$$

K_b 为该弱碱的**碱解离常数**(**dissociation constant of base**,简称**碱常数**),它反映了不同的碱在水溶液中的相对强度. K_b 值愈大,碱性愈强.

酸碱的解离常数一般为负指数,使用起来不大方便,因此常用其负对数来表示,即

$$pK_a=-\lg K_a,\ pK_b=-\lg K_b$$

一些常见的弱酸、弱碱的解离常数列于表 2-10.

表 2-10 常见一元弱酸和弱碱的质子转移平衡常数(298 K)

酸或碱	分子式	K_a 或 K_b	pK_a 或 pK_b
醋酸	CH_3COOH	1.76×10^{-5}	4.75
硼酸	H_3BO_3	7.30×10^{-10}	9.14
甲酸	HCOOH	1.77×10^{-4}	3.75
氢氰酸	HCN	4.93×10^{-10}	9.31
氢氟酸	HF	3.53×10^{-4}	3.45
乙胺	$C_2H_5NH_2$	5.01×10^{-4}	3.30
氨	NH_3	1.77×10^{-5}	4.75

2. 共轭酸碱常数关系

共轭酸碱对的解离常数 K_a 和 K_b 之间有确定的关系. 以 HAc 为例,在水溶液中有下列两个质子转移平衡:

$$HAc+H_2O \rightleftharpoons H_3O^+ + Ac^-$$

$$K_a=\frac{[H_3O^+][Ac^-]}{[HAc]}$$

$$H_2O+Ac^- \rightleftharpoons HAc+OH^-$$

$$K_b=\frac{[HAc][OH^-]}{[Ac^-]}$$

$$K_a\cdot K_b=\frac{[H_3O^+][Ac^-]}{[HAc]}\cdot\frac{[HAc][OH^-]}{[Ac^-]}=[H_3O^+][OH^-]$$

由式(2-16)可知

$$K_a\cdot K_b=K_w \tag{2-23}$$

由上式可以看出,K_a 与 K_b 成反比关系,而 K_a 和 K_b 正是反映酸和碱的强度的. 所以,在共轭酸碱对中,酸的强度愈大,其共轭碱的强度愈小;碱的强度愈大,其共轭酸的强度愈小.

式(2-23)是一个非常重要的关系式. 只要知道了酸的解离常数 K_a,就可以计算出其共轭碱的解离常数 K_b. 反之亦然.

将式(2-23) 两边取负对数,得

$$pK_a+pK_b=pK_w$$

在 298 K 时 $pK_w=14$,所以

$$pK_a+pK_b=14 \tag{2-24}$$

根据式(2-24),可以简单地进行 pK_a 和 pK_b 之间的计算.

例 2-8 已知 NH_3 的 $K_b=1.77\times10^{-5}$,求 NH_4^+ 的 K_a.

解: 298 K 时, $K_w=10^{-14}$,NH_4^+ 是 NH_3 的共轭酸,所以

$$K_a=\frac{K_w}{K_b}=\frac{10^{-14}}{1.77\times10^{-5}}=5.65\times10^{-10}$$

对于某些多元酸,如 H_3PO_4,H_2S,H_2CO_3,它们的解离是分步进行的. 例如,H_3PO_4 在水中的解离:

$$H_3PO_4+H_2O \rightleftharpoons H_2PO_4^- + H_3O^+$$

$$K_{a_1}=\frac{[H_2PO_4^-][H_3O^+]}{[H_3PO_4]}=7.52\times10^{-3}$$

$$H_2PO_4^- + H_2O \rightleftharpoons H_3PO_4 + OH^-$$

$$K_{b_3} = \frac{K_w}{K_{a_1}} = 1.33 \times 10^{-12}$$

$$H_2PO_4^- + H_2O \rightleftharpoons HPO_4^{2-} + H_3O^+$$

$$K_{a_2} = \frac{[HPO_4^{2-}][H_3O^+]}{[H_2PO_4^-]} = 6.23 \times 10^{-8}$$

$$HPO_4^{2-} + H_2O \rightleftharpoons H_2PO_4^- + OH^-$$

$$K_{b_2} = \frac{K_w}{K_{a_2}} = 1.61 \times 10^{-7}$$

$$HPO_4^{2-} + H_2O \rightleftharpoons PO_4^{3-} + H_3O^+$$

$$K_{a_3} = \frac{[PO_4^{3-}][H_3O^+]}{[HPO_4^{2-}]} = 2.2 \times 10^{-13}$$

$$PO_4^{3-} + H_2O \rightleftharpoons HPO_4^{2-} + OH^-$$

$$K_{b_1} = \frac{K_w}{K_{a_3}} = 4.5 \times 10^{-2}$$

一般来说，多元酸(如 H_3PO_3)的 $K_{a_1} > K_{a_2} > K_{a_3}$，即酸的强度随着解离逐渐减弱，而其对应的共轭碱(如 PO_4^{3-})的 $K_{b_1} > K_{b_2} > K_{b_3}$，强度随着碱的解离而减弱.

2-2-4 质子转移平衡有关计算及平衡的移动

一、一元弱酸弱碱溶液

1. 一元弱酸溶液

一元弱酸包括分子酸(如 HAc、HCN 等)和离子酸(如 NH_4^+、$(C_2H_5)_3NH^+$ 等). 它们在水溶液中存在两种质子转移平衡：

$$HA + H_2O \rightleftharpoons H_3O^+ + A^-, \quad H_2O + H_2O \rightleftharpoons H_3O^+ + OH^-$$

HA、H_3O^+、A^-、OH^- 四种物质的浓度都是未知的，要精确计算相当复杂. 当 $c_A \cdot K_a > 20K_w$ 时，即弱酸的浓度或强度足够高，可以忽略水的质子转移平衡，溶液中 H^+ 主要来自弱酸的质子转移平衡.

以 HAc 为例，设 HAc 的起始浓度为 c，HAc 的酸常数为 K_a，HAc 的解离度为 α.

	$HAc + H_2O \rightleftharpoons$	H_3O^+	$+ Ac^-$
初始浓度	c	0	0
平衡浓度	$c-[H^+]$	$[H^+]$	$[H^+]$

$$K_a = \frac{[H^+][Ac^-]}{[HAc]} = \frac{[H^+]^2}{c-[H^+]}$$

$$[H^+]^2 + K_a[H^+] - K_a c = 0$$

解方程得
$$[H^+] = \frac{-K_a + \sqrt{K_a^2 + 4K_a c}}{2} \quad (2\text{-}25)$$

式(2-25)是计算一元弱酸$[H^+]$的近似公式.

通常，当 $c_A/K_a \geqslant 500$ 时，弱酸的强度较小，解离度 $\alpha < 5\%$，所以可以认为 $1-\alpha \approx 1$(误差 $< 5\%$)，即质子转移平衡中 $[H^+] \ll c$，则 $[HAc] = c - [H^+] \approx c$.

$$K_a = \frac{[H^+]^2}{c-[H^+]}$$

可简化为

$$[H^+]=\sqrt{K_a \cdot c} \tag{2-26}$$

式(2-26)是计算一元弱酸$[H^+]$的最简式.

由解离度定义得

$$\alpha=\frac{[H^+]}{c} \tag{2-27}$$

结合式(2-26)与(2-27)得到

$$\alpha=\sqrt{\frac{K_a}{c}} \tag{2-28}$$

由式(2-28)可以看出,因为弱酸的酸常数 K_a 不随浓度而变化,所以在一定温度下,解离度 α 随弱电解质浓度减小而增大,即稀释使弱酸的解离度增大.式(2-28)一般称为**稀释定律**.稀释定律可用化学平衡来解释:在弱酸溶液中加入水后,质子转移平衡向着弱酸解离的方向移动,在降低弱酸浓度的同时增强了水分子对弱酸的作用,从而使更多的弱酸解离.

例 2-9 计算下列 HAc 溶液的$[H^+]$以及 HAc 的解离度 α:(1) 0.10 $mol \cdot L^{-1}$;(2) 1.0×10^{-5} $mol \cdot L^{-1}$.(已知 $K_a(HAc)=1.76\times10^{-5}$)

解:(1) $c_A/K_a=\dfrac{0.10}{1.76\times10^{-5}}>500$,故可用最简式(2-26)计算:

$$[H^+]=\sqrt{K_a \cdot c}=\sqrt{1.76\times10^{-5}\times0.10}=1.33\times10^{-3}(mol \cdot L^{-1})$$

$$\alpha=\frac{[H^+]}{c}=\frac{1.33\times10^{-3}}{0.10}=1.33\%$$

(2) $c_A/K_a=\dfrac{1.0\times10^{-5}}{1.76\times10^{-5}}<500$,故可用近似公式(2-25)进行计算:

$$[H^+]=\frac{-K_a+\sqrt{K_a^2+4K_a c}}{2}$$

$$=\frac{-1.76\times10^{-5}+\sqrt{(1.76\times10^{-5})^2+4\times1.76\times10^{-5}\times1.0\times10^{-5}}}{2}$$

$$=7.1\times10^{-6}(mol \cdot L^{-1})$$

$$\alpha=\frac{[H^+]}{c}=\frac{7.1\times10^{-6}}{1.0\times10^{-5}}=71\%$$

第二题如果按最简式(2-26)计算:

$$[H^+]=\sqrt{K_a \cdot c}=1.33\times10^{-5}\ mol \cdot L^{-1}>1.0\times10^{-5}\ mol \cdot L^{-1}$$

显然不合理.从题中也可以看出,稀释后的 HAc 溶液的解离度明显增大.

例 2-10 求 0.10 $mol \cdot L^{-1}$ NH_4Cl 溶液的 pH.已知 $K_b(NH_3)=1.77\times10^{-5}$.

解:NH_4Cl 溶于水后解离成 NH_4^+ 和 Cl^-.Cl^- 是极弱的碱,不和水发生反应,NH_4^+ 是一个弱酸,NH_4^+ 与 H_2O 存在质子转移平衡:

$$NH_4^+ + H_2O \rightleftharpoons H_3O^+ + NH_3$$

$$K_a=\frac{K_w}{K_b}=\frac{1.0\times10^{-14}}{1.77\times10^{-5}}=5.65\times10^{-10}$$

$c_A/K_a=\dfrac{0.10}{5.65\times10^{-10}}>500$,可用最简式(2-26)计算:

$$[H^+]=\sqrt{K_a \cdot c}=\sqrt{5.65\times10^{-10}\times0.10}=7.52\times10^{-6}(mol \cdot L^{-1})$$

$$pH=5.12$$

2. 同离子效应

以上各式仅适用于溶液中只存在一种弱酸电解质的情况，如果溶液中加入其他强电解质，则由于浓度的变化，质子转移平衡将发生移动，往往不能使用上述公式，需要根据实际情况考虑.

如下式所示，在弱电解质 HAc 溶液中，加入少量强电解质 NaAc，由于 NaAc 在溶液中全部解离为 Na^+ 和 Ac^-，使溶液中 Ac^- 浓度增大，HAc 在水溶液中质子转移平衡向左移动，从而降低了 HAc 的解离度.

$$HAc+H_2O \rightleftharpoons H_3O^+ + Ac^-$$

← 平衡移动方向

$$NaAc \longrightarrow Na^+ \quad + \quad Ac^-$$

这种在弱电解质溶液中加入与弱电解质具有相同离子的强电解质，利用浓度的变化使质子转移平衡向逆方向移动，从而使得弱电解质解离度降低的现象，称为**同离子效应(common ion effect)**.

实际上，不仅加入 NaAc 可以产生同离子效应使 HAc 解离度降低，加入强酸溶液如 HCl、H_2SO_4 等也可以达到相同的效果，因为强酸与 HAc 具有相同离子——氢离子. 类似的同离子效应的例子也存在于其他强酸与弱酸的混合溶液中，如 HCl 与 H_2CO_3、HCl 与 H_2S，甚至 HCl 与 H_2O 也存在这样的同离子效应，读者可以自己分析.

例 2-11 如果在 1 L 0.10 $mol \cdot L^{-1}$ HAc 溶液中加入 0.10 mol NaAc，则溶液的 $[H^+]$ 和解离度 α 各为多少？将计算结果与例 2-9(1)进行比较. 已知 HAc 的 $K_a=1.76\times10^{-5}$.

解：当溶液加入 Ac^- 后，设此时 $[H^+]$ 为 x $mol \cdot L^{-1}$，达到新平衡时有：

$$\begin{array}{lcl} HAc+H_2O & \rightleftharpoons & H_3O^+ + Ac^- \\ 0.10-x & & x \quad x+0.10 \end{array}$$

$$K_a=\frac{[H^+][Ac^-]}{[HAc]}=\frac{x(x+0.10)}{0.10-x}$$

考虑到同离子效应，$x \ll 0.10$，$x+0.10 \approx 0.10$，$0.10-x \approx 0.10$. 因此公式可简化为

$$K_a=\frac{0.10x}{0.10}=x$$

$$[H^+]=x=K_a=1.76\times10^{-5}(mol \cdot L^{-1})$$

$$\alpha=\frac{[H^+]}{c}=\frac{1.76\times10^{-5}}{0.10}=1.76\times10^{-4}=0.017\,6\% \ll 1.33\%$$

很显然，加入 NaAc 后 HAc 解离度大约降至原来的 1/80，同离子效应明显地抑制了 HAc 的解离.

在工业生产和科学实验中，人们常常利用同离子效应来调节 H^+ 和 OH^- 的浓度，控制溶液的酸碱度.

3. 盐效应

在弱电解质溶液中加入与弱电解质不含相同离子的强电解质，可使弱电解质解离度略

有增大的现象称为**盐效应(salt effect)**. 例如,在 1 L 0.10 mol·L^{-1} HAc 溶液中加入 0.10 mol NaCl,HAc 的解离度由 1.33%增大到 1.82%. 其原因是强电解质的加入增加了溶液的离子强度,使溶液中离子之间牵制作用加强,因此 HAc 解离度略有增大. 以弱酸 HA 为例:

$$HA+H_2O \rightleftharpoons H_3O^+ + A^-$$

$$K_a=\frac{a_{H^+}+a_{A^-}}{a_{HA}}=\frac{\gamma_{H^+}[H^+]\cdot\gamma_{A^-}[A^-]}{[HA]}=\gamma_{H^+}\gamma_{A^-}\frac{[H^+][A^-]}{[HA]}$$

因为离子强度 I 增大,活度系数 γ 减小,K_a 不变,$[H^+]$、$[A^-]$必须增大.

产生同离子效应时,必然伴随盐效应. 但盐效应的影响要比同离子效应小得多. 因此对离子强度不大的溶液,可以不考虑盐效应.

4. 一元弱碱溶液

一元弱碱包括分子碱(如 NH_3)和离子碱(如 Ac^-). 在一元弱酸溶液中所发生的质子转移反应,其中水分子表现为碱,它接受来自弱酸中的质子. 但在一元弱碱溶液中,水分子表现为酸,它把质子释放给弱碱.

一元弱碱$[OH^-]$的计算公式和一元弱酸相似,只是$[H^+]$换成$[OH^-]$,K_a 换成 K_b.

近似公式:

$$[OH^-]=\frac{-K_b+\sqrt{K_b^2+4K_bc}}{2}\text{(适用条件 } c_B\cdot K_b>20K_w\text{)} \qquad (2\text{-}29)$$

最简式:

$$[OH^-]=\sqrt{K_bc}\text{(适用条件 } c_B/K_b\geqslant 500\text{)} \qquad (2\text{-}30)$$

例 2-12 求 0.10 mol·L^{-1} NaAc 溶液的 pH. 已知 $K_a(HAc)=1.76\times10^{-5}$.

解: NaAc 在水中完全解离,Ac^- 与 H_2O 存在质子转移平衡:

$$Ac^- + H_2O \rightleftharpoons HAc+OH^-$$

$$K_b=\frac{K_w}{K_a}=5.68\times10^{-10}$$

$c_B/K_b=\dfrac{0.10}{5.68\times10^{-10}}>500$,可用最简式(2-30):

$[OH^-]=\sqrt{K_bc}=\sqrt{5.68\times10^{-10}\times0.10}=7.54\times10^{-6}$(mol·$L^{-1}$)

即 pOH=5.12,pH=14−5.12=8.88.

二、多元酸(碱)溶液

多元酸与水的质子传递反应是分步进行的,以 H_2CO_3 为例:

$$H_2CO_3+H_2O \rightleftharpoons H_3O^+ + HCO_3^-$$

$$K_{a_1}=\frac{[HCO_3^-][H^+]}{[H_2CO_3]}=4.3\times10^{-7}$$

$$HCO_3^- + H_2O \rightleftharpoons H_3O^+ + CO_3^{2-}$$

$$K_{a_2}=\frac{[CO_3^{2-}][H^+]}{[HCO_3^-]}=5.6\times10^{-11}$$

当 $K_{a_1}/K_{a_2}>10^2$ 时,溶液中$[H^+]$主要来自第一步质子转移平衡,忽略第二步质子转移产生的 H^+,可将多元酸当作一元弱酸处理. 注意,这里$[H^+]$和$[HCO_3^-]$是指其在整个溶液中的浓度,它们必须同时满足溶液中的所有平衡.

例 2-13 计算室温下 H_2CO_3 饱和溶液(0.040 mol·L^{-1})中的$[H^+]$、$[HCO_3^-]$、$[H_2CO_3]$、$[CO_3^{2-}]$.

解: $K_{a_1}/K_{a_2}>10^2$,因此可忽略第二步质子转移产生的 H^+,按一元弱酸处理.

又因为 $c_A/K_{a_1}=\dfrac{0.040}{4.3\times10^{-7}}>500$,按最简式(2-26)计算:

$$[H^+]=\sqrt{K_a\cdot c}=\sqrt{4.3\times10^{-7}\times0.040}=1.31\times10^{-4}(\text{mol}\cdot\text{L}^{-1})$$

$$[HCO_3^-]\approx[H^+]=1.31\times10^{-4}(\text{mol}\cdot\text{L}^{-1})$$

$$[H_2CO_3]=0.040-1.31\times10^{-4}\approx0.040(\text{mol}\cdot\text{L}^{-1})$$

CO_3^{2-} 是第二步质子转移的产物,用 K_{a_2} 计算:

$$K_{a_2}=\frac{[CO_3^{2-}][H+]}{[HCO_3^-]}=5.6\times10^{-11}$$

因$[HCO_3^-]\approx[H^+]$,故$[CO_3^{2-}]\approx K_{a_2}=5.6\times10^{-11}(\text{mol}\cdot\text{L}^{-1})$

通过上例计算,对于没有同离子效应的多元弱酸溶液,可以得出以下结论:

(1) 多元弱酸 $K_{a_1}\gg K_{a_2}\gg K_{a_3}$,当 $K_{a_1}/K_{a_2}>10^2$ 时,$[H^+]$计算可按一元弱酸处理. K_{a_1} 可作为衡量酸度的标志.

(2) 二元弱酸酸根浓度近似等于 K_{a_2},与酸的原始浓度关系不大.

(3) 若改变多元弱酸溶液的 pH,如加入强酸或强碱,将使质子转移平衡发生移动.此时$[CO_3^{2-}]$不再等于 K_{a_2},必须使用如下关系式计算:

$$K=K_{a_1}\cdot K_{a_2}=\frac{[CO_3^{2-}][H^+]^2}{[H_2CO_3]}$$

多元弱碱质子转移的有关计算与多元弱酸相似,如 CO_3^{2-}、S^{2-}、PO_4^{3-} 等离子.

例 2-14 (1) 求 0.10 mol·L^{-1} Na_2CO_3 溶液的 pH 和$[H_2CO_3]$.

(2) 如果在此溶液中加入过量盐酸,生成 H_2CO_3,并使$[H^+]$达到 0.3 mol·L^{-1},H_2CO_3 的浓度达到饱和浓度 0.040 mol·L^{-1},试计算此时溶液中 CO_3^{2-} 的浓度.已知 H_2CO_3 的 $K_{a_1}=4.3\times10^{-7}$,$K_{a_2}=5.6\times10^{-11}$.

解: (1) $CO_3^{2-}+H_2O \rightleftharpoons HCO_3^-+OH^-$ $\qquad K_{b_1}=K_w/K_{a_2}=1.79\times10^{-4}$

$HCO_3^-+H_2O \rightleftharpoons H_2CO_3+OH^-$ $\qquad K_{b_2}=K_w/K_{a_1}=2.33\times10^{-8}$

$K_{b_1}/K_{b_2}>10^2$,忽略第二步质子转移产生的 OH^-,按一元弱碱处理.

$c/K_{b_1}=\dfrac{0.10}{1.79\times10^{-4}}>500$,按最简式(2-30)计算:

$$[OH^-]=\sqrt{K_{b_1}c}=\sqrt{1.79\times10^{-4}\times0.10}=4.23\times10^{-3}(\text{mol}\cdot\text{L}^{-1})$$

$$\text{pOH}=2.37 \qquad \text{pH}=11.63$$

因为$[OH^-]=[HCO_3^-]$,

$$[H_2CO_3]=\frac{[H_2CO_3][OH^-]}{[HCO_3^-]}=K_{b_2}=2.33\times10^{-8}$$

(2) 加入过量的盐酸后,溶液中生成 H_2CO_3 的饱和溶液,此溶液中存在同离子效应,因此

$$[CO_3^{2-}]=\frac{K_{a_1}\times K_{a_2}\times[H_2CO_3]}{[H^+]^2}=\frac{K_{a_1}\times K_{a_2}\times0.040}{0.3^2}=9.63\times10^{-17}\ll K_{a_2}$$

从本例可以看到，在弱酸盐溶液中加入过量的强酸，可以使弱酸根离子浓度明显下降.

三、两性物质

质子理论认为既能接受质子又能给出质子的物质为两性物质，如多元酸的酸式盐($NaHCO_3$)、弱酸弱碱盐(NH_4Ac)、氨基酸(H_2NCH_2COOH).

以 NH_4Ac 为例，它在水中完全解离成 NH_4^+ 和 Ac^-

$$NH_4Ac \longrightarrow NH_4^+ + Ac^-$$

NH_4^+ 和 Ac^- 在水中发生如下的质子转移平衡

$$NH_4^+ + Ac^- + H_2O \rightleftharpoons NH_3 \cdot H_2O + HAc$$

该反应的平衡常数为：

$$K = \frac{[NH_3 \cdot H_2O][HAc]}{[NH_4^+][Ac^-]}$$

$$= \frac{[NH_3 \cdot H_2O][HAc][H^+][OH^-]}{[NH_4^+][Ac^-][H^+][OH^-]} \tag{2-31}$$

$$= \frac{K_w}{K_a K_b}$$

平衡时：$[NH_4^+]=[Ac^-]$，$[NH_3H_2O]=[HAc]$

所以式(2-31)可简化为：

$$K = \frac{[NH_3 \cdot H_2O][HAc]}{[NH_4^+][Ac^-]}$$

$$= \frac{[HAc]^2}{[Ac^-]^2}$$

再根据 HAc 的平衡常数的表示式得到：

$$[H^+] = K_a \frac{[HAc]}{[Ac]}$$

$$= K_a \sqrt{\frac{K_w}{K_a K_b}} \tag{2-32}$$

$$= \sqrt{K_a \frac{K_w}{K_b}}$$

因此，对于正负离子组成的弱酸弱碱盐(NH_4F、NH_4Ac 等)

$$[H^+] = \sqrt{K_a \frac{K_w}{K_b}} = \sqrt{K_a K_a'} \tag{2-33}$$

以 NH_4Ac 为例，K_a 表示阴离子碱 Ac^- 的共轭酸 HAc 的酸常数，K_a' 表示阳离子酸 NH_4^+ 的酸常数.

对于 $H_2PO_4^-$ 溶液，$[H^+]=\sqrt{K_{a_1} \times K_{a_2}}$

对于 HPO_4^{2-} 溶液，$[H^+]=\sqrt{K_{a_2} \times K_{a_3}}$

例 2-15 求 0.100 $mol \cdot L^{-1}$ NH_4F 溶液的 pH. 已知 $pK_a(NH_4^+)=9.24$，$pK_a'(HF)=3.45$.

解： $[H^+]=\sqrt{K_a \cdot K_a'}$

$pH=\frac{1}{2}(pK_a+pK_a')=\frac{1}{2}(9.24+3.45)=6.34$

2-2-5 缓冲溶液

一般来说,在电解质水溶液中加入强酸或强碱,或者加入大量水进行稀释,往往会明显改变原有 pH,但也有一类溶液的 pH 不会因此发生明显改变. 例如,在 1.0 L 纯水、1.0 L 0.1 mol·L^{-1} NaCl 和 1.0 L 0.1 mol·L^{-1} HAc－NaAc 混合液等三种液体中加入强酸或强碱,研究其 pH 变化情况,得到如表 2-11 所示数据.

表 2-11 表明在纯水或 NaCl 溶液中加入强酸强碱,pH 改变了 5 个单位,而在 HAc－NaAc 混合溶液中加入相同量的强酸强碱,pH 仅改变了 0.1 个单位.

表 2-11　强酸、强碱的加入对溶液 pH 的影响

1.0 L 纯水或溶液	原 pH	加入 0.01 mol HCl		加入 0.01 mol NaOH	
		pH	ΔpH	pH	ΔpH
H_2O	7	2	5	12	5
0.1 mol·L^{-1} NaCl	7	2	5	12	5
0.1 mol·L^{-1} HAc－NaAc	4.75	4.67	0.08	4.83	0.08

像 HAc－NaAc 这类能够抵抗少量外加的强酸或强碱或者适当的稀释作用而保持 pH 几乎不变的溶液称为**缓冲溶液(buffer solution)**. 缓冲溶液对强酸、强碱的抵抗作用称为**缓冲作用(buffer action)**.

一、缓冲溶液的组成及作用原理

缓冲溶液为什么具有抗酸或抗碱的作用呢? 这必须从它的组成来研究. 一般缓冲溶液同时存在着抗碱成分和抗酸成分,这两种成分统称为**缓冲系统(buffer system)**或**缓冲对(buffer pair)**. 常见的缓冲系统列于表 2-12 中.

表 2-12　常见缓冲系统

缓冲系统	抗碱成分(共轭酸)	抗酸成分(共轭碱)	质子转移平衡式	pK_a(25 ℃)
HAc-Ac^-	HAc	Ac^-	$HAc+H_2O \rightleftharpoons Ac^- + H_3O^+$	4.75
H_2CO_3-HCO_3^-	H_2CO_3	HCO_3^-	$H_2CO_3+H_2O \rightleftharpoons HCO_3^- + H_3O^+$	6.37
H_3PO_4-$H_2PO_4^-$	H_3PO_4	$H_2PO_4^-$	$H_3PO_4+H_2O \rightleftharpoons H_2PO_4^- + H_3O^+$	2.12
$H_2C_8H_4O_4$-$HC_8H_4O_4^-$ *	$H_2C_8H_4O_4$	$HC_8H_4O_4^-$	$H_2C_8H_4O_4+H_2O \rightleftharpoons HC_8H_4O_4^- + H_3O^+$	2.92
NH_4^+-NH_3	NH_4^+	NH_3	$NH_4^+ + H_2O \rightleftharpoons NH_3 + H_3O^+$	9.25
$CH_3NH_3^+Cl$-CH_3NH_2 **	$CH_3NH_3^+$	CH_3NH_2	$CH_3NH_3^+ + H_2O \rightleftharpoons CH_3NH_2 + H_3O^+$	10.7
NaH_2PO_4-Na_2HPO_4	$H_2PO_4^-$	HPO_4^{2-}	$H_2PO_4^- + H_2O \rightleftharpoons HPO_4^{2-} + H_3O^+$	7.21
Na_2HPO_4-Na_3PO_4	HPO_4^{2-}	PO_4^{3-}	$HPO_4^{2-} + H_2O \rightleftharpoons PO_4^{3-} + H_3O^+$	12.67

* 邻苯二甲酸-邻苯二甲酸氢盐; ** 盐酸甲胺-甲胺

从表 2-12 中可以看到,缓冲系统为一对共轭酸碱对,抗酸成分为共轭碱,抗碱成分为其共轭酸. 一般来说,缓冲溶液的 pH 接近其共轭酸的 pK_a.

我们以醋酸缓冲系(HAc-NaAc)为例，来说明缓冲作用原理.

在 HAc-NaAc 混合溶液中，NaAc 完全解离，而 HAc 的解离由于大量 Ac^- 的存在而被抑制了(同离子效应). 因此，该系统中存在着大量的 HAc 和 Ac^-，这一对物质是共轭酸碱对，在溶液中存在如下质子转移平衡：

$$HAc+H_2O \rightleftharpoons H_3O^+ + Ac^-$$

当加入少量强酸时，溶液中 Ac^- 结合外来的质子，平衡向左移动生成难解离的 HAc. 当达到新的平衡时，溶液中 HAc 浓度增加，Ac^- 浓度降低，而外来的 H^+ 由于被 Ac^- 消耗了绝大多数，所以 H^+ 浓度没有明显增加，pH 几乎不变. 共轭碱 Ac^- 起到了抗酸的作用，所以称为抗酸成分.

当加入少量强碱时，溶液中的 H_3O^+ 与外来的 OH^- 结合，H_3O^+ 浓度降低，平衡向右移动，促使更多的 HAc 解离出 H_3O^+ 来弥补 H_3O^+ 的损失. 在达到新的平衡时，Ac^- 浓度增加，HAc 浓度减少，外来的 OH^- 由于被 HAc 消耗了大多数，所以 H_3O^+ 浓度没有明显减少，pH 几乎不变. 共轭酸 HAc 起抗碱作用，所以称为抗碱成分.

实际上，还有一些溶液，它们不是缓冲溶液，但是它们却具有一定的缓冲能力. 例如，强酸(如 HCl)、强碱(如 NaOH)的溶液，它们虽不属于本章所述类型的缓冲溶液，但是它们在 $pH<3$ 及 $pH>11$ 的高酸、高碱度区，也有缓冲能力. 其原因是在强酸、强碱溶液中 H^+、OH^- 浓度很高，外加少量强酸、强碱后，pH 改变较小. 这类溶液具有缓冲能力，但不存在共轭酸碱对，其缓冲机制与我们本章所述的缓冲溶液不同. 胃液就属于这样的溶液. 此外，一些两性物质的溶液，如 $NaHCO_3$ 溶液，既可以与外加强碱反应，也可以与外加强酸反应，所以也具有缓冲能力，但是它们同样不是这里所说的缓冲溶液.

二、缓冲溶液 pH 的计算

弱酸 HA 与 NaA 组成缓冲溶液，在该缓冲系统中存在下列质子转移平衡：

$$HA+H_2O \rightleftharpoons H_3O^+ + A^-$$

$$NaA \longrightarrow Na^+ + A^-$$

从 HA 质子转移平衡可得

$$K_a=\frac{[H_3O^+][A^-]}{[HA]}$$

$$[H_3O^+]=K_a[HA][A^-]$$

等式两边同取负对数：

$$-\lg[H_3O^+]=-\lg K_a+\lg\frac{[A^-]}{[HA]}$$

$$pH=pK_a+\lg[A^-][HA]$$

$$pH=pK_a+\lg\frac{[共轭碱]}{[共轭酸]} \qquad (2\text{-}34)$$

式(2-34)称为**亨德森-哈塞尔巴赫(Henderson-Hasselbalch)**方程. 式中 K_a 表示共轭酸的质子转移平衡常数；[共轭酸]、[共轭碱]分别为 HA、A^- 的平衡浓度，$\frac{[共轭碱]}{[共轭酸]}$称为**缓冲比(buffer ratio)**. 由于缓冲溶液中 HA 为弱酸，而 NaA 的同离子效应使得 HA 的解离度非常小，其平衡浓度接近于起始浓度 c，所以计算式又可以表示为：

$$pH = pK_a + \lg\frac{c(A^-)}{c(HA)} \tag{2-35}$$

式中 $c(HA)$和 $c(A^-)$分别表示缓冲溶液中共轭酸和共轭碱的起始浓度.

若以 $n(HA)$和 $n(A^-)$分别表示体积为 V 的缓冲溶液中所含共轭酸、共轭碱的物质的量,则式(2-35)变成:

$$pH = pK_a + \lg\frac{\frac{n(A^-)}{V}}{\frac{n(HA)}{V}} = pK_a + \lg\frac{n(A^-)}{n(HA)} \tag{2-36}$$

由以上各式可知:

(1) 缓冲溶液的 pH 主要取决于共轭酸的质子转移平衡常数 K_a.

(2) 对于同一缓冲对不同浓度的缓冲溶液,K_a 相同,溶液的 pH 则取决于缓冲比.缓冲比等于 1 时,$pH = pK_a$.

(3) 缓冲溶液加适量水稀释后,$[A^-]$和$[HA]$同样减小,缓冲比变化很小,所以 pH 几乎不变.但稀释会引起溶液离子强度减小,使溶液活度系数增大,pH 会有些变化.

例 2-16 0.20 $mol\cdot L^{-1}$ HAc 溶液和 0.20 $mol\cdot L^{-1}$ NaAc 溶液等体积混合成 1.0 L 缓冲溶液,求此溶液的 pH.在此溶液中加入 0.010 mol HCl 或 0.010 mol NaOH 后 pH 改变多少单位?(不考虑体积改变)

解:由于 HAc 和 NaAc 溶液等体积混合,所以缓冲溶液中 HAc 和 NaAc 的起始浓度为它们原来浓度的一半.

(1) 求原缓冲溶液的 pH:

$$c(HAc) = \frac{0.20}{2} = 0.10(mol\cdot L^{-1})$$

$$c(Ac^-) = \frac{0.20}{2} = 0.10(mol\cdot L^{-1})$$

代入式(2-35)得 $$pH = 4.75 + \lg\frac{0.10}{0.10} = 4.75$$

(2) 求加入 0.010 mol HCl 后缓冲溶液 pH 的变化:

加入 HCl 后,外加质子与 Ac^- 结合生成 HAc,使 HAc 的量增加,Ac^- 的量减少.

$$c(Ac^-) = \frac{0.10\times1.0 - 0.010}{1.0} = 0.09(mol\cdot L^{-1})$$

$$c(HAc) = \frac{0.10\times1.0 + 0.010}{1.0} = 0.11(mol\cdot L^{-1})$$

代入式(2-35)得 $$pH = 4.75 + \lg\frac{0.09}{0.11} = 4.66$$

加酸后 pH 由 4.75 变为 4.66,下降了 0.09 个单位.

(3) 求加入 0.010 mol NaOH 后缓冲溶液 pH 的变化:

加入的 NaOH 与 HAc 反应生成 Ac^-,使 HAc 的量减少,Ac^- 的量增加.

$$c(Ac^-) = \frac{0.10\times1.0 + 0.010}{1.0} = 0.11(mol\cdot L^{-1})$$

$$c(HAc) = \frac{0.10\times1.0 - 0.010}{1.0} = 0.09(mol\cdot L^{-1})$$

代入式(2-35)得 $$pH=4.75+\lg\frac{0.11}{0.09}=4.84$$

加碱后 pH 由 4.75 变为 4.84，上升了 0.09 个单位.

例 2-17 在 20 mL 0.20 $mol\cdot L^{-1}$ 氨水中，加入 20 mL 0.10 $mol\cdot L^{-1}$ HCl，求此混合液的 pH($pK_b=4.75$).

解：HCl 与 NH_3 反应生成 NH_4^+，NH_4^+ 和剩余的 NH_3 组成缓冲溶液，质子转移平衡为：

$$NH_3+H_3O^+ \rightleftharpoons NH_4^+ + H_2O$$

加入 HCl 物质的量等于生成 NH_4^+ 物质的量，所以

$$c(NH_4^+)=\frac{0.10\times 20}{40}=0.05(mol\cdot L^{-1})$$

剩余 NH_3 的物质的量等于原来物质的量减去 HCl 物质的量，所以

$$c(NH_3)=\frac{0.20\times 20-0.10\times 20}{40}=0.05(mol\cdot L^{-1})$$

$$pK_a=pK_w-pK_b=14-4.75=9.25$$

代入式(2-35)得 $$pH=9.25+\lg\frac{0.05}{0.05}=9.25$$

例 2-18 将 0.10 $mol\cdot L^{-1}$ NaH_2PO_4 10.0 mL 与 0.20 $mol\cdot L^{-1}$ Na_2HPO_4 1.0 mL 混合，求混合液的 pH.

解：该溶液由 $H_2PO_4^-$ 和 HPO_4^{2-} 组成，是一个缓冲溶液，其中 $H_2PO_4^-$ 是共轭酸，存在如下质子转移平衡：

$$H_2PO_4^- + H_2O \rightleftharpoons HPO_4^{2-} + H_3O^+$$

混合后各组分物质的量分别为

$$n(H_2PO_4^-)=0.10\times 10.0=1.0(mmol)$$
$$n(HPO_4^{2-})=0.20\times 1.0=0.20(mmol)$$

查表(2-12)得到共轭酸 $H_2PO_4^-$ 的 pK_a(即 H_3PO_4 的 pK_{a_2})=7.21，代入式(2-36)得

$$pH=7.21+\lg\frac{0.20}{1.0}=6.51$$

三、缓冲溶液的配制

实际工作中，需要配制一定 pH 的缓冲溶液. 为了使配制的缓冲溶液具有较高的缓冲能力，根据上节讨论，应按下列原则及步骤进行.

(1) 选择合适的缓冲系，使配制缓冲溶液的 pH 在所选择缓冲系统的缓冲范围内，配制缓冲溶液的 pH 尽可能接近共轭酸的 pK_a.

(2) 选择合适的总浓度. 为了使所配制缓冲溶液具有较大的缓冲容量(缓冲容量为单位 pH 0.015～0.1 $mol\cdot L^{-1}$)，抗酸抗碱成分多，一般总浓度为 0.05～0.2 $mol\cdot L^{-1}$.

(3) 选定缓冲系统后，就可利用式(2-36)计算出所需酸和共轭碱的量.

一般采用相同浓度的酸和共轭碱，若配制缓冲溶液的体积为 V，其中酸的体积为 $V(HA)$，共轭碱的体积为 $V(A^-)$，则 $V=V(HA)+V(A^-)$，再根据式(2-35)，可以推导出

$$pH=pK_a+\lg\frac{c\cdot V(A^-)/V}{c\cdot V(HA)/V}$$

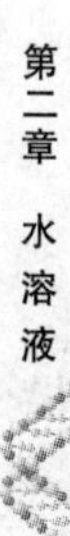

$$pH = pK_a + \lg \frac{V(A^-)}{V(HA)} \tag{2-37}$$

或

$$pH = pK_a + \lg \frac{V(A^-)}{V - V(A^-)} \tag{2-38}$$

由式(2-37)和(2-38)可以计算所需酸和碱的量.

(4) 根据计算结果配制缓冲溶液,并用酸度计进行校正.

例 2-19 如何配制 1 000 mL pH 5.00,总浓度为 0.20 mol · L^{-1}的缓冲溶液?

解:由表(2-12)可知 HAc-Ac^-缓冲系的 $pK_a = 4.75$,接近需配制缓冲溶液的 pH.可选用浓度相同的 HAc 和 NaAc 溶液,如 $c(HAc) = c(Ac^-) = 0.20$ mol · L^{-1}来配制.设取 NaAc 溶液体积为 $V(Ac^-)$,则 HAc 溶液体积为 $1\ 000 - V(Ac^-)$.代入式(2-38)得

$$5.00 = 4.75 + \lg \frac{V(Ac^-)}{1\ 000 - V(Ac^-)}$$

$$0.25 = \lg \frac{V(Ac^-)}{1\ 000 - V(Ac^-)}$$

$$1.78 = \frac{V(Ac^-)}{1\ 000 - V(Ac^-)}$$

$$V(Ac^-) = 640(\text{mL}) \quad V(HAc) = 1\ 000 - 640 = 360(\text{mL})$$

应取 0.20 mol · L^{-1} HAc 溶液 360 mL 和 0.20 mol · L^{-1} NaAc 溶液 640 mL,混合均匀,然后用酸度计校正所配缓冲溶液的 pH,即得需配制的缓冲溶液.

四、常用缓冲溶液

用酸度计测量 pH 时,必须用标准缓冲溶液校正仪器.表 2-13 列出了 1970 年国际纯粹与应用化学联合会(IUPAC)确定的 5 个主要的标准缓冲溶液.

表 2-13 中,酒石酸氢钾、邻苯二甲酸氢钾、硼砂缓冲溶液都是由一种化合物配制而成的.这些化合物具有缓冲作用的原因各不相同.例如,酒石酸氢钾溶于水后,解离成 $HC_4H_4O_6^-$ 与 K^+,而 $HC_4H_4O_6^-$ 是两性离子,在水溶液中形成 $H_2C_4H_4O_6$ - $HC_4H_4O_6^-$ 和 $HC_4H_4O_6$ - $C_4H_4O_6^{2-}$ 两个缓冲系.由于 $H_2C_4H_4O_6$ 和 $HC_4H_4O_6^-$ 的 pK_a 分别为 2.98 和 4.30,比较接近,缓冲范围叠加,缓冲能力增强.而硼砂溶液,则是由于 1 mol 硼砂在水中水解生成 2 mol 偏硼酸(HBO_2)和 2 mol 偏硼酸钠($NaBO_2$)组成一对缓冲对,故具有良好的缓冲作用.

表 2-13 标准缓冲溶液的 pH(298 K)

标准缓冲溶液	标准 pH
饱和酒石酸氢钾($KHC_4H_4O_6$, 0.034 mol · L^{-1})	3.557
0.05 mol · L^{-1}邻苯二甲酸氢钾	4.008
0.025 mol · L^{-1} KH_2PO_4 - 0.025 mol · L^{-1} Na_2HPO_4	6.865
0.008 69 mol · L^{-1} KH_2PO_4 - 0.030 43 mol · L^{-1} Na_2HPO_4	7.413
0.01 mol · L^{-1}硼砂($Na_2B_4O_7 \cdot 10H_2O$)	9.180

2-3 难溶电解质的多相平衡

2-3-1 溶度积

一、沉淀溶解平衡常数——溶度积

难溶强电解质如 $BaSO_4$、AgCl 等在水中的溶解度很小，但它们是离子型晶体，一旦溶解就完全解离. 在一定温度下，当溶解速度与沉淀速度相等，溶液达到饱和时，未溶解的固体与已溶解的离子之间将形成一个动态平衡. $BaSO_4$ 的沉淀溶解平衡可表示如下：

$$BaSO_4 \underset{\text{沉淀}}{\overset{\text{溶解}}{\rightleftharpoons}} Ba^{2+}(aq) + SO_4^{2-}(aq)$$

这种平衡也是化学平衡的一种，因此可用平衡常数的形式来表达平衡状态：

$$K = \frac{c(Ba^{2+})c(SO_4^{2-})}{c(BaSO_4)} \tag{2-39}$$

固体 $BaSO_4$ 的浓度为一常数，与 K 合并得一新的常数，以 $K^{\ominus}_{sp}$ 表示，上式便写成：

$$K^{\ominus}_{sp} = c(Ba^{2+})c(SO_4^{2-}) \tag{2-40}$$

$K^{\ominus}_{sp}$ 称为**溶度积常数**(**solubility product constant**)，简称**溶度积**. 它表明在一定温度下，难溶强电解质的饱和溶液中，有关离子浓度(按化学计量方次)的乘积是一个常数. 它的大小与难溶强电解质的溶解度有关，故称为溶度积常数.

严格地讲，溶度积应以离子活度(按化学计量方次)的乘积(简称活度积 $K^{\ominus}_{ap}$)来表示. 由于难溶强电解质的溶解度很小，溶液中离子强度不大，离子的活度与浓度相差甚微，故 $K^{\ominus}_{sp} \approx K^{\ominus}_{ap}$. 通常在计算中为了方便，可用 $K^{\ominus}_{sp}$ 代替 $K^{\ominus}_{ap}$.

在一定温度下，每一种难溶电解质都有自己的溶度积，不同类型难溶强电解质溶度积的表达形式不同.

AB 型：指由一个阳离子和一个阴离子形成的难溶强电解质，如 AgCl、$BaSO_4$ 等，它们在水溶液中的沉淀与溶解平衡关系式以及溶度积表达式为：

$AB(s) \rightleftharpoons A^+ + B^- \quad K^{\ominus}_{sp} = c(A^+)c(B^-)$

AB_2 型：如 PbI_2、$Ca(OH)_2$ 等，则有

$AB_2(s) \rightleftharpoons A^{2+} + 2B^- \quad K^{\ominus}_{sp} = c(A^{2+})[c(B^-)]^2$

A_2B 型：如 Ag_2CrO_4、Ag_2S 等，则有

$A_2B(s) \rightleftharpoons 2A^+ + B^{2-} \quad K^{\ominus}_{sp} = [c(A^+)]^2 c(B^{2-})$

若写成一般形式则为：

$$A_mB_n(s) \rightleftharpoons mA^{n+} + nB^{m-}$$

$$K^{\ominus}_{sp} = [c(A^{n+})]^m [c(B^{m-})]^n \tag{2-41}$$

在运用上式时，需要注意几点：① 上述关系式只有难溶强电解质为饱和溶液时才能成立，否则溶液中就不能建立动态平衡，也就不能导出上述关系式；② 式中是有关离子的浓度，而不是难溶强电解质的浓度，$K^{\ominus}_{sp}$ 与沉淀的量无关；③ 溶液中离子浓度变化只能使平衡移动，而不能改变溶度积.

与其他平衡常数一样，$K_{sp}^{\ominus}$只与物质的本性和温度有关. 当温度一定时，同一物质的 $K_{sp}^{\ominus}$为一常数；温度不同时，溶解度不同，$K_{sp}^{\ominus}$也就不同. 某些难溶强电解质的溶度积列于本书附录中.

二、溶度积与溶解度的相互换算

溶度积与溶解度都可以用来表示难溶强电解质的溶解能力. 当温度一定时，对于相同类型的难溶强电解质，$K_{sp}^{\ominus}$越大，其溶解度越大；反之，则越小. 但对不同类型的难溶强电解质，则不能直接由 $K_{sp}^{\ominus}$来比较其溶解度的大小，这是因为其中有离子浓度的方次关系，必须通过计算作出判断.

根据溶度积所表示的关系，一般可以将溶解度和溶度积进行换算，换算时应注意浓度的单位. 另外，由于化合物类型不同，两者之间换算关系不同.

例 2-20 $BaSO_4$ 在 25 ℃时，溶解度为 2.4×10^{-3} g·L^{-1}，试求 $BaSO_4$ 在该温度下的溶度积($BaSO_4$ 的相对分子量为 233.4).

解：$BaSO_4$ 的溶解度以 mol·L^{-1}为单位表示时为

$$\frac{2.4\times10^{-3}}{233.4}=1.0\times10^{-5}(\text{mol}\cdot\text{L}^{-1})$$

$BaSO_4$ 为 AB 型难溶强电解质，所以

$$c(Ba^{2+})=c(SO_4^{2-})=1.0\times10^{-5}\ \text{mol}\cdot\text{L}^{-1}$$

$$K_{sp}^{\ominus}=c(Ba^{2+})\ c(SO_4^{2-})=(1.0\times10^{-5})^2=1.00\times10^{-10}$$

例 2-21 298 K 时，Ag_2CrO_4 的饱和溶液每升含 Ag_2CrO_4 4.3×10^{-2} g，求其溶度积.

解：Ag_2CrO_4 按下式溶于水形成饱和溶液：

$$Ag_2CrO_4(s)\rightleftharpoons 2Ag^+ + CrO_4^{2-}$$

Ag_2CrO_4 的摩尔质量为 331.7 g·mol^{-1}.

$$\frac{4.3\times10^{-2}}{331.7}=1.3\times10^{-4}(\text{mol}\cdot\text{L}^{-1})$$

$$c(Ag^+)=2.6\times10^{-4}\ \text{mol}\cdot\text{L}^{-1},c(CrO_4^{2-})=1.3\times10^{-4}\ \text{mol}\cdot\text{L}^{-1}$$

$$\begin{aligned}K_{sp}^{\ominus}(Ag_2CrO_4)&=[c(Ag^+)]^2c(CrO_4^{2-})\\&=(2.6\times10^{-4})^2(1.3\times10^{-4})\\&=8.8\times10^{-12}\end{aligned}$$

例 2-22 298 K 时，$Mg(OH)_2$ 的 $K_{sp}^{\ominus}$为 5.61×10^{-12}，求该温度下以 mol·L^{-1}为单位表示的 $Mg(OH)_2$ 的溶解度.

解：设 $Mg(OH)_2$ 的溶解度为 s mol·L^{-1}.

$$\begin{aligned}Mg(OH)_2(s)&\rightleftharpoons Mg^{2+} + 2\ OH^-\\&\qquad\ \ s \qquad\quad 2s\end{aligned}$$

$$\begin{aligned}K_{sp}^{\ominus}&=c(Mg^{2+})[c(OH^-)]^2\\&=s\ (2s)^2=4s^3=5.61\times10^{-12}\end{aligned}$$

$$s=\sqrt[3]{\frac{5.61\times10^{-12}}{4}}=1.12\times10^{-4}(\text{mol}\cdot\text{L}^{-1})$$

通过上面的计算可以看出：溶度积常数和溶解度虽然均可以表示难溶电解质的溶解性，但要借溶度积常数比较溶解度的大小，只能适用于同类型的难溶强电解质，对不同类型

的难溶强电解质，就不能直接比较．例如，$BaSO_4$ 的 $K_{sp}^{\ominus}$ 比 Ag_2CrO_4 的 $K_{sp}^{\ominus}$ 大些，但 $BaSO_4$ 的溶解度却比 Ag_2CrO_4 的溶解度小．其原因是 $BaSO_4$ 为 AB 型结构，Ag_2CrO_4 为 A_2B 型结构．

2-3-2　沉淀溶解平衡的移动

一、溶度积规则

难溶强电解质的平衡是固体难溶电解质与溶液中离子间的多相动态平衡，平衡是有条件的、暂时的．如果条件改变，沉淀平衡发生移动，就可以使溶液中的离子生成沉淀，或使沉淀溶解．影响沉淀溶解平衡的因素很多，与弱酸、弱碱的质子转移平衡类似，易溶强电解质对沉淀溶解平衡也产生同离子效应和盐效应．沉淀溶解平衡的移动具体表现为沉淀的生成与溶解，这可以根据溶度积规则予以判断．

在难溶强电解质的溶液中，任意情况下离子浓度的乘积称为**离子积(ionic product)**，用符号 Q 表示．例如，难溶强电解质 A_mB_n 的离子积 $Q=c^m(A^{n+})\cdot c^n(B^{m-})$．对于某一给定的溶液，$Q$ 与 $K_{sp}^{\ominus}$ 间的大小关系可能有三种情况：

$Q=K_{sp}^{\ominus}$，此时溶液为饱和溶液，饱和溶液与未溶固体处于平衡状态；

$Q>K_{sp}^{\ominus}$，此时溶液为过饱和溶液，沉淀将从溶液中析出，直至建立平衡为止；

$Q<K_{sp}^{\ominus}$，此时溶液为未饱和溶液，无沉淀生成．若向溶液中加入固体，固体会溶解，直至建立平衡为止．

上述 Q 与 $K_{sp}^{\ominus}$ 的关系是难溶强电解质多相离子平衡移动规律的总结，称为**溶度积规则(solubility product principle)**．根据溶度积规则可以控制溶液中难溶强电解质的离子浓度，使之产生沉淀或使沉淀溶解．

二、沉淀的生成

根据溶度积规则可知，要使沉淀自溶液中析出，必须增大溶液中有关离子的浓度，使难溶强电解质的离子积大于溶度积，即 $Q>K_{sp}^{\ominus}$．一般可采取如下措施：

1．加入过量沉淀剂

例 2-23　已知 $PbSO_4$ 的溶度积为 $K_{sp}^{\ominus}=2.53\times10^{-8}$，当 100 mL 0.003 0 $mol\cdot L^{-1}$ 的 $Pb(NO_3)_2$ 溶液和 400 mL 0.040 $mol\cdot L^{-1}$ Na_2SO_4 溶液相混合时，是否有沉淀生成？

解：
$$c(Pb^{2+})=\frac{0.100\times0.003\,0}{0.500}=6\times10^{-4}(mol\cdot L^{-1})$$

$$c(SO_4^{2-})=\frac{0.400\times0.040}{0.500}=3.2\times10^{-2}(mol\cdot L^{-1})$$

$$c(Pb^{2+})\cdot c(SO_4^{2-})=6\times10^{-4}\times3.2\times10^{-2}=1.9\times10^{-5}\gg2.53\times10^{-8}$$

表明 $Q>K_{sp}^{\ominus}$，所以有 $PbSO_4$ 沉淀生成．

2．控制溶液的 pH

通过控制溶液的 pH，可以使某些难溶的弱酸盐及氢氧化物沉淀或溶解．

例 2-24　已知 $K_{sp}^{\ominus}[M(OH)_2]=1.0\times10^{-12}$，把 0.01 mol 的 MCl_2 固体加入 1 L pH=10 的溶液中，试通过计算说明有无 $M(OH)_2$ 沉淀生成．

解：先计算溶液中的 $c(M^{2+})$，将 pH 换算成 $c(OH^-)$，求出其离子积，再比较其离子积和溶度积的大小，判断是否有沉淀生成．

在溶液中，$c(M^{2+})=0.01\ mol\cdot L^{-1}$.

$$c(OH^-)=K_w/c(H^+)=1.0\times10^{-14}/10^{-10}=1.0\times10^{-4}(mol\cdot L^{-1})$$

$$Q=0.01\times(10^{-4})^2=1.0\times10^{-10}>K_{sp}^{\ominus}[M(OH)_2]$$

因此溶液中有沉淀生成.

例 2-25 在 $0.10\ mol\cdot L^{-1}\ ZnCl_2$ 溶液中用 H_2S 饱和，试计算为防止 ZnS 沉淀所需的 $c(H^+)$.

解：总反应式为 $Zn^{2+}+H_2S\rightleftharpoons ZnS(s)+2H^+$，此反应式是下列反应式的总和.

(1) $Zn^{2+}+S^{2-}\rightleftharpoons ZnS(s)$ $\qquad K_1^{\ominus}=\dfrac{1}{K_{sp}^{\ominus}(ZnS)}=\dfrac{1}{1.2\times10^{-23}}$

(2) $H_2S\rightleftharpoons H^++HS^-$ $\qquad K_2^{\ominus}=K_{a_1}^{\ominus}=1.1\times10^{-7}$

(3) $HS^-\rightleftharpoons H^++S^{2-}$ $\qquad K_3^{\ominus}=K_{a_2}^{\ominus}=1.0\times10^{-14}$

(1)+(2)+(3)得 $Zn^{2+}+H_2S\rightleftharpoons ZnS(s)+2H^+$.

$$K^{\ominus}=\frac{[c(H+)/c^{\ominus}]^2}{[c(Zn^{2+})/c^{\ominus}][c(H_2S)/c^{\ominus}]}$$

$$=K_1^{\ominus}K_2^{\ominus}K_3^{\ominus}$$

$$=\frac{K_{a_1}^{\ominus}K_{a_2}^{\ominus}}{K_{sp}^{\ominus}(ZnS)}$$

$$=\frac{1.1\times10^{-21}}{1.2\times10^{-23}}=92$$

$$c(H^+)=c^{\ominus}\cdot\sqrt{K^{\ominus}\{c(Zn^{2+})/c^{\ominus}\}\{c(H_2S)/c^{\ominus}\}}$$

在 101 kPa 和室温下，H_2S 饱和水溶液中 $c(H_2S)$ 为 $0.10\ mol\cdot L^{-1}$.

$$c(H^+)=\sqrt{92\times0.10\times0.10}=0.96(mol\cdot L^{-1})$$

故 $c(H^+)>0.96\ mol\cdot L^{-1}$，即可阻止 ZnS 沉淀.

3. 同离子效应与盐效应

根据化学平衡移动规律，在难溶强电解质饱和溶液中加入含有相同离子的强电解质时，难溶强电解质的多相平衡将发生移动. 例如，在 AgCl 的饱和溶液中加入 NaCl，则使原来的多相平衡向左移动：

$$AgCl(s)\rightleftharpoons Ag^+(aq)+Cl^-(aq)$$

$$NaCl\longrightarrow Na^++Cl^-$$

平衡移动的结果，降低了 AgCl 的溶解度. 这种因加入含有相同离子的强电解质而使难溶强电解质的溶解度降低的效应，称为沉淀溶解平衡的**同离子效应(common ion effect)**.

例 2-26 求在 $0.10\ mol\cdot L^{-1}$ 的 NaOH 溶液中 $Mg(OH)_2$ 的摩尔溶解度.

解：设溶解度为 $x\ mol\cdot L^{-1}$.

	$Mg(OH)_2(s)\rightleftharpoons$	Mg^{2+}	$+2OH^-$
c(起始)		0	0.10
c(平衡)		x	$0.10+2x$

$$0.10+2x\approx0.10$$

$$x\ (0.10)^2=K_{sp}^{\ominus}=1.2\times10^{-11}$$

$$x=\frac{1.2\times10^{-11}}{(0.10)^2}=1.2\times10^{-9}(mol\cdot L^{-1})$$

实际工作中，利用同离子效应降低难溶强电解质的溶解度的原理，在溶液中加入适当过量沉淀剂就可使沉淀反应更趋完全. 在定量分析中，如果溶液中残留的离子浓度小于 $1\times10^{-6}\ mol\cdot L^{-1}$，便可认为沉淀已经“完全”了.

若在难溶强电解质溶液中加入一种不含相同离子的强电解质，将使难溶强电解质的溶解度略有增加，这种现象称为**盐效应(salt effect)**. 例如，$PbSO_4$ 在 KNO_3 溶液中的溶解度就比在纯水中大一些，并且 KNO_3 的浓度愈大，溶解度也愈大. 这是因为加入强电解质 KNO_3 后，溶液中离子总数剧增，使得 Pb^{2+} 和 SO_4^{2-} 的周围都吸引了大量异性电荷而形成“离子氛”，束缚了 Pb^{2+} 和 SO_4^{2-} 的自由行动，从而在单位时间里 Pb^{2+} 和 SO_4^{2-} 与沉淀结晶表面的碰撞次数减少，致使溶解的速度暂时超过了离子回到结晶上的速度，所以 $PbSO_4$ 的溶解度就增加了.

需指出的是，在加入具有相同离子的强电解质产生同离子效应的同时，也能产生盐效应. 前者使沉淀的溶解度降低，后者使溶解度增大，但一般盐效应不如同离子效应所起的作用大，故在一般计算中不必考虑盐效应.

三、分步沉淀和沉淀的转化

1. 分步沉淀

如果在溶液中有两种以上的离子可与同一试剂反应产生沉淀，由于各种沉淀的溶度积的不同，则沉淀时的先后次序不同，首先析出的是离子积最先达到溶度积的化合物. 这种按先后顺序沉淀的现象，叫作分步沉淀. 例如，在含有同浓度的 I^- 和 Cl^- 的溶液中，逐滴加入 $AgNO_3$ 溶液，最先看到淡黄色 AgI 沉淀，至加入一定量 $AgNO_3$ 溶液后，才生成白色 AgCl 沉淀. 下面的例子可以说明离子积最先达到溶度积的 AgI 首先沉淀.

例 2-27 在含有 $0.010\ mol\cdot L^{-1}$ KCl 和 KI 的溶液中，逐滴加入 $AgNO_3$. (1) AgCl 和 AgI 哪个先析出？(2) 当 AgCl 开始沉淀时，溶液中 I^- 的浓度为多少？

解： 已知 $K_{sp}^{\ominus}(AgCl)=1.77\times10^{-10}$，$K_{sp}^{\ominus}(AgI)=8.52\times10^{-17}$.

(1) AgCl 开始沉淀所需 Ag^+ 的最低浓度为

$$c(Ag^+)=\frac{1.77\times10^{-10}}{0.010}=1.77\times10^{-8}(mol\cdot L^{-1})$$

AgI 开始沉淀所需 Ag^+ 的最低浓度为

$$c(Ag^+)=\frac{8.52\times10^{-17}}{0.010}=8.52\times10^{-15}(mol\cdot L^{-1})$$

计算结果表明，沉淀 I^- 所需的 Ag^+ 浓度比沉淀 Cl^- 所需的 Ag^+ 浓度小得多，所以 AgI 先析出.

(2) 当 AgCl 开始沉淀时，溶液对 AgCl 来说已达到饱和，此时 $c(Ag^+)\geqslant1.77\times10^{-8}\ mol\cdot L^{-1}$ 并同时满足这两个沉淀溶解平衡，所以

$$c(I^-)=\frac{K_{sp}^{\ominus}(AgI)}{c(Ag^+)}=\frac{8.52\times10^{-17}}{1.77\times10^{-8}}=4.81\times10^{-9}(mol\cdot L^{-1})$$

由计算可知，当 AgCl 开始沉淀时，$c(I^-)<10^{-6}\ mol\cdot L^{-1}$，AgI 已沉淀完全了.

可见对于同类型的难溶电解质来说，$K_{sp}^{\ominus}$ 小的先沉淀，而且溶度积差别越大，后沉淀离子(上例中的 Cl^-)的浓度越小，分离的效果越好. 但应该注意的是：对于不同类型的难溶电解质，因有不同浓度幂次关系，就不能直接根据其溶度积的大小来判断沉淀的先后次序和

分离效果.

例 2-28 在浓度均为 0.010 mol·L^{-1} 的 Cl^- 和 CrO_4^{2-} 的混合溶液中,逐滴加入 $AgNO_3$ 溶液时,AgCl 和 Ag_2CrO_4 哪个先沉淀析出?

解: $K_{sp}^{\ominus}(AgCl)=1.77\times10^{-10}$,$K_{sp}^{\ominus}(Ag_2CrO_4)=1.12\times10^{-12}$.

$$AgCl(s)\rightleftharpoons Ag^+ + Cl^-$$

$$K_{sp}^{\ominus}=c(Ag^+)\cdot c(Cl^-)$$

AgCl 开始沉淀时所需 Ag^+ 浓度为

$$c(Ag^+)=\frac{K_{sp}^{\ominus}(AgCl)}{c(Cl^-)}=\frac{1.77\times10^{-10}}{0.010}=1.77\times10^{-8}(mol\cdot L^{-1})$$

$$Ag_2CrO_4(s)\rightleftharpoons 2Ag^+ + CrO_4^{2-}$$

$$K_{sp}^{\ominus}(Ag_2CrO_4)=c^2(Ag^+)c(CrO_4^{2-})$$

Ag_2CrO_4 开始沉淀时所需 Ag^+ 浓度为

$$c(Ag^+)=\sqrt{\frac{K_{sp}^{\ominus}(Ag_2CrO_4)}{c(CrO_4^{2-})}}=\sqrt{\frac{1.12\times10^{-12}}{0.010}}=1.06\times10^{-5}(mol\cdot L^{-1})$$

虽然 Ag_2CrO_4 的 $K_{sp}^{\ominus}$ 比 AgCl 的小,但沉淀 Cl^- 所需的 $c(Ag^+)$ 却比沉淀 CrO_4^{2-} 所需 $c(Ag^+)$ 小得多,在这种情况下,反而 $K_{sp}^{\ominus}$ 大的 AgCl 先沉淀.

例 2-29 某溶液含有 Fe^{3+} 和 Fe^{2+},其浓度均为 0.050 mol·L^{-1},要求 $Fe(OH)_3$ 完全沉淀而不生成 $Fe(OH)_2$ 沉淀,需控制 pH 在什么范围?

解: 要使 $Fe(OH)_3$ 完全沉淀,溶液中的 $c_{Fe^{3+}}\leqslant10^{-6}$ mol·L^{-1}.

$$c_{Fe^{3+}}\times(3\times c_{OH^-})^3=K_{sp}^{\ominus}=1.10\times10^{-36}$$

$$c_{OH^-}=3.44\times10^{-11}\,mol\cdot L^{-1}\quad pOH=10.46$$

$$pH=3.54$$

要使 $Fe(OH)_2$ 不沉淀

$$c_{Fe^{2+}}\times(2\times c_{OH^-})^2=K_{sp}^{\ominus}=1.64\times10^{-14}$$

其中,$c_{Fe^{2+}}=0.05$ mol·L^{-1}

$$c_{OH^-}=2.86\times10^{-7}\ mol\cdot L^{-1}\quad pOH=6.54$$

$$pH=7.45$$

即 pH 在 3.54~7.45 之间.

分步沉淀常应用于离子的分离.当一种试剂能沉淀溶液中几种离子时,生成沉淀时所需试剂离子浓度越小的越先沉淀;如果生成各个沉淀所需试剂离子的浓度相差较大,就能分步沉淀,从而达到分离目的.当然,分离效果还与溶液中被沉淀离子的最初浓度有关.

2. 沉淀转化

在实际工作中,常常需要将沉淀从一种形式转化为另一种形式,称为沉淀转化.例如,锅炉中锅垢因含有 $CaSO_4$ 而不易去除,但用 Na_2CO_3 处理后,使其转化为易溶于酸的沉淀,就易于清除.反应的离子方程式:

$$CaSO_4(s)+CO_3^{2-}(aq)\rightleftharpoons CaCO_3(s)+SO_4^{2-}(aq)$$

平衡常数:

$$K^{\ominus}=\frac{c(SO_4{}^{2-})/c^{\ominus}}{c(CO_3^{2-})/c^{\ominus}}=\frac{[c(SO_4^{2-})/c^{\ominus}][c(CO_3^{2-})/c^{\ominus}]}{[c(Ca_3^{2+})/c^{\ominus}][c(Ca^{2+})/c^{\ominus}]}=\frac{K_{sp}^{\ominus}(CaSO_4)}{K_{sp}^{\ominus}(CaCO_3)}$$

$$=\frac{2.45\times10^{-5}}{8.7\times10^{-9}}=2.8\times10^{3}$$

沉淀转化的平衡常数越大，转化越易实现.

应该指出，由一种难溶强电解质转化为另一种更难溶强电解质是比较容易的；反之，则比较困难，甚至不可能转化.

例 2-30 若用 1.0 L Na_2CO_3 溶液要使 0.010 mol 的 $BaSO_4$ 转化为 $BaCO_3$，求 Na_2CO_3 的最初浓度.

解：反应离子方程式：

$$BaSO_4(s)+CO_3^{2-}(aq)\rightleftharpoons BaCO_3(s)+SO_4^{2-}(aq)$$

平衡常数

$$K^{\ominus}=\frac{c(SO_4^{2-})/c^{\ominus}}{c(CO_3^{2-})/c^{\ominus}}=\frac{K_{sp}^{\ominus}(BaSO_4)}{K_{sp}^{\ominus}(BaCO_3)}=\frac{1.08\times10^{-10}}{8.2\times10^{-9}}=0.013$$

$$c(CO_3^{2-})=\frac{c(SO_4^{2-})}{K^{\ominus}}=\frac{0.010}{0.013}=0.77(\mathrm{mol\cdot L^{-1}})$$

Na_2CO_3 的最初浓度为 $0.010+0.77=0.78(\mathrm{mol\cdot L^{-1}})$.

这是溶解度小的沉淀转化为溶解度大的沉淀的例子，因 $K^{\ominus}<1$，可见要求溶解 0.010 mol的 $BaSO_4$ 所需的 Na_2CO_3 的量比此浓度大几十倍.

四、沉淀的溶解

根据溶度积规则，沉淀溶解的必要条件是 $Q<K_{sp}^{\ominus}$，因此只需加入适当试剂，降低溶液中难溶电解质的某种离子浓度，沉淀便可溶解. 常用的方法有以下几种.

1. 生成弱电解质

难溶强电解质由于生成了难解离的水、弱酸、弱碱等弱电解质而使难溶强电解质沉淀溶解.

例如，CaC_2O_4 在水中不易溶解，加入 HCl 溶液后，CaC_2O_4 逐渐溶解.

$$CaC_2O_4(s)\rightleftharpoons Ca^{2+}+C_2O_4^{2-}$$
$$+$$
$$HCl\longrightarrow Cl^{-}+H^{+}$$
$$\Updownarrow$$
$$HC_2O_4^{-}\xrightleftharpoons{+H^{+}}H_2C_2O_4$$

这是因为加入 HCl 溶液后，H^+ 与 $C_2O_4^{2-}$ 结合成弱酸根 $HC_2O_4^-$，使溶液中的 $C_2O_4^{2-}$ 浓度降低，平衡向右移动，故使 CaC_2O_4 沉淀溶解.

又如，$Mg(OH)_2$沉淀溶解于 HCl 溶液，是由于酸中的 H^+ 与 $Mg(OH)_2$ 解离的 OH^- 相结合，生成难解离的水，致使 Mg^{2+} 和 OH^- 的离子积小于 $Mg(OH)_2$ 的溶度积，因而使沉淀溶解.

$$Mg(OH)_2\rightleftharpoons Mg^{2+}+2OH^{-}$$
$$+$$
$$2HCl\longrightarrow 2Cl^{-}+2H^{+}$$
$$\Updownarrow$$
$$2H_2O$$

2. 生成配合物

有些沉淀由于形成难解离的配离子，而使难溶强电解质的沉淀溶解. 例如，AgCl 能溶于氨水，就是由于发生了配位反应，生成微弱解离的$[Ag(NH_3)_2]^+$配离子，从而降低了Ag^+的浓度，使 AgCl 沉淀溶解.

$$
\begin{array}{c}
AgCl(s) \rightleftharpoons Ag^+ + Cl^- \\
 + \\
 2NH_3 \\
 \Updownarrow \\
 [Ag(NH_3)_2]^+
\end{array}
$$

3. 利用氧化还原反应

通过氧化还原反应可改变离子的价态，从而降低溶液中某种离子的浓度，使沉淀溶解. 例如，As_2S_3 不溶于盐酸，是由于其 $K_{sp}^{\ominus}$ 数值特别小，在饱和溶液中存在的 S^{2-} 浓度非常小，在盐酸中难以形成 H_2S. 在稀硝酸作用下，As_2S_3 虽可溶解，但 S^{2-} 被氧化成不溶于水的单质 S. 只有用浓硝酸把 S^{2-} 氧化成 SO_4^{2-}，As^{3+} 氧化为 AsO_4^{3-}，As_2S_3 才能完全溶解.

$$
\begin{array}{ccccc}
As_2S_3 \rightleftharpoons & 2As^{3+} & + & 3S^{2-} \\
 & \downarrow [O] & & \downarrow [O] \\
 & 2AsO_4^{3-} & & 3SO_4^{2-}
\end{array}
$$

$$3As_2S_3 + 28HNO_3 + 4H_2O = 6H_3AsO_4 + 9H_2SO_4 + 28NO\uparrow$$

习 题

1. 市售浓硫酸的密度为 1.84 kg · L^{-1}，质量分数为 96%，试求该溶液的 $c(H_2SO_4)$ 和 $x(H_2SO_4)$. $[c(H_2SO_4)=18.02,\ x(H_2SO_4)=0.815]$

2. 乙醚的正常沸点为 34.5 ℃，在 40 ℃时往 100 g 乙醚中至少加入多少摩尔不挥发溶质才能防止乙醚沸腾？($n_B=0.27$ mol)

3. 苯的凝固点为 5.50 ℃，$K_f=5.12$ K · kg · mol^{-1}. 现测得 1.00 g 单质砷溶于86.0 g 苯所得溶液的凝固点为 5.30 ℃，通过计算推算砷在苯中的分子式. (As_4)

4. 取谷氨酸 0.749 g 溶于 50.0 g 水中，测得凝固点为 −0.188 ℃，试求谷氨酸的摩尔质量. (148 g · mol^{-1})

5. 当 10.4 g $NaHCO_3$ 溶解在 200 g 水中时，溶液的凝固点为 −2.30 ℃，在溶液中每个 $NaHCO_3$ 解离成几个离子？写出解离方程式. (2 个离子，$NaHCO_3 \longrightarrow Na^+ + HCO_3^-$)

6. 临床医学上用的葡萄糖等渗液的冰点为 −0.543 ℃，试求此葡萄糖溶液的质量分数和血浆的渗透压(血浆的温度为 37 ℃). (0.049 9, 753 kPa)

7. 排出下列稀溶液在 310 K 时，渗透压由大到小的顺序：

(1) $c(C_6H_{12}O_6)=0.10$ mol · L^{-1}

(2) $c(NaCl)=0.10$ mol · L^{-1}

(3) $c(Na_2CO_3)=0.10$ mol · L^{-1}

((3)>(2)>(1))

8. 将 1.01 g 胰岛素溶于适量水中配制成 100 mL 溶液，测得 298 K 时该溶液的渗透压力为 4.34 kPa，试问该胰岛素的分子量为多少？(5 766)

9. 什么是分散系统？根据分散相粒子的大小，液体分散系统可分为哪几种类型？

10. 若聚沉以下 A、B 两种胶体，试分别将 $MgSO_4$、$K_3[Fe(CN)_6]$和 $AlCl_3$ 三种电解质按聚沉能力大小的顺序排列：

(1) 100 mL 0.005 mol · L^{-1} KI 溶液和 100 mL 0.01 mol · L^{-1} $AgNO_3$ 溶液混合制成的 AgI 溶胶；

(2) 100 mL 0.005 mol · L^{-1} $AgNO_3$ 溶液和 100 mL 0.01 mol · L^{-1} KI 溶液混合制成的 AgI 溶胶.

11. 溶胶有哪些性质？这些性质与胶体的结构有何关系？

12. 计算 0.10 mol · kg^{-1} $K_3[Fe(CN)_6]$溶液的离子强度.（0.60）

13. 根据酸碱质子理论，判断下列物质在水溶液中哪些是酸，哪些是碱，哪些是两性物质，写出它们的共轭酸或共轭碱.

HS^-、HCO_3^-、CO_3^{2-}、ClO^-、OH^-、H_2O、NH_3、$[Cu(H_2O)_4]^{2+}$

14. 计算下列溶液的 pH：

(a) 0.10 mol · L^{-1} HCN；(b) 0.10 mol · L^{-1} KCN；(c) 0.020 mol · L^{-1} NH_4Cl；(d) 500 mL 含 0.17 g 的 NH_3 溶液.［(a) 5.10 (b) 11.10 (c) 5.48 (d) 10.78］

15. 实验测得某氨水的 pH 为 11.26，已知 $K_b(NH_3)=1.79\times10^{-5}$，求氨水的浓度.

(0.185 mol · L^{-1})

16. 将 0.10 mol · L^{-1} HA 溶液 50 mL 与 0.10 mol · L^{-1} KOH 20 mL 相混合，并稀释至 100 mL，测得 pH 为 5.25，求此弱酸 HA 的解离常数.（3.75×10^{-6}）

17. 某一元弱酸 HA 100 mL，其浓度为 0.10 mol · L^{-1}，当加入 0.10 mol · L^{-1} 的 NaOH 溶液 50 mL 后，溶液的 pH 为多少？此时该弱酸的解离度为多少？（已知 HA 的 $K_a=1.0\times10^{-5}$）（pH=5；3×10^{-4}）

18. 0.10 mol · L^{-1} HCl 与 0.10 mol · L^{-1} Na_2CO_3 溶液等体积混合，求混合溶液的 pH.（8.34）

19. 在 H_2S 和 HCl 混合液中，H^+ 浓度为 0.30 mol · L^{-1}，已知 H_2S 的浓度为 0.10 mol · L^{-1}，求该溶液中的 S^{2-} 浓度.（H_2S 的 $K_{a_1}=8.91\times10^{-8}$，$K_{a_2}=1.0\times10^{-14}$）（$9.9\times10^{-22}$）

20. 求下列各缓冲溶液的 pH：

(a) 0.20 mol · L^{-1} HAc 50 mL 和 0.10 mol · L^{-1} NaAc 100 mL 的混合溶液.

(b) 0.50 mol · L^{-1} $NH_3\cdot H_2O$ 100 mL 和 0.10 mol · L^{-1} HCl 200 mL 的混合液.

（NH_3，$pK_b=4.75$）

(c) 0.10 mol · L^{-1} $NaHCO_3$ 和 0.010 mol · L^{-1} Na_2CO_3 各 50 mL 的混合溶液.

（H_2CO_3，$pK_{a_2}=10.25$）

(d) 0.10 mol · L^{-1} HAc 50 mL 和 0.10 mol · L^{-1} NaOH 25 mL 的混合溶液.

［(a) 4.75 (b) 9.43 (c) 9.25 (d) 4.75］

21. 配制 pH=5.00 的缓冲溶液 500 mL，现有 6 mol · L^{-1}的 HAc 34.0 mL，问需要加入 $NaAc\cdot 3H_2O$(M=136.1 g · mol^{-1})多少克？如何配制？（49.38 g）

22. 写出难溶强电解质 $PbCl_2$、AgBr、$Ba_3(PO_4)_2$、Ag_2S 的溶度积表示式.

23. 已知 Ag_2S 的 $K_{sp}^{\ominus}=1.6\times10^{-49}$，PbS 的 $K_{sp}^{\ominus}=3.4\times10^{-28}$，问在各自的饱和溶液中，$Ag^+$、$Pb^{2+}$ 的浓度各是多少？

$([Ag^+]=6.8\times10^{-17}\ mol\cdot L^{-1}$,$[Pb^{2+}]=1.8\times10^{-14}\ mol\cdot L^{-1})$

24. 已知 298 K 时 PbI_2 在纯水中的溶解度为 $1.35\times10^{-3}\ mol\cdot L^{-1}$,求其溶度积.

(9.8×10^{-9})

25. Ag^+、Pb^{2+} 两种离子的质量浓度均为 $100\ mg\cdot L^{-1}$,要使之生成碘化物沉淀,问需用最低的$[I^-]$各为多少?AgI 和 PbI_2 沉淀哪个先析出?$[K_{sp}^{\ominus}(AgI)=8.52.\times10^{-17}$,$K_{sp}^{\ominus}(PbI_2)=9.8\times10^{-9}]$(沉淀 Ag^+ 和 Pb^{2+} 的$[I^-]$分别为 $9.2\times10^{-14}\ mol\cdot L^{-1}$、$4.5\times10^{-3}\ mol\cdot L^{-1}$,AgI 沉淀先析出)

26. 一种溶液含有 Fe^{3+} 和 Fe^{2+},它们的浓度均为 $0.010\ mol\cdot L^{-1}$,当 $Fe(OH)_2$ 开始沉淀时,Fe^{3+} 的浓度是多少?$(5.25\times10^{-19}\ mol\cdot L^{-1})$

27. 现有 $0.1\ mol\cdot L^{-1}$ 的 Fe^{2+} 和 Fe^{3+} 溶液,如何控制溶液的 pH 只使一种离子沉淀而另一种离子留在溶液中?$(3.15<pH<6.39)$

28. 将 H_2S 气体通入 $0.10\ mol\cdot L^{-1}$ $ZnCl_2$ 溶液中达到饱和时,H_2S 的浓度为 $0.10\ mol\cdot L^{-1}$. 此时$[H_3O^+]$必须控制在什么数值才能使 ZnS 沉淀不致析出?

$(0.96\ mol\cdot L^{-1})$

29. 假设溶于水中的 $Mn(OH)_2$ 完全离解,试计算:① $Mn(OH)_2$ 在水中的溶解度;② $Mn(OH)_2$在 $0.10\ mol\cdot L^{-1}$ NaOH 溶液中的溶解度(假设 $Mn(OH)_2$ 在 NaOH 溶液中不发生其他变化).(① $3.72\times10^{-5}\ mol\cdot L^{-1}$ ② $2.06\times10^{-11}\ mol\cdot L^{-1}$)

30. Urea (N_2H_4CO) is a product of metabolism of proteins. An aqueous solution is 32.0% urea by mass and has a density of $1.087\ g\cdot L^{-1}$. Calculate the molality of urea in the solution.

$(b_{urea}=7.84\ mol\cdot kg^{-1})$

31. Calculate the freezing and boiling points of a solution that contains 30.0g of urea (N_2H_4CO) in 250 g of water. Urea is a nonvolatile nonelectrolyte.

$(T_f=-3.72\ ℃$, $T_b=101.02\ ℃)$

32. Four beakers contain $0.01\ mol\cdot L^{-1}$ aqueous solutions of C_2H_5OH, NaCl, $CaCl_2$ and CH_3COOH respectively. Which of these solutions has the lowest freezing points? Explain.

$(CaCl_2)$

33. Give the products in the following acid-base reactions. Identify the conjugate acid-base pairs.

(a) $NH_4^+ + CN^- =\!=\!=$

(b) $HS^- + HSO_4^- =\!=\!=$

(c) $HClO_4 + NH_3 =\!=\!=$

(d) $CH_3COO^- + H_2O =\!=\!=$

34. List the conjugate acids of H_2O, OH^-, NH_2^-, HPO_4^{2-} and Cl^-.

List the conjugate bases of HS^-, H_2O, CH_3COOH, HPO_4^{2-} and CH_3OH.

35. In a solution of a weak acid, $HA + H_2O \rightleftharpoons H_3O^+ + A^-$, the following equilibrium concentrations are found: $[H_3O^+]=0.001\ 7\ mol\cdot L^{-1}$ and $[HA]=0.098\ 3\ mol\cdot L^{-1}$.

Calculate the ionization constant for the weak acid, HA.

(2.9×10^{-5})

36. Ascorbic acid, $C_5H_7O_4COOH$, known as vitamin C, is an essential vitamin for all mammals. Among mammals, only humans, monkeys and guinea pigs cannot synthesize it in their bodies. K_a for ascorbic acid is 7.9×10^{-5}. Calculate $[H_3O^+]$ and pH in a 0.100 $mol\cdot L^{-1}$ solution of ascorbic acid.

(2.8×10^{-3} $mol\cdot L^{-1}$, 2.55)

37. Buffer solutions are especially important in our body fluids and metabolism. Write net ionic equations to illustrate the buffering action of

(a) the $H_2CO_3/NaHCO_3$ buffer system in blood.

(b) the NaH_2PO_4/Na_2HPO_4 buffer system inside cells.

38. Calculate pH for each of the following buffer solutions:

(a) 0.10 $mol\cdot L^{-1}$ HF and 0.20 $mol\cdot L^{-1}$ KF.

(b) 0.050 $mol\cdot L^{-1}$ CH_3COOH and 0.025 $mol\cdot L^{-1}$ $Ba(CH_3COO)_2$.

[(a) 3.44, (b) 4.74]

39. Write a balanced chemical equation for the dissolution of each of the following slightly soluble compounds. Then write each solubility product constant expression.

(a) AgBr (b) $CdCO_3$ (c) Hg_2Cl_2 [contains mercury(I) ion, Hg_2^{2+}]

(d) $Fe(OH)_3$ (e) $Ba_3(PO_4)_2$

40. From the solubility data given for the following compounds, calculate their solubility product constants.

(a) $SrCrO_4$ (strontium chromate), 1.2 $mg\cdot mL^{-1}$

(b) $Fe(OH)_3$ (iron(Ⅲ) hydroxide), 1.1×10^{-3} $g\cdot L^{-1}$

[(a) $K_{sp}^{\ominus}=3.5\times10^{-5}$, (b) $K_{sp}^{\ominus}=6.9\times10^{-15}$]

41. Calculate molar solubilities, concentrations of constituent ions, and solubilities in gram per liter for the following compounds at 25 ℃.

(a) Ag_3PO_4 (silver phosphate) (b) CuI (copper(Ⅰ) iodide)

[(a) $s=4.7\times10^{-6}$ $mol\cdot L^{-1}$, $[Ag^+]=1.4\times10^{-5}$ $mol\cdot L^{-1}$,

$[PO_4^{3-}]=4.7\times10^{-6}$ $mol\cdot L^{-1}$, 2.0×10^{-3} $g\cdot L^{-1}$;

(b) $s=2.3\times10^{-6}$ $mol\cdot L^{-1}$, $[Cu^+]=2.3\times10^{-6}$ $mol\cdot L^{-1}$,

$[I^-]=2.3\times10^{-6}$ $mol\cdot L^{-1}$, 4.4×10^{-4} $g\cdot L^{-1}$]

42. Will a precipitate of $PbCl_2$ form when 5.0 g of solid $Pb(NO_3)_2$ is added to 1.00 L of 0.010 $mol\cdot L^{-1}$ NaCl? Assume that volume change is negligible.

($Q=1.5\times10^{-6}$, $Q<K_{sp}^{\ominus}$, so no precipitate)

第三章　电化学原理与应用

学习要求

1. 掌握氧化还原反应的基本概念、氧化数的概念、氧化数法和离子电子法配平氧化还原反应式.

2. 掌握标准电极电势表的使用,能斯特方程式有关计算,电极电势在判断反应方向和限度方面的应用.

3. 掌握电解的概念,掌握金属防腐的方法,掌握化学电源的知识.

4. 熟悉原电池的组成及表示方法,元素电势图及其应用.熟悉化学电源、电化学的应用,包括电化学的概念,电化学与氧化还原反应,电解,金属的电化学防腐.

5. 了解电极电势的产生原理和测量.

电化学是研究电能与化学能之间相互转化的科学.自发进行的化学反应可以组成原电池,对外做功,将化学能转化为电能;非自发的化学反应则可以通过电解池来实现,由环境对体系做功,将电能转化为化学能.我们可以通过研究电池的电动势或电极电势来研究反应的自发性,进而研究电池的性质、工作条件.

电化学工业是国民经济中的重要组成部分,包括电解、电镀、化学电源、金属防腐等.

3-1　基本概念

3-1-1　氧化(oxidation)和还原(reduction)

还原反应是物质获得电子的反应,氧化反应是物质失去电子的反应.例如:

还原反应　　$Cu^{2+}+2e^- \longrightarrow Cu$

氧化反应　　$Zn \longrightarrow Zn^{2+}+2e^-$

以上两个反应称为半反应.有得到电子的反应就必然有失去电子的反应,氧化半反应失去的电子必须如数转移给还原半反应,所以还原反应和氧化反应这两种反应必须联系在一起才能进行.如果将以上两式合并,就成为全反应式:

$$Zn+Cu^{2+} = Zn^{2+}+Cu$$

任何氧化还原反应均可以拆成氧化和还原两个半反应.

在氧化还原反应中,得电子者为**氧化剂(oxidant)**,如 Cu^{2+},氧化剂自身被还原,反应后变成还原产物；失电子者为**还原剂(reductant)**，如 Zn，还原剂自身被氧化，反应后变成氧化产物. 氧化剂得到的电子数一定等于还原剂失去的电子数.

在有些反应中，得失电子不是很明显. 例如：

$$H_2(g)+Cl_2(g)=\!=\!=2HCl(g)$$

在形成共价化合物氯化氢分子的反应中，氢并没有完全失去电子，氯也没有完全得到电子，但是在氯化氢分子中，由于氯的电负性大于氢，所以氯原子和氢原子之间的电子云偏向了氯的一方. 这种导致电子偏移的反应也属于氧化还原反应.

由此可见，氧化还原反应的本质在于电子的得失或偏移. **在反应过程中发生电子的得失或偏移的反应称为氧化还原反应.**

3-1-2 氧化数

为了方便研究氧化还原反应，化学家引入了**氧化数(oxidation number)**的概念. 1970 年，国际纯粹与应用化学联合会(IUPAC)把氧化数定义为：**元素的氧化数(又称氧化值或氧化态)是指该元素一个原子的表观电荷数.** 表观电荷数是指当我们把化学键中的成键电子指定给成键原子中电负性较大的那个原子时，这个原子所获得的电荷数. 例如，在 HCl 中，由于氯吸引电子的能力较强，成键电子指定给氯，所以氯的氧化数为 -1，氢的氧化数为 $+1$.

为了方便各种物质中氧化数的讨论，人们从经验中总结出一套规则用来确定氧化数. 它包括以下四条：

(1) 在单质(如 Cu，O_2 等)中，原子的氧化数为零.

(2) 在中性分子中，所有原子的氧化数代数和应等于零.

(3) 在复杂离子中，所有原子的氧化数代数和应等于离子的电荷数. 而单原子离子的氧化数就等于它所带的电荷数.

(4) 若干关键元素的原子在化合物中的氧化数有固定值. 氢原子的氧化数为 $+1$，氧原子为 -2，卤素原子在卤化物中为 -1，硫在硫化物中为 -2. 也有少数例外，如活泼金属氢化物(NaH、CaH_2、$LiAlH_4$ 等)中氢原子的氧化数为 -1，在过氧化物(H_2O_2、Na_2O_2)中氧原子的氧化数为 -1，在超氧化物(KO_2)中为 $-\frac{1}{2}$，在 OF_2 中为 $+2$.

根据这些规定，就可确定化合物中所有元素原子的氧化数. 例如，在 $K_2Cr_2O_7$ 中，我们设 Cr 元素的氧化数为 x，根据下式我们可以计算出 x：

$$(+1)\times 2+x\times 2+(-2)\times 7=0$$

$$x=+6$$

又如，在 $S_2O_3^{2-}$ 中，设 S 的氧化数为 y，可以用下式计算 y：

$$y\times 2+(-2)\times 3=-2$$

$$y=+2$$

根据氧化数的概念，我们可以发现：氧化数降低的反应是还原反应；氧化数升高的反应是氧化反应. 氧化数升高的物质是还原剂；氧化数降低的物质是氧化剂. 氧化数升高和降低的总数值相同. 例如，在反应

$$2H_2S+SO_2=\!=\!=3S+2H_2O$$

中 H_2S 中 S 的氧化数从 −2 升到 0，总的氧化数升高 4，这个过程为氧化反应；SO_2 中 S 的氧化数从 +4 降到 0，总的氧化数降低 4，这个过程为还原反应. 所以 SO_2 是氧化剂，H_2S 是还原剂.

因此，我们可以说：**如果反应前后某种元素的氧化数发生变化，那么一定有氧化还原反应发生.**

我们在中学学过化合价，实际上主要涉及的是氧化数，但严格来说，两者并非完全相同. 化合价是各种元素的原子相互化合的数目，而氧化数是指某元素的原子的表观电荷数. 化合价是由物质结构得出的具有特定的、确切的含义的概念，而氧化数是人为地按一定规则和经验指定的一个数字.

在一些共价化合物中，化合价和氧化数的取值也不相同. 例如，在 CH_4、CH_3Cl、CH_2Cl_2、$CHCl_3$ 和 CCl_4 中，C 的氧化数依次为 −4，−2，0，+2 和 +4，而 C 的化合价则皆为 4. 此外，化合价总是整数，但有些物质的氧化数（平均氧化数）可以用分数表示，如连四硫酸钠（$Na_2S_4O_6$）中 S 的氧化数为 $+\frac{5}{2}$，Fe_3O_4 中 Fe 的氧化数为 $+\frac{8}{3}$. 氧化数与化合价是既有一定联系，但又互不相同的两个概念.

3-2 氧化还原方程式配平

我们书写氧化还原反应时，为了要表现反应物和生成物之间的定量关系是符合物质不灭定律的，就需要配平方程式. 氧化还原反应往往比较复杂，参加反应的物质也比较多，配平这类反应方程式也相对复杂. 配平氧化还原方程式的方法很多，最常用的方法有两种：氧化数法和离子电子法. 氧化数法比较简便，人们乐于选用；离子电子法能更清楚地反映水溶液中氧化还原反应的本质.

3-2-1 氧化数法

以 HClO 把 Br_2 氧化成 $HBrO_3$ 而本身还原成 HCl 为例，说明氧化数法配平的步骤.

(1) 在箭号左边写反应物的化学式，右边写生成物的化学式.

$$HClO + Br_2 \longrightarrow HBrO_3 + HCl$$

(2) 计算氧化剂中原子氧化数的降低值及还原剂中原子氧化数的升高值，并根据氧化数降低总值和升高总值必须相等的原则，找出氧化剂和还原剂前面的化学计量数.

Cl：　$+1 \longrightarrow -1$　氧化数降低 2(↓2)　｜ ×5

2Br：　$2(0 \longrightarrow +5)$　氧化数升高 10(↑10)　｜ ×1

$$5HClO + Br_2 \longrightarrow HBrO_3 + HCl$$

(3) 配平除氢和氧元素以外各种元素的原子数（先配平氧化数有变化元素的原子数，后配平氧化数没有变化元素的原子数）.

$$5HClO + Br_2 \longrightarrow 2HBrO_3 + 5HCl$$

(4) 配平氢原子数，并找出参加反应（或生成）水的分子数.

$$5HClO + Br_2 + H_2O = 2HBrO_3 + 5HCl$$

(5) 最后核对氧原子数，确定该方程式是否确已配平.

等号两边都有 6 个氧原子，证明上面的方程式确已配平.

例 3-1 配平下列反应方程式：

$$Cu_2S+HNO_3 \longrightarrow Cu(NO_3)_2+H_2SO_4+NO$$

解：

$$\begin{array}{llll} 2Cu: & 2(+1 \longrightarrow +2) & \uparrow 2 \\ S: & -2 \longrightarrow +6 & \uparrow 8 \end{array}\Big\} \uparrow 10 \quad \times 3$$

$$\begin{array}{llll} N: & +5 \longrightarrow +2 & \downarrow 3 & \times 10 \end{array}$$

$$3Cu_2S+10HNO_3 \longrightarrow 6Cu(NO_3)_2+3H_2SO_4+10NO$$

上面方程式中元素 Cu 和 S 的原子数都已配平，对于 N 原子，发现生成 6 个 $Cu(NO_3)_2$，还需消耗 12 个 HNO_3，于是 HNO_3 的系数变为 22.

$$3Cu_2S+22HNO_3 \longrightarrow 6Cu(NO_3)_2+3H_2SO_4+10NO$$

配平 H，找出 H_2O 的分子数.

$$3Cu_2S+22HNO_3 = 6Cu(NO_3)_2+3H_2SO_4+10NO+8H_2O$$

最后核对方程式两边氧原子数，可知方程式确已配平.

例 3-2 配平下列反应式：

$$Cl_2+KOH \longrightarrow KClO_3+KCl$$

解：从反应式可以看出，Cl_2 中一部分氯原子氧化数升高，一部分氯原子氧化数降低，Cl_2 在同一反应中既作氧化剂又作还原剂，发生了歧化反应. 对于这类反应，确定氧化数的变化后，从逆反应着手配平较为方便.

$$\begin{array}{llll} Cl(KClO_3): & +5 \longrightarrow 0 & \downarrow 5 & \times 1 \\ Cl(KCl): & -1 \longrightarrow 0 & \uparrow 1 & \times 5 \end{array}$$

$$Cl_2+KOH \longrightarrow KClO_3+5KCl$$

配平 Cl、K： $3Cl_2+6KOH \longrightarrow KClO_3+5KCl$

配平 H： $3Cl_2+6KOH = KClO_3+5KCl+3H_2O$

核对 O：每边都有 6 个氧原子，证明反应式已配平.

3-2-2 离子电子法

现以在稀 H_2SO_4 溶液中，$KMnO_4$ 氧化 $H_2C_2O_4$ 为例，说明离子电子法配平步骤.

(1) 把氧化剂中起氧化作用的离子及其还原产物，还原剂中起还原作用的离子及其氧化产物，分别写成两个未配平的离子方程式：

$$MnO_4^- \longrightarrow Mn^{2+}$$

$$C_2O_4^{2-} \longrightarrow CO_2$$

(2) 将原子数配平. 关键在于氧原子数的配平. 根据反应式左右两边氧原子数目和溶液酸碱性的不同，应采取不同的配平方法，具体见下表：

介质	反应式左边比右边多一个氧原子	反应式左边比右边少一个氧原子
酸性	$2H^+ +$“O^{2-}”$\longrightarrow H_2O$	$H_2O \longrightarrow$“O^{2-}”$+2H^+$
碱性	H_2O+“O^{2-}”$\longrightarrow 2OH^-$	$2OH^- \longrightarrow$“O^{2-}”$+H_2O$
中性	H_2O+“O^{2-}”$\longrightarrow 2OH^-$	$H_2O \longrightarrow$“O^{2-}”$+2H^+$

因此可得：

$$MnO_4^- + 8H^+ \longrightarrow Mn^{2+} + 4H_2O$$

$$C_2O_4^{2-} \longrightarrow 2CO_2$$

(3) 将电荷数配平.反应式两边的电荷总数如不相等,可在反应式左边或右边加若干个电子：

$$MnO_4^- + 8H^+ + 5e^- \longrightarrow Mn^{2+} + 4H_2O$$

$$C_2O_4^{2-} \longrightarrow 2CO_2 + 2e^-$$

这种配平了的半反应常称为**离子电子式**.

(4) 两离子电子式各乘以适当系数,使得失电子数相等,将两式相加,消去电子,必要时消去重复项,即得到配平的离子反应式：

$$\begin{array}{r} 2\times(MnO_4^- + 8H^+ + 5e^- \longrightarrow Mn^{2+} + 4H_2O) \\ +)\quad 5\times(C_2O_4^{2-} \longrightarrow 2CO_2 + 2e^-) \\ \hline 2MnO_4^- + 16H^+ + 5C_2O_4^{2-} = 2Mn^{2+} + 8H_2O + 10CO_2 \end{array}$$

(5) 检查所得反应式两边的各种原子数及电荷数是否相等.两边各种原子个数都相等,且电荷数均为+4,故上式已配平.如果需要,再写成分子反应方程式：

$$2KMnO_4 + 5H_2C_2O_4 + 3H_2SO_4 = 2MnSO_4 + K_2SO_4 + 10CO_2 + 8H_2O$$

例 3-3 用离子电子法配平下列反应式(在碱性介质中)：

$$ClO^- + CrO_2^- \longrightarrow Cl^- + CrO_4^{2-}$$

解：(1) $ClO^- \longrightarrow Cl^-$

$CrO_2^- \longrightarrow CrO_4^{2-}$

(2) $ClO^- + H_2O \longrightarrow Cl^- + 2OH^-$

$CrO_2^- + 4OH^- \longrightarrow CrO_4^{2-} + 2H_2O$

(3) $ClO^- + H_2O + 2e^- \longrightarrow Cl^- + 2OH^-$

$CrO_2^- + 4OH^- \longrightarrow CrO_4^{2-} + 2H_2O + 3e^-$

$$\begin{array}{l} (4)\ 3\times(ClO^- + H_2O + 2e^- \longrightarrow Cl^- + 2OH^-) \\ \quad +)\ 2\times(CrO_2^- + 4OH^- \longrightarrow CrO_4^{2-} + 2H_2O + 3e^-) \\ \hline 3ClO^- + 3H_2O + 2CrO_2^- + 8OH^- \longrightarrow 3Cl^- + 6OH^- + 2CrO_4^{2-} + 4H_2O \end{array}$$

消去重复项：

$$3ClO^- + 2CrO_2^- + 2OH^- = 3Cl^- + 2CrO_4^{2-} + H_2O$$

3-3 原电池

3-3-1 原电池的概念

氧化还原反应

$$Zn + Cu^{2+} = Zn^{2+} + Cu$$

是一个自发反应.将锌片插入硫酸铜溶液中,反应即可发生,电子在 Zn 与 Cu^{2+} 之间发生转移,在锌片表面就会出现红色的金属铜.但是这样进行的反应,电子的转移是无序的,不能形成电荷的定向移动，体系中原来具有的化学能转变为热能，以热的形式释放出来而浪费了. 根据热力学第二定律，我们知道，一个自发进行的反应可以对外做功. 同样，锌和硫酸铜的反应也可以通过对外做功，将化学能转变为我们可以利用的能源.

通过如图 3-1 所示的装置，我们可以使上述反应对外做电功(W_E). 在容器 a 中盛入 $ZnSO_4$ 溶液，其中插入锌片；在容器 b 个盛入 $CuSO_4$ 溶液，插入铜片，两种溶液之间用一个盐桥[salt bridge，一个装满饱和 KCl 以及琼脂凝胶(agar)的 U 形管]连接起来. 这时，如果用导线将锌片和铜片相连接，就会立即发生反应，Zn 逐渐溶解，而铜片上有 Cu 析出. 如果在导线上接一个检流计(voltmeter)，指针就会偏转，证明导线中有电流通过. 从指针偏转的方向，可以断定电流是从铜片流向锌片(电子从 Zn 流向 Cu)，Cu 是正极(anode)，Zn 是负极(cathode). 图 3-1 的装置我们把它称为**铜锌原电池**(或称为**丹尼尔电池，Daniell Cell**). 反应过程中，体系对外界做了电功，将其本身的化学能变成了电能. 这类能**使化学能直接变为电能的装置叫原电池(primary cell)**. 任何自发进行的化学反应理论上均可以组成原电池.

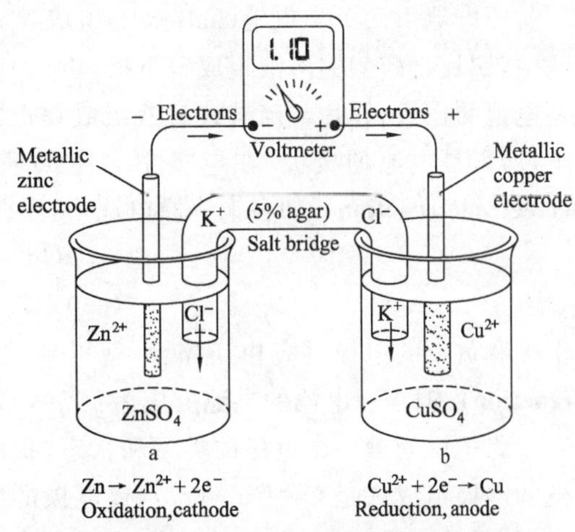

图 3-1 铜锌原电池示意图

我们可以分析一下铜锌原电池产生电流的原理. 在负极锌片上 Zn 失去电子，发生氧化反应，形成 Zn^{2+} 进入溶液：

$$Zn \longrightarrow Zn^{2+} + 2e^-$$

锌片上多余的电子在电场作用下，由导线转移到外电路；在正极铜片上，溶液中的 Cu^{2+} 从铜片上得到由外电路转移来的电子，发生还原反应，变成金属 Cu 在铜片上析出：

$$Cu^{2+} + 2e^- \longrightarrow Cu$$

同时，盐桥内的饱和 KCl 溶液中，Cl^- 和 K^+ 分别迁移到 $ZnSO_4$ 溶液和 $CuSO_4$ 溶液中，以平衡两溶液中过剩的离子电荷，维持电中性，从而使 Zn 的氧化和 Cu^{2+} 的还原可以继续进行下去，电流得以不断产生.

将正极和负极发生的反应合并，得到铜锌原电池的总反应为：

$$Zn + Cu^{2+} = Zn^{2+} + Cu$$

需要注意的是上述反应的逆反应

$$Zn^{2+} + Cu = Zn + Cu^{2+}$$

是非自发的，因此不能组成原电池. 要使该反应发生，必须在外电路并联一个有一定电压的外加电源，使电流流入电池，迫使电池中发生这个反应，此时电能就转变为化学能，该装置就构成了电解池.

3-3-2 原电池的组成和表示

为了研究方便，我们采用下列符号表示铜锌原电池：

$$(-)Zn|Zn^{2+}(c_1)\|Cu^{2+}(c_2)|Cu(+)$$

式中"‖"表示盐桥,"|"表示相界面,(+)和(−)表示正极和负极,习惯上把负极写在左边,正极写在右边,并且标明物质的浓度、分压或状态,未标明的认为是处于各自的标准状态,电子导体写在最边上.这种形式称为**电池组成式**.

原电池由两个**半电池(half-cell)**组成,半电池又可以称为**电极(electrode)**①.在铜锌原电池中,铜片与硫酸铜溶液组成铜电极,由于 Cu^{2+} 发生氧化半反应,从外电路得到电子,所以是电池的正极;锌片与硫酸锌溶液组成锌电极,由于 Zn 发生氧化半反应,向外电路提供电子,所以是电池的负极.在电极中发生的氧化半反应或还原半反应,通常称为**电极反应(electrode reaction)**,如在铜锌原电池中,正极和负极的电极反应为:

$$\begin{cases}(+)Cu^{2+}+2e^- \longrightarrow Cu\\(-)Zn \longrightarrow Zn^{2+}+2e^-\end{cases}$$

正极和负极的电极反应相互综合,就得到发生在电池中的完整的反应,称为**电池反应(cell reaction)**.铜锌原电池的电池反应为:$Zn+Cu^{2+} = Zn^{2+}+Cu$.

为了说明某一个电极的类型和状态,我们用**电极组成式**来表示不同的电极.例如,铜电极的电极组成式是 $Cu|Cu^{2+}(c_1)$,锌电极的电极组成式是 $Zn|Zn^{2+}(c_2)$,此处的"|"也是表示固液两相界面,c_1 和 c_2 是离子浓度(严格说应该用活度).习惯上要把参加电极反应的所有物质均写入电极组成式,并标明物质的浓度、分压或状态.把某个原电池的两个电极的电极组成式合并就得到电池组成式.

每个电极都是由同一元素的两种不同氧化数的物质组成的,我们把氧化数低的称为**还原型物质(reduction form)**,把氧化数高的称为**氧化型物质**②**(oxidation form)**.氧化型和还原型两者相互依存,并且通过电子得失相互转化:

$$a\,\text{氧化型}+ne^- \rightleftharpoons g\,\text{还原型}$$

a、g 是化学计量数.

氧化型和还原型之间的这种相互依存、相互转化的关系,与共轭酸碱对之间的共轭关系相似,差别只是前者通过电子得失,后者通过质子得失来实现相互转化.同一元素的氧化型和还原型,组成一个**氧化还原电对(redox couple)**,简称电对,以"**氧化型/还原型**"这样的电对符号来表示,如 Zn 和 Zn^{2+} 电对的电对符号是 Zn^{2+}/Zn,Cu 和 Cu^{2+} 电对的电对符号是 Cu^{2+}/Cu.在同一电对中,氧化型的氧化性越强(越容易结合电子),其共轭的还原型的还原性就越弱(越不容易失去电子);反之亦然.

氧化型和还原型的区分是相对的.某些具有中间氧化数的元素,在不同的电对里既可能是氧化型,也可能是还原型.例如,Fe^{2+} 在电对 Fe^{2+}/Fe 中是氧化型物质,而在电对 Fe^{3+}/Fe^{2+} 中则是还原型物质.

不同的电极根据氧化性或还原性的强弱组成原电池,作正极的电极的电对发生还原半反应:

$$a\,\text{氧化型}_1+ne^- \longrightarrow g\,\text{还原型}_1$$

作负极的电对发生氧化半反应:

---

① 这里所称的电极,是指电子导体(金属、石墨)及其相互接触的电解质溶液共同构成的电极区域,但也有的书中只把电子导体(如铜片)称为电极.为了避免混淆,可以把电子导体称为极片.

② 部分教材中称为还原态物质和氧化态物质.

$$b\text{还原型}_2 \longrightarrow h\text{氧化型}_2 + ne^-$$

下标1、2表示不同的电对.

电池反应则可以看成是发生在两个电对之间的电子转移过程，即

$$a\text{氧化型}_1 + b\text{还原型}_2 \xrightarrow{\;ne^-\;} g\text{还原型}_1 + h\text{氧化型}_2$$

自发进行的电池反应总是由强的氧化型物质与强的还原型物质反应，生成弱的还原型物质和弱的氧化型物质.

3-3-3 电极的分类

电对不一定都由金属和金属离子组成，同一元素的两种具有不同氧化数的物质，如 Fe^{3+}/Fe^{2+}、MnO_4^-/Mn^{2+}、H^+/H_2、Cl_2/Cl^-、O_2/OH^- 等都能组成电对.

根据组成电极的电对的不同，常见的电极可以分为如下四类.

一、金属电极

由金属及其阳离子溶液组成此类电极，铜电极和锌电极是典型的金属电极.

金属极片的电对符号是：M^{n+}/M，电极组成式是：$M|M^{n+}(c)$，电极反应通式是：$M^{n+} + ne^- \rightleftharpoons M$. 在金属电极中，金属本身既是电对的还原型物质，也是和外电路相连的电子导体.

习惯上，电极反应式用双箭头符号“$\rightleftharpoons$”，因为不知道电极在电池中作正极还是作负极，常按正向还原的方式书写，即把还原型物质放在右边，氧化型物质放在左边. 如果已知电极在电池中实际作负极或正极，则按实际反应的方向，用单向箭头“$\longrightarrow$”或等号来书写.

二、气体电极

由气体单质及其相应的离子组成，如氢电极、氧电极、氯电极等，它们相应的电对分别为 H^+/H_2、O_2/OH^-、Cl_2/Cl^- 等. 由于组成该类电极的电对本身不含有作电子导体的固体物质，因此常常需要借助不参加电极反应的惰性电子导体如铂或石墨等参与组成电极. 以上3个气体电极的组成式及相应的电极反应式分别表示如下：

$$Pt, H_2(p)|H^+(c) \qquad 2H^+ + 2e^- \rightleftharpoons H_2(g)$$

$$Pt, O_2(p)|OH^-(c) \qquad O_2(g) + 2H_2O + 4e^- \rightleftharpoons 4OH^-$$

$$Pt, Cl_2(p)|Cl^-(c) \qquad Cl_2(g) + 2e^- \rightleftharpoons 2Cl^-$$

式中用逗号（或者用竖线“|”）表示气固两相界面；p 表示气体物质的分压. 此外，氧电极的电极反应式中 H_2O 来自溶液介质.

三、金属-金属难溶盐电极

在某些金属的表面涂覆该金属的难溶盐，浸在与难溶盐具有相同的阴离子的电解质溶液中就组成了此类电极. 例如，银-氯化银电极，电对是 AgCl/Ag，电极组成式及电极反应式分别为：

$$Ag, AgCl|Cl^-(c) \qquad AgCl(s) + e^- \rightleftharpoons Ag(s) + Cl^-$$

式中用逗号（或者用竖线“|”）表示固固两相界面.

四、氧化还原电极

将惰性材料制成的电子导体浸入含有同种元素两种不同氧化数离子的溶液中组成此

类电极.例如,将铂片浸在含有Fe^{3+}、Fe^{2+}两种离子的溶液中,就构成了此类电极.电对符号是 Fe^{3+}/Fe^{2+},电极组成式和电极反应式分别为:

$$Pt|Fe^{3+}(c_1),Fe^{2+}(c_2) \qquad Fe^{3+}+e^- \rightleftharpoons Fe^{2+}$$

式中,Fe^{3+}、Fe^{2+}虽然处于同一液相中,但书写时习惯用一逗号分开.

3-3-4 电池组成式与电池反应的关联

一、由电池组成式写出发生在其中的电池反应

例 3-4 已知原电池组成式为:

$$(-)Pt|Sn^{2+}(c_1),Sn^{4+}(c_2)\|Fe^{3+}(c_3),Fe^{2+}(c_4)|Pt(+)$$

试写出其电池反应的反应式.

解: 电池正极有 Fe^{3+} 和 Fe^{2+} 两种离子,发生还原反应:

$$(+)Fe^{3+}+e^- \longrightarrow Fe^{2+}$$

电池负极有 Sn^{4+} 和 Sn^{2+} 两种离子,发生氧化反应:

$$(-)Sn^{2+} \longrightarrow Sn^{4+}+2e^-$$

调整两个电极反应式的得失电子数,两式相加即得到电池反应:

$$2Fe^{3+}+Sn^{2+} \longrightarrow 2Fe^{2+}+Sn^{4+}$$

二、由氧化还原反应组成原电池,写出电池组成式

例 3-5 已知一自发进行的氧化还原反应:

$$6Cl^-+Cr_2O_7^{2-}+14H^+ \longrightarrow 3Cl_2+2Cr^{3+}+7H_2O$$

试用该反应组成一原电池,写出电池组成式.

解: 把已知的总反应拆成氧化半反应和还原半反应两部分:

氧化反应:$6Cl^- \longrightarrow 3Cl_2+6e^-$ 电对:Cl_2/Cl^-

还原反应:$Cr_2O_7^{2-}+14H^++6e^- \longrightarrow 2Cr^{3+}+7H_2O$ 电对:$Cr_2O_7^{2-}/Cr^{3+}$

氧化反应在负极发生,氯电极组成负极,电极组成式:$Pt,\ Cl_2(p)|Cl^-(c_1)$.

还原反应在正极发生,$Cr_2O_7^{2-}/Cr^{3+}$ 电对构成一个“氧化还原”电极,电极组成式是 $Pt|Cr_2O_7{}^{2-}(c_2),Cr^{3+}(c_3),H^+(c_4)$.

将正极和负极的电极组成式合并,得到电池组成式:

$$(-)Pt,\ Cl_2(p)|Cl^-(c_1)\|Cr_2O_7^{2-}(c_2),Cr^{3+}(c_3),H^+(c_4)|Pt(+)$$

三、由自发进行的非氧化还原反应组成原电池,写出电池组成式

从前面的学习我们知道,不仅自发进行的氧化还原反应可以组成原电池,非氧化还原反应只要是自发进行的,也可以组成原电池对外做电功.

例 3-6 已知一自发进行的沉淀反应:

$$Ag^++Cl^- \longrightarrow AgCl(s)$$

试用该反应组成一原电池,写出电池组成式.

解: 沉淀反应进行时没有电子的转移,是非氧化还原反应,为了使其能够构成原电池,必须将其变成一个发生了电子转移的反应,方法是在方程式左右各加上一个单质 Ag 和一个电子 e^-,使方程式变成:

$$Ag(s)+Cl^-+Ag^++e^- \longrightarrow AgCl(s)+e^-+Ag(s)$$

这样,我们就可以看到在方程式中有 AgCl(s)、Cl^-、Ag,可以构成一个 Ag-AgCl 电极,电极

反应为 $Ag(s)+Cl^- \longrightarrow AgCl(s)+e^-$，电极组成式为 Ag，AgCl|$Cl^-(c_1)$.

这个电极在总反应中发生了氧化反应，是电池的负极，电对为 AgCl/Ag.

而电池正极的电极反应就是总反应中剩余的部分：$Ag^+ + e^- \longrightarrow Ag(s)$，这是银电极的电极反应，电极组成式为：Ag|$Ag^+(c_2)$. 合并正极和负极的电极组成式，得到电池组成式：

$$(-)Ag, AgCl|Cl^-(c_1)\|Ag^+(c_2)|Ag(+)$$

类似地，酸碱反应、配位反应，甚至稀释、渗透、溶解等物理化学变化，只要是自发进行的，都可以组成原电池.

3-4 电池电动势与电极电势

3-4-1 电池电动势

原电池中电流不断地从正极流向负极，说明正极和负极之间存在电势差，正极的电势高于负极的电势. 当电流趋于零时，正极与负极之间的电势差达到最大值，这个最大值就是电池的**电动势(electromotive force)**. 我们可以用对消法将电流变为无限小，来测量电池电动势.

电学原理指出，原电池的电动势等于其内部各个相界面电势差的代数和. 在原电池内部，主要存在两类相界面电势差：一类是存在于电极的电子导体和电解质溶液两相界面之间的电势差，称为**电极电势(electrode potential)**. 无论正极或负极，其电极电势都是指相界面附近电子导体一侧电势减去溶液一侧电势的差值，因此电极电势可能是正值，也可能是负值. 另一类是**液接电势(liquid-juntion potential)**，即两种溶液的接界面形成的电势差. 如果原电池两电极的电解质溶液之间通过多孔隔膜连接，则两种溶液的接界面将产生电位差，这是由于各种离子通过接界面的扩散速率不同而造成的. 我们可以在两种溶液之间改用盐桥连接，形成两个液接界面(即盐桥分别与两种溶液之间的界面)，以两个液接界面代替一个液接界面，则盐桥中高浓度的 K^+、Cl^- 的扩散就成为两个液接界面上离子扩散的主体，并且 K^+ 和 Cl^- 两者的扩散速率又十分相近，因此在两个液接界面上由离子扩散导致的电势差就很小，并且两个液接界面上的电势差符号相反，几乎可以相互抵消. 因此，盐桥的作用除了沟通内电路外，还可以使两个电极的电解质溶液之间的液接电势减少到可以忽略的程度.

基于以上分析，使用盐桥的原电池，或者不存在液接电势的单液电池，电池电动势完全取决于两电极的电极电势. 如果用 ε① 表示电池电动势，用 E_+ 和 E_- 分别表示正极和负极的电极电势，则得出如下的关系式：

$$\varepsilon = E_+ - E_-$$

需要指出，电池电动势无论是计算值还是测量值都应是正值，表示电池可以自发产生电流，对外做电功；若出现负值，说明此电池的电池反应是非自发的反应，无法对外做功，原

① 在一些参考书中，使用希腊字母 φ 作为电极电势的符号，使用 E 作为电池电动势的符号，读者在阅读时注意区别.

来认定的正极和负极搞反了,需要对调过来.因此,电极电势值较大者总是作正极,电极电势较小者总是作负极,即 $E_+ > E_-$.

3-4-2 电极电势的产生

电极电势是如何产生的呢?以金属电极为例,金属晶体是由金属原子、金属离子和一定数量的自由电子组成的,当金属浸入其盐溶液中时,一方面金属表面上的金属离子在极性水分子作用下,有进入溶液中形成水合离子而把过剩的自由电子留在金属上的倾向,金属越活泼,盐溶液浓度越稀,这种倾向越大;另一方面,溶液中的水合离子有从金属表面获得电子,沉积在金属表面的倾向,金属越不活泼或其盐溶液越浓,这种倾向越大.这两种对立的倾向在某种条件下可以达到平衡:

$$M \rightleftharpoons M^{n+}(aq) + ne^-$$

在给定浓度的溶液中,如果失去电子的倾向大于获得电子的倾向,达到平衡时,金属离子进入溶液的倾向占优势,使得金属带负电而溶液带正电.如图 3-2(a)所示,溶液中金属离子将聚集在溶液中与金属接触的界面附近,而电子则聚集在与溶液接触的金属表面.这样,在金属与溶液的相界面处,形成类似平行板电容器的双电层(electric double layer)结构,从而在金属与溶液两相之间产生电势差,产生金属电极的电极电势.相反,如图 3-2(b)所示,如果金属离子获得电子的倾向大于失去电子的倾向,则金属带正电而溶液带负电,这时也在两相界面处形成双电层,并产生相应的相间电势差,即电极电势.金属电极的电极电势其正负和大小主要取决于金属的种类,即金属电极的本性,它反映了金属电极中金属的失电子倾向以及金属离子得电子的能力.此外,电极电势也与溶液中该金属离子的浓度以及温度等外部因素有关.

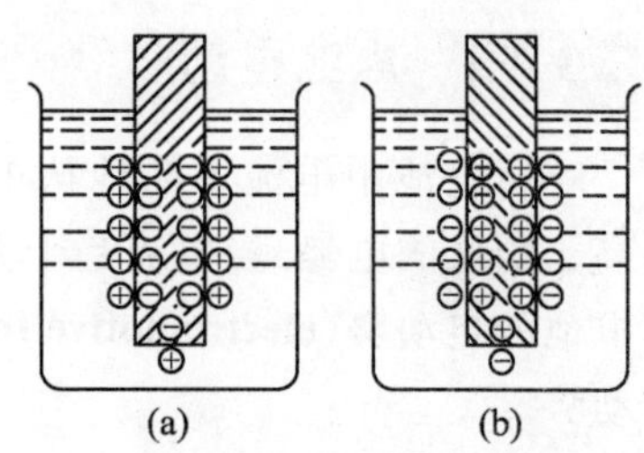

图 3-2 金属电极的电极电势

3-4-3 电极电势的测量

目前人们尚无法测定出电极电势的绝对值,但我们可以人为地用一个相对的标准与待测电极作比较,测量电极电势的相对值.这就像我们把海平面的高度人为地定为零,从而测定地球上各种地形的相对高度一样.根据 IUPAC 的规定,这个相对标准就是**标准氢电极(standard hydrogen electrode,简记为 SHE)**.

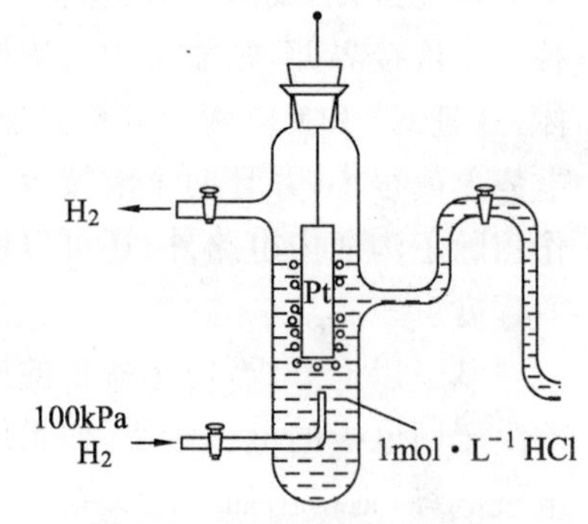

图 3-3 标准氢电极(SHE)

标准氢电极的构造如图 3-3 所示,在铂片上镀上一层疏松的铂(称为铂黑,它具有很强的吸附 H_2 的能力),浸在 H^+ 浓度为 1 mol · L^{-1}(严格地说,H^+ 的离子活度 a 为 1)的 HCl 溶液中,在指定温度下不断地通入压力为 100 kPa 的纯氢气流冲击铂片,使它吸附氢气达饱和.这样就使氢电极处于标准状态,构成标准氢电极.标准氢电极的电极组成式是:

$$Pt, H_2(p=100\ kPa)\,|\,H^+(1\ mol \cdot L^{-1})$$

电极反应式:$2H^+(aq) + 2e^- \rightleftharpoons H_2(g)$.

人们将任意温度下的标准氢电极的电极电势规定为零，即

$$\varphi^{\ominus}_{(H^+/H_2)}=E_{SHE}=0\ V$$

以标准氢电极作为相对标准，我们就可测量其他任意电极的电极电势. 方法是把待测电极与标准氢电极组成原电池，测定该电池的电动势，即可得到待测电极的电极电势.

例如，要测量如下 Zn 电极的电极电势：

$$Zn|Zn^{2+}(0.01\ mol\cdot L^{-1})$$

可以把它与标准氢电极用盐桥连接起来组成原电池，根据电流方向辨明 Zn 电极是电池的负极，标准氢电极是正极. 该电池的组成式为：

$$(-)Zn|Zn^{2+}(0.01\ mol\cdot L^{-1})\|H^+(1\ mol\cdot L^{-1})|H_2(p=100\ kPa),Pt(+)$$

在一定温度下用电势差计测得该电池的电动势为 $\varepsilon=+0.822$ V，因为

$$\begin{aligned}\varepsilon&=E_+-E_-=E_{SHE}-E_{Zn^{2+}/Zn}\\&=0-E_{Zn^{2+}/Zn}\\E_{Zn^{2+}/Zn}&=-0.822\ V\end{aligned}$$

如果要测定某一铜电极(设 $c(Cu^{2+})=1\ mol\cdot L^{-1}$)的电极电势，同样可用盐桥把铜电极和标准氢电极连接起来，组成铜氢原电池. 测量结果发现铜为正极，氢为负极.

电池组成式为：

$$(-)Pt,H_2(p=100\ kPa)|H^+(1\ mol\cdot L^{-1})\|Cu^{2+}(1\ mol\cdot L^{-1})|Cu(+)$$

如果测得电动势为 0.337 V，则

$$\begin{aligned}\varepsilon&=E_+-E_-=E_{Cu^{2+}/Cu}-E_{SHE}\\&=E_{Cu^{2+}/Cu}-0\\E_{Cu^{2+}/Cu}&=0.337\ V\end{aligned}$$

实际上，这里我们测定了一个处于标准状态下的铜电极的电极电势，即铜电极的标准电极电势.

3-4-4 标准电极电势

和标准氢电极一样，在指定温度下，凡是组成电极的各物质，溶液中的溶质浓度为 $1\ mol\cdot L^{-1}$（严格地说，活度 a 为 1），气体的分压为 100 kPa，液体或固体为各自的纯净状态，电极就处于热力学标准状态. 这时测定的电极电势就是该电极的标准电极电势，用符号 $E^{\ominus}$ 表示. 测定时，可以按照上述测定任意电极电势的方法、步骤来测定标准电极电势.

把一定温度下，各个不同电对的标准电极电势值连同相应的电极反应式一并列出，再按照标准电极电势代数值递增的顺序排列，便形成标准电极电势表. 表 3-1 列出了部分电对的标准电极电势. 较详细的标准电极电势简表见附录.

关于此表，作几点说明：

(1) 该表是按照 $E^{\ominus}$ 代数值从小到大顺序编排的. $E^{\ominus}$ 越小，表明电对的还原型越易给出电子，即该还原型就是越强的还原剂；$E^{\ominus}$ 值越大，表明电对的氧化型越易得到电子，即氧化型是越强的氧化剂. 因此，电对的氧化型物质的氧化能力从上到下逐渐增强；还原型物质的还原能力从下到上逐渐增强.

(2) $E^{\ominus}$ 值反映了物质得失电子的倾向的大小，与物质的数量无关，是属于热力学的强度性质的常数，其值不会随电极反应的计量系数而变化，也不会随着反应进行的方向而变

化,即无论电极在电池中作正极还是负极都是一样的.例如:

$$Zn^{2+} + 2e^- \rightleftharpoons Zn \qquad \varphi^{\ominus} = -0.763\ V$$

$$2Zn^{2+} + 4e^- \rightleftharpoons 2Zn \qquad \varphi^{\ominus} = -0.763\ V$$

$$Zn \rightleftharpoons Zn^{2+} + 2e^- \qquad \varphi^{\ominus} = 0.763\ V$$

(3) 由于某些电极的标准电极电势在酸性和碱性条件下的数值是不同的,有些工具书把电极电势分别排列成两个表——酸表和碱表,前者的 $c(H^+) = 1\ mol \cdot L^{-1}$,后者的 $c(OH^-) = 1\ mol \cdot L^{-1}$. 如果电极反应在酸性溶液中进行,则在酸表中查阅;如电极反应在碱性溶液中进行,则在碱表中查阅. 有些电极反应与溶液的酸度无关,如 $Cl_2 + 2e^- \rightleftharpoons 2Cl^-$,其电极电势值也列在酸表中.

表 3-1 标准电极电势(部分)

	电对	电极反应		$\varphi^{\ominus}$/V
	Li^+/Li	$Li^+ + e^- \rightleftharpoons Li$		−3.045
弱氧化剂	Zn^{2+}/Zn	$Zn^{2+} + 2e^- \rightleftharpoons Zn$	强还原剂	−0.763
	Fe^{2+}/Fe	$Fe^{2} + 2e^- \rightleftharpoons Fe$		−0.440
	Sn^{2+}/Sn	$Sn^{2+} + 2e^- \rightleftharpoons Sn$		−0.136
氧化能力依次增强↓	Pb^{2+}/Pb	$Pb^{2+} + 2e^- \rightleftharpoons Pb$	还原能力依次减弱↓	−0.126
	H^+/H_2	$2H^+ + 2e^- \rightleftharpoons H_2$		0.00
	Sn^{4+}/Sn^{2+}	$Sn^{4+} + 2e^- \rightleftharpoons Sn^{2+}$		0.154
	Cu^{2+}/Cu	$Cu^{2+} + 2e^- \rightleftharpoons Cu$		0.337
强氧化剂	I_2/I^-	$I_2 + 2e^- \rightleftharpoons 2I^-$	弱还原剂	0.534 5
	Fe^{3+}/Fe^{2+}	$Fe^{3+} + e^- \rightleftharpoons Fe^{2+}$		0.771
	Br_2/Br^-	$Br_2(l) + 2e^- \rightleftharpoons 2Br^-$		1.065
	$Cr_2O_7^{2-}/Cr^{3+}$	$Cr_2O_7^{2-} + 14H^+ + 6e^- \rightleftharpoons 2Cr^{3+} + 7H_2O$		1.33
	Cl_2/Cl^-	$Cl_2 + 2eS^- \rightleftharpoons 2Cl^-$		1.36
	MnO_4^-/Mn^{2+}	$MnO_4^- + 8H^+ + 5e^- \rightleftharpoons Mn^{2+} + 4H_2O$		1.51
	F_2/F^-	$F_2 + 2e^- \rightleftharpoons 2F^-$		2.87

例 3-7

(1) 根据标准电极电势值 $E^{\ominus}$ 由弱到强排列以下氧化剂:Fe^{3+},I_2,Sn^{4+},Ce^{4+}.

(2) 根据标准电极电势值 $E^{\ominus}$ 由弱到强排列以下还原剂:Cu,Fe^{2+},Br^-,Hg.

解: (1) 由标准电极电势表查得:

Fe^{3+}/Fe^{2+} $\quad Fe^{3+} + e^- \rightleftharpoons Fe^{2+} \quad \varphi^{\ominus} = +0.771\ V$

I_2/I^- $\quad I_2 + 2e^- \rightleftharpoons 2I^- \quad \varphi^{\ominus} = +0.534\ 5\ V$

Sn^{4+}/Sn^{2+} $\quad Sn^{4+} + 2e^- \rightleftharpoons Sn^{2+} \quad \varphi^{\ominus} = +0.154\ V$

Ce^{4+}/Ce^{3+} $\quad Ce^{4+} + e^- \rightleftharpoons Ce^{3+} \quad \varphi^{\ominus} = +1.61\ V$

按照 $\varphi^{\ominus}$ 代数值递增的顺序排列,得到氧化剂由弱到强的顺序:$Sn^{4+} < I_2 < Fe^{3+} < Ce^{4+}$.

(2) 由标准电极电势表查得：

Cu^{2+}/Cu	$Cu^{2+}+2e^- \rightleftharpoons Cu$	$\varphi^\ominus=+0.337\ V$
Fe^{3+}/Fe^{2+}	$Fe^{3+}+e^- \rightleftharpoons Fe^{2+}$	$\varphi^\ominus=+0.771\ V$
Br_2/Br^-	$Br_2(l)+2e^- \rightleftharpoons 2Br^-$	$\varphi^\ominus=+1.065\ V$
Hg_2^{2+}/Hg	$Hg_2^{2+}+2e^- \rightleftharpoons 2Hg$	$\varphi^\ominus=+0.793\ V$

按照 $E^\ominus$ 代数值递减的顺序排列，得到还原剂由弱到强的顺序：$Br^- < Hg < Fe^{2+} < Cu$.

由上面的例题可以看到，用标准电极电势可以近似地比较氧化剂与还原剂的强弱. 在标准电极电势表中，$\varphi^\ominus$ 值较大的电对的氧化型可以与 $\varphi^\ominus$ 值较小的电对的还原型反应. K^+/K、Zn^{2+}/Zn、Fe^{2+}/Fe、Sn^{2+}/Sn、Pb^{2+}/Pb 等金属电对的 $\varphi^\ominus<0$，与 H^+/H_2 反应时均发生氧化反应，如 $Zn+2H^+ = Zn^{2+}+H_2$，将氢气从酸性溶液中置换出来；而 Cu^{2+}/Cu、Ag^+/Ag 等金属电对的 $\varphi^\ominus>0$，不能发生这样的反应；$\varphi^\ominus$ 低的金属单质可以把 $\varphi^\ominus$ 高的金属离子从后者的溶液中置换出来，如 $Fe+Cu^{2+} = Fe^{2+}+Cu$. 由此可见，这就是**金属活动性顺序(electromotive series or activity series of the elements)**的原理，金属活动性顺序即是按照 $\varphi^\ominus$ 由小到大的顺序排列的.

需要注意的是，有些涉及元素中间氧化数的物质如 Fe^{2+}，在其作氧化剂时必须用电对 Fe^{2+}/Fe 的 $\varphi^\ominus$ 值（$-0.447\ V$）；作还原剂时必须用电对 Fe^{3+}/Fe^{2+} 的 $\varphi^\ominus$ 值（$+0.771\ V$）. 另外，判断氧化剂或还原剂的强弱，有时还需要根据要求的还原产物或氧化产物，再选择合适的电对.

3-5 影响电极电势的因素

如前所述，电极电势的正负和大小主要取决于电极的本性，标准电极电势可以反映电极的本性，但是电极电势还与电对中各物质的浓度（或气体物质的分压）以及温度等外在因素有关，如果浓度和温度改变了，电极电势也就跟着改变. 电极电势与浓度、温度间的定量关系可由能斯特方程式给出.

3-5-1 能斯特(Nernst)方程式

对于电极反应：

$$a\ \text{氧化型} + ne^- \rightleftharpoons g\ \text{还原型}$$

$$E=E^\ominus+\frac{RT}{nF}\ln\frac{a^a(\text{氧化型})}{a^g(\text{还原型})} \tag{3-1}$$

式中 E 为任意状态下的电极电势；$\varphi^\ominus$ 为标准电极电势；R 为摩尔气体常数，其值为 $8.314\ J\cdot K^{-1}\cdot mol^{-1}$；$F$ 为法拉第常数，表示 1 mol 电子所带的电荷，其值为 $9.648\times10^4\ C\cdot mol^{-1}$；$T$ 为热力学温度；n 为电极反应中的电子转移数；对数符号后面的活度商中，a^a(氧化型)、a^g(还原型)分别表示电对中氧化型和还原型物质的活度，其指数上的 a、g 分别为电极反应式中氧化型和还原型的化学计量数.

当温度为 298.15 K 时，在式(3-1)中代入各常数值，并用浓度代替活度$\left(a=\gamma\frac{c}{c^\ominus}\approx\frac{c}{c^\ominus}=\frac{c}{1\ mol\cdot L^{-1}}\right)$，自然对数换成常用对数，则得到在 298.15 K 下适用的

Nernst 方程式：

$$E=\varphi^{\ominus}+\frac{0.0592}{n}\lg\frac{c^{a}(\text{氧化型})}{c^{g}(\text{还原型})} \tag{3-2}$$

应用 Nernst 方程式时必须注意：

(1) 方程式中浓度商中的氧化型物质必须包括参加电极反应的电对氧化型一侧的所有物质，还原型物质必须包括电极反应的电对还原型一侧的所有物质. 同时必须在浓度上加上计量系数作为方次. 例如，H^+、OH^- 等物质的浓度必须升到各自化学计量数相同的幂方次，然后根据在电极反应中的位置代入浓度商.

(2) 组成电极的物质中若有溶剂(如水)、纯固体(如金属、金属难溶盐)或纯液体(如金属汞、液溴等)，可以认为其浓度为常数(确切地说是活度为 1)，用数值 1 代入方程式；若有气体物质参加反应，因为气体物质的活度 $a=\gamma\frac{p}{p^{\ominus}}\approx\frac{p}{p^{\ominus}}=\frac{p}{100\ \text{kPa}}$，所以代入相对分压$\frac{p}{100\ \text{kPa}}$.

总之，Nernst 方程式中浓度商的表示方法与化学平衡常数式相同.

例 3-8 列出下列电极反应的 Nernst 方程式：

(1) $I_2(s)+2e^- \rightleftharpoons 2I^-$

(2) $Cr_2O_7^{2-}+14H^++6e^- \rightleftharpoons 2Cr^{3+}+7H_2O$

(3) $PbCl_2(s)+2e^- \rightleftharpoons Pb+2Cl^-$

(4) $O_2(g)+4H^++4e^- \rightleftharpoons 2H_2O$

解：(1) $E_{I_2/I^-}=\varphi^{\ominus}_{I_2/I^-}+\frac{0.0592}{2}\lg\frac{1}{c^2(I^-)}$

(2) $E_{Cr_2O_7^{2-}/Cr^{3+}}=\varphi^{\ominus}_{Cr_2O_7^{2-}/Cr^{3+}}+\frac{0.0592}{6}\lg\frac{c(Cr_2O_7^{2-})\times c^{14}(H^+)}{c^2(Cr^{3+})}$

(3) $E_{PbCl_2/Pb}=\varphi^{\ominus}_{PbCl_2/Pb}+\frac{0.0592}{2}\lg\frac{1}{1\times c^2(Cl^-)}$

(4) $E_{O_2/H_2O}=\varphi^{\ominus}_{O_2/H_2O}+\frac{0.0592}{4}\lg\frac{\frac{p(O_2)}{100\ \text{kPa}}\times c^4(H^+)}{1}$

例 3-9 将锌片分别浸入含有 0.010 0 mol·L^{-1} 及 4.00 mol·L^{-1} Zn^{2+} 的溶液中，计算 298.15 K 时锌电极的电极电势.

解：电极反应为 $Zn^{2+}+2e^- \rightleftharpoons Zn$，查得 $\varphi^{\ominus}=-0.763$ V.

当 $c(Zn^{2+})=0.0100$ mol·L^{-1}时，应用 Nernst 方程式得：

$$E=\varphi^{\ominus}+\frac{0.0592}{2}\lg c(Zn^{2+})$$

$$=-0.763+\frac{0.0592}{2}\lg 0.0100$$

$$=-0.822(\text{V})$$

当 $c(Zn^{2+})=4.0$ mol·L^{-1}时，应用 Nernst 方程式得：

$$E=\varphi^{\ominus}+\frac{0.0592}{2}\lg c(Zn^{2+})$$

$$=-0.763+\frac{0.0592}{2}\lg 4.000$$
$$=-0.745(\text{V})$$

本例题的结果表明，随着电对氧化型物质浓度的增大(或还原型物质浓度的减小)，电极电势代数值增大；反之，随着电对氧化型物质浓度的减小(或还原型物质浓度的增大)，电极电势代数值减小. 但是，电对物质的浓度变化对电极电势的影响，是在 Nernst 方程式中通过其对数项并乘以一个 $0.0592/n$ 这样数值甚小的系数而起作用的. 因此，一般来说，浓度商改变了几百倍，电极电势或电池电动势只不过产生几十毫伏至 100 mV 的变化.

例 3-10 已知电极反应 $MnO_4^- + 8H^+ + 5e^- \rightleftharpoons Mn^{2+} + 4H_2O$，$\varphi^{\ominus} = +1.51$ V. 若 MnO_4^- 和 Mn^{2+} 均处于标准态，即它们两者的浓度均为 1 mol·L^{-1}，求 298.15 K，pH=6.0 时该电极的电极电势.

解：按 Nernst 方程式：

$$E=\varphi^{\ominus}+\frac{0.0592}{5}\lg\frac{c(MnO_4^-)\times c^8(H^+)}{c(Mn^{2+})}$$

$$c(MnO_4^-)=c(Mn^{2+})=1\ \text{mol}\cdot\text{L}^{-1}$$

$$E=\varphi^{\ominus}+\frac{0.0592}{5}\lg c^8(H^+)$$

$$=\varphi^{\ominus}+\frac{0.0592\times 8}{5}\lg c(H^+)=\varphi^{\ominus}-\frac{0.0592\times 8}{5}\text{pH}$$

代入数据 $E^{\ominus}$、pH 得

$$E=1.51-\frac{0.0592\times 8}{5}\times 6.0=+0.94(\text{V})$$

本例题的结果表明，对于某些电极，当 pH 发生明显变化时，电极的电极电势也发生较大的改变，特别是当 H^+ 或 OH^- 的指数较大时，这种改变更加明显.

例 3-11 已知电极反应 $Ag^+ + e^- \rightleftharpoons Ag$，$\varphi^{\ominus} = +0.799$ V；AgCl(s)的 $K_{sp}^{\ominus}=1.77\times 10^{-10}$. 求电极反应 $AgCl + e^- \rightleftharpoons Ag + Cl^-$ 相应的 $\varphi^{\ominus}$.

解：待求的 $E^{\ominus}$ 是 Ag-AgCl 电极的标准电极电势，这个电极可以由 Ag 电极转变而来. 在银电极的溶液中加入过量的 Cl^-，与 Ag^+ 形成 AgCl(s)沉淀，若维持该溶液中 Cl^- 的浓度为 1 mol·L^{-1}，则构成了标准态下的 Ag-AgCl 电极. 因此我们可以把问题从求 Ag-AgCl 电极的标准电极电势，转变成求加入过量 Cl^- 的非标准状态下的银电极的电极电势.

根据 Nernst 方程式：

$$E_{Ag^+/Ag}=\varphi^{\ominus}_{Ag^+/Ag}+\frac{0.0592}{1}\lg c(Ag^+)$$

式中 $c(Ag^+)$通过沉淀溶解平衡 $AgCl(s) \rightleftharpoons Ag^+ + Cl^-$ 求得：

$$K_{sp}^{\ominus}=c(Ag^+)\times c(Cl^-)$$

$$c(Ag^+)=\frac{K_{sp}^{\ominus}}{c(Cl^-)}$$

将数据代入式中，得到：

$$E_{Ag^+/Ag}=\varphi^{\ominus}_{Ag^+/Ag}+\frac{0.0592}{1}\lg\frac{K_{sp}^{\ominus}}{c(Cl^-)}$$

$$=0.799+0.0592\lg(1.77\times 10^{-10})=0.223(\text{V})$$

所以,Ag-AgCl 电极的标准电极电势 $\varphi^{\ominus}_{AgCl/Ag}=0.223\ V$.

本例题说明,如果在金属电极的氧化型金属阳离子中加入沉淀剂,形成难溶盐后,溶液中游离的金属离子浓度会极大地降低,从而导致电极电势显著下降,并实际上转化为金属-金属难溶盐电极.类似的,如果使金属电极的氧化型阳离子形成配合物,也会降低电极电势,相关例子请参考配合物一章.

3-5-2 能斯特方程式的推导

Nernst 方程式可以根据热力学原理推导.等温等压下化学反应吉布斯自由能的降低等于对环境所做的最大有用功,对电池反应来说,就是指最大电功(W_E),即

$$\Delta_r G_m = W'_{max} = W_E \tag{3-3}$$

而根据电学原理,电功可以从电量与电动势的乘积来计算:

$$W_E = -q\varepsilon = -nF\varepsilon \tag{3-4}$$

所以

$$-\Delta_r G_m = nF\varepsilon \tag{3-5}$$

式(3-5)适用于任意状态下的电池反应.若电池反应处于标准状态下,电池电动势改为标准电池电动势 $\varepsilon^{\ominus}$,吉布斯自由能的降低改为标准状态下的自由能降低值 $-\Delta_r G^{\ominus}_m$,则

$$-\Delta_r G^{\ominus}_m = nF\varepsilon^{\ominus} \tag{3-6}$$

根据公式(3-5)和(1-23)就可以推导出 Nernst 方程式.

3-6 电极电势及电池电动势的应用和计算

3-6-1 计算原电池的电动势

应用标准电极电势表和 Nernst 方程式,可计算出原电池的电动势.

例 3-12 计算下列原电池在 298 K 时的电动势,并标明正负极,写出电池反应式.

$Cd|Cd^{2+}(0.10\ mol \cdot L^{-1})\|Sn^{4+}(0.10\ mol \cdot L^{-1}), Sn^{2+}(0.0010\ mol \cdot L^{-1})|Pt$

解: 与该原电池有关的电极反应及其标准电极电势为

$$Cd^{2+} + 2e^- \rightleftharpoons Cd \quad \varphi^{\ominus}(Cd^{2+}/Cd) = -0.403\ V$$

$$Sn^{4+} + 2e^- \rightleftharpoons Sn^{2+} \quad \varphi^{\ominus}(Sn^{4+}/Sn^{2+}) = 0.154\ V$$

将各物质相应的浓度代入 Nernst 方程式:

$$E(Cd^{2+}/Cd) = \varphi^{\ominus}(Cd^{2+}/Cd) + \frac{0.0592}{2}\lg c(Cd^{2+})$$

$$= -0.403 + \frac{0.0592}{2}\lg 0.10$$

$$= -0.433(V)$$

$$E(Sn^{4+}/Sn^{2+}) = \varphi^{\ominus}(Sn^{4+}/Sn^{2+}) + \frac{0.0592}{2}\lg\frac{c(Sn^{4+})}{c(Sn^{2+})}$$

$$= 0.154 + \frac{0.0592}{2}\lg\frac{0.10}{0.0010}$$

$$=0.213(\text{V})$$

由于 $E(Sn^{4+}/Sn^{2+})>E(Cd^{2+}/Cd)$，所以电对 Sn^{4+}/Sn^{2+} 作正极，电对 Cd^{2+}/Cd 作负极.

$$\varepsilon=E_{+}-E_{-}=0.213-(-0.433)=0.646(\text{V})$$

正极发生还原反应：

$$Sn^{4+}+2e^{-}\longrightarrow Sn^{2+}$$

负极发生氧化反应：

$$Cd\longrightarrow Cd^{2+}+2e^{-}$$

电池反应：

$$Sn^{4+}+Cd\longrightarrow Sn^{2+}+Cd^{2+}$$

3-6-2　判断氧化还原反应进行的方向

例 3-13　制作印刷电路板，常用 $FeCl_3$ 溶液刻蚀铜箔，问该反应在标准状态下可否自发进行？

解：$2FeCl_3+Cu\rightleftharpoons 2FeCl_2+CuCl_2$ 或 $2Fe^{3+}+Cu\rightleftharpoons 2Fe^{2+}+Cu^{2+}$.

查表得　Fe^{3+}/Fe^{2+}　　$Fe^{3+}+e^{-}\rightleftharpoons Fe^{2+}$　　$\varphi^{\ominus}=+0.771\ \text{V}$

　　　　Cu^{2+}/Cu　　$Cu^{2+}+2e^{-}\rightleftharpoons Cu$　　$\varphi^{\ominus}=+0.337\ \text{V}$

氧化还原反应自发进行的方向，应为较强的氧化型和较强的还原型，生成较弱的还原型和较弱的氧化型. 在本题的反应中，因为 Fe^{3}/Fe^{2+} 电对的 $\varphi^{\ominus}$ 比 Cu^{2+}/Cu 电对的 $\varphi^{\ominus}$ 大，所以 Fe^{3+} 和 Cu 分别是较强的氧化型和较强的还原型，Fe^{2+} 和 Cu^{2+} 分别是较弱的还原型和较弱的氧化型，这样构成的电池反应的电动势 $\varepsilon^{\ominus}>0$，故该氧化还原反应正向进行.

本例题可以推广到所有在热力学标准状态下进行的氧化还原反应. 在标准电极电势表中，位于表的左下方的氧化型（作氧化剂）和右上方的还原型（作还原剂）两者之间，即较强的氧化型与较强的还原型之间，可以发生自发的氧化还原反应. 这可以称之为判断标准状态下氧化还原反应方向的“对角线法则”，其实质是 $\varepsilon^{\ominus}>0$ 的反应才能正向自发进行；$\varepsilon^{\ominus}<0$ 的反应正向非自发，而逆向是自发的.

实际上，符合热力学标准状态的反应是极少的，绝大部分的反应条件是非标准态. 因此严格地说，对于非标准状态下的反应，还是应该具体分析. 热力学指出，吉布斯自由能变 $\Delta_r G_m$ 的正负，可以作为等温等压下化学反应能否自发进行的普遍性判据，即

$\Delta_r G_m<0$　　化学反应正向自发进行

$\Delta_r G_m=0$　　化学反应处于平衡状态

$\Delta_r G_m>0$　　化学反应正向非自发，逆向自发进行

根据式(3-5)：$-\Delta_r G_m=nF\varepsilon$，我们可以根据电池电动势是否大于零来判断反应的自发方向：

$\Delta_r G_m<0$　$\varepsilon>0$　化学反应正向自发进行

$\Delta_r G_m=0$　$\varepsilon=0$　化学反应处于平衡状态

$\Delta_r G_m>0$　$\varepsilon<0$　化学反应正向非自发，逆向自发进行

以上即非标准状态下，判断氧化还原反应自发方向的电动势判据.

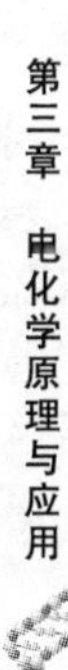

例 3-14 判断反应

$$Pb^{2+}+Sn \rightleftharpoons Pb+Sn^{2+}$$

能否在下列条件下进行.

(1) $c(Pb^{2+})=c(Sn^{2+})=1.0\ mol \cdot L^{-1}$;

(2) $c(Pb^{2+})=0.10\ mol \cdot L^{-1}$,$c(Sn^{2+})=2.0\ mol \cdot L^{-1}$.

解:(1) 设反应可以组成原电池,查表得:

$$(-)Sn \longrightarrow Sn^{2+}+2e^- \qquad \varphi^{\ominus}=-0.136\ V$$

$$(+)Pb^{2+}+2e^- \longrightarrow Pb \qquad \varphi^{\ominus}=-0.126\ V$$

因为 $\varphi_+^{\ominus}>\varphi_-^{\ominus}$,所以电池反应可以自发从左向右进行.

(2) 根据 Nernst 方程式:

$$E_+=E(Pb^{2+}/Pb)=-0.126+\frac{0.059\ 2}{2}\lg 0.10$$

$$=-0.156(V)$$

$$E_-=E(Sn^{2+}/Sn)=-0.136+\frac{0.059\ 2}{2}\lg 2.0$$

$$=-0.127(V)$$

因为 $E_+<E_-$,所以电池反应不能自发地从左向右进行,电池的实际正负极应该调换.

本例题说明,对于正负极标准电极电势值相差不大的电极反应,浓度往往会影响电极反应的方向.一般来说,当$|\varphi_+^{\ominus}-\varphi_-^{\ominus}|>0.2$ V 时,就可以直接根据 $\varepsilon^{\ominus}$ 来判断,当$|\varphi_+^{\ominus}-\varphi_-^{\ominus}|<0.2$ V时,需要考虑浓度的影响,用 Nernst 方程式来计算电极电势,根据 ε 来判断反应的方向.如果电极反应中有 H^+ 或 OH^-,介质的酸碱度对 ε 影响较大,只有当$|\varphi_+^{\ominus}-\varphi_-^{\ominus}|>0.5$ V时,才能直接根据 $\varepsilon^{\ominus}$ 来判断.

如果在电极中加入沉淀剂或配位剂,往往不能根据 $\varepsilon^{\ominus}$ 来判断反应方向.例如:$\varphi_{Ag^+/Ag}^{\ominus}>0$,因此 Ag 一般不能置换酸溶液中的氢,但是,由于 $\varphi_{AgI/Ag}^{\ominus}=-0.152\ V<0$,$I^-$ 的加入使得 Ag 的还原性增强,Ag 甚至可以缓慢地置换出 HI 溶液中的氢.

3-6-3 选择氧化剂和还原剂

在实验室中我们常会遇到这种情况:在一混合体系中,需对其中某一组分进行选择性氧化(或还原),而要求不氧化(或还原)其他组分.这时只有选择适当的氧化剂(或还原剂)才能达到目的.

例如,什么氧化剂可以氧化 I^-,而不氧化 Br^- 和 Cl^-?我们从电极电势表中查得有关电对的电极电势:

$$\varphi^{\ominus}(I_2/I^-)=0.54\ V$$

$$\varphi^{\ominus}(Br_2/Br^-)=1.07\ V$$

$$\varphi^{\ominus}(Cl_2/Cl^-)=1.36\ V$$

如果要使某一氧化剂,仅能氧化 I^- 而不能氧化 Cl^- 和 Br^-,则该氧化剂的电极电势必须为 0.54~1.07 V.如果小于 0.54 V,则不仅不能氧化 Br^- 和 $C1^-$,而且也不能氧化 I^-;如果大于 1.07 V,则 Br^- 也会被氧化;如果大于 1.36 V,则 Cl^- 和 Br^- 都会被氧化.电极电势为 0.54~1.07 V 的氧化剂有 Fe^{3+}($\varphi_{Fe^{3+}/Fe^{2+}}^{\ominus}=0.77$ V),HNO_2($\varphi_{HNO_2/NO}^{\ominus}=1.00$ V)等.实际上

在实验室，I^-、Br^- 和 Cl^- 同时存在时，氧化 I^- 就是用 $Fe_2(SO_4)_3$ 或 $NaNO_2$ 加酸作为氧化剂. 如果用 $KMnO_4$（$\varphi^{\ominus}_{MnO_4^-/Mn^{2+}}=1.51\ V$）作为氧化剂，就不适合了.

3-6-4 判断氧化还原反应进行的次序

从实验中我们知道 I^- 和 Br^- 都能被 Cl_2 氧化. 假如加氯水于含有 I^- 和 Br^- 的混合液中，哪一种先被氧化？实验事实告诉我们：Cl_2 先氧化 I^-，后氧化 Br^-. 查电极电势表可得

$$\left.\begin{array}{l}\varphi^{\ominus}(I_2/I^-)=0.54\ V\\ \left.\begin{array}{l}\varphi^{\ominus}(Br_2/Br^-)=1.07\ V\\ \varphi^{\ominus}(Cl_2/Cl^-)=1.36\ V\end{array}\right\}0.29\ V\end{array}\right\}0.83\ V$$

对照它们的电极电势差可知，差值越大，越先被氧化. 所以，一种氧化剂可以氧化几种还原剂时，首先氧化最强的还原剂. 同理，还原剂首先还原最强的氧化剂. 必须指出，上述判断只有在有关的氧化还原反应速率足够快的情况下才正确. 这也就是说，当氧化还原反应的产物是由化学平衡而不是由反应速率控制的情况下，才能做出这样的判断.

3-6-5 判断反应进行的限度——求平衡常数

化学反应进行的限度可以由其标准平衡常数 $K^{\ominus}$ 值的大小来衡量. 热力学指出，标准吉布斯自由能变与标准平衡常数之间存在着如下关系：

$$\Delta_r G_m^{\ominus}=-RT\ln K^{\ominus} \tag{1-23}$$

结合式(3-6)

$$-\Delta_r G_m^{\ominus}=nF\varepsilon^{\ominus}$$

推导出：

$$RT\ln K^{\ominus}=nF\varepsilon^{\ominus} \tag{3-7}$$

在 $T=298.15\ K$ 时，代入各常数值，并把自然数化成常用对数，得：

$$\lg K^{\ominus}=\frac{n\varepsilon^{\ominus}}{0.0592}=\frac{n(\varphi_+^{\ominus}-\varphi_-^{\ominus})}{0.0592} \tag{3-8}$$

可见，化学反应进行的限度决定于该反应所组成的原电池的标准电动势 $\varepsilon^{\ominus}$ 值. $\varepsilon^{\ominus}$ 越大，反应的标准平衡常数 $K^{\ominus}$ 值也越大，反应也就进行得越完全，反之亦然. $\varepsilon^{\ominus}>0$，则 $K^{\ominus}>1$，反应在标准状态下正向自发进行；$\varepsilon^{\ominus}<0$，$K^{\ominus}<1$，则反应在标准状态下正向非自发进行. 当 $\varepsilon^{\ominus}$ 值为 0.2 V 时，若 $n=2$，则 $K^{\ominus}>10^6$，一般来说，反应可以进行得比较完全.

例 3-15 试比较下列反应进行的完全程度：

(1) $Cu^{2+}+Zn \rightleftharpoons Cu+Zn^{2+}$

(2) $Sn+Pb^{2+} \rightleftharpoons Sn^{2+}+Pb$

解：(1) 设反应 $Cu^{2+}+Zn \rightleftharpoons Cu+Zn^{2+}$ 可以组成原电池，查电极电势表，

$$(-)Zn \longrightarrow Zn^{2+}+2e^- \qquad \varphi^{\ominus}=-0.763\ V$$

$$(+)Cu^{2+}+2e^- \longrightarrow Cu \qquad \varphi^{\ominus}=+0.337\ V$$

代入式(3-8)中，在 298.15 K 下，

$$\lg K^{\ominus}=\frac{n\varepsilon^{\ominus}}{0.0592}=\frac{n(\varphi_+^{\ominus}-\varphi_-^{\ominus})}{0.0592}=\frac{2\times(0.337+0.763)}{0.0592}=37.162$$

$$K^{\ominus}=1.45\times10^{37}$$

(2) 设反应 $Sn+Pb^{2+} \rightleftharpoons Sn^{2+}+Pb$ 可以组成原电池，查电极电势表：

$$(-)Sn \longrightarrow Sn^{2+} + 2e^- \quad \varphi^\ominus = -0.136\ V$$
$$(+)Pb^{2+} + 2e^- \longrightarrow Pb \quad \varphi^\ominus = -0.126\ V$$

代入式(3-8)中，在 298.15 K 下，

$$\lg K^\ominus = \frac{n\varepsilon^\ominus}{0.059\ 2} = \frac{n(\varphi_+^\ominus - \varphi_-^\ominus)}{0.059\ 2} = \frac{2\times(-0.126+0.136)}{0.059\ 2} = 0.338$$
$$K^\ominus = 2.17$$

由以上结果可见，在(1)中，由于 $\varepsilon^\ominus$ 值较大(达到 1.1 V)，因此反应的标准平衡常数也较大，反应完全程度很高；而在(2)中，$\varepsilon^\ominus$ 值仅 0.01 V，故反应进行的完全程度较低.

例 3-16 已知：

$$AgCl(s) + e^- \rightleftharpoons Ag + Cl^- \quad \varphi^\ominus = 0.222\ 3\ V$$
$$Ag^+ + e^- \rightleftharpoons Ag \quad \varphi^\ominus = 0.799\ V$$

求 AgCl 的溶度积常数 $K_{sp}^\ominus$.

解：AgCl 的溶度积常数 $K_{sp}^\ominus$ 是反应

$$AgCl(s) \rightleftharpoons Ag^+ + Cl^-$$

的平衡常数，因为此反应在标态下正向非自发，所以将此反应的逆反应

$$Ag^+ + Cl^- \rightleftharpoons AgCl(s)$$

组成原电池(方法见例题 3-6). 电极反应为

$$(+)Ag^+ + e^- \longrightarrow Ag \quad \varphi^\ominus = 0.799\ V$$
$$(-)Ag + Cl^- \longrightarrow AgCl(s) + e^- \quad \varphi^\ominus = 0.222\ 3\ V$$

根据式(3-8)：

$$\lg K^\ominus = \frac{n\varepsilon^\ominus}{0.059\ 2} = \frac{1\times(0.799\ 6 - 0.222\ 3)}{0.059\ 2} = 9.758$$
$$K^\ominus = 5.73\times10^9$$

AgCl 的溶度积常数

$$K_{sp}^\ominus = \frac{1}{K^\ominus} = \frac{1}{5.73\times10^9} = 1.74\times10^{-10}$$

本例题中利用电池电动势计算难溶盐溶度积的方法，可以推广至计算弱电解质的解离常数以及配合物的稳定常数等平衡常数.

3-6-6 计算吉布斯自由能

例 3-17 若把下列反应组成电池，求电池的 $\varepsilon^\ominus$ 及反应的 $\Delta_r G_m^\ominus$.

$$Cr_2O_7^{2-} + 6Cl^- + 14H^+ = 2Cr^{3+} + 3Cl_2 + 7H_2O$$

解：电极反应为：

$$(+)Cr_2O_7^{2-} + 14H^+ + 6e^- \longrightarrow 2Cr^{3+} + 7H_2O \quad \varphi^\ominus = 1.33\ V$$
$$(-)6Cl^- \longrightarrow 3Cl_2 + 6e^- \quad \varphi^\ominus = 1.36V$$
$$\varepsilon^\ominus = \varphi_+^\ominus - \varphi_-^\ominus = 1.33 - 1.36 = -0.03(V)$$
$$\Delta_r G_m^\ominus = -n\varepsilon^\ominus = -6\times96\ 500\times(-0.03) = 2\times10^4(J\cdot mol^{-1})$$

$\varepsilon^\ominus < 0$，所以 $\Delta_r G_m^\ominus > 0$，说明此反应标准状态下非自发.

3-6-7 元素电势图及其应用

如果某种元素具有多个氧化态，就可能形成多对氧化还原电对. 例如，铁可以以 0、+2 和 +3 等氧化数存在，因此有下列一些电对及相应的电极电势：

$$Fe^{2+}+2e^- \rightleftharpoons Fe \quad \varphi^\ominus=-0.440\ V$$

$$Fe^{3+}+e^- \rightleftharpoons Fe^{2+} \quad \varphi^\ominus=0.771\ V$$

$$Fe^{3+}+3e^- \rightleftharpoons Fe \quad \varphi^\ominus=-0.036\,3\ V$$

为了便于比较同一元素的各种氧化态的氧化还原性质，可以把它们的 $\varphi^\ominus$ 从高氧化态到低氧化态以图解的方式表示出来：

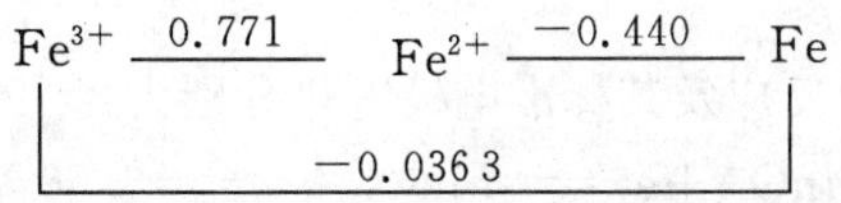

$$Fe^{3+} \xrightarrow{0.771} Fe^{2+} \xrightarrow{-0.440} Fe \quad (Fe^{3+} \xrightarrow{-0.036\,3} Fe)$$

各种物质以线段连接，线段左端是电对的氧化型，右端是电对的还原型，线上的数字是电对的 $\varphi^\ominus$ 值. 这种**表明元素氧化态之间标准电极电势关系的图**叫作**元素电势图**.

元素电势图可用来解决许多氧化还原反应的问题. 以锰在酸性(pH=0)和碱性(pH=14)介质中的电势图为例，作一些说明.

酸性介质($\varphi_A^\ominus$/V，下角标 A 代表酸性介质)：

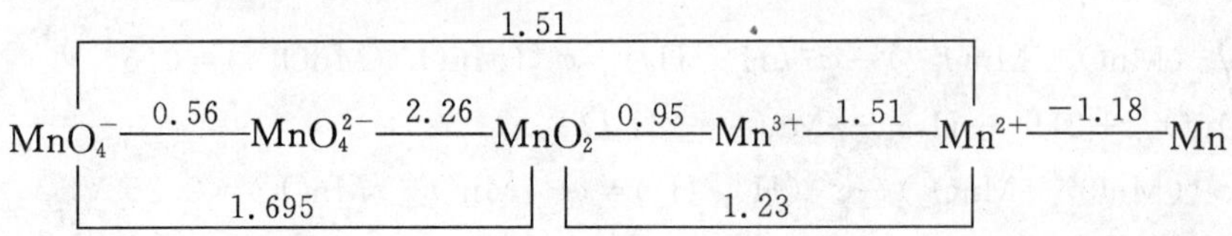

$$MnO_4^- \xrightarrow{0.56} MnO_4^{2-} \xrightarrow{2.26} MnO_2 \xrightarrow{0.95} Mn^{3+} \xrightarrow{1.51} Mn^{2+} \xrightarrow{-1.18} Mn$$

$$(MnO_4^- \xrightarrow{1.51} Mn^{2+};\quad MnO_4^- \xrightarrow{1.695} MnO_2;\quad MnO_2 \xrightarrow{1.23} Mn^{2+})$$

碱性介质($\varphi_B^\ominus$/V，下角标 B 代表碱性介质)：

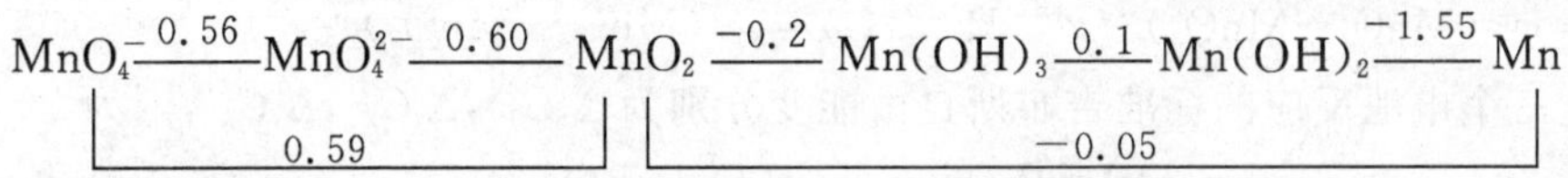

$$MnO_4^- \xrightarrow{0.56} MnO_4^{2-} \xrightarrow{0.60} MnO_2 \xrightarrow{-0.2} Mn(OH)_3 \xrightarrow{0.1} Mn(OH)_2 \xrightarrow{-1.55} Mn$$

$$(MnO_4^- \xrightarrow{0.59} MnO_2;\quad MnO_2 \xrightarrow{-0.05} Mn)$$

(1) 由以上两电势图可以看出：在酸性介质中，MnO_4^-、MnO_4^{2-}、MnO_2 和 Mn^{3+} 都是强氧化剂. 因为它们作为电对的氧化型时，$\varphi^\ominus$ 值都较大. 但在碱性介质中，它们的 $\varphi^\ominus$ 值减小，表明它们在碱性溶液中氧化能力比酸性溶液中弱得多.

(2) 元素电势图可用来判断元素的某一氧化态是否会发生歧化反应. 如果电势图上某物质右边的电极电势[$\varphi^\ominus$(右)]大于左边的电极电势[$\varphi^\ominus$(左)]，则该物质在水溶液中可能会发生歧化反应. 例如，在酸性介质中，因 MnO_4^{2-} 的 $\varphi^\ominus$(右)和 $\varphi^\ominus$(左)分别为 2.26 V 和 0.56 V，$\varphi^\ominus$(右)>$\varphi^\ominus$(左)，所以它会发生如下的歧化反应：

$$3MnO_4^{2-}+4H^+ = 2MnO_4^-+MnO_2+2H_2O$$

为什么 $\varphi^\ominus$(右)>$\varphi^\ominus$(左)就会发生歧化反应？这可从下面有关电极反应的对角线关系中看出：

$$MnO_4^- + e^- \rightleftharpoons MnO_4^{2-} \quad \varphi^\ominus = 0.56\ V$$

$$MnO_4^{2-} + 4H^+ + 2e^- \rightleftharpoons MnO_2 + 2H_2O \quad \varphi^\ominus = 2.26\ V$$

根据 $\varphi^\ominus$(右)$>E^\ominus$(左)这条规则，还可断定酸性介质中的 Mn^{3+}，碱性介质中的 $MnO_4{}^{2-}$ 和 $Mn(OH)_3$ 都可能会发生歧化反应.

(3) 电势图还可用来从几个相邻电对已知的 $\varphi^\ominus$，求其未知电对的 $\varphi^\ominus$. 例如，从电势图

$$MnO_4^- \xrightarrow{0.56} MnO_4^{2-} \xrightarrow{2.26} MnO_2$$

求电对 MnO_4^-/MnO_2 的 $\varphi^\ominus$.

这三对相关电对的电极反应及其标准电极电势分别为：

$$MnO_4^- + e^- \rightleftharpoons MnO_4^{2-} \quad \varphi^\ominus = 0.56\ V$$

$$MnO_4^{2-} + 4H^+ + 2e^- \rightleftharpoons MnO_2 + 2H_2O \quad \varphi^\ominus = 2.26\ V$$

$$MnO_4^- + 4H^+ + 3e^- \rightleftharpoons MnO_2 + 2H_2O \quad \varphi^\ominus = ?$$

将该三电对分别与标准氢电极组成原电池，这三个电池的反应式及相应的电动势分别为：

(1) $MnO_4^- + \frac{1}{2}H_2 \longrightarrow MnO_4^{2-} + H^+$

$\varphi_1^\ominus = \varphi^\ominus(MnO_4^-/MnO_4^{2-}) - \varphi^\ominus(H^+/H_2) = \varphi^\ominus(MnO_4^-/MnO_4^{2-}) = 0.56\ V$

(2) $MnO_4^{2-} + 2H^+ + H_2 \longrightarrow MnO_2 + 2H_2O$

$\varphi_2^\ominus = \varphi^\ominus(MnO_4^{2-}/MnO_2) - \varphi^\ominus(H^+/H_2) = \varphi^\ominus(MnO_4^{2-}/MnO_2) = 2.26\ V$

(3) $MnO_4^- + H^+ + \frac{3}{2}H_2 \longrightarrow MnO_2 + 2H_2O$

$\varphi_3^\ominus = \varphi^\ominus(MnO_4^-/MnO_2) - \varphi^\ominus(H^+/H_2) = \varphi^\ominus(MnO_4^-/MnO_2)$

设这三个电池反应的标准吉布斯自由能变分别为 $\Delta_r G_1^\ominus$，$\Delta_r G_2^\ominus$，$\Delta_r G_3^\ominus$，因为

反应(3)＝反应(1)＋反应(2)

$$\Delta_r G_3^\ominus = \Delta_r G_2^\ominus + \Delta_r G_1^\ominus$$

$$-n_3 F\varepsilon_3^\ominus = -n_1 F\varepsilon_1^\ominus - n_2 F\varepsilon_2^\ominus$$

所以

$$\varepsilon_3^\ominus = \frac{n_1\varepsilon_1^\ominus + n_2\varepsilon_2^\ominus}{n_3}$$

$$\varphi_3^\ominus = \frac{n_1\varphi_1^\ominus + n_2\varphi_2^\ominus}{n_3}$$

将 $\varphi_1^\ominus = 0.56\ V$，$\varphi_2^\ominus = 2.26\ V$，$\varphi_3^\ominus = \varphi^\ominus(MnO_4^-/MnO_2)$，$n_3 = n_1 + n_2 = 1+2$ 代入上式，得

$$\varphi^\ominus(MnO_4^-/MnO_2) = \frac{1\times0.56 + 2\times2.26}{1+2} = 1.69(V)$$

由此可得到如下的电势图：

$$\underbrace{MnO_4^- \xrightarrow{0.56} MnO_4^{2-} \xrightarrow{2.26} MnO_2}_{1.69}$$

若将以上的算式推广至一般，可得如下通式：

$$\varphi^{\ominus}=\frac{n_1\varphi_1^{\ominus}+n_2\varphi_2^{\ominus}+n_3\varphi_3^{\ominus}+\cdots}{n_1+n_2+n_3+\cdots}$$

式中 $\varphi_1^{\ominus}$，$\varphi_2^{\ominus}$，$\varphi_3^{\ominus}$……依次代表相邻电对的标准电极电势，n_1，n_2，n_3……依次代表相邻电对转移的电子数，$E^{\ominus}$ 代表两端电对的标准电极电势.

例 3-18 已知有如下电势图（$\varphi_A^{\ominus}$/V）：

$$MnO_4^- \xrightarrow{0.56} MnO_4^{2-} \xrightarrow{2.26} MnO_2 \xrightarrow{0.95} Mn^{3+} \xrightarrow{1.51} Mn^{2+}$$

求电对 MnO_4^-/Mn^{2+} 的 $E^{\ominus}$ 值.

解：

$$E^{\ominus}=\frac{1\times0.56+2\times2.26+1\times0.95+1\times1.51}{1+2+1+1}=1.51(\text{V})$$

3-7 电解与化学电源

3-7-1 电解的概念

如果在原电池的正负极之间并联一个可调压直流电源，逐渐增加直流电源的电压到一定程度，原电池中的化学反应就会发生逆转，即发生电解作用. 电解过程中，电池中发生的化学反应为非自发反应，外界（直流电源）对体系（电池）做功，电能转化为化学能，此时，**原电池(primary cell)**变为**电解池(electrolytic cell)**. 电解池是用来电解的装置，由电极、电解质溶液和直流电源组成. 电解池中，与电源负极相连的电极称为阴极，与电源正极相连的电极叫作阳极. 图 3-4 为电解池示意图.

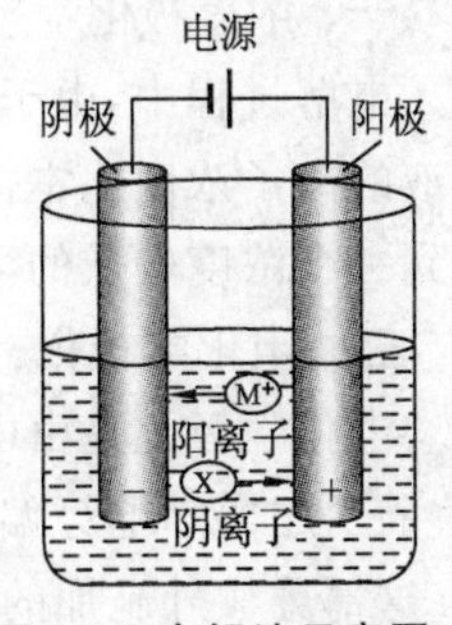

图 3-4 电解池示意图

离子在相应电极上得失电子的过程均称为放电. 现以电解 $CuCl_2$ 溶液为例来说明电解时发生的反应. 当接通电源后，电子从电源的负极流出，进入电解池的阴极，传给溶液中的正离子，发生还原反应；而溶液中的负离子发生氧化反应，负离子失去的电子传给阳极回到电源的正极. 即 Cu^{2+} 向阴极移动，在阴极上获得电子生成金属铜沉积在阴极上；Cl^- 向阳极移动，并把电子传给阳极生成氯气在阳极上放出. 电极反应为：

阴极：$Cu^{2+}+2e \longrightarrow Cu$

阳极：$2Cl^- - 2e^- \longrightarrow Cl_2$

总反应：$Cu^{2+}+2Cl^- \longrightarrow Cu+Cl_2$

3-7-2 分解电压

能使电解顺利进行的最小外加电压，称为分解电压.

电解反应与原电池反应是正好相反的过程. 电解过程中，电解产物在电极上形成原电池，产生反向电动势，理论上等于分解电压，因此可以用计算原电池电动势的方法来计算分解电压的大小. 例如，在电解 $CuCl_2$ 溶液时，阴极上析出铜，阳极上析出氯气，而部分的铜和氯分别吸附在两个铂极表面组成了下列原电池：

$$(-)Pt|Cu|CuCl_2(c)\|Cl_2(p)|Pt(+)$$

正极：$2Cl^- - 2e^- = Cl_2$

负极：$Cu^{2+} + 2e^- = Cu$

理论分解电压：$\varepsilon = E_{Cl_2/Cl^-} - E_{Cu^{2+}/Cu}$

实际上，实验条件下的分解电压往往远远大于理论分解电压. 剔除电阻引起的因素，这种情况主要是由电极极化所引起的. 电极极化主要指当电流通过电极时，发生的一系列变化，使放电受到阻力(或遇到能垒)，要克服这些阻力，实际需要的电极电势就出现偏离. 为了表示电极极化的状况，常把某电极在一定电流密度下的电极电势 $E_{(实际)}$ 与电极的平衡电势(即理论电势)$E_{(平)}$ 的差值称为超电势 η. 由于超电势的存在，在实际电解时，要使阳离子在阴极上析出，外加于阴极的电势必须比理论电势更负；要使阴离子在阳极析出，外加于阳极的电势必须比理论电势更正，即

$$E_{-(理论)} > E_{-(实际)}，E_{+(理论)} < E_{+(实际)}$$

由于理论分解电压 $\varepsilon = E_{Cl_2/Cl^-} - E_{Cu^{2+}/Cu}$，因此，$\varepsilon_{(理论)} < \varepsilon_{(实际)}$.

超电势一般设为正值：$\eta = |E_{(实际)} - E_{(理论)}|$.

根据产生原因的不同，电极极化可分成两类：

一、浓差极化

电解过程中，由于电极上离子放电速率大于溶液中离子扩散速率，所以，在电极附近的溶液的离子浓度比本体溶液浓度(即未电解时的浓度)要低，形成浓度差. 此时电极如同浸入到一个浓度较低的溶液中，导致正极和负极的实际电极电势与理论电极电势发生偏离.

二、电化学极化

电化学极化是由电解产物析出过程中某一步骤反应速率迟缓，需要克服较高的活化能，而引起实际电势偏离平衡电势的现象. 特别是当电极上析出气体时，这种偏离更加明显. 这部分额外施加的电压称为电化学超电势.

影响超电势的因素有电解产物的本质、电极的材料和表面状态、溶液的搅拌情况、电流密度等.

3-7-3 电解产物

电解反应中产生的物质称为电解产物，有的是气体，有的是固体. 1833 年法拉第通过实验归纳总结出：

(1) 电解时在电极上析出或溶解掉的物质的物质的量与通过电极的电量成正比.

(2) 如将几个电解池串联，则通过各池的电量相同，在各电解池的电极上析出或溶解掉的不同物质的物质的量成正比，析出的质量与该物质的摩尔质量成正比. 这个规律就是法拉第定律. 通过研究电极反应，现在我们知道，法拉第定律实际上是指电解产物的物质的量与电极上得失电子的物质的量是成正比的，因此也就与通入的电量成正比.

电解常常在水溶液中进行，电解液中除了电解质的正、负离子外，还有由水解离产生的 H^+ 和 OH^-. 此外，某些电解液可能还有其他离子. 因而在电解时，能在电极上放电的离子可能有很多种，也就是说，可能有多种电解产物. 那么，如何确定什么离子会在电极上放电

呢？一般可以考虑以下几个因素.

一、标准电极电势值

标准电极电势值是决定电解产物的主要因素.电解时，在阴极由于进行的是还原反应，所以放电的是容易获得电子的物质，即 $E^{\ominus}$ 代数值较大的氧化型物质，其电解产物是相应的还原型物质；在阳极由于进行的是氧化反应，故放电的是 $E^{\ominus}$ 代数值较小的还原型物质，电解产物是相应的氧化型物质.

二、溶液中的离子浓度

溶液中浓度越大的离子越有利于放电.根据 Nernst 方程式，金属正离子（以及 H^+）的浓度越大，其电极电势的代数值越大，故越易在阴极放电.酸根离子（以及 OH^-）一般为还原态，其浓度越大，$E^{\ominus}$ 的代数值越小，越易在阳极放电.

三、电极材料

当采用铂、石墨等惰性材料作电极时，它们本身不参加电极反应.如用铜、锌、铁等金属材料作阳极，则它们会参加电极反应，发生阳极溶解.

四、电解产物

当电解产物为气体时，会产生较为明显的超电势，将极大地阻碍气体离子放电变成气体，特别是对 H_2、O_2 等的阻碍作用更为显著. 超电势会随着电流密度增大而增大.此外，不同的电极材料的氢超电势大小不同，其中铂黑电极相对较小.

因此，必须将影响因素作综合考虑后，才能确定最终的电解产物.

3-7-4 电解的应用

一、冶金工业和化工产品制备

电解是一种非常强有力的促进氧化还原反应的手段，许多很难进行的氧化还原反应，都可以通过电解来实现.电解可以从矿石中提取金属（电解冶金），也可以提纯金属（电解提纯），用于许多有色金属（如钠、钾、镁、铝、锂等）和稀有金属（如锆、铪等）的冶炼及金属（如铜、锌、铅等）的精炼.

电解在化工领域也有大量的应用.例如，电解熔融氯化钠生产金属钠和氯气；氯碱工业中电解氯化钠水溶液生产氢氧化钠以及氯气和氢气；电解水产生氢气和氧气。电解甚至可以将熔融的氟化物在阳极上氧化成单质氟.其他化工产品如氯酸钾、过氧化氢以及乙二腈等部分有机化合物都可以通过电解工业生产.

二、电镀

电镀时，金属制件通常需要经过除锈、去油等处理，然后将其作为阴极放入电镀槽中.阳极一般是镀层金属的板或棒.电解液是镀层金属的盐溶液.

例如，镀锌时将金属制件（被镀件）作阴极，锌板作阳极.为了使镀层结晶细致，厚薄均匀，与基体结合牢固，电镀液通常用配合物碱性锌酸盐镀锌或氰化物镀锌等.碱性锌酸盐可解离出少量的 Zn^{2+}：

$$Na_2[Zn(OH)_4] = 2Na^+ + [Zn(OH)_4]^{2-}$$

$$[Zn(OH)_4]^{2-} = Zn^{2+} + 4OH^-$$

由于 $E(Zn^{2+}/Zn)$ 比较低，故使金属晶体在镀件上析出时晶核生长速率较小，有利于新晶核的生长，从而得到致密、均匀的光滑镀层.随着电镀的进行，Zn^{2+} 不断在阴极放电，将使上述

平衡不断向右移动，保证溶液中 Zn^{2+} 浓度基本稳定.

三、阳极氧化

阳极氧化是将金属置于电解液中作为阳极，使金属表面形成厚度为几十至几百微米的氧化膜的过程，这层氧化膜的形成使金属具有防蚀、耐磨的性能. 现以典型而常见的铝及铝合金的阳极氧化为例来说明其原理.

铝及铝合金工件在经过表面除油等预处理工艺后，作为阳极，别的铝板作为阴极，用稀硫酸(或铬酸)溶液作电解液. 通电后，阳极反应是 OH^- 放电析出氧，它很快与阳极上的铝作用生成氧化物，并放出大量热，即

阳极反应：$4OH^- - 4e^- \longrightarrow 2H_2O + O_2(g)$，$Al + \frac{3}{2}O_2 \longrightarrow Al_2O_3$

$$\Delta_r H_m^{\ominus} = -1\ 675.7\ \mathrm{kJ \cdot mol^{-1}}$$

阴极反应：$2H^+ + 2e^- \longrightarrow H_2(g)$

阳极氧化过程中的氧化膜，在靠近电解液的一边由 Al_2O_3 和 $Al_2O_3 \cdot H_2O$ 所组成，硬度比较低. 由于膜不均匀以及酸性电解液对膜的溶解作用，形成了松孔，即生成多孔层. 电解液通过松孔到达铝表面，使铝基体上的氧化膜连续不断地生长.

阳极氧化所得的氧化膜与金属晶体结合牢固，因而大大提高了金属及其合金的耐腐蚀能力，并可提高表面的电阻而增强绝缘性能. 经过氧化的铝导线可制电机和变压器的绕组线圈. 此外，由于金属铝氧化膜具有多孔性，吸附性能强，因而可染上各种鲜艳的色彩，对铝制品进行装饰. 对于不需要染色的表面孔隙，则要进行封闭处理，使孔隙缩小，提高氧化膜抗腐蚀性能，防止腐蚀性介质进入孔中引起腐蚀.

3-7-5 化学电源

电化学工业中另一项重要的应用就是化学电源. 化学电源是指能将化学能直接转变成电能的装置，它通过化学反应，消耗某种化学物质，输出电能. 常见的电池大多是化学电源. 化学电源可以分为一次电池和二次电池，一次电池在进行一次电化学反应放电之后不能再次使用，二次电池在放电后可以外接电源逆转电池反应，发生电解作用进行充电，因此又称蓄电池或充电电池. 化学电源的种类非常多，下面介绍几种常见类型的化学电源.

一、干电池

干电池为一次电池. 常用的有锌锰干电池、锌汞电池、镁锰干电池等.

锌锰干电池是日常生活中常用的干电池，其结构如图 3-5 所示：

正极材料：MnO_2、石墨棒.

负极材料：锌片.

电解质：NH_4Cl、$ZnCl_2$ 及淀粉糊状物.

电池符号可表示为：

(－) Zn|$ZnCl_2$、NH_4Cl(糊状) ‖ MnO_2|C(石墨)(＋)

负极：$Zn \xlongequal{} Zn^{2+} + 2e^-$

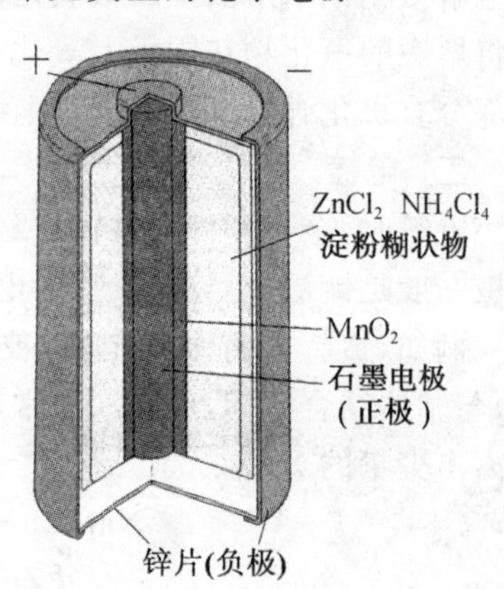

图 3-5 电解池示意图

正极：$2MnO_2+2NH_4^++2e^-$ ══ $Mn_2O_3+2NH_3+H_2O$

总反应：$Zn+2MnO_2+2NH_4^+$ ══ $2Zn^{2+}+Mn_2O_3+2NH_3+H_2O$

锌锰干电池的电动势为 1.5 V.因产生的 NH_3 气体被石墨吸附，引起电动势下降较快.如果用高导电的糊状 KOH 代替 NH_4Cl，正极材料改用钢筒，MnO_2 层紧靠钢筒，就构成碱性锌锰干电池，由于电池反应没有气体产生，内电阻较低，电动势为 1.5 V，比较稳定.

二、铅蓄电池

铅蓄电池又称铅酸电池，是由一组充满海绵状金属铅的铅锑合金格板作为负极，由另一组充满二氧化铅的铅锑合金格板作为正极，两组格板相间浸泡在电解质稀硫酸中.

放电时，电极反应为：

负极：$Pb+SO_4^{2-}$ ══ $PbSO_4+2e^-$

正极：$PbO_2+SO_4^{2-}+4H^++2e^-$ ══ $PbSO_4+2H_2O$

总反应：$Pb+PbO_2+2H_2SO_4$ ══ $2PbSO_4+2H_2O$

放电后，正、负极板上都沉积有一层 $PbSO_4$，放电到一定程度之后必须进行充电，充电时用一个电压略高于蓄电池电压的直流电源与蓄电池相接，将负极上的 $PbSO_4$ 还原成 Pb，而将正极上的 $PbSO_4$ 氧化成 PbO_2，充电时发生放电时的逆反应：

阴极：$PbSO_4+2e^-$ ══ $Pb+SO_4^{2-}$

阳极：$PbSO_4+2H_2O$ ══ $PbO_2+SO_4^{2-}+4H^++2e^-$

总反应：$2PbSO_4+2H_2O$ ══ $Pb+PbO_2+2H_2SO_4$

正常情况下，铅蓄电池的电动势是 2.1 V，随着电池放电生成水，H_2SO_4 的浓度降低，故可以通过测量 H_2SO_4 的密度来检查蓄电池的放电情况.铅蓄电池具有充放电可逆性好、放电电流大、稳定可靠、价格便宜等优点，缺点是笨重，且硫酸有腐蚀性，因此存放时要注意不能倒下.铅蓄电池常用作汽车和柴油机车的启动电源，电动自行车电源，坑道、矿山和潜艇的动力电源，以及通信站的备用电源.

三、镍-镉(Ni-Cd)电池

镍镉电池是一种市售的常见充电电池. 因为反应是在碱性条件下进行的，所以属于碱性蓄电池的一种.它的体积、电压都与干电池类似，携带方便，使用寿命比铅蓄电池长得多，使用得当可以反复充放电数百次到上千次.缺点是电池有记忆效应，如果使用不当，会大幅度减少寿命，并且电池中的重金属镉会对环境带来污染.电池反应是：

$$Cd+2NiO(OH)+2H_2O \text{ ══ } 2Ni(OH)_2+Cd(OH)_2$$

四、镍-铁(Ni-Fe)电池

镍铁电池在 1901 年由爱迪生发明，也属于碱性蓄电池的一种.它的阳极是氢氧化镍，阴极是铁，电解液是氢氧化钾，电压通常是 1.2 V.优点是耐用，能够经受一定程度的使用事故(包括过度充电、过度放电、短路、过热)，而且经受上述损害后仍能保持很长的寿命.因为它能够被持续充电而且能够储存电能长达 20 年，在铁路信号发送及铁路车辆备用电源方面得到广泛应用.电池反应是：

$$Fe+2NiO(OH)+2H_2O \text{ ══ } 2Ni(OH)_2+Fe(OH)_2$$

五、镍-氢(Ni-MH)电池

镍氢电池由镍镉电池改良而来的，其以能吸收氢的金属(通常是合金)代替镉.电解液为 KOH+LiOH.相比镍镉电池，其电容量更高，记忆效应较弱，对环境的污染较低，因此应用更广泛,特别是在电子产品上应用较多,而大功率的镍氢电池目前在混合动力汽车和纯电动汽车上也有较多应用.电池充电时,氢氧化钾电解液中的氢原子会释放出来,由储氢材料吸收,避免形成氢气.电池放电时,这些氢原子便会经由相反过程回到原来地方.电池反应为:

充电时

阳极反应:$Ni(OH)_2+OH^- \longrightarrow NiOOH+H_2O+e^-$

阴极反应:$M+H_2O+e^- \longrightarrow MH+OH^-$

总反应:$M+Ni(OH)_2 \longrightarrow MH+NiOOH$

放电时

正极:$NiOOH+H_2O+e^- \longrightarrow Ni(OH)_2+OH^-$

负极:$MH+OH^- \longrightarrow M+H_2O+e^-$

总反应:$MH+NiOOH \longrightarrow M+Ni(OH)_2$

以上式中M为储氢合金,MH为吸附了氢原子的储氢合金.最常用储氢合金为$LaNi_5$.

六、锂电池

锂电池大致可分为两大类:锂金属电池和锂离子电池.前者以锂-二氧化锰非水电解质电池(简称锂-锰电池)为代表,这种电池以片状金属锂为负极,活性MnO_2作正极,高氯酸及溶于碳酸丙烯酯和二甲氧基乙烷的混合有机溶剂作为电解质溶液,以聚丙烯为隔膜,电池符号和电池反应可表示为:$Li|LiClO_4|MnO_2|C$(石墨).

负极反应:$Li = Li^+ + e^-$

正极反应:$MnO_2 + Li^+ + e^- = LiMnO_2$

总反应:$Li+MnO_2 = LiMnO_2$

锂-锰电池的电动势为2.69 V,是一次电池,重量轻、体积小(可做成纽扣电池)、电压高、比能量大,充电1 000次后仍能维持其能力的90%,贮存性能好,已广泛用于电脑主板、手表、无线电设备等多种电子产品.

锂离子电池不含有金属态的锂,并且是可以充电的二次电池.包括磷酸铁锂电池、锰酸锂电池、钴酸锂电池等多种类型,价格相对昂贵.有以下优点:工作电压达到3.6 V,电容量大,体积小,重量轻,循环寿命长,自放电率低,无记忆效应,无污染等.在便携式电器如笔记本电脑、手机、摄像机、移动通信中得到普遍应用.大容量锂离子电池特别是磷酸铁锂电池已在电动汽车中开始试用,预计将成为电动汽车的主要动力电源之一,并将在人造卫星、航空航天和储能方面得到应用.

七、燃料电池

燃料电池与其他电池的主要差别在于:它不是把还原剂、氧化剂物质全部贮藏在电池内,而是在工作时不断从外界输入氧化剂和还原剂,同时将电极反应产物不断排出电池.燃料电池是直接将燃烧反应的化学能转化为电能的装置,能量转化率高,可达80%以上,而一般火电站热机效率仅在30%~40%之间.燃料电池具有节约燃料、污染小的特点.常见的燃料电池以还原剂(氢气、煤气、天然气、甲醇等)为负极反应物,以氧化剂(氧气、空气等)为正极反应物,由燃料极、空气极和电解质溶液构成电池.电极材料多采用多孔碳、多孔镍、铂、钯等贵重金属以及聚四氟乙烯,电解质则有碱性、酸性、熔融盐、高分子材料(如塑料)和固体电解质(如特种陶瓷)等数种.

以碱性氢氧燃料电池为例，它的燃料极常用多孔性金属镍，用它来吸附氢气. 空气极常用多孔性金属银，用它吸附空气. 电解质则由浸有 KOH 溶液的多孔性塑料制成，其电池符号表示为：$Ni|H_2|KOH(30\%)|O_2|Ag$.

负极反应：$2H_2+4OH^- = 4H_2O+4e^-$

正极反应：$O_2+2H_2O+4e^- = 4OH^-$

总反应：$2H_2+O_2 = 2H_2O$

电池的工作原理是：当向燃料极供给氢气时，氢气被吸附并与催化剂作用，放出电子而生成 H^+，而电子经过外电路流向空气极，电子在空气极使氧还原为 OH^-，H^+ 和 OH^- 在电解质溶液中结合成 H_2O. 氢氧燃料电池的标准电动势为 1.229 V.

氢氧燃料电池目前已应用于航天、军事通信、电视中继站等领域，随着成本的下降和技术的提高，在新能源汽车等领域可望得到进一步的商业化作用.

3-8 金属的腐蚀及其防止

3-8-1 金属腐蚀的定义

当金属与周围介质接触时，由于发生化学或电化学作用使金属被氧化而引起的破坏叫作金属的腐蚀. 金属的腐蚀可以显著降低金属材料的强度、塑性、韧性等物理性能，破坏金属构件的几何形状，增加机件的磨损，缩短设备的使用寿命. 金属腐蚀已经成为国民经济中的一个不可忽视的损失.

3-8-2 化学腐蚀

单纯由化学作用而引起的腐蚀叫作化学腐蚀. 化学腐蚀多发生在非电解质溶液中或干燥气体中，腐蚀过程中无电流产生，腐蚀产物直接生成在腐蚀性介质接触的金属表面. 例如，电气、机械设备的金属与绝缘油、润滑油、液压油以及干燥空气中的 O_2、H_2S、SO_2、Cl_2 等物质接触时，在金属表面生成相应的氧化物、硫化物、氯化物等.

影响化学腐蚀的因素有：金属的本性、腐蚀介质的浓度和温度. 例如，钢材在常温空气中不腐蚀，而在高温下就容易被氧化，生成一层氧化皮（由 FeO、Fe_2O_3 和 Fe_3O_4 组成），同时还会发生脱碳现象. 这是钢铁中的渗碳体（Fe_3C）被气体介质氧化的结果. 有关的反应方程如下：

$Fe_3C+O_2 = 3Fe+CO_2$，$Fe_3C+CO_2 = 3Fe+2CO$，$Fe_3C+H_2O = 3Fe+CO+H_2$

反应生成的气体离开金属表面，而碳便从邻近的尚未反应的金属内部逐渐扩散到这一反应区，于是金属层中含碳量逐渐减小，形成了脱碳层. 钢铁表面由于脱碳致使硬度减小和疲劳极限降低.

再如，原油中多种形式的有机硫化物，如二硫化碳、噻吩、硫醇等也会与金属材料作用而引起输油管、容器和其他设备的化学腐蚀.

3-8-3 电化学腐蚀

当金属与电解质溶液接触时，由电化学作用而引起的腐蚀称为电化学腐蚀. 电化学腐蚀形成了原电池反应.在研究金属的电化学腐蚀中,把发生氧化的部分叫作阳极(相当于原电池的负极),发生还原的部分叫作阴极(相当于原电池的正极).

一、析氢腐蚀(腐蚀过程中有氢气放出)

析氢腐蚀即腐蚀过程中阴极上有氢气析出的腐蚀.它常发生在酸洗或用酸浸蚀某种较活泼金属的加工过程中.例如,Fe 作为腐蚀电池的阳极,钢铁中较 Fe 不活泼的其他杂质作阴极,H^+ 在阴极上获得电子发生还原反应:

阳极(Fe):$Fe - 2e^- \longrightarrow Fe^{2+}$

阴极(杂质):$2H^+ + 2e^- \longrightarrow H_2(g)$

总反应:$Fe + 2H^+ \longrightarrow Fe^{2+} + H_2(g)$

二、吸氧腐蚀(腐蚀过程中消耗掉氧)

在腐蚀过程中溶解于水膜中的氧气在阴极上得到电子被还原生成 OH^- 的腐蚀称为吸氧腐蚀.它常常是在中性、碱性或弱酸性的介质中发生的.由于 $\varphi^\ominus(O_2/OH^-)$ 的代数值远远大于 $\varphi^\ominus(H^+/H_2)$ 的代数值,且空气中的 O_2 不断溶入水膜中,所以大气中钢铁等金属腐蚀的主要形式是吸氧腐蚀.

反应方程式如下:

阳极(Fe):$Fe - 2e^- \longrightarrow Fe^{2+}$

阴极(杂质):$O_2 + 2H_2O + 4e^- \longrightarrow 4OH^-$

总反应:$2Fe + O_2 + 2H_2O \longrightarrow 2Fe(OH)_2$

$Fe(OH)_2$ 将进一步被 O_2 所氧化,生成 $Fe(OH)_3$,并部分脱水为疏松的铁锈.锅炉、铁制水管等系统常含有大量的溶解氧,故常发生严重的吸氧腐蚀.

$$4Fe(OH)_2 + O_2 + 2H_2O = 4Fe(OH)_3 \longrightarrow Fe_2O_3 \cdot xH_2O\text{(铁锈)}$$

三、差异空气腐蚀

差异空气腐蚀是金属吸氧腐蚀的一种形式,它是由于在金属表面氧气分布不均匀而引起的.例如,半浸在海水中的金属,在金属浸入面处(图 3-6 中 a 段),因氧的扩散途径短,故氧的浓度高.而在水的内部(图 3-6 中 b 段),因氧的扩散途径长,故氧的浓度低.

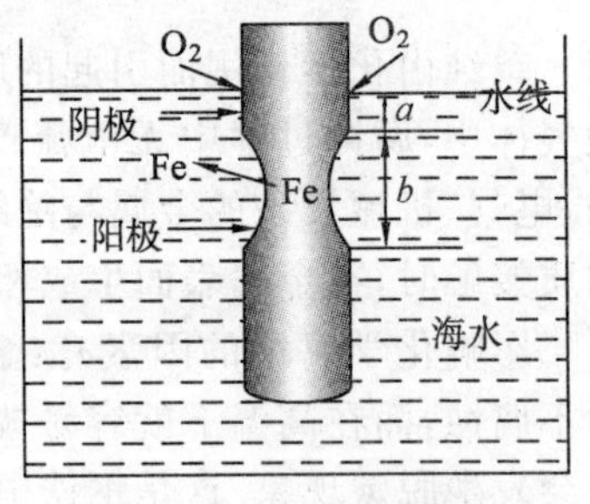

图 3-6 差异空气腐蚀

由 Nernst 方程可知:

$$O_2 + 2H_2O + 4e^- = 4OH^-$$

$$E = \varphi^\ominus + \frac{0.059\,2}{4}\lg\left[\frac{p(O_2)/p^\ominus}{(c(OH^-)/c^\ominus)^4}\right]$$

由此看出,在 O_2 浓度(或 $p(O_2)$)较大的部位,其相应的电极电势的代数值较大,氧较易得电子;而在 O_2 浓度(或 $p(O_2)$)较小部位,$E(O_2/OH^-)$ 的代数值较小,O_2 较难得到电子.这样,由于氧气浓度不同而形成了一个浓差电池.其中,氧气浓度大的部位(a 段)为阴极,氧气浓度小的部位(b 段)为阳极而遭到腐蚀.b 段的金属被腐蚀以后,O_2 的浓度会更小,且由于腐蚀而使杂质逐渐增多,致使金属腐蚀继续下去,腐蚀的深度加大.腐蚀过程的电极反应如下:

阴极(O_2 浓度较大的部位):$\frac{1}{2}O_2 + 2e^- = 2OH^-$

阳极(O_2 浓度较小的部位)：$Fe+2e^-$ ══ Fe^{2+}

差异空气腐蚀在生产中常常遇到，如金属裂缝深处的腐蚀，浸入水中的支架、埋入地里的铁柱和水封式储气柜的腐蚀，等等.

3-8-4 金属腐蚀的防止

1. 缓蚀剂法

在腐蚀介质中添加能降低腐蚀速率的物质(称缓蚀剂)的防蚀方法叫作缓蚀剂法.根据化学组成，习惯上将缓蚀剂分为无机缓蚀剂和有机缓蚀剂两大类.

无机缓蚀剂：通常在中性介质中使用的无机缓蚀剂有 $NaNO_2$、$K_2Cr_2O_7$、Na_3PO_4 等.在碱性介质中使用的有 $NaNO_2$、$NaOH$、Na_2CO_3、$Ca(HCO_3)_2$ 等.例如，$Ca(HCO_3)_2$ 在碱性介质中发生如下反应：

$$Ca^{2+}+2HCO_3^-+2OH^- = CaCO_3(s)+CO_3^{2-}+2H_2O$$

生成的难溶碳酸盐覆盖于阳极表面，成为具有保护性的薄膜，阻滞了阳极反应，降低了金属的腐蚀速率.

有机缓蚀剂：在酸性介质中，通常使用有机缓蚀剂，如琼脂、糊精、动物胶、六次甲基四胺以及含氮、硫的有机物等.有机缓蚀剂对金属的缓蚀作用，一般认为是由于吸附膜的生成，即金属将缓蚀剂的离子或分子吸附在表面上，形成一层难溶而腐蚀性介质又很难透过的保护膜，阻碍了 H^+ 得电子的阴极反应，因而减慢了腐蚀.

缓蚀剂具有缓蚀作用的原因是：

(1) 能使金属表面氧化而形成钝化膜.例如：

$$2Fe+2Na_2CrO_4+2H_2O \rightleftharpoons Fe_2O_3+Cr_2O_3+4NaOH$$

(2) 能与阳极溶解出来的金属离子或与阴极附近的某离子形成难溶性化合物覆盖于阳极或阴极的表面.例如：

$$3Fe^{2+}+2PO_4^{3-} = Fe_3(PO_4)_2(s)$$

$$Cu^{2+}+HCO_3^-+OH^- = CuCO_3(s)+H_2O$$

(3) 有机缓蚀剂被吸附在带负电荷的金属表面上阻碍了 H^+ 放电.例如：

$$R_3N+H^+ = [R_3NH]^+$$

2. 阴极保护法

阴极保护法就是将被保护的金属作为腐蚀电池的阴极或作为电解池的阴极而不受腐蚀.

牺牲阳极保护法：一般采取将电极电势更低的金属(通常为 Mg、Al、Zn 合金)与被保护的金属相连，构成原电池.例如，在海上航行的轮船，常将锌块镶嵌于船底四周，这样船身可减轻腐蚀：

阳极：$Zn(s) \rightleftharpoons Zn^{2+}+2e^-$

阴极：$O_2(g)+H_2O+4e^- \rightleftharpoons 4OH^-(aq)$

外加电流保护法：取废钢、石墨、高硅铸铁、磁性氧化铁等作为阳极，先将被保护金属与外电源的负极相连，再将外电源正极与上述用作保护的阳极相连构成电解池.例如，某些地下管道的防腐采用外加直流电源与阳极构成电解池的方法.

3. 非金属涂层

用非金属物质如油漆、塑料、搪瓷、矿物性油脂等涂覆在金属表面上形成保护层，即非金属涂层，可达到防蚀的目的.例如，船身、车厢、水桶等常涂油漆，汽车外壳常喷漆，枪炮、机器常涂矿物性油脂等.用塑料(如聚乙烯、聚氯乙烯、聚氨酯等)喷涂金属表面，比喷漆效果更佳.塑料这种覆盖层致密光洁，色泽鲜艳，兼具防蚀与装饰的双重功能.

搪瓷是含 SiO_2 量较高的玻璃瓷釉，有极好的耐蚀性能，因此作为耐蚀非金属涂层，广泛用于石油化工、医药、仪器等工业部门和日常生活中.

习　题

1. 指出下列物质中画线元素的氧化数：

(1) $\underline{Cr}_2O_7^{2-}$　(2) $\underline{N}_2O$　(3) $\underline{N}H_3$　(4) $H\underline{N}_3$　(5) $\underline{S}_8$　(6) $\underline{S}_2O_3^{2-}$

($+6, +1, -3, -\frac{1}{3}, 0, +2$)

2. 用氧化数法或离子电子法配平下列各方程式：

(1) $As_2O_3 + HNO_3 + H_2O \longrightarrow H_3AsO_4 + NO$

(2) $K_2Cr_2O_7 + H_2S + H_2SO_4 \longrightarrow K_2SO_4 + Cr_2(SO_4)_3 + S + H_2O$

(3) $KOH + Br_2 \longrightarrow KBrO_3 + KBr + H_2O$

(4) $K_2MnO_4 + H_2O \longrightarrow KMnO_4 + MnO_2 + KOH$

(5) $Zn + HNO_3 \longrightarrow Zn(NO_3)_2 + NH_4NO_3 + H_2O$

(6) $I_2 + Cl_2 + H_2O \longrightarrow HCl + HIO_3$

(7) $MnO_4^- + H_2O_2 + H^+ \longrightarrow Mn^{2+} + O_2 + H_2O$

(8) $MnO_4^- + SO_3^{2-} + OH^- \longrightarrow MnO_4^{2-} + SO_4^{2-} + H_2O$

3. 写出下列电极反应的离子电子式：

(1) $Cr_2O_7^{2-} \longrightarrow Cr^{3+}$　(酸性介质)

(2) $I_2 \longrightarrow IO_3^-$　(酸性介质)

(3) $MnO_2 \longrightarrow Mn(OH)_2$　(碱性介质)

(4) $Cl_2 \longrightarrow ClO_3^-$　(碱性介质)

4. 写出下列电池中电极反应和电池反应：

(1) $(-)Zn|Zn^{2+}\|Br^-, Br_2(aq)|Pt(+)$

(2) $(-)Cu, Cu(OH)_2(s)|OH^-\|Cu^{2+}|Cu(+)$

5. 配平下列各反应方程式，并将它们设计组成原电池，写出电池组成式：

(1) $MnO_4^- + Cl^- + H^+ \longrightarrow Mn^{2+} + Cl_2 + H_2O$

(2) $Ag^+ + I^- \longrightarrow AgI(s)$

6. 现有下列物质：$KMnO_4$、$K_2Cr_2O_7$、$CuCl_2$、$FeCl_3$、I_2、Cl_2，在酸性介质中它们都能作为氧化剂.试把这些物质按氧化能力的大小排列，并注明它们的还原产物.

7. 现有下列物质：$FeCl_2$、$SnCl_2$、H_2、KI、Li、Al，在酸性介质中它们都能作为还原剂.试把这些物质按还原能力的大小排列，并注明它们的氧化产物.

8. 当溶液中 $c(H^+)$ 升高时，下列氧化剂的氧化能力是增强、减弱还是不变？

(1) Cl_2　(2) $Cr_2O_7^{2-}$　(3) Fe^{3+}　(4) MnO_4^-

9. 计算下列电极反应在 298 K 时的电极电势值：

(1) $Fe^{3+}(0.100\ mol \cdot L^{-1}) + e^- \rightleftharpoons Fe^{2+}(0.010\ mol \cdot L^{-1})$

(2) $Hg_2Cl_2(s) + 2e^- \rightleftharpoons 2Hg(l) + 2Cl^-(0.010\ mol \cdot L^{-1})$

(3) $Cr_2O_7^{2-}(0.100 mol \cdot L^{-1}) + 14H^+(0.010\ mol \cdot L^{-1}) + 6e^- \rightleftharpoons 2Cr^{3+}(0.010\ mol \cdot L^{-1}) + 7H_2O$

(0.830 V　　0.386 V　　1.08 V)

10. 电池(−)A|A^{2+}‖B^{2+}|B(+)，当 $c(A^{2+}) = c(B^{2+})$ 时测得其电动势为 0.360 V. 若 $c(A^{2+}) = 1.00 \times 10^{-4}\ mol \cdot L^{-1}$，$c(B^{2+}) = 1.00 mol \cdot L^{-1}$，求此时电池的电动势.

(0.478 V)

11. 已知电池(−)Cu|$Cu^{2+}(0.010\ mol \cdot L^{-1})$‖$Ag^+(x\ mol \cdot L^{-1})$|Ag(+)电动势为 0.436 V，试求 Ag^+ 的浓度.

($0.036 mol \cdot L^{-1}$)

12. 根据电极电势表，计算下列反应在 298 K 时的 $\Delta_r G_m^\ominus$.

(1) $Cl_2 + 2Br^- = 2Cl^- + Br_2$

(2) $I_2 + Sn^{2+} = 2I^- + Sn^{4+}$

(3) $MnO_2 + 4H^+ + 2Cl^- = Mn^{2+} + Cl_2 + 2H_2O$

($-56.9\ kJ \cdot mol^{-1}$；$-73.4\ kJ \cdot mol^{-1}$；$25\ kJ \cdot mol^{-1}$)

13. 根据电极电势表，计算下列反应在 298 K 时的标准平衡常数.

(1) $Zn + Fe^{2+} = Zn^{2+} + Fe$

(2) $2Fe^{3+} + 2Br^- = 2Fe^{2+} + Br_2$

(8×10^{10}　1.2×10^{-10})

14. 如果下列原电池的电动势为 0.500 V(298 K)：

$$Pt, H_2(100\ kPa) | H^+(mol \cdot L^{-1}) \| Cu^{2+}(1.0\ mol \cdot L^{-1}) | Cu$$

则溶液中的 H^+ 浓度应是多少？

($1.8 \times 10^{-3}\ mol \cdot L^{-1}$)

15. 已知：

$$PbSO_4 + 2e^- \rightleftharpoons Pb + SO_4^{2-} \qquad \varphi^\ominus = -0.359\ V$$

$$Pb^{2+} + 2e^- \rightleftharpoons Pb \qquad \varphi^\ominus = -0.126\ V$$

求 $PbSO_4$ 的溶度积.

(1.3×10^{-8})

16. 已知：

$$Ag^+ + e^- \rightleftharpoons Ag \quad E^\ominus = 0.799\ V$$

$K_{sp}^\ominus(AgBr) = 7.7 \times 10^{-13}$，求电极反应：$AgBr + e^- \rightleftharpoons Ag + Br^-$ 的 $\varphi^\ominus$.

(0.082 V)

17. 已知下列电极反应：

$$H_3AsO_4 + 2H^+ + 2e^- \rightleftharpoons H_3AsO_3 + H_2O \qquad \varphi^\ominus = 0.559\ V$$

$$I_3^- + 2e^- \rightleftharpoons 3I^- \qquad \varphi^\ominus = 0.535\ V$$

试计算反应 $H_3AsO_4 + 3I^- + 2H^+ \rightleftharpoons H_3AsO_3 + I_3^- + H_2O$ 在 25 ℃时的平衡常数. 上述反应若在 pH=7 的溶液中进行，自发方向如何？若溶液的 H^+ 浓度为 $6\ mol \cdot L^{-1}$，反应进行

的自发方向又如何?

($K=6.48$;pH=7 时,$\varepsilon=-0.390\ V<0$,逆向进行;$[H^+]=6\ mol\cdot L^{-1}$时,$\varepsilon=0.070\ V>0$,正向进行)

18. 25 ℃时,以 Pt,$H_2(p=100\ kPa)|H^+(x\ mol\cdot L^{-1})$为负极,和另一正极组成原电池,负极溶液是由某弱酸 HA($0.150\ mol\cdot L^{-1}$)及其共轭碱 A^-($0.250\ mol\cdot L^{-1}$)组成的缓冲溶液.若测得负极的电极电势等于-0.3100 V,试求出该缓冲溶液的 pH,并计算弱酸 HA 的解离常数 $K_a^{\ominus}$.

(9.59×10^{-6})

19. 根据电极电势解释下列现象:

(1) 金属铁能置换 Cu^{2+},而 $FeCl_3$ 溶液又能溶解铜.

(2) H_2S 溶液久置会变浑浊.

(3) H_2O_2 溶液不稳定,易分解.

(4) Ag 不能置换 $1\ mol\cdot L^{-1}$ HCl 中的氢,但可置换 $1\ mol\cdot L^{-1}$ HI 中的氢.

(5) 电解 $CuCl_2$ 水溶液,在阳极上析出氯气,而电解纯水,阳极则析出氧气.

(6) 在海上航行的轮船,常将锌块镶嵌于船底四周,以减轻腐蚀.

20. 已知 In、Tl 在酸性介质中的电势图:

$$In^{3+}\xrightarrow{-0.43}In^{+}\xrightarrow{-0.15}In$$

$$Tl^{3+}\xrightarrow{+1.25}Tl^{+}\xrightarrow{-0.34}Tl$$

试回答:

(1) In^+、Tl^+ 能否发生歧化反应?

(2) In、Tl 与 $1\ mol\cdot L^{-1}$ HCl 反应各得到什么产物?

(3) In、Tl 与 $1\ mol\cdot L^{-1}\ Ce^{4+}$ 反应各得到什么产物?

21. 已知溴在酸性介质中的电势图:

$$BrO_4\xrightarrow{1.76}BrO_3\xrightarrow{1.49}HBrO\xrightarrow{1.59}Br_2\xrightarrow{1.07}Br^-$$

试回答:

(1) 溴的哪些氧化态不稳定而易发生歧化反应?

(2) 计算电对 BrO_3^-/Br^- 的 $\varphi^{\ominus}$ 值.

(1.44 V)

22. 当电流通过下列电池时,判断有哪些物质生成或消失,并写出反应式.

(1) 银为阳极,镀有氯化银的银为阴极,溶液为氯化钠.

(2) 两铂电极之间盛有硫酸钾溶液.

(3) 两铂电极之间为 $ZnCl_2$ 水溶液.

(4) 两锌电极之间为 $ZnCl_2$ 水溶液.

23. 电解 $CuSO_4$ 溶液,当阴极上析出 128 g 铜(摩尔质量为 $64\ g\cdot mol^{-1}$),需要通过的电量为多少库仑?(386 000 C)

24. 某燃料电池的电池反应为 $H_2+\frac{1}{2}O_2(g)=\!=\!=H_2O(g)$，在 400 K 时，$\Delta_r H_m$ 和 $\Delta_r S_m$ 分别为 $-251.6\ kJ\cdot mol^{-1}$ 和 $-50\ J\cdot mol^{-1}\cdot K^{-1}$. 则该温度下电池的电动势为多少？(1.2 V)

25. For each of the following unbalanced equation, (1) write the half-reactions for oxidation and for reduction, and (2) balance the overall equation using the half-reaction method.

(a) $Cl_2+H_2S\longrightarrow Cl^-+S+H^+$

(b) $Cl_2+S^{2-}+OH^-\longrightarrow SO_4^{2-}+Cl^-+H_2O$

(c) $MnO_4^-+IO_3^-+H_2O\longrightarrow MnO_2+IO_4^-+OH^-$

26. Arrange the following metals in an activity series from the most active to the least active: nobelium[$No^{3+}/No(s)$, $\varphi^\ominus=-2.5$ V], cobalt [$Co^{2+}/Co(s)$, $\varphi^\ominus=-0.28$ V], gallium [$Ga^{3+}/Ga(s)$, $\varphi^\ominus=-0.34$ V], polonium [$Po^{2+}/Po(s)$, $\varphi^\ominus=-0.65$ V].

(No, Po, Ga, Co)

27. We construct a cell in which identical copper electrodes are placed in two solutions. Solution A contains 0.80 $mol\cdot L^{-1}$ Cu^{2+}. Solution B contains Cu^{2+} at some concentration known to be lower than in solution A. The potential of the cell is observed to be 0.045 V. What is [Cu^{2+}] in solution B?

(0.024 $mol\cdot L^{-1}$)

28. Using the following half-reactions and $\varphi^\ominus$ data at 25 ℃:

$PbSO_4(s)+2e^-\longrightarrow Pb(s)+SO_4^{2-}$ $\varphi^\ominus=-0.356$ V

$PbI_2(s)+2e^-\longrightarrow Pb(s)+2I^-$ $\varphi^\ominus=-0.365$ V

Calculate the equilibrium constant for the reaction:

$PbSO_4(s)+2I^-\rightleftharpoons PbI_2(s)+SO_4^{2-}$

($K^\ominus=2.01$)

29. The cells in an automobile battery were charged at a steady current of 5.0 A for 5 hr. What masses of Pb and PbO_2 were formed in each cell? The overall reaction is

$2PbSO_4(s)+2H_2O=\!=\!=Pb(s)+PbO_2(s)+2H_2SO_4(aq)$ (Pb 97g, PbO_2 112 g)

第四章　物质结构

学习要求

1. 了解核外电子运动的特殊性——波粒二象性.

2. 能理解波函数角度分布图、电子云角度分布图、电子云径向分布图和电子云图.

3. 掌握四个量子数的量子化条件及其物理意义;掌握电子层、电子亚层、能级和轨道等的含义.

4. 能运用保里不相容原理、能量最低原理和洪特规则写出一般元素的原子核外电子的排布式和价电子构型.

5. 理解原子结构和元素周期表的关系,元素若干性质(原子半径、电离能、电子亲合能和电负性)与原子结构的关系.

6. 掌握离子键理论的基本要点,理解决定离子化合物性质的因素及离子化合物的特征.

7. 掌握价键理论及共价键的特征.

8. 能用轨道杂化理论来解释一般分子的构型.

9. 掌握分子轨道理论的基本要点,并能用来处理第一、第二周期同核双原子分子.

10. 了解分子极性和分子间力的概念,了解金属键和氢键的形成和特征.

11. 了解各类晶体的内部结构和特征,了解离子极化.

物质结构的主要研究内容是物质(原子、分子、晶体等)的组成、结构和性能.这里所说的结构,既包括物质的“几何结构”(如分子中原子、晶体中粒子的结合排布方式等),也包括物质的电子结构(如原子的电子层结构,分子、晶体中的化学键,以及分子间作用力等).组成、结构决定性能,如碳的三种同素异形体石墨、金刚石和 C_{60},是结构决定性能的实例.

物质结构知识的理论基础是量子力学(研究微观粒子运动规律的科学);实验基础是合成化学和结构化学等,它们提供了大量实验事实,需要理论解释,从而推动了理论化学的发展.物质结构知识是化学三大重要理论之一.

4-1　原子核外电子运动特征

参与化学反应的最小微粒为原子.在化学反应中原子核并未发生变化,只是原子核外电子的得与失,因此,为了更好地理解物质的微观结构与元素性质的关系,我们首先讨论原子核外电子的运动状态、核外电子的排布情况及其与元素基本性质的周期性变化规律的关系.

4-1-1 原子结构发展简史

一、道尔顿原子论

19 世纪初,英国科学家道尔顿(J. Dalton)发表了题为“化学哲学新体系”的论文,总结了各种元素化合时的质量比例关系,提出了原子论.他认为物质由原子组成,原子既不能创造,也不能毁灭,并且在化学变化中不可分割,它们在化学反应中保持本性不变.同一种元素的原子质量、形状和性质完全相同,不同元素的原子则不同.随着科学技术的发展,许多新的实验现象的出现,尤其是电子、X 衍射和放射性现象的发现,人们修正了原子不可分割的观念,进而探讨原子的组成及其内部结构的奥秘.

二、电子的发现

1895 年,英国物理学家汤姆逊(J. J. Thomson)在进行高真空管中气体放电实验时,发现阴极射线为带负电荷的粒子流.汤姆逊将这些带负电荷粒子命名为电子,并且依据原子为中性,提出原子是由带正电荷的连续体和带负电荷的电子组成的.1909 年,美国物理学家密立根(R. Millikan)利用一个简单的油滴实验测得了电子的电量,根据荷质比计算得出了电子的质量.

三、卢瑟福原子模型

1911 年,英国物理学家卢瑟福(E. Rutherford)根据 α 粒子散射实验证明,原子带正电荷的部分集中在一起,并将这部分称为原子核.原子核体积很小,但集中了原子的绝大部分质量.带负电荷的电子在原子核外的广大空间做着高速运动,被称为卢瑟福行星式原子模型.

卢瑟福的原子模型理论是人类认识微观世界的一个重要里程碑.但是这个理论却与当时的原子光谱实验发生了很大的矛盾.为了解决矛盾,丹麦年轻的物理学家玻尔在 1913 年提出了关于原子结构的新模型.

4-1-2 玻尔原子模型

一、氢原子光谱(Hydrogen Spectrum)

将一只装有氢气的放电管,通过高压电流,使氢原子被激发后产生的光通过分光镜,在屏幕上可见光区内得到不连续的红、青、蓝、靛、紫五条明显的特征谱线(图 4-1).

这种谱线是线状的,所以称为线状光谱,它又是不连续的,所以也称不连续光谱.线状光谱是原子受激后从原子内部辐射出来的,因而又称为原子光谱.

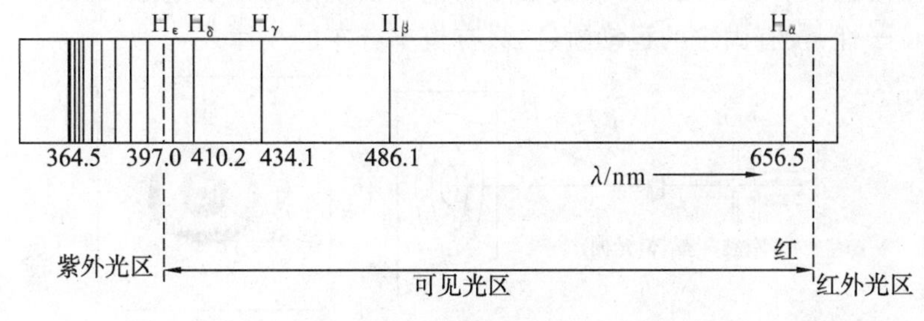

图 4-1 氢原子光谱

二、玻尔原子模型(Bohr's Hypothesis)

1913 年，丹麦物理学家玻尔(N. H. D. Bohr)在卢瑟福原子模型基础上，结合普朗克(M. Plank)的量子论和爱因斯坦(A. Einstein)的光电学说，在原子模型理论中引入两个假设，成功地解释了氢原子光谱的产生.

(1) 核外电子在定态轨道上运动，在此定态轨道上运动的电子既不吸收能量也不放出能量.

(2) 在定态轨道上运动的电子具有一定的能量，此能量值由量子化条件决定.

$$E_n=-\frac{13.6}{n^2}\mathrm{eV}=-\frac{2.179\times10^{-18}}{n^2}\mathrm{J}\quad n=1,2,3\cdots(\text{正整数})\tag{4-1}$$

当激发到高能级的电子跳回到较低能级时，则会释放出能量，产生原子光谱. 例如，当电子由 $n=3$ 的原子轨道跃迁到 $n=2$ 的原子轨道时，产生的原子光谱的波长为 $\lambda_{3\to2}$.

结果表明，运用玻尔原子模型所算出的氢原子光谱的理论值与实验值有着惊人的吻合.

三、玻尔原子模型的局限性

玻尔原子模型冲破了经典物理中能量连续变化的束缚，引入了量子化条件，成功地解释了经典物理无法解释的氢原子结构和氢原子光谱的关系. 但将其用于解释多电子原子光谱时却产生了较大的误差. 主要因为玻尔原子模型只是人为地加入一些量子化条件，并未完全摆脱经典力学的束缚，不能够完全揭示微观粒子运动的特征和规律.

4-1-3 核外电子运动特征

一、微观粒子运动具有波粒二象性

光具有波粒二象性(The Duality of Light)，光的波动性主要表现于光存在干涉、衍射等性质，光的粒子性可以由光电效应等现象来证明.

在光的波粒二象性的启发下，法国物理学家德布罗意(L. V. de Broglie)大胆地提出了电子等微观粒子也具有波粒二象性的假设. 他认为既然光不仅是一种波，而且具有粒子性，那么微观粒子在一定条件下，也可能呈现波的性质. 他预言，与质量 m、运动速度 v 的粒子相应的波长为：

$$\lambda=\frac{h}{p}=\frac{h}{mv}\tag{4-2}$$

1927 年由美国科学家戴维逊(C. J. Davission)和革末(L. H. Germer)通过电子衍射实验(图 4-2)证明了这一结论. 但是，微观粒子的波动性和粒子性，与经典物理学中的波动性与粒子性，既有相同之处，也有不同的地方.

电子的波动性：是“概率波”，即波的强度与电子出现的概率成正比.

电子的粒子性：没有固定的运动轨迹，只有概率分布的规律.

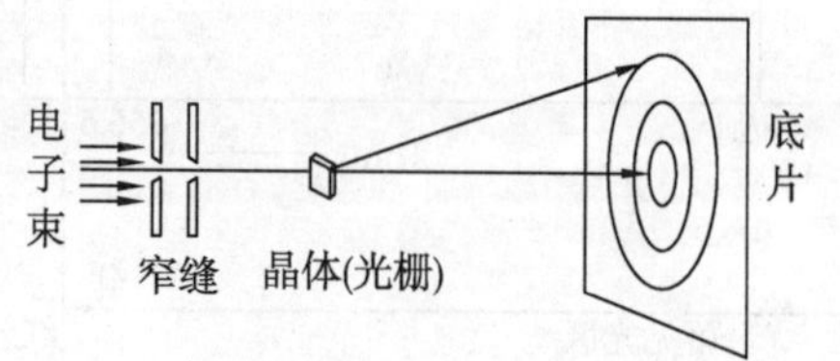

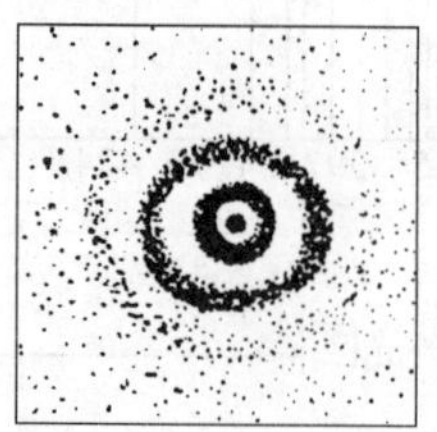

图 4-2 电子衍射示意图

德布罗意(Louis Victor De Broglie, 1892—1960)因发现电子的波动性,获得了1929年度的诺贝尔物理学奖.

德布罗意

从1922年起,德布罗意在法国科学院《波动力学》杂志上,连续发表了数篇有关波动和粒子统一的论文.1923年夏天,他提出了一个新的设想——把光的波粒二象性推广到物质粒子特别是电子上.他把这一想法以两篇短文的形式分别发表于《通报》杂志和《自然》杂志的评注栏内.1924年,他在巴黎大学的博士论文《关于量子理论的研究》中,详细地阐述了这一想法,提出了微观粒子波动性的物质波理论.1925年,他把这篇100余页的论文发表在《物理年鉴》上.德布罗意设想,每个粒子(比如电子)都伴随着波,其波长(λ)与该粒子的质量(m)和速度(v)有关.它们之间的关系可以借助于普朗克常数(h)用一个简单的公式来表示:$\lambda=h/(mv)$.对于一个大的物体来说,如扔出去的具有大动量的棒球,计算所得的德布罗意波长小到惊人的程度,以至于人们无法测量.但是,对于一个以每秒100厘米的速度运动的电子来说,波长可以大到约为0.07厘米.于是人们想到,利用晶格长度约为原子线度的晶体,通过干涉实验,来检测微观粒子的德布罗意波.在德布罗意的论文发表三年以后,美国的戴维逊和盖革、英国的汤姆逊和乔治等都先后通过电子衍射实验证实了电子具有波动性.

德布罗意提出的物质波理论成了许多科学家专攻的课题,奥地利物理学家薛定谔正是在这一理论的基础上建立了波动力学.

二、海森伯测不准原理(The Heisenberg Uncertainty Principle)

对宏观物体我们可同时测出它的运动速度和位置.对具有波粒二象性的微观粒子,是否也可以精确地测出它们的速度和位置呢? 1927年海森伯(W. K. Heisenberg)推出如下的测不准原理:

$$\Delta x \cdot \Delta p_x \approx h \tag{4-3}$$

Δx是位置的偏差,Δp_x是x方向动量的偏差,它们的乘积近似于普朗克常数h.具有波动性的微观粒子和宏观物体有着完全不同的运动特点,它不能同时有确定的位置和动量.它的坐标确定得越精确,则相应的动量就越不精确,反之亦然.测不准原理表明,不能错误地认为微观粒子的运动规律具有不可知性.实际上,测不准原理反映微观粒子有波动性,只是表明它不服从由宏观物体运动规律所总结出来的经典力学,但这不等于没有规律.相反,它说明微观粒子的运动是遵循着更深刻的一种规律——**量子力学(Quantum Mechanics)**.

海森伯(Werner Karl Heisenberg, 1901—1976),德国理论物理学家,矩阵力学的创建者.1901年12月5日生于维尔兹堡的一个中学教师家庭.1920年进入慕尼黑大学,在名师索末菲指导下学习理论物理学,1923年以《关于流体流动的稳定性和湍流》一文取得博士学位,然后到哥廷根大学,当上了玻恩的助手.海森伯主要从事原子物理的研究,对量子力学的建立做出了重大贡献.1925年,他鉴于玻尔原子模型所存在的问题,抛弃了所有的原子模型,而着眼于观察发射光谱线的频率、强度和极化,利用矩阵数学,将这三者从数学上联系起来,从而提出微观粒子的不可观察的力学量,如位置、动量应由其所发光谱的可观察的频率、强度经过一定运算(矩阵法则)

海森伯

来表示.随后他与玻恩、约当合作,建立了矩阵力学.1927年,他阐述了著名的测不准原理,即亚原子粒子的位置和动量不可能同时准确测量,成为量子力学的一个基本原理.1927年,海森伯被莱比锡大学聘为理论物理学教授,研究量子力学如何应用于具体问题,如用它解释许多原子和分子光谱,铁磁现象等.他总是站在物理学的前沿.为了表彰他在科学上的重大贡献——建立量子力学,海森伯获得1932年诺贝尔物理学奖,并获得马克斯·普朗克奖章.海森伯的著作主要有:《量子论的物理学原理》、《自然科学基础的变化》、《原子核物理》、《物理学与哲学》等.1976年2月1日海森伯逝世于慕尼黑,终年75岁.

4-2 氢原子核外电子运动状态

4-2-1 波函数

一、Ψ的由来

根据微观粒子的波粒二象性和测不准原理,奥地利物理学家薛定谔(E. Schrödinger)于1926年提出了量子力学的基本方程——**薛定谔方程(The Schrödinger Equation),用于描述原子核外电子的运动**.薛定谔方程是一个二阶偏微分方程:

$$\frac{\partial^2 \psi}{\partial x^2}+\frac{\partial^2 \psi}{\partial y^2}+\frac{\partial^2 \psi}{\partial z^2}+\frac{8\pi^2 m}{h^2}(E-V)\psi=0 \tag{4-4}$$

其中,h 是普朗克常数,m 是电子的质量,E 是系统的总能量,V 是势能,x、y、z 是电子的坐标,而波函数 ψ 就是 x、y、z 的函数.

薛定谔

薛定谔(Erwin Schrodinger,1887—1961),奥地利理论物理学家,波动力学的创始人.1887年8月12日生于维也纳.1910年,薛定谔获得了哲学博士学位.毕业后在维也纳大学第二物理研究所工作.以后转到了德国斯图加特工学院和布雷斯劳大学教书.从1921年起,他在瑞士苏黎世大学任数学物理学教授.在那里,他创立了波动力学,提出了薛定谔方程,确定了波函数的变化规律.这是量子力学中描述微观粒子运动状态的基本定律,在粒子速度远小于光速的条件下适用.这一定律在量子力学中的地位,可与牛顿运动定律在经典力学中的地位相比拟.1926年,薛定谔证明自己的波动力学与海森伯、玻恩和约当所建立的矩阵力学在数学上是等价的,这一证明成了推动整个物理学进一步发展的里程碑.1927年,薛定谔接替普朗克到柏林大学担任理论物理学教授,并成为普鲁士科学院院士,与普朗克和爱因斯坦建立了亲密的友谊.同年在莱比锡出版了他的《波动力学论文集》.1933年,薛定谔对于纳粹政权迫害杰出科学家的倒行逆施深为愤慨,弃职移居英国牛津,在马格达伦学院任访问教授.就在这一年,他与狄拉克共同获得诺贝尔物理学奖.1961年1月4日病逝于阿尔卑包赫山村.

原则上讲,根据薛定谔方程,任何体系的电子运动状态都可求解了.把该体系的势能项 V 的表达式找出,代入薛定谔方程中,求解方程即可得到相应的波函数 ψ 的具体表达和对应的能量.但遗憾的是薛定谔方程是很难求解的,至今只能精确求解单电子体系的薛定谔方程,稍复杂一些的体系只能求得近似解.即使对单电子体系,解薛定谔方程也很复杂,需要较深的数学知识，这不是本课程的任务. 我们只要求了解量子力学处理原子结构问题的大概思路以及解薛定谔方程所得到的主要结论.

二、Ψ的物理意义

波函数 ψ 是薛定谔方程的解. 它是包括空间坐标 x、y、z 的函数式，常记作 $\psi(x, y, z)$. 如果把空间上某一点的坐标值代入 ψ 中，可求得某一数值，但该数值本身并没有明确的物理意义. 只能说 ψ 是描述核外电子运动状态的数学表达式，电子运动的规律是受它控制的.

但是，波函数绝对值的平方 $|\psi|^2$ 却有明确的意义，它代表空间某一点电子出现的**概率密度(Probability Density)**. 原子空间某一点附近单位体积内电子出现的概率，称为空间某一点电子出现的概率密度.

如果要知道电子在核外运动的状态，只要把核外空间每一点的坐标值代入 ψ 函数中，即可求得各点的 ψ 值以及电子在该点上出现的概率密度 $|\psi|^2$，所以电子运动的状态也就掌握了.

三、氢原子的波函数

氢原子是单电子体系，其薛定谔方程有精确解，求解思路如下：

(1) 为了便于描述波函数的形状和大小，在解薛定谔方程过程中首先需要进行坐标变换，把直角坐标 $\psi(x, y, z)$ 变换成球坐标 $\psi(r,\theta,\phi)$（图 4-3）.

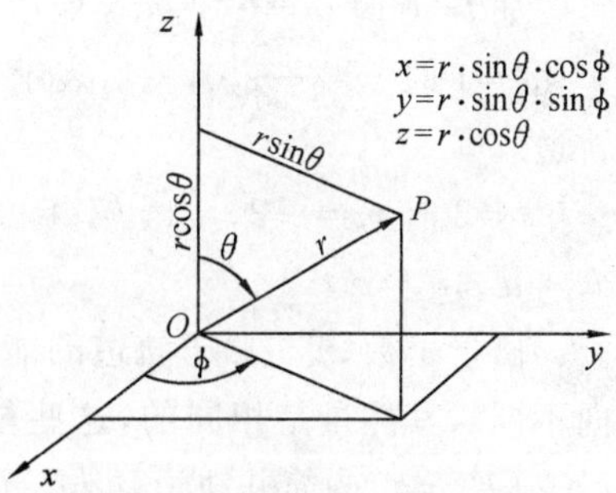

(2) 坐标变换后，氢原子的波函数可以变量分离为波函数的径向部分 $R(r)$ 和波函数的角度部分 $Y(\theta,\phi)$ 的乘积：

$$\psi(r,\theta,\phi)=R(r)\cdot Y(\theta,\phi)$$

图 4-3　直角坐标与球坐标的关系

$R(r)$ 表示该函数只随距离 r 而变，$Y(\theta,\phi)$ 表示该函数只随角度 θ,ϕ 而变化.

(3) 在解薛定谔方程中，为了得到有合理物理意义的解，波函数中必须引入只能取某些整数值的 n、l、m 三个参数. n,l,m 分别称为主量子数、角量子数和磁量子数，它们的取值有如下限制：

$$n=1,2,3,4,\cdots,\infty$$

$$l=0,1,2,\cdots,n-1$$

$$m=0,\pm1,\pm 2,\cdots,\pm l$$

每一组 n,l,m 的合理组合，即可得到一个相应的波函数，即 $\psi_{nlm}(r,\theta,\phi)=R_{nl}(r)\cdot Y_{lm}(\theta,\phi)$. 波函数 ψ_{nlm} 表示原子核外电子的一种可能的轨道运动状态，又称**原子轨道(Atomic Orbital)**（注意，这里的轨道已不是宏观质点运动的轨道概念了，它指的是在空间中电子的一种运动状态）.

1. 主量子数(Principle Quantum Number) n

主量子数 n 决定能量高低. n 越大，电子的能量越高；n 也代表电子离核的平均距离，n 越大，电子离核越远. n 相同时称电子处于同一电子层.

主量子数 $n=1,2,3,4,5,6,7$.

电子层符号为 K,L,M,N,O,P,Q.

2. 角量子数(Angular Quantum Number)l

角量子数 l 又称为副量子数,它确定原子轨道或电子云的形状,它对应于每一电子层上的电子亚层,并且在多电子原子中,与主量子数 n 共同决定原子轨道的能量.

l 的取值受 n 的影响,l 可以取从 0 到 $n-1$ 的正整数,即 $l=0, 1, 2, 3, \cdots, n-1$. 在原子光谱学上,分别用 s, p, d, f 等符号来表示.

角量子数 $l=0,1,2,3\cdots$

光谱符号为 $s,p,d,f\cdots$

3. 磁量子数(Magnetic Quantum Number)m

磁量子数 m 决定原子轨道在磁场中的分裂,对应于原子轨道在空间的伸展方向.

m 的取值受 l 的限制,可取从 $-l$ 到 $+l$ 之间包含零的 $2l+1$ 个值,即 $m=-l, -l+1, \cdots, 0, 1, \cdots, +l$.

每一个 m 值代表一个具有某种空间取向的原子轨道. 每一亚层中,m 有几个取值,该亚层就有几个不同伸展方向的同类原子轨道.

如 $l=0$ 时 $m=0$,表示 s 亚层只有一个原子轨道,其伸展方向为球形对称.

$l=1$ 时 $m=-1,0,+1$,表示 p 亚层有三个互相垂直的 p 原子轨道,即 p_x, p_y, p_z 原子轨道.

$l=2$ 时 $m=-2, -1, 0, 1, 2$,表示 d 亚层有五个不同伸展方向的 d 原子轨道,即 d_{xy}, d_{xz}, d_{yz}, d_{z^2}, $d_{x^2-y^2}$.

磁量子数 m 与原子轨道的能量无关. n、l 相同,m 不同的原子轨道(即形状相同,空间取向不同),其能量是相同的,这些能量相同的各原子轨道称为简并轨道或等价轨道. 例如,np_x、np_y、np_z 为简并轨道,nd_{xy}, nd_{xz}, nd_{yz}, nd_{z^2}, $nd_{x^2-y^2}$ 也为简并轨道.

从表 4-1 可以看出,三个量子数可以确定一个原子轨道,即一个空间运动状态.

表 4-1 量子数与原子轨道的关系

主量子数 n	角量子数 l	磁量子数 m	原子轨道波函数	轨道数
1	0	0	ψ_{1s}	1
2	0	0	ψ_{2s}	1
	1	0, ±1	ψ_{2p_x}, ψ_{2p_y}, ψ_{2p_z}	3
3	0	0	ψ_{3s}	1
	1	0, ±1	ψ_{3p_x}, ψ_{3p_y}, ψ_{3p_z}	3
	2	0, ±1, ±2	$\psi_{3d_{xy}}$, $\psi_{3d_{xz}}$, $\psi_{3d_{yz}}$, $\psi_{3d_{x^2-y^2}}$, $\psi_{3d_{z^2}}$	5

当 $n=1$ 时:

$l=0$(光谱上记以 s),$m=0$,即只有一种合理组合 ψ_{100}(ψ_{1s}),可以代表核外电子的一种可能的状态,称为 ψ_{1s}(或简写为 $1s$)态,也称 $1s$ 轨道. 即 $n=1$ 时,只有一个轨道.

当 $n=2$ 时:

$l=0$, $m=0$ 是合理组合,ψ_{2s}($2s$)又是核外电子一种可能的状态,即 $2s$ 轨道;$l=1$(光谱上记以 p),$m=0, \pm1$,可以得到三个 p 轨道,分别记以 ψ_{2p_x}, ψ_{2p_y}, ψ_{2p_z}. 即当 $n=2$ 时,可以有四个可能的原子轨道($2s, 2p_x, 2p_y, 2p_z$).

当 $n=3$ 时：

$l=0$，$m=0$，1 个 $\psi_{3s}(3s)$轨道.

$l=1$，$m=0,\pm1$，3 个 $\psi_{3p}(3p)$轨道.

$l=2$(光谱上记以 d)，$m=0,\pm1,\pm2$，5 个 $\psi_{3d}(3d)$轨道.

即 $n=3$ 时，可有 9 个轨道(1 个 $3s$，3 个 $3p$，5 个 $3d$).

……

当 $n=n$ 时，应当有 n^2 个原子轨道.

表 4-2 给出了解薛定谔方程得到的一部分氢原子波函数的具体形式.

表 4-2　氢原子波函数

轨道	波函数 $\psi(r,\theta,\varphi)$	$R(r)$	$Y(\theta,\varphi)$
$1s$	$\sqrt{\frac{1}{\pi a_0^3}}e^{-r/a_0}$	$2\sqrt{\frac{1}{a_0^3}}e^{-r/a_0}$	$\sqrt{\frac{1}{4\pi}}$
$2s$	$\frac{1}{4}\sqrt{\frac{1}{2\pi a_0^3}}\left(2-\frac{r}{a_0}\right)e^{-r/2a_0}$	$\sqrt{\frac{1}{8a_0^3}}\left(2-\frac{r}{a_0}\right)e^{-r/2a_0}$	$\sqrt{\frac{1}{4\pi}}$
$2p_z$	$\frac{1}{4}\sqrt{\frac{1}{2\pi a_0^3}}\left(\frac{r}{a_0}\right)e^{-r/2a_0}\cos\theta$	$\sqrt{\frac{1}{24a_0^3}}\left(\frac{r}{a_0}\right)e^{-r/2a_0}$	$\sqrt{\frac{3}{4\pi}}\cos\theta$
$2p_x$	$\frac{1}{4}\sqrt{\frac{1}{2\pi a_0^3}}\left(\frac{r}{a_0}\right)e^{-r/2a_0}\sin\theta\cos\varphi$	$\sqrt{\frac{1}{24a_0^3}}\left(\frac{r}{a_0}\right)e^{-r/2a_0}$	$\sqrt{\frac{3}{4\pi}}\sin\theta\cos\varphi$
$2p_y$	$\frac{1}{4}\sqrt{\frac{1}{2\pi a_0^3}}\left(\frac{r}{a_0}\right)e^{-r/2a_0}\sin\theta\sin\varphi$	$\sqrt{\frac{1}{24a_0^3}}\frac{r}{a_0}e^{-r/2a_0}$	$\sqrt{\frac{3}{4\pi}}\sin\theta\sin\varphi$

注：a_0 为玻尔半径(52.9 pm)

解薛定谔方程得到原子轨道波函数具体形式的同时，还可以得到电子在各轨道中运动时所对应的能量：

$$E=\frac{-(2.179\times10^{-18})z^2}{n^2}\text{J} \tag{4-5}$$

式中 z 为核电荷数. 氢原子 $z=1$，所以，对氢原子而言，各轨道能量的关系是：

$$E_{1s}<E_{2s}=E_{2p}<E_{3s}=E_{3p}=E_{3d}\cdots$$

4-2-2　波函数和电子云图形

在处理化学问题时，用一个复杂的函数来表示原子轨道是很不方便的，因此希望把它的图形画出来，由图形直观地解决化学问题. 波函数图形是 ψ 随 r,θ,φ 变化的图形，电子云图形是 $|\psi|^2$ 随 r,θ,φ 变化的图形. 由于图形共有四个变量(r,θ,φ,ψ)，因此很难在平面上用适当的图形将 ψ 或 $|\psi|^2$ 随 r,θ,φ 的变化情况表示清楚. 另外，又由于 $\psi(r,\theta,\varphi)=R(r)\cdot Y(\theta,\varphi)$，因此可分别画出 $R(r)$随 r 变化和 $Y(\theta,\varphi)$随 θ,φ 变化的图形. 这些图形不仅比较简单，而且能满足讨论原子不同化学行为时的需要. 若干氢原子的波函数以及径向部分和角度部分的函数见表 4-2.

有关波函数和电子云的图形有多种多样.

一、波函数角度分布图

波函数角度分布图又称为**原子轨道角度分布图(The Angular Distribution Pattern of Atomic Orbital)**.

波函数的角度分布图是从坐标原点出发,引出方向为 θ,φ 的直线,长度取 Y 的绝对值大小,再将所有这些直线的端点连起来,在空间形成一个曲面,这样的图形就叫波函数的角度分布图.下面就以 ψ_{2p_z} 为例,画出其角度分布图.

由表 4-2 可知,$Y_{p_z}=\sqrt{\frac{3}{4\pi}}\cos\theta$($Y_{p_z}$ 与 n 无关),表 4-3 给出了不同的 θ 值所对应的 Y_{p_z} 值.

表 4-3 不同 θ 时的 Y_{p_z} 值

θ	0°	30°	60°	90°	120°	150°	180°
$\cos\theta$	1	0.866	0.5	0	−0.5	−0.866	−1
Y_{p_z}	0.489	0.423	0.244	0	−0.244	−0.423	−0.489

因 Y_{p_z} 只与 θ 有关而与 φ 无关,所以其角度分布图是一个绕 z 轴旋转一周的曲面.因此可以先在一个平面上作图,然后再绕 z 轴旋转一周即可.具体做法如下:在 xOz 平面上,从坐标原点出发,分别画出 θ 为 15°、30°、45°、60°、90°、120°等的直线,在其上取线段等于 Y 的值,再将所有线段端点连接起来即得两个相切的圆(图 4-4).由图 4-4 可知,在 x 轴上方,Y 为正值,在 x 轴下方,Y 为负值.因此,上面的圆标"+"号,下面的圆标"−"号.将图 4-4 绕 z 轴旋转一周,即可得到 Y_{p_z} 角度分布的空间图像.

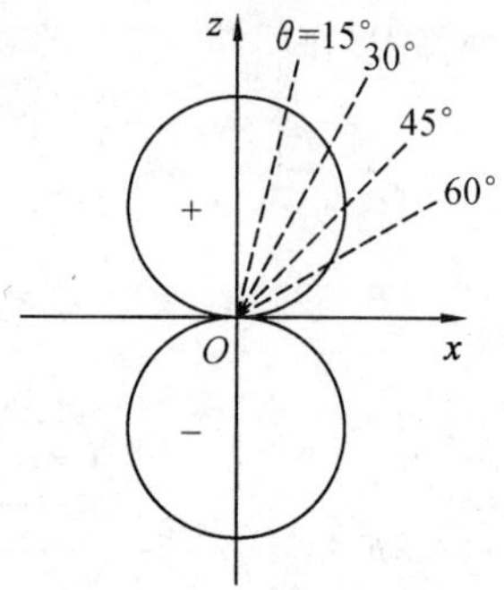

图 4-4 Y_{p_z} 角度分布图

图 4-5 给出了 s,p,d 原子轨道的角度分布图.这些图直观地反映了 Y 随 θ,φ 的变化情况,它也可以反映同一球面不同方向上的 ψ 的变化情况.图 4-5 中的"+"、"−"号表示在指定方向上 Y 值的符号;从坐标原点到球壳的距离(即线段的长度)等于该方向上 $|Y|$ 值的大小.由图可知,Y_{p_z} 在 z 方向上绝对值最大,而 Y_{p_x} 是在 x 方向绝对值最大.

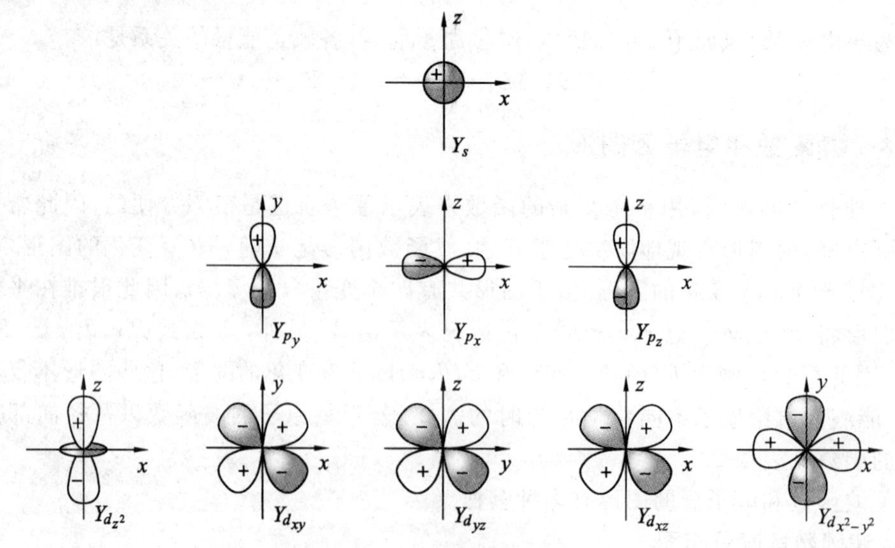

图 4-5 波函数角度分布

二、电子云角度分布图

图 4-6 给出了几种类型的**电子云角度分布图(The Angular Distribution Pattern of Electron Clouds)**. 它是由 $Y^2(\theta,\varphi)$对 θ,φ 作图所得. 此图与波函数角度分布图形状类似,但也有区别:一是波函数角度分布图标有正、负之分,而电子云角度分布图都是正值(习惯上不标出),这是因为 Y^2 皆是正值;二是电子云角度分布图比波函数角度分布图“瘦”些,这是因为 $|Y|$值总小于 1,故 Y^2 值更小. 电子云角度分布图反映了同一球面不同方向上概率密度的变化情况. 由图可知,s 轨道中的电子在核周围同一球面不同方向上出现的概率密度相同;而对于 p_x 轨道中的电子,在核周围同一球面不同方向上出现的概率密度不同,以 x 方向最大.

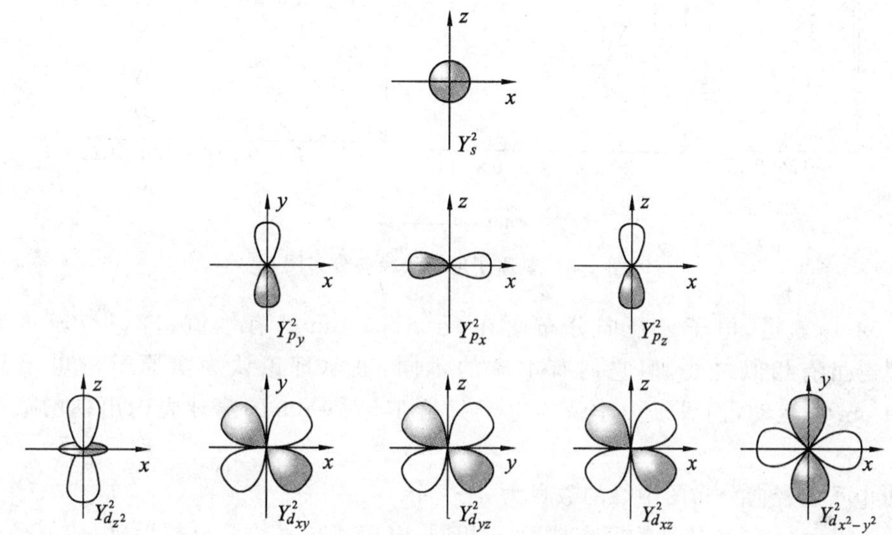

图 4-6　电子云角度分布

三、电子云径向分布图(The Radial Distribution of Electron Clouds)

波函数径向部分 R 本身没有明确的物理意义,但 r^2R^2 有明确的物理意义. 它表示电子在离核半径为 r 单位厚度的薄球壳内出现的概率. 若令 $D(r)=r^2R^2$,对 r 作图即得电子云径向分布图. 为什么电子云径向分布图有上述的意义? 现以最简单的 s 轨道为例予以说明.

在原子中,离核半径为 r,厚度为 $\mathrm{d}r$ 的薄球壳内(图 4-7)电子出现的概率 P 为

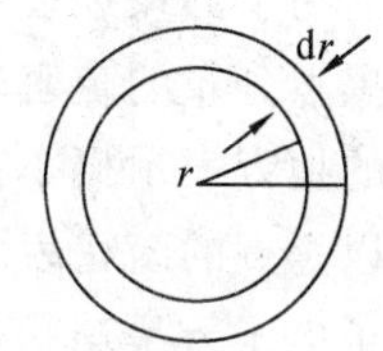

图 4-7　薄球壳剖面

$$P=|\psi|^2\mathrm{d}\tau$$

式中 $\mathrm{d}\tau$ 为薄球壳的体积,其值为 $4\pi r^2\mathrm{d}r$,又 $\psi^2=R^2\cdot Y^2$,且 s 轨道 $Y=\sqrt{\frac{1}{4\pi}}$,则概率

$$P=|\psi|^2\times\mathrm{d}\tau=4\pi r^2\mathrm{d}r|Y|^2|R|^2=4\pi r^2\mathrm{d}r(1/4\pi)|R|^2=|R|^2r^2\mathrm{d}r$$

定义:**径向分布函数 $D(r)=r^2|R|^2$**. 可见径向分布函数 $D(r)$的确具有半径为 r 单位厚度的薄球壳内电子出现概率的含义. 对其他轨道也不难证明径向分布函数 $D(r)$具有上述意义.

图 4-8 为氢原子电子云径向分布图,从中可以看出几点信息:

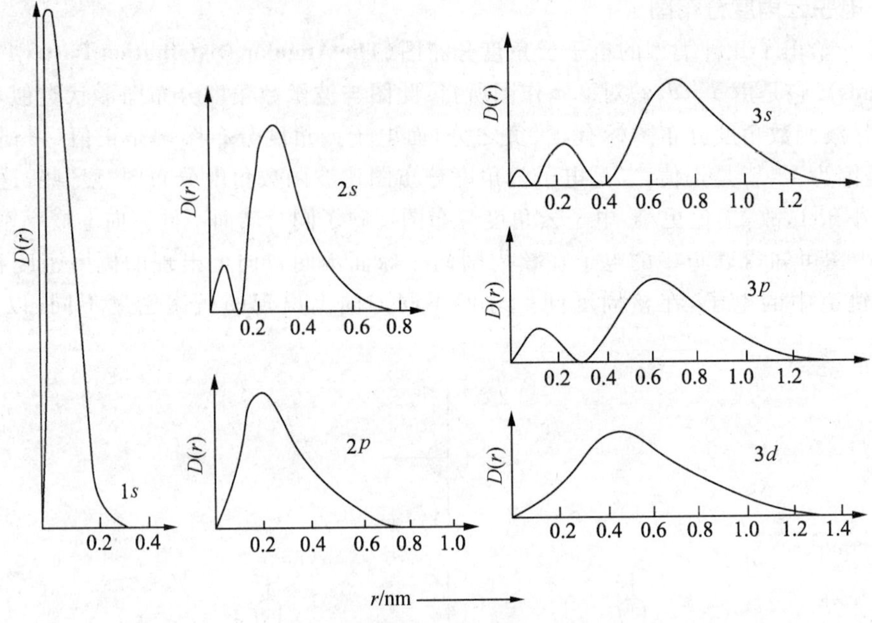

图 4-8 氢原子电子云径向分布图

(1) 对 1s 轨道，电子云径向分布图在 $r=52.9$ pm 处有峰值，恰好与玻尔半径相等. 两理论虽有相似之处，但它们有本质的不同：玻尔理论认为氢原子的电子只能在 $r=52.9$ pm 处运动，而量子力学认为电子只是在 52.9 pm 的薄球壳内出现的概率最大而已.

(2) 电子云径向分布图中峰的数目为 $n-l$ 个.

(3) n 越大，电子离核平均距离越远，n 相同，电子离核平均距离相近. 因此从径向分布来看，核外电子是按 n 值大小分层分布的. n 值决定了电子层的层数.

四、电子云图

为了形象地表示核外电子运动的概率分布情况，化学上惯用小黑点分布的疏密表示电子出现概率密度的相对大小，小黑点较密的地方表示概率密度较大，单位体积内电子出现的机会较多. 这种以黑点的疏密表示概率密度分布的图形称为电子云图. 基态氢原子电子云呈球状，如图 4-9 所示. 应当注意，对于氢原子来说，只有一个电子，图中黑点的疏密只代表电子在某一瞬间出现的可能性大小.

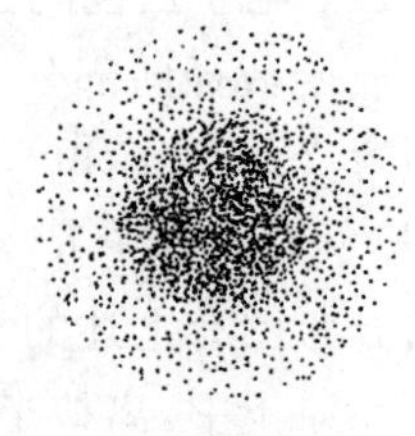

图 4-9 氢原子电子云图

4-3 多电子原子核外电子的运动状态

4-3-1 屏蔽效应和穿透效应

一、屏蔽效应

除氢以外，其他原子核外至少有两个电子，统称多电子原子. 多电子原子的薛定谔方程无法求得精确解. 有一种称为"中心力场模型"的近似处理方法，它把多电子原子中其余电子对指定的某电子的作用近似地看作抵消一部分核电荷对该电子的引力，即核电荷由原来的 Z 变成$(Z-\sigma)$，σ 称为屏蔽常数，$(Z-\sigma)$称为有效核电荷，用 Z^* 表示.

$$Z^* = Z-\sigma \tag{4-6}$$

这种由核外其余电子抵消部分核电荷对指定电子吸引的作用称为**屏蔽效应(Shielding Effects)**. 在以上解释的基础上，解薛定谔方程所得的结果可用于多电子原子体系，只要把相应的 Z 改成 Z^* 即可. 例如，多电子原子能量公式为：

$$E=\frac{-(2.179\times10^{-18})(Z-\sigma)^2}{n^2}\text{J} \tag{4-7}$$

σ 由 Slater 规则计算，具体计算方法可查阅相关参考书. σ 值除与主量子数有关外，也与角量子数有关. 为什么 σ 与 l 有关，这可用穿透效应来解释.

二、穿透效应

从电子云径向分布图(图 4-8)可见，n 值较大的电子在离核较远的地方出现的概率大，但在较近的地方也有出现的概率. 这种外层电子向内层穿透的效应称为**穿透效应或钻穿效应(Penetration Effects)**.

穿透效应主要表现在图中穿入内层的小峰上，峰的数目越多[峰的数目为$(n-l)$]，穿透效应越大. 如果穿透效应大，电子云深入内层，内层对它的屏蔽效应变小，即 σ 值变小，Z^* 变大，能量降低. 对多电子原子而言，穿透效应大小顺序为：$ns > np > nd > nf$，所以 n 值相同、l 值不同的电子亚层，其能量高低的次序为：

$$E_{ns}<E_{np}<E_{nd}<E_{nf}\text{(能级分裂)}$$

当 n 值和 l 值都不同时，会出现所谓的"能级交错"现象(如 K 原子中 $E_{4s}<E_{3d}$)，利用屏蔽效应和钻穿效应可以来解释.

4-3-2 原子核外电子排布

利用精密光谱仪观察到某些原子(如 Na 原子)的谱线是由两条靠得很近的谱线组成的. 这种光谱精细结构的双线特征不能用前面引入的 n,l,m 三个量子数来解释.

1925 年荷兰物理学家乌伦贝克(G. E. Uhlenbeck)和高德斯密(S. A. Goudsmit)提出了自旋量子数(Spin Quantum Number)m_s 的概念，认为电子除了轨道运动外，还存在自旋运动. 自旋量子数 m_s 只有$+1/2$ 或$-1/2$ 两个数值，其中每一个数值表示电子的一种自旋状态(顺时针自旋或逆时针自旋). 通常用小圆圈(或短横线)来表示电子排布图中的原子轨道，用箭头↑和↓分别表示自旋方向不同的电子.

因此,原子中的电子的运动状态需由 n,l,m,m_s 四个量子数来描述.根据量子数的取值规则,每个 n 值对应的 n^2 个原子轨道中最多可容纳电子总数为 $2n^2$.

人们根据光谱实验数据总结出原子核外电子排布基本上遵循以下三个原则:

一、保里不相容原理(Pauli's Exclusion Principle)

保里不相容原理有几种表述方式:

(1) 在同一原子中,不可能存在所处状态完全相同的电子.

(2) 在同一原子中,不可能存在四个量子数完全相同的电子.

(3) 每一轨道只能容纳自旋方向相反的两个电子.

这几种说法都是等效的,从一种说法可推出其他的说法.

保里

保里(Wolfgang Pauli,1900—1958)因发现不相容原理(又称保里原理),获得了1945年度诺贝尔物理学奖.

1924年,他从反常塞曼效应的研究中发现了现代物理学的基本规律:不相容原理.他假设"在电子的量子论性质"中有一种"经典上无法描述的二值性".对应当时的玻尔-索末菲理论中的每一个量子态,事实上应有两个不同的量子态,需要用一个新的量子数来表征这种"二值性",这样就应该总共用四个量子数来表征一个电子的运动状态.在这样的前提下,保里叙述了他的不相容原理:在每一个原子中,绝不能存在两个或多个等价的电子,即不存在四个量子数都相同的电子.运用这一原理,人们解决了光谱规律中的许多难题,理解了原子中电子壳层的形成,以及当元素按原子序数递增排列时所观察到的化学性质上的周期律.

1925年,乌伦贝克(George Eugene Uhlenbeck)和他的同事高德斯密(Samuel Abraham Goudsmit)提出了电子"自旋"的假设,给保里的第四个量子数提供了物理图像.保里引用有名的二分量波函数和保里矩阵,把自旋概念纳入非相对论量子力学的表述之中.这一工作后来促使英国狄拉克(Paul Adrien Maurice Dirac)提出了他的电子理论并在其他方面取得了重要进展.荷兰学者范德瓦尔登曾经指出:"从一分量到二分量是跨一大步,从二分量到四分量是进一小步".

保里以他的才智和对事物尖锐的批评而闻名.当一种理论被提出来以后,人们总是希望听到保里对它有什么看法.如果保里不赞成,人们就会对那种理论感到有点不放心;相反地,如果保里点了头,人们就会感到很欣慰.他逐渐成了一切新思想的公认的"裁判",埃伦菲斯特称他为"上帝的鞭子",玻尔称他为"科学的良知".

二、能量最低原理(Principle of Lowest Energy)

在不违背保里不相容原理的前提下,电子在各轨道上的排布方式应使整个原子处于能量最低状态,这就是能量最低原理.原子能量的高低除取决于轨道能量外,还由电子之间相互作用能有关.综合考虑这些因素,美国化学家鲍林提出了多电子原子轨道的近似"能级高低顺序":$1s;2s,2p;3s,3p;4s,3d,4p;5s,4d,5p;6s,4f,5d,6p;7s,5f,6d,7p$……我国化学家徐光宪提出用$(n+0.7l)$的数值来判断原子能量的高低.

图4-10是鲍林(L. C. Pauling)提出的**多电子原子轨道的近似能级图(Pauling's Diagram of Energy Levels of Atomic Orbital)**.随着原子序数的增加,电子也是按照该图能量从

低到高的顺序填充的.

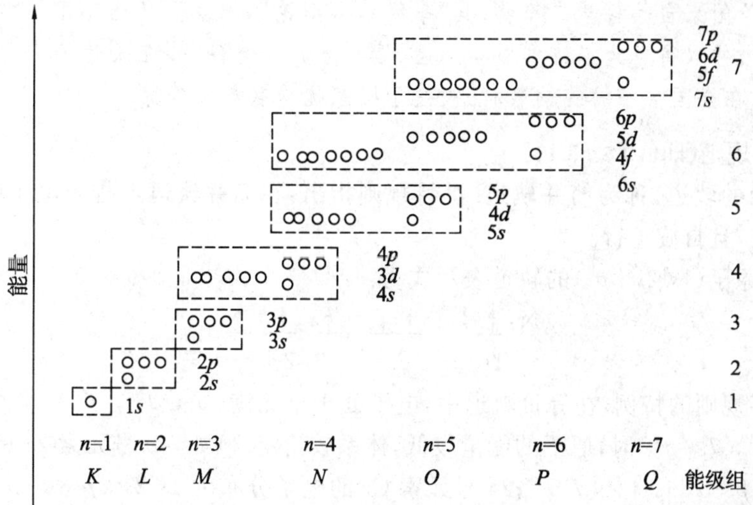

图 4-10　多电子原子轨道的近似能级图

鲍林

鲍林(Linus Carl Pauling,1901—1994)是著名的量子化学家,他在化学的多个领域都做出过重大贡献,曾两次荣获诺贝尔奖(1954 年化学奖,1962 年和平奖),有很高的国际声誉.1901 年 2 月 18 日,鲍林出生在美国俄勒冈州波特兰市.他幼年聪明好学,11 岁认识了心理学教授捷夫列斯.捷夫列斯有一所私人实验室,他曾给幼小的鲍林做过许多有意思的化学演示实验,这使鲍林从小萌生了对化学的热爱,这种热爱使他走上了研究化学的道路.鲍林在读中学时,各科成绩都很好,尤其是化学成绩一直名列全班第一.他经常埋头在实验室里做化学实验,立志当一名化学家.1917 年,鲍林以优异的成绩考入俄勒冈州农学院化学工程系,他希望通过学习大学化学最终实现自己的理想.1954 年,鲍林荣获诺贝尔化学奖.1955 年,鲍林和世界知名的大科学家爱因斯坦、罗素、居里、玻恩等签署了一个宣言:呼吁科学家共同反对发展毁灭性武器,反对战争,保卫和平.1957 年 5 月,鲍林起草了《科学家反对核试验宣言》.在两周内就有 2 000 多名美国科学家在该宣言上签名,在短短几个月内,就有 49 个国家的 11 000 余名科学家签名.1958 年,鲍林把反核试验宣言交给了联合国秘书长哈马舍尔德,向联合国请愿.同年,他写了《不要再有战争》一书,书中以丰富的资料,说明了核武器对人类的重大威胁.1959 年,鲍林和罗素等人在美国创办了《一人少数》月刊,反对战争,宣传和平.同年 8 月,他参加了在日本广岛举行的禁止原子弹、氢弹大会.由于鲍林对和平事业的贡献,他在 1962 年荣获了诺贝尔和平奖.

徐光宪

徐光宪,1920 年生,浙江绍兴人,1944 年毕业于上海交通大学化学系,1951 年获美国哥伦比亚大学博士学位,回国后在北大任教,历任北大化学系教授、稀土化学研究所中心主任、博士生导师、国家自然科学基金委员会化学科学部主任、中国化学会理事长、中国稀土学会副理事长等职.在量子化学领域中,他与合作者提出了原子价的新概

念 $nxc\pi$ 结构规则和分子的周期律、同系线性规律的量子化学基础和稀土化合物的电子结构特征,被授予国家自然科学二等奖.其"串级萃取理论",把我国稀土萃取分离工艺提高到国际先进水平,并取得巨大经济和社会效益.其《物质结构》一书在长达四分之一世纪的时期内是该课程在全国唯一的统编教材,被授予国家优秀教材特等奖.

三、洪特规则(Hund's Rule)

能量相同的轨道,称为简并轨道.洪特规则指出:在简并轨道上排布电子时,总是尽先占据不同轨道,且自旋平行.

例如,N 原子($1s^2 2s^2 2p^3$)的轨道表示式为:

$$\mathrm{N:}\ \underset{1s}{\underline{\uparrow\downarrow}}\quad \underset{2s}{\underline{\uparrow\downarrow}}\quad \underset{2p}{\underline{\uparrow}\ \underline{\uparrow}\ \underline{\uparrow}}$$

作为洪特规则的特例,在等价轨道中,电子处于全充满(p^6, d^{10}, f^{14})、半充满(p^3, d^5, f^7)和全空(p^0, d^0, f^0)时,原子的能量较低,体系较稳定.例如,40 号元素 Zr 的电子排布为 $1s^2 2s^2 2p^6 3s^2 3p^6 3d^{10} 4s^2 4p^6 4d^2 5s^2$;24 号元素 Cr 的电子分布为 $1s^2 2s^2 2p^6 3s^2 3p^6 3d^5 4s^1$(具有半充满结构);29 号元素 Cu 的电子分布为 $1s^2 2s^2 2p^6 3s^2 3p^6 3d^{10} 4s^1$(具有全充满结构).周期表中属于半充满的元素有 Cr、Mo,但 W 特殊;属于全充满的元素有 Cu、Ag 和 Au.

应用鲍林近似电子填充顺序,再根据保里不相容原理、能量最低原理和洪特规则,就可以写出元素周期表中绝大多数元素的核外电子排布式.

例:$_{21}\mathrm{Sc}$:$1s^2 2s^2 2p^6 3s^2 3p^6 3d^1 4s^2$

$_{29}\mathrm{Cu}$:$1s^2 2s^2 2p^6 3s^2 3p^6 3d^{10} 4s^1$

$_{80}\mathrm{Hg}$:$1s^2 2s^2 2p^6 3s^2 3p^6 3d^{10} 4s^2 4p^6 4d^{10} 4f^{14} 5s^2 5p^6 5d^{10} 6s^2$

相关说明:

(1) 核外电子排布原则是在大量实验基础上总结出来的,因此对绝大多数原子来说是符合的.但有些元素核外电子排布比较特殊,如 Ru,Nb,Rh,W,Pt 等并不能完满解释,这说明单纯用三个原则来描述核外电子的排布还是不充分的,此外还有其他因素影响电子排布.

(2) 为了简便,常常只写出原子的价电子排布.所谓价电子排布(外层电子构型),主族是指最外层电子,而一般副族是指最外层电子加次外层的 d 电子,镧系和锕系则还要加上次次外层的 f 电子,一般是指可能参与反应的电子.

(3) 离子的电子排布取决于电子从何轨道中失去.实验和理论都证明,原子轨道失电子时最先失去的为外层电子.以 21 号元素 Sc 为例,其外层电子构型为 $3d^1 4s^2$,如果 Sc 原子失去一个电子时,失去的是 $3d$ 电子还是 $4s$ 电子呢?实验结果表明,最先失去的是 $4s$ 电子.因此在书写多电子原子电子排布式时,最后应按主量子数 n 值大小排列,就像上面给出的那样.

4-4 原子结构和元素周期律

4-4-1 核外电子排布和周期表的关系

元素周期律(Periodic System of The Elements)是指元素的性质随着核电荷的递增而呈现周期性变化的规律. 周期律产生的基础是随核电荷的递增，原子最外层电子排布呈现周期性的变化，即最外层电子构型重复着从 ns^1 开始到 ns^2np^6 结束这一周期性变化(表 4-4). **周期表(Periodic Chart)**是周期律的表现形式. 下面从几个方面讨论周期表与电子排布的关系.

一、各周期元素的数目

周期表中有一个特短周期，两个短周期，两个长周期，一个特长周期以及一个未完成周期. 各周期元素数目等于 ns^1 开始到 ns^2np^6 结束各轨道所能容纳的电子总数. 由于能级交错的存在，所以产生以上各长短周期的分布.

表 4-4 元素基态原子电子构型

原子序数	元素	电子构型	原子序数	元素	电子构型
1	H	$1s^1$	20	Ca	$[Ar]4s^2$
2	He	$1s^2$	21	Sc	$[Ar]3d^14s^2$
3	Li	$[He]2s^1$	22	Ti	$[Ar]3d^24s^2$
4	Be	$[He]2s^2$	23	V	$[Ar]3d^34s^2$
5	B	$[He]2s^22p^1$	24	Cr	$[Ar]3d^54s^1$
6	C	$[He]2s^22p^2$	25	Mn	$[Ar]3d^54s^2$
7	N	$[He]2s^22p^3$	26	Fe	$[Ar]3d^64s^2$
8	O	$[He]2s^22p^4$	27	Co	$[Ar]3d^74s^2$
9	F	$[He]2s^22p^5$	28	Ni	$[Ar]3d^84s^2$
10	Ne	$[He]2s^22p^6$	29	Cu	$[Ar]3d^{10}4s^1$
11	Na	$[Ne]3s^1$	30	Zn	$[Ar]3d^{10}4s^2$
12	Mg	$[Ne]3s^2$	31	Ga	$[Ar]3d^{10}4s^24p^1$
13	Al	$[Ne]3s^23p^1$	32	Ge	$[Ar]3d^{10}4s^24p^2$
14	Si	$[Ne]3s^23p^2$	33	As	$[Ar]3d^{10}4s^24p^3$
15	P	$[Ne]3s^23p^3$	34	Se	$[Ar]3d^{10}4s^24p^4$
16	S	$[Ne]3s^23p^4$	35	Br	$[Ar]3d^{10}4s^24p^5$
17	Cl	$[Ne]3s^23p^5$	36	Kr	$[Ar]3d^{10}4s^24p^6$
18	Ar	$[Ne]3s^23p^6$	37	Rb	$[Kr]5s^1$
19	K	$[Ar]4s^1$	38	Sr	$[Kr]5s^2$

续表

原子序数	元素	电子构型	原子序数	元素	电子构型
39	Y	$[Kr]4d^1 5s^2$	76	Os	$[Xe]4f^{14} 5d^6 6s^2$
40	Zr	$[Kr]4d^2 5s^2$	75	Re	$[Xe]4f^{14} 5d^5 6s^2$
41	Nb	$[Kr]4d^4 5s^1$	77	Ir	$[Xe]4f^{14} 5d^7 6s^2$
42	Mo	$[Kr]4d^5 5s^1$	78	Pt	$[Xe]4f^{14} 5d^9 6s^1$
43	Tc	$[Kr]4d^5 5s^2$	79	Au	$[Xe]4f^{14} 5d^{10} 6s^1$
44	Ru	$[Kr]4d^7 5s^1$	80	Hg	$[Xe]4f^{14} 5d^{10} 6s^2$
45	RH	$[Kr]4d^8 5s^1$	81	Tl	$[Xe]4f^{14} 5d^{10} 6s^2 6p^1$
46	Pd	$[Kr]4d^{10}$	82	Pb	$[Xe]4f^{14} 5d^{10} 6s^2 6p^2$
47	Ag	$[Kr]4d^{10} 5s^1$	83	Bi	$[Xe]4f^{14} 5d^{10} 6s^2 6p^3$
48	Cd	$[Kr]4d^{10} 5s^2$	84	Po	$[Xe]4f^{14} 5d^{10} 6s^2 6p^4$
49	In	$[Kr]4d^{10} 5s^2 5p^1$	85	At	$[Xe]4f^{14} 5d^{10} 6s^2 6p^5$
50	Sn	$[Kr]4d^{10} 5s^2 5p^2$	86	Rn	$[Xe]4f^{14} 5d^{10} 6s^2 6p^6$
51	Sb	$[Kr]4d^{10} 5s^2 5p^3$	87	Fr	$[Rn]7s^1$
52	Te	$[Kr]4d^{10} 5s^2 5p^4$	88	Ra	$[Rn]7s^2$
53	I	$[Kr]4d^{10} 5s^2 5p^5$	89	*Ac*	$[Rn]6d^1 7s^2$
54	Xe	$[Kr]4d^{10} 5s^2 5p^6$	90	Th	$[Rn]6d^2 7s^2$
55	Cs	$[Xe]6s^1$	91	Pa	$[Rn]5f^2 6d^1 7s^2$
56	Ba	$[Xe]6s^2$	92	U	$[Rn]5f^3 6d^1 7s^2$
57	La	$[Xe]5d^1 6s^2$	93	Np	$[Rn]5f^4 6d^1 7s^2$
58	Ce	$[Xe]4f^1 5d^1 6s^2$	94	Pu	$[Rn]5f^6 7s^2$
59	Pr	$[Xe]4f^3 6s^2$	95	Am	$[Rn]5f^7 7s^2$
60	Nd	$[Xe]4f^4 6s^2$	96	Cm	$[Rn]5f^7 d^1 7s^2$
61	Pm	$[Xe]4f^5 6s^2$	97	Bk	$[Rn]5f^9 7s^2$
62	Sm	$[Xe]4f^6 6s^2$	98	Cf	$[Rn]5f^{10} 7s^2$
63	Eu	$[Xe]4f^7 6s^2$	99	Es	$[Rn]5f^{11} 7s^2$
64	Gd	$[Xe]4f^7 5d^1 6s^2$	100	Fm	$[Rn]5f^{12} 7s^2$
65	Tb	$[Xe]4f^9 6s^2$	101	Md	$[Rn]5f^{13} 7s^2$
66	Dy	$[Xe]4f^{10} 6s^2$	102	No	$[Rn]5f^{14} 7s^2$
67	Ho	$[Xe]4f^{11} 6s^2$	103	Lr	$[Rn]5f^{14} 6d^1 7s^2$
68	Er	$[Xe]4f^{12} 6s^2$	104	Rf	$[Rn]5f^{14} 6d^2 7s^2$
69	Tm	$[Xe]4f^{13} 6s^2$	105	Ha	$[Rn]5f^{14} 6d^3 7s^2$
70	Yb	$[Xe]4f^{14} 6s^2$	106	Unh	$[Rn]5f^{14} 6d^4 7s^2$
71	Lu	$[Xe]4f^{14} 5d^1 6s^2$	107	Uns	$[Rn]5f^{14} 6d^5 7s^2$
72	Hf	$[Xe]4f^{14} 5d^2 6s^2$	108	Uno	$[Rn]5f^{14} 6d^6 7s^2$
73	Ta	$[Xe]4f^{14} 5d^3 6s^2$	109	Une	$[Rn]5f^{14} 6d^7 7s^2$
74	W	$[Xe]4f^{14} 5d^4 6s^2$			

二、周期(Periods)和族(Families)

元素在周期表中所处位置与原子结构的关系为：

周期数＝能级组数＝电子层数

因为每增加一个电子层，就开始一个新的周期.

主族元素的族数＝最外层电子层的电子数

副族元素的族数＝最外层电子层的电子数＋次外层 d 电子数(除ⅠB，ⅡB 和Ⅷ外)

在同一族元素中，虽然它们的电子层数不同，但有相同的价电子构型，因此有相似的化学性质.

三、元素分区(Block Divisions of the Elements)

根据元素原子的价电子构型，可把周期表中元素分成五个区：s 区、p 区、d 区、ds 区和 f 区. 表 4-5 反映了原子价电子构型与周期表分区的关系. 五个区中，s 区和 p 区元素只有最外一层未填满电子或完全填满电子，为主族元素，而其他则为副族元素. 不仅周期表的结构和原子的电子层结构有关，元素的性质也和原子的电子层结构有关.

元素周期表很好地反映了元素性质随原子结构变化的情况.

表 4-5　原子外层电子构型与周期系分区

	ⅠA					0
1		ⅡA			ⅢA～ⅦA	
2						
3			ⅢB～ⅦB　Ⅷ	ⅠB　ⅡB		
4 5 6	s 区 $ns^1 \sim ns^2$		d 区 $(n-1)d^1ns^2 \sim (n-1)d^8ns^2$ (有例外)	ds 区 $(n-1)d^{10}ns^1 \sim (n-1)d^{10}ns^2$	p 区 $ns^2np^1 \sim ns^2np^6$	
镧系元素	f 区 $(n-2)f^1ns^2 \sim (n-2)f^{14}ns^2$(有例外)					
锕系元素						

4-4-2　元素性质的周期性

一、原子半径(Atomic Radius)

由于电子的运动没有固定的运动轨迹，因此谈孤立原子大小的概念是比较模糊的，但可以用物理量原子半径来近似描述. 任何原子半径的测定都是基于下面的假设，即原子呈球形，在固体中原子间相互接触，这样只要测出单质在固态下相邻原子间距离的一半，就是原子半径（如图 4-11 所示）. 如果某一元素的两个原子以共价单键结合，它们核间距离的一半，称为该原子的共价半径. 由于金属晶体可以看成由等径球状的金属原子堆积而成，所以在金属晶体中，测得了两相邻原子的核间距的一半，即为该金属原子的半径，称为金属半径. 对于同一元素来说，这两种半径一般比较接近. 原子半径除了金属半径和共价半径以外，还有范德华半径. 在稀有气体形成的单原子分子晶体中，分子间以范德华力相互联系，这样两个同种原子核间距离的一半就称为范德华半径. 周期表中各元素的原子半径见附录.

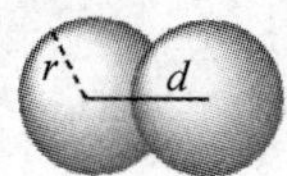

$d/2$ 共价半径

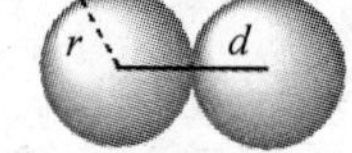

$d/2$ 金属半径

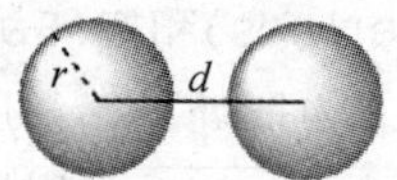

$d/2$ 范德华半径

图 4-11 三种原子半径示意图

原子半径的大小主要决定于有效核电荷数和核外电子的层数.其规律如下:

(1) 在周期表的同一短周期中,从左到右原子半径逐渐减小.这是由于有效核电荷逐渐增加,而电子层数保持不变,增加的电子都在同一外层,此时相互屏蔽作用较小,因此随原子序数增加,核电荷对电子的吸引力逐渐增大,原子半径依次减小.

在长周期中,从左到右原子半径也是逐渐减小的,但略有起伏.从第三个元素(副族元素)开始,原子半径减小比较缓慢,而在后半部的元素(如第四周期从 Cu 元素开始),原子半径反而略有增大,但随即又逐渐减小.这是由于电子是逐一填入$(n-1)d$ 层的,d 电子处于次外层,对核的屏蔽作用较大,有效核电荷增加不多,核对外层电子的吸引力也增加较少,因此原子半径减小缓慢.而到了长周期的后半部,即从 IB 族开始,由于次外层已充满 18 个电子,新增加的电子要加在最外层,半径又略有增大.当电子继续填入最外层时,由于有效核电荷的增加,原子半径又逐渐减小.

镧系、锕系元素中,从左到右原子半径也是逐渐减小的,只是减小的幅度更小(约为主族元素的 1/10).这是由于新增加的电子填入倒数第三层$(n-2)f$ 亚层上,f 电子对外层电子的屏蔽效应更大,外层电子所受到增加的有效核电荷作用力更小,因此原子半径减小缓慢.镧系元素从镧(La)到镥(Lu)原子半径更缓慢缩小的积累现象叫"镧系收缩".由于镧系收缩,使镧系以后的铪(Hf)、钽(Ta)、钨(W)等原子半径与上一周期(第五周期)相应元素锆(Zr)、铌(Nb)、钼(Mo)等非常接近.因此,锆和铪、铌和钽、钼和钨的性质非常相似,在自然界共生,并且难以分离.

(2) 同一主族中,从上到下外层电子构型相同,有效核电荷相差不大,因此电子层增加的因素占主导地位,所以原子半径逐渐增大.副族元素的原子半径,从第四周期过渡到第五周期是增大的,但第五周期和第六周期同一族中的过渡元素的原子半径很相近.

二、电离能(Ionization Potentials)

使元素基态的气态原子失去一个电子转化为气态基态离子所需的最低能量称为第一电离能 I_1.从一价气态正离子再失去一个电子成为二价正离子所需要的最低能量称为第二电离能 I_2.依次类推,还可以有第三电离能 I_3、第四电离能 I_4 等.显然,同一元素原子的第一电离能小于第二电离能,第二电离能小于第三电离能等.例如,铝的第一、第二和第三电离能分别为 578、1 816 和 2 744($kJ \cdot mol^{-1}$).

第一电离能是重要的原子参数.I_1 小的元素容易给出电子,易被氧化,金属性强,成碱性强.从第一电离能的大小,还可以看出元素通常的化合价.根据表 4-6,Na 的 $I_1 \ll I_2$,Mg 的 $I_2 \ll I_3$,Al 的 $I_3 \ll I_4$ 等,因此 Na 通常是+1 价,Mg 为+2 价,Al 为+3 价等.对于任何元素来说,在第三电离能以后的各级电离能的数值都是比较大的,所以在一般情况下,高于+3价的独立离子是很少存在的.

表 4-6　第三周期元素的电离能/kJ · mol^{-1}

	Na	Mg	Al	Si	P	S	Cl	Ar
I_1	496	738	578	787	1 012	1 000	1 251	1 521
I_2	4 562	1 450	1 817	1 557	1 903	2 251	2 297	2 669
I_3		7 733	2 745	3 232	2 912	3 361	3 822	3 931
I_4			11 578	4 356	4 957	4 564	5 158	5 771
I_5				10 091	6 274	7 031	6 540	7 283
I_6					21 296	8 496	9 392	8 781
I_7						27 106	11 018	11 995

元素原子的电离能呈周期变化.在同一周期中,从左到右,金属元素的电离能较小,非金属元素的电离能较大,稀有气体的电离能最大.同一主族,自上而下一般电离能减小.但对于副族和第Ⅷ族元素来说,缺少这种规律性.

图 4-12 给出了周期表前两个短周期元素的第一电离能.由图可以看出,从 Li 到 Ne 和从 Na 到 Ar 电离能变化总的趋势是逐渐增加的.但图中有几个不规则之处:Be 和 Mg 的第一电离能较高,这是因为全充满的 *s* 能级有较高的稳定性(Be、Mg 的外层电子的构型是 $2s^2$、$3s^2$);N 和 P 也有较高的第一电离能,这是因为半充满的 *p* 能级也比较稳定(N、P 的外层电子构型是 $2s^2 2p^3$、$3s^2 3p^3$);而 B 和 Al 的第一电离能较低,是因为拿走一个电子以后剩下的是一个全充满稳定的 *s* 电子层;同样,对于 O 和 S 来说,失去一个电子后剩下的是一个半充满稳定的 *p* 电子层.

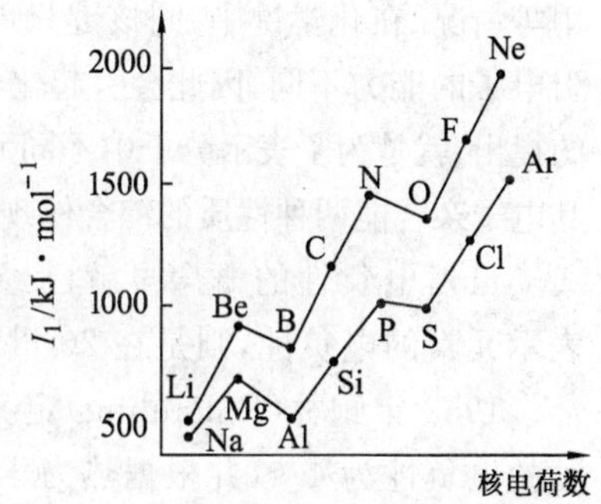

图 4-12　元素的第一电离能

三、电子亲合能(Electron Affinities)

电子亲合能是元素非金属性的体现.元素的气态原子在基态时得到一个电子生成一价气态负离子所放出的能量称为电子亲合能.电子亲合能也有第一、第二等之分,如果不加说明都是指第一电子亲合能.当负一价离子获得电子时,因要克服电荷之间的排斥力,需要吸收能量,因此第二亲合能总是大于第一亲合能.例如:

$$O(g) + e^- \longrightarrow O^-(g) \qquad E_{A_1} = -141.8\ kJ \cdot mol^{-1}$$

$$O^-(g) + e^- \longrightarrow O^{2-}(g) \qquad E_{A_2} = +780\ kJ \cdot mol^{-1}$$

非金属原子的第一电子亲合能总是负值,而金属原子的第一电子亲合能一般是较小的负值或正值.

原子得到的电子必然处于能量最低的空轨道上.电子亲合能的大小既与原子核对该电子的吸引有关,又与该电子受到的排斥作用有关.原子半径小时,一方面核易被电子吸引,另一方面核外电子分布拥挤,电子间排斥作用也大了.所以同一周期、同一族中元素的电子亲合能没有单调变化规律(表 4-7).第二周期 O 与 F 比第三周期 S 与 Cl 电子亲合能小得多,就是因为原子半径小而引起电子间排斥作用大,成为矛盾的主要方面的结果.由于电子亲合能变化的规律性较差,实验测定也比较困难(通常是用间接方法计算),数值的准确度也要比电离能差,因此其重要性不如电离能.

表 4-7 一些元素的第一电子亲合能/kJ · mol^{-1}

H −72.8				He (+21)
Li −59.6	Be (+240)	O −141.0	F −328	Ne (+29)
Na −52.9	Mg (+230)	S −200.4	Cl −348.6	Ar (+35)
K −48.4	Ca (+156)	Se −195	Br −324.5	Kr (+39)
Rb −46.9	Sr (+168)	Te −190.2	I −295	Xe (+40)
Cs −45.5	Ba (+52)	Po (−183)	At (−270)	Rn (+40)

括号内数字为用间接方法计算得.

四、电负性(Electron Negativities)

电离能和电子亲合能都是表征孤立气态原子得失电子的能力,没有考虑原子间的成键作用等情况.在化学键中,同核键只占极少数,大量的是异核键.由于不同元素的原子在分子中吸引电子的能力不同,因此会引起化学键的键型过渡以及一系列物理化学性质的变化.电负性概念的提出,就是为了表示分子中不同元素原子吸引电子能力的倾向,它是一个元素原子的电离能与其电子亲合能两种性质的综合体现,用它就可以研究不同元素原子形成化学键的一些特性.

虽然电负性的概念早就已经被提出来了,但是给每一个元素赋予一定的数值,定量地表示元素的电负性,则是在 20 世纪 30 年代开始的.

1932 年鲍林(L. Pauling)定义元素的电负性是原子在分子中吸引电子的能力.他指定氟的电负性为 4.0,并根据热力学数据比较各元素原子吸引电子的能力,得出其他元素的电负性χ,见表 4-8.

表 4-8 元素电负性表

ⅠA																	ⅧA
H 2.1	ⅡA											ⅢA	ⅣA	ⅤA	ⅥA	ⅦA	He
Li 1.0	Be 1.5											B 2.0	C 2.5	N 3.0	O 3.5	F 4.0	Ne
Na 0.9	Mg 1.2	ⅢB	ⅣB	ⅤB	ⅥB	ⅦB	Ⅷ			ⅠB	ⅡB	Al 1.5	Si 1.8	P 2.1	S 2.5	Cl 3.0	Ar
K 0.8	Ca 1.0	Sc 1.3	Ti 1.5	V 1.6	Cr 1.6	Mn 1.5	Fe 1.8	Co 1.9	Ni 1.9	Cu 1.9	Zn 1.6	Ga 1.6	Ge 1.8	As 2.0	Se 2.4	Br 2.8	Kr
Rb 0.8	Sr 1.0	Y 1.2	Zr 1.4	Nb 1.6	Mo 1.8	Tc 1.9	Ru 2.2	Rh 2.2	Pd 2.2	Ag 1.9	Cd 1.7	In 1.7	Sn 1.8	Sb 1.9	Te 2.1	I 2.5	Xe
Cs 0.7	Ba 0.9	La～Lu 1.0～1.2	Hf 1.3	Ta 1.5	W 1.7	Re 1.9	Os 2.2	Ir 2.2	Pt 2.2	Au 2.4	Hg 1.9	Tl 1.8	Pb 1.9	Bi 1.9	Po 2.0	At 2.2	Rn
Fr 0.7	Ra 0.9	Ac～Lr 1.1～1.4															

由电负性的数据可以看出：

（1）金属元素的电负性较小，非金属的较大. 电负性是判断元素金属性的重要参数. $\chi=2$ 是近似地标志金属和非金属的分界点.

（2）同一周期的元素从左到右，即从碱金属到卤素，原子的有效核电荷数逐渐增大，原子半径逐渐减小，原子吸引电子的能力基本呈增加趋势，所以元素的电负性相应逐渐增大. 对于第二周期元素，原子序数每增加一个，电负性约增大 0.5. 同一主族中，从上到下电子层结构相同，有效核电荷数相差不大，原子半径增加的影响占主导地位，因此元素的电负性基本上呈减小趋势.

（3）电负性差别大的元素之间的化合物以离子键为主，电负性相同或相近的非金属元素相互以共价键结合，电负性相等或相近的金属元素以金属键结合. 离子键、共价键和金属键是三种极限键型，由于键型变异，在化合物中可出现一系列过渡性的化学键. 电负性数据是研究键型变异的重要参数.

4-5 离子键

物质一般都不是以单个原子或离子状态存在，而是以分子或晶体等聚集态存在. 而分子或晶体等聚集态的性质除与它们的组成有关外，还与它们的结构密切相关，因此了解分子和晶体等的结构是非常有用的. 通常把分子（或晶体）内直接的原子之间的强烈的相互作用，称为化学键. 化学键一般可分为离子键、共价键和金属键. 本节除介绍化学键外，也讨论分子间力、离子极化和晶体结构等问题.

4-5-1 离子键理论

离子键理论（Theory of Ionic Bond）认为：当活泼金属原子和活泼非金属原子在一定反应条件下互相接近时，活泼金属原子可失去最外层电子，形成稳定电子结构的带正电的离子，而活泼非金属原子可得到电子，形成稳定电子结构的带负电的离子. 正、负离子之间由于静电引力而相互吸引，当它们充分接近时，离子的外电子层又产生排斥力，当吸引和排斥相平衡时，体系能量最低，正、负离子间形成稳定的结合体. 这种靠正、负离子的静电引力而形成的化学键叫作**离子键（Ionic Bond）**. 具有离子键的物质叫作离子化合物.

氯化钠（NaCl）是最典型的离子化合物，它是食盐的主要成分. Na 是周期表第一主族的元素，具有很强的金属性，易失去电子. Cl 是周期表第七主族的元素，具有很强的非金属性，易获得电了. 当 Na 原子和 Cl 原子接近时，Na 原子失去一个电子生成正一价离子，而 Cl 原子获得一个电子成为负一价的离子.

$$\mathrm{Na}\ (1s^2 2s^2 2p^6 3s^1) \xrightarrow{-\mathrm{e}} \mathrm{Na}^+\ (1s^2 2s^2 2p^6)$$

$$\mathrm{Cl}\ (1s^2 2s^2 2p^6 3s^2 3p^5) \xrightarrow{+\mathrm{e}} \mathrm{Cl}^-\ (1s^2 2s^2 2p^6 3s^2 3p^6)$$

Na^+ 和 Cl^- 离子通过静电作用力相结合，这种强烈的静电作用力称为离子键，由离子键结合成的化合物称为离子化合物.

正、负离子间的静电作用力是很强的，因此室温下离子化合物呈固态，熔点都较高

($NaCl$ 的熔点是 801 ℃,CaF_2 的熔点是 1 360 ℃). 熔融状态的离子化合物可以导电.

离子键的特点是没有方向性和饱和性. 这是因为正、负离子在空间的各个方向上吸引异号离子的能力相同,只要周围空间许可,正、负离子总是尽可能多地吸引各个方向上的异号离子. 但是,因为正、负离子都有一定的大小,因此限制了异号离子的数目. 与每个离子邻接的异号离子数称为该离子的配位数. Cs^+ 的半径比 Na^+ 的大,在 $NaCl$ 晶体中 Na^+ 的配位数是 6,在 $CsCl$ 晶体中 Cs^+ 的配位数是 8,可见配位数主要决定于正、负离子的相对大小. 另外,$NaCl$ 晶体中每个 Na^+ 不仅受到靠它最近的六个 Cl^- 的吸引,而且受到稍远一些的 Na^+ 的排斥以及更远一些的 Cl^- 的吸引,这也说明离子键是没有饱和性的.

在通常条件下,由正、负离子通过离子键交替连接构成离子晶体. 在 $NaCl$ 晶体中我们无法单独划出一个 $NaCl$ 分子,因此只能把整个晶体看作一个巨大的分子,符号 $NaCl$ 只表示 $NaCl$ 晶体中 Na^+ 和 Cl^- 物质的量的简单整数比,仅表示氯化钠的化学式.

4-5-2 决定离子化合物性质的因素——离子的特征

离子化合物是由离子构成的,因此离子的性质必定在很大程度上决定离子化合物的性质.

一、离子半径

与原子半径一样,单个离子半径也不存在明确的界面. 所谓**离子半径(Ionic Radius)**,是根据晶体中相邻正、负离子的核间距测出的,并假设 $d=r_+ + r_-$,r_+ 和 r_- 分别代表正、负离子半径. 推算各种离子半径是一项比较复杂的工作. 它必须解决如何划分正、负两个离子半径的问题. 一般常用鲍林离子半径数据(见附录).

从原子结构的观点不难得出离子半径的变化规律:

(1) 同族元素离子半径从上而下递增.

(2) 同一周期的正离子半径随离子电荷增加而减小,而负离子半径随电荷增加而增大.

(3) 同一元素负离子半径大于原子半径,正离子半径小于原子半径,且正电荷越高,半径越小.

离子半径是决定离子化合物中正、负离子间引力的重要因素. 一般来讲,离子半径越小,离子间引力越大,相应化合物的熔点也越高.

二、离子的电荷

离子的电荷是影响离子化合物性质的重要因素. 离子电荷越高,对相反电荷的离子的静电引力越强,因而化合物的熔点也高,如 CaO 的熔点(2 590 ℃)比 KF 的(856 ℃)高.

三、离子的电子构型

简单负离子的外电子层都是稳定的稀有气体结构,因最外层有 8 个电子,故称为 8 电子构型(ns^2np^6). 但正离子的情况比较复杂,其电子构型有如下几种:

(1) 2 电子构型($1s^2$),如 Li^+,Be^{2+} 等.

(2) 8 电子构型(ns^2np^6),如 Na^+,Al^{3+} 等.

(3) 9～17 电子构型($ns^2np^6nd^{1\sim9}$),如 Fe^{2+},Mn^{2+} 等,又称为不饱和电子构型.

(4) 18 电子构型($ns^2np^6nd^{10}$),如 Ag^+,Hg^{2+} 等.

(5) 18+2 电子构型($ns^2np^6nd^{10}(n+1)s^2$),如 Sn^{2+},Pb^{2+} 等(次外层为 18 个电子,最外层为 2 个电子).

离子的电子构型对化合物性质有一定的影响. 例如，Na^+ 和 Cu^+ 离子电荷相同，离子半径也几乎相等(分别为 95 pm 和 96 pm)，但 NaCl 易溶于水，CuCl 不溶于水. 显然，这是由于 Na^+ 和 Cu^+ 具有不同的电子构型所造成的.

4-6 共价键

离子键理论能很好地说明离子化合物的形成和特性，但不能说明相同原子如何形成单质分子，也不能说明电负性相近的元素原子如何形成化合物分子.

为了描述这类分子形成的本质特性，提出了另一化学键理论——**共价键理论(Hypothesis on The Covalent Bond)**. 目前广泛采用的共价键理论有两种：**价键理论(Valence Bond Theory)**和**分子轨道理论(Molecular Orbital Theory)**.

4-6-1 价键理论

价键理论简称 VB 理论，又称电子配对法，是海特勒(W. H. Heitler)和伦敦(F. W. London)运用量子力学原理研究 H_2 分子结构的推广.

1927 年德国化学家海特勒和伦敦近似求解 H_2 的薛定谔方程，成功地得到了 H_2 的波函数 ψ_s 和 ψ_A，相应的能量 E_s 和 E_A，以及能量与核间距 R 的关系(图 4-13).

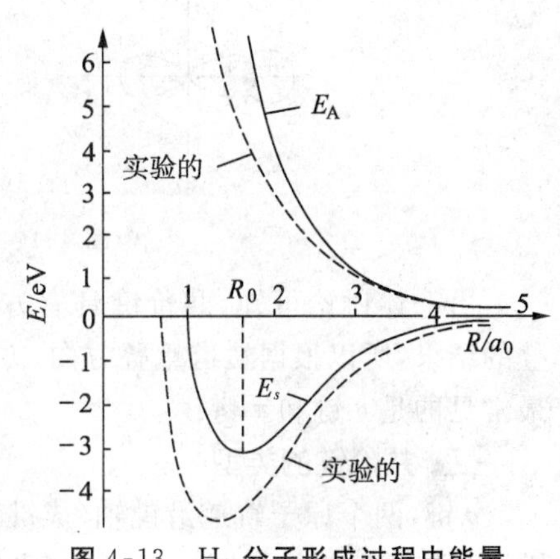

图 4-13 H_2 分子形成过程中能量随核间距 R 变化示意图

电子自旋方向相反的氢原子 A 和 B 相互靠近时，由于电子的波动性，两个原子轨道相互重叠，形成分子波函数 ψ_s，处于 ψ_s 中的电子配对. 这时电子既受 A 核的吸引又受 B 核的吸引，因此形成 H_2 以后体系能量降低，在核间距为 R_0 时体系能量最低. 两核继续靠近时，因核间库仑斥力增大，体系能量上升. 如将两个氢原子无穷远处的能量定为零，则 $R=R_0$ 时的能量 E_s 为一负值，说明处于 ψ_s 状态的氢分子是稳定存在的. 这种状态称为基态，也称吸引态.

电子自旋方向相同的两个氢原子相互靠近形成 H_2 时，因能量始终高于原子状态而不稳定，会自动分解成氢原子. 这种不稳定的状态 ψ_A 称为 H_2 分子的排斥态. 海特勒和伦敦运用量子力学研究 H_2 分子的结果表明，两个氢原子之所以能形成稳定的氢分子，是因为两个原子轨道互相重叠，使两核间电子的密度增大，犹如形成一个电子桥把两个氢原子核牢牢地结合在一起. 量子力学原理阐明了共价键的本质，这是一个极大的成就. 把对 H_2 的研究结果推广到多原子分子，便形成了价键理论.

一、价键理论的基本要点

(1) 含有不同自旋未成对电子的原子相互接近时，可形成稳定的化学键.

如当两个氢原子互相接近时，它们各有一个未成对的电子，若自旋方向不同，即可配对成键形成 H_2(H—H)分子. 氮原子有三个未成对电子，因此可以同另一个氮原子的三个未

成对电子配对形成 N_2(N≡N)分子.

(2) 在形成共价键时,一个电子和另一个电子配对后,就不再和第三个电子配对,这就是共价键的饱和性.

(3) 原子在形成分子时,原子轨道重叠得越多,则形成的化学键越稳定.因此,原子轨道重叠时,在核间距一定的情况下,总是沿着重叠最多的方向进行,故共价键有方向性.

以 HCl 分子的成键过程为例:氢原子只有一个 1*s* 电子,其原子轨道角度分布图是球形的,而氯是 17 号元素,电子构型为:$1s^2 2s^2 2p^6 3s^2 3p^5$,3*p* 轨道有一个未成对电子(假设处于 $3p_x$ 轨道),则成键的电子应是氢原子的 1*s* 电子与氯原子的 $3p_x$ 电子,其原子轨道的重叠方式有如图 4-14 所示的几种方式.在两核距离一定的情况下,则有:

① 当 H 沿 *x* 轴向 Cl 接近时,原子轨道可达最大重叠,生成稳定的分子,见图 4-14(a);

② 当 H 沿 *y* 轴向 Cl 接近时,原子轨道重叠最少,因此不能成键,见图 4-14(b)

③ 当 H 沿着其他方向与 Cl 接近时,也达不到像沿 *x* 方向接近重叠那么多,见图 4-14(c),因此结合不稳定,H 将移向 *x* 方向.

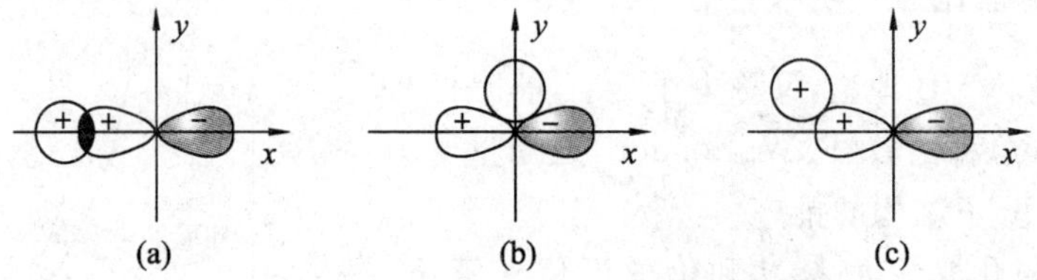

图 4-14 *s* 和 *p* 轨道的三种重叠方式

由上述讨论可知,共价键具有方向性和饱和性.因为共价键的形成是原子轨道相互重叠的结果,所以根据轨道重叠方向、方式及重叠部分的对称性可将共价键划分为不同类型,最常见的是 σ 键和 π 键.

二、共价键的类型

σ 键:两个原子轨道沿键轴(成键原子核连线)方向进行同号重叠,所形成的键叫 σ 键.σ 键原子轨道对键轴呈圆柱形对称(沿键轴方向旋转任何角度,轨道的形状、大小、符号都不变,这种对称称圆柱形对称),如图 4-15(a)所示.

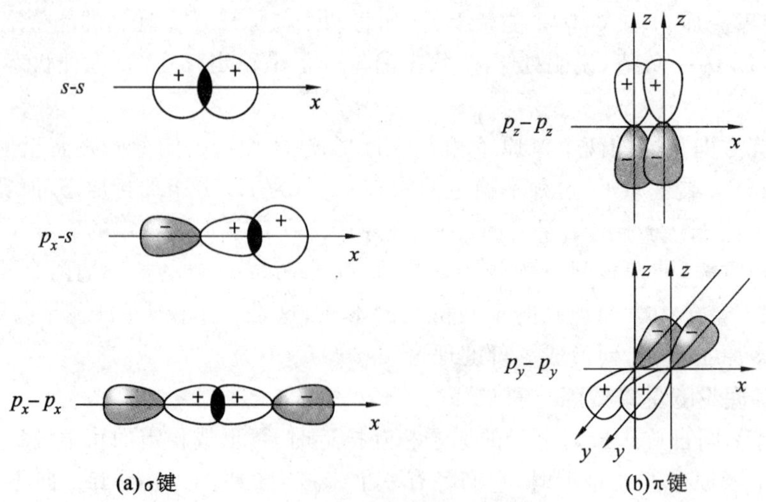

图 4-15 σ 键与 π 键(重叠方式)示意图

π 键：两原子轨道沿键轴方向在键轴两侧平行同号重叠，所形成的键叫 π 键. π 键原子轨道重叠部分对等地分布在包括键轴在内的对称平面上下两侧，呈镜面反对称（通过镜面原子轨道的形状、大小相同，符号相反，这种对称性叫镜面反对称），如图 4-15(b)所示. 由两个 d 轨道重叠，还可以得到 δ 键，这里不再介绍.

共价单键一般是 σ 键. 在共价双键和叁键中，除了 σ 键外，还有 π 键. 一般单键是一个 σ 键；双键是一个 σ 键、一个 π 键；叁键是一个 σ 键、两个 π 键. 表 4-9 给出了 σ 键和 π 键的一些特性.

表 4-9　σ 与 π 键的某些特征比较

键的类型	σ 键	π 键
原子轨道重叠方式	沿键轴方向相对重叠	沿键轴方向平行重叠
原子轨道重叠部位	两原子核间，在键轴处	键轴上方和下方，键轴处是零
原子轨道重叠程度	大	小
键的强度	较大	较小
化学活泼性	不活泼	活泼

从表 4-9 可以看出，与 σ 键比较，π 键化学反应性活泼. 当条件合适时，分子可打开双键发生加成反应. 打开双键实际上只是打开 π 键，σ 键保留.

在化学反应的过程中，化学键的个数不变，但键能在改变. 例如，当 C=C 双键改组成为两个 C—C 单键时，键能总是增加，即 $2E_{C-C} > E_{C=C}$. 了解化学反应过程中有无 σ 键变为 π 键或 π 键变为 σ 键，常常可以预见化学反应的一些性质.

价键理论虽然解释了许多实验事实，但该理论也有局限性. 例如，解释在天然气中占 97% 的甲烷（CH_4）的结构时就遇到困难. 甲烷是正四面体结构，四个 C—H 键的键长均为 109.1 pm，键角均为 109°28′. 如果按价键理论，碳原子具有两个未成对电子，只能与两个氢原子形成 CH_2 分子，且键角应是 90°，这与实验事实是不符合的. 在 BCl_3、$HgCl_2$ 分子中也有类似情况. 为了解释这些事实，1931 年美国化学家鲍林和斯莱特提出了杂化轨道理论.

4-6-2　杂化轨道理论(Hybridorbital Theory)

杂化轨道理论认为：原子在形成分子时，为了增强成键能力，使分子稳定性增强，趋向于将不同类型的原子轨道重新组合成能量、形状和方向与原来不同的新的原子轨道. 这种重新组合称为**轨道杂化(Orbital Hybridization)**，杂化后的原子轨道称为**杂化轨道(Hybridorbital)**.

杂化轨道具有如下特性：

(1) 只有能量相近的轨道才能相互杂化.

(2) 杂化轨道成键能力大于未杂化轨道.

(3) 参加杂化的原子轨道的数目与形成的杂化轨道的数目相同.

不同类型的杂化，杂化轨道取向不同. 以 CH_4 分子为例，该分子中碳原子的四个杂化轨道的形成过程如图 4-16 所示.

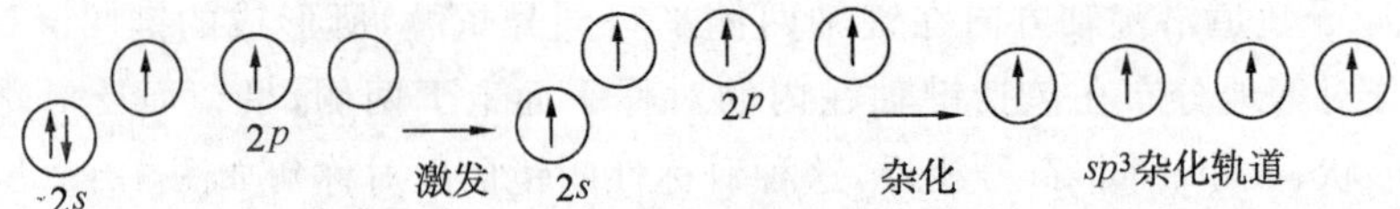

图 4-16 CH_4 分子中碳原子的 sp^3 杂化轨道形成示意图

一个 2s 电子首先被激发到 2p 轨道上，然后 1 个 s 轨道与 3 个 p 轨道杂化形成 4 个能量相同的 sp^3 杂化轨道. sp^3 杂化轨道的形状及 4 个 sp^3 杂化轨道的空间取向见图 4-17. 由图 4-17 可知，杂化轨道不仅形状与原来原子轨道不同，轨道的空间取向也发生了变化，因而也改变了原子成键的方向. 这正是分子呈现一定几何构型的原因所在. 不仅如此，杂化还可以提高原子轨道的成键能力（成键时是用杂化轨道的"大头"部分进行重叠，重叠多，键能就大）. 可见采用杂化轨道成键时，由于体系能量下降很多，分子变得更加稳定.

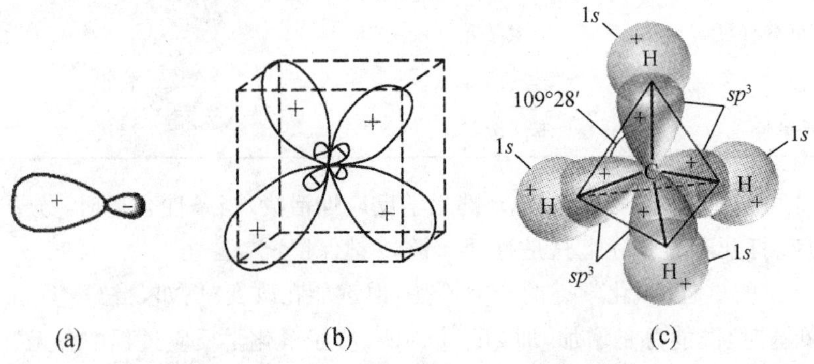

图 4-17 CH_4 分子通过 sp^3 杂化成键图

常遇到的杂化类型有 sp 型、dsp 型和 spd 型. sp 型又可分为 sp、sp^2 和 sp^3 杂化；dsp 型中有 d^2sp^3 杂化，是由 $(n-1)d$，ns，np 轨道组成的，副族元素常用未充满的 $(n-1)d$ 轨道参与这种杂化；spd 型中有 sp^3d 和 sp^3d^2 杂化，是由 ns，np 和 nd 原子轨道组成的，主族元素常用其空的能量稍高的最外层 d 轨道参与这种杂化.

一、sp 杂化

以 $HgCl_2$ 为例. 汞原子的外层电子构型为 $6s^2$，当受到一个微小的扰动时，6s 轨道上的一个电子便被激发到 6p 空轨道上，一个 s 轨道和一个 p 轨道进行组合，即由两个原子轨道相加和相减构成两个等价的互成 180° 的 sp 杂化轨道. sp 杂化轨道的形状与 sp^3 杂化轨道类似，也是一头大一头小. 汞原子的两个 sp 杂化轨道分别与两个氯原子的 $3p_x$ 轨道重叠（假设三个原子核连线方向是 x 方向），形成两个 σ 键. $HgCl_2$ 分子是直线形，见图 4-18.

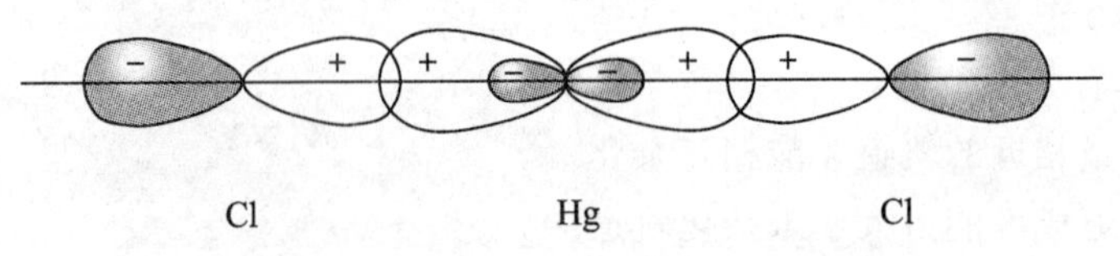

图 4-18 直线型 $HgCl_2$ 分子构型示意图

二、sp^2 杂化

以 BF_3 分子为例. 中心原子硼的外层电子构型为 $2s^22p^1$，在形成 BF_3 分子的过程中，B

原子的 1 个 $2s$ 电子被激发到 1 个空的 $2p$ 轨道上，而硼原子的 1 个 $2s$ 轨道和 2 个 $2p$ 轨道杂化，形成 3 个 sp^2 杂化轨道. 这 3 个杂化轨道互成 120°的夹角并分别与氟原子的 $2p$ 轨道重叠，形成 σ 键，构成平面三角形分子，见图 4-19.

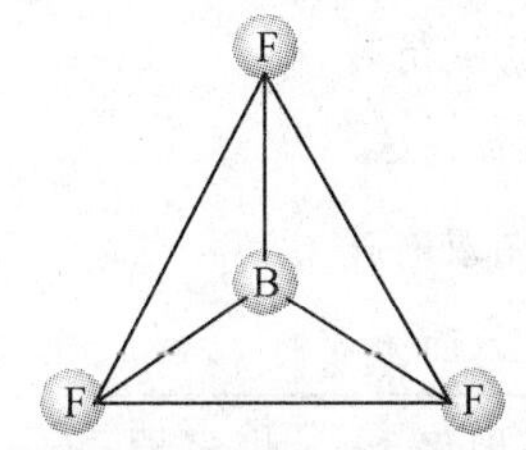

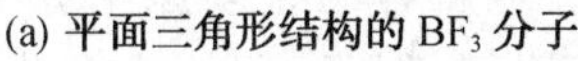
(a) 平面三角形结构的 BF_3 分子

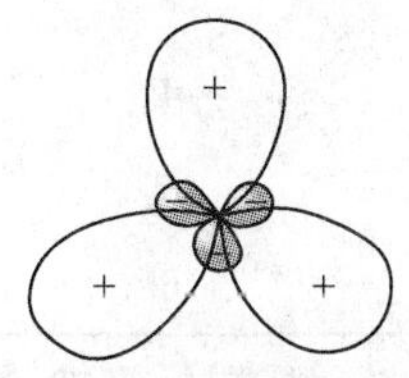

(b) sp^2 杂化轨道的形状与空间取向

图 4-19　BF_3 分子结构示意图

三、sp^3杂化

CH_4 分子中的碳原子就是以 sp^3 杂化轨道与氢原子的 $1s$ 轨道重叠成键的. 而且，4 个 sp^3 杂化轨道是完全等同的，即是 sp^3 等性杂化. 所谓**等性杂化(Equivalent Hybridization)**是指参与杂化的原子轨道在每个杂化轨道中的贡献相等，或者说每个杂化轨道中的成分相同，形状也完全一样，否则就是**不等性杂化(Non-equivalent Hybridization)**了. 而 NH_3 和 H_2O 分子中的 N、O 原子则采用不等性 sp^3 杂化，并分别以 3 个和 2 个 sp^3 杂化轨道与 3 个和 2 个氢原子形成 δ 键，同时分别有 1 个和 2 个 sp^3 杂化轨道被孤对电子所占据. 由于孤对电子只受氧或氮原子核的吸引(即 1 个核的吸引)，因此更靠近氧或氮原子核，对成键电子有较大的排斥作用，致使 NH_3 分子中的 N—H 键角和 H_2O 分子中的 O—H 键角受到了"压缩"，故 CH_4、NH_3 和 H_2O 分子中相应的键角∠HCH(109°28′)、∠HNH(107°18′)、∠HOH(104°40′)依次变小。NH_3 和 H_2O 分子中成键见图 4-20.

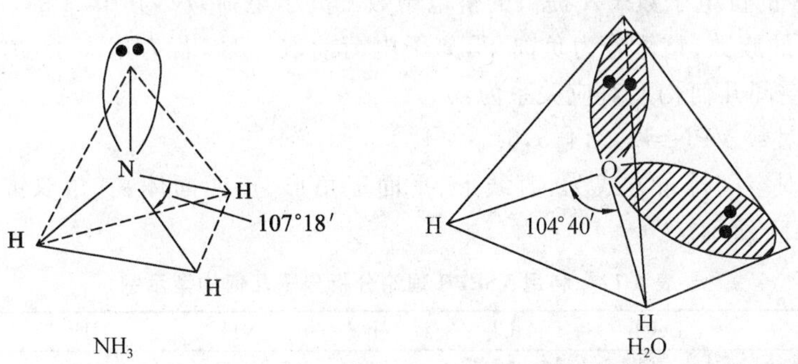

图 4-20　NH_3 和 H_2O 分子中的成键示意图

杂化，特别是不等性杂化，在多原子分子中是较为普遍的. 与未杂化的情况相比，杂化会对分子的性质产生一定影响. 首先在分子的几何构型方面，由于杂化轨道的成键通常在分子中形成 σ 键骨架，因此分子的几何构型基本上是由杂化类型所决定的. 此外，杂化对键长、键能、电负性以及键的极性等都有影响. 用杂化轨道还可以解释钙钛矿型晶体具有压电效应的原因等.

表 4-10 汇总了五种常见的杂化轨道. 此外，过渡元素原子$(n-1)d$ 轨道与 ns、np 轨道还能形成其他类型的杂化轨道，这些将在配位化合物中介绍.

表 4-10　杂化轨道类型和轨道形状

杂化类型	轨道数	轨道形状	实 例
sp	2	直线形	$HgCl_2$
sp^2	3	等边三角形	BF_3
sp^3	4	正四面体	CH_4
sp^3d	5	三角双锥形	PCl_5
sp^3d^2	6	正八面体	SF_6

从上面的讨论可知，轨道杂化理论既可以较好地解释一些多原子分子的某些性质，又可以说明一些多原子分子为什么具有那样的几何构型. 但是，用轨道杂化理论去预测分子的几何构型却比较困难. 分子的几何构型与物质的物理性质、化学性质乃至生物性质都有密切关系. 现在，测定分子几何构型的实验技术已得到了很大发展，同时在理论上通过量子化学计算，也可以得出有关分子构型的一些数据. 利用价层电子对互斥理论(VSEPR)不用复杂的计算，只要知道分子中心原子上的价层电子对数，就可以推测一些分子的几何构型. 对于简单的多原子分子或离子来说，用这种理论推测所得的分子的空间构型与实验事实基本相符.

价层电子对互斥理论(Valence Shell Electron Pair Repulsion, VSEPR)是在 1940 年由西奇威克(N. V. Sidgwick)和鲍威尔(H. M. Powell)提出来的，主要用于分析主族元素化合物，如 I_3^-，BF_3，CH_4，IF_5，SF_6，等. 其基本要点为：

(1) 中心原子 A 与 m 个配位原子 X 组成 AX_m 构型的单中心共价分子(或离子)时，分子的空间构型取决于中心原子 A 的价层电子对数(Valence Pair Number, VPN). VPN 包含成键电子对和未成键孤电子对.

(2) 价层电子对相互排斥作用最小的构型为分子(或离子)所采取的几何构型.

VPN＝(A 的价电子数＋X 提供的价电子数±离子电荷)/2，其中 A 的价电子数等于中心原子 A 所在的族数；整体若为负离子，离子电荷前取＋号，若为正离子，离子电荷前取－号. VPN 数与空间几何构型对应关系为：

价层电子对数 VPN＝2，3，4，5，6.

价层电子对空间排布方式为：直线形、平面三角形、正四面体、三角双锥、正八面体. 一些实例如表 4-11 所示.

表 4-11　利用 VSEPR 理论分析分子几何构型示例

	$BeCl_2$	$AlCl_3$	H_2S	NH_4^+	IF_3	I_3^-
价层电子总数	4	6	8	8	10	10
VPN	2	3	4	4	5	5
电子对构型	直线形	三角形	正四面体	正四面体	三角双锥	三角双锥
分子构型	直线形	三角形	V 字形	正四面体	T 字形	直线形

通常在讨论分子结构时，可以先用 VSEPR 理论判断分子的几何构型，再用杂化轨道理论分析成键情况.

(3) 价层电子对间斥力大小由电子对间夹角和价层电子对间斥力类型决定. 电子对间夹角越小，斥力越大. 电子对间斥力大小顺序为：孤电子对－孤电子对＞孤电子对－成键电子对＞成键电子对－成键电子对.

4-6-3 分子轨道理论(Molecular Orbital Theory)

现代价键理论强调了分子中相邻原子间因共享配对电子而成键.但由于过于强调两原子间的电子配对,而表现出了局限性.分子轨道理论是由美国化学家慕利肯(R. S. Mulliken)等人在1932年创立的(荣获1996年诺贝尔化学奖).分子轨道理论强调分子的整体性.分子轨道理论认为分子中的电子是在整个分子空间范围内运动的(或者说是属于整个分子所共有).分子的状态用分子波函数来描述,分子的单电子波函数又称分子轨道(Molecular Orbital)(简称MO).

一、分子轨道理论的基本要点

(1) 分子中电子的运动状态可用分子波函数(也叫分子轨道)来描述.

(2) 分子轨道可由原子轨道线性组合(The Linear Combination of Atomic Orbitals)得到,分子轨道的总数等于组成分子轨道的原子轨道数的总和.

(3) 不同的原子轨道要有效地组成分子轨道,必须满足能量相近(Principle of Comparable Energy)、轨道最大重叠(Principle of Maximum Overlap)和对称性匹配(Principle of Symmetric Matching)等条件.

所谓能量相近,是指只有能量相近的原子轨道才能有效地组成分子轨道.例如,由两个氧原子组成一个氧分子时,两个1*s*原子轨道能量相同,可以组成两个分子轨道,两个2*s*原子轨道(能量相同)可以组成两个分子轨道,而1*s*和2*s*原子轨道就不能有效组成分子轨道,因为它们的能量相差较大(图4-21(a)).

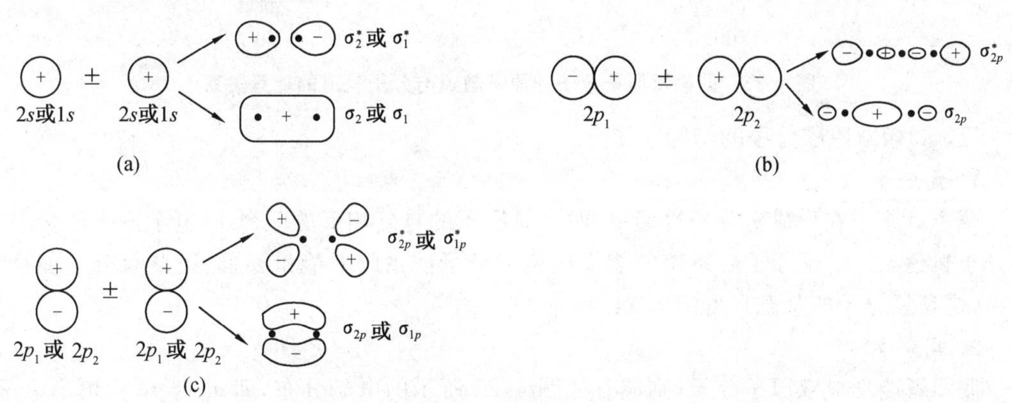

图 4-21 原子轨道组成分子轨道示意图

所谓轨道最大重叠,与价键理论一样,轨道重叠越多越稳定.因此要有效成键,轨道必最大重叠.例如,氧原子有3个2p轨道,假设键轴方向为x方向,当两个氧原子组成分子时,两个2p_x轨道应是沿键轴方向进行重叠(可达最大重叠),形成一个σ分子轨道,而另两个2p轨道只能垂直键轴方向平行重叠,形成两个π分子轨道(图4-21(b)).

对称性匹配条件可由图4-22看出.在图4-22中,(b)、(d)、(e)都是同号重叠,我们称它们是对称性匹配,可以有效成键;而(a)、(c)有一部分是同号重叠(使体系能量降低),另一部分是异号重叠(使体系能量升高),因

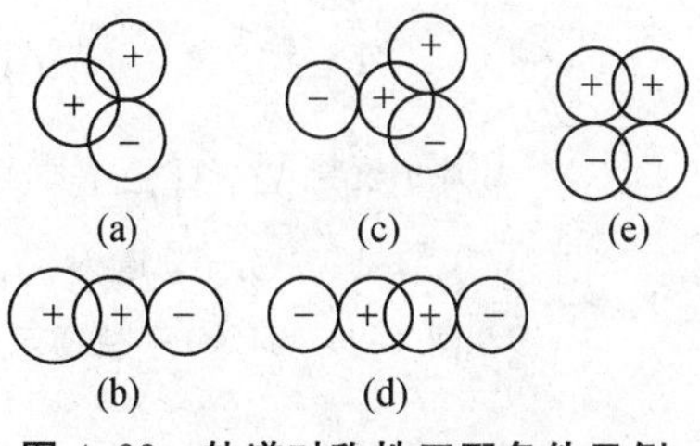

图 4-22 轨道对称性匹配条件示例

此总的说来这种重叠并没有带来能量的变化,因而不能有效成键.

可从原子轨道的对称性来理解对称性匹配条件.

分子中电子所处的状态(电子分布)也遵循能量最低原理、保里不相容原理和洪特规则.这可以算作分子轨道理论基本要点的第四部分.根据上述要点,就可以知道某一分子可能具有的分子轨道以及它们的能级分布情况将分子中的各分子轨道按能级高低顺序用轨道图表示,就得到了**分子轨道能级图(Molecular Orbital Energy Diagrams)**.

图 4-23(a)适用于 B_2、C_2、N_2 等分子,它们原子中的 $2s$,$2p$ 轨道能量相差较小,分子中电子的填充顺序为:$(\sigma_{1s})(\sigma_{1s}^*)(\sigma_{2s})(\sigma_{2s}^*)(\pi_{2p_y})(\pi_{2p_z})(\sigma_{2p_x})(\pi_{2p_y}^*)(\pi_{2p_z}^*)(\sigma_{2p_x}^*)$.

图 4-23(b)适用于 O_2,F_2 等分子,它们原子中的 $2s$,$2p$ 轨道能量相差较大,分子中电子的填充顺序为:$(\sigma_{1s})(\sigma_{1s}^*)(\sigma_{2s})(\sigma_{2s}^*)(\sigma_{2p_x})(\pi_{2p_y})(\pi_{2p_z})(\pi_{2p_y}^*)(\pi_{2p_z}^*)(\sigma_{2p_x}^*)$.

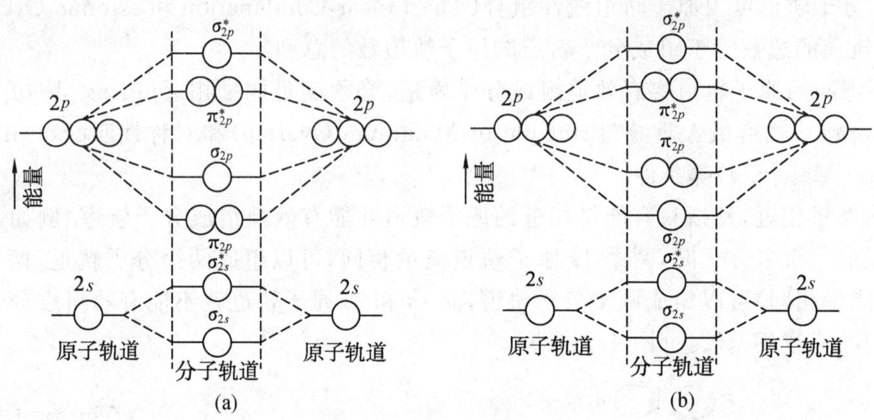

图 4-23 同核双原子分子的原子轨道与分子轨道的能量关系

二、同核双原子分子的结构

1. 氢分子

两个氢原子在形成氢分子过程中,两个氢原子的自旋相反的两个 $1s$ 电子进入能量最低的分子轨道 σ_{1s},组成分子后系统的能量比组成分子前系统的能量要低,因此氢分子能稳定存在(这是氢分子的基态),见图 4-24.

2. 氦分子

假如氦能形成双原子分子,则应有如图 4-25 所示的电子分布,即 σ_{1s} 与 σ_{1s}^* 皆填满电子,则能量净变化为零.所以氦原子没有结合成双原子分子的倾向,事实也确是如此,单质的氦是以单原子分子的形式存在的,而不存在双原子分子 He_2.

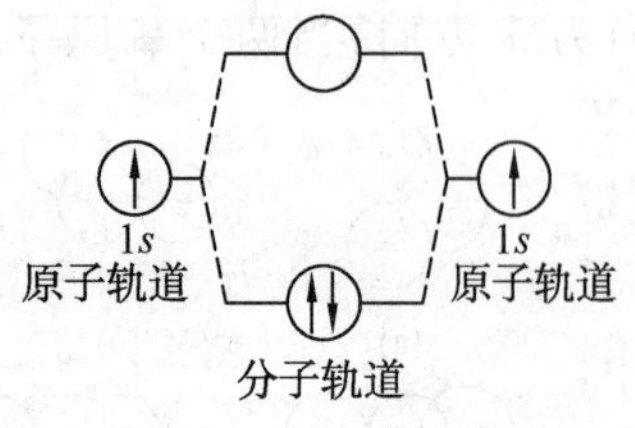

图 4-24 H_2 分子轨道示意图

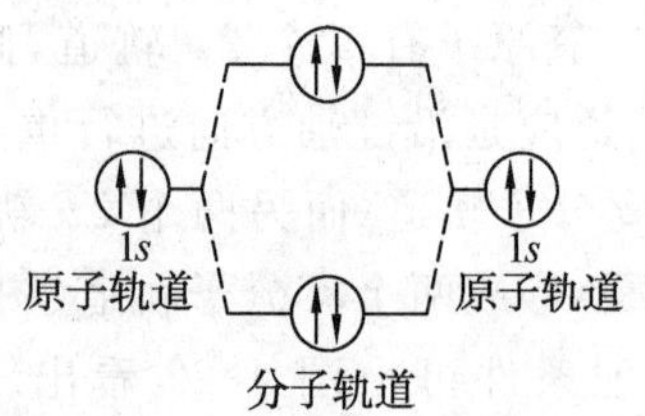

图 4-25 He_2 分子轨道(不稳定)示意图

3. 锂分子

锂分子中共有 6 个电子,它们分别进入 σ_{1s}、σ_{1s}^* 和 σ_{2s} 轨道,见图 4-26.

进入 σ_{1s} 和 σ_{1s}^* 中的电子能量互相“抵消”,在成键过程中不起作用;只有进入 σ_{2s} 的两个电子对成键有贡献,因此图 4-26 只画出外层两个 $2s$ 原子轨道组成的分子轨道以及其中电子分布的情况(下面对其他分子也做类似处理).由于总的结果相当于两个电子进入成键轨道,体系能量降低,因此 Li_2 分子可以存在,事实上在锂蒸气中确实存在 Li_2 分子.

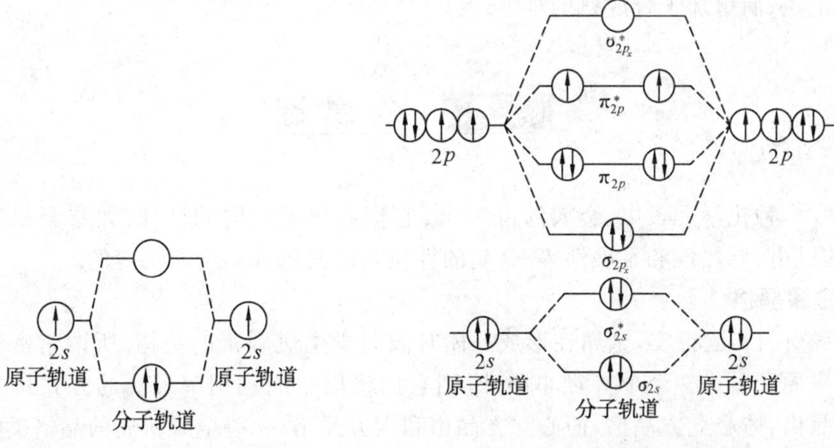

图 4-26　Li_2 分子轨道示意图　　图 4-27　氧分子轨道能级示意图

4. 氧分子

氧分子中电子的分布情况见图 4-27,也可写成如下形式:

$$O_2[KK(\sigma_{2s})^2(\sigma_{2s}^*)^2(\sigma_{2p_x})^2(\pi_{2p_y})^2(\pi_{2p_z})^2(\pi_{2p_y}^*)^1(\pi_{2p_z}^*)^1]$$

其中 KK 代表两个原子的内层 $1s$ 电子基本上维持原子轨道的状态(两个分子轨道能级相差很小),后面圆括号右上角的数值表示各分子轨道中占有的电子数.

在氧分子中 σ_{2p_x} 的两个电子对于成键有贡献,形成一个 σ 键,$(\pi_{2p_y})^2(\pi_{2p_y}^*)^1$ 和 $(\pi_{2p_z})^2(\pi_{2p_z}^*)^1$ 各有三个电子,可看成是形成两个三电子 π 键,每个三电子 π 键有两个电子在成键轨道,有一个电子在反键轨道,相当于半个键.氧分子的活泼性和它存在三电子 π 键有一定关系(电子未配对,分子轨道未填满电子).

占据在成键轨道上的电子称为成键电子,它使体系能量降低,起着成键作用;占据在反键轨道上的电子称为反键电子,它使体系能量升高.定义双原子分子的**键级(Bond Order)**为:

$$键级=\frac{成键电子总数-反键电子总数}{2}$$

可见,键级是衡量化学键相对强弱的参数,上述四个分子的键级分别为:

H_2 的键级$=1$　　He_2 的键级$=0$

Li_2 的键级$=1$　　O_2 的键级$=2$

5. 氟分子

氟分子中电子的分布情况为

$$F_2:[KK(\sigma_{2s})^2(\sigma_{2s}^*)^2(\sigma_{2p_x})^2(\pi_{2p_y})^2(\pi_{2p_z})^2(\pi_{2p_y}^*)^2(\pi_{2p_z}^*)^2]$$

该分子的键级为 1.

由于 F_2 分子具有净余单键(因反键轨道的能量略高于成键轨道的能量,故 F_2 分子实际的键级不到 1,所以称净余单键),因此非常活泼.在一般情况下,F_2 几乎能和所有元素化合,所以它的发现经历了长期的困难.

6. 氮分子

氮分子的轨道能级是按图 4-23(a)分布的,因此其分子轨道表示式应为:

$$N_2:[KK(\sigma_{2s})^2(\sigma_{2s}^*)^2(\pi_{2p_y})^2(\pi_{2p_z})^2(\sigma_{2p_x})^2]$$

总的结果相当于形成一个 σ 键,两个 π 键,键级为 3.由于无孤对电子,最外层还是 σ 键,形成的键很稳定,从而增加了合成氨的难度.

4-7 金属键

在 100 多种化学元素中,金属约占 80%.它们有很多共同的性质,如有金属光泽,不透明,良好的导电、导热性和延展性等.金属的性质是由其内部结构所决定的.

一、金属晶格

X 射线衍射实验证实,金属在形成晶体时倾向于生成紧密的结构.所谓紧密结构,就是如果把金属原子看作一个个等径小圆球,则它们将以空间利用率最高的方式排列.金属常见有三种晶格:体心立方晶格、面心立方晶格和六方晶格.一些金属所属的晶格类型如下:

体心立方晶格:K,Rb,Cs,U,Na,Cr,Mo,W,Fe.

面心立方晶格: Sr,Ca,Pb,Ag,Au,A1,Cu,Ni.

六方晶格:La,Y,Mg,Zr,Hg,Cd,Ti,Co.

二、金属键

在金属晶格中,每个原子要被 8 个或 12 个相邻原子所包围,而金属原子只有少数价电子(一般只有 1 个或 2 个价电子)能用于成键,这样少的价电子不足以使金属原子之间形成常规的共价键或离子键.为了说明金属原子之间的联结方式,下面简单介绍金属键的改性共价键理论.

金属键的改性共价键理论认为:金属原子容易失去电子,所以在金属晶格中既有金属原子又有金属离子,在这些原子和离子之间,存在着从原子上脱落下来的电子.这些电子可以自由地在整个金属晶格内运动,可称之为"自由电子".由于自由电子不停地运动,把金属的原子和离子"黏合"在一起形成了金属键.

金属键可看做少电子多中心键——改性共价键.但是金属键不具有方向性和饱和性.

金属键理论可较好地解释金属的共性.金属中的自由电子可以吸收可见光,然后又把各种波长的光大部分发射出去,因而金属一般不透明且呈银白色.金属具有的良好的导电性和导热性也与自由电子的运动有关.金属键不固定于两个质点之间,质点作相对滑动时不破坏金属的密堆积结构,这就是金属有延展性和良好的机械加工性能的原因.

4-8 分子间力和氢键

早在 1873 年荷兰物理学家范德华(van der Waals)就注意到这种分子间作用力的存在,并进行了卓有成效的研究,所以人们称**分子间作用力(Intermolecular Force)**为**范德华力**

(van der Waals Force).

相对化学键力来说，分子间力相当微弱，一般在几到几十千焦/摩，而通常共价键能量约为 150～500 kJ·mol^{-1}. 然而就是分子间这种微弱的作用力，对物质的熔点、沸点、表面张力和稳定性等都有相当大的影响. 1930 年伦敦(F. W. London)应用量子力学原理阐明了分子间力的本质是一种电性引力. 为了说明这种引力的由来，我们先介绍有关极性分子和非极性分子的概念.

4-8-1 分子的极性

在任何分子中都有带正电荷的原子核和带负电荷的电子，对于每一种电荷都可以设想其集中于一点，这点叫电荷重心.

正、负电荷重心不重合的分子叫**极性分子(Polar Molecule)**，如 HF 分子，由于 F 的电负性(4.0)大于 H 的电负性(2.1)，故在分子中电子偏向 F，F 端带负电，分子的正、负电荷重心不重合. 离子型分子可以看成是它的极端情况.

正、负电荷重心重合的分子叫**非极性分子(Nonpolar Molecule)**，如 H_2、F_2 等.

分子极性的大小常用偶极矩来衡量. 偶极矩的概念是由德拜(P. J. W. Debye)在 1912 年提出来的，他将偶极矩 μ 定义为分子中电荷重心(正电荷重心 δ^+ 或负电荷重心 δ^-)上的电荷量 δ 与正负电荷中心距离 d 的乘积：

$$\mu=q\cdot d$$

式中 q 就是偶极上的电荷，单位为 C(库仑)，d 又称偶极长度，单位为 m(米)，则偶极矩的单位就是 C·m(库·米). 偶极矩是矢量，其方向规定为从正到负. μ 的数值一般为 10^{-30} C·m 数量级. $\mu=0$ 的分子是非极性分子，μ 越大，分子极性越大. 测定分子偶极矩是确定分子结构的一种实验方法，德拜因创立此方法而荣获 1936 年诺贝尔化学奖. 表 4-12 给出了某些分子的偶极矩和几何构型.

表 4-12　某些分子的偶极矩和分子的几何构型

分子	$\mu/(10^{-30}$C·m)	几何构型	分子	$\mu/(10^{-30}$C·m)	几何构型
H_2	0.0	直线形	HF	6.4	直线形
N_2	0.0	直线形	HCl	3.61	直线形
CO_2	0.0	直线形	HBr	2.63	直线形
CS_2	0.0	直线形	HI	1.27	直线形
BF_3	0.0	平面三角形	H_2O	6.23	V 形
CH_4	0.0	正四面体	H_2S	3.67	V 形
CCl_4	0.0	正四面体	SO_2	5.33	V 形
CO	0.33	直线形	NH_3	5.00	三角锥形
NO	0.54	直线形	PH_3	1.83	三角锥形

要注意的是，分子的极性和键的极性并不一定相同. 键的极性决定于成键原子的电负性，电负性不同的原子成键，键有极性. 而分子的极性除了与键的极性有关外，还决定于分子的空间结构. 如果分子具有某些对称性，由于各键的极性互相抵消，则分子无极性，如

CO_2、CH_4 等.而属于另一些对称性的分子,由于键的极性不能互相抵消,因此分子有极性,如 H_2O、NH_3 等.

分子是否有极性,对物质的一些性质有影响.这是因为分子的极性不同,分子间的作用力也不同.

4-8-2 范德华力

分子的极性不同,分子间的范德华力也不同,下面分三种情况进行讨论.

一、非极性分子间的作用力

如图 4-28(a)所示,当两个非极性分子靠近时,由于分子中的电子在不停地运动,原子核也在不断地振动,因此虽然是非极性分子,但也经常发生正、负电荷重心不重合的现象,从而产生偶极矩(瞬时偶极矩).两个瞬时偶极经常是处于异极相邻的状态(图 4-28(b)),它们之间存在的作用力称为色散力.虽然瞬时偶极存在时间很短,但异极相邻的状态不断地重复着(图 4-28(c)),使分子间始终存在着色散力.

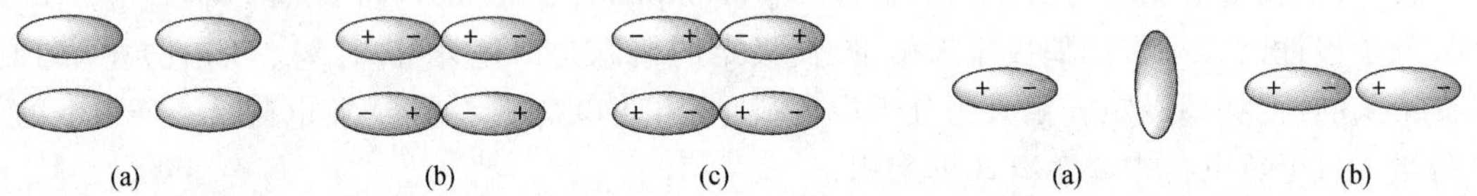

图 4-28 非极性分子的相互作用　　图 4-29 极性分子与非极性分子相互作用

二、极性分子和非极性分子间的作用力

当极性分子和非极性分子靠近时(图 4-29(a)),除了色散力的作用外,还存在诱导力.这是由于非极性分子受极性分子的影响,产生诱导偶极的结果(图 4-29(b)).非极性分子的诱导偶极与极性分子的固有偶极间存在的作用力叫诱导力.同时,诱导偶极又可以作用于极性分子,使其偶极的长度增加,从而进一步加强了它们间的吸引.

因此,极性分子与非极性分子之间存在着色散力与诱导力.

三、极性分子间的作用力

当两个极性分子靠近时,除了色散力外,由于它们固有偶极间同极相斥,异极相吸,两个分子在空间就按异极相邻的状态取向(图 4-30(a)、(b)).由于固有偶极取向而引起的分子间力叫取向力.由于取向力的存在,极性分子更加靠近(图 4-30(c)),在相邻分子固有偶极的作用下,每个分子的正、负电荷重心进一步分开,产生诱导偶极.因此,极性分子间也存在诱导力.

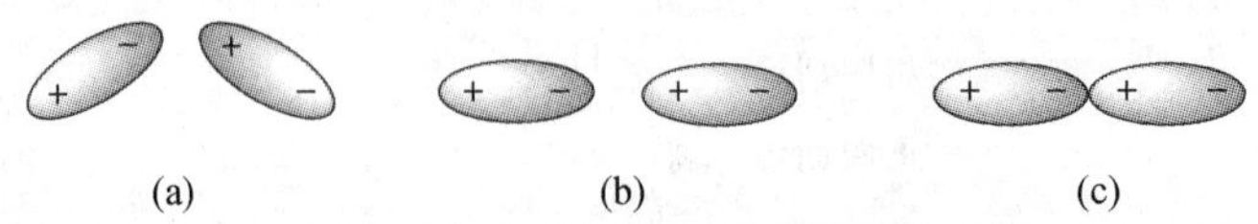

图 4-30 极性分子间相互作用情况

色散力、诱导力和取向力统称分子间力.其中诱导力和取向力只有当有极性分子参与作用时才存在,而色散力则普遍存在于任何相互作用的分子间.实验证明,对于大多数分子来说,色散力是主要的,只有偶极矩很大的分子取向力才显得较为重要,诱导力通常都是很小的,如表 4-13 所示.

由表 4-13 最后一列数据可以看出，一般分子间作用能大都在几十千焦/摩的范围内，比化学键能（约为一百到几百千焦/摩）小得多. 这种分子间作用力的范围约为 0.3～0.5 nm，而且一般不具有方向性和饱和性.

表 4-13　一些分子的分子间作用能分配情况

分子	$\mu\times10^{30}$/C·m	$E_{取向}$/kJ·mol^{-1}	$E_{诱导}$/kJ·mol^{-1}	$E_{色散}$/kJ·mol^{-1}	$E_{总}$/kJ·mol^{-1}
H_2	0	0	0	0.17	0.17
Ar	0	0	0	8.49	8.49
Xe	0	0	0	17.41	17.41
HCl	3.44	3.30	1.10	16.82	21.12
HBr	2.61	1.09	0.71	28.45	30.25
HI	1.27	0.59	0.31	60.54	61.44
NH_3	4.91	13.30	1.55	14.73	29.58
H_2O	6.24	36.36	1.92	9.00	47.28

四、分子间力对物质性质的影响

分子间力对物质物理性质有多方面的影响. 液态物质分子间力越大，汽化热就越大，沸点也就越高；固态物质分子间力越大，熔化热就越大，熔点也就越高. 除了个别极性很强的分子（如 H_2O）是以取向力为主外，一般都是以色散力为主. 而色散力又与分子的分子量大小有关，分子量越大色散力也就越大（这是因为分子量越大分子的变形性也就越大），所以稀有气体、卤素等其沸点和熔点都随分子量的增大而升高.

4-8-3　氢键

一、氢键的形成

当氢原子与电负性很大而半径很小的原子（如 F、O、N）形成共价型氢化物时，由于原子间共有电子对的强烈偏移，氢原子几乎呈质子状态. 这个氢原子还可以和另一个电负性大且含有孤对电子的原子产生静电吸引作用，这种引力称为**氢键（Hydrogen Bond）**.

氢键的组成可用 X—H…Y 通式表示，式中 X、Y 代表 F、O、N 等电负性大而半径小的原子，X 和 Y 可以是同种元素，也可以是不同种元素. H…Y 间的键为氢键，H…Y 间的长度为氢键的键长，拆开 1 mol H…Y 键所需的最低能量为氢键的键能. 图 4-31(a)、(b)分别表示 HF 分子之间和邻硝基苯酚分子内部形成的氢键. 前者为分子间氢键，后者为分子内氢键.

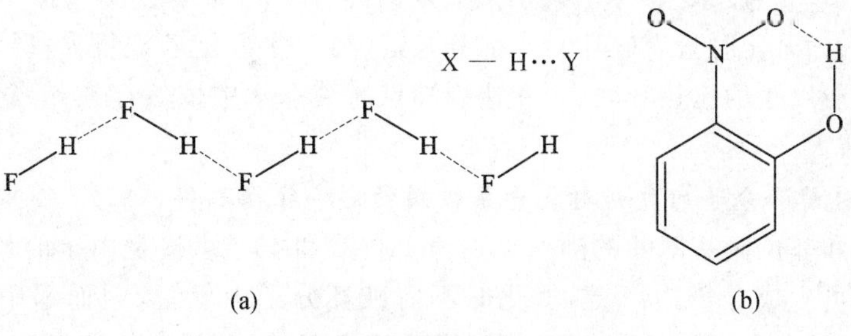

X — H…Y

(a)　　(b)

图 4-31　分子间氢键与分子内氢键

氢键不同于分子间力,有饱和性和方向性.氢键的饱和性是由于氢原子半径比 X 或 Y 的原子半径小得多,当 X—H 分子中的 H 与 Y 形成氢键后,已被电子云所包围,这时若有另一个 Y 靠近则必被排斥,所以每一个 X—H 只能和一个 Y 相吸引而形成氢键.氢键的方向性是由于 Y 吸引 X—H 形成氢键时,将沿 X—H 键轴的方向,即 X—H…Y 在一直线上.这样的方位使 X 和 Y 电子云之间的斥力最小,形成的氢键较稳定.

二、氢键对物质性质的影响

1. 对熔、沸点的影响

HF 在卤化氢中,分子量最小,因此其熔、沸点应该最低,但事实上却最高,这就是由于 HF 能形成氢键,而 HCl、HBr、HI 却不能.当液态 HF 汽化时,必须破坏氢键,需要消耗较多能量,所以沸点较高.H_2O 的沸点高也是这一原因.

2. 对溶解度的影响

如果溶质分子和溶剂分子间能形成氢键,将有利于溶质分子的溶解.例如,乙醇和乙醚都是有机化合物,前者能溶于水,而后者则不溶,主要是乙醇分子中的羟基(—OH)能和水分子形成氢键(CH_3—CH_2—OH…OH_2),而在乙醚分子中不具有形成分子间氢键的条件.同样,NH_3 分子易溶于 H_2O 也是形成氢键的结果.

3. 对黏度的影响

分子间形成氢键会使黏度增加.例如,一个甘油分子能和其他甘油分子形成几个氢键,所以黏度较大.

4. 对生物体的影响

氢键对生物体的影响极为重要,最典型的是生物体内的 DNA. DNA 是由两根主链(多肽链)组成,两主链间以大量的氢键连接形成螺旋状的立体构型.由此可见,氢键对蛋白质维持一定空间构型起重要作用.在生物体的 DNA 中,根据两根主链氢键匹配的原则可复制出相同的 DNA 分子.因此可以说,由于氢键的存在,使 DNA 的克隆得以实现,保持了物种的繁衍.

5. 以 H_2O 为例说明氢键对性质的影响

水具有许多不寻常的性质,如冰的体积比水大,水在 4 ℃密度最大,冰的升华热大,冰的融化热较小,水的比热容较大,水的蒸发热也较大.这些都是氢键作用的结果.

冰的密度较小,是因为冰中的水分子都是以氢键结合的,而且位置是固定的.而这种结合方式空隙较大(因为氢键有方向性和饱和性).而当冰受热融化时,冰的空间氢键体系瓦解,变成堆积密度较大的水,同时温度升高热膨胀又使水的密度降低,两种因素影响的结果,导致水在 4 ℃时密度最大.冰的升华热大是因为升华需要完全破坏冰中的氢键.而冰的融化热较小是因为融化时只需破坏一小部分氢键(约 15%).随着温度升高,氢键逐渐断裂,需要吸收能量,所以水的比热容较大.在达到沸点时液态水中依然存在相当数量的氢键,因此水的蒸发热较大.

6. 分子间氢键和分子内氢键对化合物性质的影响往往不同

例如,对位和邻位硝基苯酚的沸点分别为 110 ℃和 45 ℃,这是由于前者只能生成分子间氢键,而后者可生成分子内氢键,汽化时不需破坏分子内氢键,因而邻硝基苯酚沸点较低.又如,对硝基苯酚在水中的溶解度大于邻硝基苯酚,而在苯中的溶解度却相反,邻位的大于对位的，这是由于分子内氢键能使分子内电性“中和”，根据相似相溶原理，它容易溶于非极性的苯中.

人们日常所接触的物质，不是单个原子或分子，而是由大量原子、分子组成的聚集态，即通常所熟知的气、液、固等状态. 下面将着重讨论在固体中占重要地位的晶体结构.

4-9 晶体结构

晶体是由在空间排列得很有规律的微粒(原子、离子、分子等)所组成. 晶体中微粒的排列按一定方式重复出现，这种性质称为晶体结构的周期性. 晶体的一些特性与其微粒排列的规律性密切相关. 若把晶体内部的微粒看成几何学上的点，这些点按一定规则组成的几何图形叫晶格或点阵. 晶体的种类繁多，各种晶体都有它自己的晶格. 但如果按晶格中的结构粒子种类和键的性质来划分，晶体可分为离子晶体、分子晶体、原子晶体和金属晶体四种基本类型.

4-9-1 四类晶体的一般情况

在以下的讨论中，我们都是从晶格节点上的微粒、微粒间的作用力、晶体类型、熔点高低以及导电性等几个方面进行讨论，见表 4-14.

表 4-14 离子晶体、原子晶体和分子晶体某些性质的比较

晶体类型	晶格结点上的粒子	粒子间的作用力	熔点	硬度	熔融时导电性	实例
离子晶体	正、负离子	离子键	较高	较大	导电	NaCl
原子晶体	原子	共价键	高	大	不导电	金刚石
分子晶体	分子	分子间力、氢键	低	小	不导电	CO_2
金属晶体	原子、离子	金属键	不一定	不一定	导电	Na, Au, W

4-9-2 离子晶体(Ionic Crystal)与离子极化

NaCl 是典型的离子晶体(图 4-32)，晶格结点上的粒子间的作用力为离子键. 表征共价键的强度用键能，而表征离子键的强度可用晶格能(1 mol 离子晶体离解成自由气态离子时所吸收的能量).

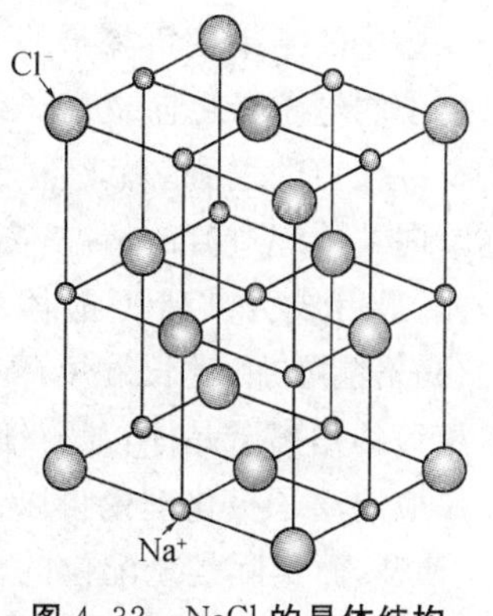

图 4-32 NaCl 的晶体结构

晶格能 U 是气态正离子和气态负离子结合成 1 mol 离子晶体时所释放的能量. 利用波恩哈伯循环可求算晶格能，也可以从理论计算得到. 理论处理的模型是把离子看作点电荷，然后计算这些点电荷之间的库仑作用力，其总和即为晶格能. 晶格能的大小常用来比较离子键的强度和晶体的牢固程度. 离子化合物的晶格能越大，表示正、负离子间结合力越强，晶体越牢固,因此晶体的熔点越高,硬度越大.

一、离子所带电荷与离子半径对离子晶体性能的影响

在典型的离子晶体中,离子所带电荷越多、离子半径越小,产生的静电场强度越大,与异号电荷离子的静电作用能也越大,离子晶体的熔点也越高、硬度也越大. 例如,NaF 和 CaO 这两种典型离子晶体,前者正、负离子半径之和为 0.23 nm,后者为 0.231 nm,很接近,但离子所带电荷数后者比前者多,所以 CaO 的熔点(2 570 ℃)比 NaF 的(993 ℃)高,硬度也大(CaO 的硬度为 4.5,NaF 的硬度为 2.3).

而 MgO 与 CaO 两种典型离子晶体,离子所带电荷数相同,但镁离子的离子半径(0.066 nm)比钙离子半径(0.99 nm)小,因此 MgO 具有更高的熔点(2 852 ℃)和更大的硬度(6.0).

二、离子极化对离子晶体性能的影响

1. 离子极化的产生

离子极化是离子在外电场影响下发生变形而产生诱导偶极的现象. 图 4-33(a)表明离子在未极化前其正、负电荷重心是重合的,离子没有极性. 在外电场作用下,原子核被吸(或推)向另一方,正、负电荷重心不重合了,即产生了诱导偶极矩,如图 4-33(b)所示. 实际上离子本身就带电荷,所以离子本身就可以产生电场,使带有异号电荷的相邻离子极化,见图 4-34.

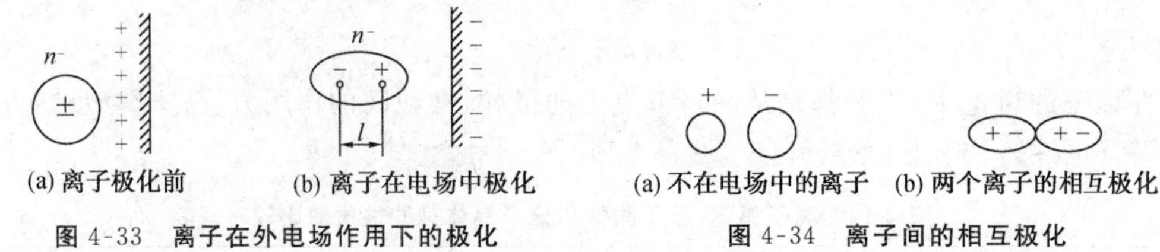

(a) 离子极化前 (b) 离子在电场中极化

图 4-33 离子在外电场作用下的极化

(a) 不在电场中的离子 (b) 两个离子的相互极化

图 4-34 离子间的相互极化

2. 离子极化的影响因素

离子使其他离子(或分子)极化(变形)的能力叫作离子的极化力. 一般说来,正离子的电荷数越多,离子半径越小,其极化力越大,变形性就越小;而负离子的电荷数越多,离子半径越大,其极化力就越小,变形性越大.

离子的电子层结构对离子极化作用的影响也很大. 在离子所带电荷数相同,半径相近时,离子的变形性以及极化力和外层电子构型有关.

根据上述规律,当正、负离子间发生相互极化作用时,一般说来主要是正离子的极化力引起负离子的变形.

极化的结果使负离子的电子云向正离子偏移(当然正离子的电子云也向负离子偏移,但程度很小). 随着正离子极化力的增强,就产生了如图 4-35 所示的离子键逐渐向共价键过渡的情况,离子晶体也就转变成过渡型晶体,最后成为共价型晶体. 随着离子极化的增强,键能、晶格能增加,键长缩短,配位数降低. 我们把实测晶体键长与离子半径之和比较,两者基本相等的是离子晶体,显著缩短的是共价晶体,缩短不很多的是过渡晶体.

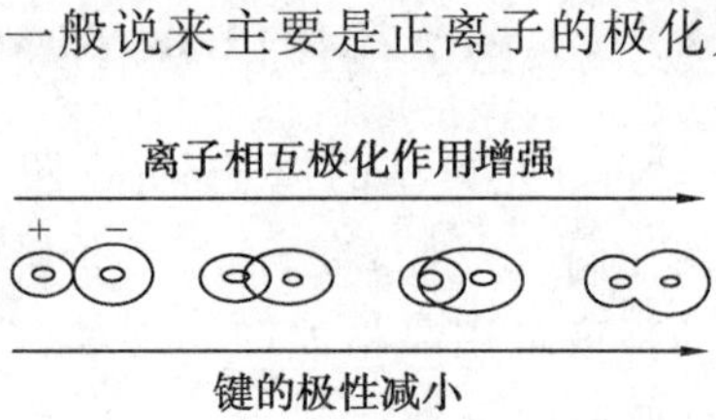

离子相互极化作用增强

键的极性减小

图 4-35 键型过渡示意图

应用离子极化理论可以说明,为什么本来按离子半径比,AgI 和 ZnO 都应是 6 配位的 NaCl 型,而实际是 4 配位的 ZnS 型. 又如 NiAs 晶体,由于强烈的极化作用,不仅使 Ni 和 As 间的键以共价键为主,而且还出现了金属键的性质,成为过渡型晶体.

应用离子极化理论，也可以说明卤化银中为什么只有 AgF 可以溶于水，而 AgCl、AgBr 和 AgI 的溶解度显著下降的原因.

4-9-3 原子晶体(Atomic Crystal)

原子晶体的晶格结点上排列着原子，原子间是通过共价键相结合的. 由于共价键有方向性和饱和性，所以这种晶体配位数一般比较小.

金刚石是最典型的原子晶体，其中每个碳原子通过 sp^3 杂化轨道与其他碳原子形成共价键，组成四面体，配位数是 4 (图 4-36).

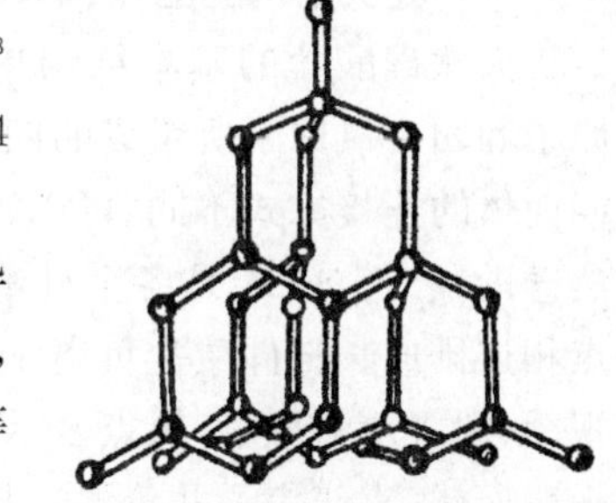

图 4-36 金刚石的晶体结构

属于原子晶体的物质，单质中除金刚石外，还有可作半导体元件的单晶硅和锗，它们都是第四主族元素；在化合物中，碳化硅(SiC)、砷化镓(GaAs)和二氧化硅(SiO_2,β-方石英)等也属原子晶体.

在原子晶体中并没有独立存在的原子或分子，SiC、SiO_2 等化学式并不代表一个分子的组成，只代表晶体中各种元素原子数的比例.

因为共价键的结合力比较强，所以原子晶体一般具有很高的熔点和很大的硬度，在工业上常被选为磨料或耐火材料. 尤其是金刚石，由于碳原子半径较小，共价键的强度很大，要破坏 4 个共价键或扭歪键角，都将受到很大阻力，所以金刚石的熔点高达 3 550 ℃，硬度也很大. 由此可看出结构对性能的影响. 原子晶体延展性很小，有脆性. 由于原子晶体中没有离子，故其熔融态都不易导电，一般是电的绝缘体. 但是某些原子晶体如 Si、Ge、Ga 和 As 等可作为优良的半导体材料. 原子晶体在一般溶剂中都不溶.

4-9-4 分子晶体(Molecular Crystal)

在分子晶体的晶格结点上排列着极性或非极性分子(图 4-37)，分子间只能以分子间力或氢键相结合. 因为分子间力没有方向性和饱和性，所以分子晶体都有形成密堆积的趋势，配位数可高达 12. 和离子晶体、原子晶体不同，在分子晶体中有独立分子存在. 例如，二氧化碳的晶体结构，晶体中有独立存在的 CO_2 分子，化学式 CO_2 能代表分子的组成，也就是它的分子式.

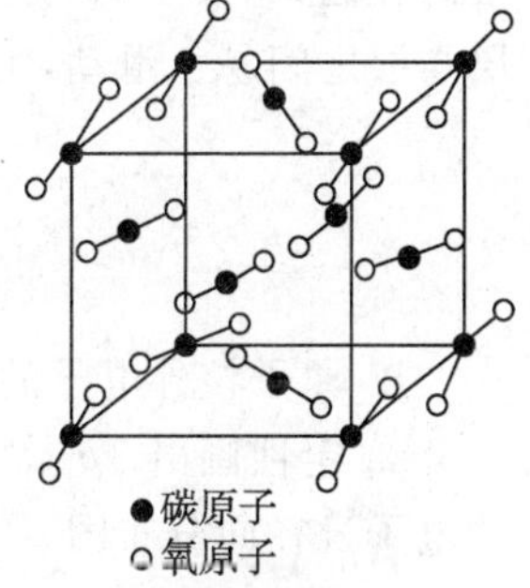

图 4-37 固体 CO_2 的晶体结构

分子晶体粒子间的结合力弱，故其熔点低、硬度小. 由于分子晶体是由电中性的分子组成，所以固态和熔融态都不导电，是电的绝缘体. 但某些分子晶体含有极性较强的共价键，能溶于水产生水化离子，因而能导电，如冰醋酸.

绝大部分有机物、稀有气体以及 H_2、N_2、Cl_2、Br_2、I_2、SO_2、HCl 等的晶体都是分子晶体.

4-9-5 金属晶体(Metallic Crystal)

见“4-7 金属键”.

4-9-6 过渡型的晶体(In-between Crystal)

除了上述的几种晶体以外,还有一些具有链状结构和层状结构的过渡型晶体.在这些晶体中,微粒间的作用力不止一种,链内和链间、层内和层间的作用力并不相同,所以又叫混合型晶体.

一、链状结构的晶体(Catenarian Crystal)

天然硅酸盐的基本结构单元是由一个硅原子和四个氧原子所组成的四面体.根据这种四面体的连接方式不同,可以得到各种不同天然硅酸盐.图 4-38 是各个硅氧四面体通过顶点相连排成长链硅酸盐负离子$(SiO_3)_n^{2n-}$的俯视图(圈表示氧原子,黑点表示硅原子,点线表示四面体,直线表示共价键).长链是由共价键组成的,金属离子在链间起联络作用.由于长链和金属离子间的静电引力比链内的共价键弱,如果按平行于键的方向用力,晶体易于开裂.石棉就具有这种结构.

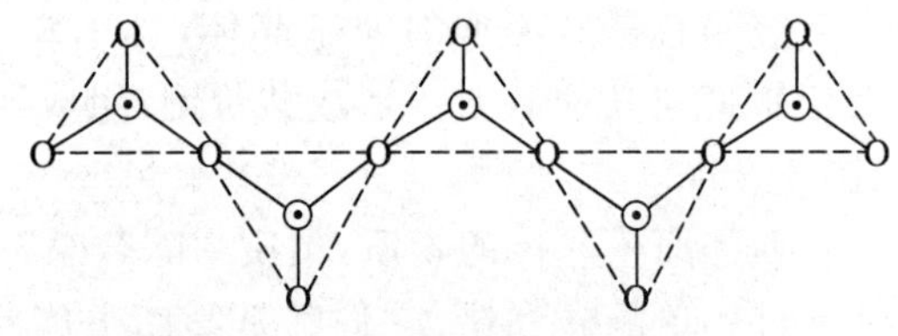
图 4-38 硅酸盐的链状结构

二、层状结构的晶体(Layer Crystal)

石墨是具有层状结构的晶体(图 4-39).在石墨晶体中,同一层碳原子在结合成石墨时发生 sp^2 杂化.其中每个 sp^2 杂化轨道彼此间以 σ 键结合,因此在每个碳原子周围形成 3 个 σ 键,键角 120°,形成了正六角形的平面层.这时每个碳原子还有一个垂直于 sp^2 杂化轨道的 $2p$ 轨道,其中有一个 $2p$ 电子,这种互相平行的 p 轨道可以互相重叠形成遍及整个平面层的离域 π 键(又叫大 π 键).由于大 π 键的离域性,电子能在每层平面方向移动,使石墨具有良好的导电、导热性能.又由于石墨晶体的层和层之间距离较远,靠分子间力联系起来,它们之间的结合力较弱,所以层与层之间易于滑动,工业上常用作润滑剂.

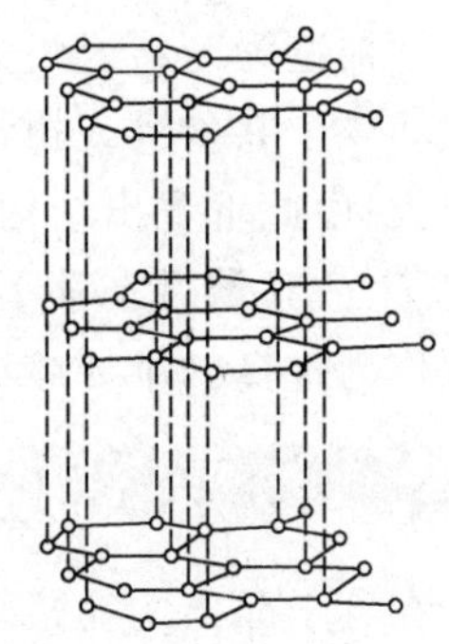
图 4-39 石墨的层状结构

习 题

1. 原子核外电子的运动有什么特点?概率和概率密度有什么区别?

2. 定性画出 $3p_y$ 轨道的原子轨道角度分布图,$3d_{xy}$ 轨道的电子云角度分布图,$3d$ 轨道的电子云径向分布图.

3. 简单说明四个量子数的物理意义及量子化条件.

4. 计算基态钾原子的 $4s$ 和 $3d$ 电子的能量高低.相对于氢原子呢?

5. 下列各组量子数的组合是否合理?为什么?

(1) $n=2$, $l=1$, $m=0$

(2) $n=2$, $l=2$, $m=-1$

(3) $n=3$, $l=0$, $m=0$

(4) $n=3$, $l=1$, $m=+1$

(5) $n=2$, $l=0$, $m=-1$

(6) $n=2$, $l=3$, $m=+2$

6. 碳原子有 6 个电子,写出各电子的四个量子数.

7. 用原子轨道符号表示下列各组量子数:

(1) $n=2, l=1, m=-1$

(2) $n=4, l=0, m=0$

(3) $n=5, l=2, m=-2$

(4) $n-6, l-3, m=0$

8. 23 号元素钒(V)的电子层结构为 $1s^2 2s^2 2p^6 3s^2 3p^6 3d^3 4s^2$,试计算其 $3d$ 和 $4s$ 能级能量.

9. 写出$_{17}$Cl,$_{19}$K,$_{24}$Cr,$_{29}$Cu,$_{26}$Fe,$_{30}$Zn,$_{31}$Ga,$_{35}$Br,$_{59}$Pr 和$_{82}$Pb 的电子结构式(电子排布)和价电子层结构.

10. 有人说,原子失去电子的顺序正好和填充电子顺序相反,这个说法是否正确? 为什么?

11. 写出 42 号、83 号元素的电子结构式,指出各元素在元素周期表中哪一周期,哪一族,哪个分区和最高正化合价.

12. 根据元素在周期表中的位置,写出下表中各元素原子的价电子构型.

周期	族	价电子构型
2	ⅡA	
3	ⅠA	
4	ⅣB	
5	ⅢB	
6	ⅥA	

13. 写出下列离子的电子排布式:

Cu^{2+},Ti^{3+},Fe^{3+},Pb^{2+},S^{2-},Cl^{-}

14. 试比较下列各对原子或离子半径的大小(不查表):

Sc 和 Ca　　Sr 和 Ba　　K 和 Ag

Fe^{2+} 和 Fe^{3+}　　Pb 和 Pb^{2+}　　S 和 S^{2-}

15. 试比较下列各对原子电离能的高低(不查表):

O 和 N　　Al 和 Mg　　Sr 和 Rb

Cu 和 Zn　　Cs 和 Au　　Br 和 Kr

16. 将下列原子按电负性降低的次序排列(不查表):

Ga　S　F　As　Sr　Cs

17. 指出具有下列性质的元素(不查表,稀有气体除外).

(1) 原子半径最大和最小.

(2) 电离能最大和最小.

(3) 电负性最大和最小.

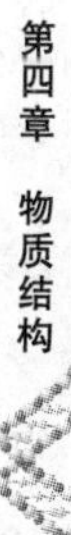

(4) 电子亲合能最大.

18. 指出下列离子分别属于何种电子构型:

Li^+,Be^{2+},Na^+,Al^{3+},Ag^+,Hg^{2+},Sn^{2+},Pb^{2+},Fe^{2+},Mn^{2+},S^{2-},Cl^-

19. 指出下列分子中心原子的杂化轨道类型:

BCl_3 PH_3 CS_2 HCN OF_2 H_2O_2 N_2H_4 $AsCl_5$ SeF_6

20. 试用轨道杂化理论说明为什么 BF_3 具有平面三角形结构,而 NF_3 却是三角锥形结构.

21. 指出下列化合物的中心原子可能采取的杂化类型和可能的分子几何构型.

BeH_2 BBr_3 SiH_4 PH_3 SeF_6

22. 根据分子轨道理论比较 N_2 和 N_2^+ 键能的大小.

23. 根据分子轨道理论判断 O_2^+、O_2、O_2^-,O_2^{2-} 的键级和单电子数.

24. 指出下列分子中哪些是极性的,哪些是非极性的.

CH_4 $CHCl_3$ BCl_3 NCl_3 H_2S CS_2

25. 下列说法是否正确?为什么?

(1) 分子中的化学键为极性键,则其分子也为极性分子.

(2) 离子极化导致离子键向共价键转化.

(3) 色散力仅存在于非极性分子之间.

(4) 双原子 3 电子 π 键比双原子 2 电子 π 键的键能大,

26. 指出下列各对分子之间存在的分子间作用力的具体类型(包括氢键).

(1) 苯和四氯化碳　　(2) 甲醇和水

(3) 二氧化碳和水　　(4) 溴化氢和碘化氢

27. 比较邻硝基苯酚和对硝基苯酚的熔点、沸点的高低,并说明原因.

28. 填充下表:

物质	晶格结点上的粒子	粒子间的作用力	晶体类型	熔点(高低)	其他特性
MgO					
SiO_2					
I_2					
NH_3					
Ag					
石墨					

29. What are the values of n and l for the following sublevels?

(a) $2s$,(b)$3d$,(c)$4p$,(d)$5s$,(e)$4f$

(a. $n=2,l=0$ b. $n=3,l=2$ c. $n=4,l=1$ d. $n=5,l=0$ e. $n=4,l=3$)

30. Identify the elements and the part of the periodic table in which the elements represented by the following electron configurations are found.

(a) $1s^2 2s^2 2p^6 3s^2 3p^1$

(b) $[Ar]3d^{10} 4s^2 4p^3$

(c) [Ar]$3d^6 4s^2$

(d) [Kr]$4d^5 5s^1$

(e) [Kr]$4d^{10} 4f^{14} 5s^2 5p^6 6s^2$

(a. Al b. As c. Fe d. Mo e. Ba)

31. Describe the hybridization and shape of the central atom in each of these covalent species.

(a) NO_3^- (b) CS_2 (c) BCl_3 (d) SF_6 (e) ClO_4^- (f) $CHCl_3$ (g) C_2H_2

(a. sp^2 b. sp c. sp^2 d. sp^3d^2 e. sp^3 f. sp^3 g. sp)

32. Consider the following solutions, and predict whether the solubility of the each solute should be high or low. Justify your answer and give the explanation.

(a) HCl in water

(b) HF in water

(c) SiO_2 in water

(d) I_2 in benzene(C_6H_6)

(e) 1-propanol($CH_3CH_2CH_2OH$) in water

第五章 配位化合物

学习要求

1. 掌握配合物的组成、定义、类型、结构特点和系统命名.
2. 理解配合物价键理论和晶体场理论的主要论点,并能用以解释一些实例.
3. 理解配位解离平衡的意义及其有关计算.
4. 掌握螯合物的特点,了解其应用.

人类对配合物的研究可追溯到18世纪.1704年,德国美术颜料制造者狄斯巴赫(Diesbach)以牛血、草灰等为原料,制得黄血盐($K_4[Fe(CN)_6]$),并由之制得了一种鲜艳的蓝色颜料普鲁士蓝($Fe_4[Fe(CN)_6]_3 \cdot xH_2O$).1798年,法国化学家塔赦特(Tassaert)观察到钴盐在氯化铵和氨水中转化为$CoCl_3 \cdot 6NH_3$,开始引起无机化学家们的兴趣.早期的研究者一直不明白,为什么像$CoCl_3$、NH_4Cl等一些化合价饱和的无机化合物还会进一步与分子结合而形成新的化合物?这些化合物的结构又是怎样的?开始,人们把这类化合物称为络合物,为复杂化合物(Complex)的意思.直到1893年瑞士化学家维尔纳(A. Werner)总结了前人的理论,首次提出了现代的配位键、配位数和配位化合物结构等一系列基本概念,成功解释了很多配合物的电导性质、异构现象及磁性.自此,配位化学才有了本质上的发展.维尔纳也被称为"配位化学之父",并因此获得了1913年的诺贝尔化学奖.1923年,英国化学家西季威克提出"有效原子序数"法则(EAN),提示了中心原子的电子数与它的配位数之间的关系.很多配合物,尤其是羰基配合物,都是符合该法则的,但也有很多不符合的例子.虽然这个法则只是部分反映了配合物形成的实质,但其思想却也推动了配位化学的发展.现代的配位化学不再拘泥于电子对的施受关系,而是很大程度上借助于分子轨道理论的发展,开始研究新类型配合物如夹心配合物和簇合物.其中一个典型的例子便是蔡氏盐——$K[Pt(C_2H_4)Cl_3]$.虽然该化合物早在1827年便已经制得,但直到1950年才研究清楚其中的反馈π键性质.

在配位学说创立的一百多年以来,对配位化合物的研究已发展成为了一个重要的化学分支——配位化学,它打破了传统的无机化学、有机化学、物理化学和生物化学的界限,成为了各分支化学的交叉点.目前,配位化学作为一门新兴的化学学科是国际、国内研究十分活跃的前沿科学.配位化合物几乎涉及化学科学的各个领域.在无机化学中,对于元素,尤其是过渡元素及其化合物的研究总是涉及配位化合物;分析化学中,定性和定量分析也常离不开配合物;生物化学也与配合物有着密切的联系,如维生素B_{12}就是钴的配合物;有机化学中的许多重要反应都要通过配合物的催化作用才能实现;大量的配合物的合成也推动了结构化学的发展.总之,配位化合物的研究在整个化学领域中也具有极为重要的理论和实践意义.当前,配位化合物在国民经济和人民生活各个方面,在新材料、尖端科学等重要领域已有了广泛的应用.

5-1 配位化合物的一些基本概念

5-1-1 配合物(Coordination Compounds)的组成和定义

在硫酸铜溶液中加入氨水,首先可得到浅蓝色碱式硫酸铜$[Cu(OH)_2]SO_4$沉淀,继续加入氨水,则沉淀溶解而得到深蓝色溶液.显然由于加入过量的氨水,NH_3分子与Cu^{2+}离子间已发生了某种反应.经研究确定,在上述溶液中生成了深蓝色的复杂离子$[Cu(NH_3)_4]^{2+}$.从溶液中还可结晶出深蓝色$[Cu(NH_3)_4]SO_4$晶体.这说明$CuSO_4$溶液与过量氨水发生了下列反应:

$$Cu^{2+}+4NH_3 \rightleftharpoons [Cu(NH_3)_4]^{2+}$$

已知NaCN、KCN有剧毒,但是亚铁氰化钾($K_4[Fe(CN)_6]$)和铁氰化钾($K_3[Fe(CN)_6]$)虽然都含有氰根,却没有毒性.这是因为亚铁离子或铁离子与氰根离子结合成牢固的复杂离子,使它们都失去了原有的性质.

在配位化合物的分子中,有一个带正电(或电中性)的**中心离子**(原子),在中心离子(原子)的周围结合着**配位体**(负离子或中性分子),这样组成了配离子(配合物),以方括号([])表示,称为**配位主体**.中心离子(原子)和配位体以**配位键**相联结.配位主体又称为**内界**.不在内界的其他离子,距中心离子较远,构成配合物的**外界**,通常写在方括号外.例如,在$[Cu(NH_3)_4]SO_4$配合物中,Cu^{2+}是中心离子,$[Cu(NH_3)_4]^{2+}$是配位主体,即内界,SO_4^{2-}为外界.当配合物溶于水时,外界离子可以电离出来,而配位主体即内界很稳定,几乎不电离.例如,配合物$[Cu(NH_3)_4]SO_4$溶于水时,按下式电离:

$$[Cu(NH_3)_4]SO_4 \rightleftharpoons [Cu(NH_3)_4]^{2+}+SO_4^{2-}$$

因此,在$[Cu(NH_3)_4]SO_4$中加入$BaCl_2$溶液便产生$BaSO_4$沉淀;而加入少量NaOH,并不产生$Cu(OH)_2$沉淀.

综上所述,我们可以以$[Cu(NH_3)_4]SO_4$为例,把配位化合物的组成表示如下:

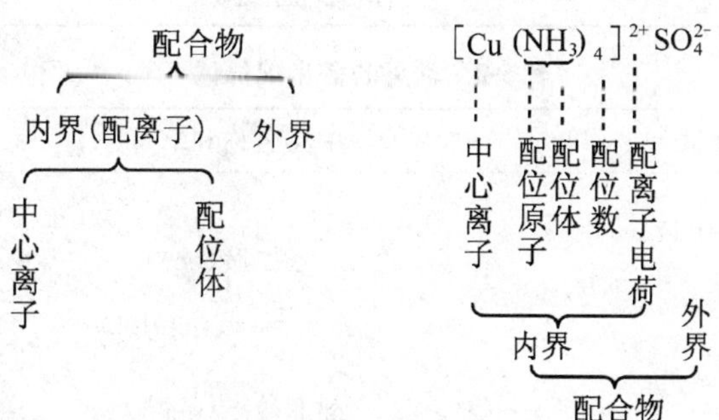

有些配合物的内界不带电荷,本身就是一个中性配位化合物,如$[Pt(NH_3)_2Cl_2]$, $[Co(NH_3)_3Cl_3]$等.这些配合物只有内界没有外界,在水溶液中几乎不电离出离子.为了更好地认识配位化合物(特别是配位主体)的组成,下面我们对有关概念分别进行讨论.

一、中心离子或原子

在配离子的形成中,中心离子(或原子)和配位体两者缺一不可.中心离子(或原子)也称为配合物的形成体,位于配离子(或分子)的中心.几乎所有的元素都可以是配合物的形成体.配合物的形成体即中心离子(或原子),最常见的是许多过渡金属离子,如$[Co(NH_3)_6]Cl_3$中的Co^{3+},$K_4[Fe(CN)_6]$中的Fe^{2+}等;有时也可以是中性原子,如$[Ni(CO)_4]$和$[Fe(CO)_5]$中的Ni和Fe;另外,还可以是一些具有高氧化态的非金属元素,如SiF_6^{2-}中的Si(Ⅳ)和PF_6^-中的P(Ⅴ)等.

二、配位体和配位原子

在配合物中,与中心离子(或原子)以一定数目相结合的离子或分子称为**配位体(Ligand)**.在每一个配位体中直接同中心离子相结合的原子叫**配位原子**.例如,NH_3和H_2O分别是$[Cu(NH_3)_4]^{2+}$、$[Co(NH_3)_5\cdot(H_2O)]^{3+}$中的配位体,而这种配位体中的N原子和O原子因直接与中心离子相连接就称为配位原子.常见的配位原子有14种,除H和C外,还有周期表中ⅤA族的N、P、As和Sb;ⅥA族的O、S、Se、Te;ⅦA族的F、Cl、Br、I.根据配位体所含的配位原子的数目,可将配位体分为单齿(单基)配位体(**Unidentate Ligand**)和多齿(多基)配位体(**Multidentate Ligand**).只含有一个配位原子的配体称为单齿(单基)配位体,而含有两个或两个以上配位原子的称为多齿(多基)配位体.常见的单齿配位体见表5-1,常见的多齿配位体见表5-2.

表5-1 常见的单齿配位体

中心分子配位体及其名称		阴离子配位体及其名称			
H_2O	水(aqua)	F^-	氟(fluoro)	NH_2^-	氨基(amide)
NH_3	氨(amine)	Cl^-	氯(chloro)	NO_2^-	硝基(nitro)
CO	羰基(carbonyl)	Br^-	溴(bromo)	ONO^-	亚硝酸根(nitrite)
NO	亚硝酰基(nitrosyl)	I^-	碘(iodo)	SCN^-	硫氰酸根(thiocyano)
CH_3NH_2	甲胺(methylamine)	OH^-	羟基(hydroxo)	NCS^-	异硫氰酸(isothiocyano)
C_5H_5N	吡啶(pyridine,缩写Py)	CN^-	氰(cyano)	$S_2O_3^{2-}$	硫代硫酸根(thiosulfate)
$(NH_2)_2CO$	尿素(urea)	O^{2-}	氧(oxo)	CH_3COO^-	乙酸根(acetate)
		O_2^{2-}	过氧基(peroxo)		

表5-2 常见的多齿配位体

分子式	中文名称和缩写	英文名称
$H_2N-CH_2-CH_2-NH_2$	乙二胺(en)	ethylenediamine
(邻菲绕啉结构式)	邻菲绕啉(phen)	o-phenanthroline

续表

分子式	中文名称和缩写	英文名称
$^{-}O-C(=O)-C(=O)-O^{-}$	草酸根(ox)	oxalato
$(HOOC-CH_2)_2N-CH_2-CH_2-N(CH_2-COOH)_2$	乙二胺四乙酸(EDTA)	ethylenediaminetetraacetic acid

三、配位数

直接同中心离子(或原子)配位的原子数目叫中心离子(或原子)的配位数.一般中心离子的配位数为偶数,而最常见的配位数为4和6.如果配位体是单基的,则配位体的数目就是该中心离子或原子的配位数,如$[Cu(H_2O)_4]^{2+}$、$[Co(NH_3)_6]^{3+}$、$[AlF_6]^{3-}$中心离子的配位数分别是4、6、6;如果配位体是多基的,则配位体的数目不等于中心离子的配位数,如$[Pt(en)_2]^{2+}$中的乙二胺是双基配位体,即每1个en有2个N原子与中心离子Pt配位.因此,Pt^{2+}的配位数是4而不是2.表5-3列出了一些常见金属离子的配位数.

表5-3 常见金属离子的配位数

1价金属离子	配位数	2价金属离子	配位数	3价金属离子	配位数
Cu^{+}	2,4	Ca^{2+}	6	Al^{3+}	4,6
		Fe^{2+}	6	Sc^{3+}	6
Ag^{+}	2	Co^{2+}	4,6	Cr^{3+}	6
		Ni^{2+}	4,6	Fe^{3+}	6
Au^{+}	2,4	Cu^{2+}	4,6	Co^{3+}	6
		Zn^{2+}	4,6	Au^{3+}	4

配位数的大小决定于中心离子和配位体的性质以及配合物生成时的反应条件(浓度、温度).一般说来,中心离子(或原子)所处的周期数、中心离子和配体的体积以及中心离子和配体所带的电荷数都能影响配位数.配位数实质是容纳在中心原子或离子周围的电子对的数目,故不受周期表族次的限制,而决定于元素的周期数.中心离子(或原子)的最高配位数:第一周期为2,第二周期为4,第三、四周期为6,第五周期为8.

相同电荷的中心离子半径越大,配位数就越大.如$[AlF_6]^{3-}$中心离子的配位数为6,而体积较小的B(Ⅲ)就只能与F^{-}形成配位数为4的$[BF_4]^{-}$.中心离子(或原子)的体积越大,与配体间的吸引力就越弱,这样就达不到最高配位数.对相同中心离子而言,配位体的半径越大,配位数就减小.如Al^{3+}与F^{-}可形成配位数为6的$[AlF_6]^{3-}$,而Al^{3+}与半径较大的Cl^{-}、Br^{-}、I^{-}只能形成$[AlX_4]^{-}$.

中心离子电荷越高,配位数就越大,如$[PtCl_6]^{2-}$和$[PtCl_4]^{2-}$;配位体负电荷增加时,配位数就越小,如$[SiF_6]^{2-}$和$[SiO_4]^{4-}$.因此,中心离子电荷增加和配位体电荷数减小,有利于增大配位数.

四、配合物的电荷

配离子的电荷,等于组成它的简单粒子电荷的代数和.例如:

$[Cu(NH_3)_4]^{2+}$　　电荷为:$+2+(0)\times4=+2$

$[Fe(CN)_6]^{4-}$　　电荷为:$+2+(-1)\times6=-4$

$[Co(NH_3)_5Cl]^{2+}$　　电荷为:$+3+(0)\times5+(-1)\times1=+2$

作为一个完整的配合物,必须要有外界的离子与其配对.例如,$[Cu(NH_3)_4]^{2+}$必须有相应的负离子如SO_4^{2-},于是便有了如$[Cu(NH_3)_4]SO_4$等的存在.可见配合物与配离子在概念上有所不同.有时中心离子和配体的电荷的代数和为零,则其本身就是不带电荷的配合物,如$[PtCl_2(NH_3)_2]$;有时配合物由不带电荷的中心原子和中性分子组成,如$[Fe(CO)_5]$.

五、配合物的定义

按照上述讨论,我们可给配合物做如下的定义:配合物大多数是由阳离子(如Cu^{2+}或Fe^{3+})和中性分子(如NH_3)或阴离子(如CN^-)以配位键结合而成的,具有一定特性的复杂粒子,其中带有电荷的叫配离子,不带电荷的叫配合分子.配合分子或含有配离子的化合物叫配合物.例如,$[Cu(NH_3)_4]SO_4$、$K_4[Fe(CN)_6]$、$K_3[Fe(CN)_6]$、$K_2[HgI_4]$、$[Ag(NH_3)_2]NO_3$、$[Pt(NH_3)_2Cl_4]$、$[Co(NH_3)_5(H_2O)]Cl_3$等都是配合物.

5-1-2 配合物的类型和命名

一、配合物的类型

配合物有多种分类法:按中心离子数,可分成单核配合物和多核配合物;按配体种类,可分成水合配合物、卤合配合物、氨合配合物、氰合配合物以及羰基配合物等;按成键类型,可分成经典配合物(σ配键)、簇状配合物(金属-金属键)、烯烃不饱和配体配合物、夹心配合物以及穴状配合物(均为不定域键).本书从配合物的整体出发,将配合物分成简单配合物、螯合物和其他配合物三种.

1. 简单配合物

由单齿配体(NH_3、H_2O、X^-等)与中心离子直接配位形成的配合物为简单配合物或非螯合物,如$K_2[PtCl_6]$、$Na_3[AlF_6]$、$[Cu(NH_3)_4]SO_4$和$[Ag(NH_3)_2]Cl$等.另外,大量的水合物实际上也是以水为配位体的简单配合物.例如:

$FeCl_3\cdot6H_2O$ 即 $[Fe(H_2O)_6]Cl_3$;

$CrCl_3\cdot6H_2O$ 即 $[Cr(H_2O)_6]Cl_3$;

$CuSO_4\cdot5H_2O$ 即 $[Cu(H_2O)_4]SO_4\cdot H_2O$;

$FeSO_4\cdot7H_2O$ 即 $[Fe(H_2O)_6]SO_4\cdot H_2O$.

2. 螯合物

将乙二胺$NH_2CH_2CH_2NH_2$与铜盐化合,由于乙二胺中有两个相同的配原子氮,故生成二乙二胺合铜,反应方程式如下:

$$2NH_2CH_2CH_2NH_2+Cu^{2+}\rightleftharpoons\left[\begin{array}{ccccc} H_2C-NH_2 & & & & H_2N-CH_2 \\ | & \searrow & & \swarrow & | \\ & & Cu & & \\ | & \nearrow & & \nwarrow & | \\ H_2C-NH_2 & & & & H_2N-CH_2 \end{array}\right]^{2+}$$

像这种由中心原子和多基配位体结合而成的配合物，其配位体（称为螯合物）的特点是含有 2 个或 2 个以上配位原子. 该配位体与金属离子结合时犹如螃蟹双螯钳住中心离子，而使中心离子与配位体结合形成环. 这种具有环状结构，特别是五原子或六原子环的特殊配合物称为螯合物. 螯合物相当稳定，有的在水中溶解度很小，有的还具有特殊的颜色，明显表现出各种金属离子的个性.

3. 其他类型的配合物

多核配合物：在一个配合物中有两个或两个以上的中心离子.

羰基配合物：金属原子与一氧化碳结合的产物. 此外，这种配合物中金属的氧化数通常很低，有的甚至等于零，如$[Fe(CO)_5]$、$[Ni(CO)_4]$；有的呈负氧化数，如 $Na[Co(CO)_4]$；有的呈正氧化数，如$[Mn(CO)_6]Br$.

非饱和烃配合物：如 $[PtCl_3(C_2H_4)]^-$、$[(C_5H_5)_2]Fe$.

原子簇状配合物：如$[Fe_2(CO)_9]$、$[Re_2Cl_6]^{2-}$，其中 M-M 间有键结合在一起的叫作**金属原子簇化合物（Metal Cluster Compound）**.

除此以外还有金属大环冠醚配合物、同多酸型配合物、杂多酸型配合物等.

二、配合物的命名

配合物的名称有少数用习惯名称，如$[Cu(NH_3)_4]^{2+}$ 称为铜氨配离子，$[Ag(NH_3)_2]^+$ 称为银氨配离子，$K_3[Fe(CN)_6]$称为赤血盐，$K_4[Fe(CN)_6]$称为黄血盐，H_2SiF_6 称为氟硅酸，K_2PtCl_6 称为氯铂酸钾，$HAuCl_4$ 称为氯金酸等.

配合物的系统命名服从无机化合物的命名原则. 如果配合物中的酸根是一个简单的阴离子，则称为某化某：如果酸根是一个复杂的阴离子，则称为某酸某. 例如：

NaCl：氯化钠	Na_2SO_4：硫酸钠
$[Co(NH_3)_6]Cl_3$：氯化六氨合钴（Ⅲ）	$K_2[PtCl_6]$：六氯合铂（Ⅳ）酸钾
NaOH：氢氧化钠	HNO_3：硝酸
$[Cu(NH_3)_4](OH)_2$：氢氧化四氨合铜（Ⅱ）	$H_2[PtCl_4]$：四氯合铂（Ⅳ）酸

配位个体命名顺序：配体数（中文）—配体名—合—中心离子名—[中心离子氧化数（罗马数字）].

1. 有配位阴离子的配合物

$K_3[Fe(CN)_6]$	六氰合铁（Ⅲ）酸钾（俗称铁氰化钾或赤血盐）
$K_4[Fe(CN)_6]$	六氰合铁（Ⅱ）酸钾（俗称亚铁氰化钾或黄血盐）
$H_2[PtCl_6]$	六氯合铂（Ⅳ）酸
$Na_3[Ag(S_2O_3)_2]$	二（硫代硫酸根）合银（Ⅰ）酸钠
$K[Co(NO_2)_4(NH_3)_2]$	四硝基·二氨合钴（Ⅲ）酸钾

2. 有配位阳离子的配合物

$[Cu(NH_3)_4]SO_4$	硫酸四氨合铜（Ⅱ）
$[Co(ONO)(NH_3)_5]SO_4$	硫酸亚硝酸根·五氨合钴（Ⅲ）
$[Co(NCS)(NH_3)_5]Cl_2$	二氯化异硫氰酸根·五氨合钴（Ⅲ）
$[CoCl(SCN)(en)_2]NO_2$	亚硝酸氯·硫氰酸根·二（乙二胺）合钴（Ⅲ）
$[Pt(py)_4][PtCl_4]$	四氯合铂（Ⅱ）酸四（吡啶）合铂（Ⅱ）

3. 中性配合物

$[Ni(CO)_4]$ 四羰合镍

$[Co(NO_2)_3(NH_3)_3]$ 三硝基·三氨合钴(Ⅲ)

$[PtCl_4(NH_3)_2]$ 四氯·二氨合铂(Ⅳ)

当出现几个配体时,配体按照下述次序进行命名:

(1) 先无机,后有机.

cis-$[PtCl_2(Ph_3P)_2]$ 顺-二氯·二(三苯基膦)合铂(Ⅱ)

(2) 先阴离子,后阳离子、中性分子.

$K[PtCl_3 \cdot NH_3]$ 三氯·氨合铂(Ⅱ)酸钾

(3) 同类配体按配位原子元素符号的英文字母顺序.

$[Co(NH_3)_5 \cdot H_2O]Cl_3$ 三氯化·五氨·水合钴(Ⅲ)

(4) 同类配体配位原子相同,含较少原子数目的配体排在前面.

$[PtNO_2 \cdot NH_3 \cdot NH_2OH \cdot (Py)]Cl$ 氯化硝基·氨·羟胺·吡啶合铂(Ⅱ)
(配体原子数分别为 4,5,11)

(5) 配位原子相同,配体含原子数目相同,按结构式中与配位原子相连的原子的元素符号的字母顺序排列.

$[Pt(NH_2)NO_2(NH_3)_2]$ 氨基·硝基·二氨合铂(Ⅱ)

(6) 配体化学式相同但配位原子不同,如(—SCN,—NCS)和(—ONO 和—NO_2),则按配位原子元素符号的字母顺序排列.

(7) 若配位原子尚不清楚,则以配位个体的化学式中所列的顺序为准.

5-2 配位化合物的化学键的本质

1893 年瑞士科学家维尔纳提出配位理论,成为配位化学的奠基人.配位化合物的化学键理论的发展可分三个阶段:

1. 价键理论

1923—1927 年,为了阐明配合物中心离子或原子与配体间结合力的本质,英国化学家西奇维克提出了配键的概念.他认为配位体的特点是至少有一对孤对电子,而中心离子(或原子)的特点是含有空的价电子轨道,配位体提供孤对电子与中心离子共享而形成配键.

20 世纪 30 年代初,鲍林对配合物中金属离子与配体间的结合作用提出了价键理论.他认为,金属原子与配体间的结合力是一种共价配键.鲍林的价键理论很好地说明了配合物的各种几何构型和磁性,但是不能解释某些配合物的构型和稳定性.

2. 晶体场理论

1929—1935 年,美籍德国物理学家贝蒂(H. Bethe)和荷兰的范弗来克(J. H. Van Vleck)先后提出晶体场理论.认为金属离子与周围配位体的作用,是纯粹静电作用,因而完全没有共价的性质.但实验(如顺磁共振和核磁共振)证明,金属离子的轨道与配位体的轨道却有重叠,即具有一定的共价成分,这就必须考虑到配位体和中心离子间的轨道重叠作用是配合物成键的一个重要原因.

3. 配位场理论

1951—1952 年,英国的欧格尔(L. E. Orgel)把晶体场理论与分子轨道理论结合起来,把轨道能级分裂的原因看成是静电作用和生成共价键分子轨道的综合结果,这一理论称为配位场理论. 配位场理论把配位体与过渡金属之间的作用,看作是一种配位体的力场和中心离子的相互作用. 配位场理论利用能级分裂图,较好地解释了许多过渡元素配合物的结构和性能的关系,是迄今为止较为满意的配合物化学键理论. 本章只对价键理论和晶体场理论作介绍.

维尔纳

维尔纳(A. Werner,1866—1919),瑞士无机化学家. 1884 年开始学习化学,在自己家里做化学实验. 1885—1886 年,在德国卡尔斯鲁厄工业学院听过有机化学课程. 1886 年进入瑞士的苏黎世联邦高等工业学校学习,1889 年获工业化学专业毕业文凭后即做隆格的助手,从事有机含氮化合物异构现象的研究,1890 年获苏黎世大学博士学位. 1891—1892 年,在巴黎法兰西学院和贝特洛一起做研究工作. 1892 年回苏黎世联邦高等工业学校任助教,1893 年任副教授,1895 年任教授. 1909—1915 年,任苏黎世化学研究所所长.

5-2-1 价键理论(Valence Bond Theory)

一、价键理论的基本要点

配合物的价键理论是鲍林(L. Pauling)首先将轨道杂化理论应用于配位化合物中而逐步形成和发展起来的. 价键理论的基本要点是:配位键是中心离子(或原子)提供与配位数相同数目的空轨道,与配位体上孤电子对或 π 电子的轨道在对称性匹配时相互重叠而形成的. 配合物中的配位键是一种极性共价键,因而与一切共价键一样具有方向性和饱和性.

二、杂化轨道和空间构型

为了增加成键能力,中心离子(或原子)用能量相近的空轨道进行杂化,形成的杂化轨道与配位体的孤电子对的轨道在满足对称性匹配和最大重叠两大原则的基础上形成配位键.

表 5-4 列出了常见配离子在形成配位键时所采用的杂化轨道类型以及配离子的相应的空间构型.

表 5-4 轨道杂化类型和配合物的空间构型

杂化类型	配位数	空间构型	实例
sp	2	直线形	$[Cu(NH_3)_2]^+$, $[Ag(NH_3)_2]^+$, $[Cu(Cl)_2]^+$, $[Ag(CN)_2]^-$
sp^2	3	等边三角形	$[CuCl_3]^{2-}$, $[HgI_3]^-$
sp^3	4	正四面体	$[Ni(NH_3)_4]^{2+}$, $[Zn(NH_3)_4]^{2+}$, $[Ni(CO)_4]$, $[HgI_4]^{2-}$
dsp^2	4	正方形	$[Ni(CN)_4]^{2-}$, $[Cu(NH_3)_4]^{2+}$, $[PtCl_4]^{2-}$, $[Cu(H_2O)_4]^{2+}$
dsp^3	5	三角双锥形	$[Fe(CO)_5]$, $[Ni(CN)_5]^{3-}$, $[CuCl_5]^{3-}$
sp^3d^2	6	正八面体	$[FeF_6]^{3-}$, $[Fe(H_2O)_6]^{3+}$, $^-[Co(NH_3)_6]^{2+}$, $[PtCl_6]^{2-}$ $[AlF_6]^{3-}$, $[SiF_6]^{2-}$
d^2sp^3	6	正八面体	$[Fe(CN)_6]^{4-}$, $[Fe(CN)_6]^{3-}$, $[Co(NH_3)_6]^{3+}$

三、外轨型和内轨型配合物的形成

根据配合物形成时中心离子轨道杂化过程中电子排布是否改变,配合物又分成内轨型和外轨型两类.

(一) 外轨型配离子的形成

$[FeF_6]^{3-}$ 配离子的形成:

当 Fe^{3+} 与 F^- 接近时,Fe^{3+} 的电子排布不变,仅仅外层一个 $4s$、三个 $4p$、二个 $4d$ 轨道进行杂化,形成六个 sp^3d^2 杂化轨道.六个 F^- 的孤对电子分别填入六个 sp^3d^2 杂化轨道,形成 $[FeF_6]^{3-}$ 配离子.这一过程可用以下轨道图表示(图中"↑"表示中心离子的价电子,"• •"表示配体提供的孤对电子).

$Fe^{3+}(3d^5)$: ↑ ↑ ↑ ↑ ↑ (3d)　— (4s)　— — — (4p)　— — — — — (4d)

sp^3d^2 杂化

$[FeF_6]^{3-}$: ↑ ↑ ↑ ↑ ↑ (3d)　•• (4s)　•• •• •• (4p)　•• •• — — — (4d)

(二) 内轨型配离子的形成

$[Fe(CN)_6]^{3-}$ 配离子的形成:

当 Fe^{3+} 与 CN^- 接近时,情况则同上有所不同.由于 CN^-([:C≡N:]$^-$)电子密度大,对 Fe^{3+} 的 $3d$ 轨道有强烈的作用,能将 $3d$ 电子"挤成"只占三个 d 轨道,使内层两个 d 轨道空出来,与外层一个 $4s$、三个 $4p$ 轨道进行杂化,形成六个 d^2sp^3 杂化轨道.六个 CN^- 的六对孤对电子分别填入六个 d^2sp^3 杂化轨道,形成 $[Fe(CN)_6]^{3-}$ 配离子.其轨道图如下:

$Fe^{3+}(3d^5)$: ↑ ↑ ↑ ↑ ↑ (3d)　— (4s)　— — — (4p)　— — — — — (4d)

d^2sp^3 杂化

$[Fe(CN)_6]^{3-}$: ↑↓ ↑↓ ↑ •• •• (3d)　•• (4s)　•• •• •• (4p)　— — — — — (4d)

由上述两例不难得出结论:在配离子的形成过程中,若中心离子的电子排布不变,配位体的孤对电子仅进入外层杂化轨道,这样形成的配离子称为外轨型配离子.它们的配合物称为外轨型配合物.在配离子的形成过程中,若中心离子的电子排布发生改变,未成对电子重新配对,从而使内层腾出空轨道来参与杂化,这样形成的配离子称为内轨型配离子.它们的配合物称为内轨型配合物.

(三) 外轨型或内轨型配离子形成的影响因素

中心离子的价电子层结构和配体的性质是影响外轨型或内轨型配离子形成的主要因素.

(1) 中心离子内层 d 轨道已经全满(如 Zn^{2+},$3d^{10}$;Ag^+,$4d^{10}$).没有可利用的内层空轨道.则只能形成外轨型配离子.

(2) 中心离子本身具有空的内层 d 轨道(Cr^{3+},$3d^3$),一般倾向于形成内轨型配离子.

(3) 如果中心离子内层 d 轨道未完全满($d^4 \sim d^9$),则既可形成外轨型配离子,也可形成内轨型配离子.这时,配体就成了决定配合物类型的主要因素:

① F^-、H_2O、OH^- 等配体中配位原子 F、O 的电负性较高，吸引电子的能力较强，不容易给出孤对电子，对中心离子内层 d 电子的排斥作用较小，基本不影响其价电子层构型，因而只能利用中心离子的外层空轨道成键，倾向于形成外轨型配离子.

② CN^-、CO 等配体中配位原子 C 的电负性较低，给出电子的能力较强，因而其配位原子的孤对电子对中心离子内层 d 电子的排斥作用较大，内层 d 电子容易发生重排(如 Fe^{3+}，$3d^5$；Ni^{2+}，$3d^8$)或激发(如 Cu^{2+}，$3d^9$)，从而空出内层 d 轨道，所以倾向于形成内轨型配离子.

③ NH_3、Cl^- 等配体有时形成内轨型配离子，有时形成外轨型配离子，随中心离了而定.

(四) 外轨型和内轨型配离子某些性质的差异

1. 解离程度

各种配离子在水中都会发生不同程度的解离. 一般说来，内轨型配离子比外轨型配离子稳定，解离程度小. 这是因为在形成内轨型配离子时，配体提供的孤对电子进入中心离子的内层轨道成键，能量较低，结合更牢固. 而形成外轨型配离子时，配体是与中心离子的外层轨道成键，能量较高，稳定性较低.

2. 磁性

物质的磁性大小可用磁矩 μ 来衡量，它与所含未成对电子数 n 之间的关系为：

$$\mu=\sqrt{n(n+2)}\mu_B$$

其中 μ_B 称为 Bohr (玻尔)磁子，是磁矩的单位.

不同的配离子表现出不同的磁性，与中心离子中所含有未成对电子数的多少密切相关. 对于外轨型配离子，中心离子的价电子层结构保持不变，即内层 d 电子尽可能占据每个 d 轨道且自旋平行，未成对电子数一般较多，因而表现出顺磁性，且磁矩高，称为高自旋体(或高自旋型配合物). 而对于内轨型配离子，中心离子的内层 d 电子经常发生重排，使未成对电子数减少，因而表现出弱的顺磁性，磁矩较小，称为低自旋体(或低自旋型配合物). 如果中心离子的价电子完全配对或重排后完全配对，则表现为抗磁性，磁矩为零. 例如，$[Fe(H_2O)_6]^{2+}$ 的 μ(实验) $=5.0\mu_B$，可知 $n=4$，因为 μ(计算) $=4.9\mu_B$；又 $[Fe(CN)_6]^{4-}$ 的 μ(实验) $=0\mu_B$，可知 $n=0$.

3. 氧化还原稳定性

外轨型配离子 $[Co(H_2O)_6]^{2+}$ 很稳定，不易被氧化为 $[Co(H_2O)_6]^{3+}$. 而内轨型配离子 $[Co(CN)_6]^{4-}$ 却很不稳定，容易被氧化. 这是因为在外轨型配离子 $[Co(H_2O)_6]^{2+}$ 中，Co^{2+} ($3d^7$) 采用 sp^3d^2 杂化，d 电子处于内层轨道，能量较低，很稳定，不易失去而被氧化. 而在内轨型配离子 $[Co(CN)_6]^{4-}$ 中，Co^{2+} 的 $3d$ 电子在配体 CN^- 影响下发生重排，并有一个 $3d$ 电子被激发到外层 $5s$ 轨道上($3d^6 4s^0 4p^0 5s^1$)，Co^{2+} 采用 d^2sp^3 杂化成键，而外层的 $5s$ 电子由于能量较高而容易失去，因而易被氧化为 $[Co(CN)_6]^{3-}$.

价键理论能够较好地解释配合物的配位数、几何构型等. 在引入内、外轨型的情况下，可以解释配离子稳定性和配合物的磁性. 遗憾的是不能解释第四周期过渡金属八面体型配离子的稳定性($d^0<d^1<d^2<d^3<d^4<d^5<d^6<d^7<d^8<d^9<d^{10}$)与 d 电子数有关，也不能解释配合物的颜色(第四周期过渡元素离子的颜色).

5-2-2 晶体场理论

晶体场理论认为,配合物的中心(正)离子与配位体(负离子或偶极分子的负端)之间的化学作用力是纯粹的静电作用.就像离子晶体中的正、负离子借静电作用相结合一样,带正电的中心离子处于配位体负电荷所形成的晶体场之中,晶体场理论也因之得名.晶体场理论认为,中心离子的价电子层中的 d 电子会受到配位体所形成的晶体场的排斥作用,能量发生改变.有些 d 轨道的能量升高,有些则降低,即 d 轨道的能量分裂.而 d 轨道的能量分裂决定于配位体的空间构型,不同空间构型的配位体形成不同的晶体场.中心离子的电子在不同的晶体场中所受到的排斥作用不同,结果造成不同情况的 d 轨道分裂.

一、d 轨道的分裂

在正八面体配合物中,六个配体所形成的晶体场叫正八面体场.中心离子 d 轨道在正八面体场环境中情况见图 5-1.设中心离子(或原子)在 xyz 轴的原点(图 5-1,以小方块■表示).当六个配体(以黑圆点●表示)分别沿着 $\pm x$, $\pm y$, $\pm z$ 方向向金属离子靠近时,这时的 d_{z^2} 和 $d_{x^2-y^2}$ 轨道与配体处于迎头相顶状态.这些轨道上的电子受配体的静电场排斥作用大,因而能量比正八面体场的平均能量高.而 d_{xy}、d_{xz}、d_{zy} 三个轨道却正好插在配体空隙中间,受配体的静电场排斥作用小,因而能量比正八面体场的平均能量低.这样原来五个简并的 d 轨道分裂成两组:一组是能量较高的 d_{z^2} 和 $d_{x^2-y^2}$ 轨道,称为 d_γ 或 e_g 轨道;一组是能量较低的 d_{xy}, d_{xz}, d_{zy} 轨道,称为 d_ε 或 t_{2g} 轨道.金属离子在正八面体场中 d 轨道的分裂见图 5-2.在八面体配合物中,两组 d 轨道能级差记为 Δ_o(或 10 Dq).

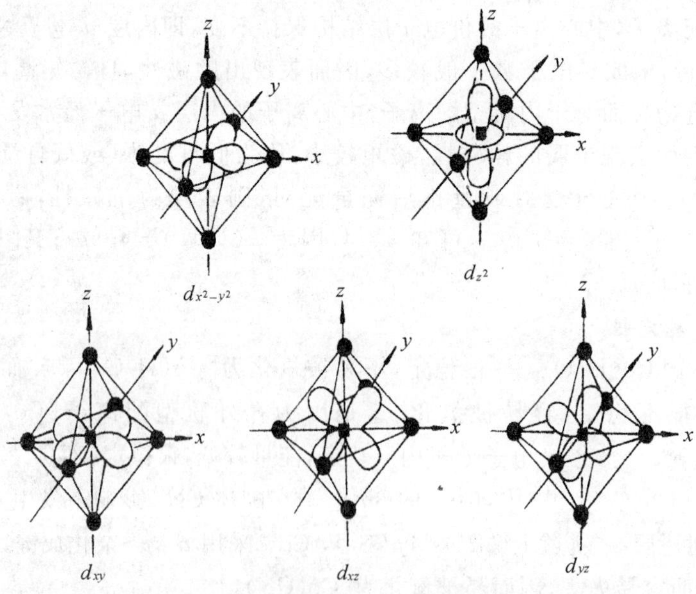

图 5-1 正八面体场对 5 个 d 轨道的作用

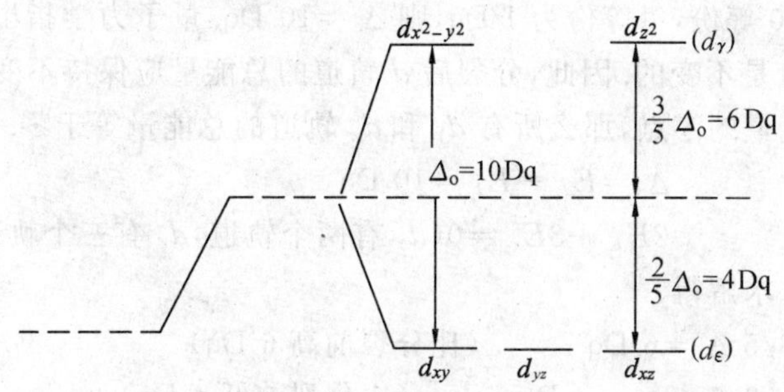

图 5-2　正八面体场中 d 轨道的分裂(Δ_o 的下标 o 表示正八面体)

在正四面体配合物中,四个配体靠近金属离子时,它们和中心离子 d_{xy},d_{xz},d_{yz} 轨道靠得较近,而与 d_{z^2} 和 $d_{x^2-y^2}$ 轨道离得较远(图 5-3),因此中心离子的 d_{xy},d_{xz},d_{yz} 轨道能量比正四面体场的平均能量高,而 d_{z^2} 和 $d_{x^2-y^2}$ 轨道的能量比正四面体场的平均能量低(图 5-4).这和八面体场的 d 轨道的分裂情况正好相反.

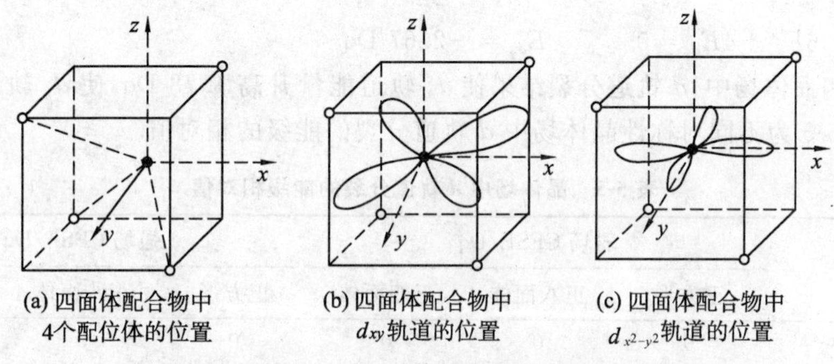

z
x
y
(a) 四面体配合物中
4个配位体的位置
(b) 四面体配合物中
d_{xy}轨道的位置
(c) 四面体配合物中
$d_{x^2-y^2}$轨道的位置

(● 表示中心离子, ○ 表示配体, d_{xz}, d_{yz} 轨道与 d_{xy} 类似)

图 5-3　四面体配体中 d_{xy} 轨道和 $d_{x^2-y^2}$ 的位置

在平面正方形配合物中,四个配体分别沿着 $\pm x$ 和 $\pm y$ 方向向金属离子靠近. $d_{x^2-y^2}$ 轨道迎头相顶,能量最高,d_{xy} 次之,d_{z^2} 又次之,d_{xz}、d_{yz} 能量最低(图 5-5).

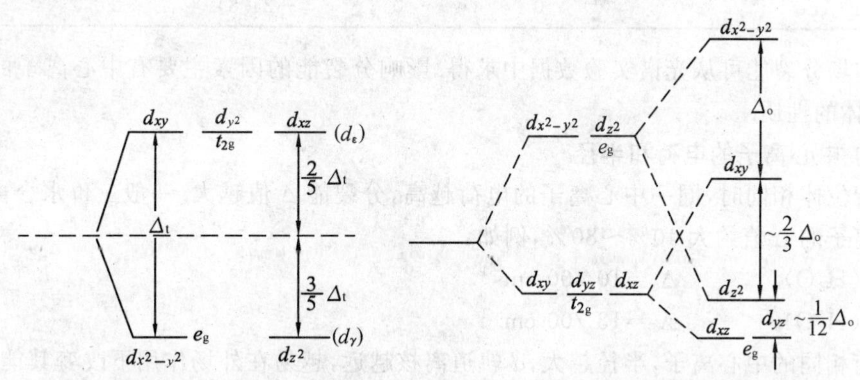

图 5-4　正四面体场中 d 轨道的分裂(Δ_t 的下标 t 表示四面体场)

图 5-5　正方形场中 d 轨道的分裂情况

二、晶体场分裂能

晶体场分裂的程度可用分裂能(Splitting Energy)Δ 来表示. 八面体场的分裂能用 Δ_o 表

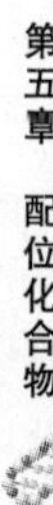

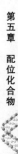

示,也可将 Δ_o 分为 10 等份,每等份为 1 Dq,则 $\Delta_o = 10$ Dq. 量子力学指出,在外电场作用下的 d 轨道的平均能量是不变的. 因此,分裂后 d 轨道的总能量应保持不变. 若以分裂前 d 轨道的能量作为计算能量的零点,那么所有 d_γ 和 d_ε 轨道的总能量等于零. 因此有:

分裂能　　$\Delta_o = E_{d_\gamma} - E_{d_\varepsilon} = 10$ Dq

总能量　　$2E_{d_\gamma} + 3E_{d_\varepsilon} = 0$($d_\gamma$ 有两个轨道,d_ε 有三个轨道)

将上述两式联立求解得:

$E_{d_\gamma} = 3/5\ \Delta_o = 6$ Dq　　(比分裂前高 6 Dq)

$E_{d_\varepsilon} = -2/5\ \Delta_o = -4$ Dq　　(比分裂前低 4 Dq)

正四面体配体进攻的方向和八面体场中的位置不同,故 d 轨道受配体的排斥作用不像八面体场那样强烈. 根据计算,同种配体中心离子距离相同时,正四面体场中 d 轨道的分裂能 Δ_t 仅是八面体场的 Δ_o 的 4/9. 四面体场中 d_γ 和 d_ε 轨道的能量升降恰好与八面体场相反(图 5-4),故有下列方程式:

$$E_{d_\varepsilon} - E_{d_\gamma} = \frac{4}{9} \times 10\ \text{Dq} \qquad E_{d_\varepsilon} = 1.78\ \text{Dq}$$

$$6E_{d_\varepsilon} + 4E_{d_\gamma} = 0 \qquad E_{d_\gamma} = -2.67\ \text{Dq}$$

可见在四面体场中,d 轨道分裂结果使 d_ε 轨道能量升高 1.78 Dq,使 d_γ 轨道能量降低 2.67 Dq. 表 5-5 为不同对称性晶体场中 d 轨道分裂的能级的相对值.

表 5-5　晶体场中 d 轨道分裂的能级相对值

d^n	离子	弱场 CFSE/Dq			强场 CFSE/Dq		
		正方形	正八面体	正四面体	正方形	正八面体	正四面体
d^0	Ca^{2+},Sc^{3+}	0	0	0	0	0	0
d^1	Ti^{3+}	−5.14	−4	−2.67	−5.14	−4	−2.67
d^2	Ti^{2+},V^{3+}	−10.28	−8	−5.34	−10.28	−8	5.34
d^3	V^{2+},Cr^{3+}	−14.56	−12	−3.56	−14.56	−12	−8.01
d^4	Cr^{2+},Mn^{2+}	−12.28	−6	−1.78	−19.70	−16	−10.68
d^5	Mn^{2+},Fe^{3+}	0	0	0	−24.84	−20	−8.90

晶体场分裂能可从光谱实验数据中求得. 影响分裂能的因素主要有中心离子的电荷和半径、配体的性质.

(一) 中心离子的电荷和半径

当配位体相同时,同一中心离子的电荷越高,分裂能 Δ 值越大. 一般三价水合离子比二价水合离子的 Δ 值约大 40%~80%,例如:

$[Fe(H_2O)_6]^{2+}$　　$\Delta_o = 10\ 400\ cm^{-1}$

$[Fe(H_2O)_6]^{3+}$　　$\Delta_o = 13\ 700\ cm^{-1}$

电荷相同的中心离子,半径越大,d 轨道离核越远,越易在外场作用下改变其能量,分裂能 Δ 值也越大. 同族同价离子的 Δ 值,第五周期大于第四周期(约增加 40%~50%),第六周期大于第五周期(约增加 20%~30%). 例如:

$[Co(NH_3)_6]^{3+}$　　$\Delta_o = 22\ 900\ cm^{-1}$

$[Rh(NH_3)_6]^{3+}$　　$\Delta_o = 34\ 100\ cm^{-1}$

$[Ir(NH_3)_6]^{3+}$　　　$\Delta_o = 41\,000\ cm^{-1}$

(二) 配位体的性质

对相同的中心离子而言，分裂能 Δ 值可因配位体场的强弱不同而异. 场的强度愈高，Δ 值愈大. 对八面体配合物讲，不同配位体的场强按下列顺序增大：

$I^- < Br^- < Cl^- \sim SCN^- < F^- < OH^- \sim ONO^- \sim HCOO^-$（甲酸根）$< C_2O_4^{2-}$（草酸根）$< H_2O < NCS^- < EDTA < en$（乙二胺）$< S_2O_3^{2-} < NO_2^- < CN^- < CO$

因该顺序总结了配合物光谱实验数据而得，因而称为光谱化学序列或分光化学序列 (Spectrochemical Series). 由此序列可见，配合物可分成强场配位体（如 CN^-）和弱场配位体（如 I^-、Br^-、Cl^-、F^-）等. 应当指出，这一序列只能适用于常见氧化态金属离子，如果不是常见氧化态（特高或特低），便不能按此序列来比较配位体的强弱. 即使是常见的配位体，某些邻近的次序有时也有差异，因而在不同的书上看到的光谱化学序列也略有出入.

三、分裂后中心离子 *d* 电子的排布和配合物的磁性

中心离子的 d 电子在分裂后的 d 轨道中的排布，除应遵循能量最低原理和洪特规则外，还会受到分裂能的影响.

在八面体场中，当中心离子具有 1～3 个 d 电子时，这些电子必然都排布在能量较低的 d_ε 轨道上，而且自旋平行，不受轨道分裂的影响. 若中心离子的 d 电子为 4，则可能有两种不同的排布方式：一种是第四个电子进入能级较高的 d_γ 轨道，形成具有未成对电子数较多的高自旋分布. 这个电子必须具有克服分裂能 Δ_o 的能量才能进入. 另一种是第四个电子挤进一个 d_ε 轨道，与原来的一个电子耦合成对，形成未成对电子较少的低自旋排布. 这个电子势必受到原有电子的排斥，因而必须具有克服排斥作用的能量，才能进入轨道与原来电子耦合成对，这个能量称为电子成对能 (Pairing Energy)，常用 P 表示. 究竟是形成高自旋还是低自旋排布，就取决于轨道分裂能 Δ_o 与电子成对能 P 的大小.

若 $\Delta_o < P$，按能量最低原理，电子进入 d_γ 轨道，未成对电子数增多，形成的配合物是高自旋，磁矩较大.

若 $\Delta_o > P$，按能量最低原理，电子进入 d_ε 轨道，未成对电子数减少，形成的配合物是低自旋，磁矩较小.

不同的中心离子，电子成对能 P 不同，但相差不大. 但分裂能则因中心离子的不同而相差较大，尤其是随配位体场的强弱不同而有较大差异. 这样，分裂后 d 轨道中电子的排布便主要取决于分裂能 Δ_o 的大小，也即主要取决于配位体场的强弱. 在弱场配体的作用下，Δ_o 值较小，电子将尽可能地分占不同的轨道并保持自旋相同，这样才能减少电子成对能的数值而保持能量最低. 因此弱场配位体形成的配合物将具有高自旋的结构，磁矩也较大. 在强场配位体作用下，Δ_o 值较大，电子进入 d_γ 轨道需要较多能量，只有电子进入能量较低的 d_ε 轨道并配对才能保持能量最低. 所以强场配位体形成的配合物将具有低自旋的结构，磁矩也较小. 表 5-6 列出了八面体场作用下中心离子 d 电子的排布情况.

对于八面体配合物，具有 $d^{1\sim3}$、$d^{8\sim10}$ 电子的离子，不论配位体场的强弱，其 d 电子排布都一样（不可能有两种排布）. 具有 $d^{4\sim7}$ 电子的离子，则因配位体场的强弱的不同，会有两种不同的 d 电子排布，形成的配合物磁性也不同. 这正是 d 轨道在配位体场作用下发生分裂，而分裂能的 Δ_o 与成对能 P 的相对大小不同所产生的必然结果.

表 5-6 在强、弱配位场中 d^n 电子排布情况

构 型	d 电子数	弱场排布		强场排布	
		d_ε	d_γ	d_ε	d_γ
正八面体	1	↑		↑	
	2	↑ ↑		↑ ↑	
	3	↑ ↑ ↑		↑ ↑ ↑	
	4	↑ ↑ ↑	↑	↑↓ ↑ ↑	
	5	↑ ↑ ↑	↑ ↑	↑↓ ↑↓ ↑	
	6	↑↓ ↑ ↑	↑ ↑	↑↓ ↑↓ ↑↓	
	7	↑↓ ↑↓ ↑	↑ ↑	↑↓ ↑↓ ↑↓	↑
	8	↑↓ ↑↓ ↑↓	↑ ↑	↑↓ ↑↓ ↑↓	↑ ↑
	9	↑↓ ↑↓ ↑↓	↑↓ ↑	↑↓ ↑↓ ↑↓	↑↓ ↑
	10	↑↓ ↑↓ ↑↓	↑↓ ↑↓	↑↓ ↑↓ ↑↓	↑↓ ↑↓

对于八面体配合物,所有 F^- 及水配合物都是高自旋的(仅$[Co(H_2O)_6]^{3+}$除外);而所有 CN^- 配合物都是低自旋的.

从光谱实验数据可以求得电子成对能 P 和轨道分裂能 Δ_o,从而便可预测配合物中心离子的电子排布及配合物磁矩的大小,这种预测与配合物磁矩的实验结果具有很好的一致性.

四、晶体场稳定化能

在配位体场的作用下,中心离子 d 轨道发生分裂,d 电子进入分裂后各轨道的总能量通常要比未分裂前的总能量低.这样就使生成的配合物具有一定的稳定性.而这一总能量降低,就称为**晶体场稳定化能**(Crystal Field Stabilization Energy,用 CFSE 表示).例如,Fe^{2+} 有 6 个 d 电子,它在弱八面体场(如正$[Fe(H_2O_6)]^{2+}$)中,因 $\Delta_o<P$ 而采取高自旋结构 $d_\varepsilon^{\ 4}$,$d_\gamma^{\ 2}$,其总能量为:

$$\text{CFSE}=4E_{d_\varepsilon}+2E_{d_\gamma}=4\times(-4\ \text{Dq})+2\times 6\ \text{Dq}=-4\ \text{Dq}$$

这表明分裂后比分裂前($E=0$)的总能量下降 4 Dq.如果 Fe^{2+} 离子在强八面体场如$[Fe(CN)]^{4-}$,因 $\Delta_o>P$ 而采取低自旋结构如 $d_\varepsilon^{\ 6}$,$d_\gamma^{\ 0}$,其总能量为:

$$\text{CFSE}=6\times(-4\ \text{Dq})=-24\ \text{Dq}$$

总能量下降更多,表明配合物更稳定.事实上$[Fe(CN)_6]^{4-}$确比$[Fe(H_2O)_6]^{2+}$稳定得多.

表 5-7 列出了 $d^{0\sim10}$ 过渡金属离子的晶体场稳定化能.由配位体的晶体场作用于中心离子而产生的晶体场稳定化能,是所形成的配离子具有相对稳定性的能量基础.

表 5-7 过渡金属离子的稳定化能

d^n	离子	弱场 CFSE/Dq			强场 CFSE/Dq		
		正方形	正八面体	正四面体	正方形	正八面体	正四面体
d^0	Ca^{2+}, Sc^{3+}	0	0	0	0	0	0
d^1	Ti^{3+}	−5.14	−4	−2.67	−5.14	−4	−2.67
d^2	Ti^{2+}, V^{3+}	−10.28	−8	−5.34	−10.28	−8	−5.34
d^3	V^{2+}, Cr^{3+}	−14.56	−12	−3.56	−14.56	−12	−8.01
d^4	Cr^{2+}, Mn^{3+}	−12.28	−6	−1.78	−19.70	−16	−10.68
d^5	Mn^{2+}, Fe^{3+}	0	0	0	−24.84	−20	−8.90
d^6	Fe^{2+}, Co^{3+}	−5.41	−4	−2.67	−29.12	−24	−6.12
d^7	Co^{2+}, Ni^{3+}	−10.28	−8	−5.34	−26.84	−18	−5.34
d^8	Ni^{2+}, Pd^{2+}, Pt^{2+}	−14.56	−12	−3.56	−24.56	−12	−3.56
d^9	Cu^{2+}, Ag^{2+}	−12.28	−6	−1.78	−12.28	−6	−1.78
d^{10}	Cu^+, Ag^+, Au^+, Zn^{2+}, Cd^{2+}, Hg^{2+}	0	0	0	0	0	0

五、晶体场理论应用示例

(一) 配合物的颜色

过渡金属配合物一般具有颜色，这可用晶体场理论来解释. 我们知道，物质的颜色是由于它选择性地吸收可见光(波长 400～760 nm)中某些波长的光线而产生的. 当白光投射到物体上，如果全部被物体吸收，就呈黑色；如果全部反射出来，物体就呈白色；如果只吸收可见光中某些波长的光线，则剩余的未被吸收的光线的颜色就是该物体的颜色.

配合物的颜色也是由于它选择性地吸收可见光中一定波长的光线. 过渡金属离子一般具有未充满的 d 轨道，而在配位体场作用下又发生了能级分裂，因此电子就有可能从较低能级的轨道向较高能级的轨道跃迁(如八面体场中电子从 d_ε 轨道向 d_γ 轨道跃迁). 这种跃迁称为 d-d 跃迁. 发生 d-d 跃迁所需要的能量就是 d 轨道的分裂能 Δ. 尽管不同配合物的 Δ 不同，但其数量级一般都在近紫外和可见光的能量范围之内. 不同配合物(晶体或溶液)由于分裂能 Δ 的不同，发生 d-d 跃迁所吸收光的波长也不同，结果便产生不同的颜色. 例如，$[Ti(H_2O)_6]^{2+}$ 的吸收光谱在 490.2 nm 处有一最大吸收峰(图 5-6)，相当于吸收了白光的蓝绿成分，而吸收最少的是紫色及红色成分，结果使 $[Ti(H_2O)_6]^{2+}$ 呈紫红色. 而这一最大吸收的能量相当于 20 400 cm^{-1}，它就是电子从 d_ε 轨道跃迁到 d_γ 轨道时吸收的能量，所以 $[Ti(H_2O)_6]^{2+}$)的分裂能 Δ_o＝20 400 cm^{-1}.

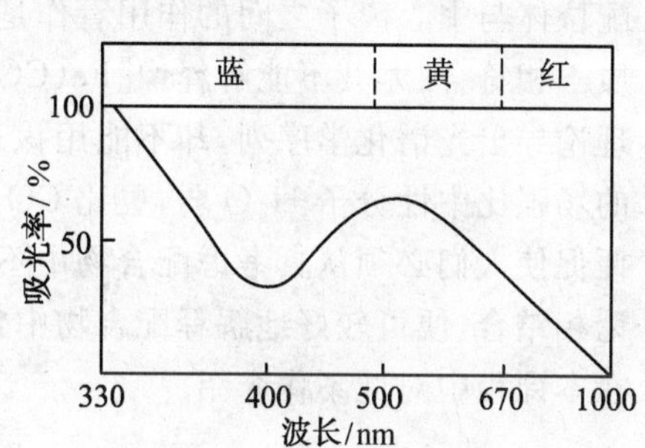

图 5-6 $[Ti(H_2O)_6]^{2+}$ 的吸收光谱

(二) 过渡金属离子的水合热

过渡金属离子的水合热 ΔH_h 是指气态离子溶于水，生成 1 mol 水合离子时所放出的热

量,用反应式表示为:

$$M^{n+}(g)+6H_2O(g) = [M(H_2O)_6]^{n+}(aq)$$
$$\Delta H=\Delta H_h$$

许多+2价离子都形成六配位八面体构型的水合离子.对于第四周期的+2价金属离子而言,从Ca^{2+}到Zn^{2+},其中d电子数从0增大到10,离子半径逐渐减小,它们的水合离子中,金属离子与水分子间结合的牢固程度增大,其水合热应有规律地增大.见图5-7中的虚线.但是实验测得的水合热并非如此,而是图5-7中的实线,出现了两个小"山峰".这一"反常"现象可以用晶体场稳定化能解释.

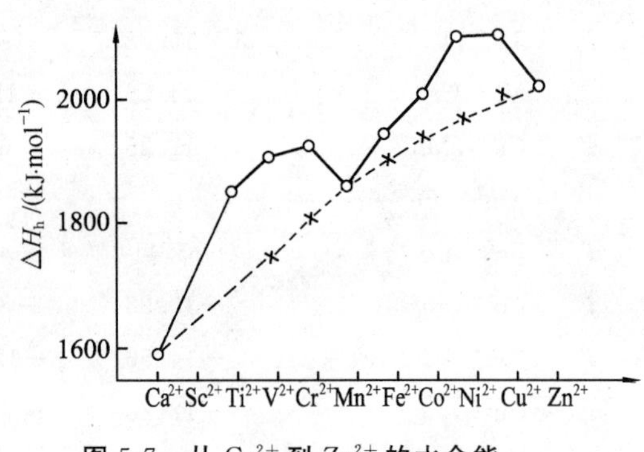

图5-7 从Ca^{2+}到Zn^{2+}的水合能

从前面表5-7所述的晶体场稳化能可见,对于弱八面体场的水合离子来说,$d^0(Ca^{2+})$、$d^5(Mn^{2+})$和$d^{10}(Zn^{2+})$的CFSE=0,这些离子的水合热是"正常"的,其实验值均落在图中的虚线上.其他离子(相应于$d^{2\sim4}$及$d^{6\sim9}$)的水合热,由于都有相应的稳定化能,因此实验结果没有落在图中的虚线上,其连线出现了"双峰".如果把各个水合离子的CFSE从水合热的实验值中一一扣去,再用ΔH_h对d^n作图,相应的各点将落在图中虚线上.这就证明实验曲线之所以"反常",是由晶体场稳定化能所造成的,它正反映了配离子的CFSE是随d电子数目的变化而变化的规律.同时,也是晶体场理论具有一定定量准确性的又一例证.

晶体场理论能够说明配合物的磁性、颜色及某些热力学性质,并有一定的定量准确性,这无疑要比价键理论大大地前进了一步.然而它也有明显的不足之处.首先,晶体场理论把配位体与中心离子之间的作用看作是纯粹静电性的,这显然与许多配合物中明显的共价性质不相符合.尤其不能解释像$[Fe(CO)_5]$这类中性原子形成的配合物.其次,可以由晶体场理论导出光谱化学序列,却不能用该理论来解释这个次序,如负离子F^-是弱场配位体,它的场强比中性分子H_2O弱,更比CO弱得多,这按晶体场理论的静电模型是很难理解的.这便促使人们必须认真考虑配合物中不可忽视的共价键合.如果把分子轨道理论与晶体场理论相结合,便可较好地解释配合物中化学键的本质以及配合物的性质.这就是配位场理论.在本课程中对此不作介绍.

5-3 配位解离平衡

5-3-1 稳定常数和不稳定常数

各种配离子在水溶液中具有不同的稳定性,它们在溶液中能发生不同程度的解离.但这个过程是可逆的,在一定条件下建立平衡,这种平衡叫作配位平衡.例如,$[Cu(NH_3)_4]^{2+}$配离子在水溶液中,可在一定程度上解离为Cu^{2+}和NH_3,同时,Cu^{2+}和NH_3又会生成$[Cu(NH_3)_4]^{2+}$配离子.在一定温度下,体系会达到动态平衡:

$$[Cu(NH_3)_4]^{2+} \rightleftharpoons Cu^{2+} + 4NH_3$$

此反应的标准平衡常数为：

$$K^{\ominus}_{不稳} = \frac{c_{Cu^{2+}} \cdot c^4_{NH_3}}{c_{[Cu(NH_3)_4]^{2+}}} = 4.79 \times 10^{-14}$$

我们把这一平衡的标准平衡常数称为标准不稳定常数，也记作 $K^{\ominus}_{不稳}$. $K^{\ominus}_{不稳}$ 越大，配离子越易解离，越不稳定.

同样，对于反应

$$Cu^{2+} + 4NH_3 \rightleftharpoons [Cu(NH_3)_4]^{2+}$$

$$K^{\ominus}_{稳} = \frac{c_{[Cu(NH_3)_4]^{2+}}}{c_{Cu^{2+}} \cdot c^4_{NH_3}} = 2.10 \times 10^{13} = K^{\ominus}_f$$

这一标准平衡常数称为标准稳定常数. 由于此反应也是配合物的生成反应，通常记作 $K^{\ominus}_f$(f, formation, 生成)，也可表示成 $K^{\ominus}_s$(s, stability, 稳定). 本书以 $K^{\ominus}_f$ 表示标准稳定常数. 显然 $K^{\ominus}_f$ 的大小，反映了配位反应的完全程度. $K^{\ominus}_f$ 越大，说明配位反应进行得越完全，配离子的解离的程度越小，即配离子越稳定.

不同的配离子具有不同的标准稳定常数，对于同类型的配离子，可用 $K^{\ominus}_f$ 值直接比较它们的稳定性. 例如，$[Ag(NH_3)_2]^+$ 和 $[Ag(CN)_2]^-$ 的 $K^{\ominus}_f$ 分别为 1.62×10^7 和 1.3×10^{21}，说明 $[Ag(CN)_2]^-$ 比 $[Ag(NH_3)_2]^+$ 稳定得多. 不同类型的配离子则不能仅用 $K^{\ominus}_f$ 值进行比较.

通常，配离子的生成和解离一般是逐级进行的. 因此在溶液中存在一系列的配位平衡，各级均有对应的稳定常数. 以 $[Cu(NH_3)_4]^{2+}$ 为例，其逐级配位反应如下：

$$Cu^{2+} + NH_3 \rightleftharpoons [Cu(NH_3)]^{2+}$$
$$K^{\ominus}_{f1} = 2.04 \times 10^4$$
$$[Cu(NH_3)]^{2+} + NH_3 \rightleftharpoons [Cu(NH_3)_2]^{2+}$$
$$K^{\ominus}_{f2} = 4.67 \times 10^3$$
$$[Cu(NH_3)_2]^{2+} + NH_3 \rightleftharpoons [Cu(NH_3)_3]^{2+}$$
$$K^{\ominus}_{f3} = 1.10 \times 10^3$$
$$[Cu(NH_3)_3]^{2+} + NH_3 \rightleftharpoons [Cu(NH_3)_4]^{2+}$$
$$K^{\ominus}_{f4} = 2.06 \times 10^2$$

总生成反应：$Cu^{2+} + 4NH_3 \rightleftharpoons [Cu(NH_3)_4]^{2+}$

$$K^{\ominus}_f = K^{\ominus}_{f1} \cdot K^{\ominus}_{f2} \cdot K^{\ominus}_{f3} \cdot K^{\ominus}_{f4} = 2.10 \times 10^{13}$$

逐级稳定常数的累积也称为累积稳定常数，以 $\beta^{\ominus}_n$ 表示（n 表示累积的级数）. 上述平衡的 $\beta^{\ominus}_1 = K^{\ominus}_1$，$\beta^{\ominus}_2 = K^{\ominus}_1 \cdot K^{\ominus}_2$，$\beta^{\ominus}_3 = K^{\ominus}_1 \cdot K^{\ominus}_2 \cdot K^{\ominus}_3$，$\beta^{\ominus}_4 = K^{\ominus}_1 \cdot K^{\ominus}_2 \cdot K^{\ominus}_3 \cdot K^{\ominus}_4$. 逐级稳定常数相差不大，因此计算时必须考虑各级配离子的存在. 但在实际工作中，体系内加入过量的配体，配位平衡向着生成配合物的方向移动，配离子主要以最高配位形式存在，因而可以采用标准稳定常数 $K^{\ominus}_f$ 进行计算.

5-3-2 配位平衡的计算

例 5-1 试比较：含 0.01 $mol \cdot L^{-1}$ NH_3 和 0.1 $mol \cdot L^{-1}$ $Ag(NH_3)_2^+$ 的溶液中 Ag^+ 离子浓度为多少？含 0.01 $mol \cdot L^{-1}$ CN^- 和 0.1 $mol \cdot L^{-1}$ $Ag(CN)_2^-$ 的溶液中 Ag^+ 离子浓度

为多少?

(已知:$K^{\ominus}_{f,[Ag(NH_3)_2]^+}=1.6\times10^{7}$, $K^{\ominus}_{f,[Ag(CN)_2]^-}=1.3\times10^{21}$.)

解:设在 $Ag(NH_3)_2^+ \sim NH_3$ 溶液中,$[Ag^+]=x\ mol\cdot L^{-1}$

$$Ag^+ + 2NH_3 \rightleftharpoons Ag(NH_3)_2^+$$

平衡时:　　x　　$0.01+2x$　　$0.1-x$

$$K^{\ominus}_{f,[Ag(NH_3)_2]^+}=\frac{[Ag(NH_3)_2^+]}{[Ag^+][NH_3]^2}=\frac{0.1-x}{x\cdot(0.01+2x)^2}=1.6\times10^{7}$$

因 $K_f^{\ominus}\gg1$,故 $x\ll1$,则 $0.1-x\approx0.1$,$0.01+2x\approx0.01$

因 $\frac{0.1}{x\cdot(0.01)^2}\approx1.6\times10^{7}$,故 $x=\frac{0.1}{1.6\times10^{7}\times10^{-4}}=6.25\times10^{-5}(mol\cdot L^{-1})$

同理:

$$Ag^+ + 2CN^- \rightleftharpoons Ag(CN)_2^-$$

y　　$0.01+2y$　　$0.1-y$

$$K^{\ominus}_{f,[Ag(CN)_2]^-}=\frac{[Ag(CN)_2^-]}{[Ag^+][CN^-]^2}=\frac{0.1-y}{y\cdot(0.01+2y)^2}=1.3\times10^{21}$$

因 $K_f\gg1$,故 $y\ll1$,$0.1-y\approx0.1$,$0.01+2y\approx0.01$

$$y=\frac{0.1}{1.3\times10^{21}\times(0.01)^2}=7.69\times10^{-19}(mol\cdot L^{-1})$$

例 5-2　比较不同类型并计算:$0.1\ mol\cdot L^{-1}$ $[CuY]^{2-}$(Y 为 EDTA)和 $0.1\ mol\cdot L^{-1}$ $[Cu(en)_2]^{2+}$ 溶液中 Cu^{2+} 的浓度.已知 $K_f^{\ominus}([CuY]^{2-})=6.3\times10^{18}$;$K_f^{\ominus}([Cu(en)_2]^{2+})=4.1\times10^{19}$.

解:

$$Cu^{2+} + Y^{4-} \rightleftharpoons [CuY]^{2-}$$

起始浓度　　0　　0　　0.1

平衡浓度　　x　　x　　$0.1-x$

$$K_f^{\ominus}=\frac{c([CuY]^{2-})}{c(Cu^{2+})\cdot c(Y^{4-})}$$

$$(0.1-x)/x^2=6.3\times10^{18}$$

$$x=1.26\times10^{-10}\ mol\cdot L^{-1}$$

$$2en+Cu^{2+} \rightleftharpoons [Cu(en)_2]^{2+}$$

起始浓度　　0　　0　　0.1

平衡浓度　　$2y$　　y　　$0.1-y$

$$K_f^{\ominus}=\frac{c([Cu(en)_2]^{2+})}{c(Cu^{2+})\cdot c^2(en)}$$

$$(0.1-y)/(y(2y)^2)=4.1\times10^{19}$$

$$y=8.48\times10^{-8}\ mol\cdot L^{-1}$$

$[Cu(en)_2]^{2+}$ 解离出的 Cu^{2+} 的浓度与 $[CuY]^{2-}$ 解离出的 Cu^{2+} 的浓度比为 $8.48\times10^{-8}/1.26\times10^{-10}=673$,即两者相差近 700 倍.

通过上述两题计算得出结论:对于相同类型的配合物(或配离子)而言,$K_f^{\ominus}$ 越大,配合物越稳定;但对于不同类型的配离子,不能简单地从 $K_f^{\ominus}$ 来判断稳定性,而要通过计算来说明.

5-3-3 配位平衡的移动

配位平衡是一种相对的平衡状态，金属离子 M^{n+} 和配位体 L^{m-} 通过配位键结合成配合物. 在溶液中，配离子 $ML_x^{(n-xm)+}$ 与组成它的中心离子 M^{n+} 和配体 L^{m-} 之间，在水溶液中存在配位解离平衡：

$$ML_x^{(n-xm)+} \rightleftharpoons M^{n+} + xL^{m-}$$

若在溶液中加入某种试剂（如酸、碱、沉淀剂、氧化还原剂或其他配位剂等），它能与溶液中的金属离了或配体发生反应，使上述配位平衡发生移动，溶液中各组分的浓度和配离子的稳定性都发生了变化. 配位平衡的移动涉及溶液中的配位平衡和其他化学平衡共同存在时的竞争平衡问题.

一、沉淀溶解平衡与配位平衡

在含有配离子的溶液中，如果加入某一沉淀剂，使金属离子生成沉淀，则配离子的配位平衡遭到了破坏，配离子将发生解离. 在一些难溶盐的溶液中加入某种配位剂，由于配离子的形成而使得沉淀溶解. 这时溶液中同时存在着配位平衡和沉淀溶解平衡，反应的过程实质上就是配位剂和沉淀剂争夺金属离子的过程.

例如，将 $AgNO_3$ 和 NaCl 两种溶液相混合，则有白色的 AgCl 沉淀生成. 加浓氨水后，AgCl 沉淀消失，有 $[Ag(NH_3)_2]^+$ 生成. 然后加入 KBr 溶液，则又有淡黄色 AgBr 沉淀生成. 接着加入 $Na_2S_2O_3$ 溶液，则 AgBr 沉淀消失，生成 $[Ag(S_2O_3)_2]^{3-}$. 再加 KI 溶液，则有黄色的 AgI 沉淀生成. 加入 KCN 溶液，AgI 沉淀便消失，生成 $[Ag(CN)_2]^-$. 最后加入 Na_2S 溶液，则有黑色的 Ag_2S 沉淀产生. 这些化学反应可以简单地表示如下：

$$AgNO_3 \xrightarrow{NaCl} \underset{K_{sp}^{\ominus}=1.56\times10^{-10}}{AgCl\downarrow} \xrightarrow{NH_3} \underset{K_f^{\ominus}=1.62\times10^{7}}{[Ag(NH_3)_2]^-} \xrightarrow{KBr} \underset{K_{sp}^{\ominus}=7.7\times10^{-13}}{AgBr\downarrow} \xrightarrow{Na_2S_2O_3}$$

$$\underset{K_f^{\ominus}=2.38\times10^{13}}{[Ag(S_2O_3)_2]^{3-}} \xrightarrow{KI} \underset{K_{sp}^{\ominus}=1.5\times10^{-16}}{AgI\downarrow} \xrightarrow{KCN} \underset{K_f^{\ominus}=1.32\times10^{21}}{[Ag(CN)_2]^-} \xrightarrow{Na_2S} \underset{K_{sp}^{\ominus}=1.6\times10^{-49}}{Ag_2S\downarrow}$$

例 5-3 室温下，如在 100 mL 的 0.1 $mol\cdot L^{-1}$的 $AgNO_3$ 溶液中，加入等体积、同浓度的 NaCl，即有 AgCl 沉淀析出. 要阻止沉淀析出或使它溶解，问需要加入的氨水的最低浓度为多少？这时溶液中 $c(Ag^+)$为多少？

解：可以认为，由于大量氨水的存在，AgCl 溶于氨水后几乎全部生成$[Ag(NH_3)_2]^+$.

设平衡时 NH_3 的平衡浓度为 x $mol\cdot L^{-1}$，则有：

$$AgCl(s)+2NH_3(aq) \rightleftharpoons [Ag(NH_3)_2]^+(aq)+Cl^-(aq)$$

平衡浓度/$mol\cdot L^{-1}$ $\quad x \quad (0.10\times100)/200 \quad 0.050$

该反应的平衡常数为：

$$K^{\ominus}=\frac{c([Ag(NH_3)_2]^+)\cdot c(Cl^-)}{c^2(NH_3)}=K_f^{\ominus}\cdot K_{sp}^{\ominus}=1.62\times10^7\times1.56\times10^{-10}$$

$$=2.53\times10^{-3}$$

$$(0.05\times0.05)/x^2=2.53\times10^{-3}$$

$$x=0.99$$

即 NH_3 的平衡浓度为 0.99 $mol\cdot L^{-1}$.

总 NH_3 浓度为 0.99 $mol\cdot L^{-1}$ + 2×0.050 $mol\cdot L^{-1}$ = 1.09 $mol\cdot L^{-1}$. 又

$$K^{\ominus}=\frac{c([Ag(NH_3)_2]^+)}{c(Ag^+)c^2(NH_3)}=1.62\times10^7$$

$$\frac{0.050}{c(Ag^+)0.99^2}=1.62\times10^7$$

$$c(Ag^+)=3.1\times10^{-9}\ mol\cdot L^{-1}$$

从 $K^{\ominus}=K_f^{\ominus}\cdot K_{sp}^{\ominus}$ 可知,$K_f^{\ominus}$ 越大,则该沉淀越易溶解,所以该平衡是 $K_f^{\ominus}$ 与 $K_{sp}^{\ominus}$ 的竞争.如果溶液中加入 KBr,假定其浓度是 0.050 $mol\cdot L^{-1}$,$c(Ag^+)$和 $c(Br^-)$的乘积大于 AgBr 溶度积,故必然会有 AgBr 沉淀析出.

总之,究竟发生配位反应还是沉淀反应,取决于配位剂和沉淀剂的能力大小以及它们的浓度.它们能力的大小主要由稳定常数和溶度积决定.如果配位剂的配位能力大于沉淀剂的沉淀能力,则沉淀消失或不析出沉淀,而生成配离子,如 AgCl 沉淀被氨水溶解;若沉淀剂的沉淀能力大于配位剂的配位能力,则配离子被破坏,而有新的沉淀产生,如在 $[Ag(NH_3)_2]^+$ 中加 Br^-,AgBr 沉淀析出.因此,配合物的稳定常数越大,越易于形成相应配合物,沉淀越易溶解;沉淀的 $K_{sp}^{\ominus}$ 越小,则配合物越易解离生成沉淀.

二、酸碱平衡和配位平衡

如配位体是弱酸根(如 F^-,CN^-,SCN^- 等),能与外加酸生成弱酸而使平衡移动.例如,当$[H_3O^+]>0.5\ mol\cdot L^{-1}$时,$[FeF_3]$配合物将按下列平衡箭头所指方向解离:

$$\longleftarrow$$

$$Fe^{3+}+3F^-\rightleftharpoons[FeF_3]$$

$$3F^-+3H_3O^+\rightleftharpoons3HF+3H_2O$$

$$\longrightarrow$$

又如,在不同的 pH 条件下,Fe^{3+} 与水杨酸($HO\cdot C_6H_4\cdot COOH$, salicylic acid)可生成下列各种有色的螯合物:

$$Fe^{3+}(aq)+(sal)^-(aq)\rightleftharpoons[Fe(sal)]^+(aq)+H_3O^+(aq)\ (pH=2\sim3)$$

(紫红色)

$$[Fe(sal)]^+(aq)+(sal)^-(aq)\rightleftharpoons[Fe(sal)_2]^-(aq)+H_3O^+(aq)\ (pH=4\sim8)$$

(红褐色)

$$[Fe(sal)_2]^{2-}(aq)+(sal)^-(aq)\rightleftharpoons[Fe(sal)_3]^{3-}(aq)+H_3O^+(aq)\ (pH\geqslant9)$$

(黄色)

配合物的标准稳定常数越小,则配合物越不稳定.生成的酸越弱($K_a^{\ominus}$ 越小),则配离子越容易被加入的酸解离.

三、配离子之间的相互转化

含有配离子的溶液中,加入另一种配位剂,使之生成另一种更稳定的配离子,这时即发生了配离子的转化.例如,在血红色的$[Fe(SCN)_3]$溶液中加入 NaF,F^- 和 SCN^- 争夺 Fe^{3+},溶液中存在两个配位平衡:

$$[Fe(SCN)_3]\rightleftharpoons Fe^{3+}+3SCN^-$$

$$Fe^{3+}+6F^-\rightleftharpoons[FeF_6]^{3-}$$

总反应式为: $[Fe(SCN)_3]+6F^-\rightleftharpoons[FeF_6]^{3-}+3SCN^-$

平衡常数:

$$K^{\ominus}=\frac{c([FeF_6]^{3-})\cdot c^3(SCN)}{c([Fe(SCN)_3])\cdot c^6(F^-)}=\frac{K_f^{\ominus}([FeF_6]^{3-})}{K_f^{\ominus}([Fe(SCN)_3])}=\frac{1.0\times10^{16}}{4.0\times10^5}=2.5\times10^{10}$$

$K^\ominus$很大，说明反应很完全，血红色$[Fe(SCN)_3]$可完全转化成无色的$[FeF_6]^{3-}$. 实际上，在血红色$[Fe(SCN)_3]$溶液中加入足量的 NaF，溶液即从血红色转化成无色.

四、氧化还原平衡和配位平衡

在含有配离子的溶液中，氧化还原反应的发生可改变金属离子的浓度，使配位平衡发生移动. 同时，对于溶液中的氧化还原反应，利用配位反应可改变金属离子的浓度，使其氧化还原能力发生变化.

1. 金属配离子之间的 $\varphi^\ominus$ 的计算

例 5-4 计算 $\varphi^\ominus_{[Cu(NH_3)_4]^{2+}/Cu}$，已知 $\varphi^\ominus_{Cu^{2+}/Cu}=+0.34\ V$，$K^\ominus_{f,[Cu(NH_3)_4]^{2+}}=4.8\times10^{12}$.

解： $\varphi^\ominus_{[Cu(NH_3)_4]^{2+}/Cu}$的含义：

$$Cu(NH_3)_4^{2+}(aq)+2e^- \longrightarrow Cu^{2+}(aq)+4NH_3(aq)$$

25℃，1.013×10^5 Pa 下，$[Cu(NH_3)_4^{2+}]=[NH_3]=1\ mol\cdot L^{-1}$（在热力学上是指活度为 1 $mol\cdot kg^{-1}$）时的还原电位.

$K^\ominus_{f,[Cu(NH_3)_4]^{2+}}=\dfrac{[Cu(NH_3)_4^{2+}]}{[Cu^{2+}][NH_3]^4}$ 对于 $\varphi^\ominus_{[Cu(NH_3)_4]^{2+}/Cu}$ 而言，$[Cu(NH_3)_4^{2+}]=[NH_3]=1\ mol\cdot L^{-1}$.

因 $K^\ominus_f=\dfrac{1}{[Cu^{2+}]}$，故$[Cu^{2+}]=\dfrac{1}{K^\ominus_f}$

$$\begin{aligned}\varphi^\ominus_{[Cu(NH_3)_4]^{2+}/Cu}&=\varphi^\ominus_{Cu^{2+}/Cu}+\frac{0.059\,2}{2}\lg[Cu^{2+}]\\&=\varphi^\ominus_{Cu^{2+}/Cu}+\frac{0.059\,2}{2}\lg\frac{1}{K^\ominus_f}\\&=+0.34-\frac{0.059\,2}{2}\times12.68=-0.035\ (V)\end{aligned}$$

2. 配合物的形成对还原电位的影响

电对中氧化型(Ox)物质生成配离子时，若 $K^\ominus_f$ 越大，则 $\varphi^\ominus$ 越小；电对中还原型(Red)物质生成配离子时，若 $K^\ominus_f$ 越大，则 $\varphi^\ominus$ 越大；电对中 Ox 型和 Red 型物质都形成配离子，要从 Ox 型、Red 型配离子的稳定性来判断 $\varphi^\ominus$ 是变大还是变小. 例如，$\varphi^\ominus_{Co^{3+}/Co^{2+}}=+1.83\ V$，$\varphi^\ominus_{[Co(NH_3)_6]^{3+}/[Co(NH_3)_6]^{2+}}=+0.108\ V$，这说明$[Co(NH_3)_6]^{3+}$比$[Co(NH_3)_6]^{2+}$稳定，即在 $Co(NH_3)^{3+}{}_6\sim Co(NH_3)_6^{2+}$ 体系中，$[Co^{3+}]/[Co^{2+}]\ll1$.

实例：

	$\varphi^\ominus$	$\lg K^\ominus_f$	$[Cu^{2+}]$	E
$Cu^++e^-\longrightarrow Cu$	+0.52 V			
$CuCl_2^-+e^-\longrightarrow Cu+2Cl^-$	+0.20 V	5.5		
$CuBr_2^-+e^-\longrightarrow Cu+2Br^-$	+0.17 V	5.89		
$CuI_2^-+e^-\longrightarrow Cu+2I^-$	+0.00 V	8.85		
$Cu(CN)_2^-+e^-\longrightarrow Cu+2CN^-$	−0.68 V	24.0		
		增大 ↓	减小 ↓	增大 ↓

5-3-4 稳定常数的应用

利用配合物的稳定常数,可以判断反应进行的程度和方向,计算配合物溶液中某一离子的浓度,判断难溶盐的溶解和生成的可能性等,计算金属与其配离子组成的电极的电极电势.

一、计算配离子中有关离子的浓度

例 5-5 1 mL 0.04 mol·L^{-1} $AgNO_3$ 溶液中,加入 1 mL 2 mol·L^{-1} $NH_3\cdot H_2O$,计算在平衡后溶液中 Ag^+ 的浓度.(配合物解离出的金属离子浓度是很小的)

解: $Ag^+ + 2NH_3 \rightleftharpoons [Ag(NH_3)_2]^+$

	Ag^+	NH_3	$[Ag(NH_3)_2]^+$
反应前	0.02	1.00	0
平衡时	x	$0.96+2x$	$0.02-x$

$$K_f^{\ominus}=\frac{c([Ag(NH_3)_2]^+)/c^{\ominus}}{c(Ag^+)\cdot c^2(NH_3)}=1.7\times10^7$$

$$\frac{0.02-x}{x(0.96+2x)^2}=1.7\times10^7$$

$$x=1.28\times10^{-9}\ \mathrm{mol\cdot L^{-1}}$$

平衡后 $c[(Ag^+)]$ 为 1.28×10^{-9} mol·L^{-1}.

二、判断配位反应进行的方向

例 5-6 判断 $[Ag(NH_3)_2]^+ + 2CN^- = [Ag(CN)_2]^- + 2NH_3$ 的反应方向.

已知:$K_f^{\ominus}([Ag(NH_3)_2]^+)=1.7\times10^7$,$K_f^{\ominus}([Ag(CN)_2]^-)=1.0\times10^{21}$

解:

$$K^{\ominus}=\frac{c([Ag(CN)_2]^-\cdot c^2(NH_3)}{c([Ag(NH_3)_2]^+)\cdot c^2(CN^-)}$$

$$=\frac{c([Ag(CN)_2]^-)\cdot c^2(NH_3)\cdot c(Ag^+)}{c([Ag(NH_3)_2]^+)\cdot c^2(CN^-)\cdot c(Ag^+)}$$

$$=\frac{K_f^{\ominus}([Ag(CN)_2]^-)}{K_f^{\ominus}([Ag(NH_3)_2]^+)}=\frac{1.0\times10^{21}}{1.7\times10^7}=5.8\times10^{13}$$

$K^{\ominus}$ 很大,说明反应正方向进行得很完全.

例 5-7 在 1L 原始浓度为 0.10 mol·L^{-1} 的 $[Ag(NO_2)_2]^-$ 溶液中,加入 0.20 mol 晶体 KCN,求溶液中 $[Ag(NO_2)_2]^-$、$[Ag(CN)_2]^-$、NO_2^- 和 CN^- 的平衡浓度.

$K_f^{\ominus}([Ag(CN)_2]^-)=1.0\times10^{21}$　　　　$K_f^{\ominus}([Ag(NO_2)_2]^-)=6.7\times10^2$

解: $[Ag(NO_2)_2]^- + 2CN^- = [Ag(CN)_2]^- + 2NO_2^-$(忽略逐级解离)

	$[Ag(NO_2)_2]^-$	CN^-	$[Ag(CN)_2]^-$	NO_2^-
起始	0.10	0.20	0	0
平衡	x	$2x$	$0.10-x$	$0.20-2x$

$$K^{\ominus}=\frac{1.0\times10^{27}}{6.7\times10^2}=1.49\times10^{18}=\frac{(0.10-x)(0.20-2x)^2}{x\cdot(2x)^2}=\frac{(0.1-x)^3}{x^3}=1.49\times10^{18}$$

$x=8.77\times10^{-8}(\mathrm{mol\cdot L^{-1}})=c([Ag(NO_2)_2]^-)$

$c(CN^-)=1.75\times10^{-7}(\mathrm{mol\cdot L^{-1}})$

$c(NO_2^-)=0.20(\mathrm{mol\cdot L^{-1}})$

$c([Ag(CN)_2]^-=0.10(\mathrm{mol\cdot L^{-1}})$

三、讨论难溶盐生成或其溶解的可能性

一些难溶盐往往因形成配合物而溶解，利用稳定常数可计算难溶物质配位时的溶解度以及全部转化为配离子时所需配位剂的用量.

例 5-8 若在 0.1 $mol \cdot L^{-1}$ 的 $[Ag(NH_3)_2]^+$ 溶液中加入 NaCl，使 NaCl 的浓度达到 0.001 $mol \cdot L^{-1}$，有无 AgCl 沉淀产生？同样，在含有 2 $mol \cdot L^{-1}$ NH_3 的 0.1 $mol \cdot L^{-1}$ $[Ag(NH_3)_2]^+$ 溶液中，加入 NaCl，也使其浓度达到 0.001 $mol \cdot L^{-1}$，有无 AgCl 沉淀产生？并通过比较两种情况下求得的解离度数值得出结论.

解：第一种情况：$c(Ag^+)=x$，无过量配体存在.

$$Ag^+ + 2NH_3 \rightleftharpoons [Ag(NH_3)_2]^+$$

平衡时　　x　　$2x$　　$0.1-x$

$$(0.1-x)/x(2x)^2=1.7\times10^7, x \ll 0.1 mol \cdot L^{-1}, 0.1-x \approx 0.1 mol \cdot L^{-1}$$

$$0.1/4x^3=1.7\times10^7, \quad x=1.14\times10^{-3} mol \cdot L^{-1}$$

解离度：$\alpha=c(Ag^+)/c(Ag^+总)=(1.14\times10^{-3}/0.1)\times100\%=1.14\%$

$$c(Ag^+)\cdot c(Cl^-)=1.14\times10^{-3}\times0.001=1.14\times10^{-6} > K_{sp}^{\ominus}(AgCl)=1.56\times10^{-10}$$

有 AgCl 沉淀生成.

第二种情况：$c(Ag^+)=x'$，溶液中有过量配体存在.

$$Ag^+ + 2NH_3 \rightleftharpoons [Ag(NH_3)_2]^+$$

　　x'　　$2+2x'$　　$0.1-x'$

$$(0.1-x')/x'(2+2x')^2=1.7\times10^7$$

$$x' \leqslant 0.1, 2+2x' \approx 2, 0.1-x' \approx 0.1$$

$$x'=1.47\times10^{-9} mol \cdot L^{-1}$$

解离度：$\alpha=1.47\times10^{-9}/0.1\times100\%=1.47\times10^{-6}\%$

$$c(Ag^+)c(Cl^-)=1.47\times10^{-9}\times0.001=1.47\times10^{-12} < K_{sp}^{\ominus}(AgCl)=1.56\times10^{-10}$$

无 AgCl 沉淀生成.

因此，加入过量配体时，同离子效应使平衡向生成配合物方向移动，配离子的解离度降低.

四、利用配合物的标准稳定常数和金属与配离子间的标准电极电势，判断氧化还原反应的方向

例 5-9 从标准电极电势判断，H_2 可以还原 Cu^{2+}，反应如下：

$$Cu^{2+}(1mol \cdot L^{-1})+H_2(100 kPa)+2H_2O \rightleftharpoons 2H_3O^+(1mol \cdot L^{-1})+Cu(s)$$

电池式为：

$$(-)\ Pt, H_2(100 kPa) \mid H_3O^+(1mol \cdot L^{-1}) \parallel Cu^{2+}(1mol \cdot L^{-1}) \mid Cu\ (+)$$

$$\varepsilon=\varphi_{+}^{\ominus}-\varphi_{-}^{\ominus}=0.34-0.00-0.34(V)$$

在 Cu^{2+} 溶液中加入过量氨水后，试判断反应进行的方向。

解：由于 $Cu^{2+}+4NH_3 \rightleftharpoons [Cu(NH_3)_4]^{2+}$，在铜氨配位反应达平衡后，可计算 $E_{Cu^{2+}/Cu}$：

$$c(Cu^{2+})=\frac{c([Cu(NH_3)_4]^{2+})}{K_f[(NH_3)]^4}$$

$$E=\varphi_{Cu^{2+}/Cu}^{\ominus}+\frac{0.059\ 2}{2}\lg c(Cu^{2+})=\varphi_{Cu^{2+}/Cu}^{\ominus}+\frac{0.059\ 2}{2}\lg\frac{c([Cu(NH_3)_4]^{2+})}{K_f[NH_3]^4}=-0.05(V)$$

说明电池反应的方向发生了变化,即:

(—) Cu | Cu^{2+} (1mol · L^{-1}) ‖ H_3O^+ (1mol · L^{-1}) | H_2 (100 kPa), Pt (+)

5-4 螯合物

5-4-1 螯合物的概述

前面我们已经学过的$[FeF_6]^{3-}$、$[Cu(NH_3)_4]^{2+}$和$[Ni(CN)_4]^{2-}$等都是由单齿配位体与中心离子形成的简单配位化合物,即中心离子与每个配位体之间只形成一个配位键. 多齿配位体与中心离子形成配合物时,中心离子与配位体之间至少形成两个配位键. 例如,乙二胺与 Cu^{2+} 的配位反应为

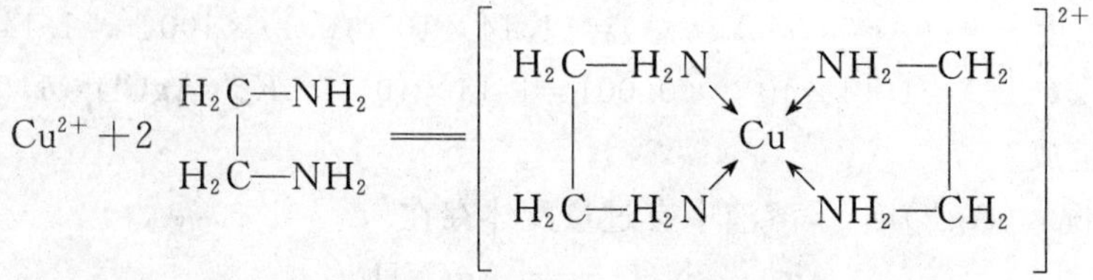

$$Cu^{2+} + 2\begin{array}{l} H_2C—NH_2 \\ \quad| \\ H_2C—NH_2 \end{array} = \left[\begin{array}{ccccc} H_2C—H_2N & & & & NH_2—CH_2 \\ | & \searrow & & \swarrow & | \\ & & Cu & & \\ | & \nearrow & & \nwarrow & | \\ H_2C—H_2N & & & & NH_2—CH_2 \end{array}\right]^{2+}$$

由于乙二胺的分子中含有两个可提供孤对电子的氮原子,中心离子与配位体之间形成两个配位键,使配离子具有环状结构. 这种由多齿配位体和同一中心离子形成的具有环状结构的配合物称为螯合物,也称为内配合物. 能与中心离子形成螯合物的配位体称为螯合剂(Chelating Agents).

在螯合物中,中心离子与螯合剂分子(或离子)数目之比称为螯合比. 上述螯合物的螯合比都是 1∶2. 胺羧类化合物是最常见的螯合剂,其中最重要和应用最广的是乙二胺四乙酸(EDTA)和它的二钠盐①,其结构为:

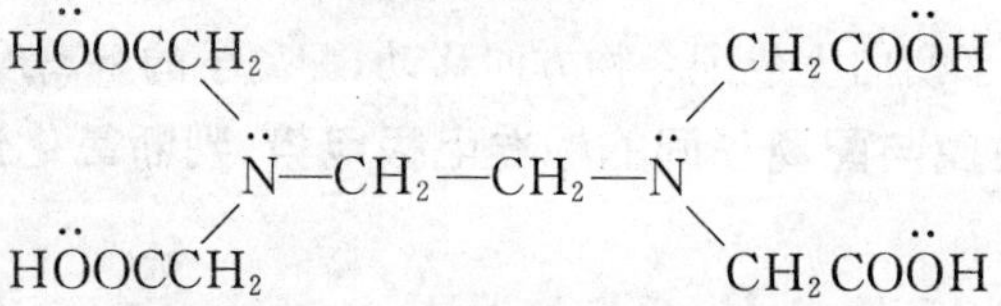

$$\begin{array}{ccccc} H\ddot{O}OCCH_2 & & & & CH_2CO\ddot{O}H \\ & \searrow & & \swarrow & \\ & \ddot{N}—CH_2—CH_2—\ddot{N} & & & \\ & \nearrow & & \nwarrow & \\ H\ddot{O}OCCH_2 & & & & CH_2CO\ddot{O}H \end{array}$$

乙二胺四乙酸(EDTA)具有 6 个配位原子,可以和大多数金属离子形成稳定螯合物. 例如,EDTA(H_4Y)与金属离子钙的作用:

$$Ca^{2+} + H_4Y = [CaY]^{2-} + 4H^+$$

$[CaY]^{2-}$ 的结构如图 5-8 所示. 由于螯合物具有环状结构,比相同配位原子的简单配位化合物稳定得多. 这种因成环而使配合物稳定性增大的现象称为螯合效应.

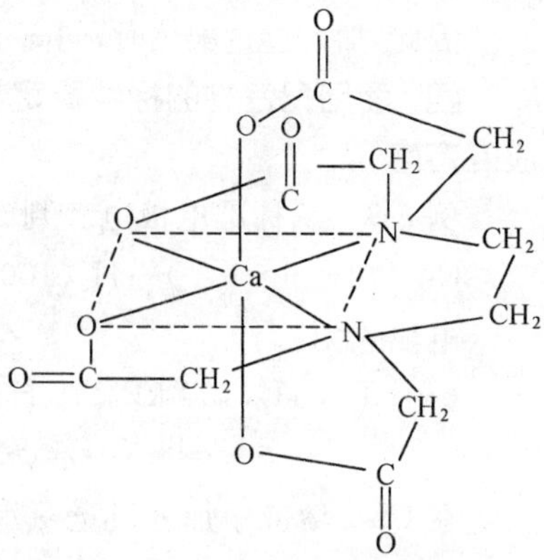

图 5-8 $[CaY]^{2-}$ 的空间结构

---

① 乙二胺四乙酸(EDTA)和它的二钠盐都可写成 EDTA,在化学方程式中,常用 H_4Y 表示酸,Na_2H_2Y 表示二钠盐.

表 5-8　几种金属离子氨合物和乙二胺螯合物的稳定常数

配离子	$\lg K_f^\ominus$	配离子	$\lg K_f^\ominus$
$[Cu(NH_3)_4]^{2+}$	12.68	$[Cd(NH_3)_4]^{2+}$	7.0
$[Cu(en)_2]^{2+}$	19.60	$[Cd(en)_2]^{2+}$	10.02
$[Zn(NH_3)_4]^{2+}$	9.46	$[Ni(NH_3)_6]^{2+}$	8.74
$[Zn(en)_2]^{2+}$	10.37	$[Ni(en)_3]^{2+}$	18.59

表 5-8 为几种金属离子氨合物和乙二胺螯合物的稳定常数. 螯合环的大小对螯合物的稳定性有一定的影响. 一般来说,五原子环的螯合物最为稳定,六原子环次之. 例如,Ca^{2+} 与 EDTA 及其衍生物形成的螯合物,当配位体$(^-OOCCH_2)_2N(CH_2)_nN(CH_2COO^-)_2$ 中的$n=2$ 时,生成五原子环螯合物,其稳定性最高. Ca^{2+} 与 EDTA 及其衍生物形成的螯合物见表 5-9.

表 5-9　Ca^{2+} 与 EDTA 及其衍生物形成的螯合物的稳定性

n	2	3	4	5
X 元环	5	6	7	8
$\lg K_f^\ominus$	10.7	7.28	5.66	5.2

必须指出,并不是所有具有多个配原子的配体均可形成螯合物. 联氨分子 $H_2N—NH_2$ 虽然具有两个能给出电子对的 N 原子,但它不能与金属离子形成螯合物. 显然,作为螯合剂必须具备以下两个条件:

(1) 螯合剂分子(或离子)具有两个或两个以上配位原子,而且这些配位原子必须能与中心金属离子 M 配位.

(2) 螯合剂中每两个配位原子之间相隔二或三个其他原子,以便与中心离子形成稳定的五元环或六元环. 多于六个原子的环或少于五个原子的环都不稳定.

螯合物的稳定性很强,很少有逐级解离现象,且具有特殊颜色,难溶于水而易溶于有机溶剂. 绝大多数生物螯合物是以五原子环结构为单元的螯合物等. 分析化学中重要的螯合剂一般是以氮、氧或硫为配位原子的有机化合物. 常见的有下列几种类型:

一、"OO"型螯合剂

以两个氧原子为配位原子的螯合剂有氨基酸、多元醇、多元酚等. 例如,Cu^{2+} 与乳酸根离子生成可溶性螯合物:

```
O═C—O       O—CH—CH₃
  |    \   /    |
  |     Cu      |
  |    /   \    |
H₃C—HC—O     O—C═O
```

柠檬酸是一个三元羧基羧酸,其酸根与+2 价金属离子螯合时,形成螯合物:

```
                O
                ‖
                C—O
                |    \
                |     M
                |    /  \
⁻OOC—CH₂—C—O      O
              \           /
              H₂C——C
                      ‖
                      O
```

其中有一个五原子环和一个六原子环(在碱性溶液中配体上的氢也可被中和).

柠檬酸根和酒石酸根都能与许多金属离子形成可溶性的螯合物.在分析化学中广泛地被用作掩蔽剂.

二、"NN"型螯合剂

这类螯合剂包括有机胺类和含氮杂环化合物.例如,邻二氮菲与 Fe^{2+} 形成红色螯合物:

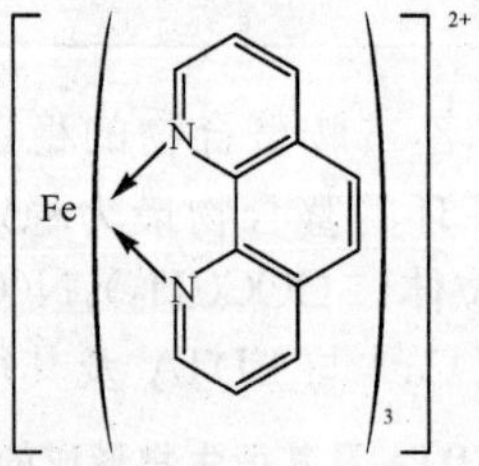

此螯合物可作为定量分析 Fe^{2+} 的显色剂.红色螯合物还可用作氧化还原指示剂.

三、"NO"型螯合剂

这类螯合剂含有 N 和 O 两种配位原子,如氨基乙酸(NH_2CH_2COOH)、氨基丙酸($NH_2CH_2CH_2COOH$)、邻氨基苯甲酸等.氨基乙酸根离子与 Cu^{2+} 形成的螯合物如下式所示:

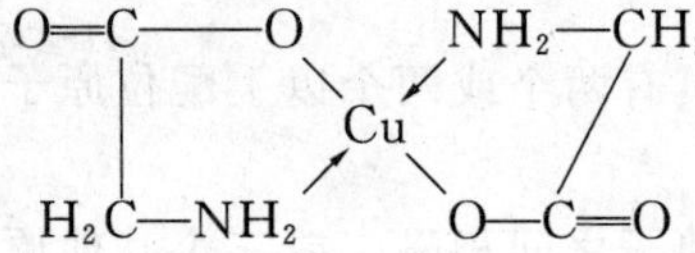

四、含硫的螯合剂

有"SS"型、"SO"型和"SN"型等.例如,二乙胺基二硫代甲酸钠(铜试剂)与 Cu^{2+} 形成黄色配合物:

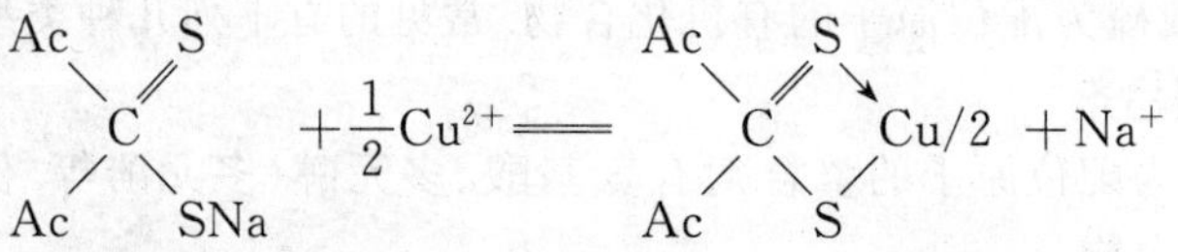

此螯合剂可用于测定微量铜,也可用于除去人体内过量的铜.

"SO"型和"SN"型螯合剂能与许多金属离子形成稳定螯合物,在分析化学中可作为掩蔽剂和显色剂.例如,巯基乙酸和 8-巯基喹啉与金属离子形成的螯合物:

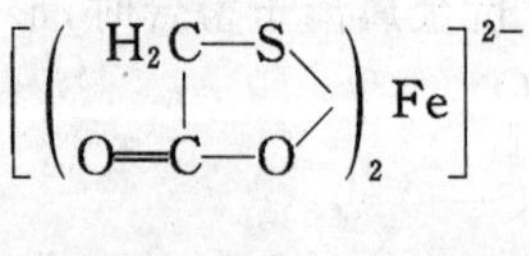

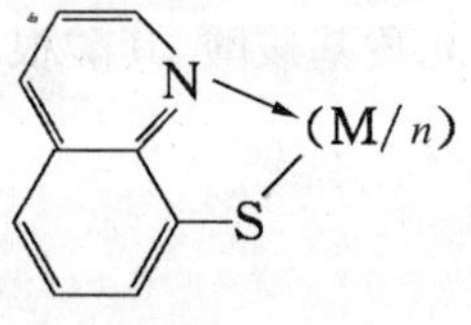

巯基丙醇(BAL)是治疗砷中毒的螯合剂.

苯甲酰基硫脲常常作为农业生产上的杀菌剂,分子中的羰基氧和硫羰基硫能作为配原子与金属离子形成螯合物.图 5-9 为 N-苯甲酰胺基硫羰基吗啉与金属离子镍形成的螯合物的晶体结构:

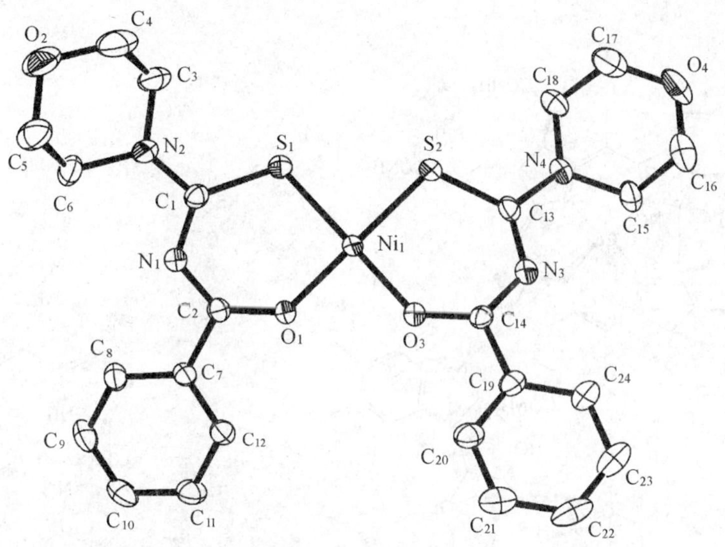

图 5-9　二 N-苯甲酰胺基硫羰基吗啉镍[Ⅱ]晶体结构

5-4-2　生物学中的螯合物

金属螯合物在生物体内起着重要的生理活性作用.在哺乳动物体内约有 70%的铁是以卟啉配合物的形式存在的.其中包括血红蛋白、肌红蛋白、过氧化氢酶及细胞红血素.图 5-10 为血红素的结构.

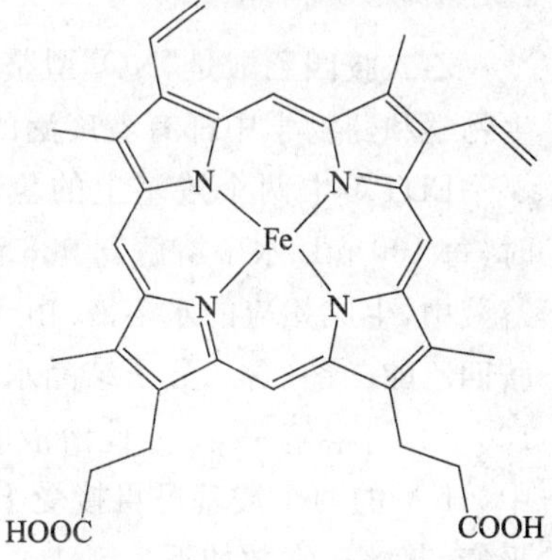

图 5-10　血红素的结构

叶绿素是植物体中进行光合作用的一组色素.它有许多种,主要有叶绿素 a 和叶绿素 b 两种.叶绿素 a 呈蓝绿色,叶绿素 b 呈黄绿色,它们之间的区别不大.叶绿素 b 比叶绿素 a 少两个 H 原子,多一个 O 原子.叶绿素 a 和叶绿素 b 都是镁与卟啉的螯合物.此种螯合物的中心原子是 Mg^{2+}(图 5-11).叶绿素不溶于水,只有用中性的有机溶剂才能够把它提取出来而保持其不变质.

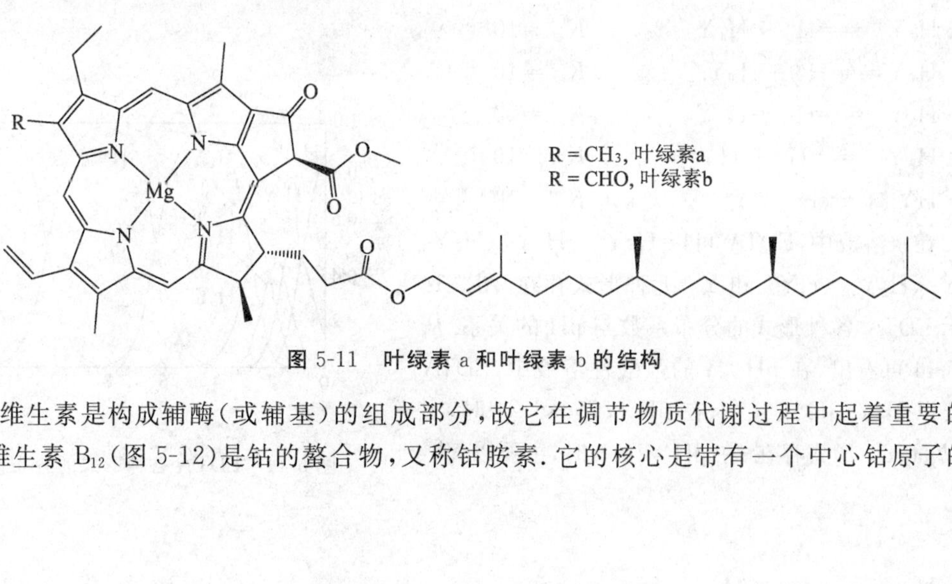

R
Mg
O
R = CH_3, 叶绿素a
R = CHO, 叶绿素b

图 5-11　叶绿素 a 和叶绿素 b 的结构

维生素是构成辅酶(或辅基)的组成部分,故它在调节物质代谢过程中起着重要的作用.维生素 B_{12}(图 5-12)是钴的螯合物,又称钴胺素.它的核心是带有一个中心钴原子的咕啉环(图 5-13).

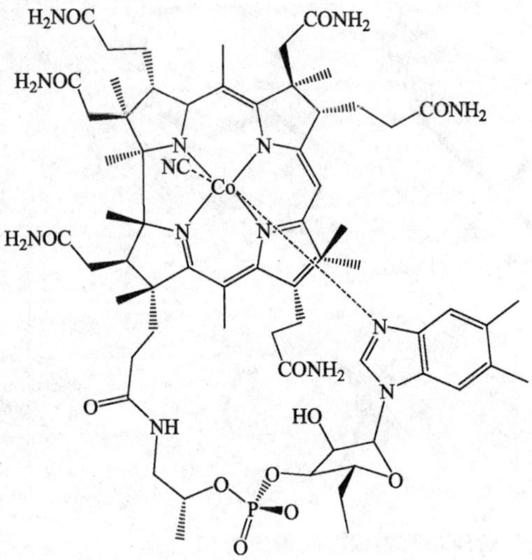

图 5-12 维生素 B_{12} 结构

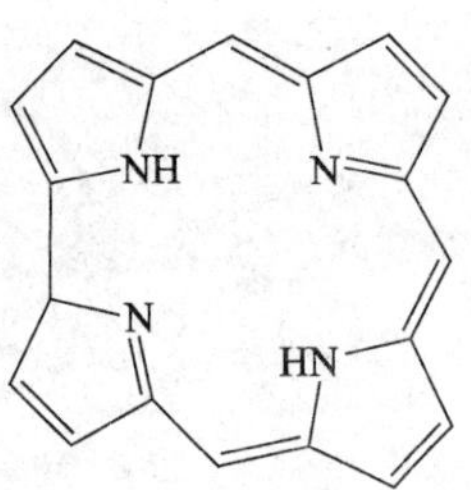

图 5-13 咕啉环结构

5-4-3 乙二胺四乙酸(EDTA)的螯合物

乙二胺四乙酸是"NO"型螯合剂,能与许多金属离子形成稳定的螯合物.在分析化学、生物学和药物学中都有着广泛的用途.

EDTA 中两个羧基上的氢转移到氮原子上形成双偶极离子. EDTA 微溶于水(22 ℃时,每 100 mL 水中溶解 0.028 g),难溶于酸和一般有机溶剂,但易溶于氨性溶液或苛性碱溶液中,生成相应的水溶液.由于 EDTA 在水中的溶解度小,通常将它制成二钠盐,即乙二胺四乙酸二钠(含二分子结晶水),用 $Na_2H_2Y \cdot 2H_2O$ 表示.它的溶解度较大,在 22 ℃时每 100 mL 可溶解 11.1 g,此溶液的浓度约 0.3 mol·L^{-1},pH 约为 4.4.在酸度较高的水溶液中,H_4Y 的两个羧基可再接受 H^+,形成 H_6Y^{2+}.这时,EDTA 就相当于六元酸,有六级解离平衡,其解离常数如下:

$$H_6Y^{2+} \rightleftharpoons H^+ + H_5Y^+ \qquad K_{a1}^{\ominus} = 10^{-0.9}$$

$$H_5Y^+ \rightleftharpoons H^+ + H_4Y \qquad K_{a2}^{\ominus} = 10^{-1.6}$$

$$H_4Y \rightleftharpoons H^+ + H_3Y^- \qquad K_{a3}^{\ominus} = 10^{-2.07}$$

$$H_3Y^- \rightleftharpoons H^+ + H_2Y^{2-} \qquad K_{a4}^{\ominus} = 10^{-2.75}$$

$$H_2Y^{2-} \rightleftharpoons H^+ + HY^{3-} \qquad K_{a5}^{\ominus} = 10^{-6.24}$$

$$HY^{3-} \rightleftharpoons H^+ + Y^{4-} \qquad K_{a6}^{\ominus} = 10^{-10.34}$$

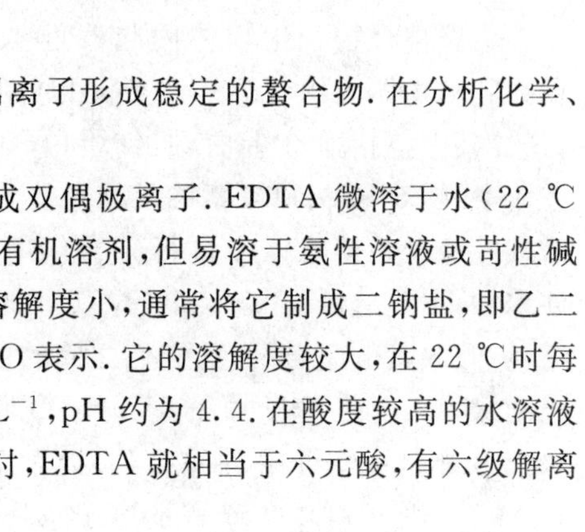

在水溶液中,EDTA 可以 H_6Y^{2+}、H_5Y^+、H_4Y、H_3Y^-、H_2Y^{2-}、HY^{3-} 和 Y^{4-} 七种形式存在.图 5-14 表示 EDTA 各种形式的分布系数与 pH 的关系.从图 5-14 可看出,在 pH<1 的强酸性溶液中,EDTA 主要以 H_6Y^{2+} 形式存在;在 pH 3.75~6.24 时,主要以 H_2Y^{2-} 形式存在;在 pH>10.3 时,主要以 Y^{4-}

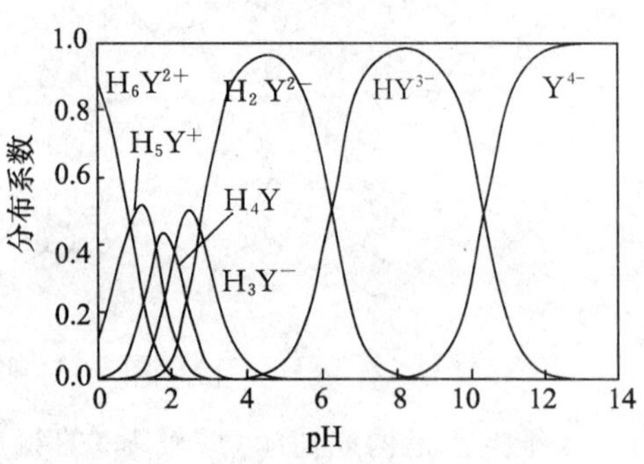

图 5-14 EDTA 各种形式的分布曲线

形式存在.

乙二胺四乙酸根(Y^{4-})是一种六齿配体,有很强的配位能力,与金属离子形成的螯合物具有以下特性:

1. 广谱性

在溶液中它几乎能与所有金属离子形成螯合物.

2. 螯合比恒定

一般而言,EDTA 与金属离子形成的螯合物的螯合比为 1∶1. 例如:

$Ca^{2+} + H_2Y^{2-} \rightleftharpoons CaY^{2-} + 2H^+$

$Al^{3+} + H_2Y^{2-} \rightleftharpoons AlY^- + 2H^+$

$Sn^{4+} + H_2Y^{2-} \rightleftharpoons SnY + 2H^+$

3. 稳定性高

EDTA 与大多数金属离子形成多个五元环型的螯合物. 图 5-8 为$[CaY]^{2-}$的结构示意图. 在这个配离子中,Ca^{2+}与Y^{4-}的 6 个配位原子形成 5 个五原子环,因而稳定性较高. 其他金属离子与Y^{4-}所形成的配离子的结构也类似. 一些金属离子与 EDTA 形成的螯合物 MY 的稳定常数见表 5-10. 由表中数据可看到,绝大多数金属离子与 EDTA 形成的螯合物都相当稳定.

表 5-10　一些金属离子与 EDTA 形成的螯合物的 $\lg K^{\ominus}_{MY}$ ($I=0.1$, 293K～298K)

离子	$\lg K_{MY}$	离子	$\lg K_{MY}$	离子	$\lg K_{MY}$	离子	$\lg K_{MY}$	离子	$\lg K_{MY}$
Ag^+	7.32	Cu^{2+}	18.80	In^{3+}	25.0	Pd^{2+}	18.5	TiO^{2+}	17.3
Al^{3+}	16.3	Dy^{3+}	18.30	La^{3+}	15.50	Pm^{3+}	16.75	Tl^{3+}	37.8
Ba^{2+}	7.86	Er^{3+}	18.85	Li^+	2.79	Pr^{3+}	16.4	Tm^{3+}	19.07
Be^{2+}	9.3	Eu^{3+}	17.35	Lu^{3+}	19.83	Sc^{3+}	23.1	U(Ⅳ)	25.8
Bi^{3+}	27.94	Fe^{2+}	14.32	Mg^{2+}	8.7	Sm^{3+}	17.14	VO^{2+}	18.8
Ca^{2+}	10.69	Fe^{3+}	25.1	Mn^{2+}	13.87	Sn^{2+}	22.11	VO_2^+	18.1
Cd^{2+}	16.46	Ga^{3+}	20.3	Mo^{2+}	28	Sr^{2+}	8.73	Y^{3+}	18.09
Ce^{3+}	15.98	Gd^{3+}	17.37	Na^+	1.66	Tb^{3+}	17.67	Yb^{3+}	19.57
Co^{2+}	16.31	HfO^{2+}	19.1	Nd^{3+}	16.6	Th^{4+}	23.2	Zn^{2+}	16.50
Co^{3+}	36	Hg^{2+}	21.7	Ni^{2+}	18.62	Ti^{3+}	21.3	ZrO^{2+}	29.5
Cr^{3+}	23.4	Ho^{3+}	18.74	Pb^{2+}	18.04				

4. 螯合物的颜色特征

EDTA 与无色金属离子形成无色螯合物,与有色金属离子一般生成颜色更深的螯合物. 几种有色的 EDTA 螯合物见表 5-11.

表 5-11　有色 EDTA 螯合物

螯合物	颜色	螯合物	颜色
NiY^{2-}	绿蓝	CrY^-	深紫
CuY^{2-}	深蓝	$Cr(OH)Y^{2-}$	蓝(pH>10)
CoY^{2-}	紫红	FeY^-	黄
MnY^2	紫红	$Fe(OH)Y^{2-}$	褐(pH≈5)

5. pH 影响小

溶液的酸度或碱度较高时,H^+ 或 OH^- 也参与配位,形成酸式或碱式配合物. 例如,Al^{3+} 与 EDTA 在酸度较高时,生成酸式螯合物[AlHY]或在碱度较高时生成碱式螯合物$[Al(OH)Y]^{2-}$. 这些螯合物一般不太稳定,它们的生成不影响金属离子与 EDTA 之间的定量关系.

EDTA 也是治疗金属中毒的螯合剂,它的二钠钙盐治疗铅中毒效果最好,还能促排钚、钍、铀等放射性元素.

习　题

1. 区分下列概念:

(1) 配位体和配位原子

(2) 配合物和复盐

(3) 外轨配合物和内轨配合物

(4) 高自旋配合物和低自旋配合物

2. 无水 $CrCl_3$ 和氨作用能形成两种配合物 A 和 B,组成分别为 $CrCl_3 \cdot 6NH_3$ 和 $CrCl_3 \cdot 5NH_3$. 加入 $AgNO_3$, A 溶液中几乎全部氯沉淀为 AgCl,而 B 溶液中只有 2/3 的氯沉淀出来. 加入 NaOH 并加热,两种溶液均无氨味. 试写出这两种配合物的化学式并命名.

3. 命名下列配合物和配离子:

(1) $(NH_4)_3[SbCl_6]$　　(2) $[Co(en)_3]Cl_3$

(3) $[Co(NO_2)_6]^{3-}$　　(4) $[Cr(H_2O)_4Br_2]Br \cdot 2H_2O$

(5) $[Cr(Py)_2(H_2O)Cl_3]$　　(6) $NH_4[Cr(SCN)_4(NH_3)_2]$

(7) $Na[B(NO_3)_4]$

4. 根据下列配合物和配离子的名称写出其化学式:

(1) 四氯合铂(Ⅱ)酸六氨合铂(Ⅱ)

(2) 四氢合铝(Ⅲ)酸锂

(3) 五氰・一羰基合铁(Ⅱ)酸钠

(4) 一羟基・一草酸根・一水・一(乙二胺)合钴(Ⅲ)

(5) 氯・硝基・四氨合钴(Ⅲ)配阳离子

(6) 二氨・草酸根合镍(Ⅱ)

(7) 二氯・二羟基・二氨合铂(Ⅳ)

5. 指出下列配合物的中心离子、配体、配位数、配离子电荷数和配合物名称:

$K_2[HgI_4]$　　$[CrCl_2(H_2O)_4]Cl$　　$[Co(NH_3)_2(en)_2](NO_3)_2$

$Fe_3[Fe(CN)_6]_2$　　$K[Co(NO_2)_4(NH_3)_2]$　　$Fe(CO)_5$

6. (1) 给配合物$[Co(NH_3)_5(H_2O)]^{3+}[Co(NO_2)_6]^{3-}$命名.

(2) 用价键理论讨论配阳离子和配阴离子的成键情况.

(3) 判断该物质是顺磁性还是反磁性.

7. 试用价键理论说明下列配离子的类型、空间构型和磁性.

(1) $[CoF_6]^{3-}$和$[Co(CN)_6]^{3-}$　　(2) $[Ni(NH_3)_4]^{2+}$和$[Ni(CN)_4]^{2-}$

8. 根据晶体场理论估计下列每一对配合物中,哪一个吸收光的波长较长?

(1) $[CrCl_6]^{3-}$,$[Cr(NH_3)_6]^{3+}$　　(2) $[Ni(NH_3)_6]^{2+}$,$[Ni(H_2O)_6]^{2+}$

(3) $[TiF_6]^{3-}$,$[Ti(CN)_6]^{3-}$　　(4) $[Fe(H_2O)_6]^{2+}$,$[Fe(H_2O)_6]^{3+}$

(5) $[Co(en)_3]^{3+}$,$[Ir(en)_3]^{3+}$

9. 已知$[Co(NH_3)_6]^{3+}$的 μ=0 B. M.,指出 NH_3 八面体场的强弱.写出 d 电子在八面体场中的排布式.按照光谱化学序,说明$[Co(NH_3)_6]^{3+}$和$[CoF_6]^{3+}$那个更稳定.

10. 某金属离子与弱场配体形成的八面体配合物的磁矩为 4.98B. M.,写出 d 电子在八面体场中的排布式.

11. 将 0.1 mol・L^{-1} $ZnCl_2$ 溶液与 1.0 mol・L^{-1} NH_3 溶液等体积混合,求此溶液中$[Zn(NH_3)_4]^{2+}$和 Zn^{2+} 的浓度.(0.5 mol・L^{-1},1.2×10^{-8} mol・L^{-1})

12. 室温时在 1.0 L 乙二胺溶液中溶解了 0.010 mol $CuSO_4$,主要生成$[Cu(en)_2]^{2+}$,测得平衡时乙二胺的浓度为 0.054 mol・L^{-1}.求溶液中 Cu^{2+} 和$[Cu(en)_2]^{2+}$的浓度.(已知$K^{\ominus}_{f,[Cu(en)_2]^{2+}}=4.00\times10^{19}$)($0.86\times10^{-19}$,0.01mol・$L^{-1}$)

13. 在 100 mL 0.05 mol・$L^{-1}$$[Ag(NH_3)_2]^+$溶液中加入 1 mL 1 mol・$L^{-1}$NaCl 溶液,溶液中 NH_3 的浓度至少需多大才能阻止 AgCl 沉淀生成?(0.44 mol・L^{-1})

14. 计算 AgCl 在 0.1 mol・$L^{-1}$$NH_3$ 溶液中的溶解度.(0.004 3 mol・L^{-1})

15. 在 100 mL 0.15 mol・$L^{-1}$$[Ag(CN)_2]^-$溶液中加入 50 mL 0.1 mol・$L^{-1}$KI 溶液,能否有 AgI 沉淀生成?在上述溶液中再加入 50 mL 0.2 mol・L^{-1}KCN 溶液,又能否产生 AgI 沉淀?(能,不能)

16. 0.08 mol・L^{-1} $AgNO_3$ 溶解在 1L $Na_2S_2O_3$ 溶液中形成$[Ag(S_2O_3)_2]^{3-}$,过量的 $S_2O_3^{2-}$ 浓度为 0.2 mol・L^{-1}.欲得卤化银沉淀,所需 I^- 和 Cl^- 的浓度各为多少?能否得到 AgI 和 AgCl 沉淀?(不能得到 AgCl 沉淀,但能得到 AgI 沉淀)

17. 50 mL 0.1 mol・$L^{-1}$$AgNO_3$ 溶液与等量的 6 mol・L^{-1} NH_3 混合后,向此溶液中加入 0.119 g KBr 固体,有无 AgBr 沉淀生成?如欲阻止 AgBr 沉淀析出,原混合液中氨的初浓度至少为多少?(5.1 mol・L^{-1})

18. AgI 在 $Hg(NO_3)_2$ 溶液中的主要反应是:

$AgI+Hg^{2+}\rightleftharpoons HgI^++Ag^+$

已知在某温度时 AgI 的 $K^{\ominus}_{sp}$为 1.0×10^{-16},HgI^+ 的 $K^{\ominus}_f$为 1×10^{13},试计算该温度下 AgI 在 0.1mol・L^{-1} $Hg(NO_3)_2$ 溶液中的溶解度.(0.009 9 mol・L^{-1})

19. 分别计算 $Zn(OH)_2$ 溶于氨水生成$[Zn(NH_3)_4]^{2+}$和$[Zn(OH)_4]^{2-}$时($K^{\ominus}_f=4.5\times10^{17}$)的平衡常数,若溶液中 NH_3 和 NH_4^+ 的浓度均为 0.1 mol・L^{-1},则 $Zn(OH)_2$ 溶于该溶液中主要生成哪一种配离子?{$Zn(OH)_2$ 溶于该溶液中主要生成的是$[Zn(NH_3)_4]^{2+}$}

20. 将含有 0.2 mol・L^{-1} NH_3 和 1 mol・L^{-1} NH_4^+ 的缓冲溶液与 0.2 mol・L^{-1} $[Cu(NH_3)_4]^{2+}$溶液等体积混合,有无 $Cu(OH)_2$ 沉淀生成?[已知 $Cu(OH)_2$ 的 $K^{\ominus}_{sp}=2.2\times10^{-20}$][无 $Cu(OH)_2$ 沉淀生成]

21. 写出下列反应的方程式并计算平衡常数:

(1) AgI 溶于 KCN.(1.95×10^5)

(2) AgBr 微溶于氨水中,溶液酸化后又析出沉淀.(两个反应)(1.2×10^{-5},2.6×10^{10})

22. 已知反应 $[Ag(NH_3)_2]^+ + 2CN^- \rightleftharpoons [Ag(CN)_2]^- + 2NH_3$ 的平衡常数为 $K^\ominus = 1.48\times10^{13}$，$[Ag(NH_3)_2]^+$ 的稳定常数为 $K^\ominus_{f,[Ag(NH_3)_2]^+} = 1.12\times10^7$，则 $[Ag(CN)_2]^-$ 的稳定常数 $K^\ominus_{f,[Ag(CN)_2]^-}$ 为多少？（1.66×10^{20}）

23. 试设计一个可用以测定 $Hg(CN)_4^{2-}$ 配离子的总稳定常数的原电池，写出实验原理以及数据处理过程. [$\varphi^\ominus(Hg^{2+}/Hg)=0.85$ V，$\varphi^\ominus(Hg(CN)_4^{2-}/Hg)=-0.37$ V]

24. Au 溶于王水，生成 $AuCl_4^-$ 和 NO.

(1) 配平离子反应方程式：$Au + NO_3^- + Cl^- \longrightarrow AuCl_4^- + NO$

(2) 已知 $Au^{3+} + 3e^- \rightleftharpoons Au \quad \varphi^\ominus = 1.500$ V

$Au^{3+} + 4Cl^- \rightleftharpoons AuCl_4^- \quad K_f^\ominus = 2.65\times10^{25}$

$4H^+ + NO_3^- + 3e^- \rightleftharpoons NO + 2H_2O \quad \varphi^\ominus = 0.957$ V

计算反应的 $K^\ominus$.

（$Au + NO_3^- + 4Cl^- + 4H^+ \xlongequal{} AuCl_4^- + NO + 2H_2O$，$8.48\times10^{42}$）

25. 已知下列数据：

$Co^{3+} + e^- = Co^{2+} \quad \varphi^\ominus = 1.92$ V

$Co^{2+} + 6CN^- = Co(CN)_6^{4-} \quad K_f^\ominus = 1.00\times10^{19}$

$Co^{3+} + 6CN^- = Co(CN)_6^{3-} \quad K_f^\ominus = 1.00\times10^{64}$

$O_2 + 2H_2O + 4e^- = 4OH^- \quad \varphi^\ominus = 0.402$ V

(1) 求 $Co(CN)_6^{3-} + e^- = Co(CN)_6^{4-}$ 的值；（-0.74V）

(2) 讨论 $Co(CN)_6^{4-}$ 在空气中的稳定性.（不稳定）

26. 下列化合物中哪些可作为有效的螯合剂？

(1) H_2O (2) HOOH（过氧化氢）

(3) H_2NNH_2（联胺） (4) $NH_2CH_2CH_2NH_2$

27. How many unpaired electrons are present in each of the following?

(1) $[FeF_6]^{3-}$ (high-spin) (2) $[Co(en)_3)]^{3+}$ (low-spin)

(3) $[Co(CN)_6]^{3-}$ (low-spin) (4) $[Mn(F)_6]^{4-}$ (high-spin)

(5) $[Fe(H_2O)_6]^{4-}$ (high-spin) (6) $[Mn(CN)_6]^{4-}$ (low-spin)

28. Given the following information:

$Ag^+ + 2NH_3 \rightleftharpoons [Ag(NH_3)_2]^+$，$K_f^\ominus = 1\times10^7$

$Ag^+ + 2CN^- \rightleftharpoons [Ag(CN)_2]^-$，$K_f^\ominus = 1\times10^{20}$

$Ag^+ + 2Cl^- \rightleftharpoons AgCl(s)$，$K_{sp}^\ominus = 1\times10^{-10}$

$Ag^+ + 2I^- \rightleftharpoons AgI(s)$，$K_{sp}^\ominus = 1\times10^{-17}$

(a) Which complex is more stable?

(b) Which solid is less soluble?

(c) Use this information to explain why:

The addition of NH_3(aq) dissolves AgCl but not AgI.

The addition of the cyanide ion(CN^-) dissolves AgCl and AgI.

30. Calculate the concentration of free copper ion that is present in equilibrium with 1.0×10^{-3} mol·L^{-1} $[Cu(NH_3)_4]^{2+}$ and 1.0×10^{-1} mol·L^{-1} NH_3. (4.76×10^{-13} mol·L^{-1})

第六章 重要元素及化合物

学习要求

1. 了解常见单质的物理性质、化学性质的一般规律，并能利用物质结构基础知识进行简单分析.

2. 了解典型氧化物、氯化物和氢氧化物等常见无机化合物的基本性质、一般特性及其变化规律.

3. 了解重要单质、化合物的典型应用及其与性质的关系.

6-1 金属元素及其化合物

6-1-1 概述

到目前为止，已知元素有 112 种，其中金属约有 90 种，准金属 5 种，非金属 17 种，其中有 21 种元素是用人工方法合成的.

金属通常可分为黑色金属与有色金属两大类. 黑色金属包括铁、锰和铬及它们的合金，主要是铁碳合金(钢铁)；有色金属是指除去铁、铬、锰之外的所有金属.

有色金属大致上按其密度、价格、在地壳中的储量及分布情况、被人们发现和使用的早晚等分为五大类：

1. 轻有色金属

一般指密度在 4.5 $g\cdot cm^{-3}$ 以下的有色金属，包括铝、镁、钠、钾、钙、锶、钡. 这类金属的共同特点是密度小(0.53～4.5 $g\cdot cm^{-3}$)，化学性质活泼，与氧、硫、碳和卤素的化合物都相当稳定.

2. 重有色金属

一般指密度在 4.5 $g\cdot cm^{-3}$ 以上的有色金属，其中有铜、镍、铅、锌、钴、锡、锑、汞、镉、铋等.

3. 贵金属

这类金属包括金、银和铂族元素(铂、铱、锇、钌、钯、铑). 由于它们对氧和其他试剂的稳定性，而且在地壳中含量少，开采和提取比较困难，故价格比一般金属贵，因而得名贵金属. 它们的特点是密度大(10.4～22.48 $g\cdot cm^{-3}$)，熔点高(1 189～3 273 K)，化学性质稳定.

4. 准金属

一般指硅、锗、硒、砷、硼，其物理化学性质介于金属与非金属之间，较脆，是电和热的不良导体.

5. 稀有金属

通常是指在自然界中含量很少，分布稀散，发现较晚，难以从原料中提取的或在工业上制备及应用较晚的金属. 这类金属包括锂、铷、铯、铍、钨、钼、钽、铌、钛、铪、钒、铼、镓、铟、铊、锗、稀土元素及人造超铀元素等. 普通金属和稀有金属之间没有明显的界线，大部分稀有金属在地壳中并不稀少，某些稀有金属比铜、镉、银、汞等普通金属还多.

金属在自然界中分布很广，不论矿物、动植物或水中都或多或少含有它们的成分. 通常将化学元素在地球化学系统中的平均含量称为丰度. 为了纪念美国人克拉克在计算地壳内元素平均含量上所做的贡献，通常把各元素在地壳中含量的百分比称为“克拉克值”；如以质量百分数表示，就称为“质量克拉克值”或简称“克拉克值”；如以原子百分数表示，则称为“原子克拉克值”.

各种金属的化学活泼性相差很大，因此，它们在自然界中存在的形式也各不相同. 少数化学性质不活泼的元素，在自然界中以游离单质存在；活泼的元素总是以其稳定的化合物存在. 可溶性化合物大都溶解在海水、湖水中，少数埋藏于不受流水冲刷的岩石下面. 难溶的化合物则形成五光十色的岩石，构成坚硬的地壳. 例如，自然界里的金、铂只有游离状态的，游离状态的银和铜比较少，游离的汞、锡等金属就更少. 性质较活泼的一些轻金属仅以化合状态存在. 一般轻金属常以氯化物、碳酸盐、磷酸盐、硅酸盐等盐类的形式存在，个别轻金属也有形成氧化物的，如常见的食盐（主要成分 NaCl）、光卤石、菱镁矿、重晶石、石膏等. 重金属则主要形成氧化物和硫化物，也有形成碳酸盐的. 重要的氧化物矿有磁铁矿、褐铁矿、赤铁矿、软锰矿、锡石、赤铜矿等，重要的硫化物矿有方铅矿、闪锌矿、辉铜矿、黄铜矿、黄铁矿等. 此外还有大量各种硅酸盐矿物.

我国金属矿藏储量极为丰富，如铀、钨、钼、锡、锑、汞、铅、铁、金、银、菱镁矿和稀土等矿的储量居世界前列；铜、铝、锰矿的储量也居世界前列.

6-1-2 *s* 区金属（碱金属与碱土金属）

碱金属和碱土金属是周期表 IA 族和ⅡA 族元素. IA 族包括锂、钠、钾、铷、铯、钫六种金属元素. 它们的氧化物溶于水呈碱性，所以称为碱金属. ⅡA 族包括铍、镁、钙、锶、钡、镭六种金属元素. 由于钙、锶、钡的氧化物在性质上介于“碱性的”和“土性的”（以前把黏土的主要成分，既难溶于水又难熔融的 Al_2O_3 称为“土”）之间，所以称为碱土金属. 其中锂、铷、铯、铍是稀有金属，钫和镭是放射性元素. 钠、钾、镁、钙和钡在地壳内蕴藏较丰富，它们的单质和化合物用途广泛.

一、碱金属和碱土金属的通性

碱金属元素原子的价电子层结构为 ns^1. 因此，碱金属元素只有 +1 氧化态. 碱金属原子最外层只有一个电子，次外层有 8 个电子（Li 原子次外层有 2 个电子），对核电荷的屏蔽效应较强，所以这一个价电子离核校远，特别容易失去，因此，各周期元素的第一电离能以碱金属为最低. 与同周期的元素比较，碱金属原子体积最大，只有一个成键电子，在固体中原子间的引力较小，所以它们的熔点、沸点、硬度、升华热都很低，并随着 Li—Na—K—Rb—Cs

的顺序而下降.随着原子量的增加(即原子半径增加),电离能和电负性也依次降低.

碱金属元素在化合时,多以形成离子键为特征,但在某些情况下也显共价性.气态双原子分子,如 Na_2、Cs_2 等就是以共价键结合的.碱金属元素形成化合物时,锂的共价倾向最大,铯最小.

与碱金属元素比较,碱土金属最外层有 2 个 s 电子,次外层电子数目和排列与相邻的碱金属元素是相同的.由于核电荷相应增加了一个单位,对电子的引力要强一些,所以碱土金属的原子半径比相邻的碱金属要小些,电离能要大些,较难失去第一个价电子,失去第二个价电子的电离能约为第一电离能的 2 倍.从表面上看碱土金属要失去两个电子而形成二价正离子似乎很困难,实际上生成化合物时所释放的晶格能足以使它们失去第二个电子.它们的第三电离能约为第二电离能的 4～8 倍,要失去第三个电子很困难,因此,它们的主要氧化数是+2 而不是+1 和+3.由于上述原因,所以碱土金属的金属活泼性不如碱金属.比较它们的标准电极电势数值,也可以得到同样的结论.在这两族元素中,它们的原子半径和核电荷都由上而下逐渐增大.其中,原子半径的影响是主要的,所以核对外层电子的引力逐渐减弱,失去电子的倾向逐渐增大,它们的金属活泼性由上而下逐渐增强.

碱金属和碱土金属固体均为金属晶格,碱土金属由于核外有 2 个有效成键电子,原子间距离较小,金属键强度较大,因此,它们的熔点、沸点和硬度均较碱金属高,导电性却低于碱金属.碱土金属的物理性质变化不如碱金属那么有规律,这是由于碱土金属晶格类型不是完全相同的缘故.碱金属皆为体心立方晶格;碱土金属中 Be、Mg 为六方晶格,Ca、Sr 为面心立方晶格,Ba 为体心立方晶格.

二、碱金属和碱土金属的单质

(一) 单质的物理性质

碱金属和碱土金属单质除铍呈钢灰色外,其他都具有银白色光泽.碱金属具有密度小、硬度小、熔点低、导电性强的特点,是典型的轻金属.碱土金属的密度、熔点和沸点则较碱金属高.

Li、Na、K 都比水轻.锂是固体单质中最轻的,它的密度约为水的一半.碱土金属的密度稍大些,但钡的密度比常见金属如 Cu、Zn、Fe 还小很多.ⅠA、ⅡA 族金属单质之所以比较轻,是因为它们在同一周期里比相应的其他元素原子量小,而原子半径较大的缘故.由于碱金属的硬度小,钠、钾都可以用刀切割.在切割后的新鲜表面可以看到银白色的金属光泽,接触空气以后,由于生成氧化物、氮化物和碳酸盐的外壳,颜色变暗.碱金属还具有良好的导电性.碱金属(特别是钾、铷、铯)在光照之下能够放出电子.对光特别灵敏的是铯,是光电池的良好材料.铷、铯可用于制造最准确的计时器——铷、铯原子钟.1967 年正式规定用铯原子钟所定的秒为新的国际时间单位.

碱金属在常温下能形成液态合金(77.2%K 和 22.8%Na,熔点 260.7 K)和钠汞齐(熔点 236.2 K),前者由于具有较高的比热和较宽的液化范围而被用作核反应堆的冷却剂,后者由于具有缓和的还原性而常在有机合成中用作还原剂.钠在实验室中常用来除去残留在各种有机溶剂中的微量水分.

锂的用途愈来愈广泛,如锂和锂合金是一种理想的高能燃料,锂电池是一种高能电池.碱土金属中在工业制造上用途较大的是镁,主要用来制造合金.铍作为新兴材料日益被重视.这两族元素中有几种元素在生物界有重要作用.钠和钾是生物必需的重要元素,镁对于动、植物也是必需的.

(二) 单质的化学性质

金属钠、钾、钙、镁分别都能与水反应,金属钠与水反应剧烈并放出 H_2,反应放出的热使钠熔化成小球.钾与水的反应更剧烈,并发生燃烧.铷、铯与水剧烈反应并发生爆炸.

碱土金属也可以与水反应.铍能与水蒸气反应,镁能将热水分解,而钙、锶、钡与冷水就能比较剧烈地进行反应.

由此可知,碱金属和碱土金属均为活泼金属,都是强还原剂,在同一族中金属的活泼性由上而下逐渐增强,在同一周期中从左到右金属活泼性逐渐减弱.

根据标准电极电势,锂的活泼性应比铯大,但实际上锂与水反应还不如钠剧烈.这是因为锂的熔点较高,反应时产生的热量不足以使它熔化,而钠与水反应时放出的热可以使钠熔化,因而固体锂与水接触的机会不如液态钠;反应产物 LiOH 的溶解度较小,它覆盖在锂的表面,阻碍反应的进行.

上述碱金属和碱土金属的活泼性及其变化规律,还表现在它们在空气中都容易和氧化合.碱金属在室温下能迅速地与空气中的氧反应,所以碱金属在空气中放置一段后,金属表面就生成一层氧化物,在锂的表面上除生成氧化物外还有氮化物.钠、钾在空气中稍微加热就燃烧起来,而铷和铯在室温下遇空气就立即燃烧.因此碱金属应存放在煤油中.因锂的密度最小,可以浮在煤油上,所以将其浸在液体石蜡或封存在固体石蜡中.

碱土金属活泼性略差,室温下这些金属表面缓慢生成氧化膜.它们在空气中需加热才显著发生反应,除生成氧化物外还有氮化物生成:

$$3Ca + N_2 \xlongequal{} Ca_3N_2$$

在高温时,碱金属和碱土金属还能夺取某些氧化物中的氧,如镁可使 SiO_2 还原成单质 Si;或夺取氯化物中的氯,如金属钠可以从 $TiCl_4$ 中置换出金属钛:

$$SiO_2 + 2Mg \xlongequal{} Si + 2MgO$$

$$TiCl_4 + 4Na \xlongequal{} Ti + 4NaCl$$

碱金属令人感兴趣的性质之一是它们在液氨中表现出的性质.碱金属的液氨稀溶液呈蓝色,随着碱金属溶解度的增加,溶液的颜色变深.当此溶液中钠的浓度超过 $1\ mol \cdot L^{-1}$ 以后,就在原来深蓝色溶液之上出现一个青铜色的新相.再添加碱金属,溶液就由蓝色变为青铜色.如将溶液蒸发,又可以重新得到碱金属.

根据研究可知,在碱金属的稀氨溶液中,碱金属解离生成碱金属正离子和溶剂合电子:

$$M(s) + (x+y)NH_3(l) \xlongequal{} M(NH_3)_x^+ + e(NH_3)_y^-$$

因为离解生成氨合阳离子和氨合电子,所以溶液有导电性.此溶液具有高导电性主要是由于有溶剂合电子存在.溶液中因含有大量溶剂合电子,因此是顺磁性的.

钙、锶、钡也能溶于液氨,生成和碱金属液氨溶液相似的蓝色溶液,与钠相比,它们溶解得要慢些,量也少些.

碱金属液氨溶液中的溶剂合电子是一种很强的还原剂,它们广泛应用在无机和有机制备中.

三、碱金属和碱土金属的化合物

(一) 氧化物

碱金属与氧化合可以形成多种氧化物,如普通氧化物 M_2O、过氧化物 M_2O_2、超氧化物

MO_2 和臭氧化物 MO_3. 碱金属在过量的空气中燃烧时，生成不同类型的氧化物，如锂生成氧化锂，钠生成过氧化钠，而钾、铷、铯则生成超氧化物. 碱土金属一般生成普通氧化物 MO，钙、锶、钡还可以形成过氧化物和超氧化物.

1. 普通氧化物

在空气中燃烧时，只有锂生成氧化锂（白色固体）. 尽管在缺氧的空气中可以制得除锂以外的其他碱金属普通氧化物，但这种条件不易控制，所以其他碱金属的氧化物 M_2O 必须采用间接方法来制备. 例如，用金属钠还原过氧化钠，用金属钾还原硝酸钾，分别可以制得氧化钠（白色固体）和氧化钾（淡黄色固体）：

$$Na_2O_2 + 2Na \xlongequal{\quad} 2Na_2O$$

$$2KNO_3 + 10K \xlongequal{\quad} 6K_2O + N_2 \uparrow$$

碱土金属在室温或加热下，能和氧气直接化合而生成氧化物 MO，也可以从它们的碳酸盐或硝酸盐加热分解制得 MO. 例如：

$$CaCO_3 \xlongequal{\quad} CaO + CO_2 \uparrow$$

$$2Sr(NO_3)_2 \xlongequal{\quad} SrO + 4NO_2 \uparrow + O_2 \uparrow$$

2. 过氧化物

过氧化物 M_2O_2 中含有过氧化离子或$[—O—O—]^{2-}$. 其分子轨道式如下：

$$[KK(\sigma_{2s})^2(\sigma_{2s}^*)^2(\sigma_{2p})^2(\pi_{2p})^4(\pi_{2p}^*)^4]$$

成键和反键 π 轨道大致抵消，由填充轨道的电子形成一个 σ 键，键级为 1.

碱金属最常见的过氧化物是过氧化钠，Na_2O_2 与水或稀酸反应而产生 H_2O_2，H_2O_2 立即分解放出氧气：

$$Na_2O_2 + 2H_2O \xlongequal{\quad} H_2O_2 + 2NaOH$$

$$Na_2O_2 + H_2SO_4 \xlongequal{\quad} H_2O_2 + Na_2SO_4$$

$$2H_2O_2 \xlongequal{\quad} 2H_2O + O_2 \uparrow$$

碱土金属的过氧化物以 BaO_2 较为重要.

3. 超氧化物

钾、铷、铯在过量的氧气中燃烧即得超氧化物 MO_2. 超氧化物中含有超氧离子 O_2^-，其结构为：

$$[O\cdots O]^-$$

其分子轨道式为：$[KK(\sigma_{2s})^2(\sigma_{2s}^*)^2(\sigma_{2p})^2(\pi_{2p})^4(\pi_{2p}^*)^3]$

在 O_2^- 中，其中成键和反键轨道大致抵消，成键的$(\sigma_{2p})^2$ 构成一个 σ 键，成键的$(\pi_{2p})^2$ 和反键的$(\pi_{2p}^*)^1$ 构成一个三电子 π 键，键级为：(2+2−1)/2=1.5.

因超氧离子 O_2^- 有一个未成对的电子，故它具有顺磁性，并呈现出颜色. 由于 O_2^- 的键级比 O_2 小，所以稳定性比 O_2 差. 实际上超氧化物是强氧化剂，与水剧烈反应：

$$2MO_2 + 2H_2O \xlongequal{\quad} O_2 \uparrow + H_2O_2 + 2MOH$$

（二）氢氧化物

碱金属的氢氧化物对纤维和皮肤有强烈的腐蚀作用，所以称它们为苛性碱.

碱金属氢氧化物的突出化学性质是强碱性. 它们的水溶液和熔融物，既能溶解某些金属及其氧化物，也能溶解某些非金属及其氧化物：

$$2Al + 2NaOH + 6H_2O \xlongequal{\quad} 2Na[Al(OH)_4] + 3H_2 \uparrow$$

$$Al_2O_3+2NaOH \xlongequal{熔融} 2NaAlO_2+H_2O$$

$$Si+2NaOH+H_2O \xlongequal{} Na_2SiO_3+2H_2\uparrow$$

$$SiO_2+2NaOH \xlongequal{} Na_2SiO_3+H_2O$$

因为氢氧化钠、氢氧化钾易于熔化，又具有溶解某些金属氧化物、非金属氧化物的能力，因此工业生产和分析工作中常用于分解矿石. 熔融的氢氧化钠腐蚀性更强，工业上熔化氢氧化钠一般用铸铁容器，在实验室可用银或镍的器皿. 氢氧化钠能腐蚀玻璃，实验室盛氢氧化钠溶液的试剂瓶，应用橡皮塞，而不能用玻璃塞，否则存放时间较长，NaOH 就和瓶口玻璃中的主要成分 SiO_2 反应生成黏性的 Na_2SiO_3 而把玻璃塞和瓶口黏结在一起.

碱金属和碱土金属氢氧化物的碱性呈现有规律性的变化. 同族元素的氢氧化物，由于金属离子(R)的电子层构型和电荷数均相同，其碱性强弱的变化，主要取决于离子半径的大小. 所以碱金属、碱土金属氢氧化物的碱性，均随 R 离子半径的增大而增强. 若把这两族同周期的相邻两个元素的氢氧化物加以比较，则碱性的变化规律可以概括为：从上到下碱性增强；从左到右碱性减弱.

(三) 氢化物

化学活性很高的碱金属和碱土金属中，较活泼的 Ca、Sr、Ba 能与氢在高温下直接化合，生成离子型氢化物：

$$2M+H_2 \xlongequal{} 2M^+H^- \quad (M=碱金属)$$

$$M+H_2 \xlongequal{} M^{2+}H_2^- \quad (M=Ca、Sr、Ba)$$

氢化锂约在 998 K 时形成，氢化钠和氢化钾在 573～673 K 时生成，其余氢化物在 723 K时生成，但在常压下反应进行缓慢. 这些氢化物均为白色晶体，但常因混有痕量金属而发灰. 由于碱金属和 Ca、Sr、Ba 与氢的电负性相差较大，氢从金属原子的外层电子中夺得 1 个电子形成阴离子 H^-. 这些氢化物都是离子晶体，故称为离子型氢化物，又称为盐型氢化物. 电解熔融的盐型氢化物，在阳极上放出氢气，证明在这类氢化物中的氢是带负电的组分. 碱金属氢化物中的 H^- 的半径介于碱金属氟化物中的 F^- 和氯化物中的 Cl^- 之间，因此，碱金属氢化物的某些性质类似于相应的碱金属卤化物.

碱金属氢化物中以 LiH 最稳定，加热到熔点(961 K)也不分解. 其他碱金属氢化物稳定性较差，加热还不到熔点，就分解成金属和氢.

所有碱金属氢化物都是强还原剂. 固态 NaH 在 673 K 时能将 $TiCl_4$ 还原为金属钛：

$$TiCl_4+4NaH \xlongequal{} Ti+4NaCl+2H_2\uparrow$$

LiH 和 CaH_2 等在有机合成中常作为还原剂. 它们遇到含有 H^+ 的物质，如水，就迅速反应而放出氢：

$$LiH+H_2O \xlongequal{} LiOH+H_2\uparrow$$

$$CaH_2+2H_2O \xlongequal{} Ca(OH)_2+2H_2\uparrow$$

氢化钙与水反应能放出大量的氢气，所以常用它作为野外发生氢气的材料.

(四) 盐类

碱金属和碱土金属的常见盐类有卤化物、碳酸盐、硝酸盐、硫酸盐和硫化物等. 在此讨论它们的共性和一些特性，并简单介绍几种重要的盐.

1. 碱金属和碱土金属盐类的溶解性

碱金属盐类的最大特征是易溶于水，并且在水中完全解离，所有碱金属离子都是无色的. 只有少数碱金属盐是难溶的，它们的难溶盐一般都是由大的阴离子组成，而且碱金属离子越大，难溶盐的数目也越多，如白色粒状的六羟基锑酸钠($Na[Sb(OH)_6]$). 钠、钾的一些难溶盐常用于鉴定钠、钾离子.

碱土金属盐类的重要特征是它们的微溶性. 除氯化物、硝酸盐、硫酸镁、铬酸镁易溶于水外，其余的碳酸盐、硫酸盐、草酸盐、铬酸盐等皆难溶. 硫酸盐和铬酸盐的溶解度按 Ca、Sr、Ba 的顺序降低. 草酸钙的溶解度是所有钙盐中最小的，因此在重量分析中可用它来测定钙. 碱金属和碱土金属碳酸盐溶解度的差别也常用来分离 Na^+、K^+ 和 Ca^{2+}、Ba^{2+}.

2. 焰色反应

碱金属和钙、锶、钡的挥发性盐在无色火焰中灼烧时，能使火焰呈现出一定颜色，这叫作焰色反应. 碱金属和钙、锶、钡的盐在灼烧时为什么能产生不同的颜色呢？因为当金属或其盐在火焰上灼烧时，原子被激发，电子接受了能量后从较低的能级跳到较高能级，但处在较高能级的电子很不稳定，很快跳回到低能级，这时就将多余的能量以光的形式放出. 原子的结构不同，就发出不同波长的光，所以光的颜色也不同. 碱金属和碱土金属等能产生可见光谱，而且每一种金属原子的光谱线比较简单，所以容易观察识别.

利用焰色反应，可以根据火焰的颜色定性地鉴别这些元素的存在与否，但一次只能鉴别一种离子. 利用碱金属和钙、锶、钡盐在灼烧时产生不同焰色的原理还可以制造各色焰火.

3. 形成结晶水合物的倾向

一般来说，离子愈小，它所带的电荷愈多，则作用于水分子的电场愈强，它的水合热愈大. 碱金属离子的水合能力从 Li^+ 到 Cs^+ 是降低的，这也反映在盐类形成结晶水合物的倾向上. 几乎所有的锂盐都是水合的，钠盐约有 75% 是水合的，钾盐有 25% 是水合物，铷盐和铯盐仅有少数是水合盐. 在常见的碱金属盐中，卤化物大多是无水的，硝酸盐中只有锂形成水合物 $LiNO_3 \cdot H_2O$ 和 $LiNO_3 \cdot 3H_2O$，硫酸盐中只有 $Li_2SO_4 \cdot H_2O$ 和 $Na_2SO_4 \cdot 10H_2O$，碳酸盐中除 Li_2CO_3 无水合物外，其余皆有不同形式的水合物，其水分子数分别为：

Na_2CO_3	K_2CO_3	Rb_2CO_3	Cs_2CO_3
1, 7, 10	1, 5	1, 5	3, 5

4. 形成复盐的能力

除锂以外，碱金属还能形成一系列复盐. 复盐有以下几种类型：

光卤石类：通式为 $MCl \cdot MgCl_2 \cdot 6H_2O$，其中 M 为 K^+、Rb^+、Cs^+，如光卤石 $KCl \cdot MgCl_2 \cdot 6H_2O$.

矾类：通式为 $M_2SO_4 \cdot MgSO_4 \cdot 6H_2O$，其中 M 为 K^+、Rb^+、Cs^+，如软钾镁矾 $K_2SO_4 \cdot MgSO_4 \cdot 6H_2O$.

另一种矾类的通式为 $MM'(SO_4)_2 \cdot 12H_2O$，其中 M 为 Na^+、K^+、Rb^+、Cs^+，M' 为 Al^{3+}、Cr^{3+}、Fe^{3+}、Co^{3+}、Ga^{3+}、V^{3+} 等离子，如明矾 $KAl(SO_4)_2 \cdot 12H_2O$.

5. 热稳定性

一般碱金属盐具有较高的热稳定性. 卤化物在高温时挥发而难分解，硫酸盐在高温下既难挥发又难分解，碳酸盐除 Li_2CO_3 在 1 543 K 以上分解为 Li_2O 和 CO_2 外，其余更难分解.唯有硝酸盐热稳定性较低,加热到一定温度就可分解.

碱土金属的卤化物、硫酸盐、碳酸盐对热也较稳定,但它们的碳酸盐热稳定性较碱金属碳酸盐要低.所有碱土金属的硝酸盐加热都能分解.

6.几种重要的盐

卤化物中用途最广的是氯化钠.氯化钠除供食用外,它还是制取金属钠、氢氧化钠、碳酸钠、氯气和盐酸等多种化工产品的基本原料.冰盐混合物可作为制冷剂.

氯化钡为无色单斜晶体,一般为水合物二水氯化钡,加热至 400 K 变为无水盐.氯化钡用于医药、灭鼠剂和鉴定硫酸根离子的试剂.氯化钡可溶于水.可溶性钡盐对人、畜都有害,对人的致死量为 0.8 g,切忌入口.

碱金属碳酸盐有两类:正盐和酸式盐.碳酸钠俗称苏打或纯碱,其水溶液因水解而呈碱性.它是一种重要的化工原料.碳酸氢钠俗称小苏打,其水溶液呈弱碱性,主要用于医药和食品工业,煅烧碳酸氢钠可得到碳酸钠.

硝酸钾在空气中不吸潮,在加热时有强氧化性,可用来制黑火药.硝酸钾还是含氮、钾的优质化肥.

$Na_2SO_4 \cdot 10H_2O$ 俗称芒硝,由于它有很大的熔化热,是一种较好的相变贮热材料的主要组分,可用于低温贮存太阳能.白天它吸收太阳能而熔融,夜间冷却结晶就释放出热能.无水硫酸钠俗称元明粉,大量用于玻璃、造纸、水玻璃、陶瓷等工业中,也用于制硫化钠和硫代硫酸钠等.

$CaSO_4 \cdot 2H_2O$ 俗称生石膏,加热至 393 K 左右部分脱水而成熟石膏 $CaSO_4 \cdot 1/2H_2O$,这个反应是可逆的:

$$2CaSO_4 \cdot 2H_2O \xrightleftharpoons{393\ K} 2CaSO_4 \cdot 1/2H_2O + 3H_2O$$

熟石膏与水混合成糊状后放置一段时间会变成二水合盐,这时逐渐硬化并膨胀,故用以制造模型、塑像、粉笔和石膏绷带等.石膏还是生产水泥和轻质建筑材料的原料之一.把石膏加热到 773 K 以上,得到无水石膏,它不能与水化合.

重晶石可作白色涂料(钡白),在橡胶、造纸工业中作白色填料.硫酸钡是唯一的无毒钡盐,用于制肠胃系统 X 射线造影剂.

七水硫酸镁为无色斜方晶体.加热至 350 K 失去六分子水,在 520 K 变为无水盐.硫酸镁微溶于醇,不溶于乙酸和丙酮,用作媒染剂、泻盐,也用于造纸、纺织、肥皂、陶瓷、油漆工业.

6-1-3 *p* 区金属

周期系 p 区共包括 10 种金属元素:Al、Ga、In、Tl、Ge、Sn、Pb、Sb、Bi、Po.价电子构型为 $ns^2np^{1\sim4}$,与 s 区元素一样,从上到下,原子半径逐渐增大,失电子趋势逐渐增大,元素的金属性逐渐增强.

一、铝、镓分族

(一) 概述

Al、Ga、In、Tl 均为银白色且质软、轻而富有延展性的金属.它们相当活泼,以化合物的形式存在于自然界中.一般用电解法制取.这些元素与非金属反应,易形成氧化物、硫化物、卤化物，并易溶于稀酸和碱溶液中：

$$2M(s)+3X_2 \longrightarrow 2MX_3(s)$$

$$4M(s)+3O_2(g) \longrightarrow 2M_2O_3(s)$$

$$2M(s)+3S(l) \longrightarrow M_2S_3(s)$$

$$2M(s)+6H^+(aq) \longrightarrow 2M^{3+}(aq)+3H_2(g)$$

$$2M(s)+2OH^-(aq)+6H_2O(l) \longrightarrow 2M(OH(aq)+3H_2(g)$$

$$M \longrightarrow Al, Ga$$

Al 还可与 N_2 形成 AlN，与 C 形成 Al_4C_3.

这些元素失去所有的价电子的电离势总和相当大，因此，在形成固态化合物时，只有少数离子型的，大部分属共价型的. 例如，在卤化物中，除氟化物为离子型的外，其他的都是共价型的. 从铝到铊，随着半径的加大，其共价化合物的共价性逐渐减弱，离子性逐渐增强. 铝和镓化合物的共价性比较显著，而铟和铊化合物的离子性比较显著. 在水溶液中，处于 +3 氧化态的本族元素，由于电荷高、半径小，故它们的水合焓较大，因此它们很容易离子化，但这些离子平常皆为配离子，它们极易发生水解作用.

由标准电极电势数据可见，本族元素变为 +3 氧化态的趋势是从铝到铊递减. 事实上，铊的三价离子很不稳定，它是较强的氧化剂，很易被还原为一价铊离子，因此一价铊离子在水溶液中是稳定的. 铝、镓、铟也能形成少数 +1 氧化态的化合物，但这些化合物在水溶液中的稳定性较差，很易歧化为母体金属和该金属的 +3 氧化态化合物.

这些元素的氧化物和氢氧化物除了低氧化态的 Tl_2O 和 TlOH 是碱性、易溶于水以外，其他的都是难溶于水的两性氧化物质. $Ga(OH)_3$ 的酸性比 $Al(OH)_3$ 和 $In(OH)_3$ 都强. $Tl(OH)_3$ 和 Tl_2O_3 在 373 K 即分解为黑色的 Tl_2O.

铝是亲氧元素，又是典型的两性元素.

铝接触空气或氧气，其表面就立即被一层致密的氧化膜所覆盖，这层膜可阻止内层的铝被氧化，它也不溶于水，所以铝在空气和水中都很稳定.

铝的亲氧性，使其能从许多氧化物中夺取氧，故它是冶金上常用的还原剂. 例如，将铝粉和三氧化二铁（或四氧化三铁）粉末按一定比例混合，用引燃剂点燃，反应剧烈地进行，得到氧化铝和单质铁并放出大量的热，温度可达 3 273 K，使生成的铁熔化. 这一原理被用于冶炼镍、铬、锰、钒等难熔金属，称为铝还原法.

铝也是炼钢的脱氧剂. 在钢水中投入铝块可以除去溶在钢水中的氧. 另外，铝粉可以用作发射航天飞机的推进剂中的燃料.

铝的亲氧性还使它被用来制取耐高温金属陶瓷.

高纯度的铝(99.950%)不与一般酸作用，只溶于王水. 普通的铝能溶于稀盐酸或稀硫酸，能被冷的浓硫酸或浓、稀硝酸所钝化. 所以常用铝桶装运浓硫酸、浓硝酸或某些化学试剂. 但是铝能同热的浓硫酸反应. 铝比较易溶于强碱中. Ga 和 In 在氧化性酸中也能发生钝化作用.

本分族金属虽然都很活泼，但其在空气、水或氧化性酸中却由于表面被一层牢固的氧化膜覆盖而不再被腐蚀，通常称为钝态. 铝的密度小，延展性、导电性、导热性好，有一定的强度，又能大规模地生产，所以铝及其合金被广泛地用于电讯器材、建筑设备、电器设备的制造以及机械、化工和食品工业中.

镓、铟和铊这三种元素是研究光谱时发现的. 由于镓较昂贵,毒性又很大,故其应用受到了限制. 约有 80% 的镓和铟用于电子工业,GaN 是蓝色发光二极管的原料. 镓和铟易与许多金属形成合金,常用于制造易熔合金. 铟在空气中不易被氧化,抗腐蚀.

Tl^+ 的性质与碱金属离子和 Ag^+ 相似.

(二) 氧化铝和氢氧化铝

1. 三氧化二铝

Al_2O_3 有多种变体,其中最为人们所熟悉的是 α-Al_2O_3 和 γ-Al_2O_3,它们是白色晶体粉末. 自然界存在的刚玉为 α-Al_2O_3,它也可以由金属铝在氧气中燃烧或者灼烧氢氧化铝和某些铝盐(硝酸铝、硫酸铝)而得到. α-Al_2O_3 晶体属六方紧密堆积构型,O 原子按六方紧密堆积方式排列,6 个 O 原子围成一个八面体,在整个晶体中有 2/3 的八面体孔穴为 Al 原子所占据. 由于这种紧密堆积结构,加上晶体中 Al^{3+} 与 O^{2-} 之间的吸引力强,晶格能大,所以 α-Al_2O_3 的熔点(2 288±15 K)和硬度(8.8)都很高. 它不溶于水,也不溶于酸或碱,耐腐蚀且电绝缘性好,用作高硬度材料、研磨材料和耐火材料.

在温度为 723 K 左右时,将 $Al(OH)_3$、$AlO(OH)$(偏氢氧化铝)或 $(NH_4)_2SO_4 \cdot Al_2(SO_4)_3 \cdot 24H_2O$(铝铵矾)加热,使其分解,则得到 α-Al_2O_3. 这种 Al_2O_3 不溶于水,但很易吸收水分,易溶于酸. 把它强热至 1 273 K,即可转变为 γ-Al_2O_3. γ-Al_2O_3 的粒子小,具有强的吸附能力和催化流行性,所以又名流行性氧化铝,可用于作吸附剂和催化剂.

还有一种 β-Al_2O_3,它具有离子传导能力(允许 Na^+ 通过),以 β-铝矾土为电解质可制成钠-硫蓄电池. 由于这种蓄电池单位重量的蓄电量大,能进行大电流放电,因而具有广阔的应用前景. 这种蓄电池使用温度范围可达 620～680 K,其蓄电量为铅蓄电池蓄电量的 3～5 倍. 用 β-Al_2O_3 陶瓷做电解食盐水的隔膜生产烧碱,有产品纯度高、公害小的特点.

随着工农业生产和人们生活的现代化和尖端科学技术的发展,氧化铝的用途已从冶炼铝扩展到机械、金属、纤维、仪器、电子等工业以及宇宙开发尖端领域.

2. 氢氧化铝

Al_2O_3 的水合物一般都称为氢氧化铝. 它可以由多种方法得到,如加氨水或碱于铝盐溶液中,可得一种白色无定形凝胶沉淀,即为氢氧化铝. 它的含水量不定,组成也不均匀,统称为水合氧化铝. 无定形水合氧化铝在溶液内静置逐渐转变为结晶偏氢氧化铝 $AlO(OH)$,温度越高,这种转变越快. 若在铝盐中加弱酸盐碳酸钠或醋酸钠后加热,则有偏氢氧化铝与无定形水合氧化铝同时生成. 只有在铝酸盐溶液中通入 CO_2,才能得到真正的氢氧化铝白色沉淀,称为正氢氧化铝. 结晶的正氢氧化铝与无定形水合氢氧化铝不同,它难溶于酸,而且加热到 373 K 也不脱水,在 573 K 下,加热两小时,才能变为 $AlO(OH)$.

氢氧化铝是典型的两性化合物,新鲜配制的氢氧化铝易溶于酸,也易溶于碱:

$$3H_2O + Al^{3+} \xlongequal{} Al(OH)_3 + 3H^+$$

$$Al(OH)_3 + 3HNO_3 \xlongequal{} Al(NO_3)_3 + 3H_2O$$

$$Al(OH)_3 + KOH \xlongequal{} K[Al(OH)_4]$$

(三) 铝盐和铝酸盐

金属铝、氧化铝或氢氧化铝与酸反应而得到铝盐,与碱反应生成铝酸盐.

铝盐都含有 Al^{3+}. 在水溶液中 Al^{3+} 实际上以八面体的水合配离子 $[Al(H_2O)_6]^{3+}$ 而存在. 它在水中解离,而使溶液显酸性,这也就是铝盐的水解作用:

$$[Al(H_2O)_6]^{3+} + H_2O \rightleftharpoons [Al(H_2O)_5OH]^{2+} + H_3O^+$$

$[Al(H_2O)_5OH]^{2+}$还将逐级解离.因为 $Al(OH)_3$ 是难溶的弱碱,一些弱酸(如碳酸、氢硫酸、氢氰酸等)的铝盐在水中几乎全部或大部分水解,所以弱酸的铝盐 Al_2S_3 及 $Al_2(CO_3)_2$等不能用湿法制取.

铝酸盐水解使溶液显碱性,水解反应式如下:

$$Al(OH)_4^- \rightleftharpoons Al(OH)_3 + OH^-$$

在以上溶液中通入二氧化碳,将促进水解的进行而得到真正的氢氧化铝沉淀.工业上利用该反应从铝土矿制取纯 $Al(OH)_3$ 和 Al_2O_3.方法是先将铝土矿与烧碱共热,使矿石中的 Al_2O_3 转变为可溶性的偏铝酸钠而溶于水,然后通入二氧化碳,即得到 $Al(OH)_3$ 沉淀,滤出沉淀,经过燃烧即成 Al_2O_3.这样制得的 Al_2O_3 可用于冶炼金属铝.将上法得到的 $Al(OH)_3$和 Na_2CO_3 一同溶于氢氟酸,则得到电解法制铝所需要的助熔剂冰晶石 Na_3AlF_6.

(四) 铝的卤化物和硫酸盐

1. 卤化物三氯化铝

三氯化铝溶于有机溶剂或处于熔融状态时都以共价的二聚分子 Al_2Cl_6 形式存在.因为 $AlCl_3$ 为缺电子分子,铝倾向于接受电子对形成 sp^3 杂化轨道.两个 $AlCl_3$ 分子间发生 $Cl \rightarrow Al$的电子对授予而配位,形成 Al_2Cl_6 分子.

在这种分子中有氯桥键(三中心四电子键),与乙硼烷桥式结构形式上相似,但本质上不同.

当 Al_2Cl_6 溶于水时,它立即解离为水合铝离子和氯离子,并发生强烈的水解反应. $AlCl_3$ 还容易与电子给予体形成配离子和加合物.这一性质使它成为有机合成中常用的催化剂.

2. 硫酸铝和明矾

无水硫酸铝 $Al_2(SO_4)_3$ 为白色粉末.从水溶液中得到的为 $Al_2(SO_4)_3 \cdot 18H_2O$,它是无色针状结晶.将纯 $Al(OH)_3$ 溶于热的浓硫酸或者用硫酸直接处理铝土矿或黏土,都可以制得 $Al_2(SO_4)_3$:

$$\underset{\text{(黏土)}}{Al_2O_3 \cdot SiO_2 \cdot H_2O} + 3H_2SO_4 = Al_2(SO_4)_3 + H_4SiO_4 \downarrow + 2H_2O$$

硫酸铝易与碱金属(除锂以外)和银等的硫酸盐结合形成矾,其通式为 $MAl(SO_4)_2 \cdot 12H_2O$(M 为一价金属离子).在矾的分子结构中,有 6 个水分子与铝离子配位,形成水合铝离子,余下的为晶格中的水分子,它们在水合铝离子与硫酸根离子之间形成氢键.硫酸铝钾 $KAl(SO_4)_2 \cdot 12H_2O$,又叫作铝钾矾,俗称明矾,是无色晶体. $Al_2(SO_4)_3$ 或明矾都易溶于水并且水解,它们的水解过程与三氯化铝的相同,产物也是从一些碱式盐到氢氧化铝胶状沉淀.由于这些水解产物胶粒的净吸附作用和铝离子的凝聚作用, $Al_2(SO_4)_3$ 和明矾早已用于净水剂.铝离子能引起神经元退化,若人脑组织中铝离子浓度过大,则会引起早衰性痴呆症.

(五) 铝和铍的相似性

铝和铍在元素周期表中处于对角线位置,两者的离子势接近,所以它们有许多相似的化学性质:

(1) 两者都是活泼金属,它们的电极电势值很相近($\varphi^{\ominus}(Be^{2+}/Be) = -1.85$ V,

$\varphi^{\ominus}(Al^{3+}/Al)=-1.706\ V$).在空气中,均能形成致密的氧化物保护层而不易被腐蚀,与酸的作用也比较缓慢,都能为浓硝酸所钝化.

(2) 两者都是两性元素,氢氧化物也属两性.

(3) 两者氧化物的熔点和硬度都很高.

(4) 两者卤化物都是共价型的.它们的卤化物都是路易斯酸,易与电子给予体形成配合物或加合物;本身则通过桥键形成聚合分子(这两种聚合分子的结构不同).

(5) 铍盐、铝盐都易水解.

(6) Be_2C 及 Al_4C_3 与水反应都能生成甲烷:

$$Be_2C+4H_2O=\!=\!=2Be(OH)_2+CH_4\uparrow$$

$$Al_4C_3+12H_2O=\!=\!=4Al(OH)_3+3CH_4\uparrow$$

尽管 Al 和 Be 有许多相似的化学性质,但两者在人体内的生理作用极不相同.人体能容纳相当大量的铝,却不能有一点铍,摄入少量的 BeO 就有致命的危险.

三、锗分族

(一) 锗、锡、铅的性质和用途

锗为银白色的硬金属.铅为暗灰色,重而软的金属.锡有三种同素异形体,常见的为银白色、硬度居中的白锡,它有较好的延展性.白锡只在 286～434 K 温度范围内稳定,它在低于 286 K 时转变为粉末状的灰锡,高于 434 K 时转变为脆锡.锗的化合物被应用的还不多.重要的是晶态锗,它具有金刚石那样的结构,为重要的半导体材料.锡和铅,从金属到化合物都有广泛的用途.金属锡和铅主要用于制合金,如焊锡为含 67%Sn 和 33%Pb 的低熔点合金,熔点为 450 K.青铜为 78%Cu 与 22%Sn 的合金,用于制日常器件、工具.此外,Sn 被大量地用于制锡箔和作金属镀层.Pb 则用于制铅蓄电池、电缆、化工方面的耐酸设备以及防护 X 射线.这三种元素的常见氧化态为+4 和+2.

+4 氧化态化合物的稳定性是:Ge>Sn>Pb.

+2 氧化态化合物的稳定性是:Ge<Sn≪Pb.

从 Ge 到 Pb,低价化合物趋于稳定.Ge 和 Sn 的化合物为共价化合物,Pb(Ⅱ)有离子化合物,Pb 为亲硫元素.它们属于中等活泼的金属,但由于种种原因却表现出一定的化学惰性.它们的化学性质可以概括如下:

(1) 与氧的反应:在通常条件下,空气中的氧只对铅有作用,在铅表面生成一层氧化铅或碱式碳酸铅,使铅失去金属光泽且不致进一步被氧化,空气中的氧对锗和锡都无影响.这三种元素在高温下能与氧反应而生成氧化物.

(2) 与其他非金属的反应:这些金属能同卤素和硫生成卤化物和硫化物.

(3) 与水的反应:锗不与水反应.锡与铅的标准电极电势虽在氢之上,但相差无几,而且 H_2 在锡上的超电压又很大,所以,锡既不被空气氧化,又不与水反应,常被用来镀在某些金属(主要是低碳钢制件)表面以防锈蚀.铅的情况比较复杂,它在有空气存在的条件下,能与水缓慢反应而生成 $Pb(OH)_2$:

$$2Pb+O_2+2H_2O=\!=\!=2Pb(OH)_2$$

因为铅和铅的化合物都有毒,所以铅管不能用于输送饮水.但是,铅若与硬水接触,则因水中含硫酸根、碳酸氢根和碳酸根等离子,表面将生成一层难溶的保护膜(主要是硫酸铅和碱式碳酸铅),可阻止水继续与铅反应.

(4) 与酸的反应：

$$Sn+2HCl(浓) = SnCl_2+H_2\uparrow$$

$$Pb+2HCl = PbCl_2+H_2\uparrow$$

$$Pb+4HCl(浓) = H_2[PbCl_4]+H_2\uparrow$$

$$Ge+4H_2SO_4(浓) = Ge(SO_4)_2+2SO_2\uparrow+4H_2O \quad (水解得 GeO_2)$$

$$Sn+4H_2SO_4(浓) = Sn(SO_4)_2+2SO_2\uparrow+4H_2O$$

$$Pb+H_2SO_4(稀) = PbSO_4+H_2\uparrow$$

$$Pb+3H_2SO_4(浓) = Pb(HSO_4)_2+SO_2\uparrow+2H_2O$$

$$Ge+4HNO_3(浓) = GeO_2\cdot H_2O+4NO_2\uparrow+H_2O$$

$$Sn+4HNO_3(浓) = SnO_2\cdot 2H_2O+4NO_2\uparrow$$

$$4Sn+10HNO_3(很稀) = 4Sn(NO_3)_2+NH_4NO_3+3H_2O$$

$$3Pb+8HNO_3(稀) = 3Pb(NO_3)_2+2NO\uparrow+4H_2O$$

总而言之：Ge 不与非氧化性酸作用；Sn 与非氧化性酸反应生成 Sn(Ⅱ)化合物；Ge 和 Sn 与氧化性酸反应生成 Ge(Ⅳ)、Sn(Ⅳ)化合物；Pb 与酸反应得 Pb(Ⅱ)化合物.

由上可知，铅并不是不与酸反应，而是由于产物难溶，使它不能继续与酸反应，因此与稀 HCl 和 H_2SO_4 几乎不作用. 因为铅有此特性，所以化工厂或实验空常用它作耐酸反应器的衬里和制贮存或输送酸液的管道设备.

(5) 与碱的反应：锗同硅相似，与强碱反应放出氢气；锡和铅也能与强碱缓慢地反应而得到亚锡酸盐和亚铅酸盐，同时放出 H_2：

$$Ge+2OH^-+H_2O = GeO_3^{2-}+2H_2\uparrow$$

(二) 氧化物和氢氧化物

1. 氧化物

锗、锡、铅有 MO_2 和 MO 两类氧化物. MO_2 都是共价型、两性偏酸性的化合物. MO 也是两性的，但碱性略强. MO 化合物的离子性也略强，但还不是典型的离子化合物. 所有这些氧化物都是不溶于水的固体.

在锡的氧化物中重要的为二氧化锡 SnO_2，可以用金属锡在空气中燃烧而得到. 它不溶于水，也难溶于酸或碱，但是与 NaOH 或 Na_2CO_3 和 S 共熔，可转变为可溶性盐：

$$SnO_2+2NaOH = \underset{锡酸钠}{Na_2SnO_3}+H_2O$$

$$SnO_2+2Na_2CO_3+4S = \underset{硫代锡酸钠}{Na_2SnS_3}+Na_2SO_4+2CO_2\uparrow$$

SnO_2 为非整数比化合物，其晶体中锡的比例较大，从而形成 n 型半导体.

铅的氧化物除了有 PbO 和 PbO_2 以外，还有常见的混合氧化物 Pb_3O_4.

一氧化铅 PbO 俗称“密陀僧”. 它是用空气氧化熔融的铅而制得的. 它有两种变体：红色四方晶体和黄色正交晶体. 在常温下，红色的比较稳定，将黄色 PbO 在水中煮沸即得红色变体. PbO 易溶于醋酸和硝酸而得到 Pb(Ⅱ)盐，比较难溶于碱，说明它偏碱性. PbO 用于制铅蓄电池、铅玻璃和铅的化合物.

PbO_2 是两性的，不过其酸性大于碱性：

$$PbO_2+2NaOH+2H_2O = Na_2Pb(OH)_6$$

Pb(Ⅳ)为强氧化剂,例如:

$$2Mn(NO_3)_2+5PbO_2+6HNO_3 = 2HMnO_4+5Pb(NO_3)_2+2H_2O$$

PbO_2 实际上也是非整数比化合物,在它的晶体中氧原子与铅原子的数量比为 1.88,而不是 2,因为有些应为氧原子占据的位置成为空穴,所以它能导电,用在铅蓄电池中起电极的作用.

将铅在氧气中加热,或者在 673～773 K 间小心将 PbO 加热,都可以得到红色的 Pb_3O_4 粉末.该化合物俗称“铅丹”或“红丹”.在它的晶体中既有 Pb(Ⅳ)又有 Pb(Ⅱ),化学式可以写为 $2PbO \cdot PbO_2$.但根据其结构它应属于铅酸盐,所以化学式是 $Pb_2[PbO_4]$.

Pb_3O_4 与 HNO_3 反应而得到 PbO_2:

$$Pb_3O_4+4HNO_3 = PbO_2+2Pb(NO_3)_2+2H_2O$$

这个反应比说明了在 Pb_3O_4 的晶体中有 2/3 的 Pb(Ⅱ)和 1/3 的 Pb(Ⅳ).

2. 氢氧化物

由于锗、锡、铅的氧化物难溶于水,它们的氢氧化物是用盐溶液加碱制得的.这些氢氧化物实际上是一些组成不定的氧化物的水合物:$xMO_2 \cdot yH_2O$ 和 $xMO \cdot yH_2O$,通常也将它们的化学式写作 $M(OH)_4$ 和 $M(OH)_2$.它们都是两性的,在水溶液中进行两种方式的电离.在这些氢氧化物中,酸性最强的 $Ge(OH)_4$ 仍然是一种弱酸($K_1=8\times10^{-10}$),碱性最强的 $Pb(OH)_2$ 也还是两性的.由此可知,锗分族元素的金属性很弱,但从 Ge 到 Pb 逐渐增强.

这些氢氧化物中,常见的是 $Sn(OH)_2$ 和 $Pb(OH)_2$.$Sn(OH)_2$ 既溶于酸又溶于强碱:

$$Sn(OH)_2+2HCl = SnCl_2+2H_2O$$

$$Sn(OH)_2+2NaOH = Na_2[Sn(OH)_4]$$

亚锡酸根离子是一种很好的还原剂,它在碱性介质中容易转变为锡酸根离子.例如,Na_3SnO_2 在碱性溶液中能将 Bi^{3+} 还原为金属 Bi:

$$3Na_2SnO_2+2BiCl_3+6NaOH = 2Bi+3Na_2SnO_3+6NaCl+3H_2O$$

$Pb(OH)_2$ 也具有两性:

$$Pb(OH)_2+2HCl = PbCl_2+2H_2O$$

$$Pb(OH)_2+NaOH = Na[Pb(OH)_3]$$

若将 $Pb(OH)_2$ 在 373 K 脱水,得到红色 PbO;如果加热温度低则得到黄色的 PbO.

在 $M(OH)_4$ 中,$Ge(OH)_4$ 和 $Sn(OH)_4$ 比较常见,它们实际上都以水合氢氧化物的形式而存在,分别称为锗酸和锡酸.在 M(Ⅳ)的盐溶液中加碱,或者 $GeCl_4$、$SnCl_4$ 水解,或者将金属 Ge 和 Sn 分别与浓 HNO_3 反应,都得到锗酸和锡酸.例如:

$$GeCl_4+4H_2O = Ge(OH)_4+4HCl$$

这是在制备锗的过程中的一个重要反应,它可以朝两个方向进行,究竟正向进行还是逆向进行取决于溶液的酸度.生产上利用控制酸度的方法,将 $GeCl_4$ 转变为 GeO_2,再将 GeO_2 转变为 $GeCl_4$,如此反复进行以达到纯化 GeO_2 的目的.

(三) 卤化物

将金属 Ge、Sn、Pb 直接与卤素或浓的氢卤酸反应,或者用它们的氧化物与氢卤酸反应,都可以得到锗分族元素的卤化物.例如:

$$Ge(\text{或 } Sn)+2Cl_2 = GeCl_4(\text{或 } SnCl_4)$$

$$Pb+Cl_2 = PbCl_2$$

$$SnO_2 + 4HCl \longrightarrow SnCl_4 + 2H_2O$$

在形成卤化物方面，锗分族元素与碳、硅所不同的，是它们能形成 MX_4 和 MX_2 两类卤化物，而 C 和 Si 只有 MX_4. 锗分族元素的卤化物都易水解，在过量的氢卤酸或含有卤离子的溶液中容易形成卤配阴离子.

从这些卤化物的状态（通常状况下）、熔点、沸点就可以知道 MX_4 具有共价化合物的特征，熔点低，易挥发或升华. MX_2 为离子型化合物，熔点较高.

1. 四卤化物

常见的 MX_4 为 $GeCl_4$ 和 $SnCl_4$. 这两种物质在通常状况下均为液态，它们在空气中因水解而发烟. $GeCl_4$ 是制取 Ge 或其他锗化合物的中间化合物，也是制光导纤维所需要的一种重要原料. $SnCl_4$ 用作媒染剂、有机合成上的氯化催化剂以及镀锡的试剂，通常用 Cl_2 与 $SnCl_2$ 反应而制得，从水溶液只能得到 $SnCl_4 \cdot 5H_2O$ 晶体.

在盐酸酸化过的 $PbCl_2$ 溶液中通入氯气，得到黄色液体 $PbCl_4$，这种化合物极不稳定，容易分解为 $PbCl_2$ 和 Cl_2.

$PbBr_4$ 和 PbI_4 不容易制得，就是制成了，也会迅速分解.

2. 二卤化物

主要的 MX_2 有 $SnCl_2$. 将 Sn 与盐酸反应可以得到的 $SnCl_2 \cdot 2H_2O$ 无色晶体. 它是生产上和化学实验中常用的还原剂. 例如，它能将汞盐还原为亚汞盐：

$$2HgCl_2 + SnCl_2 \longrightarrow SnCl_4 + Hg_2Cl_2\text{（白色）}$$

当 $SnCl_2$ 过量时，亚汞将被直一步被还原为金属汞：

$$Hg_2Cl_2 + SnCl_2 \longrightarrow SnCl_4 + 2Hg\text{（黑色）}$$

这个反应很灵敏，常用来检验 Hg^{2+} 或 Sn^{2+} 的存在.

因为 $SnCl_2$ 易于水解，所以配制 $SnCl_2$ 溶液时，先将 $SnCl_2$ 固体溶解在少量浓盐酸中，再加水稀释. 为防止 Sn^{2+} 氧化，常在新配制的 $SnCl_2$ 溶液中加少量金属 Sn. $SnCl_2$ 的水解反应方程式如下：

$$SnCl_2 + H_2O \longrightarrow Sn(OH)Cl\text{（白）} + HCl$$

$PbCl_2$ 难溶于冷水，易溶于热水，也能溶解于盐酸中：

$$PbCl_2 + 2HCl \longrightarrow H_2[PbCl_4]$$

PbI_2 为黄色丝状有亮光的沉淀，易溶于沸水，或因生成配盐而溶解于 KI 的溶液中：

$$PbI_2 + 2KI \longrightarrow K_2[PbI_4]$$

（四）硫化物

锗分族元素的硫化物都不溶于水. GeS_2 和 SnS_2 能溶解在碱金属硫化物的水溶液中，而 GeS 和 SnS 不能. 这说明锗分族元素的硫化物和它们的氧化物相似，高氧化态的显酸性，低氧化态的显碱性.

（五）铅的一些含氧酸盐

铅的许多化合物难溶于水，有颜色和有毒. 人体若每天摄入 1 mg 铅，长期如此则有中毒危险. 油漆和油灰中常含有铅的化合物，它们是铅中毒的一个来源. 铅进入人体以后，累积在骨骼中，与钙一同被带入血液中，Pb^{2+} 与蛋白质中半胱氨酸的巯基反应，生成难溶盐. 所以含铅化合物的涂料不宜用于儿童玩具和婴儿用家具. 航空和汽车使用的燃料汽油中加入四乙基铅和二溴代乙烷，可减少汽油燃烧时的振动现象. 为防止产生 $PbBr_4$ 随废气排出

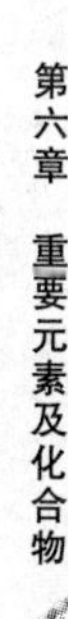

造成对大气的污染,人们已研制出四乙基铅的代用品,并禁止汽车使用加铅汽油.

铝族与硼同属于ⅢA族,虽然前者为金属,后者为非金属,差别较大,但仍有相似之处.例如,元素的最高氧化态都是+3,它们都是缺电子原子,卤化物同为路易斯酸,倾向于形成加合物或聚合物分子,而且容易水解.硼、铝都是亲氧元素.锗分族与碳、硅同属于ⅣA族,也有相似的性质.

这两族元素,从上到下,某些金属性渐增.不少元素既有金属的性质,又有非金属的性质,两性比较显明.此外,低氧化态趋向稳定.

三、p 区金属 $6s^2$ 电子的稳定性

VA族从P到Bi大多数化合物+5氧化态的稳定性递减.

以上事实表明,在VA族中随着原子序数增大,重元素价电子中有两个电子不易成键,它的低氧化态较为稳定,而与族数相同的最高氧化态则不稳定.这种趋向在ⅢA和ⅣA族中也很明显,在ⅡB族中也有所表现,如单质汞的活性较低.这种从上到下氧化态渐趋于稳定的现象,习惯上被认为是由于所谓"惰性电子对效应"引起的.实际上,这几族重元素的 ns^2 电子对并非特别"惰性".

氧化态的稳定性必定还受其他因素的影响,如共价化合物的激发能和键能以及离子化合物的晶格能.

原子序数较大的重元素成键能力较弱是由于原子半径增大,电子云重叠程度差;内层电子数目增多,这些内层电子与其键合原子的内层间的斥力增大.

6-1-4 *ds* 区金属

一、铜族元素

(一)通性

周期表第一副族元素(也称为铜族元素)包括铜、银、金三种元素.它们的价电子层结构为 $(n-1)d^{10}ns^1$.从最外电子层来看它们和碱金属一样,都只有一个 s 电子.但是次外层的电子数不相同,铜族元素次外层为18个电子,碱金属次外层为8个电子(锂只有2个电子).由于18电子层结构对核的屏蔽效应比8电子结构小得多,即铜族元素原子的有效核电荷较多,所以,本族金属原子最外层的一个 s 电子受核电荷的吸引比碱金属要强得多,因而相应的电离能高得多,原子半径小得多,密度大得多.铜族元素的氧化数有+1、+2、+3三种,而碱金属的氧化数只有+1一种.这是由于铜族元素最外层的 ns 电子和次外层的 $(n-1)d$ 电子的能量相差不大的缘故.例如,铜的第一电离能为750 kJ·mol^{-1},第二电离能为1 970 kJ·mol^{-1},铜与其他元素反应时,不仅 s 电子能参加反应,$(n-1)d$ 电子在一定条件下还可以失去1~2个,所以呈现变价.碱金属如钠的第一电离能为499 kJ·mol^{-1},第二电离能为4 591 kJ·mol^{-1},ns 与次外层 $(n-1)d$ 能量差很大,在一般条件下很难失去第二个电子,氧化数只能为+1.

铜族元素的第一电离势比碱金属高得多,铜族元素的标准电极电势比碱金属的数值大.

本族元素性质变化的规律和所有副族元素一样,从上到下即按Cu、Ag、Au的顺序金属活泼性递减,与碱金属从Na到Cs的顺序恰好相反.这是因为,从Cu→Au,原子半径增加不大,而核电荷明显增加,次外层18电子的屏蔽效应又较小,即有效核电荷对价电子的吸引力增大，因而金属活泼性依次减弱. 另一方面从能量数据的分析来看，Cu、Ag、Au 的第一电离势分别为 750、735、895($kJ \cdot mol^{-1}$). 从电离势来看，银比铜稍活泼. 如果在水溶液中反应，就应依电极电势的大小来判断. 用玻恩-哈伯循环计算 $M(s) \rightarrow M^+(aq)$ 能量变化，可见从固体金属形成一价水合阳离子所需的能量随 $Cu \rightarrow Au$ 的顺序越来越大，所以从 $Cu \rightarrow Au$ 性质越来越不活泼.

(二) 金属单质的性质和用途

铜、银、金依次是紫红色、银白色和黄色的金属. 铜族单质具有密度较大，熔、沸点较高，导电性、传热性优良等共同特性. 另外，它们的延展性很好，特别是金，1 g 金能抽成长达 3 km 的金丝，或压成厚约 0.000 1 mm 的金箔. 银的导电性和导热性在金属中居第一位，这与其能带的宽窄有关. IB 族金属 *d* 能带内能级多，电子多，电子较易发生跃迁. 但由于银比较贵，所以它的用途受到限制，银主要用来制造器皿、饰物、货币等. 金是贵金属，常用于电镀、镶牙和制作饰物. 金还是国际通用货币.

铜族金属之间以及和其他金属之间，都很容易形成合金，其中铜的合金种类很多，如青铜(80%Cu、15%Sn、5%Zn)质坚韧、易铸，黄铜(60%Cu、40%Zn)广泛用于制仪器零件，白铜(50%～70%Cu、18%～20%Ni、7%～15%Zn)主要用作制餐具等.

铜在生命系统中有重要作用，人体中有 30 多种蛋白质和酶含有铜. 现已知铜最重要的生理功能是组成人血清中的铜蓝蛋白，有协同铁的功能.

铜族元素的化学活性远较碱金属低，并按 Cu、Ag、Au 的顺序递减，这主要表现在与空气中氧的反应及与酸的反应上.

铜在常温下不与干燥空气中的氧化合，加热时能产生黑色的氧化铜. 银、金在加热时也不与空气中的氧化合. 在潮湿的空气中放久后，铜表面会慢慢生成一层铜绿：

$$2Cu + O_2 + H_2O + CO_2 = Cu(OH)_2 \cdot CuCO_3$$

铜绿可防止金属进一步腐蚀，其组成是可变的. 银、金则不发生这个反应. 空气中如含有 H_2S 气体，H_2S 跟银接触后，银的表面上很快生成一层 Ag_2S 的黑色薄膜而使银失去白色光泽.

铜族元素都能和卤素反应，但反应程度按 Cu、Ag、Au 的顺序逐渐下降. 铜在常温下就能与卤素作用，银作用很慢，金则须在加热时才同干燥的卤素起作用.

在电位顺序中，铜族元素都在氢以后，所以不能置换稀酸中的氢. 但当有空气存在时，铜可缓慢溶解于这些稀酸中：

$$2Cu + 4HCl + O_2 = 2CuCl_2 + 2H_2O$$

$$2Cu + 2H_2SO_4 + O_2 = 2CuSO_4 + 2H_2O$$

浓盐酸在加热时也能与铜反应，这是因为 Cl^- 和 Cu^+ 形成配离子 $[CuCl_4]^{3-}$：

$$2Cu + 8HCl(浓) = 2H_3[CuCl_4] + H_2\uparrow$$

铜易被 HNO_3、热浓硫酸等氧化性酸氧化而溶解：

$$Cu + 4HNO_3(浓) = Cu(NO_3)_2 + 2NO_2\uparrow + 2H_2O$$

$$3Cu + 8HNO_3(稀) = 3Cu(NO_3)_2 + 2NO\uparrow + 4H_2O$$

$$Cu + 2H_2SO_4(浓) = CuSO_4 + SO_2\uparrow + 2H_2O$$

银与酸的反应与铜相似，但更困难一些：

$$2Ag + 2H_2SO_4(浓) = Ag_2SO_4 + SO_2\uparrow + 2H_2O$$

金只能溶解在王水中：

$$Au+4HCl+HNO_3 = HAuCl_4+NO\uparrow+2H_2O$$

铜、银、金在强碱中均很稳定.

(三) 铜族元素的主要化合物

1. 铜的化合物

铜的特征氧化数为＋2，也有氧化数为＋1、＋3 的化合物. 氧化数为＋3 的化合物如 Cu_2O_3、$KCuO_2$、$K_3[CuF_6]$，因不常见到，此处就不讨论了.

(1) 氧化数为＋1 的化合物.

① 氧化亚铜. 含有酒石酸钾钠的硫酸铜碱性溶液或碱性铜酸盐 $Na_2Cu(OH)_4$ 溶液用葡萄糖还原，可以得 Cu_2O：

$$2[Cu(OH)_4]^{2-}+CH_2OH(CHOH)_4CHO = Cu_2O+4OH^-+CH_2OH(CHOH)_4COOH+2H_2O$$

分析化学上利用这个反应测定醛，医学上用这个反应来检查糖尿病. 由于制备方法和条件的不同，Cu_2O 晶粒大小各异，而呈现多种颜色，如黄、橘黄、鲜红或深棕. Cu_2O 溶于稀硫酸，立即发生歧化反应：

$$Cu_2O+H_2SO_4 = Cu_2SO_4+H_2O$$

$$Cu_2SO_4 = CuSO_4+Cu$$

Cu_2O 溶于氨水和氢卤酸，分别形成稳定的无色配合物 $[Cu(NH_3)_2]^+$ 和 $[CuX_2]^-$，$[Cu(NH_3)_2]^+$ 很快被空气中的氧气氧化成蓝色的 $[Cu(NH_3)_4]^{2+}$，利用这个反应可以除去气体中的氧：

$$Cu_2O+2NH_3\cdot H_2O = 2[Cu(NH_3)_2]^++2OH^-+3H_2O$$

$$2[Cu(NH_3)_2]^++4NH_3\cdot H_2O+1/2O_2 = 2[Cu(NH_3)_4]^{2+}+2OH^-+H_2O$$

合成氨工业经常用 $[Cu(NH_3)_2]Ac$ 溶液吸收对氨合成催化剂有毒害的 CO 气体：

$$[Cu(NH_3)_2]Ac+CO = [Cu(NH_3)_2]Ac\cdot CO$$

这是一个放热和体积减小的反应，降温、加压有利于吸收 CO. 吸收 CO 以后的醋酸铜氨液，经减压和加热，又能将气体放出而再生，继续循环使用：

$$[Cu(NH_3)_2]Ac\cdot CO = [Cu(NH_3)_2]Ac+CO\uparrow$$

② 卤化亚铜. 往硫酸铜溶液中逐滴加入 KI 溶液，可以看到生成白色的碘化亚铜沉淀和棕色的碘：

$$2Cu^{2+}+4I^- = 2CuI+I_2$$

由于 CuI 是沉淀，所以在碘离子存在时，Cu^{2+} 的氧化性大大增强，这时下列半电池反应的电极电势为：

$$Cu^{2+}+I^-+e^- = CuI \quad \varphi^\ominus=0.86\ V$$

$$I_2+2e^- = 2I^- \quad \varphi^\ominus=0.536\ V$$

所以 Cu^{2+} 能氧化 I^-. 由于这个反应能迅速定量进行，反应析出的碘能用标准硫代硫酸钠溶液滴定，所以分析化学常用此反法定量测定铜. 在含有 $CuSO_4$ 及 KI 的热溶液中，再通入 SO_2，由于溶液中棕色的碘与 SO_2 反应而褪色，白色 CuI 沉淀就看得更清楚，其反应为：

$$I_2+SO_2+2H_2O = H_2SO_4+2HI$$

③ 硫化亚铜. 硫化亚铜是难溶的黑色物质，它可由过量的铜和硫加热制得：

$$2Cu+S \xlongequal{\triangle} Cu_2S$$

在硫酸铜溶液中加入硫代硫酸钠溶液，加热，也能生成 Cu_2S 沉淀，分析化学中常用此反应除去铜：

$$2Cu^{2+}+2S_2O_3^{2-}+2H_2O \xlongequal{} Cu_2S+S+2SO_4^{2-}+4H^+$$

(2) 氧化数为+2 的化合物.

① 氧化铜和氢氧化铜. 在硫酸铜溶液中加入强碱，就生成淡蓝色的氢氧化铜沉淀. 氢氧化铜(Ⅱ)的热稳定性比碱金属氢氧化物差得多，受热易分解，溶液加热至 353 K 就脱水变为黑褐色的 CuO.

CuO 是碱性氧化物. 加热时易被氢气、C、CO、NH_3 等还原为铜：

$$3CuO+2NH_3 \xlongequal{} 3Cu+3H_2O+N_2$$

氧化铜对热是稳定的，只有超过 1 273 K 时，才会发生明显的分解反应：

$$2CuO \xlongequal{} Cu_2O+1/2O_2\uparrow$$

$Cu(OH)_2$ 微显两性，所以既溶于酸，又溶于过量的浓碱溶液中：

$$Cu(OH)_2+H_2SO_4 \xlongequal{} CuSO_4+2H_2O$$

$$Cu(OH)_2+2NaOH \xlongequal{} Na_2[Cu(OH)_4]$$

向硫酸铜溶液中加入少量氨水，得到的不是氢氧化铜，而是浅蓝色的碱式硫酸铜沉淀：

$$2CuSO_4+2NH_3\cdot H_2O \xlongequal{} (NH_3)_2SO_4+Cu_2(OH)_2SO_4\downarrow$$

若继续加入氨水，碱式硫酸铜沉淀就溶解，得到深蓝色的四氨合铜配离子：

$$Cu_2(OH)_2SO_4+8NH_3 \xlongequal{} 2[Cu(NH_3)_4]^{2+}+SO_4^{2-}+2OH^-$$

② 卤化铜. 除碘化铜(Ⅱ)不存在外，其他卤化铜都可借氧化铜和氢卤酸反应来制备. 例如：

$$CuO+2HCl \xlongequal{} CuCl_2+H_2O$$

卤化铜随阴离子变形性增大，颜色加深. $CuCl_2$ 在很浓的溶液中显黄绿色，在浓溶液中显绿色，在稀溶液中显蓝色. 黄色是由于 $[CuCl_4]^{2-}$ 配离子的存在，而蓝色是由于 $[Cu(H_2O)_6]^{2-}$ 配离子的存在，两者并存时显绿色. $CuCl_2$ 在空气中易潮解，它不但易溶于水，而且易溶于乙醇和丙酮. $CuCl_2$ 与碱金属氯化物反应，生成 $M[CuCl_3]$ 或 $M_2[CuCl_4]$ 型配盐；与盐酸反应生成 $H_2[CuCl_4]$ 配酸. 由于 Cu^{2+} 卤配离子不够稳定，因此其只能在存在过量卤离子时形成.

③ 硫酸铜. 五水硫酸铜俗名胆矾或蓝矾，是蓝色斜方晶体. 它是用热浓硫酸溶解铜屑，或在氧气存在时用稀热硫酸与铜屑反应而制得的：

$$Cu+2H_2SO_4(浓) \xlongequal{} CuSO_4+SO_2\uparrow+2H_2O$$

$$2Cu+2H_2SO_4(稀)+O_2 \xlongequal{} 2CuSO_4+2H_2O$$

氧化铜与稀硫酸反应，经蒸发浓缩也可得到五水硫酸铜. 硫酸铜在不同温度下，可以发生下列变化：

$$CuSO_4\cdot 5H_2O \xrightarrow{375K} CuSO_4\cdot 3H_2O \xrightarrow{386K} CuSO_4\cdot H_2O \xrightarrow{531\ K} CuSO_4 \xrightarrow{923\ K} CuO$$

在蓝色的五水硫酸铜中，四个水分子以平面四边形配位在 Cu^{2+} 的周围，第五个水分子以氢键与硫酸根结合，S 在平面四边形的上和下，形成一个不规则的八面体.

无水硫酸铜为白色粉末，不溶于乙醇和乙醚，其吸水性很强，吸水后显出特征的蓝色.

可利用这一性质来检验乙醇、乙醚等有机溶剂中的微量水分. 也可以用无水硫酸铜从这些有机物中除去少量水分(作干燥剂).

硫酸铜是制备其他含铜化合物的重要原料,在工业上用于镀铜和制颜料. 在农业上同石灰乳混合得到波尔多液,通常的配方是:

$$CuSO_4 \cdot 5H_2O : CaO : H_2O = 1 : 1 : 100$$

波尔多液在农业上,尤其在果园中是最常用的杀菌剂.

④ 硝酸铜. 硝酸铜的水合物有 $Cu(NO_3)_2 \cdot 3H_2O$、$Cu(NO_3)_2 \cdot 6H_2O$ 和 $Cu(NO_3)_2 \cdot 9H_2O$. 将 $Cu(NO_3)_2 \cdot 3H_2O$ 加热到 443 K 时,得到碱式盐 $Cu(NO_3)_2 \cdot Cu(OH)_2$,进一步加热到473 K则分解为 CuO.

制备$Cu(NO_3)_2$是将铜溶于乙酸乙酯的N_2O_4溶液中,从溶液中结晶出$Cu(NO_3)_2N_2O_4$. 将它加热到 363 K,得到蓝色的 $Cu(NO_3)_2$. $Cu(NO_3)_2$ 在真空中加热到473 K 升华但不分解.

⑤ 硫化铜. 在硫酸铜溶液中,通入 H_2S,即有黑色硫化铜沉淀析出:

$$Cu^{2+} + H_2S = CuS + 2H^+$$

CuS 不溶于水,也不溶于稀酸,但溶于热的稀 HNO_3 中:

$$3CuS + 8HNO_3 = 3Cu(NO_3)_2 + 2NO\uparrow + 3S + 4H_2O$$

CuS 也溶于 KCN 溶液中,生成$[Cu(CN)_4]^{3-}$:

$$2CuS + 10CN^- = 2[Cu(CN)_4]^{3-} + (CN)_2 + 2S^{2-}$$

⑥ 铜的配合物. Cu^{2+} 的外层电子构型为 $3s^2 3p^6 3d^9$. Cu^{2+} 带有两个正电荷,因此,Cu^{2+} 比 Cu^+ 更容易形成配合物. Cu^{2+} 可形成配位数为 2、4、6 的配离子,配位数为 2 的很少.

当 Cu^{2+} 盐溶解在过量的水中时,形成蓝色的水合离子$[Cu(H_2O)_6]^{2+}$. 在$[Cu(H_2O)_6]^{2+}$中加入氨水,容易生成深蓝色的$[Cu(NH_3)_4(H_2O)_2]^{2+}$,但第五、六个水分子的取代比较困难. $[Cu(NH_3)_6]^{2+}$ 仅能在液氨中制得,在固体水合盐中一般配位数为 4.

Cu^{2+} 还能与卤素、羟基、焦磷酸根离子形成稳定程度不同的配离子. Cu^{2+} 与卤素离子能形成$[MX_4]^{2-}$ 型的配合物,但它们在水溶液中稳定性较差.

Cu^+ 也能形成许多配合物. 其配体数可以为 2、3、4. 配位数为 2 的配离子,用 sp 杂化轨道成键,几何构型为直线型,如$[CuCl_2]^-$. 配位数为 4 的配离子,用 sp^3 杂化轨道成键,几何构型为四面体,如$[Cu(CN)_4]^{3-}$.

2. 银的化合物

银的化合物主要是氧化数为 +1 的化合物,氧化数为 +2 的化合物很少,如 AgO、AgF_2,一般不稳定,是极强的氧化剂. 氧化数为+3 的化合物极少,如 Ag_2O_3.

银盐的一个特点是多数难溶于水,能溶的只有硝酸银、硫酸银、氟化银、高氯酸银等少数几种. Ag^+ 和 Cu^{2+} 相似,形成配合物的倾向很大,把难溶盐转化成配合物是溶解难溶银盐最重要的方法.

(1) 硝酸银.

硝酸银是重要的可溶性银盐. 硝酸银的熔点为 481.5K,加热到 771 K 时分解. 如有微量的有机物存在或日光直接照射即逐渐分解. 因此硝酸银晶体或它的溶液应当装在棕色玻璃瓶中.

硝酸银遇到蛋白质即生成黑色蛋白银,因此它对有机组织有破坏作用,使用时不要让皮肤接触它. 10%的 $AgNO_3$ 溶液在医药上作消毒剂和腐蚀剂. 它也是重要的化学试剂.

(2) 卤化银.

在硝酸银溶液中加入卤化物,可以生成 AgCl、AgBr、AgI 沉淀. 卤化银的颜色按 Cl—Br—I 的顺序加深. 它们都难溶于水,溶解度按 Cl—Br—I 的顺序降低. 由于 AgF 为离子型化合物,所以在水中溶解度较大(288.5 K,AgF 的溶解度为 182 g/100 g 水),AgI 难溶于水.

AgCl、AgBr、AgI 都不溶于稀硝酸.

AgCl、AgBr、AgI 都具有感光性,常用于制造照相感光材料.

(3) 银的配合物.

Ag^+ 的重要特征是容易形成配离子,如与 NH_3、S_2、CN^- 等形成稳定程度不同的配离子.

配离子有很大的实际意义,它广泛用于电镀工业等. 照相技术中就应用了生成 $[Ag(S_2O_3)]^{3-}$ 配离子的反应. 在制造热水瓶的过程中,瓶胆上镀银就是利用银氨配离子与甲醛或葡萄糖的反应:

$$2[Ag(NH_3)_2]^+ + RCHO + 2OH^- \xlongequal{} RCOONH_4 + 2Ag\downarrow + 3NH_3\uparrow + H_2O$$

这个反应叫银镜反应,此反应在化学镀银及鉴定醛(R—CHO)时应用. 要注意镀银后的银氨溶液不能贮存,因为放置时(天热时不到一天)会析出有强爆炸性的 Ag_3N 沉淀. 为了破坏溶液中的银氨离子,可加盐酸,使它转化为 AgCl 回收.

3. 三氯化金

金在 473 K 下同氯气作用,可得到褐红色晶体三氯化金. 在固态和气态时,该化合物均为二聚体,具有氯桥基结构. 用有机物如草酸、甲醛葡萄糖等可将其还原为胶态金溶液. 在金的化合物中,+3 价是最稳定的. 金(I)很易转化为金(Ⅲ)价态:

$$3Au^+ \xlongequal{} Au^{3+} + 2Au$$

(四) IB 族与 IA 族元素性质的对比

碱金属和铜族元素性质简要对比如下:

1. 物理性质

由于碱金属的原子半径比相应的铜族元素要小,在固体金属中碱金属每个原子仅有一个 s 电子参加金属键,质点间的引力不强,所以碱金属的熔点、沸点都较低,硬度、密度也较小;而铜族元素除 s 电子外,还有一些 $(n-1)d$ 电子也参加金属键,质点间的作用力较强,它们具有较高的熔、沸点和升华热,有良好的延展性,它们的导电性和导热性较好,密度也较大.

2. 化学活泼性和性质变化规律

碱金属是极活泼的轻金属,在空气中易被氧化,能与水起剧烈反应,同族内金属活泼性随原子序数增大而增加;铜族元素是不活泼的重金属.

3. 氧化数、化合物的键型

碱金属在化合物中总是呈+1 氧化态,它们所形成的化合物大多是离子型的. 碱金属离子一般是无色的,极难被还原. 铜族元素最外层的 s 电子和次外层 $(n-1)d$ 电子能量相差不大,在与其他元素化合时,不仅失去一个 s 电子形成氧化数为+1 的化合物,还可以再失去一个或两个 d 电子,表现为+2 或+3 氧化态,所以铜族元素形成化合物时呈现多种氧化态. 铜族元素的化合物有较明显的共价性，其水合物一般显颜色，金属离子易被还原剂还原.

4. 离子的成配能力，氢氧化物的极性及稳定性

碱金属离子具有 8 电子层结构，电荷少，半径大，很难形成稳定的配合物，只能与螯合剂(如 EDTA)形成有一定稳定性的螯合物. 碱金属的氢氧化物是最强的碱，并对热非常稳定. Cu^{2+}、Ag^{+}、Au^{+} 由于是 18 电子层结构或 9～17 电子层结构，它们不但具有较强的极化力，而且有显著的变形性，因此铜族元素离子是配合倾向很强的形成体. 铜族元素的氢氧化物碱性较弱，且容易脱水形成氧化物.

二、锌族元素

(一) 锌族元素的概述

锌族元素包括锌、镉、汞三种元素，是周期表ⅡB 族元素. 锌族元素的原子最外层和碱土金属一样，只有 2 个电子，但是碱土金属都只有 1 个 s 电子. 碱土金属次外层为 8 个电子(铍只有 2 个电子)，而锌族元素具 18 个电子，由于 18 电子层结构对核的屏蔽效应比 8 电子结构小得多，即锌族元素的原子的有效核电荷较多，所以本族金属原子最外层的 2 个 s 电子受核电荷的吸引比碱土金属要强得多，因而相应的电离能高得多，原子和离子半径较小，锌族元素的电负性和电离势比碱土金属大，没有碱土金属那么活泼.

由于 $(n-1)d$ 电子未参与成键，故锌族元素的性质与典型过渡元素有较大差别，如氧化态主要为 +2(汞有 +1)，离子无色，金属键较弱而硬度、熔点较低等.

锌族单质的熔点、沸点、熔化热和汽化热等不仅比碱土金属低，而且比铜族金属低，这可能是由于最外层 s 电子成对后稳定性高的缘故. 而且这种稳定性随原子序数的增加而增高. 在汞原子里，这一对电子最稳定，所以金属键最弱，故在室温下仍为液体. 锌、镉的 s 电子对也有一定的稳定性，所以金属间的结合力较弱，熔点和熔化热、沸点和汽化热就较低. 锌、镉、汞的 ns 轨道已填满，能脱离的自由电子数量不多，因此它们具有较高的比电阻，即电导性较差. 锌族元素与铜族元素比较，仅仅最外层相差一个电子，而导电性和有些理化性质却表现出很大的差别.

锌族元素的标准电极电势比同周期的铜族元素更负，所以锌族元素比铜族元素活泼. 从能级变化上分析，虽然锌族元素的电离能高得多，但升华热较小，而离子水合热又高得多(数值更负)，所以铜没有锌活泼. 铜族与锌族元素的金属活泼次序是：

$$Zn > Cd > H > Cu > Hg > Ag > Au$$

本族内，锌、镉、汞的化学活泼性随原子序数的增大而递减，与碱土金属恰相反. 这种变化规律和它们标准电极电势数值的大小是一致的，也和它们从金属原子变成水合 M^{2+} 离子所需总能量的大小是一致的.

锌族元素中，锌和镉在化学性质上相近，汞和它们相差较大，在性质上汞类似于铜、银、金.

(二) 金属单质的性质和用途

游离状态的锌、镉、汞都是银白色金属，其中锌略带蓝色. 锌族金属的特点主要表现为低熔点和低沸点，它们的熔、沸点不仅低于铜族金属，而且低于碱土金属，并依 Zn—Cd—Hg 的顺序下降. 汞是常温下唯一的液体金属，有流动性. 汞的密度很大，蒸气压又低，可用于压力计的制造. 汞和它的化合物有毒，使用时必须非常小心，不可将汞滴撒在实验桌上或地面上,因汞撒开后,表面积增大,汞蒸气散布于空气中被吸入人体会产生慢性中毒.如果不小心把汞撒在地上或桌上,必须尽可能收集起来.对遗留在缝隙处的汞,可盖以硫黄粉使生成难溶的 HgS,也可倒入饱和的铁盐溶液使其氧化除去.汞必须密封储藏,若不密封,可在汞的上层盖一层水,以保证汞不挥发出来.

锌、镉、汞之间以及与其他金属容易形成合金.锌的最重要的合金是黄铜.大量的锌用于制造镀锌铁皮即白铁皮,只要将干净的铁片浸在熔化的锌里即可制得,这可以防止铁的腐蚀.

汞可以溶解许多金属(如 Na、K、Ag、Au、Zn、Cd、Sn、Pb 等)而形成汞齐.因组成不同,汞齐可以是液态或固态.汞齐在化学、化工和冶金中有重要用途,钠汞齐与水反应缓慢放出氢,有机化学中常用作还原剂.铊汞齐(8.5%Tl)可做低温温度计.利用汞能溶解金、银的性质,在冶金中用汞来提炼这些贵金属.

锌在含有 CO_2 的潮湿空气中生成一层碱式碳酸锌:

$$4Zn+2O_2+3H_2O+CO_2 = ZnCO_3\cdot 3Zn(OH)_2$$

这层薄膜较紧密,可作保护膜.从标准电极电势来看,锌和镉位于氢前,汞位于铜与银之间.锌在水中能长期存在,因为表面有一层氢氧化锌保护.镉与稀酸反应较慢,而汞则完全不反应.但它们都易溶于硝酸.在过量的硝酸中溶解汞产生硝酸汞(Ⅱ):

$$3Hg+8HNO_3 = 3Hg(NO_3)_2+2NO\uparrow+4H_2O$$

用过量的汞与冷的稀硝酸反应,得到的则是硝酸亚汞:

$$6Hg+8HNO_3 = 3Hg_2(NO_3)_2+2NO\uparrow+4H_2O$$

和镉、汞不同,锌与铍、铝相似,都是两性金属,能溶于强碱溶液中:

$$Zn+2NaOH+2H_2O = Na_2[Zn(OH)_4]+H_2\uparrow$$

锌也溶于氨水,而铝不能与氨水形成配离子,所以不溶于氨水.

$$Zn+4NH_3+2H_2O = [Zn(NH_3)_4]^{2+}+H_2\uparrow+2OH^-$$

锌在生物体中是一种有益的微量元素,有许多锌-蛋白质配合物,人体中约含有 2 g 锌.

(三) 锌族元素的主要化合物

锌和镉在常见化合物中的氧化数表现为+2,汞可形成+1 和+2 两种氧化数的化合物.与 Hg_2^{2+} 相应的 Cd_2^{2+}、Zn_2^{2+} 极不稳定,仅在熔融的氯化物中溶解金属时生成,Cd_2^{2+}、Zn_2^{2+} 在水中立即歧化:

$$Cd_2^{2+} = Cd^{2+}+Cd$$

它们的稳定顺序为 $Cd_2^{2+}<Zn_2^{2+}\ll Hg_2^{2+}$.

1. 氧化物和氢氧化物

锌、镉、汞在加热时与氧反应,把锌、镉的碳酸盐加热也可以得 ZnO 和 CdO

$$ZnCO_3 = ZnO+CO_2\uparrow$$

$$CdCO_3 = CdO+CO_2\uparrow$$

这些氧化物都几乎不溶于水.它们常被用作颜料.ZnO 俗名锌白,用作白色颜料,它的优点是遇到 H_2S 气体不变黑,因为 ZnS 也是白色.因 ZnO 有收敛性和一定的杀菌力,在医药上常调制成软膏应用.

ZnO 和 CdO 的生成热较大,较稳定,加热升华而不分解.HgO 加热到 573 K 时分解为汞与氧气:

$$2HgO \longrightarrow 2Hg + O_2\uparrow$$

所以辰砂 HgS 在空气中焙烧时,可以不经过 HgO 而直接得到汞和二氧化硫.

在锌盐和镉盐溶液个加入适量强碱,可以得到它们的氢氧化物,如:

$$ZnCl_2 + 2NaOH \longrightarrow Zn(OH)_2 + 2NaCl$$

$$CdCl_2 + 2NaOH \longrightarrow Cd(OH)_2 + 2NaCl$$

汞盐溶液与碱反应,析出的不是 $Hg(OH)_2$,而是黄色的 HgO.

$$Hg^{2+} + 2OH^- \longrightarrow HgO\downarrow + H_2O$$

氢氧化锌是两性氢氧化物,溶于强酸成锌盐,溶于强碱而成为四羟基配合物,有时称为锌酸盐.

$$Zn(OH)_2 + 2H^+ \longrightarrow Zn^{2+} + 2H_2O$$

$$Zn(OH)_2 + 2OH^- \longrightarrow [Zn(OH)_4]^{2-}$$

与 $Zn(OH)_2$ 不同,$Cd(OH)_2$ 的酸性特别弱,不易溶于强碱中.

氢氧化锌和氢氧化镉还可溶于氨水中,这一点与 $Al(OH)_3$ 不同,能溶解是由于生成了氨配离子:

$$Zn(OH)_2 + 4NH_3 \longrightarrow [Zn(NH_3)_4]^{2+} + 2OH^-$$

$$Cd(OH)_2 + 4NH_3 \longrightarrow [Cd(NH_3)_4]^{2+} + 2OH^-$$

$Zn(OH)_2$ 和 $Cd(OH)_2$ 加热时都容易脱水变为 ZnO 和 CdO. 锌、镉、汞的氧化物和氢氧化物都是共价型化合物,共价性依 Zn、Cd、Hg 的顺序而增强.

2. 硫化物

在 Zn^{2+}、Cd^{2+}、Hg^{2+} 溶液中分别通入 H_2S,便会产生相应的硫化物沉淀.

由于硫化锌能溶于 $0.1\ mol\cdot L^{-1}$ 盐酸,所以往中性锌盐溶液中通入硫化氢气体,ZnS 沉淀不完全,因在沉淀过程中,H^+ 浓度增加,阻碍了 ZnS 进一步沉淀. 但它不溶于醋酸.

CdS 的溶度积更小,所以它不溶于稀酸,但能溶于浓酸. 所以控制溶液的酸度,可以使锌、镉分离.

黑色 HgS 变体加热到 659 K 转变为比较稳定的红色变体. 硫化汞是溶解度最小的金属硫化物,在浓硝酸中也不易溶解,但可溶于硫化钠和王水中:

$$HgS + Na_2S \longrightarrow Na_2[HgS_2]$$

$$3HgS + 12HCl + 2HNO_3 \longrightarrow 3H_2[HgCl_4] + 3S + 2NO\uparrow + 4H_2O$$

硫化锌可用作白色颜料,它同硫酸钡共沉淀所形成的混合晶体 $ZnS\cdot BaSO_4$,叫作锌钡白(立德粉),是一种优良的白色颜料.

3. 氯化物

(1) 氯化锌.

用锌、氧化锌或碳酸锌与盐酸反应,经过浓缩冷却,就有 $ZnCl_2\cdot H_2O$ 的晶体析出. 如果将氯化锌溶液蒸干,只能得到碱式氯化锌而得不到无水氯化锌,这是由于氯化锌水解造成的:

$$ZnCl_2 + H_2O \longrightarrow Zn(OH)Cl + HCl$$

要制无水氯化锌,一般要在干燥 HCl 气氛中加热脱水.

无水氯化锌是容易潮解的白色固体,它的溶解度很大,吸水性很强,有机化学中常用它作去水剂和催化剂.

氯化锌的浓溶液中，由于生成配合酸——羟基二氯配锌酸而具有显著的酸性，它能溶解金属氧化物：

$$ZnCl_2 + H_2O = H[ZnCl_2(OH)]$$

$$FeO + 2H[ZnCl_2(OH)] = Fe[ZnCl_2(OH)]_2 + H_2O$$

在焊接金属时用氯化锌消除金属表面上的氧化物就是根据这一性质. 焊接金属的"熟镪水"就是氯化锌的浓溶液. 焊接时它不损害金属表面，而且水分蒸发后，熔化的盐覆盖在金属表面，使之不再氧化，能保证焊接金属的直接接触.

(2) 氯化汞($HgCl_2$).

汞生成两种氯化物，即升汞 $HgCl_2$ 和甘汞 Hg_2Cl_2. 升汞通常是将硫酸汞和氯化钠的混合物加热而制得：

$$HgSO_4 + 2NaCl = HgCl_2 + Na_2SO_4$$

$HgCl_2$ 为白色针状晶体，微溶于水，有剧毒，内服 0.2～0.4 g 可致死，医院里用 $HgCl_2$ 的稀溶液作手术刀、剪等的消毒剂.

氯化汞熔融时不导电，是共价型分子，熔点较低(549 K)，易升华，故称升汞. 它在水溶液中很少解离，大量以 $HgCl_2$ 分子存在，解离常数很小. 氯化汞遇到氨水即析出白色氯化氨基汞沉淀 $Hg(NH_2)Cl$. 氯化汞在水中稍有水解，与上面的氨解反应是相似的：

$$HgCl_2 + H_2O = Hg(OH)Cl + HCl$$

在酸性溶液中 $HgCl_2$ 是一种较强的氧化剂，同一些还原剂(如 $SnCl_2$)反应可被还原成 Hg_2Cl_2 或 Hg. 可用以检验 Hg^{2+} 或 Sn^{2+}.

(3) 氯化亚汞(Hg_2Cl_2).

$HgCl_2$、HgS 等化合物中，汞的氧化数是+2. 在 Hg_2Cl_2、$Hg_2(NO_3)_2$ 等化合物中，汞的氧化数是+1. 汞的氧化数为+1 的化合物叫亚汞化合物. 亚汞化合物中，汞总是以双聚体的形式出现，亚汞离子有一个单电子，是顺磁性的，但亚汞离子化合物是反磁性的，表明不存在单一离子.

亚汞盐多数是无色的，大多微溶于水，只有极少数盐如硝酸亚汞是易溶的. 和二价汞离子不同，亚汞离子一般不易形成配离子.

在硝酸亚汞溶液中加入盐酸，就生成氯化亚汞沉淀：

$$Hg_2(NO_3)_2 + 2HCl = Hg_2Cl_2\downarrow + 2HNO_3$$

氯化亚汞无毒，因味略甜，俗称甘汞，医药上作轻泻剂，化学上用以制造甘汞电极，是一种不溶于水的白色粉末. 在光的照射下，氯化亚汞容易分解成汞和氯化汞：

$$Hg_2Cl_2 = HgCl_2 + Hg$$

所以应把氯化亚汞贮存在棕色瓶中.

4. Hg_2^{2+} 与 Hg^{2+} 的互相转化

Hg_2^{2+} 和 Hg^{2+} 在溶液中存在下列平衡：

$$Hg^{2+} + Hg = Hg_2^{2+}$$

由电极电势可知，Hg_2^{2+} 不像 Cu^+ 那样容易歧化. 上述反应的平衡常数 $K=69.4$(该数值用电极电势值计算得来)，表明在达到平衡时 Hg 与 Hg^{2+} 基本上转变成 Hg_2^{2+}. 此反应常用于亚汞盐的制备，如把硝酸汞溶液与汞一起振荡，则生成硝酸亚汞：

$$Hg(NO_3)_2 + Hg = Hg_2(NO_3)_2$$

$Hg(NO_3)_2$ 和 $Hg_2(NO_3)_2$ 都溶于水，容易水解，配制溶液时需加入稀 HNO_3 以抑制其水解：

$$Hg(NO_3)_2 + H_2O = Hg_2(OH)NO_3 + H^+ + NO_3^-$$

用氨水与 Hg_2Cl_2 反应，由于 Hg^{2+} 同 NH_3 生成了比 Hg_2Cl_2 溶解度更小的氨基化合物 $HgNH_2Cl$，使 Hg_2Cl_2 发生歧化反应：

$$Hg_2Cl_2 + 2NH_3 = HgNH_2Cl + Hg + NH_4Cl$$

氯化氨基汞是白色沉淀，金属汞为黑色分散的细珠，因此沉淀是灰色的. 这个反应可以用来区分 Hg_2^{2+} 和 Hg^{2+}.

5. 配合物

由于锌族元素的离子为 18 电子层结构，具有很强的极化力与明显的变形性，因此比相应主族元素有较强的形成配合物的倾向.

Zn^{2+}、Cd^{2+} 与氨水反应，生成稳定的氨配合物：

$$Zn^{2+} + 4NH_3 = [Zn(NH_3)_4]^{2+}$$

$$Cd^{2+} + 6NH_3 = [Cd(NH_3)_6]^{2+}$$

Hg_2^{2+} 形成配离子的倾向较小. Hg^{2+} 主要形成配位数为 2 的直线型配合物.

Hg^{2+} 可以与卤素离子、SCN^- 形成一系列配位数为 4 的配离子.

Hg^{2+} 与过量 KI 反应，首先产生红色碘化汞沉淀，然后沉淀溶于过量的 KI 中，生成无色的碘配离子：

$$Hg^{2+} + 2I^- = HgI_2 \quad (红色)$$

$$HgI_2 + 2I^- = [HgI_4]^{2-} \quad (无色)$$

$K_2[HgI_4]$ 和 KOH 的混合溶液，称为奈斯勒试剂. 如溶液中有微量 NH_4^+ 存在时，滴入试剂立刻生成特殊的红棕色的碘化氨基汞氧合二汞沉淀. 这个反应用于鉴定铵根离子.

(四) 锌族元素与碱土金属的对比

锌族元素的次外层为 18 电子层结构，对核电荷的屏蔽效应较小，因此锌族元素原子最外层的一对 s 电子所受核的引力较强，原子半径和离子半径比相应钙、锶、钡小，所以它们的电离势比碱土金属高. 由于是 18 电子层结构，所以本族元素的离子有很强的极化力和明显的变形性. 结构方面的这些特点造成其在性质上与碱土金属有许多不同. 具体对比如下：

(1) 熔、沸点. 锌族金属的熔、沸点比碱土金属低，汞在常温下是液体.

(2) 化学活泼性. 锌族元素的活泼性较碱土金属差，它们在常温下和在干燥的空气中不发生变化；都不能从水中置换出氢气；在稀盐酸中，锌易溶解，镉溶解较慢，汞完全不溶解.

(3) 成键能力. 锌族元素在形成共价化合物和配离子的倾向上比碱土金属强得多.

(4) 氢氧化物的酸碱性及其变化规律. 锌的氢氧化物显两性，镉、汞的氢氧化物是弱碱性的. 本族内从上到下，它们氢氧化物的碱性增强，而金属活泼性从上到下是减弱的. 碱土金属的金属活泼性以及它们氢氧化物的碱性从上到下都是增强的. 钙、锶、钡的氢氧化物呈强碱性.

(5) 盐的水解. 锌族元素的盐在溶液中都有一定程度的水解. 而钙、锶、钡的强酸盐一般不水解.

一般，在ⅡB 和ⅡA 族元素之间存在着与 IB 和 IA 族元素之间相同的差别，不过ⅡB 族元素的性质略比 IB 族有规律.

ⅡB族元素的性质比IB族元素活泼些.锌、镉与镁相似,这三种元素均可以从酸中置换出氢.ⅡB族元素的氢氧化物的碱性比IB族元素的稍弱些.

6-1-5 *d* 区金属

周期系中的 *d* 区元素称为过渡元素,又称过渡金属,其中第四周期又称第一过渡系,第五周期又称第二过渡系,第六周期又称第三过渡系,由锕到112号元素称为第四过渡系.

一、过渡元素的基本性质

周期表中的ⅢB族至Ⅷ族称为过渡元素,过渡元素即 *d* 区元素,它们的 $(n-1)d$ 轨道均未填满.ⅠB、ⅡB族元素的 $(n-1)d$ 轨道均已充满,但这两族元素的性质在许多方面与过渡元素相似,因此也有人主张将它们包括在过渡元素的范围内.

同一周期的过渡元素有许多相似性,如金属性递变不明显,原子半径电离势等随原子序数增加,虽有变化但不明显,都反映出各元素间从左至右的水平相似性,因此也可将这些过渡元素按周期分为三个系列.即位于周期表中第4周期的Sc～Ni称为第一过渡系元素;第5周期中的Y～Pd为第二过渡系元素;第6周期中的La～Pt为第三过渡系元素.

(1) 它们都是金属.它们的硬度较大,熔点和沸点较高,导热、导电性能好,延性及展性好.它们相互之间或与其他金属元素易生成合金.

(2) 大部分金属的电极电势为负值,即还原能力较强.例如,第一过渡系元素一般都能从非氧化性酸中置换出氢.

(3) 除少数例外,它们都存在多种氧化态.它们的水合离子和酸根离子常呈现一定的颜色.

(4) 由于具有填充的电子层,它们能形成一些顺磁性化合物.

(5) 它们的原子或离子形成配合物的倾向都较大.

以上这些性质都和它们的电子构型有关.

(一) 过渡元素的电子构型

过渡元素的原子电子构型的特点是它们都具有未充满的 *d* 轨道(Pd例外),最外层也仅有1～2个电子,因而它们原子的最外两个电子层都是未充满的,所以过渡元素通常是指价电子层结构为 $(n-1)d^{1\sim10}ns^{1\sim2}$ 的元素,即位于周期表 *d* 区的元素.

镧系和锕系各元素的最后一个电子依次填入外数第三层的 *f* 轨道上,它们的最外三个电子层都是不满的.由于电子构型上的特点,镧系和锕系元素又被称为内过渡元素.

多电子原子的原子轨能量变化是比较复杂的,由于在 $4s$ 和 $3d$、$5s$ 和 $4d$、$6s$ 和 $5d$ 轨道之间出现了能级交错现象,能级之间的能量差值较小,所以在许多反应中,过渡元素的 *d* 电子也可以部分或全部参加成键.

(二) 过渡元素的氧化态

因为过渡元素除最外层的 *s* 电子可以作为价电子外,次外层 *d* 电子也可部分或全部作为价电子成键,所以过渡元素常有多种氧化态.一般可由+2依次增加到与族数相同的氧化态(Ⅷ族除Ru、Os外,其他元素尚无+8氧化态),这种氧化态的表现以第一过渡系最为典型.

随原子序数的增加,氧化态先是逐渐升高,后又逐渐降低.这种变化主要是由于开始时 $3d$ 轨道价电子数增加,氧化态逐渐升高,当 $3d$ 轨道上电子数达到5或超过5时,$3d$ 轨道逐渐趋向稳定.因此高氧化态逐渐不稳定(呈现强氧化性),随后氧化态又逐渐降低.

第二、第三过渡系元素的氧化态从左到右的变化趋势与第一过渡系元素是一致的. 不同的只是在于这两列元素的最高氧化态表现稳定，而低氧化态化合物并不常见.

综上所述，过渡元素的氧化态表现有一定的规律性，即同一周期从左到右，氧化态首先逐渐升高，随后又逐渐降低. 同一族中从上向下高氧化态趋向于比较稳定. 这和主族元素不同. 因为主族元素价电子层的 *ns* 电子从上到下表现为惰性电子对而不易参加成键的趋势增强，所以主族元素的氧化态表现为从上到下低氧化态趋于稳定.

(三) 单质的物理性质和化学性质

1. 物理性质

过渡元素的原子的最外层 *s* 电子和 *d* 电子都有可能参加成键，从而增加了成键的强度. 此外，过渡元素原子的半径较小，并有较大的密度. 其中第三过渡系元素几乎都具有特别大的密度，如锇、铱、铂的密度分别为 22.57 g·cm^{-3}、22.42 g·cm^{-3}和 21.45 g·cm^{-3}. 大多数过渡元素也都有较高的硬度和较高的熔点和沸点，如钨的熔点为 3 683 K，是所有金属中最难熔的，这些性质都和它们具有较小的原子半径，次外层 *d* 电子参加成键，金属键强度较大密切相关.

另外，许多过渡金属及其化合物有顺磁性，这也是因为它们具有未成对 *d* 电子所引起的. 过渡元素的纯金属有较好的延展性和机械加工性，并且能彼此间以及与非过渡金属组成具有多种特性的合金. 过渡金属都是电和热的较良好导体，它们在工程材料方面有着广泛的应用.

2. 化学性质

钪、钇和镧是过渡元素中最活泼的金属，它们在空气中能迅速被氧化，与水反应则放出氢，也能溶于酸，这是因为它们的次外层 *d* 轨道中仅一个电子，这个电子对它们性质的影响不显著，所以它们的性质较活泼，并接近于碱土金属. 其他过渡金属在通常情况下不与水作用. 从它们的标准电极电势看，过渡元素一般都可以从稀酸中置换氢.

与第一过渡系元素相比(ⅢB 族除外)，第二、三过渡系元素的活泼性都较差. 即同一族中自上而下，活泼性依次减弱，这与ⅠA 族、ⅡA 族不同. 这是因为它们的核电荷因素在这里起着主导作用. 因为同一族中自上而下原子半径增加不大，而核电荷却增加较多，对外层电子的吸引力增强，特别是第三过渡系元素，它们与相应的第二过渡系元素相比原子半径增加很少(镧系收缩的影响)，所以其化学性质显得更不活泼.

(四) 过渡元素氧化物的酸碱性

过渡元素氧化物(氢氧化物或水合氧化物)的碱性，同一周期中从左到右逐渐减弱，在高氧化态时表现为从碱到酸. 例如，Sc_2O_3 为碱性氧化物，TiO_2 为具有两性的氧化物，CrO_3 是较强的酸酐(铬酸酐)，而 Mn_2O_7 在水溶液中已成强酸了. Fe、Co 和 Ni 不能生成稳定的高氧化态的氧化物. 在同一族中各个元素自上而下，氧化态相同时酸性减弱，而碱性逐渐增强. 例如，Ti、Zr、Hf 的氢氧化物 $M(OH)_4$(或 H_2MO_3)中，$Ti(OH)_4$ 的碱性比较弱一些. 这种有规律的变化是和过渡元素高氧化态离子半径有规律的变化相一致的.

此外，同一元素在高氧化态时酸性较强，随着氧化态的降低而酸性减弱(或碱性增强).

(五) 过渡元素水合离子的颜色

过渡元素的离子在水溶液中常显出一定的颜色，这也是过渡元素区别于 *s* 区金属离子(Na^+、Ca^{2+}等)的一个重要特征. 关于离子有颜色的原因是很复杂的. 过渡元素的水合离子之所以具有颜色，与它们的离子存在未成对的 d 电子有关.

(六) 过渡元素的配位性

前已指出，过渡元素的原子或离子具有 $(n-1)d$，ns 和 np 共 9 个价电子轨道. 对过渡金属离子而言，其中 ns 和 np 轨道是空的，$(n-1)d$ 轨道为部分空或者全空，它们的原子也存在空的 np 轨道和部分填充的 $(n-1)d$ 轨道. 这种电子构型都具有接受配位体孤电子对的条件. 因此它们的原子和离子都有形成配合物的倾向. 例如，过渡元素一般都容易形成氟配合物、氰配合物、草酸根配合物等.

从以上讨论可知，过渡元素在性质上区别于其他类型元素，是和它们具有不全满的 d 电子有关，这是过渡元素的特点，也是学习过渡元素时应充分注意的.

二、钛分族

(一) 概述

1790 年英国化学家格列高尔由钛铁矿砂中发现钛. 因为提取它存在较大困难，直到 1910 年才得到金属钛. 锆是 1789 年由德国克拉普罗特从锆英石矿中发现的，而很纯净的有延展性的锆是在 1914 年用钠还原氯化锆才得到. 考斯特和黑弗西于 1923 年从锆矿物的 X 射线中发现铪. 在此以前，一切对锆的研究都有是以约含 2% 铪的锆为对象的.

钛在地壳中的质量百分含量为 0.45%，但大部分的钛是处于分散状态，主要的矿物有金红石 TiO_2 和钛铁矿 $FeTiO_3$；其次是组成复杂的钒钛铁矿，它主要含有钛铁矿和磁铁矿两种矿物. 我国四川攀枝花地区有极丰富的钒钛铁矿，储量约 15 亿吨.

锆在地壳中含量为 0.017%，它比铜、锌和铅的总量还多. 但它的存在很分散，主要的矿物是锆英石 $ZrSiO_4$. 在独居石矿中也可以选出锆矿砂.

铪的化学性质与锆极相似，它没有独立的矿物而常与锆共生. 铪在地壳中的含量为 $1\times10^{-4}\%$.

(二) 单质的性质和用途

钛、锆、铪同属周期表ⅣB 族. 它们的价电子构型为 $(n-1)d^2ns$. 由于在 d 轨道全空的情况下，原子的结构是比较稳定的，因此钛、锆、铪都以失去四个电子为特征. 由于镧系收缩的影响，锆和铪的原子半径非常接近，它们的化学性质也很相似，因而二者的分离工作也较困难. 这些元素除主要有氧化态为 +4 的化合物外，钛和铪生成低价氧化合物的趋势更小，这一点和锗分族相反. 由于钛族元素的原子失去四个电子需要较高的能量，所以它们的M(Ⅳ)化合物主要以共价键结合. 在水溶液中主要以 MO^{2+} 形式存在，并且容易水解. 这些金属的外观似钢，纯金属具有良好的可塑性，但当有杂质存在时变得脆而硬. 在通常温度下，这些金属具有很好的抗腐蚀性，因为它们的表面容易形成致密的氧化物薄膜. 但在加热时，它们能与 O_2、N_2、H_2、S 和卤素等非金属作用. 在室温时，它们与水、稀盐酸、稀硫酸和硝酸都不作用，但能被氢氟酸、磷酸、熔融碱侵蚀. 钛能溶于热浓盐酸中，得到 $TiCl_3$：

$$2Ti+6HCl = 2TiCl_3+3H_2\uparrow$$

金属钛更易溶于 $HF+HCl(H_2SO_4)$ 中，这时除浓酸与金属反应外，还利用 F^- 与 Ti 的配位反应，促进钛的溶解：

$$Ti+6HF = [TiF_6]^{2-}+2H^++2H_2\uparrow$$

钾和铵的氟锆酸盐和氟铪酸盐在溶解度上有显著的差别，因此，可利用此差异性将锆、铪分离.

钛的密度(4.54 g·cm^{-3})比钢的(7.9 g·cm^{-3})小,但钛的机械强度与钢相似.它还具有耐高温、抗腐蚀性强等优点,在现代科学技术上有着广泛的用途,常被称为第三金属.如可用于制造飞机的发动机、坦克、军舰等,在国防工业上十分重要.在化学工业上,钛可代替不锈钢制作耐腐蚀设备.钛还能以钛铁的形式,在炼钢工业中用作脱氧、除氧、去硫剂,以改善钢铁性能.钛在医学上有着独特的用途,可用于代替损坏的骨头,因而被称为"亲生物金属".锆则主要用于原子能反应堆技术中,如锆用于制造铀棒的套管,这是因为锆的热中子捕获截面小,不会"吃掉"原子能反应堆借以引起核反应的中子.此外,含有少量锆的钢有很高的强度和耐冲击的韧性,可用于制造炮筒、坦克、军舰.锆用作灯丝、X 射线管的阴极等.

(三) 钛的化合物

在钛的化合物中,以+4 氧化态最稳定,在强还原剂作用下,也可呈+3 和+2 氧化态,但不稳定.

二氧化钛为白色粉末,不溶于水,也不溶于酸,但能溶解于氢氟酸和热的浓硫酸中:

$$TiO_2 + 2H_2SO_4 = Ti(SO_4)_2 + 2H_2O$$

$$TiO_2 + H_2SO_4 = TiOSO_4 + H_2O$$

实际上并不能从溶液中析出 $Ti(SO_4)_2$,而是析出 $TiOSO_4 \cdot H_2O$ 的白色粉末.这是因为 Ti^{4+} 的电荷半径比值(即 z/r)大,容易与水反应,经水解而得到 TiO^{2+}.钛酰离子常成为链状聚合形式的离子$(TiO)_n^{2n+}$,如固态的 $TiOSO_4 \cdot H_2O$ 中的钛酰离子就是这样.

TiO_2 是一种优良的白色颜料,可以制造高级白色油漆,在工业上称二氧化钛为钛白. TiO_2 在造纸工业中可用作填充剂,人造纤维中作消光剂.它还可用于生产硬质钛合金、耐热玻璃和可以透过紫外线的玻璃.在陶瓷和搪瓷中,加入 TiO_2 可增强耐酸性.此外,TiO_2 在许多化学反应中用作催化剂,如乙醇的脱水和脱氢等.

二氧化钛的水合物——$TiO_2 \cdot xH_2O$ 称为钛酸.这种水合物既溶于酸也溶于碱而具有两性.与强碱作用得碱金属偏钛酸盐的水合物.无水偏钛酸盐如偏钛酸钡可由 TiO_2 与 $BaCO_3$ 一起熔融(加入 $BaCl_2$ 或 Na_2CO_3 作助熔剂)而制得:

$$TiO_2 + BaCO_3 = BaTiO_2 + CO_2\uparrow$$

人工制得的 $BaTiO_2$ 具有高的介电常数,由它制成的电容器具有较大的容量.

钛的卤化物中最重要的是四氯化钛.它是无色液体,熔点为 250 K,沸点为 409 K.它有刺激性气味,在水中或潮湿空气中都极易水解.因此四氯化钛暴露在空气中会冒烟:

$$TiCl_4 + 3H_2O = H_2TiO_3 + 4HCl\uparrow$$

如果溶液中有一定量的盐酸,$TiCl_4$ 会发生部分水解,生成氯化钛酰 $TiOCl_2$,且钛(Ⅳ)的卤化物和硫酸盐都易形成配合物,如钛的卤化物与相应的卤化氢或它们的盐生成 $M_2(TiX_6)$ 配合物:

$$TiCl_4 + 2HCl(浓) = H_2(TiCl_6)$$

这种配酸只存在于溶液中,若往此溶液中加入 NH_4^+,则可析出黄色的$(NH_4)_2[TiCl_6]$晶体.钛的硫酸盐与碱金属硫酸盐也可生成 $M_2[Ti(SO_4)_3]$配合物,如 $K_2[Ti(SO_4)_3]$.

在中等酸度的钛(Ⅳ)盐溶液中加入 H_2O_2,可生成较稳定的橘黄色的$[TiO(H_2O_2)]_2^+$:

$$2TiO^{2+} + 2H_2O_2 = [TiO(H_2O_2)]_2^+$$

利用此反应可进行钛的定性检验和比色分析.

用锌处理钛(Ⅳ)盐的盐酸溶液,或将钛溶于浓盐酸中,可得到钛(Ⅲ)化合物三氯化钛的水溶液，浓缩后，可以析出紫色的六水合三氯化钛晶体.

三、钒分族

(一) 概述

钒在地壳中的含量为0.009%，大大超过铜、锌、钙等元素的含量，然而大部分钒呈分散状态. 钒主要以钒(Ⅲ)及钒(V)氧化态存在于矿石中. V^{3+}的离子半径(74 pm)与Fe^{3+}离子半径(64 pm)相近. 因此钒(Ⅲ)几乎不生成自己的矿物而分散在铁矿或铅矿中. 钒钛铁矿中的钒就是以这种形式存在的. 四川攀枝花地区蕴藏着极丰富的钒钛磁铁矿. 钒的主要矿物有：绿硫钒矿VS_2或V_2S_6；铅钒矿(或褐铅矿)$Pb_5[VO_4]Cl$；钒云母$KV_2[AlSi_3O_{10}](OH)_2$；钒酸钾铀矿$K_2[UO_2]_2[VO_4]_2 \cdot 3H_2O$等.

铌和钽由于离子半径极为近似，在自然界中总是共生的. 它们的主要矿物为共生的铌铁矿和钽铁矿$Fe[(Nb、Ta)O_3]_2$. 如果矿石是铌含量较高就称铁铌矿. 铌和钽在地壳中的含量分别为0.002%和2.5×10^{-4}%.

早在1801年，墨西哥矿物学家德里乌在铅矿中发现了一种新的物质，但他怀疑这是不纯的铬酸铅而没有肯定，直到1830年瑞典化学家塞夫斯特姆在研究一种铁矿时才肯定了这种新元素. 为了纪念神话中的斯堪的那维亚美丽的女神凡纳第斯，所以命名为钒(因为钒盐有各种美丽的颜色).

1801年英国化学家哈切特由铌铁矿中发现铌，1802年瑞典化学家艾克保发现钽. 1903采鲍尔登制得金属钽，金属铌于1929年才制得.

(二) 单质的性质和用途

钒、铌和钽组成了周期系VB族，它们的最高氧化物M_2O_5主要呈酸性，所以也称“酸土金属”元素. 它们和钛族一样，都是稳定而难熔的稀有金属. 钒分族的价电子层结构为$(n-1)d^3ns^2$，因5个电子都可参加成键，所以稳定氧化态为+5. 此外还能形成+4、+3、+2低氧化态. 其中以钒的+4氧化态比较稳定，铌、钽的低氧化态化合物就比较少，即按钒、铌、钽顺序高氧化态逐渐稳定，这一情况和钛分族相似.

钒是一种银灰色金属，纯钒具有延展性，不纯时硬而脆. 铌、钽外形似铂，也有延展性，具有较高的熔点. 钽是最难熔的金属之一. 由于钒族各金属比同周期的钛族金属有较强的金属键，因此它们的熔点、熔化热等较相应的钛族金属高.

钒族金属由于容易呈钝态，因此在常温下活泼性较低. 块状钒在常温下不与空气、水、苛性碱作用，也不和非氧化性的酸作用，但溶于氢氟酸. 它也溶于强的氧化性酸中，如硝酸和王水. 在高温下钒与大多数非金属元素反应，并可与熔融的苛性碱发生反应. 铌和钽的化学稳定性特别高，尤其是钽，它们不但与空气和水无作用，甚至不溶于王水，但能缓慢地溶于氢氟酸中. 熔融的碱也可和铌、钽作用. 在高温下铌、钽可和大多数非金属元素作用. 钒、铌、钽都溶于硝酸和氢氟酸的混合酸中.

钒的主要用途在于冶炼特种钢. 钒钢具有很大的强度、弹性以及优良的抗磨损和抗冲击的性能，故广泛用于结构钢、弹簧钢、工具钢、装甲钢和钢轨，特别对汽车和飞机制造业有重要意义.

钽最突出的优点是耐腐蚀性. 因此，它可用于制造化学工业的耐酸设备，还可以制成化学器皿以代替实验室中昂贵的铂制品，也可用于制造外科手术器械或用来连接折断的骨骼以及制成特种合金等. 铌主要是用于制造特种合金钢.

(三) 钒的化合物

钒在化合物中主要为+5 氧化态,但也可以还原成+4,+3,+2 低氧化合物. 由于氧化态为+5 的钒具有较大的电荷半径比,所以在水溶液中不存在简单的 V^{5+},而是以钒氧基或含氧酸根等形式存在. 同样,氧化态为+4 的钒在水溶液中是以 VO^{2+} 形式存在. 钒的化合物中以钒(Ⅴ)最稳定,其次是钒(Ⅳ)化合物,其他的都较不稳定.

1. 钒的氧化物

五氧化二钒是钒的重要化合物之一,它可由加热分解偏钒酸铵制得:

$$2NH_4VO_3 = V_2O_5 + 2NH_3\uparrow + H_2O$$

五氧化二钒呈橙黄色至深红色,无嗅,无味,有毒. 它约在 923 K 时熔融,冷却时结成橙色针状晶体. 它在迅速结晶时会因放出大量热而发光. 五氧化二钒微溶于水,每 100 g 水能溶解 0.07 g V_2O_5 而溶液呈黄色. V_2O_5 为两性偏酸的氧化物,因此易溶于碱溶液而生成钒酸盐. 在强碱性溶液中则能生成正钒酸盐 M_3VO_4:

$$V_2O_5 + 6NaOH = 2Na_3VO_4 + 3H_2O$$

另一方面,V_2O_5 也具有微弱的碱性,它能溶解在强酸中. 在 pH=1 的酸性溶液中能生成 VO^{2+}. 从电极电势可以看出,在酸性介质中 VO^{2+} 是一种较强的氧化剂:

$$VO_2^+ + 2H^+ + e^- = VO^{2+} + H_2O$$

当五氧化二钒溶解在盐酸中时,钒(Ⅴ)能被还原成钒(Ⅳ)状态,并放出氯:

$$V_2O_5 + 6HCl = 2VOCl_2 + Cl_2\uparrow + 3H_2O$$

VO_2^+ 也可以被 Fe^{2+}、草酸、酒石酸和乙醇等还原剂还原为 VO^{2+}:

$$VO_2^+ + Fe^{2+} + 2H^+ = VO^{2+} + Fe^{3+} + H_2O$$

$$2VO_2^+ + H_2C_2O_4 + 2H^+ = 2VO^{2+} + 2CO_2\uparrow + 2H_2O$$

上述反应可用于氧化还原容量法测定钒.

五氧化二钒是一种重要的催化剂,用于接触法合成三氧化硫、芳香碳氢化合物的磺化反应和用氢还原芳香碳氢化合物等许多工艺中.

2. 钒酸盐和多钒酸盐

钒酸盐可分为偏钒酸盐 MVO_3、正钒酸盐 M_3VO_4、焦钒酸盐 $M_2V_2O_7$、多钒酸盐 $M_3V_3O_9$ 等.

在钒酸盐的酸性溶液中,加入还原剂,可以观察到溶液的颜色由黄色逐渐变成蓝色、绿色,最后成紫色,这些颜色各对应于 V(Ⅳ)、V(Ⅲ)和 V(Ⅱ)的化合物. 向钒酸盐溶液中加酸,使 pH 逐渐下降,则生成不同缩合度的多钒酸盐. 随着 pH 的下降,多钒酸根中含钒原子越多,缩合度增大. 其缩合平衡为:

$$2VO_4^{3-} + 2H^+ \rightleftharpoons 2HVO_4^{2-} \rightleftharpoons V_2O_7^{4-} + H_2O \ (pH \geqslant 7.1)$$

$$3V_2O_7^{4-} + 6H^+ \rightleftharpoons 2V_3O_9^{3-} + 3H_2O \ (pH \geqslant 8.4)$$

$$10V_3O_9^{3-} + 12H^+ \rightleftharpoons 3V_{10}O_{28}^{6-} + 6H_2O \ (3 < pH < 8)$$

随着多钒酸盐的缩合度增大,溶液的颜色逐渐加深,即由淡黄色变到深红色. 溶液转为酸性后,缩合度就不改变,而是发生获得质子的反应.

$$[V_{10}O_{28}]^{6-} + H^+ = [HV_{10}O_{28}]^{5-}$$

$$[HV_{10}O_{28}]^{5-} + H^+ = [H_2V_{10}O_{28}]^{4-}$$

在 pH=2 时,则有五氧化二钒水合物的红棕色沉淀析出. 如果加入足够的酸(pH=1),

溶液中存在稳定的黄色 VO^{2+}：

$$[H_2V_{10}O_{28}]^{4-} + 14H^+ = 10VO_2^+ + 8H_2O\ (pH=1)$$

在钒酸盐的溶液中加过氧化氢，若溶液是弱碱性、中性或弱酸性时，得到黄色的二氧化钒酸离子$[VO_2(O_2)_2]^{3-}$；若溶液是强酸性时，得到红棕色的过氧钒阳离子$[V(O_2)]^{3+}$，两者之间存在下列平衡：

$$[VO_2(O_2)_2]^{3-} + 6H^+ \rightleftharpoons [V(O_2)]^{3+} + H_2O_2 + 2H_2O$$

钒酸盐与过氧化氢的反应，在分析上可作为鉴定钒和比色测定之用.

四、铬分族

(一) 概述

铬、钼、钨属于ⅥB 族元素. 它们在地壳中的丰度(重量%)分别是：铬 0.008 3%，钼 1.1×10^{-4}%，钨 1.3×10^{-4}%.

铬在自然界的主要矿物是铬铁矿，其组成为 $FeO\cdot Cr_2O_3$ 或 $FeCr_2O_4$. 钼常以硫化物形式存在，片状的辉钼矿 MoS_2 是含钼的重要矿物. 重要的钨矿有黑色的钨锰矿，又称黑钨矿；黄灰色的钨酸钙 $CaWO_4$ 又称为白钨矿. 我国的钨锰铁矿储量很丰富.

铬是 1797 年法国化学家沃克兰在分析铬铅矿时首先发现的. 铬的原意是颜色，因为它的化合物都有美丽的颜色. 由于辉钼矿和石墨在外形上相似，因而在很长时间内被认为是同一物质. 直到 1778 年舍勒用硝酸分解辉钼矿时发现有白色的三氧化钼生成，这种错误才得到纠正. 舍勒于 1781 年又发现了钨.

(二) 单质的性质和用途

在铬分族的价电子层结构中，铬和钼为$(n-1)d^5ns^1$，钨为 $5d^4ns^2$，二者虽然略有不同，但三个元素中六个价电子都可以参加成键则是一致的. 因此它们的最高氧化态为+6，并都具有 d 区元素多种氧化态的特征. 它们的最高氧化态按 Cr、Mo、W 的顺序稳定性增强，而低氧化态则相反，即 Cr 易出现低氧化态[如 Cr(Ⅲ)]的化合物，而 Mo 和 W 以高氧化态[Mo(Ⅵ)和 W(Ⅵ)]的化合物最稳定.

铬是银白色有光泽的金属，含有杂质的铬硬而且脆，高纯度的铬软一些且有延展性. 粉末状的钼和钨是深灰色的，而致密的块状钼和钨才是银白色的，且有金属光泽. 由于铬分族元素在形成金属键时可能提供 6 个电子形成较强的金属键，因此它们的熔点和沸点都非常高. 钨的熔点和沸点是所有金属中最高的.

铬能慢慢地溶于稀盐酸、稀硫酸，而生成蓝色溶液. 与空气接触则很快变成绿色，这是因为先生成的蓝色的 Cr^{2+} 被空气中的氧进一步氧化成绿色的 Cr^{3+} 的缘故：

$$Cr + 2HCl = CrCl_2 + H_2\uparrow$$

$$4CrCl_2 + 4HCl + O_2 = 4CrCl_3 + 2H_2O$$

铬与浓硫酸反应，则生成二氧化硫和硫酸铬(Ⅲ)：

$$2Cr + 6H_2SO_4 = Cr_2(SO_4)_3 + 3SO_2\uparrow + 6H_2O$$

但铬不溶于浓硝酸，因为其表面生成紧密的氧化物薄膜而呈钝态. 在高温下，铬能与卤素、硫、氮、碳等直接化合. 钼与稀酸不反应，与浓盐酸也无反应，只有浓硝酸与王水可以与钼发生反应. 钨不溶于盐酸、硫酸和硝酸，只有王水或 HF 和 HNO_3 的混合酸才能与钨发生反应. 由此可见，铬分族元素的金属活泼性是从铬到钨的顺序逐渐降低的，这也可以从它们与卤素反应的情况中看出来. 氟可与这些金属剧烈反应，铬在加热时能与氯、溴和碘反应.

钼在同样条件下只与氯和溴化合，钨则不能与溴和碘化合.

铬具有良好的光泽，抗腐蚀性又高，故常用于镀在其他金属的表面上，如自行车、汽车、精密仪器零件中的镀铬制件.大量的铬用于制造合金，如铬钢含 Cr 0.5%～1%、Si 0.75%、Mn 0.5%～1.25%，此种钢很硬，且有韧性，是机器制造业的重要原料.含铬 12%的钢称为“不锈钢”，有极强的耐腐蚀性能.

钼和钨也大量被用于制造合金钢，可提高钢的耐高温强度、耐磨性、耐腐蚀性等.在机械工业中，钼钢和钨钢可做刀具、钻头等各种机器零件，钼和钨的合金在武器制造以及导弹、火箭等尖端领域里也占有重要的地位.此外，钨丝制作灯泡的灯丝、高温电炉的发热元件等应用也很广泛.

(三) 铬的化合物

因为铬的($3d^5 4s^1$)六个电子都能参加成键，所以铬能生成多种氧化态的化合物，其中最常见的是氧化态+2、+3 和+6 的化合物.

1. 三氧化二铬和氢氧化铬

重铬酸铵加热分解或金属铬在氧气中燃烧都可以得到绿色的三氧化二铬：

$$(NH_4)_2Cr_2O_7 = Cr_2O_3 + N_2\uparrow + 4H_2O$$

$$4Cr + 3O_2 = 2Cr_2O_3$$

Cr_2O_3 微溶于水，熔点 2 708 K，具有 α-Al_2O_3 结构.Cr_2O_3 呈现两性，不但溶于酸，而且溶于强碱形成亚铬酸盐：

$$Cr_2O_3 + 3H_2SO_4 = Cr_2(SO_4)_3 + 3H_2O$$

$$Cr_2O_3 + 2NaOH = 2NaCrO_2 + H_2O$$

经过灼烧的 Cr_2O_3 不溶于酸，但可用熔融法使它变为可溶性的盐，如 Cr_2O_3 与焦硫酸钾在高温下反应：

$$Cr_2O_3 + 3K_2S_2O_7 = 3K_2SO_4 + Cr_2(SO_4)_3$$

和三氧化二铬对应的氢氧化铬 $Cr(OH)_3$ 可由铬(Ⅲ)盐溶液与氨水或氢氧化钠溶液反应而制得：

$$Cr_2(SO_4)_3 + 6NaOH = 2Cr(OH)_3\downarrow + 3Na_2SO_4$$

氢氧化铬是灰蓝色的胶状沉淀，浓溶液中有如下的平衡：

$$Cr^{3+} + 3OH^- \rightleftharpoons Cr(OH)_3 \rightleftharpoons H_2O + HCrO_2 \rightleftharpoons H^+ + CrO_2^- + H_2O$$

加酸时，平衡向生成 Cr^{3+} 的方向移动，加碱时平衡移向生成 CrO_2^- 的方向.可见氢氧化铬具有两性，与氢氧化铝相似.

2. 铬(Ⅲ)盐和亚铬酸盐

最重要的铬(Ⅲ)盐是硫酸铬和铬矾.将 Cr_2O_3 溶于冷浓硫酸中，则可得到紫色的 $Cr_2(SO_4)_3 \cdot 18H_2O$.此外还有绿色的 $Cr_2(SO_4)_3 \cdot 6H_2O$ 和桃红色的无水 $Cr_2(SO_4)_3$.硫酸铬(Ⅲ)与碱金属的硫酸盐可以形成铬矾，如铬钾矾 $K_2SO_4 \cdot Cr_2(SO_4)_3 \cdot 18H_2O$，它可用 SO_2 还原重铬酸钾的酸性溶液而制得：

$$K_2Cr_2O_7 + H_2SO_4 + 3SO_2 = K_2SO_4 \cdot Cr_2(SO_4)_3 + H_2O$$

它在鞣革、纺织等工业上有广泛的用途.

亚铬酸盐在碱性溶液中有较强的还原性.因此，在碱性溶液中，亚铬酸盐可被过氧化氢或过氧化钠氧化，生成铬(Ⅵ)酸盐：

$$2CrO_2^- + 3H_2O_2 + 2OH^- \longrightarrow 2CrO_4^{2-} + 4H_2O$$

$$2CrO_2^- + 3Na_2O_2 + 2H_2O \longrightarrow 2CrO_4^{2-} + 6Na^+ + 4OH^-$$

相反，在酸性溶液中 Cr^{3+} 的还原性就弱得多，因而只有如过硫酸铵、高锰酸钾等很强的氧化剂才能将 Cr(Ⅲ)氧化成 Cr(Ⅵ)：

$$2Cr^{3+} + 3S_2O_8^{2-} + 7H_2O \longrightarrow Cr_2O_7^{2-} + 6SO_4^{2-} + 14H^+$$

$$10Cr^{3+} + 6MnO_4^- + 11H_2O \longrightarrow 5Cr_2O_7^{2-} + 6Mn^{2+} + 22H^+$$

亚铬酸盐在碱性介质中转化成 Cr(Ⅵ)盐的性质很重要，工业上从铬铁矿生产铬酸盐的主要反应就是利用此转化性质.

3. 铬（Ⅲ）的配合物

Cr(Ⅲ)离子的外层电子结构为 $3d^3 4s^0 4p^0$，它具有 6 个空轨道，同时 Cr^{3+} 的离子半径也较小(63 pm)，有较强的正电场，因此它容易形成 d^2sp^3 型配合物，Cr(Ⅲ)离子在水溶液中就是以六水合铬(Ⅲ)离子$[Cr(H_2O)_6]^{3+}$存在. 上面所写的 Cr^{3+} 实际上并不存在于水溶液中，这样写只是为了直观和方便.

$[Cr(H_2O)_6]^{3+}$中的水分子还可以被其他配位体所取代，因此，同一组成的配合物，可能有各种异构体存在. 例如，$CrCl_3 \cdot 6H_2O$ 就有三种异构体：紫色的$[Cr(H_2O)_6]Cl_3$，蓝绿色的$[Cr(H_2O)_5Cl]Cl_2 \cdot H_2O$ 和绿色的$[Cr(H_2O)_4Cl_2]Cl \cdot 2H_2O$.

4. 铬（Ⅵ）的化合物

工业上和实验室中常见的铬(Ⅵ)化合物是它的含氧酸盐：铬酸钾 K_2CrO_4 和铬酸钠 Na_2CrO_4，重铬酸钠 $Na_2Cr_2O_7$(俗称红矾钠)和重铬酸钾 $K_2Cr_2O_7$(俗称红矾钾). 其中以重铬酸钾和重铬酸钠最为重要.

碱金属和铵的铬酸盐易溶于水，碱土金属铬酸盐的溶解度从镁到钡依次锐减.

工业上生产铬(Ⅵ)化合物，主要是通过铬铁矿与碳酸钠混合在空气中煅烧，使铬氧化成可溶性的铬酸钠：

$$4Fe(CrO_2)_2 + 7O_2 + 8Na_2CO_3 \longrightarrow 2Fe_2O_3 + 8Na_2CrO_4 + 8CO_2$$

用水浸取熔体，过滤以除去三氧化二铁等杂质，铬酸钠的水溶液用适量的硫酸酸化，可转化成重铬酸钠：

$$2Na_2CrO_4 + H_2SO_4 \longrightarrow Na_2SO_4 + Na_2Cr_2O_7 + H_2O$$

由重铬酸钠制取重铬酸钾，只要在重铬酸钠溶液中加入固体氯化钾进行复分解反应即可：

$$Na_2Cr_2O_7 + 2KCl \longrightarrow K_2Cr_2O_7 + 2NaCl$$

利用重铬酸钾在低温时溶解度较小(273 K 时 4.6 g/100 g 水)，在高温时溶解度较大(373 K 时，94.1 g/100 g 水)，而温度对食盐的溶解度影响不大的性质，可将 $K_2Cr_2O_7$ 与 NaCl 分离.

上述 CrO_4^{2-} 与 $Cr_2O_7^{2-}$ 之间的转变，是因为铬酸盐或重铬酸盐在水溶液中存在着下列平衡：

$$2CrO_4^{2-} + 2H^+ \rightleftharpoons Cr_2O_7^{2-} + H_2O$$

加酸可使平衡向右移动，Cr_2O_7 浓度升高；加碱可以使平衡左移，CrO_4^{2-} 浓度升高，因此溶液中 CrO_4^{2-} 与 $Cr_2O_7^{2-}$ 浓度的比值决定于溶液的 pH. 在酸性溶液中，主要以 $Cr_2O_7^{2-}$ 形式存在；在碱性溶液中，则以 CrO_4^{2-} 形式为主.

除了在加酸、加碱条件下可使这个平衡发生移动外，如向这个溶液中加入 Ba^{2+}、Pb^{2+} 或 Ag^+，由于这些离子与 $Cr_2O_7^{2-}$ 离子反应而生成浓度积较低的铬酸盐，也都能使平衡向右移动：

$$Cr_2O_7^{2-}+2Ba^{2+}+H_2O = 2H^+ + 2BaCrO_4(\text{黄色})$$

$$Cr_2O_7^{2-}+2Pb^{2+}+H_2O = 2H^+ + 2PbCrO_4(\text{黄色})$$

$$Cr_2O_7^{2-}+4Ag^{+}+H_2O = 2H^+ + 2Ag_2CrO_4(\text{砖红色})$$

实验室常用 Ba^{2+}、Pb^{2+} 或 Ag^+ 来检验 $Cr_2O_7^{2-}$ 的存在.

重铬酸盐在酸性溶液中是强氧化剂. 例如，在冷溶液中 $K_2Cr_2O_7$ 可以氧化 H_2S、H_2SO_3 和 HI；在加热时，可以氧化 HBr 和 HCl. 这些反应中，$Cr_2O_7^{2-}$ 的还原产物都是 Cr^{3+} 的盐：

$$Cr_2O_7^{2-}+6I^-+14H^+ = 2Cr^{3+}+3I_2+7H_2O$$

$$Cr_2O_7^{2-}+3SO_3^{2-}+8H^+ = 2Cr^{3+}+3SO_4^{2-}+4H_2O$$

在分析化学中常用 $K_2Cr_2O_7$ 来测定铁：

$$K_2Cr_2O_7+6FeSO_4+7H_2SO_4 = 3Fe_2(SO_4)_3+Cr_2(SO_4)_3+K_2SO_4+7H_2O$$

实验室中所用的洗液，是重铬酸钾饱和溶液和浓硫酸的混合物(往 5g $K_2Cr_2O_7$ 的热饱和溶液中加入 100 mL 浓 H_2SO_4)，叫铬酸洗液，棕红色，有强氧化性，用来洗涤化学玻璃器皿，以除去器壁上黏附的油脂层. 洗液经使用后，由棕红色逐渐转成暗绿色. 若洗液已变成暗绿色，说明大部分 Cr(Ⅵ)已转化成为 Cr(Ⅲ)，洗液已失效.

利用下面反应可监测司机是否酒后开车：

$$3CH_3CH_2OH+2K_2Cr_2O_7+8H_2SO_4 = 3CH_3COOH+2Cr_2(SO_4)_3+2K_2SO_4+11H_2O$$

重铬酸钠和重铬酸钾均为大粒的橙红色晶体，在所有的重铬酸盐中，以钾盐在低温下的溶解度最低，而且该盐不含结晶水，可以通过重结晶法制得极度纯的盐，用作基准的氧化试剂. 在工业上 $K_2Cr_2O_7$ 大量用于鞣革、印染、颜料制造、电镀等方面.

五、锰分族

(一) 概述

ⅦB 族包括锰、锝和铼三种元素. 锰是丰度较高的元素，在地壳中的含量为 0.1%. 近年来在深海海底发现大量的锰矿——锰结核，它是一种一层一层的铁锰氧化物层间夹有黏土层构成的一个个同心球状的团块，其中还含有铜、钴、镍等重要金属元素. 有人估计，整个海洋底下，锰结核约有 15 000 亿吨，仅太平洋中的锰结核内所含的铜、钴、镍等就相当于陆地总储量的几十到几百倍. 地壳中锰的主要矿石为软锰矿、黑锰矿和水锰矿.

金属锰的外形似铁，致密的块状锰呈银白色，粉末状为灰色. 纯锰的用途不多，但它的合金非常重要. 含锰 12%～15%、铁 3%～87%、碳 2%的锰钢很坚硬，抗冲击，耐磨损，可用于制钢轨和钢甲、破碎机等；锰可制造不锈钢(16%～20%Cr、8%～10%Mn、0.1%C)；在镁铝合金中加入锰可以使抗腐蚀性和机械性能都得到改进.

锝是 1937 年用人工方法合成的元素，后来发现在铀的裂变产物中也有锝的放射性同位素生成.

铼是丰度很小的元素之一，在地壳中的含量为 7×10^{-3}%. 铼没有单独的矿物，主要和辉钼矿伴生，含量一般不超过 0.001%，它还存在于稀土矿、铌钽矿等矿物中.

铼的外表与铂相同，纯铼相当软，有良好的延展性. 铼的熔点仅次于钨，在高温真空中，钨丝的机械强度和可塑性显著降低，若加入少量铼，便可使钨丝大大增加坚固和耐磨程度.

铼还可用于制造人造卫星和火箭的外壳.铼和铂的合金用于制造可测 2 273 K 的高温热电偶.铼也是石油氢化、醇类脱氢及其他有机合成工业上的良好催化剂.

锰分族元素的价电子构型为$(n-1)d^5ns^2$(其中锝有人认为是$4d^65s^1$).和其他分族类似,锰分族的高氧化态依 Mn、Tc、Re 顺序而趋向稳定,低氧化态则相反,以 Mn^{2+} 最稳定.

锰在高温下可直接与氯、硫、碳、磷等非金属作用,铼在高温时也能和卤素、硫等作用.

(二) 锰的化合物

1. 锰(II)的化合物

Mn^{2+} 在酸性介质中比较稳定,要将它氧化成高锰酸根是很困难的,只有在高酸度的热溶液中,与强氧化剂如过硫酸铵或二氧化铅等反应才能使其氧化:

$$2Mn^{2+}+5S_2O_8^{2-}+8H_2O = 16H^++10SO_4^{2-}+2MnO_4^-$$

$$2Mn^{2+}+5PbO_2+4H^+ = 2MnO_4^-+5Pb^{2+}+2H_2O$$

在碱性介质中,Mn^{2+} 易被氧化.

例如,向锰(Ⅱ)盐溶液中加强碱,可得到白色的 $Mn(OH)_2$ 沉淀,它在碱性介质中不稳定,与空气接触即被氧化生成棕色的 $MnO(OH)_2$ 或 $MnO_2 \cdot H_2O$:

$$MnSO_4+2NaOH = Mn(OH)_2+Na_2SO_4$$

$$2Mn(OH)_2+O_2 = 2MnO(OH)_2$$

多数锰(Ⅱ)盐如卤化锰、硝酸锰、硫酸锰等强酸盐都易溶于水.在水溶液中,Mn^{2+} 常以淡红色的$[Mn(H_2O)_6]^{2+}$水合离子存在.从溶液中结晶出来的锰(Ⅱ)盐是带有结晶水的粉红色晶体,如 $MnCl_2 \cdot 4H_2O$、$Mn(NO_3)_2 \cdot 6H_2O$ 和 $Mn(ClO_4)_2 \cdot 6H_2O$ 等.

二氧化锰与浓 H_2SO_4 反应可得到硫酸锰 $MnSO_4 \cdot xH_2O(x=1, 4, 5, 7)$.例如:

$$2MnO_2+2H_2SO_4 = 2MnSO_4+2H_2O+O_2\uparrow$$

室温下 $MnSO_4 \cdot 5H_2O$ 是较稳定的,加热脱水为白色无水硫酸锰,在红热时也不分解,所以硫酸锰是最稳定的锰(Ⅱ)盐.不溶性的锰盐有碳酸锰、磷酸锰、硫化锰等.

2. 锰(Ⅳ)的化合物

唯一重要的锰(Ⅳ)化合物是二氧化锰 MnO_2,它是一种很稳定的黑色粉末状物质,不溶于水.许多锰的化合物都是用二氧化锰做原料而制得的.

二氧化锰在酸性介质中是一种强氧化剂,而本身可还原成 Mn^{2+}.例如,MnO_2 与盐酸反应可得到氯气:

$$MnO_2+4HCl = MnCl_2+Cl_2\uparrow+2H_2O$$

实验室中常用此反应制备氯气.

二氧化锰在碱性介质中,有氧化剂存在时,还能被氧化而转化成锰(Ⅵ)的化合物.例如,MnO_2 和 KOH 的混合物于空气中,或者与 $KClO_3$、KNO_3 等氧化剂一起加热熔融,可以得到绿色的锰酸钾 K_2MnO_4:

$$2MnO_2+4KOH+O_2 = 2K_2MnO_4+2H_2O$$

$$3MnO_2+6KOH+KClO_3 = 3K_2MnO_4+KCl+3H_2O$$

基于 MnO_2 的氧化还原性,特别是氧化性,使它在工业上有很重要的用途.例如,它是一种广泛应用的氧化剂,玻璃工业中,将它加入熔融态玻璃中,以除去带色杂质(硫化物和亚铁盐).在油漆工业里将它加入熬制的半干性油中,可以促进这些油在空气中的氧化作用.MnO_2 还大量用于干电池中以氧化在电极上产生的氢.它也是一种催化剂(如在 $KClO_3$

制氧反应中)和制造锰盐的原料.

3. 锰(Ⅵ)和锰(Ⅶ)的化合物

锰(Ⅵ)的化合物中,比较稳定的是锰酸盐,如锰酸钠和锰酸钾.锰酸盐是制备高锰酸盐的中间产品.

锰酸盐只有在强碱性溶液中(pH>14.4)才是稳定的.如果在酸性甚至近中性条件下,锰酸根易发生下式歧化:

$$3MnO_4^{2-}+4H^+ \xlongequal{} 2MnO_4^-+MnO_2+2H_2O$$

锰(Ⅶ)的化合物中最重要的是高锰酸钾.往锰酸钾溶液中加酸,虽可制得高锰酸钾,但产率只有66.7%,因为有1/3的锰(Ⅵ)被还原成MnO_2,所以最好的制备方法是用电解法或用氯气、次氯酸盐等为氧化剂,把全部的MnO_4^{2-}氧化为MnO_4^-:

$$2MnO_4^{2-}+2H_2O \xlongequal{电解} 2MnO_4^-+2OH^-+H_2\uparrow$$

$$2MnO_4^{2-}+Cl_2 \xlongequal{} 2MnO_4^-+2Cl^-$$

高锰酸钾是深紫色的晶体,是一种较稳定的化合物,其水溶液呈紫红色.

将固体的$KMnO_4$加热到473 K以上,就分解放出氧气,是实验室制备氧气的一个简便方法:

$$2KMnO_4 \xlongequal{\triangle} K_2MnO_4+MnO_2+O_2\uparrow$$

高锰酸钾的溶液并不十分稳定,在酸性溶液中缓慢地分解:

$$4MnO_4^-+4H^+ \xlongequal{} 4MnO_2+3O_2\uparrow+2H_2O$$

在中性或微碱性溶液中,这种分解的速度更慢.但是光对高锰酸盐的分解起催化作用,因此$KMnO_4$溶液必须保存于棕色瓶中.

$KMnO_4$是最重要和常用的氧化剂之一.它作用的还原产物因介质的酸碱性不同而有所不同.

在酸性溶液中,MnO_4^-是很强的氧化剂.例如,它可以氧化Fe^{2+}、I^-、Cl^-等离子,还原产物为Mn^{2+}:

$$MnO_4^-+5Fe^{2+}+8H^+ \xlongequal{} Mn^{2+}+5Fe^{3+}+4H_2O$$

分析化学中,用$KMnO_4$的酸性溶液测定铁的含量,就是利用此反应,如果MnO_4^-过量,它可能和Mn^{2+}发生氧化还原反应而析出MnO_2:

$$2MnO_4^-+3Mn^{2+}+2H_2O \xlongequal{} 5MnO_2+4H^+$$

MnO_4^-与还原剂的反应,起初较慢,但Mn^{2+}的存在可以起催化作用,因此随着Mn^{2+}的生成,反应速度迅速加快.

$KMnO_4$在微酸性、中性、微碱性溶液中与还原剂反应生成MnO_2.例如,在中性或弱碱性介质中,$KMnO_4$与K_2SO_3的反应:

$$2KMnO_4+3K_2SO_3+H_2O \xlongequal{} 2MnO_2+3K_2SO_4+2KOH$$

在强碱性溶液中则被还原为锰酸盐:

$$2KMnO_4+K_2SO_3+2KOH \xlongequal{} 2K_2MnO_4+K_2SO_4+H_2O$$

高锰酸钾广泛用于容量分析中测定一些过渡金属离子如Ti^{3+}、VO^{2+}、Fe^{2+}以及过氧化氢、草酸盐、甲酸盐和亚硝酸盐等.它的稀溶液(0.1%)可以用于浸洗水果、碗、杯等用具,起消毒杀菌作用,5%$KMnO_4$溶液可治疗烫伤.

粉末状的 $KMnO_4$ 与 90% H_2SO_4 反应，生成绿色油状的高锰酸酐 Mn_2O_7. 它在 273 K 以下稳定，在常温下会爆炸分解成 MnO_2、O_2 和 O_3. 该氧化物有强氧化性，遇有机物就发生燃烧. 将 Mn_2O_7 溶于水就生成高锰酸 $HMnO_4$.

以上我们着重讨论了锰的不同氧化态化合物的氧化还原性. 锰之所以存在上述各种情况，这首先决定于它有着七个可以成键的价电子. 但是，究竟有多少电子成键，使某氧化态转化为另一氧化态，这和溶液的酸碱性以及与它反应的氧化剂或还原剂的相对强弱等条件有关.

六、铁、钴、镍

第Ⅷ族元素在周期系中是特殊的一族，它包括 4、5、6 三个周期的九种元素：铁、钴、镍、钌，铑、钯、锇、铱、铂.

(一) 铁系元素的基本性质

Ⅷ族在周期系中位置的特殊性是与它们之间性质的类似和递变关系相联系的. 在九种元素中，显然也存在通常的垂直相似性，如 Fe、Ru 和 Os，但是水平相似性如 Fe、Co 和 Ni 更为突出些. 因此为了便于研究，通常称 Fe、Co、Ni 三种元素为铁系元素，并在一起叙述和比较，其余六种元素则称为铂系元素.

铁、钴、镍三种元素的最外层都有两个电子，次外层 d 电子分别为 6、7、8，而且原子半径也很相近，所以它们的性质很相似. 一般条件下铁只表现 +2 和 +3 氧化态，在极强的氧化剂存在条件下，铁还可以表现不稳定的 +6 氧化态（高铁酸盐）. 钴在通常条件下表现为 +2 氧化态，在强氧化剂存在时则显 +3 氧化态. 镍经常表现为 +2 氧化态. 这反映出第一过渡系元素发展到Ⅷ族时，由于 $3d$ 轨道已超过半充满状态，全部价电子参加成键的趋势大大降低，除 d 电子最少的铁可以出现不稳定的较高氧化态外，d 电子较多的钴都不显高氧化态.

铁、钴、镍的原子半径、离子半径、电离势等性质基本上随原子序数增加而有规则地变化. 镍的原子量比钴小，这是因为镍的同位素中质量数小的一种占的比例大.

铁、钴、镍单质都是具有白色光泽的金属. 铁、钴略带灰色，而镍为银白色. 它们的密度都较大，熔点也较高. 钴比较硬而脆，铁和镍却有很好的延展性. 此外，它们都表现有铁磁性，所以钴、镍、铁合金是很好的磁性材料.

就化学性质来说，铁、钴、镍都是中等活泼的金属，这可由它们的电极电势看出. 在没有水汽存在时，常温下它们与氧、硫、氯等非金属单质不起显著作用，但在高温下，它们将与上述非金属单质和水蒸气发生剧烈反应，如：

$$3Fe+2O_2 \xlongequal{\text{高温}} Fe_3O_4$$

$$Fe+S \xlongequal{\text{高温}} FeS$$

$$2Fe+3Cl_2 \xlongequal{\text{高温}} 2FeCl_3$$

$$3Fe+C \xlongequal{\text{高温}} Fe_3C$$

$$3Fe+4H_2O \xlongequal{\text{高温}} Fe_3O_4+4H_2\uparrow$$

常温时，铁和铝、铬一样，与浓硝酸不起作用，这是因为在铁的表面生成一层保护膜使铁钝化，因此贮运浓硝酸的容器和管道也可用铁制品. 浓硫酸在常温下也能使铁钝化，故可用铁桶盛浓硫酸. 但稀的硝酸却能溶解铁，它也能被浓碱溶液所侵蚀.

铁也是生物体必需元素之一,如血红蛋白和肌红蛋白.

钴和镍在常温下对水和空气都较稳定,它们都溶于稀酸中,但不与强碱发生作用,故实验室中可以用镍坩埚焙融碱性物质.和铁不同,钴和镍与浓硝酸剧烈反应,与稀硝酸的反应较慢.

钴和镍也是生物体必需的元素.

(二) 铁、钴、镍的氧化物和氢氧化物

铁、钴、镍都能形成+2和+3氧化态的氧化物.它们+2氧化态的氧化物有黑色的氧化亚铁、灰绿色的氧化亚钴和暗绿色的氧化亚镍.它们可由铁(Ⅱ)、钴(Ⅱ)、镍(Ⅱ)的草酸盐在隔绝空气的条件下加热制得:

$$FeC_2O_4 = FeO + CO\uparrow + CO_2\uparrow$$

$$CoC_2O_4 = CoO + CO\uparrow + CO_2\uparrow$$

它们都能溶于酸性溶液中,但一般不溶于水或碱性溶液中,说明它们属于碱性氧化物. Fe_2O_3 具有 α 和 γ 两种不同构型,α 型是顺磁性的,而 γ 型是铁磁性.自然界存在的赤铁矿是 α 型的.如将硝酸铁或草酸铁加热,可得 α 型 Fe_2O_3.将 Fe_3O_4 氧化则得到 γ 型 Fe_2O_3.γ 型 Fe_2O_3 在 673 K 以上转变成 α 型.三氧化二铁可以用作彩色颜料、磨光粉以及某些反应的催化剂.在空气中加热钴(Ⅱ)的硝酸盐、草酸盐或碳酸盐,可得黑色的四氧化三钴,因为在 673～773 K,空气中的氧能使钴(Ⅱ)氧化为钴(Ⅲ).四氧化三钴是氧化亚钴和三氧化二钴的混合物.纯的三氧化二钴还未得到,只有一水合三氧化二钴.纯的三氧化二镍的存在也未得到证实.但 β-NiO(OH)是存在的,它是在低于 298 K 时,用次溴酸钾的碱性溶液与硝酸镍溶液反应得到的黑色沉淀,它易溶于酸.

铁除了上述的 FeO 和 Fe_2O_3 外,还能形成 Fe_3O_4,又称磁性氧化铁. Fe_3O_4 中的 Fe 具有不同的氧化态,过去曾认为它是 FeO 和 Fe_2O_3 的混合物,但经 X 射线研究证明,Fe_3O_4 是一种反式尖晶石结构,可写成 $Fe^{III}[(Fe^{II}Fe^{III})O_4]$.

在实验室中常用磁铁矿(Fe_3O_4)作为制取铁盐的原料.为处理这样的不溶性氧化物,往往采用酸性熔融法,即以焦硫酸钾(或硫酸氢钾)作为溶剂,熔融时分解放出三氧化硫.生成的三氧化硫能与不溶性氧化物化合,生成可溶性的硫酸盐.冷却后的熔块,溶于热水中,必要时加些盐酸或硫酸,以抑制铁盐水解.

铁(Ⅱ)、钴(Ⅱ)、镍(Ⅱ)的盐溶液中加入碱,均能得到相应的氢氧化物.

$Fe(OH)_2$ 易被空气中的氧氧化,因此往往得不到白色的氢氧化亚铁,而是变成灰绿色,最后成为红棕色的氢氧化铁.

碱作用于铁(Ⅲ)盐溶液,也析出氢氧化铁.氢氧化亚钴在空气中也能慢慢地被氧化成棕色的氢氧化钴,若用氧化剂可使反应迅速进行.至于氢氧化亚镍,它不能与空气中的氧作用,它只能被强氧化剂如次氯酸、溴水等氧化:

$$2Co(OH)_2 + NaOCl + H_2O = 2Co(OH)_3 + NaCl$$

$$2Ni(OH)_2 + NaOCl + H_2O = 2Ni(OH)_3 + NaCl$$

$$2Co(OH)_2 + Br_2 + 2NaOH = 2Co(OH)_3 + 2NaBr$$

$$2Ni(OH)_2 + Br_2 + 2NaOH = 2Ni(OH)_3 + 2NaBr$$

在这些氢氧化物中,$Fe(OH)_3$ 略有两性,但碱性强于酸性,只有新沉淀出来的 $Fe(OH)_3$ 能溶于强的浓碱溶液中.如热的浓氢氧化钾溶液可溶解 $Fe(OH)_3$ 而生成铁(Ⅲ)酸钾:

$$Fe(OH)_3+KOH═══KFeO_2+2H_2O$$

$Fe(OH)_3$ 溶于盐酸的情况和 $Co(OH)_3$、$Ni(OH)_3$ 不同. 如 $Fe(OH)_3$ 和 HCl 作用仅发生中和反应：

$$Fe(OH)_3+3HCl═══FeCl_3+3H_2O$$

而 $Co(OH)_3$、$Ni(OH)_3$ 都是强氧化剂，它们与盐酸反应时，能将 Cl^- 氧化成 Cl_2：

$$2Co(OH)_3+6HCl═══2CoCl_2+Cl_2\uparrow+6H_2O$$

(三) 铁、钴、镍的盐

1. 氧化态为+2的盐

氧化态为+2 的铁、钴、镍的盐，在性质上有许多相似之处. 它们与强酸形成的盐，如硝酸盐、硫酸盐、氯化物和高氯酸盐等都易溶于水，并在水中有微微的水解而使溶液显酸性. 它们的碳酸盐、磷酸盐、硫化物等弱酸盐都难溶于水.

它们的可溶性盐类从溶液中析出时，常带有相同数目的结晶水. 例如，它们的硫酸盐都含 7 个结晶水，为 $MSO_4\cdot7H_2O$(M=Fe、Co、Ni). 又如，硝酸盐常含 6 个结晶水，为$M(NO_3)_2\cdot6H_2O$.

这些元素的+2 价水合离子都显一定的颜色，这和它们的 M^{2+} 具有不成对的 d 电子有关. 如六水合铁(Ⅱ)配离子为浅绿色，六水合钴(Ⅱ)配离子为粉红色，六水合镍(Ⅱ)配离子为亮绿色. 当从溶液中析出时，这些水合分子成结晶水共同析出，所以它们的盐也有颜色. 但无水盐却有不同的颜色，如 Fe^{2+} 为白色，Co^{2+} 为蓝色，Ni^{2+} 为黄色.

铁、钴、镍的硫酸盐都能与碱金属或铵的硫酸盐形成复盐，如硫酸亚铁铵$(NH_4)_2SO_4\cdot FeSO_4\cdot6H_2O$，俗称摩尔盐.

常见的氧化态为+2 的盐有硫酸亚铁、氯化钴(Ⅱ)和硫酸镍(Ⅱ)等，下面分别作简单介绍.

(1) 硫酸亚铁：它是比较重要的亚铁盐. 将铁与硫酸反应，然后将溶液浓缩，冷却后就有绿色的七水硫酸亚铁晶体析出，俗称绿矾. 工业上绿矾往往是一种副产品，如在用硫酸法分解钛铁矿制取 TiO_2 生产中，以及用硫酸清洗钢铁表面所得的废液中可得副产品. 工业上用氧化黄铁矿的方法来制取硫酸亚铁. 例如：

$$Fe+H_2SO_4═══FeSO_4+H_2\uparrow$$

$$2FeS_2+7O_2+2H_2O═══2FeSO_4+2H_2SO_4$$

七水硫酸亚铁加热失水可得无水硫酸亚铁(白色)，强热则分解成三氧化二铁和硫的氧化物.

绿矾在空气中可逐渐风化而失去一部分水，并且表面容易氧化为黄褐色碱式硫酸铁. 因此，亚铁盐在空气中不稳定，易被氧化成铁(Ⅲ)盐. 在溶液中，亚铁盐的氧化还原稳定性随介质不同而异. 在酸性介质中，Fe^{2+} 较稳定，而在碱性介质中立即被氧化. 因此在保存 Fe^{2+} 溶液时，应加入足够浓度的酸，必要时应加入几颗铁钉来阻止氧化. 但是，即使在酸性溶液中，有强氧化剂如高锰酸钾、重铬酸钾、氯气等存在时，Fe^{2+} 也会被氧化成 Fe^{3+}.

亚铁盐在分析化学中是常用的还原剂，但通常使用的是它的复盐硫酸亚铁铵(摩尔盐)，它比绿矾稳定得多.

氧化氮与亚铁离子可生成棕色配离子$[Fe(H_2O)_5NO]^{2+}$. 分析化学上的棕色环试验，就是利用此性质.

硫酸亚铁与鞣酸反应可生成易溶的鞣酸亚铁，由于它在空气中易被氧化成黑色的鞣酸铁,故可用来制黑墨水.绿矾可用于染色和木材防腐方面,在农业上还可作杀虫剂,用硫酸亚铁浸种子,对防治大麦的黑穗病和条纹病效果较好.

(2) 硫酸镍和硫酸钴:七水硫酸镍是绿色结晶,大量用于电镀和催化剂.同样,钴的氧化物或碳酸盐溶于稀硫酸中,也可得到七水硫酸钴,它是红色结晶.硫酸钴(Ⅱ)、硫酸镍(Ⅱ)都可以和碱金属或铁的硫酸盐形成复盐,如$(NH_4)_2SO_4 \cdot NiSO_4 \cdot 6H_2O$.

(3) 二氯化钴和二氯化镍:铁(Ⅱ)、钴(Ⅱ)、镍(Ⅱ)的卤化物中比较重要的是钴和镍的二氯化物.

钴或镍与氯直接反应可得二氯化钴和二氯化镍.二氯化钴由于含结晶水数目不同而呈现不同颜色,它们的相互转变温度及特征颜色如下:

$$\underset{(粉红)}{CoCl_2 \cdot 6H_2O} \xrightarrow{325\ K} \underset{(紫红)}{CoCl_2 \cdot 2H_2O} \xrightarrow{363\ K} \underset{(紫蓝)}{CoCl_2 \cdot H_2O} \xrightarrow{393\ K} \underset{(蓝色)}{CoCl_2}$$

无水二氯化钴溶于冷水呈粉红色.作干燥剂用的硅胶常含有$CoCl_2$,利用它吸水和脱水而发生的颜色变化,来表示硅胶的吸湿情况.当干燥硅胶吸水后,逐渐由蓝色变为粉红色;升高温度时,又失水由粉红色变为蓝色.

二氯化镍与二氯化钴同晶,在1 266 K时升华,它的水合物和转变温度为:

$$NiCl_2 \cdot 7H_2O \xrightarrow{239\ K} NiCl_2 \cdot 6H_2O \xrightarrow{301\ K} NiCl_2 \cdot 4H_2O \xrightarrow{337\ K} NiCl_2 \cdot 2H_2O$$

这些化合物都是绿色晶体,无水盐为黄褐色.无水二氯化镍在乙醚或丙酮中的溶解度比无水二氯化钴小得多,利用这一性质可分离钴和镍.

2. 氧化态为+3的盐

铁、钴、镍中只有铁和钴才有氧化态为+3的盐,其中铁盐较多.钴(Ⅲ)盐只能存在于固态,溶于水迅速分解为钴(Ⅱ)盐.这是因为它们的离子的氧化性不同而造成的.

例如,它们的硫酸盐,已知九水硫酸铁是很稳定的,而十八水硫酸钴不仅在溶液中不稳定,在固体状态也不稳定,分解成硫酸钴(Ⅱ)和氧.类似的镍盐尚未见到,可以推想这与高氧化态镍的氧化性更强有关.

虽然氧化态为+3的盐中,铁(Ⅲ)盐的氧化性相对较弱,但在一定条件下,它仍具有较强的氧化性.例如,在酸性溶液中,Fe^{3+}可将硫化氢、碘化钾、氯化亚锡等氧化.

它们的卤化物也和硫酸盐相似.例如,FeF_3、$FeCl_3$、$FeBr_3$都是已知的稳定化合物,而CoF_3和$CoCl_3$,前者受热即按下式分解:

$$2CoF_3 = 2CoF_2 + F_2\uparrow$$

后者在室温和有水时,即按下式分解:

$$2CoCl_3 = 2CoCl_2 + Cl_2\uparrow$$

相应的氧化态为+3的镍盐尚未制得.由于高氧化态的镍盐和钴盐的不稳定性,在研究和生产上很少用到它们.下面仅介绍铁(Ⅲ)盐.

铁(Ⅲ)盐中,三氯化铁比较重要,它可用铁屑与氯气直接作用而得棕黑色的无水三氯化铁.也可将铁溶于盐酸中,再往溶液中通入氯气,经浓缩,有六水合氯化铁晶体析出.

无水三氯化铁的熔点为555 K,沸点为588K,易溶于有机溶剂(如乙醚、丙酮)中,它基本上属于共价型化合物.在673 K它的蒸气中有双聚分子存在,其结构和Al_2Cl_6相似,1 023 K以上分解为单分子.无水三氯化铁在空气中易潮解.

三氯化铁主要用于有机染料的生产.在制电路板时,它可用作铜板的腐蚀剂.即把铜板上需要去掉的部分和三氯化铁作用,使 Cu 变成 $CuCl_2$ 而溶解:

$$Cu + 2FeCl_3 = CuCl_2 + 2FeCl_2$$

此外,三氯化铁能引起蛋白质的迅速凝聚,所以在医疗上用作伤口的止血剂.

三氯化铁以及其他铁(Ⅲ)盐溶于水后都容易水解,而使溶液显酸性.

从水解平衡式可以看出,当向溶液中加酸,平衡向左移动,水解度减小.当溶液的酸性较强时($pH<0$),Fe^{3+} 主要以六水合铁离子存在,溶液颜色为淡紫色.如使 pH 提高到 2~3 时,水解趋势就很明显,聚合倾向增大,溶液颜色为黄棕色,随着酸度的降低,溶液由黄棕色逐渐变为红棕色,最后析出红棕色的胶状沉淀.

此外,加热也能促进水解.由于加酸可抑制水解,故配制铁(Ⅲ)盐溶液时,往往需要加入一定的酸.

在生产中,常用使铁离子水解析出氢氧化铁沉淀的方法以除去杂质铁.例如,试剂生产中常用过氧化氢氧化二价铁为三价铁;然后加碱,提高溶液的 pH,使铁离子成为氢氧化铁析出.但这种方法的主要缺点是氢氧化铁具有胶体的性质,不仅沉淀速度慢,过滤困难,而且使一些其他的物质被吸附而损失.通常应用凝聚剂使氢氧化铁凝聚沉降或长时间加热煮沸以破坏胶体.但当铁离子浓度较大时,从溶液中分离氢氧化铁仍然是很困难的.现在工业生产中改用加入氧化剂(如 $NaClO_3$)至含铁离子的硫酸盐溶液中,使亚铁离子全部转化为铁离子,当 pH 为 1.6~1.8,温度为 358~368K 时,铁离子在热溶液中发生水解,水解产物以浅黄色的晶体析出.此晶体的化学式为 $M_2Fe_6(SO_4)(OH)_{12}$($M=K^+$、Na^+、N),俗称黄铁矾.黄铁矾颗粒大,沉淀速度快,容易过滤.

从上述铁离子的性质可以看出,它和前面学过的铬离子和铝离子有许多类似之处,主要表现在:水溶液中它们都是含有 6 个水分子的水合离子;都容易形成矾;遇适量的碱都生成难溶的胶状沉淀.这和它们的电荷相同、半径相近有关.但是,由于离子的电子层结构不同,它们之间又有差异.例如,水合离子的颜色不同;$Al(OH)_3$ 和 $Cr(OH)_3$ 显两性,而 $Fe(OH)_3$ 的酸性很弱,主要显碱性;Cr^{3+} 和 NH_3 形成配合物,而 Al^{3+} 和 Fe^{3+} 水溶液中不易形成氨配合物.这三个离子的相似性使它们在矿物中常常共存,它们的差异性常被利用于这些元素的分离.

铁离子与硫离子作用的产物,与溶液的酸碱性有关.当铁离子与硫化铵(或硫化钠)作用时,生成三硫化铁黑色沉淀,而不是氢氧化铁沉淀,这是因为三硫化铁比氢氧化铁难溶.如将该溶液酸化,就不会出现三硫化铁沉淀,而得到浅黄色的硫,铁以亚铁离子的形式存在于溶液中.

(四) 铁、钴、镍的配合物

铁系元素能形成多种配合物.例如,铁不仅可以和 CN^-、F^-、SCN^-、Cl^- 等离子形成配合物,还可以与 CO、NO 等分子以及许多有机试剂形成配合物.下面主要介绍氨配合物、氰配合物、硫氰配合物以及羰基配合物.

1. 氨配合物

Fe^{2+} 难以形成稳定的氨配合物.例如,在无水状态下 $FeCl_2$ 虽可以与 NH_3 形成 $[Fe(NH_3)_6]Cl_2$,但它遇水即按下式分解:

$$[Fe(NH_3)_6]Cl_2 + 6H_2O = Fe(OH)_2 + 4NH_3 \cdot H_2O + 2NH_4Cl$$

对 Fe^{3+} 而言，由于其水合离子发生强烈水解，所以在水溶液中加入氨时，不是形成氨配合物，而是形成 $Fe(OH)_3$ 沉淀.

将过量的氨水加入 Co^{2+} 的水溶液中，即生成可溶性的氨合配离子$[Co(NH_3)_6]^{2+}$. 不过$[Co(NH_3)_6]^{2+}$不稳定，易氧化成$[Co(NH_3)_6]^{3+}$.

Co^{3+} 很不稳定，氧化性很强，在酸性溶液中易还原成 Co^{2+}，所以钴盐在溶液中都是以 Co^{2+} 存在. 但当它形成配合离子后，其电极电势发生了很大变化，以至空气中的氧就能把$[Co(NH_3)_6]^{2+}$氧化成$[Co(NH_3)_6]^{3+}$.

磁矩的测定证明，$[Co(NH_3)_6]^{2+}$中仍有未成对的电子，而$[Co(NH_3)_6]^{3+}$已没有未成对电子. 这也说明了为什么$[Co(NH_3)_6]^{3+}$比$[Co(NH_3)_6]^{2+}$稳定.

镍与钴不同，镍与氨能形成稳定的的蓝色$[Ni(NH_3)_6]^{2+}$. 磁矩测量表明，$[Ni(NH_3)_6]^{2+}$中有两个未成对的电子.

2. 硫氰配合物

在 Fe^{3+} 的溶液中加入硫氰化钾或硫氰化铵，溶液即变为血红色：

$$Fe^{3+} + nSCN^- \longrightarrow [Fe(SCN)_n]^{3-n} \quad (n=1\sim6)$$

n 随 SCN^- 的浓度而异. 这一反应非常灵敏，常用以检出 Fe^{3+} 和比色测定 Fe^{3+}. 反应须在酸性环境中进行，因为溶液酸度小时，Fe^{3+} 发生水解生成氢氧化铁，破坏了硫氰配合物而得不到血红色溶液. 该配合物能溶于乙醚、异戊醇. 当 Fe^{3+} 浓度很低时，就可用乙醚或异戊醇进行萃取，可得到较好的效果.

Co^{2+} 与 KSCN 生成蓝色的$[Co(SCN)_4]^{2-}$配离子，它在水溶液中易解离成简单离子. $[Co(SCN)_4]^{2-}$可溶于丙酮或戊醇，在有机溶剂中比较稳定，可用于比色分析.

镍的硫氰配合物很不稳定.

3. 氰配合物

Fe^{3+}、Co^{3+}、Fe^{2+}、Co^{2+}、Ni^{2+} 都能与 CN^- 形成配合物. 使亚铁盐与 KCN 溶液作用得 $Fe(CN)_2$ 沉淀，KCN 过量时沉淀溶解：

$$FeSO_4 + 2KCN \longrightarrow Fe(CN)_2 \downarrow + K_2SO_4$$

$$Fe(CN)_2 + 4KCN \longrightarrow K_4[Fe(CN)_6]$$

从溶液中析出来的黄色晶体是 $K_4[Fe(CN)_6] \cdot 3H_2O$，叫六氰合铁(Ⅱ)酸钾或亚铁氰化钾，俗称黄血盐. $[Fe(CN)_6]^{4-}$在水溶液中相当稳定，几乎检验不出有 Fe^{2+} 的存在.

在黄血盐溶液中通入氯气(或用其他氧化剂)，把 Fe^{2+} 氧化成 Fe^{3+}，就得到六氰合铁(Ⅲ)酸钾(或铁氰化钾) $K_3[Fe(CN)_6]$：

$$2K_4[Fe(CN)_6] + Cl_2 \longrightarrow 2K_3[Fe(CN)_6] + 2KCl$$

它的晶体为深红色，俗称赤血盐.

Fe^{3+} 与$[Fe(CN)_6]^{4-}$反应可以得到普鲁士蓝颜料，而$[Fe(CN)_6]^{3-}$与 Fe^{2+} 反应得到滕氏蓝沉淀. 实验证明两者是相同的物质，都是六氰合亚铁酸铁(Ⅲ).

钴和镍也可以形成氰配合物，用氰化钾处理钴(Ⅱ)盐溶液，有红色的氰化钴析出，将它溶于过量的 KCN 溶液后，可析出紫色的六氰合钴(Ⅱ)酸钾晶体. 该配合物很不稳定，将溶液稍加热，就会发生下列反应：

$$2[Co(CN)_6]^{4-} + 2H_2O \longrightarrow 2[Co(CN)_6]^{3-} + 2OH^- + H_2 \uparrow$$

所以$[Co(CN)_6]^{4-}$是一个相当强的还原剂，相应的$[Co(CN)_6]^{3-}$则稳定得多.

4. 羰基配合物

第一过渡系中从钒到镍，第二过渡系中从钼到铑，第三过渡系中从钨到铱等元素都能和一氧化碳形成羰基配合物.

在这些配合物中，金属的氧化态为零，而且简单的羰基配合物的结构有一个普遍的特点：每个金属原子的价电子数与它周围 CO 的电子数加在一起满足 18 电子结构规则，是反磁性的，如 $Fe(CO)_5$、$Ni(CO)_4$、$Cr(CO)_6$、$Mo(CO)_6$ 等.

在金属碳基配合物中，CO 的碳原子提供孤电子对，与金属原子形成 σ 配键. 但是，如果只生成通常的 σ 配键，由配位体给予电子到金属的空轨道，则金属原子上的负电荷会积累过多而使羰基配合物稳定性降低，这与羰基配合物的稳定性不符. 现代化学键理论认为，CO 一方面有孤电子对可以给予中心金属原子的空轨道形成 σ 键；另一方面 CO 有空的反键 π^* 轨道可以和金属原子的 d 轨道重叠生成 π 键，这种 π 键是由金属原子单方面提供电子到配位体的空轨道上，称为反馈 π 配键. 这种反馈键的形成减少了由于生成 σ 配键而引起的中心金属原子上过多的负电荷积累，从而促进 σ 配键的形成. 它们相辅相成，互相促进，共同作用，结果比单独形成一种键时强得多，从而增强了配合物的稳定性.

镍粉在 CO 气流中轻微地加热很容易产生羰基合镍. CO 与铁粉直接化合产生五羰基合铁也是可能的，虽然条件更激烈些，需要保持大约在 473 K 和 200 个大气压. 其他的金属羰基配合物是由金属的卤化物与还原剂混合，与 CO 在 300 个大气压下加热制得.

除 $Fe(CO)_5$、$Ni(CO)_4$、$Ru(CO)_5$、$Os(CO)_5$ 在常温是液体外，许多羰基配合物在常温都是固体. 这些配合物的熔点和沸点一般都比常见的相应化合物低，容易挥发，受热易分解，并且易溶于非极性溶剂.

利用金属羰基配合物的生成和分解，可以制备纯度很高的金属. 例如，Ni 和 CO 很容易反应生成 $Ni(CO)_4$，它在 423 K 就分解为 Ni 和 CO，从而制得高纯度的镍粉.

某些金属羰基配合物及其衍生物在一些有机合成中用作催化剂，有的已用于工业生产中.

值得特别注意的是羰基配合物有毒. 例如，若摄入四羰基合镍，它能使红细胞和一氧化碳相化合，血液把胶态镍带到全身的各器官，这种中毒很难治疗. 所以制备羰基配合物必须在与外界隔绝的容器中进行.

除上述单核羰基配合物外，过渡金属还可形成双核以及多核的羰基配合物，如 $Mn_2(CO)_{10}$、$Co_2(CO)_8$、$Fe_2(CO)_9$、$Fe_2(CO)_{12}$ 等.

$Mn_2(CO)_{10}$ 是典型的双核羰基配合物，其中 Mn-Mn 直接成键，每个锰原子与五个 CO 形成八面体配位中的五个配位，第六个配位位置通过 Mn-Mn 键互相提供.

$Co_2(CO)_8$ 的结构与 $Mn_2(CO)_{10}$ 相似.

6-2 非金属元素及其化合物

6-2-1 概述

在所有的化学元素中，非金属占 22 种. 它们为数不多，但涉及的面却很广.

目前在生物体中已发现七十多种元素，其中六十余种含量很少. 在含量较多的元素中半数以上是非金属，如 O、H、C、N、S、P、Si、Cl 等. 因此，对非金属元素及其化合物的研究与生物等科学密切相关.

非金属元素与金属元素的根本区别在于原子的价电子层结构不同. 多数金属元素的最外电子层上只有 1～2 个 s 电子，而非金属元素比较复杂. H、He 有 1～2 个电子，He 以外的稀有气体的价电子层结构为 ns^2np^6，共有 8 个电子，ⅢA 族到ⅦA 族元素的价电子层结构为 $ns^2sp^{1\sim5}$，即有 3～7 个价电子. 金属元素的价电子少，它们倾向于失去这些电子；而非金属元素的价电子多，它们倾向于得到电子.

非金属元素和金属元素的区别，还反映在生成化合物的性质上. 例如，金属元素一般都易形成阳离子，而非金属元素容易形成单原子或多原子阴离子. 在常见的非金属元素中，F、Cl、Br、O、P、S 较活泼，而 N、B、C、Si 在常温下不活泼. 活泼的非金属容易与金属元素形成卤化物、氧化物、硫化物、氢化物或含氧酸盐等. 非金属元素彼此之间也可以形成卤化物、氧化物、氮化物、无氧酸和含氧酸等. 绝大部分非金属氧化物显酸性，能与强碱作用.

6-2-2 氢

一、氢的存在和物理性质

1766 年，H. Cavendish 用 Zn、Fe、Sn 分别与 HCl 或稀 H_2SO_4 反应制出了氢气. 但他认为这是金属中含有的燃素在金属溶于酸后放出而形成的“可燃空气”. 1785 年 A. L. Lavoisier 首次明确指出：水是氢和氧的化合物，氢是一种元素. 并将“可燃空气”命名为“Hydrogen”，取“水之源”之意，汉字“氢”字是采用“轻”的偏旁，把它放进“气”里面，表示“轻气”.

氢位于周期表中的第 1 周期，IA 族，与碱金属和卤素原子的原子结构、性质既有相似性又有区别. 氢的独特性质是由氢的独特的原子结构、特别小的原子半径和低的电负性决定的. 在元素周期表中按原子序数把它放在 IA 族.

氢有三种同位素：^1_1H(氕，符号 H)、^2_1H (氘，符号 D)和^3_1H (氚，符号 T). 自然界中，同位素 H 的丰度最大，原子百分比占 99.98%，D 占 0.016%，T 的存在量仅为 H 的 $1/10^{17}$，它是在核蜕变过程中产生的.

^3_1H 是一种不稳定的放射性同位素，它的半衰期为 12.4 年，因此普通氢的性质基本上是 H 同位素的性质. 氢的三种同位素化学性质基本相同，但它们的单质和化合物的物理性质不同.

氢气是无色、无臭、无味的可燃性气体，具有很大的扩散速度和很好的导热性，在水中的溶解度很小. 氢气容易被镍、钯、铂等金属吸附. 经液态空气冷却普通的氢气并用活性炭吸附分离，可得到氢分子的两种变体，即正氢和仲氢.

二、氢的化学性质和氢化物

常温下氢气不活泼，但能与单质氟在暗处迅速反应生成 HF，而与其他卤素或氧不发生反应. 高温下，氢气是一种非常好的还原剂. 氢气能在空气中燃烧生成水，氢气燃烧时火焰温度可以达到 3 273 K 左右，工业上常利用此反应切割和焊接金属. 高温下，氢气还能同卤素、N_2 等非金属反应，生成共价型氢化物. 大量的氢用于生产氨. 高温下氢气与活泼金属反应，生成金属氢化物：

$$H_2 + 2Na \xlongequal{\text{高温}} 2NaH$$

高温下，氢气还能还原许多金属氧化物或金属卤化物为金属：

$$H_2 + CuO \xlongequal{高温} Cu + H_2O$$

$$3H_2 + WO_3 \xlongequal{高温} W + 3H_2O$$

能被氢还原的金属是那些在电化学顺序中位置低于铁的金属，这类反应多用来制备纯金属. 在有机化学中，氢的重要反应是加氢反应和还原反应. 这类反应广泛应用于将植物油通过加氢反应，由液体变为固体，生产人造黄油，也用于把硝基苯还原成苯胺（印染工业），把苯还原成环己烷（生产尼龙-66的原料），氢同CO反应生成甲醇等.

氢原子的价电子层结构为$1s^1$，电负性为2.2，当H与电负性很小的活泼金属（如Na、K、Ca等）形成氢化物时，H获得1个电子形成氢负离子. 这个离子因具有较大的半径（208 pm），仅存在于离子型氢化物的晶体中. 两个H原子能形成一个非极性的共价单键，如H_2分子. H原子与非金属元素的原子化合时，形成极性共价键，如HCl分子，并且键的极性随非金属元素原子的电负性增大而增强.

H原子可以填充到许多过渡金属晶格的空隙中，形成一类非整比化合物，一般称之为金属型氢化物，如$ZrH_{1.98}$和$LaH_{2.76}$等. 在硼氢化合物（如乙硼烷B_2H_6）和某些过渡金属配合物（如$H[Cr(CO)_5]_2$）中均存在着氢桥键.

在含有强极性键的共价氢化物中，近乎裸露的H原子核可以定向吸收邻近电负性高的原子（如F、O、N等）上的孤电子对而形成分子间或分子内氢键，如在HF分子间存在着很强的氢键.

氢与其他元素形成的二元化合物叫作氢化物. 除稀有气体以外，大多数的元素都能与氢结合生成氢化物.

6-2-3　稀有气体

周期表中零族元素有氦、氖、氩、氪、氙和氡一共六种，它们都是稀有气体. 稀有气体的化学性质是由它们的原子结构所决定的.

除氦外，稀有气体原子的最外电子层都是由充满的*ns*和*np*轨道组成的，它们都具有稳定的8电子构型. 稀有气体的电子亲合势都接近于零，与其他元素相比较，它们都有很高的电离势. 因此，稀有气体原子在一般条件下不容易得到或失去电子而形成化学键. 表现为化学性质很不活泼，不仅很难与其他元素化合，而且自身也是以单原子分子的形式存在，原子之间仅存在着微弱的范德华力（主要是色散力）.

稀有气体的熔、沸点都很低，氦的沸点是所有单质中最低的. 它们的蒸发热和在水中的溶解度都很小，这些性质随着原子序数的增加而逐渐升高.

稀有气体的原子半径都很大，在族中自上而下递增. 应该注意的是，这些半径都是未成键的半径，应该仅把它们与其他元素的范德华半径进行对比，不能与共价或成键半径进行对比.

稀有气体的基本性质见表6-1.

表 6-1 稀有气体的基本性质

名称性质	氦	氖	氩	氪	氙	氡
元素符号	He	Ne	Ar	Kr	Xe	Rn
原子序数	2	10	18	36	54	86
原子量	4.003	20.18	39.95	83.80	131.3	222.0
价电子层结构	$1s^2$	$2s^2p^6$	$3s^2p^6$	$4s^2p^6$	$5s^2p^6$	$6s^2p^6$
原子半径/pm	93	112	154	169	160	220
第一电离势/($kJ\cdot mol^{-1}$)	2 372	2 081	1 521	1 351	1 170	1 037
蒸发热/($kJ\cdot mol^{-1}$)	0.09	1.8	6.3	9.7	13.7	18.0
熔点/K	0.95	24.48	83.95	116.55	161.15	202.15
沸点/K	4.25	27.25	87.45	120.25	166.05	208.15
临界温度/K	5.25	44.45	153.15	2 010.65	289.75	377.65
临界压强/Pa	2.29×10^5	27.25×10^5	48.94×10^5	55.01×10^5	58.36×10^5	63.23×10^5
在水中的溶解度/($cm^3\cdot dm^{-3}$)	8.8	10.4	33.6	62.6	123	222
在大气中的丰度	5.2×10^{-6}	1.8×10^{-5}	9×10^{-3}	1.1×10^{-5}	8.7×10^{-8}	—

氦是所有气体中最难液化的. 温度在 2.2 K 以上的液氦是一种正常液态,具有一般液体的通性. 温度 2.2 K 以下的液氦则是一种超流体,具有许多反常的性质,如具有超导性、低黏滞性等. 它的黏度为氢气黏度的百分之一,并且这种液氦能沿着容器的内壁向上流动,再沿着容器的外壁往下慢慢流下来. 这种现象对于研究和验证量子理论很有意义.

6-2-4 卤素

周期系第ⅦA 族元素称为卤素(Halogen),词原意(希腊语)是成盐元素,它包括氟(Fluorine)、氯(chlorine)、溴(Bromin)、碘(Iodine)和砹(Astafine). 砹是 20 世纪 40 年代才被发现的,它属于人工合成元素,其合成反应为 ${}^{4}_{2}He+{}^{209}_{83}Bi \longrightarrow {}^{211}_{85}At+\alpha\,{}^{1}_{0}n$. 用能量为 28 兆电子伏特的 α 粒子轰击铋靶,合成 ${}^{211}_{85}At$,其希腊词的原意是不稳定. 它的所有核素都具有放射性,其中寿命最长的同位素 ${}^{210}_{85}At$ 的半衰期为 8.3 h. 自然界的 At 只以微量短暂地存在于 Ra、Ac、Th 等天然放射元素的蜕变产物中.

卤素原子的价电子层构型是 ns^2np^5,与稳定的 8 电子构型 ns^2np^6 比较,仅缺少一个电子,因此它们极易取得一个电子形成氧化数为 −1 的稳定离子,故卤素单质都是氧化剂.

卤素的一些主要性质列于表 6-2 中.

表 6-2 卤族元素的性质

元素	氟(F)	氯(Cl)	溴(Br)	碘(I)
价电子层结构	$2s^2p^5$	$3s^23p^5$	$4s^24p^5$	$5s^25p^5$
氧化数	−1、0	−1、0、+1、+3、+5、+7	−1、0、+1、+3、+5、+7	−1、0、+1、+3、+5、+7
熔点/K	53.2	172.2	266	386.7
沸点/K	85.2	238.6	331.9	457.2

续表

元素	氟(F)	氯(Cl)	溴(Br)	碘(I)
第一电离能/(kJ·mol^{-1})	1 681	1 251	1 139.9	1 008
电子亲合能/(kJ·mol^{-1})	322	348.7	324.5	295
电负性	4.0	3.0	2.8	2.5

从表 6-2 中可见，卤原子的第一电离能都很大，这就决定了卤原子在化学变化中要失去电子成为阳离子是困难的. 事实上卤素中仅电负性最小、半径最大的碘略有这种趋势.

卤素与电负性比它更大的元素化合时，只能通过共用电子对成键. 在这类化合物中，除氟外卤原子都表现出正的氧化数. 例如，卤素的含氧酸及其盐或卤素化合物(IF_7)，它们表现的特征氧化数为+1、+3、+5、+7，其氧化数之间的差数是 2，这是由于卤素原子的价电子(ns^2np^5)中，有 6 个电子已成对，一个电子未成对，当参加反应时，先是未成对电子参与成键，继而每拆开一对电子就形成两个共价键.

一、卤素单质

卤素单质皆为双原子分子，分子间存在着微弱的分子间作用力，随着分子量的增大，分子间的色散力也逐渐增强，因此卤素单质的熔点和沸点随着原子序数增大而升高. 常温下，氟和氯是气体，溴是液体，碘是固体.

除氟外，其余卤素单质都能一定程度地溶于水，如氯水、溴水. 碘微溶于水，但易溶解在 KI、HI 和其他碘化物的溶液中，形成 I_3^-($I^- + I_2 = I_3^-$)，利用这个性质可以配制较浓的碘的水溶液. 实际上多碘化物溶液的性质和碘溶液相同.

卤素单质具有很强的化学活泼性，在反应中，卤素原子显著地表现出结合电子的能力，这种能力是它们最典型的化学性质，即强的氧化性. 随着原子半径的增大，氧化能力减弱. 尽管氯的电子亲和能最高，但由于 F_2 的解离能小而 F^- 的水合能大，所以 F_2 是卤素中最强的氧化剂，是化学家可获得的最强的单质氧化剂. 卤素单质的氧化能力和卤素离子(X^-)的还原能力的大小，可根据其标准电极电位数值排列如下：

	氟	氯	溴	碘
$\varphi^{\ominus}_{X_2/X^-}$	2.87	1.36	1.07	0.54

X_2 氧化能力　$Cl_2 > Br_2 > I_2$

X^- 还原能力　$Cl^- < Br^- < I^-$

卤素单质的化学性质主要有：

1. 与金属作用

氟能与所有金属直接化合，且反应常常是猛烈的，伴随着燃烧和爆炸. 铝粉撒入氟气中立即剧烈燃烧. 在室温或不太高的温度下，F_2 与 Mg、Fe、Cu、Pb、Ni 等金属反应，在金属表面形成一层保护膜，可阻止反应进行. 常温下，F_2 与 Au、Pt 不反应，加热时，则生成氟化物.

氯与金属作用的活性比氟小，一般要求在较高的温度进行. 但氯与锑粉的反应在室温就能进行，产物为 $SbCl_3$：

$$2Sb + 3Cl_2 = 2SbCl_3$$

Cl_2 过量：

$$2Sb + 5Cl_2 = 2SbCl_5$$

潮湿的 Cl_2 在加热条件下能与 Au 作用;干燥的 Cl_2 却不与 Fe 作用,故可将干燥的液氯贮于钢瓶中;溴、碘与金属作用很弱.

2. 与非金属作用

氟能与除 N_2、O_2 和一些稀有气体外的非金属元素直接化合. 氟与它们反应总是把它们氧化到最高氧化态,如与 S、P、V、Co、Bi 等的反应. 氯的反应活性小得多,较典型的反应是与氢、磷、硫的反应.

氟在低温和黑暗中可以直接和氢作用,放出大量的热,并引起爆炸. 氯与氢化合时光照后才能发生爆炸反应:

$$H_2(g)+Cl_2(g) \xlongequal{光} HCl(g) \qquad \Delta_r H_m^{\ominus}=-184.6\ kJ \cdot mol^{-1}$$

由于光的影响而使速度加快的反应,称为光化学反应.

溴与氢反应需要加热. 碘和氢则要求更高的温度反应方能进行,该反应进行不彻底,原因是 HI 极不稳定,加热后立即分解.

3. 卤素间的置换反应

位于元素周期表上面的卤素可以将下面的 X^- 置换成单质:

$$Cl_2+2KBr \xlongequal{} Br_2+2KCl$$

$$Br_2+2KI \xlongequal{} I_2+2KBr$$

4. 与水的作用

卤素与 H_2O 可发生以下两类反应:

第一类:$2X_2+2H_2O \xlongequal{} 4H^++4X^-+O_2$(氧化 H_2O)

第二类:$X_2+H_2O \xlongequal{} H^++X^-+HXO$($X_2$ 歧化)

第一类反应中,氟与水反应激烈放出氧气:$2F_2+2H_2O \xlongequal{} 4HF+O_2$ $\Delta_r G_m^{\ominus}=-798\ kJ \cdot mol^{-1}$,氯次之,溴与水反应必须 pH>3,碘则要求 pH>12 才能发生反应. 第二类反应为歧化反应,同一物质中同一价态的同一元素发生氧化还原反应,是自身氧化还原反应的一种类型(另一种为:$2KClO_3 \xlongequal{} 2KCl+3O_2\uparrow$).

5. 与饱和烃及不饱和烃的反应

反应也有两种类型:

与饱和烃为取代反应,如 $Cl_2+CH_4 \xlongequal{} CH_3Cl+HCl$.

与不饱和烃为加成反应,如 $Cl_2+C_2H_4 \xlongequal{} CH_2Cl-CH_2Cl$.

二、卤化氢和氢卤酸

卤素都能与氢直接化合生成卤化氢. 卤化氢都具有刺激性气味,皆为无色气体,易液化,易溶于水. 卤化氢的一些重要性质列于表 6-3 中. 从表 6-3 的数据可见,卤化氢性质的递变具有一定规律,而卤素离子的半径是决定卤化氢性质的重要原因. HF 的性质(熔点、沸点)异常是因为氟元素的原子半径特别小,电负性很大,HF 分子的极性强,易形成氢键变为多分子缔合状态$(HF)_n$ 而造成的.

卤化氢的水溶液称为氢卤酸,氢卤酸都是挥发性酸. 氢氯酸、氢溴酸和氢碘酸皆为强酸,只有氢氟酸是弱酸. 这是因为 HF 分子之间相互以氢键缔合的缘故.

氢卤酸的强度顺序是 HI>HBr>HCl.

表 6-3　卤化氢的性质

性　质	HF	HCl	HBr	HI
气体分子偶极矩/(10^{-30} C·m)	1.91	1.04	0.79	0.38
气体分子的核间距/pm	92	128	121	162
熔点/K	190.1	158.4	186.3	222.5
沸点/K	292.7	188.3	206.4	273.8
291 K,0.1 mol·L^{-1}水溶液的表观电离度/%	10	92.6	93.5	95.0

三、卤化物

卤素和电负性较小的元素生成的二元化合物叫卤化物,可分为金属卤化物和非金属卤化物两大类.非金属如硼、碳、硅、磷等的卤化物是共价键结合的,熔点、沸点低,有挥发性,熔融时不导电,易溶于有机溶剂.金属卤化物可以看成是氢卤酸的盐,它们多为离子型卤化物,它们的性质随金属电负性、离子半径、电荷以及卤素本身的电负性而有很大差异.一般说,随着金属离子半径减小、氧化数增大,同一周期元素卤化物的离子性依次降低,共价性依次增强.同一金属卤化物如 NaF、NaCl、NaBr、NaI 的离子性依次降低,共价性依次增强.

四、多卤化物

多卤化物是金属卤化物与卤素单质或卤素互化物加合所生成的化合物:

$$KI + I_2 = KI_3$$

$$CsBr + IBr = CsIBr_2$$

多卤化物可含一种卤素,也可含多种.多卤化物的形成,可以看作是卤化物和极化的卤素分子相互作用的结果.只有当分子的极化能超过卤化物的晶格能时,反应才能进行.氟化物的晶格能一般较高,不易形成多卤化物.含氯、溴、碘的多卤化物依次增多,以铯的碘化物最为稳定.加热多卤化物,则解离为简单的卤化物和卤素单质:

$$CsBr_3 \xlongequal{\triangle} CsBr + Br_2$$

若为多种卤素的多卤化物,则热解离生成具有最高晶格能的一种卤化物:

$$CsICl_2 \xlongequal{\triangle} CsCl + ICl$$

五、卤素的含氧酸及其盐

氟一般难以形成含氧酸,其他卤素都能生成含氧酸,见表 6-4.

表 6-4　卤素含氧酸

氧化数	Cl	Br	I
+1	HClO	HBrO	HIO
+3	$HClO_2$	$HBrO_2$	HIO_2
+5	$HClO_3$	$HBrO_3$	HIO_3
+7	$HClO_4$	$HBrO_4$	HIO_4、H_5IO_6、$H_4I_2O_9$

需要指出的是,表 6-4 所列各酸中,HIO_2 是否存在尚待进一步证实,$HBrO_2$ 尚未获得纯态,$HClO_4$、HIO_3、HIO_4 和 H_5IO_6 可得到它们的固态,其他含氧酸只能存在于溶液中.

次卤酸都是极弱的酸,酸性强弱随卤素原子量递增而减弱.

	HClO	HBrO	HIO
$K_a^\ominus$	2.95×10^{-8}	2.06×10^{-9}	2.3×10^{-11}

次卤酸的氧化性都较强，次氯酸很不稳定，常用它的盐作氧化剂. 如一般棉布漂白是经过次氯酸钠(或漂白粉溶液)处理，再用稀酸处理：

$$ClO^- + H^+ \longrightarrow HClO$$

$$HClO + H^+ + 2e^- \longrightarrow Cl^- + H_2O \quad \varphi^\ominus = 1.49\ V$$

由于产生 HClO 而具有漂白作用. 漂白粉也常作消毒剂.

卤酸都是强酸，也是强氧化剂. 如氯酸能将单质碘氧化.

$$2HClO_3 + I_2 \longrightarrow 2HIO_3 + Cl_2\uparrow$$

而氯酸盐溶液只有在酸性介质中才有氧化性. 因为 H^+ 可以有效地提高氯酸盐的电极电位.

$$ClO_3^- + 6H^+ + 6e^- \longrightarrow Cl^- + 3H_2O \quad \varphi^\ominus = 1.45\ V$$

$$ClO_3^- + 3H_2 + 6e^- \longrightarrow Cl^- + 6OH^- \quad \varphi^\ominus = 0.62\ V$$

氯酸钾常用来制作烟火和火柴，溴酸钾和碘酸钾作为氧化剂常在分析化学上应用.

6-2-5 氧族元素

周期系ⅥA 族称氧族元素，包括 O、S、Se、Te、Po 五种元素. 在自然界，氧和硫能以单质存在，但由于很多金属在自然界以氧化物或硫化物形式存在，故这两种元素称为成矿元素(卤素为成盐元素). Se 和 Te 是分散的稀有元素，典型的半导体材料. 钋为放射性元素.

氧族元素的结构为 ns^2np^4，价电子层中有 6 个电子，所以都能结合 2 个电子形成氧化数为负 2 的阴离子，而表现出非金属元素的特征. 但与卤素原子相比，它们结合两个电子不像卤素结合一个电子容易，可从亲合能的数据看出. 因为氧族元素的原子结合第二电子需要吸收能量，因而本族元素的非金属活泼性弱于卤素. 另一方面，由氧向硫过渡，在原子性质表现出电离能和电负性有一个突然降低. 所以 S、Se、Te 原子同电负性大的元素结合时，常失去电子而显正氧化态. 氧以下的元素，在价电子层中都存在空的 d 轨道，当同电负性大的元素结合时，它们也参与成键，所以 S、Se、Te 可显 +2、+4、+6 氧化态. 氧族元素的第一电子亲合能都是正值，而第二电子亲合能却是很大的负值，这说明结合第二个电子时强烈吸热. 然而离子型的氧化物是很普遍的，碱金属和碱土金属的硫化物也都是离子型的. 这是因为晶体的巨大能量补偿了第二亲合能所需的能量.

氧族元素的原子半径、离子半径、电离势和电负性的变化趋势和卤素相似. 随着电离能的降低，本族元素从非金属过渡到金属：O 和 S 是典型的非金属，Se、Te 为半金属，Po 为金属.

一、氧和臭氧

氧单质有两种同素异形体，即氧气(O_2)和臭氧(O_3).

室温下氧在酸性或碱性介质中显示出一定的氧化性，它的标准电极电位如下：

$$O_2 + 4H^+ + 4e^- \longrightarrow 2H_2O \quad \varphi^\ominus = 1.229\ V$$

$$O_2 + 2H_2O + 4e^- \longrightarrow 4OH^- \quad \varphi^\ominus = 0.401\ V$$

臭氧(O_3)存在于大气层的最上层，它是由于太阳对大气中氧气的强辐射作用而形成的. 臭氧能吸收太阳的紫外辐射，从而提供了一个保护地面生物免受过强辐射的防御屏障——臭氧保护层.

在酸、碱溶液中臭氧的氧化能力较氧强.

$$O_3 + 2H^+ + 2e^- = O_2 + H_2O \quad \varphi^\ominus = 2.07\ V$$

$$O_3 + H_2O + 2e^- = O_2 + 2OH^- \quad \varphi^\ominus = 1.24\ V$$

在正常条件下，O_3 能氧化许多不活泼单质如 Hg、Ag 等，而 O_2 则不能.

由于臭氧的强氧化性，在环境保护方面可用于废气和废水的净化，并用于饮用水的消毒，取代氯处理饮用水.

二、过氧化氢

纯的过氧化氢是一种无色的液体，与水相似. 过氧化氢是一种弱酸，电离常数很小.

$$H_2O_2 = H^+ + H_2O^- \quad K_a = 2.4 \times 10^{-12}$$

过氧化氢的重要性质是它的氧化还原反应，其标准电极电位图如下：

酸性介质（$\varphi^\ominus$/V） $O_2 \xrightarrow{+0.682} H_2O_2 \xrightarrow{+1.776} H_2O$

碱性介质（$\varphi^\ominus$/V） $O_2 \xrightarrow{-0.08} HO_2^- \xrightarrow{+0.87} OH^-$

H_2O_2 在酸性或碱性溶液中都是一种氧化剂，但在酸性溶液中其氧化性表现更为突出. 例如：

$$H_2O_2 + 2I^- + 2H^+ = I_2\downarrow + 2H_2O$$

析出的碘可用硫代硫酸钠滴定，可用于测定 H_2O_2 的含量.

过氧化氢遇到更强的氧化剂时，在酸性或碱性溶液中，也可以作为还原剂. 例如：

$$2MnO_4^- + 5H_2O_2 + 6H^+ = Mn^{2+} + 5O_2\uparrow + 8H_2O$$

$$2MnO_4^- + 3HO_2^- + H_2O = 2MnO_2 + 3O_2\uparrow + 5OH^-$$

三、硫的化合物

1. 硫化氢及硫化物

硫化氢是一种无色有恶臭的有毒气体，若空气中含有 0.1%就会使人丧失嗅觉，进而头痛、呕吐，吸入量较多时可以致死. 硫化氢在空气中的含量不得超过 0.01 mg · L^{-1}.

硫化氢较易溶于水，硫化氢的水溶液称氢硫酸. 氢硫酸是二元弱酸，按下式电离：

$$H_2S = H^+ + HS^- \quad K_{a_1}^\ominus = 9.1 \times 10^{-8}$$

$$HS^- = H^+ + S^{2-} \quad K_{a_2}^\ominus = 1.1 \times 10^{-12}$$

碱金属、碱土金属的硫化物可溶于水，而其余的金属硫化物绝大多数难溶于水，而且有特征颜色，分析化学上常用此进行离子的分离和鉴定. 例如，SnS（棕色）、HgS（黑色）、FeS（黑色）、MnS（肉色）、ZnS（白色）、As_2S_3（黄色）、CdS（黄色）、Sb_2S_3（橙色）、Bi_2S_3（棕黑色）、PbS（黑色）.

硫化氢和硫化物具有还原性，它们的标准电极电位如下：

$$S + 2H^+ + 2e^- = H_2S \quad \varphi^\ominus = 0.721\ V$$

$$S + 2e^- = S^{2-} \quad \varphi^\ominus = -0.48\ V$$

硫化氢水溶液放置在空气中会逐渐变浊，就是 H_2S 被空气中 O_2 氧化析出单质 S 的缘故：

$$2H_2S + O_2 = 2H_2O + 2S\downarrow$$

当 H_2S 和 $KMnO_4$、$K_2Cr_2O_7$ 反应也有此现象：

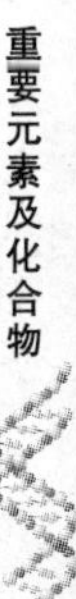

$$2KMnO_4 + 3H_2SO_4 + 5H_2S = K_2SO_4 + 2MnSO_4 + 5S\downarrow + 8H_2O$$

$$K_2Cr_2O_7 + 4H_2SO_4 + 3H_2S = K_2SO_4 + Cr_2(SO_4)_3 + 3S\downarrow + 7H_2O$$

遇更强的氧化剂，H_2S 将被氧化成亚硫酸或硫酸. 例如：

$$H_2S + 4Cl_2 + 4H_2O = H_2SO_4 + 8HCl$$

2. 硫的含氧化合物

硫的氧化物中以 SO_2 和 SO_3 为最重要，其相应的酸为 H_2SO_3 和 H_2SO_4.

二氧化硫是强极性分子，在溶液中有一部分与水结合生成亚硫酸，而大量存在的是 SO_2 的水合物 $SO_2 \cdot xH_2O$. 它在溶液中存在下列平衡：

$$SO_2 \cdot xH_2O = HSO_3^- + H^+ + (x-1)H_2O \quad K_{a_1}^{\ominus} = 1.2\times10^{-2}$$

$$HSO_3^- = H^+ + SO_3^{2-} \quad K_{a_2}^{\ominus} = 1.1\times10^{-7}$$

亚硫酸为中强二元酸，可形成正盐和酸式盐，所有酸式盐均易溶于水，而其正盐，除碱金属及铵的亚硫酸盐易溶于水外，其他金属的亚硫酸盐均微溶于水.

在二氧化硫、亚硫酸及其盐中，硫的氧化数为 +4，故这些化合物既可作为氧化剂，也可作为还原剂. 从下列标准电极电位看出，它们的还原性较显著，尤其在碱性溶液中还原性更强.

酸性介质($\varphi^{\ominus}$/V)：$SO_4^{2-} \xrightarrow{+0.17} H_2SO_3^{-} \xrightarrow{+0.45} S$

碱性介质($\varphi^{\ominus}$/V)：$SO_4^{2-} \xrightarrow{-0.93} SO_3^{2-} \xrightarrow{-0.66} S$

如在酸性溶液中 SO_3^{2-} 可与碘定量地反应：

$$SO_3^{2-} + H_2O + I_2 = SO_4^{2-} + 2H^+ + 2I^-$$

而亚硫酸作为氧化剂，只有与较强的还原剂作用时其氧化性才显著. 例如：

$$H_2SO_3 + 2H_2S = 3S + 3H_2O$$

三氧化硫是一种强氧化剂，能将碘化物氧化为单质碘. SO_3 又是强吸水剂，与水化合形成硫酸：

$$SO_3 + H_2O = H_2SO_4$$

浓硫酸是强氧化剂，加热时氧化能力更强，能和许多金属和非金属作用，本身被还原成 SO_2、S 和 H_2S：

$$C + 2H_2SO_4(浓) = CO_2 + 2SO_2 + 2H_2O$$

$$3Zn + 4H_2SO_4(浓) = 3ZnSO_4 + S + 4H_2O$$

$$4Zn + 5H_2SO_4(浓) = 4ZnSO_4 + H_2S\uparrow + 4H_2O$$

硫酸是二元酸中酸性最强的，它的第一步电离是完全的，但第二步电离并不完全.

$$H_2SO_4 = H^+ + HSO_4^-$$

$$HSO_4^- = H^+ + SO_4^{2-} \quad K_{a_2}^{\ominus} = 1.2\times10^{-2}$$

所以硫酸也能生成酸式盐和正盐. 除 $BaSO_4$、$CaSO_4$、$PbSO_4$、Ag_2SO_4 几乎不溶于水外，其余硫酸盐均易溶于水.

很多硫酸盐在工农业生产上有重要用途，如明矾 $Al_2(SO_3)\cdot K_2SO_4\cdot 24H_2O$ 可用作净水剂、造纸填充剂和媒染剂，胆矾 $CuSO_4\cdot 5H_2O$ 可用作消毒杀菌剂，绿矾 $FeSO_4\cdot 2H_2O$ 可用作农药.

3. 硫代硫酸钠

$Na_2S_2O_3 \cdot 5H_2O$ 俗称大苏打，由于硫原子可以直接相连，硫代硫酸根可看成是 SO_4^{2-} 中的一个氧原子被硫原子所取代，其结构与 SO_4^{2-} 相似.

硫代硫酸钠是无色透明的晶体，易溶于水，在碱性溶液中比较稳定，若遇到酸即分解而析出硫：

$$S_2O_3^{2-} + 2H^+ \longrightarrow SO_2\uparrow + S\downarrow + H_2O$$

硫代硫酸钠是一种常用的中等强度的还原剂，与弱氧化剂碘作用时被氧化成连四硫酸钠：

$$2S_2O_3^{2-} + I_2 \longrightarrow S_4O_6^{2-} + 2I^-$$

此反应是分析化学中碘量法的基础.

硫代硫酸根有很强的配位能力. 例如：

$$2S_2O_3^{2-} + AgX \longrightarrow [Ag(S_2O_3)_2]^{3-} + X^-$$

在照相技术上，就利用这种配位作用以除去底片上未感光的 AgBr.

四、硒和碲

Se 在地壳中含量为 $9\times10^{-4}\%$，广泛分布于硫化物矿中，Te 在地壳中含量为 $2\times10^{-7}\%$.

Se 有六种同素异形体，为带金属光泽的固体. 它的电导率随光的强弱而急剧变化，能增至 1 000 倍以上，是光导材料，可制造光电管. Te 有两种同素异形体：无定形碲和晶形碲. 碲加入到钢中，可以增加钢的韧性. 铸铁中微量 Te 会使铸件表面坚硬、耐磨. 在玻璃制造业 Te 为蓝色、棕色、红色玻璃的着色剂.

6-2-6 氮族元素

周期系 VA 族包括氮、磷、砷、锑、铋五种元素，称为氮族元素. 其中半径较小的 N 和 P 是非金属元素，而随着原子半径的增大，Sb、Bi 过渡为金属元素，处于中间的 As 为准金属元素. 因此本族元素在性质的递变上也表现出从典型的非金属到金属的一个完整过渡.

本族元素原子的价电子层结构为 ns^2np^3，与ⅦA、ⅥA 两族元素比较，本族元素要获得 3 个电子形成氧化数为 −3 的离子是较困难的. 仅仅电负性较大的 N 和 P 可以形成极少数氧化数为 −3 的离子型固态化合物如 Li_3N、Mg_3N_2、Na_3P、Ca_3P_2 等. 不过由于 N^{3-}、P^{3-} 有较大的半径，容易变形，遇水强烈水解生成 NH_3 和 PH_3，因此这种离子型化合物只能存在于固态. 本族元素与电负性较小的元素化合时，可以形成氧化数为 −3 的共价化合物，最常见的是氢化物，除 N 外，其他元素的氢化物都不稳定.

本族元素的金属性比相应的ⅦA 族和ⅥA 族元素来得显著，电负性较大的元素化合时主要形成氧化数为 +3、+5 的化合物. 形成共价化合物是本族的特征. 铋有较明显的金属性，它的氧化数为 +3 的化合物比 +5 的化合物稳定. 氮族元素的主要氧化数有 −3、+3、+5.

本族元素从上到下 +5 氧化态的稳定性递减，而 +3 氧化态的稳定性递增. +5 氧化态的氮是较强的氧化剂. 除氮外，本族元素从磷到铋 +5 氧化态的氧化性依次增强. +5 氧化态的磷几乎不具有氧化性并且最稳定，而 +5 氧化态的铋是最强的氧化剂，它的 +3 氧化态最稳定，几乎不显还原性.

一、氮和氮的化合物

(一) 氮

氮主要以单质状态存在于空气中,约占空气组成的78%(以体积计)或75.5%(以重量计).除了土壤中含有一些铵盐、硝酸盐外,氮以无机化合物形式存在于自然界中的是很少的.氮存在于有机体中,它是组成动植物蛋白质的重要元素.

工业上大量的氮是从分馏液态空气得到的,通常以150个大气压装入钢瓶备用.实验室里可加热氯化铵饱和液及固体亚硝酸钠的混合物来制备氮.将氨通过红热的氧化铜或重铬酸铵热分解都可制得氮气.

氮气是无色无臭的气体,密度为1.25 g/L,熔点为63 K,沸点为177 K,临界温度为126 K,因此,它是一种难于液化的气体.氮气在水中溶解度很小,在283 K时,大约1体积水可溶解0.02体积的氮.

N_2 加热到3 273 K时,也只有0.1%分解.

把空气中的氮气转化为可利用的含氮化合物的过程叫作固氮,如合成氨、人工固氮等.化学模拟生物固氮是现代科学技术的一个重大边缘领域,这项研究成果与农业、能源和环境保护密切相关,意义十分重大.化学模拟生物固氮研究工作的进展将促进生物化学、结构化学、合成化学、催化理论、量子化学、分析化学、仿生学以及许多技术科学的相互渗透和发展.

工业上氮主要用于合成化肥,制造硝酸.由于氮的化学稳定性很大,常用作保护气体以防止某些物体暴露于空气中时被氧化.此外,用氮气填粮食仓库可达到安全地长期保管粮食的目的.液态氮可作深度冷冻剂.

(二) 氮的氢化物

1. 氨

氨是氮的最重要化合物之一.在工业上氨的制备是用氮气和氢气在高温高压和催化剂存在下合成的.在实验室中通常用铵盐和碱的反应来制备少量氨气.

在氨分子中,氮原子是以不等性 sp^3 方式杂化的.在四个杂化轨道中,有三个轨道和三个氢原子结合形成三个 σ 键,另一个轨道为不成键的孤电子对所占,N—H键之间的夹角为107°.故氨分子结构是三角锥形.氮原子位于锥顶,三个氢气原子位于锥足.因此 NH_3 分子一方面具有很大的极性,另一方面表现出很强的加合性.氨分子的其他特性也和 NH_3 分子的这种结构特点有关.

氨是一种具有刺激性气味的无色气体.液氨的沸点为239.6K,临界温度为406 K,故很容易在室温下加压液化.氨又有相当大的蒸发热(在沸点时为23.6 kJ·mol^{-1}).因此常用它来作为冷冻机的循环制冷剂.在273 K时1体积水能溶解1 200体积的氨,在293 K时可溶解700体积.通常把它的水溶液叫作氨水.氨水的比重小于1(液氨在243 K的密度为0.677 g/mL).氨含量越多,比重越小.一般市售浓氨水的密度是0.88 g/mL,含 NH_3 约28%.氨分子具有极强的极性,液氨的分子间存在着极强的氢键,液氨分子存在缔合分子.液氨的介电常数比水低得多,是有机化合物的较好溶剂,但溶解无机物的能力不如水.氨有微弱的电离作用:

$$2NH_3(液) \rightleftharpoons NH_2^- + NH_4^+ \qquad K = 1.9\times10^{-30}\,(223\ K)$$

液氨作为溶剂的一个特点是它能溶解碱金属,金属在液氨中的活泼性比在水中低.很浓的碱金属溶液是强还原剂,可与溶于液氨的物质发生均相的氧化还原反应.

2. 氨的化学性质

(1) 氧化反应.氨有还原性,和氢一样,在常温下,氨在水溶液中能被许多强氧化剂(Cl_2、H_2O_2、$KMnO_4$ 等)所氧化.例如:

$$3Cl_2+2NH_3 \xlongequal{} N_2+6HCl$$

(2) 取代反应.取代反应的一种形式,是氨分子中的氢被其他原子或基团所取代,生成一系列氨的衍生物,如氨基($-NH_2$)的衍生物、亚氨基($-NH$)的衍生物或氮化物.取代反应的另一种形式是氨以它的氨基或亚氨基取代其他化合物中的原子或基团.例如:

$$HgCl_2+2NH_3 \xlongequal{} Hg(NH_2)Cl\downarrow+NH_4Cl$$

$$\underset{\text{光气}}{COCl_2}+4NH_3 \xlongequal{} \underset{\text{尿素}}{CO(NH_2)_2}+2NH_4Cl$$

这种反应与水解反应相类似,实际上是氨参与的复分解反应,称为氨解反应.

(3) 易形成配合物.氨分子中氮原子上的孤电子对能与其他离子或分子形成共价配键,因此也是路易斯碱.例如,可形成$[Ag(NH_3)_2]^+$以及 $BF\cdot NH_3$ 等氨的加合物.

(4) 弱碱性.氨与水作用实质上就是氨分子和水提供的质子以配位键相结合的过程.

$$NH_3+H_2O \xlongequal{} NH_4^++OH^-$$

不过氨溶解于水中主要形成水合分子,只有一小部分水合分子发生如上式的电离作用.

3. 铵盐

氨与酸作用可得到相应的铵盐.铵盐一般是无色的晶体,易溶于水.铵离子半径等于143 pm,近似于钾离子(133 pm)和铷离子(148 pm)的半径.事实上铵盐的性质也类似于碱金属的盐,而且与钾盐或钠盐常是同晶,并有相似的溶解度,因此,在化合物的分类中,往往把铵盐和碱金属盐列在一起.

由于氨的弱碱性,铵盐都有一定程度的水解,由强酸组成的铵盐其水溶液显酸性.因此,在任何铵盐中加入碱,并加热,就会释放出氨(检验铵盐的反应).固态铵盐加热时极易分解,一般分解为氨和相应的酸.如果酸是不挥发性的,则只有氨挥发出来,而酸或酸式盐则残留在容器中.例如:

$$(NH_4)_2SO_4 \xlongequal{\triangle} NH_3\uparrow+NH_4HSO_4$$

$$(NH_4)_3PO_4 \xlongequal{\triangle} 3NH_3\uparrow+H_3PO_4$$

如果相应的酸有氧化性,则分解出来的 NH_3 会立即被氧化.例如,NH_4NO_3 加热分解,由于硝酸的氧化性,因此受热分解的氨被氧化为一氧化二氮:

$$NH_4NO_3 \xlongequal{\triangle} N_2O\uparrow+2H_2O$$

如果加热温度高于 573 K,则 N_2O 又分解为 N_2 和 O_2.

由于这个反应生成大量的气体和热量,大量气体受热体积大大膨胀,所以如果反应是在密闭容器中进行,就会发生爆炸.基于这种性质,NH_4NO_3 可用于制造炸药.

4. 氨的衍生物

当氨分子中的三个氢原子依次被其他原子或基团取代时,所形成的化合物叫作氨的衍生物.以下将分别介绍一些氨的衍生物.

(1) 肼(联氨).

联氨(N_2H_4)也叫作肼,可看成是氨分子内的氢为氨基所取代的衍生物.联氨是重要的火箭燃料.燃烧时的反应为:

$$N_2H_4(g)+O_2(g)\xlongequal{点燃}N_2(g)+2H_2O(l)$$

以次氯酸钠氧化氨,能获得肼的稀溶液:

$$NaClO+2NH_3=N_2H_4+NaCl+H_2O$$

用氨和醛或酮的混合物与氯气反应合成异肼,然后水解而得到无水的肼.

联氨中的氮原子采用 sp^3 杂化,其稳定性比氨的稳定性差,加热时便发生爆炸性的分解,在空气中燃烧放出大量的热.纯净的联氨常温下为无色液体,熔点 275 K,沸点386.5 K.联氨可与水相互作用,是弱碱,可以接受两个质子:

$$N_2H_4+H_2O=N_2H_5^++OH^-$$

$$N_2H_5^++H_2O=N_2H_6^{2+}+OH^-$$

在水溶液中联氨既显氧化性又显还原性,在酸性溶液中是强氧化剂,在碱性溶液中是强还原剂.

(2) 羟氨.

羟氨(NH_2OH),可看成是氨分子内的一个氢原子被羟基取代的衍生物.纯羟氨是无色固体,熔点 305 K,不稳定,在 288 K 以上便分解为氨气、氮气和水:

$$3NH_2OH=NH_3\uparrow+N_2\uparrow+3H_2O$$

$$4NH_2OH=2NH_3\uparrow+N_2O\uparrow+3H_2O\text{(部分按此式分解)}$$

羟氨易溶于水,它的水溶液比较稳定,显弱碱性:

$$NH_2OH+H_2O=NH_3OH^++OH^-$$

它与酸形成盐,常见的盐有$[NH_3OH]Cl$、$[NH_3OH]_2SO_4$.

羟氨既是强氧化剂又是强还原剂,但主要是作为还原剂.它与联氨作为还原剂的优点是它们的氧化产物主要是气体,可以脱离反应体系,不会带来杂质.

(3) 氮化物.

氮在高温时能与许多金属和非金属反应而生成氮化物.IA、ⅡA 族元素的氮化物属于离子型.ⅢA、ⅣA 族的氮化物是固态的聚合物,熔点高,一般是半导体或绝缘体.

过渡金属的氮化物是氮的简单取代物,它们属于"间充化合物",氮原子填充在金属结构的间隙中.这类氮化物一般不易与水起作用,它们具有金属的外观,热稳定性高,能导电,并有高的熔点和大的硬度.

(4) 叠氮酸.

叠氮酸(HN_3)为无色有刺激性气味的液体,沸点 308.8 K,熔点 193 K,属于易爆物质,只要受到撞击就立即爆炸而分解:

$$2HN_3=3N_2\uparrow+H_2\uparrow$$

因为它的挥发性高,可用稀硫酸与叠氮化钠作用而获得叠氮酸:

$$NaN_3+H_2SO_4=NaHSO_4+HN_3$$

其水溶液几乎不分解.叠氮酸的水溶液为一元弱酸,在一定条件下可歧化分解:

$$HN_3+H_2O=NH_2OH+N_2\uparrow$$

活泼金属如碱金属和钡的叠氮化物，加热时不爆炸，分解为氮和金属；而 LiN_3 则转化为氮化物. Ag、Cu、Pb、Hg 等的叠氮化物会爆炸. 叠氮化铅在 600 K 时爆炸，常用作引爆剂. 氮化物与卤化物相似，故叠氮离子 N_3^- 也看作是拟卤素离子.

(三) 氮的氧化物

氮和氧有多种不同的化合形式，在氧化物中氮的氧化数可以从＋1 到＋5. 其中以一氧化氮和二氧化氮较为重要.

1. 一氧化氮

NO 共有 11 个价电子，其结构为由一个 σ 键、一个双电子 π 键和一个 3 电子 π 键组成. 在化学上这种具有奇数价电子的分子称为奇分子. 通常奇分子都有颜色，而 NO 仅在液态和固态时呈蓝色. 虽然它是奇分子，但缔合的趋势不明显，只在固态时有微弱的很松弛的双聚体存在.

2. 二氧化氮

二氧化氮为红棕色气体，易压缩成无色液体. 在室温时聚合成的 N_2O_4 是无色气体，在 262 K 时凝结为无色固体，在 413 K 以上全部变成二氧化氮气体. NO_2 易溶于水或碱生成 HNO_3 和 HNO_2.

NO_2 是强氧化剂，碳、硫、磷等在 NO_2 中易起火，它和许多有机物的蒸气混合在一起就成为爆炸性的混合物.

(四) 氮的含氧酸及其盐

1. 亚硝酸及其盐

当将等摩尔数 NO 和 NO_2 的混合物溶解在冰水中或向亚硝酸盐的冷溶液中加酸，在溶液中就生成亚硝酸：

$$NO + NO_2 + H_2O = 2HNO_2$$

$$NaNO_2 + H_2SO_4 = HNO_2 + NaHSO_4$$

亚硝酸很不稳定，仅存在于冷的稀溶液中，微热甚至冷时便分解为 NO、NO_2、H_2O. 亚硝酸是一种弱酸，但比醋酸略强.

$$HNO_2 \rightleftharpoons H^+ + NO_2^-$$

亚硝酸盐，特别是碱金属和碱土金属的亚硝酸盐，都有很高的热稳定性. 用粉末状金属铅或碳在高温下还原固态硝酸盐，可以得到亚硝酸盐：

$$Pb + KNO_3 = KNO_2 + PbO$$

KNO_2 和 $NaNO_2$ 大量用于染料工业和有机合成工业中. 除了浅黄色的不溶盐 $AgNO_2$ 外，一般亚硝酸盐均易溶于水. 亚硝酸盐有毒性，是致癌物质.

亚硝酸和亚硝酸盐中，氮原子的氧化数处于中间氧化态，因此它既具有还原性，又有氧化性. 例如，亚硝酸盐在水溶液中能将 KI 氧化成单质碘. 这个反应可以定量地进行，能用于测定亚硝酸盐. 用不同的还原剂，HNO_2 可被还原成 NO、N_2O、NH_2OH、N_2 或 NH_3. 当遇到强氧化剂如 $KMnO_4$、Cl_2 等时，亚硝酸盐则是还原剂，被氧化为硝酸盐.

NO_2^- 是一种很好的配体，如钴能和亚硝酸根形成配离子.

2. 硝酸及其盐

硝酸是工业上重要的无机酸之一，在国防工业和国民经济中有着极其重要的用途.

工业上制硝酸的最重要的方法是氨的催化氧化法：将氨和过量空气的混合物通过铂铑

合金制成的丝网,氨在高温下被氧化为 NO,生成的 NO 同氧作用,被氧化为二氧化氮,再被水吸收就成为硝酸.

上述方法所制得的硝酸溶液约含 50%的 HNO_3. 若要得到更浓的酸,可在稀硝酸中加浓硫酸作为吸水剂,然后蒸馏之.

在实验室中,用硝酸盐与浓硫酸反应来制备少量硝酸.此法曾用于工业生产上.例如:

$$NaNO_3 + H_2SO_4 = NaHSO_4 + HNO_3$$

这个反应只能利用硫酸中的一个氢,因为第二步反应:

$$NaHSO_4 + NaNO_3 = Na_2SO_4 + HNO_3$$

需要在 773 K 左右进行,这样高的温度能使硝酸分解,反而使产率降低.

纯硝酸是无色液体,沸点 356 K,在 231 K 下凝成无色晶体.与水可以任何比例混合.恒沸点溶液含硝酸为 69.2%,沸点为 394.8 K,密度为 1.42 g/mL,约 16 mol/L,即一般市售的浓硝酸.浓硝酸受热或见光就会逐渐分解,使溶液显黄色.硝酸具有挥发性,86%以上的浓硝酸由于逸出的 NO_2 与水蒸气结合,而形成烟雾,称为发烟硝酸.

硝酸的重要化学性质表现在以下两方面:

(1) 硝酸是一种强氧化剂,这是由于硝酸分子不稳定,易分解放出氧和二氧化氮所致.

非金属元素如碳、硅、磷、碘等都能被硝酸氧化成氧化物或含氧酸.

除金、铂、铱、铑、铱、钌、钛、铌、钽等金属外,硝酸几乎可氧化所有金属.某些金属如 Fe、Al、Cr 等能溶于稀硝酸,而不溶于冷的浓硝酸,这是因为这类金属表面被浓硝酸氧化形成一层致密的氧化膜,阻止了内部金属与硝酸进一步作用,我们称这种现象为“钝态”.经浓硝酸处理后的“钝态”金属,就不易再与稀酸作用.

硝酸作为氧化剂,可被还原为一系列较低氧化态的氮的化合物.

对同一种金属来说,酸愈稀,则酸被还原的程度愈大.必须指出,酸在不同浓度时被还原的程度大小,并不是和氧化性的强弱一致的.

一般地说,浓硝酸总是被还原为 NO_2,稀硝酸通常被还原为 NO.

浓硝酸与浓盐酸的混合液(体积比为 1∶3)称为王水,可溶解硝酸所不能溶解的金属.例如:

$$Au + HNO_3 + 4HCl = HAuCl_4 + NO\uparrow + 2H_2O$$

$$3Pt + 4HNO_3 + 18HCl = 3H_2[PtCl_6] + 4NO\uparrow + 8H_2O$$

(2) 硝化作用.

硝酸以硝基($-NO_2$)取代有机化合物分子中的一个或几个氢原子,称为硝化作用.

利用硝酸的硝化作用,可以制造许多含氮染料、塑料、药物,也可制造硝化甘油、三硝基甲苯(T.N.T)、三硝基苯酚(苦味酸)等,它们也是烈性的含氮炸药.

除了具有氧化性和硝化性外,它也是一个酸,具有酸的一切特性,在稀硝酸中更显出酸性的特征.

在硝酸根离子中,三个氧原子围绕着氮原子,在同一平面上成三角形.其中 N 原子 sp^2 杂化,它的三个杂化轨道与三个氧原子之间形成了三个 σ 键,另外一个垂直且平行的 p 轨道与氧原子的 p 轨道形成一个四原子六电子的离域大 π 键.

硝酸盐大多是无色易溶于水的晶体,硝酸盐水溶液没有氧化性.硝酸盐在常温下较稳定,但在高温时固体硝酸盐都会分解而显氧化性.硝酸盐热分解的产物决定于阳离子.碱金属和碱土金属的硝酸盐在加热后放出氧而转化为相应的亚硝酸盐.

二、磷及其化合物

(一) 磷的单质

磷在自然界中总是以磷酸盐的形式出现的,如磷酸钙 $Ca_3(PO_4)_2$、磷灰石 $Ca_5F(PO_4)_3$. 磷是生物体中不可缺少的元素之一. 在植物体中磷主要含于种子的蛋白质中,在动物体中则含于脑、血液及神经组织的蛋白质中,大量的磷还以羟基磷灰石 $Ca_5(OH)(PO_4)_3$ 的形式含于脊椎动物的骨骼和牙齿中.

制备单质磷是将磷酸钙矿混以石英砂(SiO_2)和炭粉在 1 773 K 左右的电炉中加热:

$$2Ca_3(PO_4)_2+6SiO_2+10C=\!=\!=6CaSiO_3+P_4+10CO\uparrow$$

把生成的磷蒸气和 CO 通过冷水,磷便凝结成白色固体.

磷有多种同素异形体,如白磷、红磷和黑磷,常见的是白磷和红磷.

纯白磷是无色而透明的晶体,遇光即逐渐变为黄色,所以又叫黄磷. 黄磷剧毒,误食 0.1 g就能致死,皮肤经常接触到单质磷也会引起吸收中毒. 白磷不溶于水,易溶于 CS_2 中. 经测定,不论在溶液中或呈蒸气状态,磷的分子量相当于分子式 P_4. 磷蒸气加热至 1 073 K, P_4 开始分解为 P_2,磷的双分子结构与氮相同. 白磷晶体是由 P_4 分子组成的分子晶体. P_4 分子是四面体构型,分子中 P—P 键长为 221 pm,键角∠PPP 为 60°. 在 P_4 分子中,每个磷原子用它的 3 个 p 轨道与另外三个磷原子的 p 轨道间形成三个 σ 键时,这种纯 p 轨道的键角应为 90°(理论上研究认为在该分子中的 P—P 键是 98% $3p$ 轨道形成的键,而 $3s$ 和 $3d$ 仅占很少成分),实际上却是 60°. 所以 P_4 分子是有张力的分子. 这个张力使每一个 P—P 的键能降低了. P—P(P_4)的键能仅为 201 kJ/mol,这说明为什么白磷在常温下有很高的化学活性.

白磷和潮湿空气接触时发生缓慢氧化作用,部分的反应能量以光能的形式放出,故在暗处可以看到白磷发光. 当白磷在空气中缓慢氧化,直至表面上积聚的热量使温度达到 313 K,便达到磷的燃点,引起自燃,因此通常白磷要贮存于水中以隔绝空气.

单质磷的化学活泼性远高于氮. 白磷比红磷活泼得多,易与卤素单质剧烈反应,如它在氯气中也能自燃,也能同硫及若干金属剧烈地反应. 强氧化剂如浓硝酸能将磷氧化成磷酸. 白磷溶解在热的浓碱溶液中生成磷化氢和次磷酸盐:

$$P_4+3KOH+3H_2O=\!=\!=PH_3\uparrow+3KH_2PO_2$$

白磷能将金、银、铜等从它们的盐中还原出来. 有时也可以和取代出来的金属立即反应生成磷化物. 例如,白磷可以将铜从铜盐中取代出来并与之生成磷化铜:

$$11P+15CuSO_4+24H_2O=\!=\!=5Cu_3P+6H_3PO_4+15H_2SO_4$$

$$2P+5CuSO_4+8H_2O=\!=\!=5Cu+2H_3PO_4+5H_2SO_4$$

故硫酸铜可作为白磷中毒的内服解毒剂.

红磷是磷的无定形体,是一种暗红色的粉末,它不溶于水、碱和 CS_2 中,没有毒,加热到 673 K 以上才着火. 它的化学活泼性比白磷小得多,但它仍易被硝酸氧化为磷酸,与 $KClO_3$ 摩擦即着火,甚至爆炸. 红磷与空气长期接触也能缓慢氧化,形成极易吸水的氧化物,所以红磷保存在未密闭的容器中会逐渐潮解,使用前应小心用水洗涤、过滤和烘干.

在 12 000 大气压下,将白磷加热到 473 K 就转化为类似石墨的片状结构的黑磷. 因它能导电,故黑磷又称"金属磷".

单质磷的用途不是很广. 工业上用白磷来制备高纯度的磷酸,利用白磷的易燃性和燃

烧产物 P_2O_5 能形成烟雾的特性在军事上用来制烟幕弹. 红磷用于制造农药和安全火柴，火柴盒侧面所涂的物质就是红磷、三硫化二锑等的混合物.

(二) 磷的氢化物、卤化物和硫化磷

1. 磷的氢化物

磷可与氢组成一系列氢化物，如 PH_3、P_2H_4、$P_{12}H_{16}$ 等，其中最重要的是 PH_3，称为膦.

当热浓碱与白磷反应，可以生成 PH_3. 此外，还有磷化钙的水解，碘化磷同碱的反应，也可生成 PH_3：

$$Ca_3P_2 + 6H_2O = 3Ca(OH)_2 + 2PH_3\uparrow$$

$$PH_4I + NaOH = NaI + PH_3\uparrow + H_2O$$

膦是一种无色剧毒的气体，有类似大蒜的臭味，在 185.6K 凝为液体，在 140 K 结为固体. 纯净的膦在空气中的燃点是 423 K，燃烧时生成磷酸. 若是所制得的气体中含有 P_2H_4，则在常温时可自动燃烧.

磷化氢在水中的溶解度比 NH_3 的溶解度小得多，在 290 K 时每 100 体积水能溶解 26 体积的 PH_3. PH_3 水溶液的碱性比氨水弱得多，所以在水溶液中不能生成磷盐. 磷化氢与卤化氢在气相中反应曾制得卤化磷. 碘化磷是卤化磷中较稳定的，氯化磷、碘化磷在室温时就分解. 磷化氢有较强的还原性，它能从某些金属盐(如 Cu^{2+}、Ag^{+}、Hg^{2+})溶液中置换出金属.

磷化氢的分子结构与氨相似，是三角锥形，P—H 键长为 142 pm，键角∠HPH 为 93°.

2. 磷的卤化物

磷能与卤素单质直接化合而成卤化物. 磷的卤化物有两种类型：PX_3 和 PX_5，但 PI_5 不易生成，这可能是因为磷原子周围难容纳较大的碘原子. 这些卤化物比相应的氮卤化物稳定.

(1) 三氯化磷.

三氯化磷是无色液体. 在 PCl_3 分子中，P 原子轨道是以 sp^3 杂化的，分子形状为三角锥，在 P 原子上还有一对孤电子，因此，PCl_3 是电子对给予体，可以与金属离子形成配合物，能与卤素加合生成卤化磷. 在较高温度或有催化剂存在时，可以与氧或硫反应生成三氯氧化磷 $POCl_3$ 或三氯硫化磷 $PSCl_3$. PCl_3 易水解生成亚磷酸和氯化氢，因此 PCl_3 在潮湿空气中会冒烟：

$$PCl_3 + 3H_2O = P(OH)_3 + 3HCl\uparrow$$

本族其他元素的 RCl_3 水解产物不完全与 PCl_3 相似，如 NCl_3 的水解按下式进行：

$$NCl_3 + 3H_2O = 3HOCl + NH_3\uparrow$$

$AsCl_3$ 的水解产物和 PCl_3 相似，不过水解能力稍弱些，水解并不完全.

(2) 五氯化磷.

过量氯与 PCl_3 反应而生成 PCl_5：

$$PCl_3 + Cl_2 = PCl_5$$

PCl_5 是白色固体，加热时(433 K)升华并可逆地分解为 PCl_3 和 Cl_2，在 573 K 以上分解完全：

$$PCl_5 \xlongequal{\triangle} PCl_3 + Cl_2\uparrow$$

在气态和液态时，PCl_5 的分子结构是三角双锥，磷原子位于锥体的中央，磷原子以 sp^3d 杂化轨道成键. 在固态时 PCl_5 不再保持三角双锥结构而成离子化合物，在 PCl_5 晶体中含有正四面体的$[PCl_4]^+$和正八面体的$[PCl_6]^-$. PCl_5 与 PCl_3 相同，易于水解，但水量不足时，则部分水解为氯氧磷和氯化氢：

$$PCl_5 + H_2O \xlongequal{} POCl_3 + 2HCl$$

在过量水中则完全水解：

$$POCl_3 + 3H_2O \xlongequal{} H_3PO_4 + 3HCl$$

(三) 磷的含氧化合物

1. 磷的氧化物

磷的燃烧产物是五氧化二磷，如果在氧气不足时，则生成三氧化二磷. 五氧化二磷是磷酸的酸酐，三氧化二磷是亚磷酸的酸酐. 根据蒸气密度的测定，三氧化二磷的分子式是 P_4O_6，五氧化二磷的分子式是 P_4O_{10}. P_4O_6 分子中每个 P 原子上还有一对孤电子会与氧结合，因此 P_4O_6 不稳定，可以继续被氧化为 P_4O_{10}. P_4O_6 分子中每个磷原子与四个氧原子组成一个四面体，并通过其三个氧原子与另外三个四面体联结. P_4O_6 的熔点为 297 K，沸点为 447 K，在空气中加热即转化为 P_4O_{10}. P_4O_6 与冷水反应较慢，形成亚磷酸：

$$P_4O_6 + 6H_2O(\text{冷}) \xlongequal{} 4H_3PO_3$$

$$P_4O_6 + 6H_2O(\text{热}) \xlongequal{} 3H_3PO_4 + PH_3\uparrow$$

P_4O_{10} 为白色雪花状固体，632 K 时升华，在加压下加热到较高温度，晶体转变为无定形玻璃状体，在 839 K 熔化. P_4O_{10} 与水反应，先形成聚磷酸，然后是焦磷酸，最后形成正磷酸.

由于 P_4O_{10} 对水有很强的亲合力，吸湿性强，因此，它常用作气体和液体的干燥剂.

2. 磷的含氧酸及其盐

(1) 正磷酸及其盐.

正磷酸的各种相应盐都是简单磷酸盐，而多磷酸的相应盐是复杂磷酸盐. 复杂磷酸盐中直链多磷酸盐的酸根阴离子，是两个或两个以上磷氧四面体通过共用角顶氧原子成链状而连接起来的.

正磷酸简称磷酸，它由一个单一的磷氧四面体构成. 在磷酸分子中，P 原子 sp^3 杂化，三个杂化轨道与氧原子之间形成三个 σ 键，另一个 P—O 键由一个从磷到氧的 σ 配键和两个从氧到磷的 $d\leftarrow p_\pi$ 键组成. σ 键是磷原子上一对孤电子与氧原子的空轨道所形成的，同时由于这个氧原子的 p_y、p_z 轨道上还有两对孤电子，而磷原子又有 d_{xy}、d_{xz} 空轨道可以重叠形成 $d\leftarrow p_\pi$ 配键. $d\leftarrow p_\pi$ 配键很弱，因为磷原子 $3d$ 能级比氧原子的 $2p$ 能级高很多，组成的分子轨道不是很有效的，所以 P—O 键从键的数目来看是三重键，但从键能和键长来看是介于单键和双键之间.

工业上主要用 76% 左右的硫酸分解磷酸钙以制取磷酸：

$$Ca_3(PO_4)_2 + 3H_2SO_4 \xlongequal{} 2H_3PO_4 + 3CaSO_4$$

这样制得的磷酸很不纯，但可用于制造肥料. 纯的磷酸可用黄磷燃烧生成 P_2O_5，再用水吸收而制得.

纯净的磷酸为无色晶体，熔点 315 K，磷酸加热时逐渐脱水生成焦磷酸、偏磷酸，因此磷酸没有自身的沸点. 磷酸能与水以任何比相混溶，市售磷酸是黏稠的浓溶液(含量约 85%). 磷酸是一种无氧化性的不挥发的三元中强酸.

磷酸有较强的配位能力,能与许多金属离子形成可溶性配合物分子.

正磷酸是一个三元酸,可生成三个系列的盐:M_3PO_4、M_2HPO_4 和 MH_2PO_4.所有的磷酸二氢盐都易溶于水,而磷酸一氢盐和正盐除了 K^+、Na^+ 和 NH_4^+ 的盐外,一般不溶于水.这些盐在水中都有不同程度的水解,Na_3PO_4 的水溶液显较强碱性,Na_2HPO_4 水溶液显弱碱性,而 NaH_2PO_4 的水溶液呈弱酸性.磷酸二氢钙是重要的磷肥,它是磷酸钙与硫酸作用的产物:

$$Ca_3(PO_4)_2+2H_2SO_4 = 2CaSO_4+Ca(H_2PO_4)_2$$

生成的混合物叫过磷酸钙,其有效成分磷酸二氢钙能溶于水,易被植物吸收.

(2) 偏磷酸.

常见的偏磷酸有三偏磷酸和四偏磷酸.偏磷酸是硬而透明的玻璃状物质,易溶于水,在溶液内逐渐转变为正磷酸.将磷酸二氢钠加热至 673~773 K 得到三聚偏磷酸盐.把磷酸二氢钠加热到 973 K,然后骤然冷却则得到直链多磷酸盐的玻璃体,即所谓的格氏盐.它能与钙、镁等离子配位,常用作软水剂和锅炉、管道的去垢剂.过去曾把格氏盐看成具有 $(NaPO_3)_6$ 的组成,因而被称为六偏磷酸钠;实际上格氏盐并不存在$(PO_3)_6^{6+}$ 这样一个独立单位,而是一个长链的聚合物,这个链长达 20~100 个 PO_3^- 单位.

(3) 亚磷酸.

三氧化磷水解或将含有三氯化磷的空气流从 270~273 K 的水中通过都可得到亚磷酸.

纯的亚磷酸是无色固体,熔点 347 K,易溶于水.亚磷酸是一种强的二元酸,亚磷酸和亚磷酸盐在水溶液中都是强还原剂.

(4) 次磷酸.

次磷酸可由下法制取:

$$Ba(H_2PO_2)_2+H_2SO_4 = BaSO_4+2H_3PO_2$$

次磷酸是一种中强一元酸,它的分子中有两个与 P 原子直接键合的氢原子.次磷酸及其盐都是强还原剂.

三、砷、锑、铋

本族中的砷、锑、铋又叫砷分族,它们次外层的电子结构都是 18 电子,而与氮、磷次外层 8 电子的结构不同.砷、锑、铋在性质上表现出更多的相似性.

砷、锑、铋在地壳中的含量不高,它们有时以游离态存在于自然界中,但主要以硫化物矿存在,如雄黄(As_4S_4)、雌黄(As_2S_3)、砷硫铁矿(FeAsS)、辉锑矿(Sb_2S_3)、辉铋矿(Bi_2S_3)等.少量砷还广泛存在于金属硫化物矿中.我国锑的蕴藏量居世界第一位.

用碳还原可制得其单质.砷、锑、铋都有金属的外观,是电和热的良导体,具有脆性,熔点低,并且容易挥发,熔点从 As 到 Bi 依次降低.

常温下,砷、锑、铋在水和空气中都比较稳定,都不溶于稀酸,但能和硝酸、热浓硫酸、王水等反应,当高温时能和氧、硫、卤素反应.

砷分族元素还能与许多金属形成合金和半导体材料.

1. 氢化物

砷、锑、铋都能生成氢化物 MH_3,它们的氢化物是无色有恶臭和有毒的气体,极不稳定.其中三氢化砷(又称胂)较重要.将砷化物水解或用活泼金属在酸性溶液中使砷化合物还原都能得到胂.

2. 卤化物

砷、锑、铋的所有三卤化物均已制得,而已知的五卤化物只有四种.

在砷、锑、铋三卤化物中,BiF_3 是离子型固体,铋的其他卤化物和 SbF_3 的晶体类型介于离子型和共价型之间,其余的 MX_3 都是共价化合物.

砷、锑、铋的所有三卤化物在溶液中都会强烈地水解,生成相应的含氧酸和氢卤酸.

3. 砷、锑、铋的氧化物及其水合物

砷、锑、铋的氧化物有两类:氧化数为+3;氧化数为+5. 直接燃烧砷、锑、铋单质能得到 M_2O_3. M_2O_5 通常由单质或三氧化物先氧化为+5 氧化态的相应氧化物的水合物,然后再脱水而制得. 生成砷、锑、铋氧化物的反应如下:

$$4M+3O_2 = M_4O_6 (M=As, Sb)$$

$$4Bi+3O_2 = 2Bi_2O_3$$

$$3As+5HNO_3+2H_2O = 3H_3AsO_4+5NO$$

$$3As_2O_3+4HNO_3+7H_2O = 6H_3AsO_4+4NO$$

$$2H_3AsO_4 = As_2O_5+3H_2O$$

$$3Sb+5HNO_3+8H_2O = 3H[Sb(OH)_6]+5NO$$

$$2H[Sb(OH)_6] = Sb_2O_5+7H_2O$$

硝酸只能把铋氧化成硝酸铋:

$$Bi+4HNO_3 = Bi(NO_3)_3+NO\uparrow+2H_2O$$

在碱性介质中用较强的氧化剂氯气氧化三价铋可生成铋酸钠:

$$Bi(OH)_3+Cl_2+3NaOH = NaBiO_3+2NaCl+3H_2O$$

以酸处理铋酸钠则得红棕色的五氧化二铋,它极不稳定,很快分解为三氧化二铋和氧气.

三氧化二砷是重要的化合物,俗称砒霜,是剧毒的白色粉状固体,致死量为 0.1 g. 可用于制造杀虫剂、除草剂以及含砷药物. As_2O_3 中毒时,可服用新制的 $Fe(OH)_2$(把 MgO 加入到 $FeSO_4$ 溶液中强烈摇动制得)悬浮液来解毒. As_2O_3 微溶于水,在热水中溶解度稍大,生成亚砷酸,亚砷酸仅存在于溶液中. As_2O_3 是两性偏酸性氧化物,因此它易溶于碱生成亚砷酸盐,也溶于盐酸. 例如:

$$As_2O_3+6NaOH = 2Na_3AsO_3+3H_2O$$

$$As_2O_3+6HCl = 2AsCl_3+3H_2O$$

Sb_2O_3(白色)是两性偏碱性的氧化物,难溶于水,易溶于碱生成亚锑酸盐,溶于酸生成锑盐:

$$Sb_2O_3+2NaOH = 2NaSbO_2+H_2O$$

$$Sb_2O_3+3H_2SO_4 = Sb_2(SO_4)_3+3H_2O$$

Sb_2O_3 又称锑白,是优良的白色颜料,是许多塑料的理想阻燃剂成分.

Bi_2O_3 是碱性氧化物,只溶于酸生成相应的铋盐.

M_2O_5 及其水合物的酸性强于相应的 M_2O_3 及其水合物. As_2O_5 易溶于水得砷酸. 它是三元酸. 水合五氧化二锑不溶于硝酸溶液,仅稍溶于水,但溶于 KOH 溶液生成锑酸钾. 锑酸是一元酸,它与周期表中的碲酸和碘酸有相同的结构,都是六配位八面体结构,而且它们互

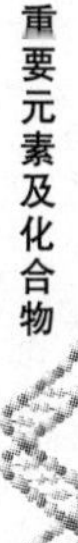

为等电子体.

砷(Ⅲ)、锑(Ⅲ)、铋(Ⅲ)氧化物水合物的酸碱性与它们的氧化物相似,按照 $H_3As_3O_3$—$Sb(OH)_3$—$Bi(OH)_3$ 顺序酸性依次减弱.

铋酸钠是一种很强的氧化剂,能把 Mn^{2+} 氧化为 MnO_4^-:

$$2Mn^{2+}+5BiO_3^-+7H^+ \longrightarrow 2MnO_4^-+5Bi^{3+}+7H_2O$$

而砷的氧化态为+3 的亚砷酸盐是还原剂,能还原像碘这样弱的氧化剂:

$$AsO_3^{3-}+I_2+2OH^- \longrightarrow AsO_4{}^{3-}+2I^-+H_2O$$

上述这两个反应与溶液的酸度有关,反应必须在弱酸性介质中才能进行.若在较强酸性溶液中反应的方向会发生改变,I_2 就不可能氧化 AsO_3^{3-},因为电对 AsO_4^{3-}/AsO_3^{3-} 的电极电势随着溶液 pH 的增大而变小.

$$AsO_4^{3-}+2H^++2e^- \longrightarrow AsO_3^{3-}+H_2O \quad \varphi^{\ominus}=+0.58\ V$$

$$I_2+2e^- \longrightarrow 2I^- \quad \varphi^{\ominus}=+0.54\ V$$

这两个电对的电极电势随溶液的 pH 而变化,在较强酸性的溶液中 H_3AsO_4 可以氧化 I^-,而在弱酸性时 H_3AsO_3 才可能还原 I_2.实际上,AsO_3^{3-} 与 I_2 的反应在 pH=5~9 时较为适宜,pH 小于 4 反应不完全,pH 大于 9 时会引起 I_2 的歧化反应.

总之,砷、锑、铋三元素的氧化态为+3 的化合物具有还原性,氧化态为+5 的化合物具有氧化性.

4.砷、锑、铋的硫化物和硫代酸盐

在砷、锑、铋的 M^{3+} 盐溶液中或用强酸酸化后的 MO_3^{3-}、MO_4^{3-} 溶液中通入 H_2S 都可得到有颜色的相应的硫化物沉淀.

砷分族硫化物的酸碱性与相应的氧化物很相似.As_2S_3 和 Sb_2S_3 显两性,前者两性偏酸性,不溶于浓 HCl,只溶于碱,而后者既溶于酸又溶于碱.Bi_2S_3 呈碱性不溶于碱.

$$As_2S_3+6OH^- \longrightarrow AsO_3^{3-}+AsS_3^{3-}+3H_2O$$

$$Sb_2S_3+6OH^- \longrightarrow SbO_3^{3-}+SbS_3^{3-}+3H_2O$$

$$Sb_2S_3+12Cl^- \longrightarrow 2SbCl_6^{3-}+3S^{2-}$$

As_2S_3 和 Sb_2S_3 还能溶于碱性硫化物如 Na_2S 或硫化铵中,生成硫代亚砷酸盐和硫代亚锑酸盐,而 Bi_2S_3 不溶:

$$As_2S_3+3S^{2-} \longrightarrow 2AsS_3^{3-}$$

硫代亚砷酸盐可以看作是亚砷酸根中的 O 被 S 所取代的产物,上面的反应就好像具有酸性的氧化物,能够溶解在碱中一样:

$$As_2O_3+6NaOH \longrightarrow 2Na_3AsO_3+3H_2O$$

As_2S_5 和 Sb_2S_3 的酸性分别比相应的 M_2S_3 强,因此,M_2S_5 比 M_2S_3 更易溶于碱性硫化物溶液中.

As_2S_3 和 Sb_2S_3 都具有还原性能,与多硫化物反应生成硫代酸盐,而 Bi_2S_3 的还原性极弱,不和多硫化物作用.

$$As_2S_3+3S_2^{2-} \longrightarrow 2AsS_4^{3-}+S\downarrow$$

砷、锑的硫代酸盐与酸反应时生成硫代酸.硫代酸盐极不稳定,在生成时立刻分解放出 H_2S 并析出硫化物.

因此,硫代酸盐只能在中性或碱性介质中存在.硫代酸盐的生成与分解,在分析化学中常用作这些元素的定性分析.

6-2-7 碳、硅、硼

碳、硅、硼在地壳中的丰度分别为0.023%、29.50%和1.2×10^{-3}%.硅的含量在所有元素中居第二位,它以大量的硅酸盐矿和石英矿存在于自然界.碳的含量虽然不多,但它(除氢外)是地球上化合物最多的元素.大气中有CO_2,矿物界有各种碳酸盐、金刚石、石墨和煤,还有石油和天然气等碳氢化合物,动、植物体中的脂肪、蛋白质、淀粉和纤维素等也都是碳的化合物.如果说硅是构成地球上矿物界的主要元素,那么,碳就是组成生物界的主要元素.硼在自然界中同硅一样主要以含氧化合物矿石而存在.

碳与硅的价电子构型为ns^2np^2,价电子数目与价电子轨道数相等,它们被称为等电子原子.硼的价电子层结构为$2s^22p^1$,价电子数少于价电子轨道数,所以它是缺电子原子.这些元素的电负性大,要失去价电子层上的1~2个p电子成为正离子是困难的,它们倾向于将s电子激发到p轨道而形成较多的共价键,所以碳和硅的常见氧化态为+4,硼为+3.

碳和硅可以用sp、sp^2和sp^3杂化轨道形成1~4个σ键,但Si的sp和sp^4态不稳定.碳的原子半径小,还能形成p_π-p_π键,所以碳能形成多重键.硼用sp和sp^3杂化轨道成键时,除了能形成一般的σ键外,还能形成多中心键.

碳、硅、硼都有自相结合成键的特性.C—C键的强度比Si—Si或B—B都大.碳自相结合成链的能力最强.这些元素与氢形成的键比它们各自结合的键更牢,所以它们都有一系列的氢化物,如有机化学中的烃类化合物以及硅烷、硼烷等.

如果将硅和硼的氢化物燃烧或与水反应,它们都会转变成硅与硼的氧化物.这说明Si—O键及B—O键更牢.在自然界中硅、硼也确实是以含氧化合物的形式存在,而且它们的许多非金属化合物容易转变为氧化物或含氧化合物.所以硅和硼都是亲氧元素.从键能还可以知道它们和氟形成的化合物也是很稳定的.

这三种元素都有同素异形体,它们的单质晶体几乎都属于原子晶体,所以熔点、沸点高;除石墨外,硬度也大.

一、碳

(一) 单质碳的同素异形体

1. 金刚石

金刚石为典型的原子晶体,所以它的硬度大,熔点、沸点高,化学性质不活泼.透明的金刚石可以作宝石或钻石.黑色和不透明的金刚石,在工业上用以制钻头和切割金属、玻璃矿石的工具.金刚石粉是优良的研磨材料,可以制砂轮.

2. 石墨

石墨是原子晶体、金属晶体和分子晶体之间的一种过渡型晶体,它具有以下特点:为层状结构并具有共价键、类似金属键那样的离域π键和范德华力等三种不同的键和作用力.石墨粉可以作润滑剂、颜料和铅笔;将石墨在纸上划一下,它的片状纯品就黏附在纸上而留下灰黑色痕迹."石墨"顾名思义,就是能用作书写的石头,它的英文名称"graphite"来自希腊文,也是"书写"的意思.石墨在工业上被大量地用于制造电极、坩埚、某些化工设备,也可以作原子反应堆中的中子减速剂.将石墨转变为金刚石则较难,需要高温、高压条件.

3. 石墨烯

2004 年英国曼彻斯特大学 A. K. Geim 领导的研究组制成了石墨的二维晶体. 石墨烯还被做成晶体管并且吸引了大批科学家的兴趣. 2006 年 3 月,佐治亚理工学院(Georgia Institute of Technology)研究员宣布,他们成功地制造了石墨烯平面场效应晶体管并观测到了量子干涉效应,并基于此研究出根据石墨烯为基础的电路.

4. 球碳分子:碳原子簇——一个新兴的化学领域

主要有 C_{44}、C_{50}、C_{60}、C_{70} 等,其中 C_{60} 是最稳定的球碳分子,常称"富勒烯"或"布基球".和石墨分子相似,C_{60} 中每个碳原子与周围 3 个碳原子相连,形成 3 个键,参与组成 2 个六元环、1 个 5 元环. C_{60} 球之间的作用力是范德华力.

C_{60} 的重要作用是与碱金属作用可形成具有超导性能的材料 A_xC_{60},有可能在半导体、高能电池和药物等领域中得到应用.

(二) 碳的含氧化合物

1. 氧化物

碳有许多氧化物,已见报道的有 CO、CO_2、C_3O_2、C_4O_3、C_5O_2 及 CO_9,其中常见的是 CO 和 CO_2.

(1) 一氧化碳.

CO 可以来自碳的不完全燃烧. 碳与氧气之间的反应如下:

$$2C+O_2(\text{不足})=\!=\!=2CO$$

$$C+O_2(\text{充足})=\!=\!=CO_2$$

$$C+CO_2=\!=\!=2CO$$

碳在供氧不足以及高温的条件下燃烧,得到 CO.

工业上将有限的空气通过灼热的碳,即得到发生炉煤气. 它的主要成分是 N_2 和 CO,还有少量的 O_2、H_2、CH_4 及 CO_2 等.

工业上还用生产水煤气的方法来制取 CO. 使水蒸气通入红热的炭层,可得到 CO 和 H_2 的混合气体,称为水煤气. 水煤气的成分大致是 40%CO.

在实验室中将蚁酸(甲酸)滴加到热的浓硫酸中或将草酸晶体与浓硫酸一起加热,都可得到一氧化碳气体:

$$HCOOH \xrightarrow{\text{浓 } H_2CO_4} CO\uparrow + H_2O$$

$$H_2C_2O_4 \xrightarrow{\text{浓 } H_2SO_4} CO\uparrow + CO_2\uparrow + H_2O$$

CO 分子和 N_2 分子各有 10 个价电子,它们是等电子体. 尽管前者为异核原子组成的分子,后者为同核原子组成的分子,两者的分子轨道却相同:

$2N(1s^2 2s^2 2p^3) \longrightarrow N_2[KK(\sigma_{2s})^2(\sigma_{2s}^*)^2(\pi_{y2p})^2(\pi_{z2p})^2(\pi_{2p})^2]$

$C(1s^2 2s^2 2p^2)—O(1s^2 2s^2 2p^4) \longrightarrow CO[KK(\sigma_{2s})^2(\sigma_{2s}^*)^2(\pi_{y2p})^2(\pi_{z2p})^2(\pi_{2p})^2]$

所以 CO 也是三重键:一个 σ 键,两个 π 键. 但是与 N_2 分子不同的是有一个 π 键为配键,这对电子来自氧原子.

CO 的偶极矩几乎为零. 因为从原子的电负性看,电子云偏向氧原子,可是形成配键的电子对是氧原子提供的,碳原子略带负电荷,而氧原子略带正电荷,这与电负性的效果正好相反,相互抵消,所以 CO 的偶极矩近于零. 这样 CO 分子中碳原子上的孤电子对易进入其他有空轨道的原子而形成配键.

CO之所以对人体有毒,是因为它能与血液中携带 O_2 的血红蛋白(Hb)形成稳定的配合物COHb. CO与Hb的亲和力约为 O_2 与Hb的230～270倍. COHb配合物一旦形成,就使血红蛋白丧失了输送氧气的能力. 所以CO中毒将导致组织低氧症.

在工业气体分析中常用亚铜盐的氨水溶液或盐酸溶液来吸收混合气体中的CO,生成 $CuCl \cdot CO \cdot 2H_2O$,这种溶液经过处理放出CO,然后重新使用. 合成氨工业中用铜洗液吸收CO为同一道理.

$$Cu(NH_3)_2CH_3COO + CO + NH_3 = Cu(NH_3)_3 \cdot CH_3COO \cdot CO$$

CO不助燃,但是能在空气或氧气中燃烧,生成 CO_2 并放出大量的热. 所以CO是一种很好的气体燃料. 木炭或煤燃烧时的蓝色火焰即产生的CO在燃烧.

在高温时,CO是一种很好的还原剂,它可以从许多金属氧化物,如 Fe_2O_3、CuO或 MnO_2 中夺取氧使金属被还原. 冶金工业中用焦炭作还原剂,在反应过程中实际上起作用的往往是CO,高炉炼铁即其中一例. CO的还原性被用于测定微量CO,在常温下 $PdCl_2$ 可被CO还原为Pd:

$$CO + PdCl_2 + H_2O = CO_2 + Pd + 2HCl$$

灰色沉淀Pd的出现证明CO存在.

CO显非常微弱的酸性,能与粉末状的NaOH反应生成甲酸钠:

$$NaOH + CO = HCOONa$$

因此也可以把CO看作是甲酸的酸酐. 甲酸脱水可以得到CO.

(2) 二氧化碳.

CO_2 在大气中约占0.03%,海洋中约占0.07%～2%. 它还存在于火山喷射气及某些泉水中. 地面上的 CO_2 主要来自碳和碳化合物的燃烧、碳酸钙矿石的分解、动物的呼吸以及发酵过程. 地球上的植物及海洋中的浮游生物则将 CO_2 转变为 O_2,一直维持着大气中 O_2 与 CO_2 的平衡. 但是近几十年来随着全世界工业的高速发展及由此带来的海洋污染,产生的 CO_2 越来越多,而浮游生物越来越少(因海洋污染),同时森林又滥遭砍伐,这在很大程度上破坏了生态平衡.

大气中 CO_2 含量的增多会对地表温度产生影响,是造成地球"温室效应"的主要原因. 地球从太阳吸收能量的速度本来等于它向空间辐射能量的速度以保持热平衡. 地球辐射的最长波长的光为红外光. 太阳能辐射到地面,约有一半反射到空间,另一半则被吸收并重新以红外线辐射出来. 大气中的 CO_2 及水蒸气为红外线吸收体,它们在调节地面温度方面起着决定性的作用. 如果大气中的 CO_2 浓度增加,则从太阳吸收的红外线多,反射到太空的少,地表温度将上升. 大气中 CO_2 含量的增加以及地表气温的升高,都将给人类生活造成很大影响,这个问题在国际上已引起极大重视.

在 CO_2 分子中,碳原子与氧原子生成四个键:两个σ键和两个π键. CO_2 为直线型分子.

实验室常用盐酸与石灰石、大理石或其他碳酸盐反应以制取 CO_2:

$$CaCO_3 + 2HCl = CaCl_2 + CO_2\uparrow + H_2O$$

CO_2 不活泼,但在高温下,能与碳或活泼金属镁、钠等作用:

$$CO_2 + 2Mg = 2MgO + C$$

$$2Na + 2CO_2 \xlongequal{} Na_2CO_3 + CO$$

CO_2 是酸性氧化物，它能与碱反应. 氮肥厂利用此性质，用氨水吸收 CO_2 以制得 NH_4HCO_3. 实验室及某些工厂利用此性质用碱除去 CO_2，或将排出的废气转变为碳酸盐(酒厂). CO_2 被大量用于生产 Na_2CO_3、$NaHCO_3$、Al_2O_3、铅白($Pb(OH)_2 \cdot 2PbCO_3$)、化肥，并可以制饮料(制汽水的 CO_2 压力约为 3～4 个大气压).

由于 CO_2 的化学性质不活泼，比重又大，它还被用作灭火剂.

CO_2 无毒，但若在空气中的含量过高，也会因为缺氧而使人有发生窒息的危险. 人进入地窖时应手持燃着的蜡烛，若烛灭，表示窖内 CO_2 过多，人暂不宜进入.

工业用的 CO_2 大多为水泥厂、石灰窑、炼铁高炉和酿酒厂的副产物.

2. 碳酸和碳酸盐

CO_2 溶于水生成碳酸 H_2CO_3(约 0.033 mol/L)，1L 水中能溶解 0.9L CO_2. 碳酸很不稳定，只存在于水溶液中，游离的碳酸迄今尚未制得. 它是一个二元弱酸，在水中分步电离.

在碳酸根中，碳原子以 sp^2 杂化轨道与三个氧原子的 p 轨道成三个 σ 键，它的另一个 p 轨道与氧原子的 p 轨道形成 π 键，离子构型为平面三角形.

H_2CO_3 能生成正碳酸盐和酸式碳酸盐. 在碳酸溶液中，HC 比 C 多得多，所以加碱，如 NaOH，先生成酸式盐 $NaHCO_3$，然后进一步与足量的碱作用得到正盐 Na_2CO_3. 对于碳酸盐，应了解它们在水中的溶解性、水解条件和热稳定性.

所有酸式碳酸盐都溶于水. 正盐中只有铵盐和碱金属的盐溶于水. 所有的含氧碳酸盐中，一般都是酸式盐较相应的正盐易溶. 仅有少数酸式碳酸盐的溶解度比正盐的溶解度小，如 $NaHCO_3$ 和 $KHCO_3$.

下列碳酸盐与酸式碳酸盐之间的转化反应，能说明自然界中钟乳石和石笋的形成：

$$CaCO_3 + CO_2 + H_2O \xlongequal{} Ca(HCO_3)_2$$

碳酸是个弱酸，所以可溶性的碳酸盐在水溶液中水解而使溶液呈碱性.

当可溶性碳酸盐与水解性较强的金属离子反应时，由于相互促进水解，产物可能是碳酸盐、碱式碳酸盐或氢氧化物. 究竟是哪种产物，取决于反应物、生成物的性质和反应条件. 如果金属离子不水解，将得到碳酸盐. 如果金属离子的水解性极强，其氢氧化物的溶度积又小，如 Al^{3+}、Cr^{3+} 和 Fe^{3+} 等，将得到氢氧化物：

$$2Al^{3+} + 3CO_3^{2-} + 3H_2O \xlongequal{} 2Al(OH)_3 \downarrow + 3CO_2 \uparrow$$

有些金属离子，它们的氢氧化物和碳酸盐的溶解度相差不大，如 Cu^{2+}、Zn^{2+}、Pb^{2+}、Mg^{2+} 等，可能得到碱式盐：

$$2Cu^{2+} + 2CO_3^{2-} + H_2O \xlongequal{} Cu_2(OH)_2CO_3 \downarrow + CO_2 \uparrow$$

一般说来，碳酸的热稳定性比碳酸盐小，而碳酸氢盐的热稳定性又比相应的碳酸盐小. 不同阳离子的碳酸盐或酸式碳酸盐的稳定性也不一样. 例如，碳酸水溶液加热就会分解，在 423 K(150 ℃)左右碳酸氢钠分解，而碳酸钠不分解.

这可以用 CO_3^{2-} 产生反极化作用来解释. 阳离子的极化作用越大，碳酸盐就越不稳定. H^+ 虽然只有一个正电荷，但是它的半径很小，电荷密度大，极化作用强，它甚至可以钻到氧的电子云中间去，所以含 2 个 H^+ 的 H_2CO_3 最不稳定，其次为 $NaHCO_3$，而 Na_2CO_3 最稳定.

二、硅

硅有无定形及晶体两种同素异形体，前者为深灰黑色粉末，后者为银灰色，有金属光泽，能导电，但导电率不及金属. 硅在化学性质方面主要表现为非金属性. 像这类性质介乎于金属和非金属之间的元素称为“准金属”或“类金属”或“半金属”. 准金属是制半导体的材料. 纯硅在电子工业上有广泛的应用，它可以制晶体管，纯硅晶片加工后可用于电子计算机及多种电子产品中.

晶态硅具有金刚石那样的结构，所以它硬而脆(硬度为 7.0)，熔点高，在常温下化学性质不活泼. 无定形硅比晶态硅活泼.

硅在常温下只能与氟反应，生成四氟化硅. 硅在高温下能与卤素和一些非金属单质反应. 1 573 K 时硅与氮气反应生成 Si_3N_4，2 273 K 时与碳反应生成 SiC. 这些化合物均有广泛的用途.

硅在含氧酸中被钝化. 在有氧化剂存在条件下，与氢氟酸反应，生成六氟合硅酸和 NO.

无定形硅能猛烈地与强碱反应，放出 H_2.

硅与碳相似，有一系列氢化物，不过由于硅自相结合的能力比碳差，生成的氢化物要少得多. 到目前为止，已制得的硅烷不到 12 种，其中有 SiH_4、Si_2H_6、Si_3H_8、Si_4H_{10}、Si_5H_{12} 以及 Si_6H_{14} 等，即一硅烷到六硅烷，可以用通式 Si_nH_{2n+2} $(1\leqslant n\leqslant 7)$ 来表示. 硅烷的结构与烷烃相似. 一硅烷又称为甲硅烷.

(一) 硅的卤化物和氟硅酸盐

1. 卤化物

硅的卤化物都是共价化合物，熔点、沸点都比较低，氟化物、氯化物的挥发性更大，易于用蒸馏的方法提纯它们，常被用作制备纯硅及其他含硅化合物的原料.

这些卤化物同 CX_4 相似，都是非极性分子，以碘化物的熔点、沸点最高，而氟化物最稳定. 所不同的是硅的卤化物能强烈地水解，它们在潮湿空气中发烟：

$$SiCl_4 + 3H_2O \xlongequal{\quad} H_2SiO_3 + 4HCl$$

故 $SiCl_4$ 可作烟雾剂.

2. 氟硅酸盐

当 SiF_4 水解时，未水解的 SiF_4 极易与水解产物 HF 配位形成氟硅酸 H_2SiF_6. 纯的 H_2SiF_6 尚未制得，一般能制得 60% 的水溶液. 它是一种强酸，其强度与硫酸相当. 金属锂、钙等的氟硅酸盐易溶于水，但钠、钾、钡的盐难溶于水. 所以用纯碱溶液吸收 SiF_4 气体，可得到白色的氟硅酸钠 Na_2SiF_6 晶体：

$$3SiF_4 + 2Na_2CO_3 + 2H_2O \xlongequal{\quad} 2Na_2SiF_6\downarrow + H_4SiO_4\downarrow + 2CO_2\uparrow$$

生产磷肥时，利用此反应以除去有害的废气 SiF_4，同时得到很有用的副产物 Na_2SiF_6. Na_2SiF_6 可作农业杀虫剂、搪瓷乳白剂及木材防腐剂等. 它有腐蚀性，灼烧时将分解为 NaF 和 SiF_4.

SiF_4 与碱金属氟化物反应，也可以得到氟硅酸盐.

(二) 硅的含氧化合物

1. 二氧化硅

硅同碳相似，有 +2 及 +4 氧化态的氧化物，不过 SiO_2 不及 CO_2 稳定，它是白色的晶体.

从地面往下 16 千米几乎有 65% 的二氧化硅的矿石. 天然的二氧化硅有晶体和无定形

两大类.晶态二氧化硅主要存在于石英矿中,有石英、鳞石英和方石英三种变体.纯石英为无色的晶体,大而透明的棱体状石英称为水晶.紫水晶、玛瑙和碧玉都是含杂质的有色石英晶体.砂子也是混有杂质的石英细粒.硅藻土则是无定形二氧化硅.

动植物体内也含有少量的二氧化硅.一般说来,植物中结实的茎和穗,含二氧化硅也较多,如麦秆灰中含 SiO_2 就很多.

因为 SiO_2 为原子晶体,所以石英的硬度大、熔点高.将石英在 1 873 K 熔融,冷却时,它不再成为晶体,只是缓慢地硬化,成为石英玻璃,这实际上是一种过冷液体.无论是熔融的 SiO_2 还是石英玻璃,它们仍然由 SiO_4 四面体所组成,只不过排列不像石英晶体那么整齐.

石英玻璃的热膨胀系数小,可以耐受温度的剧变,灼烧后立即投入冷水中不至于破裂,可用于制造耐高温的仪器.石英玻璃能透过紫外线,所以还用于制造医学和矿井中用的水银石英灯和其他光学仪器.石英在高温时仍为电的良好绝缘体.石英可拉成丝,这种丝具有很大的强度和弹性,是优质的光导材料.

2. 硅酸

硅酸为组成复杂的白色固体,通常用化学式 H_2SiO_3 表示.SiO_2 即此酸的酸酐,但是 SiO_2 不溶水,所以不能用 SiO_2 与水直接作用得到 H_2SiO_3,只能用可溶性硅酸盐与酸反应制得,反应的实际过程很复杂.反应式一般写为:

$$SiO_4^{4-} + 4H^+ \xlongequal{} H_4SiO_4$$

H_4SiO_4 叫作正硅酸,它是个二元酸,经过脱水可得到一系列酸,包括偏硅酸和多硅酸.产物的组成随形成条件的不同而不同,常以通式 $x SiO_2 \cdot y H_2O$ 表示.

偏硅酸　H_2SiO_3　$x=1, y=1$

二硅酸　$H_6Si_2O_7$　$x=2, y=3$

三硅酸　$H_4Si_3O_8$　$x=3, y=2$

二偏硅酸　$H_2Si_2O_5$　$x=2, y=1$

因为在各种硅酸中以偏硅酸的组成最简单,所以常用化学式 H_2SiO_3 代表硅酸.硅酸为二元弱酸,在水中的溶解度不大,但生成后并不立即沉淀下来,因为开始形成的单分子硅酸能溶于水.当这些单分子硅酸逐渐缩合为多酸时,形成硅酸溶胶.在此溶液中加入电解质,或者在适当浓度的硅酸溶液中加酸,则得到半凝固状态、软而透明且有弹性的硅酸凝胶(在多酸骨架里包含有大量的水).将硅酸凝胶充分洗涤以除去可溶性盐类,干燥脱水后即成为多孔性固体,称为硅胶.它是很好的干燥剂、吸附剂以及催化剂载体,对 H_2O、BCl_3 及 PCl_5 等极性物质都有较强的吸附作用.因为它的吸附作用主要是物理吸附,易于再生,故可反复使用.市售的变色硅胶是将硅酸凝胶用氯化钴溶液浸泡,干燥活化后制得的一种干燥剂.

3. 硅酸盐

(1) 硅酸钠.

除了碱金属以外,其他金属的硅酸盐都不溶于水.硅酸钠是最常见的可溶性硅酸盐,可由石英砂与烧碱或纯碱作用而制得.

硅酸钠因水解而使溶液显强碱性,水解产物为二硅酸盐或多硅酸盐:

$$Na_2SiO_3 + 2H_2O \xlongequal{} NaH_3SiO_4 + NaOH$$

$$2Na_2SiO_3 + H_2O \xlongequal{} Na_4H_2Si_2O_7$$

工业上制多硅酸钠的方法是将石英砂、硫酸钠和煤粉混合后放在反射炉内进行反应,温度为 1 373～1 623 K. 一小时以后，待产物冷却，即得玻璃块状物. 该产物常因含有铁盐等杂质而呈灰色或绿色. 用水蒸气处理使之溶解成为黏稠液体，成品俗称“水玻璃”，又名“泡花碱”. 它是多种多硅酸盐的混合物，其化学组成为 $Na_2O \cdot nSiO_2$. 水玻璃的用途很广，建筑工业及造纸工业用它作黏合剂. 木材或织物用水玻璃浸泡以后既防腐又防火. 浸过水玻璃的鲜蛋可以长期保存. 水玻璃还用作软水剂、洗涤剂和制肥皂的填料. 它也是制硅胶和分子筛的原料.

（2）天然硅酸盐.

地壳的 95% 为硅酸盐矿. 陨石和月球岩石的主要成分也是硅酸盐. 最重要的天然硅酸盐是铝硅酸盐，其中丰度最大的是长石.

人工制造的硅酸盐则有砖瓦、玻璃、水泥、陶瓷以及分子筛等.

硅酸盐的复杂性在其阴离子. 阴离子的基本结构单元是 SiO_4 四面体. 由此四面体组成的阴离子，除了简单的单个 Si 和二硅酸阴离子以外，还有由多个 SiO_4 四面体通过顶角上的 1～4 个氧原子连接而成的环状、链状、片状或三网格结构的复杂阴离子. 这些阴离子借金属离子结合成为各种硅酸盐.

分子筛有天然的和合成的两大类. 天然的分子筛就是泡沸石，它是一类含有结晶水的铝硅酸盐，经过脱水所得到的多孔性物质. 合成分子筛的原料是水玻璃、偏铝酸钠和氯化钠. 将这些原料分别配成溶液，按一定比例混合均匀即得一种白色悬浊液，然后在 373 K 保温使之逐渐转变为固体. 将此固体洗涤、干燥、成型和脱水即得产品.

分子筛具有吸附能力和离子交换能力，其吸附选择性高，容量大，热稳定性好，可以活化再生，反复使用，所以它是一种优良的吸附剂，已广泛应用于化工、环保、食品、医疗、能源、科研及日常生活中.

三、硼

硼及其化合物结构上的复杂性和键型上的多样性，丰富和扩展了现有的共价键理论，因此，硼及其化合物的研究在无机化学发展中占有独特的地位.

硼和硅在周期表中处于一条对角线上，它们的离子极化力接近，有许多性质相似. 自然界没有游离的硼，它总是与氧化合形成含氧的矿石，不过其丰度远比硅小. 硼的重要矿石有硼镁矿、硬硼钙石、硼砂和方硼石，还有少量硼酸. 常见和常用的硼化合物有硼砂、硼酸和三氧化二硼. 硼原子的价电子构型是 $2s^2 2p^1$.

硼在化合物的分子中配位数为 4 还是 3，取决于杂化轨道的数目. 硼原子成键有三大特征：共价性、缺电子、多面体结构.

（一）单质硼的结构和性质

无定形硼为棕色粉末，而晶态硼迄今已知的有 8 种同素异形体.

晶态硼有多种变体，它们都是以 B_{12} 二十面体为基本结构单元. 这个二十面体由 12 个 B 原子组成，它有二十个等边三角形的面和 12 个顶角，每个顶角有一个硼原子，每个硼原子与邻近的 5 个硼原子等距离.

由于 B_{12} 二十面体的连接方式不同、键不同，所形成的硼晶体类型不同，且晶体的硬度大，熔点、沸点高，化学性质也不活泼.

无定形硼和粉末状硼比较活泼，能与许多非金属直接反应，在室温下即与氟化合，加热也与氯、溴、氧及硫等反应，在更高的温度下还能与碳、氮或氨反应，分别得到硬度很大的碳

化硼 B_4C 和氮化硼 BN. 在加热条件下与水蒸气反应，放出 H_2. 它易在氧气中燃烧：

$$4B+3O_2 \xlongequal{点燃} 2B_2O_3$$

从硼的燃烧热及 B—O 键的键能(561～690 kJ/mol)可知硼与氧的亲合力很强，它能从许多金属或非金属氧化物中夺取氧，所以可作还原剂.

硼还能与某些金属反应生成硼化物. 它不与盐酸作用，但能被浓 HNO_3 或 H_2SO_4 和王水所氧化：

$$B+3HNO_3 \xlongequal{} H_3BO_3+3NO_2\uparrow$$

$$2B+3H_2SO_4 \xlongequal{} 2H_3BO_3+3SO_2\uparrow$$

无定形硼与 NaOH 有类似硅那样的反应：

$$2B+NaOH \xlongequal{} 2Na_3BO_3+H_2\uparrow$$

(二) 硼烷、乙硼烷的分子结构

硼烷有 B_nH_{n+4} 和 B_nH_{n+6} 两大类，前者较稳定. 在常温下，乙硼烷至四硼烷为气体，五硼烷至八硼烷为液体，十硼烷以上都是固体.

硼烷多数有毒、有气味、不稳定，在空气中剧烈地燃烧且放出大量的热. 因此，硼烷曾被考虑用作高能火箭的燃料. 它们是强还原剂，能与氧化剂反应，与卤素反应生成卤化硼. 有些硼烷加热会分解：

$$2B_2H_6 \xlongequal{} B_4H_{10}+H_2\uparrow$$

乙硼烷从组成上看与乙烷相似，但结构不一样. 它的结构直到 20 世纪 60 年代初利普斯康姆提出多中心键型的理论以后才被确定. 在乙硼烷分子中，需要形成 7 个双电子键，但只有 12 个价电子，这样的分子叫缺电子分子. 在乙硼烷分子中有两种键：硼氢键和氢桥键. 高硼烷中有硼硼键、开放式三中心键、硼桥键、闭合三中心键四种键型.

(三) 硼氢配合物

B_2H_6 与 LiH 反应，将得到一种比 B_2H_6 的还原性更强的还原剂硼氢化锂. 过量的 NaH 与 BF_3 反应，或 NaH 与硼酸三甲酯反应，可得到硼氢化钠：

$$2LiH+B_2H_6 \xlongequal{} 2LiBH_4$$

$$4NaH+BF_3 \xlongequal{} NaBH_4+3NaF$$

$$4NaH+B(OCH_3)_3 \xlongequal{} NaBH_4+3NaOCH_3$$

它们都是白色盐型化合物晶体，能溶于水或乙醇，无毒，化学性质稳定. 由于其分子中有 BH_4^-，它们是极强的还原剂. 在反应中，它们各有选择性，且用量少，操作简单，对温度又无特殊要求，在有机合成中副反应少，这样就使得一些复杂的有机合成反应变得快而简单，并且产品质量好.

(四) 硼酸和硼酸盐

1. 硼酸

硼酸 H_3BO_3 为白色片状晶体，微溶于水. 加热灼烧时发生下列变化：

$$H_3BO_3 \longrightarrow HBO_2 \longrightarrow B_2O_3$$

B_2O_3 溶于水放出少量的热，在热的水蒸气中，形成可挥发的偏硼酸，在水中形成硼酸.

如果说构成二氧化硅酸和硅酸盐的基本结构单元是 SiO_4 四面体，那么，构成三氧化二硼、硼酸和多硼酸的基本结构单元是平面三角形的 BO_3 和四面体 BO_4. 在硼酸的晶体中，每个硼原子用 3 个 sp^3 杂化轨道与 3 个氢氧根中的氧原子以共价键相结合，每个氧原子除以共价键与一个硼原子和一个氢原子相结合外，还通过氢键同另一个硼酸分子中的氢原子结合成片层结构，层与层之间则以微弱的范德华力相吸引. 所以硼酸晶体是片状的，有解理性，可作润滑剂. 硼酸的这种缔合结构使它在冷水中的溶解度很小；加热时，由于晶体中的部分氢键断裂，溶解度增大(373 K 时为 27.6).

硼酸在加热过程中首先转变为 HBO_2(偏硼酸)，继而其中的 BO_2 结构单元通过氧原子连接起来，出现 B—O—B 链，形成链状或环状的多硼酸根，其组成可用实验式 $(BO_2)_n^{n-}$ 表示.

硼酸是一个一元弱酸. 它之所以有酸性并不是因为它本身给出质子，而是由于它是缺电子原子，它加合了来自水分子的 OH^-(其中氧原子有孤电子对)而释放出 H^+.

利用硼酸的这种缺电子性质，加入多羟基化合物(如甘油或甘露醇)生成稳定的配合物，可使硼酸的酸性增强.

常利用硼酸和甲醇或乙醇在浓硫酸存在的条件下，生成的挥发性硼酸酯燃烧所特有的绿色火鉴别硼酸根.

$$H_3BO_3 + 3CH_3OH = B(OCH_3)_3 + 3H_2O$$

硼酸与强碱 NaOH 中和，得到偏硼酸钠 $NaBO_2$，在碱性较弱的条件下则得到四硼酸盐，如硼砂，而得不到单个 BO_3^{3-} 的盐. 但在任何一种硼酸盐的溶液中加酸时，总是得到硼酸，因为硼酸的溶解度小，它容易从溶液中析出.

硼酸被大量地用于玻璃和陶瓷工业. 因为它是弱酸，对人体的受伤组织有和缓的防腐消毒作用，为医药上常用的消毒剂之一. 硼酸也是减少排汗的收敛剂，为痱子粉的成分之一. 此外，它还用于食物防腐.

硼酸同硅酸相似，可以缩合为链状或环状的多硼酸，所不同的是在多硅酸中，只有 SiO_4 四面体这一种结构单元，而在多硼酸中有两种结构单元，一种即前述 BO_3 平面三角，另一种为硼原子以 sp^3 杂化轨道与氧原子结合而成的 BO_4 四面体. 在多硼酸中最重要的是四硼酸.

2. 硼酸盐

除ⅠA 族金属元素以外，多数金属的硼酸盐不溶于水. 多硼酸盐与硅酸盐一样，加热时容易玻璃化.

最常用的硼酸盐即硼砂. 硼砂是无色半透明的晶体或白色结晶粉末. 在它的晶体中，$[B_4O_5(OH)_4]^{2-}$ 通过氢键连接成链状结构，链与链之间通过 Na^+ 以离子键结合，水分子存在于链之间. 所以硼砂的分子式按结构应写为 $Na_2B_4O_5(OH)_4 \cdot 8H_2O$.

硼砂在干燥空气中容易风化. 加热到 623～673 K 时，成为无水盐，继续升温至 1 151 K，则熔为玻璃状物. 它风化时首先失去链之间的结晶水. 温度升高，则链与链之间的氢键因失水而被破坏，形成牢固的偏硼酸骨架.

硼砂同 B_2O_3 一样，在熔融状态能溶解一些金属氧化物，并依金属的不同而显出特征的颜色(硼酸也有此性质). 例如：

$$Na_2B_4O_7 + CoO = 2NaBO_2 \cdot Co(BO_2)_2 \text{(蓝宝石色)}$$

因此，在分析化学中可以用硼砂来做“硼砂珠试验”，以鉴定金属离子. 此性质也被应用于搪瓷和玻璃工业(上釉、着色并耐高温)和焊接金属(去除金属表面的氧化物). 硼砂还用于制特种光学玻璃和人造宝石. 硼砂的水溶液由于水解而显强碱性,所以硼砂除了前面提过的用途以外,它还是肥皂和洗衣粉的填料.

习　题

1. 试根据碱金属和碱土金属元素价电子层构型的特点,说明它们化学活泼性的递变规律.

2. 为什么半径大的 s 区金属易形成非正常氧化物? Li、Na、K、Rb、Cs 和 Ba 在过量的氧中燃烧,生成何种氧化物? 各类氧化物与水反应的情况如何?

3. 室温时,若在空气中保存锂和钾,会发生哪些反应? 写出相应的化学方程式. 金属锂、钠、钾应如何保存?

4. 试比较碱金属与碱土金属物理性质的差异,并说明原因.

5. 商品氢氧化钠中为什么常含杂质碳酸钠? 如何检验? 又如何除去?

6. 为什么选用过氧化钠做潜水密封舱中的供氧剂?

7. 下列反应的热力学数据如下:

	MgO(s)	+C(s,石墨)	══CO(g)	+Mg(g)
$\Delta_f H^{\ominus}_{298}/kJ \cdot mol^{-1}$	−601.7	0	−110.52	147.7
$\Delta_f G^{\ominus}_{298}/kJ \cdot mol^{-1}$	−569.4	0	−137.15	113.5
$\Delta_f S^{\ominus}_{298}/kJ \cdot mol^{-1}$	26.94	5.740	197.56	148.54

试计算:(1) 反应的热效应 $\Delta_r H^{\ominus}_{298}$;

(2) 反应的自由能变 $\Delta_r G^{\ominus}_{298}$;

(3) 在标准条件下,用 C(s,石墨)还原 MgO 制取金属镁时,反应自发进行的最低温度是多少?

8. 分别举例说明 Sn(Ⅱ)的还原性和 Pb(Ⅳ)的氧化性.

9. 已知 Al_2O_3 和 Fe_2O_3 的标准生成热分别为 $-1\ 670\ kJ \cdot mol^{-1}$ 和 $-822\ kJ \cdot mol^{-1}$,计算 Al 与 Fe_2O_3 反应的反应热. 计算结果说明了什么?

10. 利用标准电极电势判断锡从铅(Ⅱ)盐溶液中置换出铅的过程能否进行到底.

11. 有一种白色固体混合物,可能含有 $SnCl_2$、$SnCl_4 \cdot 5H_2O$、$PbCl_2$、$PbSO_4$ 等化合物,从下列实验现象判断哪几种物质是确实存在的,并用反应式表示实验现象.

(1) 加水生成悬浊液 A 和不溶固体 B;

(2) 在悬浊液 A 中加入少量盐酸则澄清,滴加碘的淀粉溶液可以褪色;

(3) 固体 B 易溶于稀盐酸,通 H_2S 得黑色沉淀,沉淀与 H_2O_2 反应转变为白色.

12. 根据标准电极电势判断用 $SnCl_2$ 作还原剂能否实现下列过程,写出有关的反应方程式.

(1) 将 Fe^{3+} 还原为 Fe;

(2) 将 $Cr_2O_7^{2-}$ 还原为 Cr^{3+};

(3) 将 I_2 还原为 I^-.

13. 回答下列问题:

(1) 实验室配制及保存 $SnCl_2$ 溶液时应采取哪些措施? 写出有关的方程式.

(2) 如何用实验方法证实 Pb_3O_4 中铅有不同价态?

(3) 金属铝不溶于水,为什么它能溶于 NH_4Cl 和 Na_2CO_3 溶液中?

14. 电解法精炼铜的过程中,粗铜(阳极)中的铜溶解,纯铜在阴极上沉积出来,但粗铜中的 Ag、Au、Pt 等杂质则不溶解而沉于电解槽底部形成阳极泥,Ni、Fe、Zn 等杂质与铜一起溶解,但并不在阴极上沉积起来,为什么?

15. 比较锌族元素和碱土金属的化学性质.

16. 比较铜族元素和锌族元素的性质.为什么说锌族元素较同周期的铜族元素活泼?

17. 简述从钛铁矿制备钛白颜料的反应原理,写出反应方程式.

18. 试述 H_2O_2 在钛、钒定量分析化学中的作用,写出有关方程式.

19. 75 mL 2 $mol \cdot L^{-1}$ 的硝酸银溶液恰使溶有 20 g 六水合氯化铬(Ⅲ)中的氯完全生成 AgCl 沉淀,请根据此数据写出六水合氯化铬的化学式.

20. 有一钴的配合物,其中各组分的含量分别为:Co 23.16%;H 4.17%;N 33.01%;O 25.15%;Cl 13.95%.如将配合物加热则失去氨,失重为该配合物质量的 26.72%.试求该配合物有几个氨分子以及该配合物的最简式.

21. 简述第五、第六周期 d 区金属与第四周期 d 区金属的主要差别.

22. 说出铌、钽化合物性质的主要差别以及分离铌和钽的方法.

23. 试以钼和钨为例说明:什么叫同多酸? 何谓杂多酸?

24. 依据铂的化学性质指出铂制器皿中是否能进行有下述各试剂参与的化学反应:

(1) HF　(2) 王水　(3) $HCl+H_2O_2$

(4) $NaOH+Na_2O_2$　(5) Na_2CO_3　(6) $NaHSO_4$

(7) Na_2CO_3+S　(8) SiO_2

25. 比较铂系元素与铁系元素的异同.

26. 解释下列名词概念:

(1) 什么叫镧系元素、锕系元素、过渡元素?

(2) 什么叫镧系收缩、锕系收缩?

27. 回答下列问题:

(1) 为什么镧系元素的特征氧化态是+3?

(2) 钍、镤、铀为什么出现多种氧化态?

(3) 钍、镤、铀的主要氧化态为+4、+5、+6,为什么不把它们分别归入第四、五、六副族中?

28. 氢作为能源,其优点是什么? 目前开发中的困难是什么?

29. 试说明从空气中分离稀有气体和从混合稀有气体中分离各组分的根据和方法.

30. 用价键理论和分子轨道理论解释 HeH、HeH^+、He_2^+ 粒子存在的可能性.为什么氦没有双原子分子存在?

31. 氟在本族元素中有哪些特殊性? 氟化氢和氢氟酸有哪些特性?

32. 三氟化氮 NF_3(沸点 −129 ℃)不显 Lewis 碱性,而相对分子质量较低的化合物 NH_3(沸点 −33 ℃)却是人所共知的 Lewis 碱.

(1) 说明它们挥发性差别如此大的原因;

(2) 说明它们碱性不同的原因.

33. 通 Cl_2 于消石灰中，可得漂白粉，而在漂白粉溶液中加入盐酸可产生 Cl_2，试用电极电势说明这两个现象.

34. 指出下列哪些氧化物是酸酐：OF_2、Cl_2O_7、ClO_2、Cl_2O、Br_2O 和 I_2O_5. 若是酸酐，写出由相应的酸或其他方法得到酸酐的反应.

35. 如何鉴别 KClO、$KClO_3$ 和 $KClO_4$ 这三种盐？

36. 什么叫多卤化物？与 I_3^- 比较，形成 Br_3^-、Cl_3^- 的趋势怎样？

37. 什么叫卤素互化物？

(1) 写出 ClF_3、BrF_3 和 IF_7 等卤素互化物中心原子的杂化轨道、分子电子构型和分子构型.

(2) 下列化合物接触时存在爆炸的危险吗？说明原因.

$$SbF_5、CH_3OH、F_2、S_2Cl_2$$

(3) 为什么卤素互化物常是反磁性共价型而且比卤素化学活性大？

38. 在标准状况下，750 mL 含有 O_3 的氧气，当其中所含 O_3 完全分解后体积变为 780 mL，若将此含有 O_3 的氧气 1 L 通入 KI 溶液中，能析出多少克 I_2？

39. 写出 H_2O_2 与下列化合物的反应方程式：

$K_2S_2O_8$、Ag_2O、O_3、$Cr(OH)_3$ 在 NaOH 中、Na_2CO_3(低温).

40. 画出 SOF_2、$SOCl_2$、$SOBr_2$ 的空间结构. 它们的 O—S 键键长相同吗？请比较它们的 O—S 键键能和键长的大小.

41. 请回答下列问题：

(1) 如何除去 N_2 中少量的 NH_3 和 NH_3 中的水汽？

(2) 如何除去 NO 中微量的 NO_2 和 N_2O 中少量的 NO？

42. 请解释下列事实：

(1) 为什么可用浓氨水检查氯气管道的漏气？

(2) 过磷酸钙肥料为什么不能和石灰一起使用贮存？

(3) 由砷酸钠制备 As_2S_3，为什么需要在浓的强酸性溶液中？

43. 为什么 PF_3 可以和许多过渡金属形成配合物，而 NF_3 几乎不具有这种性质？PH_3 和过渡金属形成配合物的能力为什么比 NH_3 强？

44. 回答下列有关硝酸的问题：

(1) 根据 HNO_3 的分子结构，说明 HNO_3 为什么不稳定.

(2) 为什么久置的浓 HNO_3 会变黄？

(3) 欲将一定质量的 Ag 溶于最少量的硝酸中，应使用何种浓度(浓或稀)的硝酸？

45. 试解释下列含氧酸的有关性质：

(1) $H_4P_2O_7$ 和 $(HPO_3)_n$ 的酸性比 H_3PO_4 强.

(2) HNO_3 和 H_3AsO_4 均有氧化性，而 H_3PO_4 却不具有氧化性.

(3) H_3PO_4、H_3PO_3、H_3PO_2 三种酸中，H_3PO_2 的还原性最强.

46. 对比等电子体 CO 与 N_2 的分子结构及主要物理、化学性质.

47. 说明下列物质的组成、制法和用途.

(1) 泡花碱；(2) 硅胶；(3) 人工分子筛.

48. 为什么 BH_3 的二聚过程不能用分子中形成氢键来解释？B_2H_6 分子中的化学键有什么特殊性？"三中心二电子键"和一般的共价键有什么不同？

49. H_3BO_3 和 H_3PO_3 组成相似，但前者是一元路易斯酸，而后者为二元质子酸，从结构上加以解释.

50. 概括非金属元素的氢化物有哪些共性.

51. 试解释下列各组酸强度的变化顺序：

(1) $HI > HBr > HCl > HF$

(2) $HClO_4 > H_2SO_4 > H_3PO_4 > H_4SiO_4$

(3) $HNO_3 > HNO_2$

(4) $HIO_4 > H_5IO_6$

(5) $H_2SeO_4 > H_2TeO_6$

52. 何谓次级周期性？为什么它在 *p* 区第二、第四、第六周期中表现？为什么它主要表现在最高氧化态化合物的性质(稳定性和氧化性)上？

53. 试解释下列现象：

(1) 硅没有类似于石墨的同素异形体.

(2) 没有五卤化氮，却有 +5 氧化态的 N_2O_5、HNO_3 及其盐，这两者是否矛盾？

54. Explain why aluminum (Ⅲ) is the only stable oxidation state of aluminum in its compounds, in to thallium, which has states of +1 and +3.

55. Explain why transition group ⅧB includes nine elements, whereas the other transition groups contain three elements each.

56. Suggest a reason why, of the Ln^{3+} ions, the magnetic moment of only Gd^{3+} is in agreement with the moment calculated from the spin-only formula.

57. Suggest three tests which can be used to distinguish between a metal and a nonmetal.

58. Select the strongest and the weakest acid in each of the following sets: (a) HBr, HF, H_2Te, H_2Se, H_3P, H_2O; (b) HClO, HIO, H_3PO_3, H_2SO_3, H_3AsO_3.

59. The cyanide ion is often referred to as a pseudo-halide ion. Discuss this concept using as illustrations (a) the cyanogen molecule, C_2N_2 (b) the reaction of cyanogen with OH^- (c) the formation of cyanide coordination compounds (d) the properties of hydrogen cyanide (e) other evidence, if any.

60. Explain why addition of HNO_3 to concentrated H_2SO_4 results in the formation of NO_2^+ and NO_3^- ions. How could one test experimentally to conform that such ions exist in H_2SO_4 solution?

61. Suggest tests which could be used to distinguish among NO, N_2O_5 and NO_2.

62. What factors are responsible for the difference in the properties of CO_2 and SiO_2?

第七章 分析化学概论

学习要求

1. 了解分析化学的任务和作用.
2. 了解定量分析方法的分类.
3. 了解定量分析的过程及分析结果的表示.
4. 理解有效数字的意义,掌握它的运算规则.
5. 了解定量分析误差的产生和它的各种表示方法.
6. 掌握分析结果有限实验数据的处理方法.
7. 了解酸碱滴定、沉淀滴定、配位滴定和氧化还原滴定的基本原理及应用.

7-1 分析化学的任务和作用

分析化学(**Analytical Chemistry**)是研究物质的化学组成的分析方法及有关理论的一门科学,是化学的一个重要分支.它的任务主要有三方面:鉴定物质的化学组成(或成分);测定各组分的相对含量;确定物质的化学结构.它们分属于**定性分析**(**Qualitative Analysis**)、**定量分析**(**Quantitative Analysis**)及**结构分析**(**Structure Analysis**)的内容.

分析化学不仅对于化学本身的发展起着重大作用,而且在国民经济、科学研究、医药卫生等方面都起着重要的作用.

发展国民经济:在资源勘探,如油田、煤矿、钢铁基地选定中的矿石分析;工业生产中的原料、中间体、成品分析;农业生产中的土壤、肥料、粮食、农药分析;原子能材料、半导体材料、超纯物质中微量杂质的分析等,都要应用分析化学.分析化学是工业生产的"眼睛".有关生产过程的控制和管理、生产技术的改进与革新,都常常要依靠分析结果.

推进科学研究:在化学学科中,许多定理、理论都是用分析化学的方法确证的.在其他许多自然科学的研究中,分析化学也起着重要的作用.相关科学和技术的发展,又给解决分析上的问题提供了有利条件,促进了分析化学的发展.

加强医药卫生与环境保护:在医药卫生事业中,如药品鉴定、新药研制、体内药物分析、病因调查、临床检验;环境保护中的环境分析与三废处理等,无不需要应用分析化学的理论、知识与技术.

在高等学校中,学生通过学习分析化学,不仅能掌握各种不同物质的分析鉴定方法的理论与技术，还能学到科学研究的方法. 因为分析化学能够培养学生观察、判断问题的能力和精密地进行科学实验的技能. 例如，药物化学中的原料、中间体及成品分析，理化性质与化学结构关系的探索；药物分析中的方法选择及药品质量标准的制定；药剂学中制剂的稳定性及生物利用度的测定；天然药物化学中天然药物有效成分的分离、定性鉴别及化学结构的测定；药理学中药物分子的理化性质与药理作用、药效的关系及药物代谢动力学研究等，无不与分析化学有着密切的关系.

综上所述，分析化学对国民经济各个部门、各有关学科，都有着重要的作用. 它对科学研究、医药卫生和药学教育，也同样有着重要的作用.

7-2 定量分析方法的分类

定量分析可以用不同的方法来进行. 一般将分析方法分为化学分析法和物理化学分析法两大类.

一、化学分析法(Chemical Analysis)

这是以物质的化学反应为基础的分析方法，如称量分析法和滴定分析法.

1. 称量分析法(Gravimetric Analysis)

通过称量反应产物(沉淀)的质量以确定被测组分在试样中含量的方法. 例如，测定试样中氯的含量时，先称取一定量试样，再将其转化为溶液，加入 $AgNO_3$ 沉淀剂，使生成 AgCl 沉淀，经过滤、洗涤、烘干、称量，最后通过化学计量关系求得试样中氯的含量. 该法准确度高，适用于含量为 1% 以上的常量分析. 缺点是操作费时，手续麻烦.

2. 滴定分析法(Titrametric Analysis)

将被测试样转化成溶液后，将一种已知准确浓度的试剂溶液，用滴定管滴加到被测溶液中，利用适当的化学反应(酸碱中和、配位、沉淀和氧化还原等反应)，通过指示剂颜色突变测出化学计量点时所消耗已知浓度的试剂溶液的体积，然后通过化学计量关系求得被测组分的含量. 该法准确度高，适用于常量分析，较称量法简便、快速，因此应用非常广泛.

二、物理化学分析法(Physico-chemical Analysis)——仪器分析法(Instrumental Analysis)

该法是借助于光学或电学仪器测量试样溶液的光学性质或电化学性质而求出被测组分含量的方法. 最常用的有以下几种.

1. 光学分析法 (Optical Analysis)

利用物质的光学性质来测定物质组分的含量，如吸光光度法(包括比色法，可见、紫外和红外吸光光度法等)、发射光谱法(包括原子发射光谱法、火焰分光光度法等)、原子吸收分光光度法和荧光分析法等.

2. 电化学分析法(Electrochemical Analysis)

利用物质的电学和电化学性质来测定物质组分的含量，如电势分析法、伏安法和极谱法、电导分析法、电流滴定法、库仑分析法等.

3. 色谱分析法(Chromatographic Analysis)

这是一种分离和分析多组分混合物的物理化学分析法，主要有气相色谱法、液相色谱法.

随着科学技术的发展,许多新的仪器分析方法也得到发展,如质谱法、电子探针法、离子探针微区分析法、中子活化分析法、核磁共振波谱法、电感耦合高频等离子体光谱法、流动注射分析法等.

仪器分析法具有操作简单、快速、灵敏度高、准确度较高等优点,适用于微量(0.01%~1%)和痕量(<0.01%)组分的测定.

以上各种分析方法各有特点,也各有一定的局限性,通常要根据被测物质的性质、组成、含量、相对分析结果准确度的要求等,以选择最适当的分析方法进行测定.

此外,绝大多数仪器分析测定的结果必须与已知标准作比较,所用标准往往需用化学分析法进行测定.因此,两类方法是互为补充的.

根据试样用量的多少,分析方法可分为常量分析、半微量分析、微量分析与超微量分析.各种方法所需试样量列于表 7-1.

表 7-1 各种分析方法的取样量

方 法	试样重量	试液体积
常量分析	>0.1 g	>10 cm^3
半微量分析	0.1~0.01 g	1~10 cm^3
微量分析	10~0.1 mg	0.01~1 cm^3
超微量分析	<0.1 mg	<0.01 cm^3

在无机定性分析中,多采用半微量分析方法;在化学定量分析中,一般采用常量分析方法.进行微量分析及超微量分析时,多需采用仪器分析方法,也有按其分析要求采用常规分析、快速分析、仲裁分析等.

7-3 滴定分析概论

7-3-1 滴定分析方法的特点和分类

一、滴定分析方法及其特点

滴定分析法是化学分析法中的重要分析方法之一.将一种已知其准确浓度的试剂溶液(称为标准溶被)滴加到被测物质的溶液中,直到化学反应完全时为止,然后根据所用试剂溶液的浓度和体积可以求得被测组分的含量,这种方法称为**滴定分析法(或称容量分析法)**.所谓**滴定**(Titration)就是指将标准溶液通过滴定管滴加到待测溶液中的操作过程.当滴入的滴定剂的物质的量与被滴定物的物质的量正好符合滴定反应式中的化学计量关系时,称反应到达**化学计量点**或**理论终点**.化学计量点的到达一般是通过加入的指示剂的颜色来显示,但指示剂指示出的变色点不一定恰好符合化学计量点,因此在滴定分析中,根据指示剂颜色突变而停止滴定的那一点称为滴定终点.滴定终点与化学计量点之间的差别称为滴定误差或终点误差.最后通过消耗的滴定剂的体积和有关数据计算出分析结果.

方法特点：

(1) 加入标准溶液物质的量与被测物物质的量恰好是化学计量关系.

(2) 此法适于组分含量在1%以上各种物质的测定.

(3) 该法快速、准确、仪器设备简单、操作简便.

(4) 用途广泛.

二、方法分类

根据标准溶液和待测组分间的反应类型的不同，滴定分析方法可分为四类：

1. 酸碱滴定法(Acid-base Titration)

是以质子传递反应为基础的一种滴定分析方法.

反应实质：$H_3O^+ + OH^- \rightleftharpoons 2H_2O$

质子传递：$H_3O^+ + A^- \rightleftharpoons HA + H_2O$

2. 配位滴定法(Complexometric Titration)

是以配位反应为基础的一种滴定分析方法，产物为配合物或配合子.例如：

$Mg^{2+} + Y^{4-} \rightleftharpoons MgY^{2-}$

$Ag^+ + 2CN^- \rightleftharpoons [Ag(CN)_2]^-$

3. 氧化还原滴定法(Redox Titration)

是以氧化还原反应为基础的一种滴定分析方法.例如：

$Cr_2O_7^{2-} + 6Fe^{2+} + 14H^+ \rightleftharpoons 2Cr^{3+} + 6Fe^{3+} + 7H_2O$

$I_2 + 2S_2O_3^{2-} \rightleftharpoons 2I^- + S_4O_6^{2-}$

4. 沉淀滴定法(Precipitation Titration)

是以沉淀反应为基础的一种滴定分析方法.例如：

$Ag^+ + Cl^- \rightleftharpoons AgCl\downarrow$（白色）

三、对滴定反应的要求

(1) 反应要按一定的化学方程式进行，即有确定的化学计量关系.

(2) 反应必须定量进行——反应接近完全(>99.9%).

(3) 反应速度要快——有时可通过加热或加入催化剂方法来加快反应速度.

(4) 必须有适当的方法确定滴定终点——简便可靠的方法、合适的指示剂.

四、滴定方式

1. 直接滴定法

所谓直接滴定法，是用标准溶液直接滴定被测物质的一种方法.凡是能同时满足上述4个条件的化学反应，都可以采用直接滴定法.直接滴定法是滴定分析法中最常用、最基本的滴定方法，如用HCl滴定NaOH，用$K_2Cr_2O_7$滴定Fe^{2+}等.

往往有些化学反应不能同时满足直接滴定分析的几点要求，这时可选用下列几种方法之一进行滴定.

2. 返滴定法

当遇到下列几种情况时，不能用直接滴定法，可采用返滴定法.

第一，当试液中被测物质与滴定剂的反应慢，如Al^{3+}与EDTA的反应很慢，且被测物质有水解作用.

第二，用滴定剂直接滴定固体试样时，反应不能立即完成，如用HCl滴定固体$CaCO_3$.

第三,某些反应没有合适的指示剂或被测物质对指示剂有封闭作用时,如在酸性溶液中用 $AgNO_3$ 滴定 Cl^- 缺乏合适的指示剂.

所谓返滴定法,是先准确地加入一定量过量的标准溶液,使其与试液中的被测物质或固体试样进行充分反应,再用另一种标准溶液滴定剩余的标准溶液.

例如,对于上述 Al^{3+} 的滴定,先加入已知过量的 EDTA 标准溶液,待 Al^{3+} 与 EDTA 反应完成后,剩余的 EDTA 则利用标准 Zn^{2+}、Pb^{2+} 或 Cu^{2+} 溶液返滴定;对于固体 $CaCO_3$ 的滴定,先加入已知过量的 HCl 标准溶液,待反应完成后,可用标准 NaOH 溶液返滴定剩余的 HCl;对于酸性溶液中 Cl^- 的滴定,可先加入已知过量的 $AgNO_3$ 标准溶液使 Cl^- 沉淀完全后,再以三价铁盐作指示剂,用 NH_4SCN 标准溶液返滴定过量的 Ag^+,溶液变为淡红色(生成 $[Fe(SCN)]^{2+}$)即为终点.

3. 置换滴定法

对于某些不能直接滴定的物质,也可以使它先与另一种物质起反应,置换出一定量能被滴定的物质来,然后再用适当的滴定剂进行滴定. 这种滴定方法称为置换滴定法. 例如,硫代硫酸钠不能用来直接滴定重铬酸钾和其他强氧化剂,这是因为在酸性溶液中氧化剂可将 $S_2O_3^{2-}$ 氧化为 $S_4O_6^{2-}$ 或 SO_4^{2-} 等混合物,没有一定的计量关系. 但是,硫代硫酸钠却是一种很好的滴定碘的滴定剂,如果在酸性重铬酸钾溶液中加入过量的碘化钾,用重铬酸钾置换出一定量的碘,然后用硫代硫酸钠标准溶液直接滴定碘,计量关系便非常好. 实际工作中,就是用这种方法以重铬酸钾标定硫代硫酸钠标准溶液浓度的.

4. 间接滴定法

有些物质虽然不能与滴定剂直接进行化学反应,但可以通过别的化学反应间接测定. 例如,高锰酸钾法测定钙就属于此法. 由于 Ca^{2+} 在溶液中没有可变价态,所以不能直接用氧化还原法滴定. 但若先将 Ca^{2+} 沉淀为 CaC_2O_4,经过滤洗涤后用 H_2SO_4 溶解,再用 $KMnO_4$ 标准溶液滴定与 Ca^{2+} 结合的 $C_2O_4^{2-}$,便可间接测定钙的含量.

显然,返滴定法、置换滴定法、间接滴定法的应用,大大扩展了滴定分析的应用范围.

五、标准溶液和基准物质

标准溶液：已知准确浓度的溶液.

基准物质：能直接配成标准溶液的物质.

(一) 基准物质须具备的条件

(1) 组成恒定:实际组成与化学式符合.

(2) 纯度高:一般纯度应在 99.5%以上.

(3) 性质稳定:保存或称量过程中不分解、不吸湿、不风化、不易被氧化等.

(4) 具有较大的摩尔质量:称取量大,称量误差小.

(5) 使用条件下易溶于水(或稀酸、稀碱).

最常用基准物质的干燥条件和应用见表 7-2.

表 7-2 最常用基准物质的干燥条件和应用

基准物质		干燥后的组成	干燥条件	标定对象
名称	分子式			
碳酸氢钠	$NaHCO_3$	Na_2CO_3	270 ℃～300 ℃	酸
碳酸钠	$Na_2CO_3 \cdot 10H_2O$	Na_2CO_3	270 ℃～300 ℃	酸
硼砂	$Na_2B_4O_7 \cdot 10H_2O$	$Na_2B_4O_7 \cdot 10H_2O$	放在含 NaCl 和蔗糖饱和液的干燥器中	酸
碳酸氢钾	$KHCO_3$	K_2CO_3	270 ℃～300 ℃	酸
草酸	$H_2C_2O_4 \cdot 2H_2O$	$H_2C_2O_4 \cdot 2H_2O$	室温空气干燥	碱或 $KMnO_4$
邻苯二甲酸氢钾	$KHC_8H_4O_4$	$KHC_8H_4O_4$	110 ℃～120 ℃	碱
重铬酸钾	$K_2Cr_2O_7$	$K_2Cr_2O_7$	140 ℃～150 ℃	还原剂
溴酸钾	$KBrO_3$	$KBrO_3$	130 ℃	还原剂
碘酸钾	KIO_3	KIO_3	130 ℃	还原剂
铜	Cu	Cu	室温干燥器中保存	还原剂
三氧化二砷	As_2O_3	As_2O_3	同上	氧化剂
草酸钠	$Na_2C_2O_4$	$Na_2C_2O_4$	130 ℃	氧化剂
碳酸钙	$CaCO_3$	$CaCO_3$	110 ℃	EDTA
硝酸铅	$Pb(NO_3)_2$	$Pb(NO_3)_2$	室温干燥器中保存	EDTA
氧化锌	ZnO	ZnO	900 ℃～1 000 ℃	EDTA
锌	Zn	Zn	室温干燥器中保存	EDTA
氯化钠	NaCl	NaCl	500 ℃～600 ℃	$AgNO_3$
氯化钾	KCl	KCl	500 ℃～600 ℃	$AgNO_3$
硝酸银	$AgNO_3$	$AgNO_3$	220 ℃～250 ℃	氯化物

(二) 标准溶液的配制

1. 配制标准溶液的方法

(1) 直接配制：准确称量一定量的基准物质，溶解于适量溶剂后定量转入容量瓶中，定容，根据称取基准物质的质量和容量瓶的体积，计算出该标准溶液的准确浓度.

(2) 间接配制：先配制成近似浓度，然后再用基准物或标准溶液通过滴定的方法确定已配溶液的准确浓度，这一过程称为标定. 标定一般要求至少进行 3～4 次平行测定，相对偏差在 0.1%～0.2%之间.

2. 标准溶液浓度的表示方法

(1) 物质的量浓度 c_B.

(2) 物质的质量浓度 ρ_B.

六、滴定分析法的计算

(一) 基本公式

设 A 为待测组分，B 为标准溶液，滴定反应为：

$$aA + bB = cC + dD$$

当 A 与 B 按化学计量关系完全反应时，则：

$$\frac{n_A}{n_B}=\frac{a}{b} \tag{7-1}$$

(1) 求标准溶液浓度 c_A：

若已知待测溶液的体积 V_A 和标准溶液的浓度 c_B、体积 V_B，则

$$c_A V_A=\frac{a}{b}c_B V_B$$

$$c_A=\frac{a}{b}\frac{c_B}{V_A}V_B \tag{7-2}$$

(2) 求待测组分的质量 m_A：

$$n_A=\frac{a}{b}n_B \quad \frac{m_A}{M_A}=\frac{a}{b}n_B=\frac{a}{b}c_B V_B\frac{1}{1\,000} \tag{7-3}$$

$$m_A=\frac{a}{b}c_B V_B M_A\frac{1}{1\,000} \quad (\text{体积 } V \text{ 以 mL 为单位时})$$

(3) 求试样中待测组分的质量分数 w_A：

$$w_A=\frac{m_A}{m_{s(\text{试样})}}=\frac{\frac{a}{b}c_B V_B M_A}{m_s}\times 10^{-3} \tag{7-4}$$

(二) 滴定分析计算实例

1. 溶液的稀释或增浓的计算

例 7-1 现有 HCl 溶液(0.097 6 mol·L^{-1})4 800 mL，欲使其浓度为 0.100 0 mol·L^{-1}，问应加入 HCl 溶液(0.500 0 mol·L^{-1})多少？

解：设应加入 HCl 溶液 VmL，根据溶液增浓前后溶质的物质的量应相当，则

$$0.500\,0\times V+0.097\,6\times 4\,800=0.100\,0\times(4\,800+V)$$

$$V=28.80\text{ mL}$$

2. 标准溶液的配制和标定

例 7-2 用 Na_2CO_3 标定 0.2 HCl mol·L^{-1} 标准溶液时，若使用 25 mL 滴定管，问应称取基准物质 Na_2CO_3 多少克？

解：反应为 $2HCl+Na_2CO_3 \rightleftharpoons 2NaCl+CO_2+H_2O$

$$n_{Na_2CO_3}=\frac{1}{2}n_{HCl}$$

$$m_{Na_2CO_3}=\frac{1}{2}c_{HCl}V_{HCl}\frac{M_{Na_2CO_3}}{1\,000}=\frac{1}{2}\times 0.2\times 22\times\frac{106.0}{1\,000}=0.23(\text{g})$$

用分析天平称量时一般按±10%为允许的称量范围，称量范围为(0.23±0.23×10%) g=(0.23 ±0.2) g，即 0.21～0.25 g.

例 7-3 称取邻苯二甲酸氢钾(KHP)基准物质 0.492 5 g 用于标定 NaOH 溶液，终点时用去 NaOH 溶液 23.50 mL，求 NaOH 溶液的浓度.

解：

$$NaOH+KHP \rightleftharpoons NaKP+H_2O$$

$$n_{NaOH}=n_{KHP}$$

$$c_{NaOH}V_{NaOH}=\frac{m_{KHP}}{M_{KHP}},\ c_{NaOH}\times 23.50=\frac{0.492\,5}{\frac{204.2}{1\,000}}$$

$$c_{NaOH}=0.102\,6\ mol\cdot L^{-1}$$

例 7-4 欲测定大理石中 $CaCO_3$ 含量，称取大理石试样 0.155 7 g，溶解后向试液中加入过量的 $(NH_4)_2C_2O_4$，使 Ca^{2+} 成 CaC_2O_4 沉淀析出，过滤、洗涤，将沉淀溶于稀 H_2SO_4，此溶液中的 $C_2O_4^{2-}$ 需用 15.00 mL 0.040 00 mol·L^{-1} $KMnO_4$ 标准溶液滴定，求大理石中 $CaCO_3$ 的含量.

解：

$$Ca^{2+}+C_2O_4^{2-}\rightleftharpoons CaC_2O_4$$

$$CaC_2O_4+H_2SO_4\rightleftharpoons CaSO_4+H_2C_2O_4$$

$$5H_2C_2O_4+2KMnO_4+3H_2SO_4\rightleftharpoons 10CO_2+2MnSO_4+K_2SO_4+8H_2O$$

$$n_{CaCO_3}=\frac{5}{2}c_{KMnO_4}V_{KMnO_4}$$

$$m_{CaCO_3}=\frac{5}{2}c_{KMnO_4}V_{KMnO_4}M_{CaCO_3}=\frac{5}{2}\times 0.040\,00\times\frac{15}{1\,000}\times 100.09=0.150\,1(g)$$

$$w_{CaCO_3}=\frac{0.150\,1}{0.155\,7}\times 100\%=96.43\%$$

7-4 定量分析的过程及分析结果的表示

一、定量分析的过程

定量分析的任务是测定物质中某种或某些组分的含量.要完成一项定量分析工作，通常包括以下几个步骤：

1. 取样

根据分析对象是气体、液体或固体，采用不同的取样方法.在取样过程中，最重要的一点是要使分析试样具有代表性，否则进行分析工作是毫无意义的，甚至可能导致得出错误的结论.

2. 试样的储存、分解与制备

在处理和保存试样的过程中，应防止试样被污染、吸附损失、分解、变质等.例如，蛋白质和酶容易变性失活，应放置在稳定条件下储存，取样后应立刻进行分析.对生物体液有时可直接进行分析.若蛋白质的存在对某些组分的测定有干扰，须事先除去.试样为固体时必须先选择合适的分解方法将欲测组分转化成溶液之后再进行测定.

3. 测定及消除干扰

根据被测组分的性质、含量和对分析结果准确度的要求，再根据实验室的具体情况，选择最合适的化学分析方法或仪器分析方法进行测定.各种方法在灵敏度、选择性和试用范围等方面有较大的差别.所以应该熟悉各种方法的特点，做到胸中有数，以便在需要时能正确选择分析方法.

由于试样中其他组分可能对测定有干扰，故应设法消除其干扰.消除干扰的方法主要有两种，一种是分离方法，一种是掩蔽方法.常用的分离方法有沉淀分离法、萃取分离法和色谱分离法等；常用的掩蔽方法有沉淀掩蔽法、配位掩蔽法、氧化还原掩蔽法等.

4. 计算分析结果

根据试样重量、测量所得数据和分析过程中有关反应的计量关系，计算试样中被测组分的含量.

二、分析结果的表示方法

1. 固体试样

最常用的表示固体试样常量分析结果的方式是求出被测物 B 的质量 $m(\mathrm{B})$ 与试样质量 $m(\mathrm{s})$ 之比——$w(\mathrm{B})$，即物质 B 的质量分数.

例 7-5 某食品试样 1.346 g，其中蛋白质的含氮量为 0.145 4 g，则该食品中蛋白质含氮的质量分数是多少？

解： 已知 $m(\mathrm{N})=0.145\,4\ \mathrm{g}$，$m(\mathrm{s})=1.346\ \mathrm{g}$.

$w(\mathrm{N})=m(\mathrm{N})/m(\mathrm{s})=0.145\,4\ \mathrm{g}/1.346\ \mathrm{g}=0.108\,0$

2. 液体试样

可用质量分数、体积分数和质量浓度来表示分析结果.

例 7-6 测定血清试样中 Zn^{2+} 的含量，取样 25.0 μL，测得 Zn^{2+} 含量为 29.8 μg. 问该血清试样中 Zn^{2+} 质量浓度为多少？

解： 已知 Zn^{2+} 含量为 29.8 μg，取样为 25.0 μL.

$$\rho(\mathrm{Zn^{2+}})=29.8\times10^{-6}\ \mathrm{g}/25.0\times10^{-6}\ \mathrm{L}=1.19\ \mathrm{g\cdot L^{-1}}$$

7-5 定量分析的误差和分析结果的数据处理

7-5-1 有效数字及运算规则

在分析测试中，数据的记录究竟应恰当地保留几位，才符合客观测量准确程度的实际？在处理数据时，对于多种测量准确度不同的数据，遵循何种计算规则，才能既反映客观测量准确度的实际，又能节约计算时间？

一、有效数字

有效数字(Significant Figure)是指在分析工作中实际上能测量到的数字. 记录测量数据的位数(有效数据的位数)，必须与所使用的方法及仪器的准确程度相适应. 换言之，有效数字能反映测量准确到什么程度.

保留有效数字位数的原则是：在记录测量数据时，只允许保留一位可疑数. 即数据的末位数欠准，其误差是末位数的 ±1 个单位.

例如，用 50 $\mathrm{cm^3}$ 量筒量取 25 $\mathrm{cm^3}$ 溶液，由于该量筒只能准确到 1 $\mathrm{cm^3}$，因此只能记为两位有效数字 25 $\mathrm{cm^3}$. 换言之，两位有效数字 25 $\mathrm{cm^3}$，说明末位的 5 有可能存在 ±1 $\mathrm{cm^3}$ 的误差，记录必须与实际相符. 若用 25 $\mathrm{cm^3}$ 移液管量取 25 $\mathrm{cm^3}$ 溶液，则应记成 25.00 $\mathrm{cm^3}$，因为移液管可准确到 0.01 $\mathrm{cm^3}$.

从 0 到 9 这十个数字中，只有 0 既可以是有效数字，也可以是做定位用的无效数字. 例如，在数据 0.060 50 g 中，6 后面的两个 0 都是有效数字，而 6 前面的两个 0 则是用于定位的无效数字，它的存在表明有效数字的首位 6 是百分之六克. 末位 0 说明质量可准确到十万分之一克.因此,该数据有四位有效数字.很小的数,用 0 定位不方便,可用 10 的幂次表示.例如,0.060 50 g 也可写成 6.050×10^{-2} g,仍然是四位有效数字.很大的数字也可采用这种表示方法.例如,2 500 dm^3,若为三位有效数字,则可写成 2.50×10^3 dm^3.

变换单位时,有效数字的位数必须保持不变.例如,10.00 cm^3 应写成 0.010 00 dm^3;10.5 dm^3 应写成 1.05×10^4 cm^3.首位为 8 或 9 的数字,有效数字可多计一位.例如,86 g,可认为是三位有效数字.pH 及 pK_a 等对数值,其有效数字仅取决于小数部分数值的位数.因为,其整数部分的数字只代表原值的幂次.例如,pH 8.02 的有效数字是两位.

常量分析一般要求四位有效数字,以表明分析结果的准确度是 1‰.用计算器时,在计算过程中可能保留了过多的位数,但最后计算结果必须恢复与准确度相适应的有效数字位数.

二、运算法则

在计算分析结果时,每个测量值的误差都要传递到分析结果中去.必须根据误差传递规律,按照有效数字的运算法则合理取舍,才能不影响分析结果准确度的正确表达.在做数学运算时,加减法与乘除法的误差传递方式不同,分述如下:

1. 加减法

加减法的和或差的误差是各个数值绝对误差的传递结果.所以,计算结果的绝对误差必须与各数据中绝对误差最大的那个数据相当,即几个数据相加或相减的和或差的有效数字的保留,应以小数点后位数最少(绝对误差最大)的数据为依据.例如,有以下三式:

$$\begin{array}{r} 0.536\,2 \\ 0.001 \\ +\ 0.25 \\ \hline 0.79 \end{array} \qquad \begin{array}{r} 9.005\,3 \\ 1.972\,4 \\ +\ 0.000\,3 \\ \hline 10.978\,0 \end{array} \qquad \begin{array}{r} 4.259\,8 \\ -\ 4.259\,5 \\ \hline 0.000\,3 \end{array}$$

在第一式中,三个数据的绝对误差不同,计算的有效数字的位数由绝对误差最大的第三个数据决定,即两位.第二、三式各数据的绝对误差都一样,则和或差的有效数字的位数,由加减结果决定,无须修约.因此,第二、三式的计算结果分别为六位与一位有效数字.通常为了便于计算,可先按绝对误差最大的数据修约其他各数据,而后计算,如第一式,可先把三个数据修约成 0.54、0.00 及 0.25 再相加.

2. 乘除法

乘除法的积或商的误差是各个数据相对误差的传递结果.即几个数据相乘除时,积或商有效数字应保留的位数,应以参加运算的数据中相对误差最大的那个数据为依据.例如,$0.12\times9.678\,2$,可先修约成 0.12×9.7,正确结果应是 1.2.

三、数字修约规则

在数据的处理过程中,各测量值的有效数字的位数可能不同,在运算时按一定的规则舍入多余的尾数,不但可以节省计算时间,而且可以避免误差累计.按运算法则确定有效数字的位数后,舍入多余的尾数,称为数字修约.其基本原则如下:

1. 四舍六入五成双(或五留双)

该规则规定:测量值中被修约数等于或小于 4 时,舍弃;等于或大于 6,进位;等于 5 时,若进位后测量值的末位数变为偶数,则进位,若进位后成奇数,则舍弃,若 5 后还有数,说明被修约数大于 5,宜进位.

例如,将测量值 4.135、4.125、4.105、4.125 1 及 4.134 9 修约为三位数.

4.135 修约为 4.14;4.125 修约为 4.12;4.105 修约为 4.10(0 视为偶数);4.125 1 为 4.13;4.134 9 为 4.13.

2. 只允许对原测量值一次修约至所需位数,不能分次修约

例如,4.134 9 修约为三位数.不能先修约成 4.135,再修约为 4.14,只能修约成 4.13.

3. 先多保留一位有效数字

在对大量数据运算时,为防止误差迅速累积,对参加运算的所有数据可先多保留一位有效数字(称为安全数,用小一号字表示),运算后,再将结果修约成与最大误差数据相当的位数.

例如,计算 5.352 7、2.3、0.055 及 3.35 的和.按加减法的运算法则,计算结果只应保留一位小数.但在计算过程中可以多保留一位,于是上述数据计算,可写成 5.35+2.3+0.06+3.35=11.06.计算结果应修约成 11.1.

4. 修约标准偏差

修约标准偏差时,修约的结果应使准确度变得更差些.例如,某计算结果的标准偏差为 0.213,取二位有效数字,宜修约成 0.22,取一位为 0.3.在作统计检验时,标准偏差可多保留 1~2 位数参加运算,计算结果的统计量可多保留一位数字与临界值比较,以避免造成第一类错误(以真为假)或第二类错误(以假为真).

表示标准偏差和相对标准偏差时,在大多数情况下,取一位有效数字即可,最多取二位.

7-5-2 定量分析误差的产生及表示方法

一、定量分析误差的产生

误差(Error)是指分析结果与其真实值之间的数值差.定量分析的目的是要获得被测物的准确含量,即不仅要测出数据,且它与实际含量应接近,准确是最主要的目的.但是,在实际的分析过程中,即使是技术十分熟练的人,用最可靠的方法和最先进的仪器测得的结果,也不可能绝对准确.对同一试样的同一组分,同一个人使用同一方法,在相同条件下进行多次测定也难得到完全相同的结果,即误差是客观存在的.产生误差的原因很多,按其性质一般可分为两类.

1. 系统误差(Systematic Error),也称可定误差(Determinate Error)

是由测定过程中某些经常性的、固定的原因所造成的比较恒定的误差.它常使测定结果偏高或偏低,在同一测定条件下重复测定中,误差的大小及正负可重复显示并可以测量.它主要影响分析结果的准确度,对精密度影响不大.而且可通过适当的校正来减小或消除它,以达到提高分析结果的准确度.它产生的原因有下列几种:

(1) 方法误差.由于分析方法本身不够完善所造成,即使操作再仔细也无法克服.例如,重量分析中沉淀的溶解损失、共沉淀现象以及滴定分析中指示剂选择不恰当等而产生的误差,都系统地影响测定结果,使之偏高或偏低.

(2) 仪器误差.仪器本身不够准确,如天平臂长不等,砝码、滴定管、吸量管、容量瓶等未经校正,都会引起误差.

(3) 试剂误差.它来源于试剂不纯和蒸馏水不纯,含有被测组分或有干扰的杂质等.

(4) 操作误差. 指在正常情况下，操作人员的主观原因所造成的误差. 包括个人的习惯和偏向所引起的误差，如滴定速度太快，读数偏高或偏低，终点颜色辨别偏深或偏浅，平行实验时，主观希望前后测定结果吻合等所引起的操作误差. 如果是由于分析人员工作粗心、马虎所引入的误差，只能称为工作的过失，不能算是操作误差. 如已发现为错误的结果，不得作为分析结果报出或参与计算.

2. 偶然误差(Accidental Error)或随机误差(Random Error)，也称不可定误差(Indeterminate Error)

它是由一些偶然因素所引起的误差，往往大小不等、正负不定. 分析人员在正常的操作中多次分析同一试样，测得的结果并不一致，有时相差甚大，这些都属于偶然误差. 例如，测定时外界条件(温度、湿度、气压等)的微小变化而引起的误差. 这类误差在操作中无法完全避免，也难找到确定的原因，它不仅影响测定结果的准确度，而且明显地影响分析结果的精密度. 这类误差不可能用校正的方法减小或消除，只有通过增加测定次数，采用数理统计方法对测定结果做出正确的表达.

二、误差的表示方法——准确度、精密度、误差和偏差

准确度(Accuracy)表示测定结果与其实值接近的程度，它可用误差来衡量. 误差是指测定结果与真实值之间的差值. 误差越小，表示测定结果与真实值越接近，准确度越高；反之，误差越大，准确度越低. 当测定结果大于真实值时，误差为正，表示测定结果偏高；反之，误差为负，表示测定结果偏低. 误差可分为绝对误差和相对误差.

$$\text{绝对误差} = \text{测定值} - \text{真实值}$$

例如，称取某试样的质量为 1.836 4 g，其真实质量为 1.836 3 g，测定结果的绝对误差为：1.836 4 g－1.836 3 g＝＋0.000 1 g. 如果另取某试样的质量为 0.183 6 g，真实质量为 0.183 5 g，测定结果的绝对误差为：0.183 6 g－0.183 5 g＝＋0.000 1 g. 上述两试样的质量相差 10 倍，它们测定结果的绝对误差相同，但误差在测定结果中所占的比例未能反映出来. 相对误差是表示绝对误差在真实值中所占的百分率.

$$\text{相对误差} = [(\text{测定值} - \text{真实值})/\text{真实值}] \times 100\% \quad (7\text{-}5)$$

在上例中，它们的相对误差分别为：

$$\frac{+0.000\,1}{1.836\,3} \times 100\% = +0.005\%$$

$$\frac{+0.000\,1}{0.183\,5} \times 100\% = +0.05\%$$

由此可知，两试样由于称量的质量不同，它们测定结果的绝对误差虽然相同，而在真实值中所占的百分率即相对误差是不相同的. 称量质量较大时，相对误差则较小，显然，测定的准确度就比较高.

但在实际工作中，真实值不可能绝对准确地知道，人们往往是在同一条件下对试样进行多次平行的测定后，取其平均值. 如果多次测定的数值都比较接近，说明分析结果的精密度高. **精密度**(**Precision**)是指测定的重复性的好坏程度，它用**偏差**(**Deviation**, d)来表示. 偏差是指个别测定值与多次分析结果的算术平均值之间的差值. 偏差大，表示精密度低；反之，偏差小，则精密度高. 偏差也有绝对偏差和相对偏差：

$$\text{绝对偏差}(d) = \text{个别测定值}(x) - \text{算术平均值}(\bar{x}) \quad (7\text{-}6)$$

$$相对偏差=[绝对偏差(d)/算术平均值(\overline{x})]\times 100\% \tag{7-7}$$

在实际分析工作(如分析化学实验)中,对于分析结果的精密度经常用**平均偏差(Average Deviation)**和**相对平均偏差(Relative Average Deviation)**来表示.

$$平均偏差(\overline{d}) = \sum_{i=1}^{n} |d_i| / n \tag{7-8}$$

$$相对平均偏差=\left(\frac{\overline{d}}{\overline{x}}\right)\times 100\% \tag{7-9}$$

例 7-7 测定某 HCl 与 NaOH 溶液的体积比,4 次测定结果如下所列.求算术平均偏差和相对平均偏差.

$V(HCl)/V(NaOH)$:1.001　　1.000　　1.005　　1.003　　平均 1.002

解:$d_i=x_i-\overline{x}$　　-0.001　　-0.002　　$+0.003$　　0.001

$\overline{d}=(|0.001|+|0.003|+|-0.002|+|-0.001|)/4=0.002$

$(\overline{d}/\overline{x})\times 100\%=(0.002/1.002)\times 100\%=0.2\%$

用数理统计方法处理数据时,常用**标准偏差(Standard Deviation, s)**(又称均方根偏差)来衡量测定结果的精密度.当测量次数 $n<20$ 时,单次测定的标准偏差可按下式计算:

$$标准偏差(s) = \sqrt{\frac{d_1^2+d_2^2+d_3^2+\cdots+d_n^2}{n-1}} = \sqrt{\frac{\sum_{i=1}^{n} d_i^2}{n-1}} \tag{7-10}$$

当测定次数 $n>50$ 时,则分母用 $n-1$ 或 n 都无关紧要.上式中 $n-1$ 称作自由度,用 f 表示.有时也用**相对标准偏差(Relative Standard Deviation, *RSD*)[又常称为变异系数(Coefficient of Variation, *CV*)]**来衡量精密度的大小.

$$RSD=\frac{s}{\overline{x}}\times 100\% \tag{7-11}$$

利用标准偏差衡量精密度,可以反映出较大偏差的存在和测定次数的影响.而用平均偏差衡量时则反映不出这种差异.例如,有 3 组测定消毒剂 H_2O_2 含量时所消耗 $KMnO_4$ 标准溶液的体积(cm^3)如下:

第 1 组　25.98, 26.02, 26.02, 25.98, 25.98, 25.98, 26.02, 26.02

$\overline{x}_1=26.00$　$\overline{d}_1=0.02$　$s_1=0.021$

第 2 组　25.98, 26.02, 25.98, 26.02

$\overline{x}_2=26.00$　$\overline{d}_2=0.02$　$s_2=0.023$

第 3 组　26.02, 26.01, 25.96, 26.01

$\overline{x}_3=26.00$　$\overline{d}_3=0.02$　$s_3=0.027$

这 3 组数据的平均值与平均偏差都相同,反映不出精密度的好坏,但从标准偏差可看出第 1 组数据精密度最好,第 2 组次之,第 3 组最差.因为第 3 组比第 2 组出现了偏差较大的数据 25.96,而且第 1 组测量次数恰好是第 2、3 组的 2 倍.

准确度与精密度的关系:从前面的讨论中已知用误差衡量准确度,偏差衡量精密度.但实际上真实值是不知道的,它常常是通过多次反复的测量,得出一个平均值来代表真实值以计算误差的大小.通常在测量中精密度高的不一定准确度高,而准确度高必须以精密度高为前提.例如,甲、乙、丙、丁 4 个人同时测定纯 $(NH_4)_2SO_4$ 中氮的质量分数,理论值为

0.212 0，而 4 个人的测定结果如图 7-1 所示.

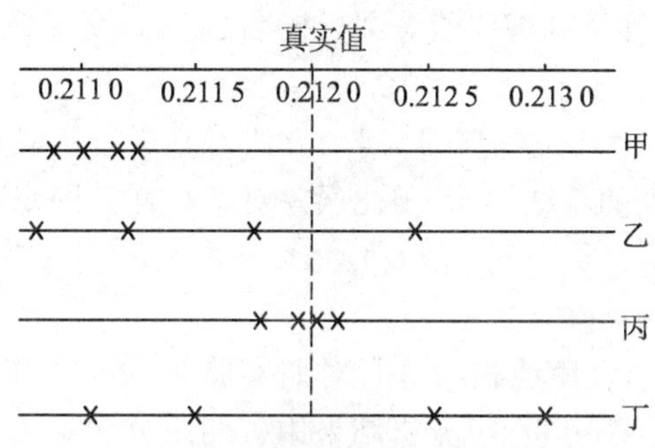

图 7-1　定量分析结果的准确度和精密度的关系示意图

图中甲的分析结果精密度高，但平均值与真实值相差很大，准确度很差；乙的分析结果精密度和准确度都很差；丙的分析结果精密度和准确度都很高；丁的分析结果精密度很差，但平均值恰与真实值相符，仅是偶然的巧合. 所以，精密度是保证准确度的先决条件，精密度差，说明分析结果不可靠，也就失去衡量准确度的前提.

7-5-3　提高分析结果准确度的方法

要想得到准确的分析结果，必须设法减免在分析过程中带来的各种误差. 下面介绍减免分析误差的几种主要方法：

一、选择恰当的分析方法

首先需了解不同方法的灵敏度和准确度. 重量分析法和滴定分析法的灵敏度虽然都不高，但对常量组分的测定，能获得比较准确的分析结果，相对误差一般不超过千分之几. 但用它对微量或痕量组分进行测定，却常常测不出来. 而仪器分析法灵敏度高、绝对误差小，可用于微量或痕量组分的测定，虽然其相对误差较大，但可以符合要求；而该方法对常量组分的测定，却常常无法测准. 因此，仪器分析法主要用于微量或痕量组分的分析；而化学分析法，则主要用于常量组分的分析. 选择分析方法不但要考虑被测组分的含量，还要考虑与被测组分共存的其他物质的干扰问题，以便排除干扰. 总之，必须根据分析对象、样品情况及对分析结果的要求，选择适宜的分析方法.

二、减小测量误差

为了保证分析结果的准确度，必须尽量减小各步的测量误差. 在称量步骤中要设法减小称量误差. 一般分析天平的称量误差为 0.000 1 g，用减重法称量两次的最大误差是 ±0.000 2 g. 为了使称量的相对误差小于 0.1%，取样量就得大于 0.2 g. 在含有滴定步骤的方法中，要设法减小滴定管读数误差，一般滴定管的读数误差是 ±0.01 cm^3，由于需两次读数，因此可能产生的最大误差是 ±0.02 cm^3. 为了使滴定的相对误差小于 0.1%，消耗滴定剂的体积就必须大于 20 cm^3.

三、增加平行测定次数

根据偶然误差的分布规律，增加平行测定次数，可以减少偶然误差对分析结果的影响.

四、消除系统误差

消除测量中系统误差的方法：

1. 校准仪器

对砝码、移液管、滴定管及分析仪器等进行校准,可以减免系统误差.

2. 对照试验

用含量已知的标准试样或纯物质,以同一方法对其进行定量分析,由分析结果与已知含量的差值,求出分析结果的系统误差.用此误差对实际样品的定量结果进行校正,便可减免系统误差.

3. 做加样回收实验

在没有标准试样,又不宜用纯物质进行对照实验时,可以向样品中加入一定量的被测纯物质,用同一方法进行定量分析.由分析结果中被测组分含量的增加值与加入量之差,即可估算出分析结果的系统误差,便可对测定结果进行校正.

4. 做空白实验

在不加样品的情况下,用测定样品相同的方法、步骤对空白样品进行定量分析,把所得结果作为空白值,从样品的分析结果中扣除.这样可以消除由于试剂不纯或溶剂干扰等所造成的系统误差.做空白实验是紫外-可见分光光度法定量分析方法中最常用的步骤之一.

7-5-4 可疑数据的取舍

在测量中有时会出现过高、过低的测量值,这种数据可称为可疑数据或离群值.下面介绍如何判断某个数据是离群值及如何取舍.

例如,测得四个数据:22.30、20.25、20.30 和 20.32,显然第一个测量值可疑.我们怀疑该数据可能是在测量中发生了什么差错而造成,希望在计算中舍弃它.但舍弃一个测量值要有根据,不能采取“合我意者取之,不合我意者弃之”的不科学态度.

在准备舍弃某测量值之前,首先检查该数据是否记错,实验过程中是否有不正常现象发生等.如果找到了原因,就有了舍弃这个数据的根据.否则,就要用统计检验的方法,确定该可疑值与其他数据是否来源于同一总体,以决定取舍.由于一般实验测量次数比较少(如3～5 次),不能对总体标准偏差正确估计,因此多用 Q 检验法.

现将 Q 检验法介绍如下:

(1) 先将数据按大小顺序排列,计算最大值与最小值之差(极差),作为分母.

(2) 计算离群值与最邻近数值的差值,作为分子,其值之商即为 Q 值.

$$Q=\frac{x_{可疑}-x_{紧邻}}{x_{最大}-x_{最小}} \tag{7-12}$$

表 7-3 列出了 90%、95%、99%置信水平时的 Q 值.如果 Q(计算值)>Q(表值),离群值应该舍弃;反之,则应保留.

表 7-3 在不同置信水平下舍弃离群值的Q值表

测量次数 n	3	4	5	6	7	8	9	10	$+\infty$
Q(90%)	0.94	0.76	0.64	0.56	0.51	0.47	0.44	0.41	0.00
Q(95%)	0.98	0.85	0.73	0.64	0.59	0.54	0.51	0.48	0.00
Q(99%)	0.99	0.93	0.82	0.74	0.68	0.63	0.60	0.57	0.00

例 7-8 标定一个标准溶液,测得 4 个数据:0.101 4、0.101 2、0.101 9 和 0.101 6 mol·

L^{-1}. 试用 Q 检验法确定数据 0.1019 是否应舍弃.

解：$Q=\dfrac{(0.1019-0.1016)}{(0.1019-0.1012)}=0.43$

查表：$n=4$ 时，$Q_{90\%}=0.76$. 因为，$Q<Q_{90\%}$，所以数据 0.1019 不能舍弃.

置信水平的选择必须恰当. 太低，会使舍弃的标准过宽，即该舍弃的值被保留；太高，则使舍弃标准过严，即该保留的值被舍弃. 当测定次数太少时，应用 Q 检验法易将错误结果保留下来. 因此，测定次数太少时，不要盲目使用 Q 检验法，最好增加测定次数，可减少离群值在平均值中的影响.

7-6 滴定分析法简介

7-6-1 酸碱滴定法

酸碱滴定法是以酸碱反应为基础，利用酸或碱标准溶液进行滴定的分析方法. 我们知道，酸与碱之间反应的速率都相当快，而且可提供指示化学计量点的酸碱指示剂也很多. 一般酸（碱）以及能与碱（酸）直接或间接反应的物质，几乎都可用酸碱滴定法进行测定. 因为能与酸、碱发生质子传递的物质很多，所以，该法是应用相当广泛的、主要的滴定分析法之一.

为能正确掌握本章知识，除了需要了解滴定过程中溶液酸碱度的分布或变化情况外，还需了解酸碱指示剂的性质、作用原理及变色范围，以便根据具体化学反应了解化学计量点前后酸度的变化，正确选择适合的指示剂，以保证获得准确的结果.

一、酸碱指示剂(Indicator)的主要特性

1. 酸碱指示剂的解离平衡

酸碱指示剂一般为有机弱酸或有机弱碱. 溶液中酸度改变的时候，会使指示剂结构改变而引起颜色的变化，从而指示滴定终点. 现举例说明.

(1) 酚酞类. 以酚酞为例，酚酞是一种有机弱酸. 它在碱性溶液中呈醌式结构，为红色，称"碱"色；在酸性溶液中呈内酯式结构，无色，称"酸"色.

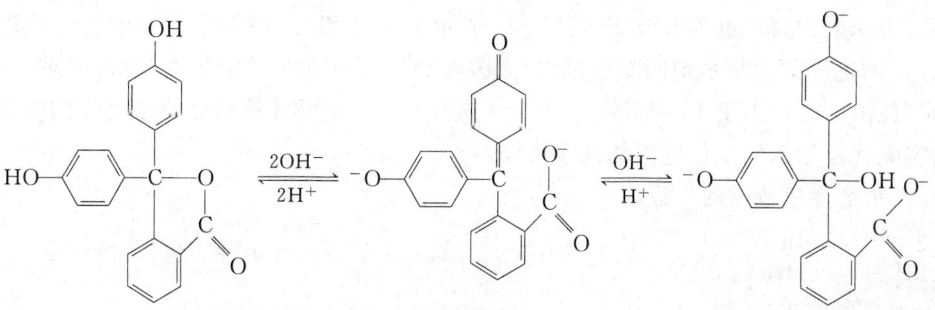

$\underset{\text{无色（内酯式，“酸”色）}}{} \underset{2H^+}{\overset{2OH^-}{\rightleftharpoons}} \underset{\text{红色（醌式，“碱”色）}}{} \underset{H^+}{\overset{OH^-}{\rightleftharpoons}} \underset{\text{无色（羧酸盐式）}}{}$

无色（内酯式，"酸"色）　　红色（醌式，"碱"色）　　无色（羧酸盐式）

显然，这种解离是可逆过程. 当溶液酸度增大时，酚酞为"酸"色结构，无色；当 pH 升高到一定数值时，酚酞为"碱"色结构，红色；而在强碱溶液中又呈现无色.

百里酚酞(又名麝香草酚酞)、α-萘酚酞等也属于此类指示剂.

(2) 偶氮类化合物. 以甲基橙为例, 甲基橙同时含有酸性基团—SO_3H 和碱性基团—$N(CH_3)_2$, 所以它是两性物质. 它在水溶液中以橙黄色("碱"色)偶氮式阴离子存在. 在 H^+ 作用下转变为红色("酸"色)醌式阳离子:

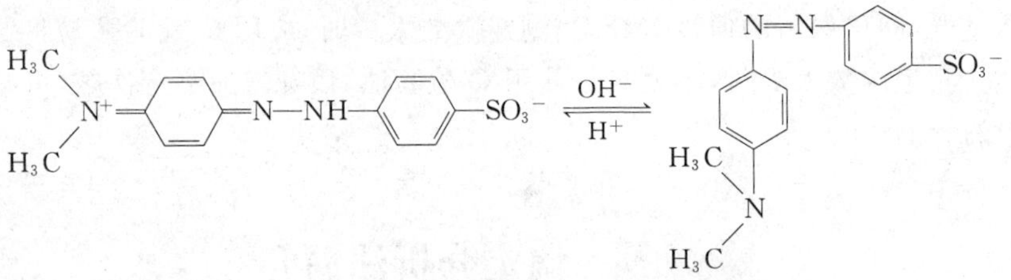

$$\mathrm{(H_3C)_2N^+{=}C_6H_4{=}N{-}NH{-}C_6H_4{-}SO_3^-} \underset{H^+}{\overset{OH^-}{\rightleftharpoons}} \mathrm{(H_3C)_2N{-}C_6H_4{-}N{=}N{-}C_6H_4{-}SO_3^-}$$

红色("酸"色)　　　　黄色("碱"色)

从上面的平衡关系可知, 在酸性溶液中因为有大量的氢离子存在, 所以平衡向左移动, 指示剂是"酸"色结构, 即酚酞变为无色分子, 故溶液为无色; 而甲基橙变为红色离子, 溶液呈现红色. 若在碱性溶液中, 平衡则向右移动, 即酚酞几乎全是以红色离子("碱"色)存在而呈现红色(在强碱性溶液中又呈无色); 而甲基橙以黄色离子("碱"色)形式存在而呈现黄色.

现以 HIn 来表示弱酸, 则弱酸的解离平衡为

$$\mathrm{HIn} \rightleftharpoons \mathrm{H^+ + In^-}$$

达平衡时

$$\frac{c(\mathrm{H^+})c(\mathrm{In^-})}{c(\mathrm{HIn})} = K_{\mathrm{HIn}}$$

K_{HIn} 称为指示剂常数, 它的意义是:

$$\frac{c(\mathrm{In^-})}{c(\mathrm{HIn})} = \frac{[\text{“碱”色}]}{[\text{“酸”色}]} = \frac{K_{\mathrm{HIn}}}{c(\mathrm{H^+})}$$

显然, 指示剂颜色的转变依赖于 In^- 和 HIn 的浓度比. 根据上面可知, In^- 和 HIn 的浓度之比取决于: ① 指示剂常数 K_{HIn}, 其数值与指示剂解离的强弱有关, 在一定条件下, 对特定的指示剂而言, 是一个固定的值; ② 溶液的酸度 $c(\mathrm{H^+})$. 因此, 指定指示剂的颜色完全由溶液中 $c(\mathrm{H^+})$ 决定.

2. 指示剂的变色范围

由上所知, 当溶液的酸度随滴定逐渐改变时, 溶液中 $c(\mathrm{In^-})$ 与 $c(\mathrm{HIn})$ 之比值将随之改变. 因而指示剂的颜色也逐渐改变. 若以 pH 表示溶液的酸度, 则颜色在逐渐变化的过渡过程中, pH 的范围称为指示剂的变色范围. 人眼对颜色的感觉有一定限度, 通常来讲, 当"酸"色、"碱"色浓度之比大于 10 倍或小于 1/10 倍时, 人们的眼睛才能辨认出浓度大的物质的颜色. 这实际就是指示剂变色范围的两个边缘.

在指示剂变色范围的一边为:

$$\frac{K_{\mathrm{HIn}}}{c(\mathrm{H^+})} = \frac{c(\mathrm{In^-})}{c(\mathrm{HIn})} = \frac{1}{10},\ c(\mathrm{H^+})_1 = 10K_{\mathrm{HIn}},\ \mathrm{pH_1} = \mathrm{p}K_{\mathrm{HIn}} - 1(\text{呈“酸”色})$$

在指示剂变色范围的另一边:

$$\frac{K_{\mathrm{HIn}}}{c(\mathrm{H^+})} = \frac{c(\mathrm{In^-})}{c(\mathrm{HIn})} = 10,\ c(\mathrm{H^+})_2 = K_{\mathrm{HIn}}/10,\ \mathrm{pH_2} = \mathrm{p}K_{\mathrm{HIn}} + 1(\text{呈“碱”色})$$

或表示如下:

$\frac{c(In^-)}{c(HIn)}$:	$<\frac{1}{10}$	$=\frac{1}{10}$	$=\frac{1}{1}$	$=\frac{10}{1}$	$>\frac{10}{1}$
	纯"酸"色	略带"碱"色	中间色	略带"酸"色	纯"碱"色
	$pH_1=pK_{HIn}-1$	（指	示 剂 变 色 范	围）	$pH_2=pK_{HIn}+1$

当溶液中的 pH 与 pK_{HIn} 相等时，$c(In^-)=c(HIn)$，称为指示剂的理论变色点. 而在 pH=$pK_{HIn}\pm1$ 的区间内看到的是指示剂颜色的过渡色，故被称为指示剂的变色范围. 几种常用酸碱指示剂及其变色范围见表 7-4.

表 7-4　几种常用酸碱指示剂及其变色范围

指示剂	变色范围 pH	颜色		pK_{HIn}	指示剂浓度
		酸色	碱色		
百里酚蓝(第一次变色)	1.2～2.8	红	黄	1.7	0.1%的 20%乙醇溶液
甲基黄	2.9～4.0	红	黄	3.3	0.1%的 90%乙醇溶液
甲基橙	3.1～4.4	红	黄	3.4	0.05%的水溶液
溴酚蓝	3.0～4.6	黄	蓝紫	4.1	0.1%的 20%乙醇溶液
溴甲酚绿	3.8～5.4	黄	蓝	4.9	0.1%的水溶液，每 100 mg 指示剂加 0.05 $mol\cdot L^{-1}$ NaOH 2.9 mL
甲基红	4.4～6.2	红	黄	5.0	0.1%的 60%乙醇溶液
溴甲酚紫	5.2～6.8	黄	紫		0.1%的水溶液
溴百里酚蓝	6.0～7.6	黄	蓝	7.3	0.1%的 20%乙醇溶液或其钠盐的水溶液
中性红	6.8～8.0	红	黄橙	7.4	0.1%的 60%乙醇溶液
酚红	6.4～8.2	黄	红	8.0	0.1%的 60%乙醇溶液或其钠盐的水溶液
百里酚蓝(第二次变色)	8.0～9.6	黄	蓝	8.9	0.1%的 20%乙醇溶液
酚酞	8.0～9.8	无	红	9.1	0.1%的 90%乙醇溶液
百里酚酞	9.4～10.6	无	蓝	10.0	0.1%的 90%乙醇溶液

根据理论计算，指示剂的变色范围约为 2 个 pH 单位，但实际上如表 7-4 所示，各种指示剂的变色范围并不局限在这个数值上. 这主要是因为人眼对各种颜色的敏感度不同，且两种不同颜色之间还会有调和. 例如，黄色在红色中不像红色在黄色中明显，因此甲基橙的变色范围在 pH 小的一边要减小一些，所以甲基橙的变色范围从理论上的 pH 2.4～4.4 改变为 3.1～4.4. 同理，红色在无色中非常明显，因此酚酞的变色范围在 pH 大的一边会减小，而在 pH 小的一边反而有所增大，所以酚酞的实际变色范围从理论的 8.1～10.1 变为 8.0～9.8.

综上所述，可得如下结论：① 指示剂的变色范围不是恰好在 pH 为 7 的地方，而是随各指示剂的 K_{HIn} 不同而不同；② 各种指示剂在变色范围内显现出来的是逐渐变化的过渡色；③ 各种指示剂的变色范围幅度各不相同，通常在 $pK_{HIn}\pm1$ 左右.

指示剂的变色范围越窄越好，这样在滴定分析达化学计量点时，pH 稍有变化就可观察出溶液的颜色改变，有利于提高滴定的准确度. 为缩小指示剂的变色范围，常常使用混合指示剂(表 7-5).

表 7-5 常用酸碱混合指示剂

指示剂组成	变色点 pH	颜色		变色情况
		酸色	碱色	
1 份 0.1%甲基黄乙醇溶液 1 份 0.1%亚甲基蓝乙醇溶液	3.25	蓝紫	绿	pH=3.2 蓝紫色 pH=3.4 绿色
1 份 0.1%甲基橙水溶液 1 份 0.25%靛蓝二磺酸钠水溶液	4.1	紫	黄绿	pH=4.1 灰色
3 份 0.1%溴甲酚绿乙醇溶液 1 份 0.2%甲基红乙醇溶液	5.1	紫红	蓝绿	pH=5.1 灰色
1 份 0.1%溴甲酚绿钠盐水溶液 1 份 0.2%氯酚红钠盐水溶液	6.1	黄绿	蓝紫	pH=5.4 蓝绿色 pH=5.8 蓝色 pH=6.0 蓝略带紫 pH=6.2 蓝紫色
1 份 0.1%甲基黄乙醇溶液 1 份 0.1%亚甲基蓝乙醇溶液	7.0	蓝紫	绿	pH=7.0 蓝紫色
1 份 0.1%溴甲酚红钠盐水溶液 1 份 0.2%百里酚蓝钠盐水溶液	8.3	黄	紫	pH=8.2 玫瑰色 pH=8.4 紫色
1 份 0.1%酚酞乙醇溶液 2 份 0.1%甲基绿乙醇溶液	8.9	绿	紫	pH=8.8 浅蓝色 pH=9.0 紫色
1 份 0.1%酚酞乙醇溶液 1 份 0.1%百里酚酞乙醇溶液	9.9	无	紫	pH=9.6 玫瑰色 pH=10.0 紫色
1 份 0.1%百里酚酞乙醇溶液 1 份 0.1%茜素黄乙醇溶液	10.2	无	紫	

混合指示剂是利用颜色之间的互补作用，使变色范围狭窄，使颜色变化敏锐. 混合指示剂有两种配制方法：① 由两种或两种以上的指示剂混合而成. 例如，溴甲酚绿($pK_{HIn}=4.9$)在 pH<3.8 时呈黄色("酸"色)，pH>5.4 时呈蓝色("碱"色)；而甲基红($pK_{HIn}=5.0$)在 pH<4.4 时呈红色("酸"色)，pH>6.2 时呈浅黄色("碱"色). 它们按一定比例混合后，两种颜色叠加到一起，"酸"色为酒红色，"碱"色为绿色. pH 为 5.1 时，溴甲酚为呈绿色，甲基红为橙色，混合后为浅灰色. 酸碱滴定时，pH 稍有变化，混合指示剂立刻变色，非常敏锐. ② 在一种指示剂中加入一种惰性染料. 例如，把中性红与染料次甲基蓝按比例混合，在 pH 为 7.0 左右 0.2 个 pH 单位即可变色.

二、滴定曲线及指示剂的选择

在酸碱溶液的滴定过程中，加入碱或酸溶液都会引起溶液 pH 的变化，特别是在化学计量点附近，一滴酸或碱溶液的滴入，所引起的 pH 变化是很大的. 根据这个变化，可选择适合的指示剂. 在滴定过程中，溶液 pH 随标准溶液用量的增加而改变，所绘制的曲线称为滴定曲线.

下面分别讨论各种类型的滴定反应及指示剂的选择.

1. 强酸(碱)滴定强碱(酸)

基本反应：$OH^- + H_3O^+ \longrightarrow 2H_2O$.

现以 0.100 0 mol·L^{-1} NaOH 溶液滴定 20.00 mL 0.100 0 mol·L^{-1} HCl 溶液为例. 滴定过程中的 pH 分四个阶段计算.

(1) 滴定前(加入 $V(\text{NaOH})=0.00\text{mL}$)：溶液中 pH 由 HCl 溶液的浓度计算.

已知 $c(\text{HCl})=0.100\,0\ \text{mol}\cdot\text{L}^{-1}$，所以 $c(\text{H}^+)=0.100\,0\ \text{mol}\cdot\text{L}^{-1}$，pH=1.00.

(2) 滴定开始至化学计量点前：由于 NaOH 的加入，部分 HCl 已被中和，此时溶液中 pH 应根据剩余 HCl 的量计算.

例如，加入 $V(\text{NaOH})=18.00\ \text{mL}$：

$$c(\text{H}^+)=\frac{c(\text{HCl})V(\text{HCl})-c(\text{NaOH})V(\text{NaOH})}{V(\text{HCl})+V(\text{NaOH})}$$

$$=\frac{0.100\,0\times20.00-0.100\,0\times18.00}{20.00+18.00}$$

$$=5.26\times10^{-3}(\text{mol}\cdot\text{L}^{-1})$$

pH=2.28

加入 $V(\text{NaOH})=19.98\ \text{mL}$：

$$c(\text{H}^+)=\frac{0.100\,0\times20.00-0.100\,0\times19.98}{20.00+19.98}$$

$$=5.00\times10^{-5}(\text{mol}\cdot\text{L}^{-1})$$

pH=4.30

(3) 化学计量点时：加入 $V(\text{NaOH})=20.00\ \text{mL}$，所加 NaOH 与溶液中 HCl 完全中和.

$c(\text{H}^+)=c(\text{OH}^-)=1.00\times10^{-7}(\text{mol}\cdot\text{L}^{-1})$　pH=7.00

(4) 化学计量点后：溶液中 pH 由过量 NaOH 的量计算.

例如，加入 $V(\text{NaOH})=20.02\ \text{mL}$：

$$c(\text{OH}^-)=\frac{c(\text{NaOH})V(\text{NaOH})-c(\text{HCl})V(\text{HCl})}{V(\text{NaOH})+V(\text{HCl})}$$

$$=\frac{0.100\,0\times20.02-0.100\,0\times20.00}{20.02+20.00}$$

$$=5.00\times10^{-5}(\text{mol}\cdot\text{L}^{-1})$$

pOH=4.30　pH=9.70

加入 $V(\text{NaOH})=22.00\ \text{mL}$：

$$c(\text{OH}^-)=\frac{0.100\,0\times22.00-0.100\,0\times20.00}{22.00+20.00}$$

$$=5.00\times10^{-3}(\text{mol}\cdot\text{L}^{-1})$$

pOH=2.30　pH=11.70

用上述方法可计算出其他各点的 pH，计算结果列于表 7-6. 以溶液的 pH 为纵坐标，以所加 NaOH 溶液的体积(mL)为横坐标，可绘制出滴定曲线，见图 7-2.

表 7-6　0.1000 mol·L^{-1} NaOH 溶液滴定 20.00 mL 0.1000 mol·L^{-1} HCl 的 pH

加入 NaOH 溶液 V/mL	被滴定 HCl 溶液的滴定分数 T	剩余 HCl 溶液体积 V/mL	过量 NaOH 溶液体积 V/mL	溶液的 $c(H^+)$/mol·L^{-1}	溶液的 pH	
0.00	0.00	20.00		1.00×10^{-1}	1.00	
10.00	0.500	10.00		3.33×10^{-2}	1.48	
18.00	0.900	2.00		5.26×10^{-3}	2.28	
19.80	0.990	0.20		5.02×10^{-4}	3.30	
19.98	0.999	0.02		5.00×10^{-5}	4.30	突跃范围
20.00	1.000	0.00		1.00×10^{-7}	7.00	
20.02	1.001		0.02	2.00×10^{-10}	9.70	
20.20	1.010		0.20	2.00×10^{-11}	10.70	
22.00	1.100		2.00	2.10×10^{-12}	11.70	
40.00	2.000		20.00	5.00×10^{-13}	12.50	

从图 7-2 和表 7-6 可知，在滴定开始时，溶液中尚有大量 HCl，因此，NaOH 的加入只引起溶液 pH 缓慢地增大，NaOH 的体积从 0.00～19.80 mL，pH 随 NaOH 加入的曲线几乎是平坦的，溶液的 pH 只增大了 2.3 个单位；随着滴定的进行，溶液中 HCl 含量减少，pH 的升高逐渐加快，再加入 0.18 mL(共 19.98 mL) NaOH 溶液，pH 就增大了 2 个单位；再滴入 0.02 mL(共 20.00 mL) NaOH 溶液，pH 跃至 7.00. 此时，若再滴入 0.02 mL NaOH 溶液，pH 值突增至 9.70. 此后，若再滴入 NaOH 溶液，pH-V(NaOH)曲线又趋于平坦.

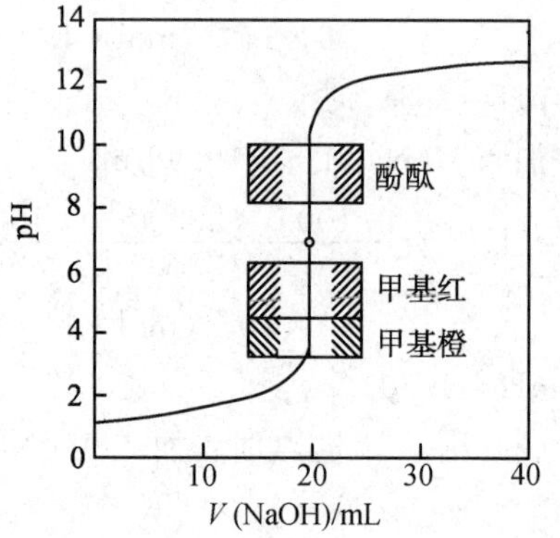

图 7-2　0.1000 mol·L^{-1} NaOH **溶液滴定** 20.00 mL 0.1000 mol·L^{-1} HCl **的滴定曲线**

由此可知，在化学计量点前后，加入 NaOH 的体积仅 0.04 mL，溶液的 pH 从 4.30 增加到 9.70，跃迁了 5.4 个单位，形成了曲线中“突跃”部分. 我们将化学计量点前后±0.1%范围内 pH 的急剧变化称为**滴定突跃**. 指示剂的选择以此为依据.

显然，最理想的指示剂应该恰好在滴定反应的化学计量点变色. 但实际上，凡是在突跃范围 pH 为 4.30～9.70 内变色的指示剂均可选用，因此，甲基橙、甲基红、酚酞等都可以作这一类型滴定的指示剂. 从而得出选择指示剂的原则：凡是变色范围全部或一部分在滴定突跃范围内的指示剂，都可认为是合适的. 这时所产生的终点误差在允许范围之内.

必须指出，滴定突跃范围的宽窄与溶液浓度有关. 溶液越浓，突跃范围越宽；溶液越稀，突跃范围越窄，见图 7-3. 当溶液浓度增大至 10 倍，为 1.000 mol·L^{-1}时，突跃 pH 范围为 3.30～10.70，扩大了 2 个 pH 单位；当溶液浓度降低至$\frac{1}{10}$，为 0.01000 mol·L^{-1}时，突跃 pH 范围为 5.30～8.70，减小了 2 个 pH 单位. 此时甲基橙已不再适用了.

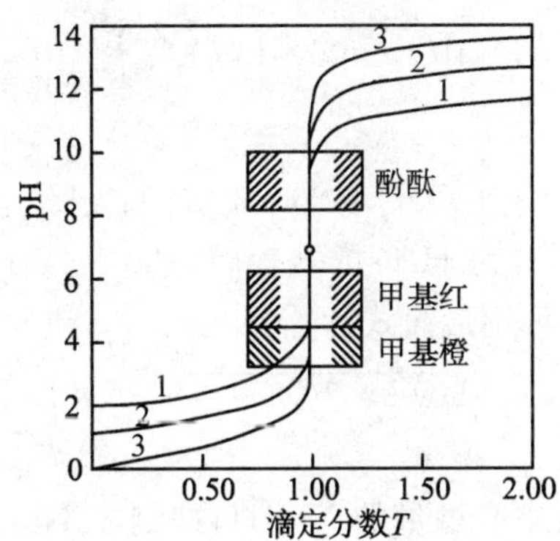

1 为 0.01 mol·L^{-1}　2 为 0.1 mol·L^{-1}　3 为 1.0 mol·L^{-1}

图 7-3　不同浓度 NaOH 溶液滴定不同浓度 HCl 溶液的滴定曲线

强酸滴定强碱的曲线与强碱滴定强酸的相反. 各关键点 pH 的计算与强碱滴定强酸相似. 图 7-4 是 0.100 0 mol·L^{-1} HCl 滴定 0.100 0 mol·L^{-1} NaOH 的滴定曲线. 可以看到，突跃范围为 pH 9.70～4.30. 甲基橙、甲基红、酚酞等仍是这一类型滴定的指示剂.

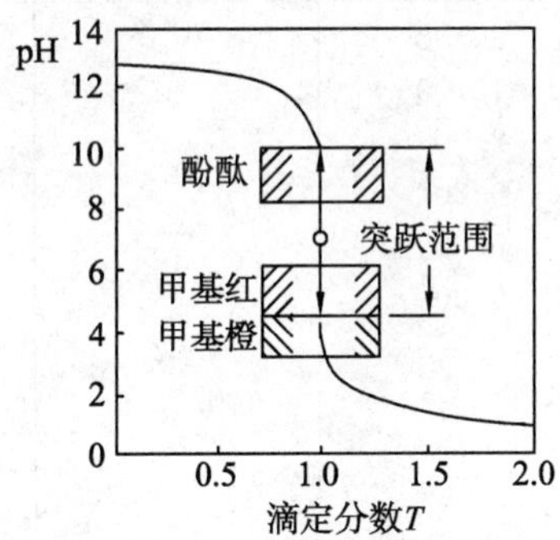

图 7-4　0.100 0 mol·L^{-1} HCl**滴定** 0.100 0 mol·L^{-1} NaOH**的滴定曲线**

2. 强碱滴定弱酸

基本反应：$OH^- + HA \rightleftharpoons A^- + H_2O$.

现以 0.100 0 mol·L^{-1} NaOH 溶液滴定 20.00 mL 0.100 0 mol·L^{-1} HAc 溶液为例，滴定过程中四个阶段溶液的 pH 计算如下：

(1) 滴定前(加入 V(NaOH)＝0.00 mL)：溶液中 pH 由 HAc 溶液的浓度计算，已知 K_a 为 $10^{-4.75}$，又由于 $cK_a > 20K_w$，$c/K_a > 500$，可用最简式：

$$c(H^+) = \sqrt{cK_a} = \sqrt{0.100\,0 \times 10^{-4.75}} = 1.33 \times 10^{-3}(\text{mol} \cdot \text{L}^{-1}) \quad pH = 2.88$$

(2) 滴定开始至化学计量点前：由于滴入的 NaOH 与原溶液中的 HAc 反应生成 NaAc，同时尚有剩余的 HAc，故溶液内构成了 HAc-Ac$^-$ 缓冲体系. 溶液的 pH 计算公式为：

$$pH = pK_a + \lg \frac{c_b}{c_a}$$

例如，加入 V(NaOH)＝19.98 mL：

$$c_a = \frac{0.100\,0 \times 20.00 - 0.100\,0 \times 19.98}{20.00 + 19.98} = 5.00 \times 10^{-5}(\text{mol} \cdot \text{L}^{-1})$$

$c_b = \frac{0.1000 \times 19.98}{20.00 + 19.98} = 5.00 \times 10^{-2}(\text{mol} \cdot \text{L}^{-1})$

pH=7.76

(3) 化学计量点时(加入 $V(\text{NaOH})=20.00$ mL)：HAc 和 NaOH 全部生成了 NaAc，c(盐)=0.050 00 mol·L^{-1}. Ac^- 为 HAc 的共轭碱，其 $pK_b=14-pK_a=9.25$. 现 c(盐)$K_b>20K_w$，c(盐)$/K_b>500$，同前，可用最简式计算：

$c(OH^-)=\sqrt{c(\text{盐})K_b}=\sqrt{0.050\,00\times10^{-9.25}}=5.30\times10^{-6}(\text{mol}\cdot\text{L}^{-1})$

pOH=5.28　pH=8.72

(4) 化学计量点后：溶液中有过量的 NaOH，抑制了 NaAc 的水解，溶液的 pH 取决于过量的 NaOH 的量的计算方法与强碱滴定强酸相同. 例如，加入 V((NaOH)=20.02 mL 时 pH=9.70. 现将滴定过程中 pH 变化数据列于表 7-7，并绘制滴定曲线如图 7-5.

表 7-7　0.1000 mol·L^{-1} NaOH 溶液滴定 20.00 mL 0.100 0 mol·L^{-1} HAc 的 pH

加入 NaOH 溶液 V/mL	滴定分数 T	剩余 HAc 溶液体积 V/mL	过量 NaOH 溶液体积 V/mL	溶液的 c_a/mol·L^{-1}	溶液的 pH
0.00	0.00	20.00		1.00×10^{-1}	2.88
10.00	0.500	10.00		3.33×10^{-2}	4.75
18.00	0.900	2.00		5.26×10^{-3}	5.70
19.80	0.990	0.20		5.02×10^{-4}	6.75
19.98	0.999	0.02		5.00×10^{-5}	7.76 } 突跃范围
20.00	1.000	0.00		1.00×10^{-7}	8.72 } 突跃范围
20.02	1.001		0.02		9.70 } 突跃范围
20.20	1.010		0.20		10.70
22.00	1.100		2.00		11.70
40.00	2.000		20.00		12.50

由表 7-7 和图 7-5 可知，NaOH-HAc 滴定曲线起点的 pH 为 2.88，比 NaOH-HCl 滴定曲线的起点高约 2 个 pH 单位. 这是因为 HAc 是弱酸，解离度小于 HCl，pH 高于同浓度的 HCl. 滴定开始后，pH 升高较快，这是因为反应生成了 Ac^-，产生了共同离子效应，从而抑制了 HAc 的解离，使 $c(H^+)$降低较快. 继续滴加 NaOH 溶液，NaAc 不断生成，与溶液中剩余的 HAc 构成了缓冲体系，使 pH 的增大减缓.

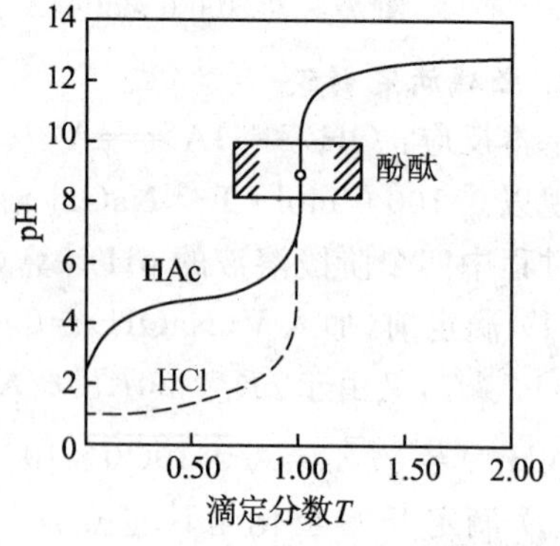

图 7-5　0.100 0 mol·L^{-1} NaOH **溶液滴定** 20.00 mL 0.100 0 mol·L^{-1} HAc **的滴定曲线**

用 NaOH 溶液滴定不同的弱酸，滴定突跃范围的大小与弱酸的强度(用 K_a 表征)和浓度有关. 弱酸的浓度一定时，K_a 值越小，滴定突跃范围越窄. 当 $K_a=10^{-9}$时，已无明显的突跃，一般酸碱指示剂均不适用了. 对同一种弱酸，浓度越大，滴定突跃范围越大，反之亦然. 若要求滴定误差在 0.2%以下，滴定终点与化学计量点应有 0.3 个 pH 单位的差值(滴定突跃为 0.6 个 pH 单位)，人眼才能借助指示剂判断终点. 要做到这点，必须满足条件 $cK_a\geqslant10^{-8}$，因此，$cK_a \geqslant 10^{-8}$就可作为判断弱酸能否被滴定的依据.

某些极弱的酸($cK_a < 10^{-8}$)，不能借助指示剂直接滴定，但可采用其他方法进行滴定.

3. 多元酸(碱)的滴定

一个分子中含有两个或两个以上的可被金属离子置换的 H^+ 的酸，称多元酸. 多元酸在水溶液中是分步解离的，如一级解离常数 K_{a1} 和二级解离常数 K_{a2} 的比值大于 10^4，则用 NaOH 标准溶液滴定时，可依次测定它所含的两个可替代的氢，即在滴定曲线上可显现出两个比较明显的突跃部分. 现以 0.100 0 mol·L^{-1} NaOH 标准溶液滴定 0.100 0 mol·L^{-1} H_3PO_4 溶液为例讨论之.

$$H_3PO_4 \rightleftharpoons H^+ + H_2PO_4^- \quad \frac{c(H^+)c(H_2PO_4^-)}{c(H_3PO_4)} = K_{a1} = 6.9 \times 10^{-3}$$

$$H_2PO_4^- \rightleftharpoons H^+ + HPO_4^{2-} \quad \frac{c(H^+)c(HPO_4^{2-})}{c(H_2PO_4^-)} = K_{a2} = 6.2 \times 10^{-8}$$

$$HPO_4^{2-} \rightleftharpoons H^+ + PO_4^{3-} \quad \frac{c(H^+)c(PO_4^{3-})}{c(HPO_4^{2-})} = K_{a3} = 4.4 \times 10^{-13}$$

显然，$cK_{a1} > 10^{-8}$，$cK_{a2} = 0.32 \times 10^{-8}$(第一级解离的 H^+ 被滴定后溶液的浓度为 0.050 00 mol·L^{-1})，$cK_{a3} < 10^{-8}$，又 $K_{a1}/K_{a2} = 105.1$，因此第一级解离和第二级解离的 H^+ 均可被滴定，且能分步滴定，第三级解离的 H^+ 不能被直接滴定. H_3PO_4 的滴定曲线见图 7-6. 对其各点 pH 的计算比较繁杂，通常计算化学计量点的 pH(用最简式计算，误差很小，均能符合滴定要求)，据此选择指示剂.

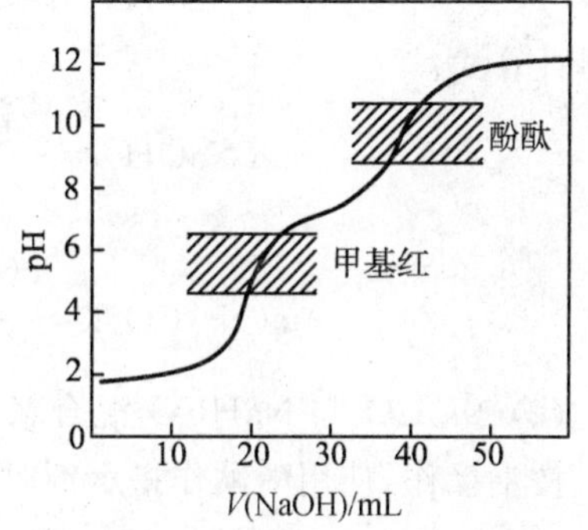

图 7-6 NaOH 滴定 H_3PO_4 的滴定曲线

第一化学计量点时：

$$c(H^+) = \sqrt{K_{a1}K_{a2}} = \sqrt{6.9 \times 10^{-3} \times 6.2 \times 10^{-8}}$$
$$= 2.07 \times 10^{-5}(\text{mol} \cdot \text{L}^{-1}) \quad \text{pH} = 4.68$$

选用甲基橙作指示剂，误差在 0.5% 以下；用溴酚蓝时误差约为 0.35%.

第二化学计量点时：

$$c(H^+) = \sqrt{K_{a2}K_{a3}} = \sqrt{6.2 \times 10^{-8} \times 4.4 \times 10^{-13}} = 1.65 \times 10^{-10}(\text{mol} \cdot \text{L}^{-1}) \quad \text{pH} = 9.78$$

由于 $K_{a3} < 10^{-8}$，第三个 H^+ 不能被直接滴定，可用上面提到的方法，加过量 $CaCl_2$，生成 $Ca_3(PO_4)_2$ 沉淀.

$$3Ca^{2+} + 2HPO_4^{2-} = Ca_3(PO_4)_2 \downarrow + 2H^+$$

释放出的 H^+，可用 NaOH 标准溶液滴定.

混合酸(碱)的滴定与多元酸(碱)类似，若两种酸解离常数分别为 K_a 和 K_a'，浓度分别为 c 和 c'，则 $cK_a \geqslant 10^{-8}$，$cK_a/c'K_a' \geqslant 10^4$ 时，可准确滴定第一种酸；若 $c'K_a' \geqslant 10^{-8}$时，则可继续滴定第二种酸. 否则就必须采取其他方法.

多元碱(包括混合碱)的滴定与多元酸(包括混合酸)相似，滴定曲线相反，这里不再讨论.

三、应用示例

酸碱滴定法应用广泛，许多酸(碱)类物质都可用本法直接滴定，有些有机酸(碱)也可用本法测定，某些弱酸(碱)可间接地应用本法滴定. 强酸的铵盐、尿素及有机化合物中的醇、醛、酮、羧酸、脂肪类等均可使用本法. 我国的国标(GB)中，化学试剂、化学肥料、化工产品、食品添加剂、水质、石油产品、硅酸盐等的分析，凡涉及直接或间接的酸碱分析项目，多数采用本法.

1. 混合碱的测定(双指示剂法)

混合碱是指 NaOH 与 Na_2CO_3 或 Na_2CO_3 与 $NaHCO_3$ 的混合物. 双指示剂法是指用两种指示剂进行连续滴定，根据两个滴定终点所消耗的酸标准溶液的体积，计算各组分含量.

(1) NaOH 与 Na_2CO_3 混合碱的测定.

称取混合碱试样 G g，配制成溶液. 先以酚酞为指示剂，用 HCl 标准溶液滴定至终点(刚好无色)，记录消耗 HCl 的体积为 V_1 mL：

$$NaOH + HCl \longrightarrow NaCl + H_2O$$

$$Na_2CO_3 + HCl \longrightarrow NaHCO_3 + NaCl$$

再用甲基橙作指示剂，继续用 HCl 标准溶液滴定至溶液呈橙色，消耗酸 V_2 mL：

$$NaHCO_3 + HCl \longrightarrow NaCl + H_2O + CO_2\uparrow$$

可得计算式：

$$w(NaOH) = \frac{c(HCl)\cdot(V_1 - V_2)\times 10^{-3}M(NaOH)}{G}$$

$$w(Na_2CO_3) = \frac{c(HCl)\times 2V_2\times 10^{-3}\times \frac{1}{2}M(Na_2CO_3)}{G}$$

(2) Na_2CO_3 与 $NaHCO_3$ 混合碱的测定.

按上操作，使用酚酞作指示剂时记录消耗 HCl 体积为 V_1 mL：

$$Na_2CO_3 + HCl \longrightarrow NaHCO_3 + NaCl$$

再用甲基橙作指示剂时记录消耗酸体积为 V_2 mL，这时，

$$NaHCO_3(\text{由上反应生成的}) + HCl \longrightarrow NaCl + H_2O + CO_2\uparrow$$

$$NaHCO_3(\text{原有的}) + HCl \longrightarrow NaCl + H_2O + CO_2$$

所以有计算式：

$$w(Na_2CO_3) = \frac{c(HCl)\times 2V_1\times 10^{-3}\times \frac{1}{2}M(Na_2CO_3)}{G}$$

$$w(NaHCO_3) = \frac{c(HCl)\cdot(V_2 - V_1)\times 10^{-3}\times M(NaHCO_3)}{G}$$

由上可知，在使用双指示剂法测定混合碱试样时，若消耗 HCl 的体积 $V_1 > V_2$，则混合碱为 NaOH、Na_2CO_3；若 $V_2 > V_1$，则为 Na_2CO_3、$NaHCO_3$.

2. 铵盐的测定

$(NH_4)_2SO_4$、NH_4Cl、NH_4NO_3 等均是常见的铵盐. 由于 NH_4^+ 为弱酸($pK_a = 9.26$)，因此只能用间接法测定.

(1) 蒸馏法.

置铵盐试样 G g 于蒸馏瓶中，加入过量 NaOH 溶液，加热，蒸馏出 NH_3，用过量的 H_2SO_4(或 HCl)标准溶液吸收，再以甲基橙或甲基红为指示剂，用 NaOH 标准溶液回滴剩

余的酸.反应为：

$$NH_4^+ + OH^- = NH_3 + H_2O$$

$$NH_3 + HCl = NH_4Cl + H_2O$$

$$NaOH + HCl(剩余) = NaCl + H_2O$$

计算式为：

$$w(NH_3) = \frac{[c(HCl)V(HCl) - c(NaOH)V(NaOH)] \times 10^{-3} \times M(NH_3)}{G}$$

也可用 H_3BO_3 溶液吸收蒸馏出的 NH_3，然后用酸标准溶液滴定 H_3BO_3 吸收液，以甲基红-溴甲酚绿混合指示剂指示终点.反应为：

$$NH_3 + H_3BO_3 = H_2BO_3^- + NH_4^+$$

$$H_2BO_3^- + H^+ = H_3BO_3$$

本法准确率高但费时.较为简便的是甲醛法.

(2) 甲醛法.

甲醛与铵盐反应，生成六次甲基四胺的同时，释放出 H^+，以酚酞作指示剂，用标准碱溶液滴定.反应为：

$$4NH_4^+ + 6HCHO = (CH_2)_6N_4H^+ + 3H^+ + 6H_2O$$

$$(CH_2)_6N_4H^+ + 3H^+ + 4OH^- = (CH_2)_6N_4 + 4H_2O$$

计算式为：

$$w(NH_3) = \frac{c(NaOH)V(NaOH) \times 10^{-3} M(NH_3)}{G}$$

3. 化学肥料中有效磷的测定

有效磷是指能被植物吸收利用而产生肥效的磷，通常以 P_2O_5 计.

称取 G g 磷肥试样，用水、柠檬酸铵的氨性溶液抽取肥料中的有效磷.抽取液中的正磷酸根离子在酸性介质中与喹钼柠酮(喹啉、钼酸钠、柠檬酸、丙酮按比例混合配制)试剂反应，生成黄色磷钼酸喹啉沉淀.过滤，洗净所吸附的酸液，将沉淀溶于过量并定量的 NaOH 溶液中，再以酚酞作指示剂，用盐酸标准溶液回滴.主要反应为：

$$(C_9H_7N)_3H_3(PO_4 \cdot 12MoO_3) \cdot H_2O + 26NaOH = Na_2HPO_4 + 12Na_2MoO_4 + 3C_9H_7N + 15H_2O$$

计算式为：

$$w(P_2O_5) = \frac{[c(NaOH)V(NaOH) - c(HCl)V(HCl)] \times 10^{-3} \times \frac{1}{52}M(P_2O_5)}{G}$$

7-6-2 沉淀滴定法

沉淀滴定法是利用沉淀反应来进行的滴定分析方法.要求沉淀的溶解度小，即反应需定量、完全；沉淀的组成要固定，即被测离子与沉淀剂之间要有准确的化学计量关系；沉淀反应速率快；沉淀吸附的杂质少；要有适当的指示剂指示滴定终点.形成沉淀的反应虽然很多，但能同时满足上述要求的反应并不多.比较常用的是利用生成难溶的银盐的反应：$Ag^+ + X^- = AgX(s)$.该法又称银量法，它可以测定 Cl^-、Br^-、I^-、SCN^- 和 Ag^+.

一、沉淀滴定的滴定曲线

用 $AgNO_3$ 标准溶液滴定卤素离子的过程中，随着 $AgNO_3$ 溶液的滴入，卤素离子浓度不断变化．以滴入的 $AgNO_3$ 溶液体积为横坐标，pX(卤素离子浓度的负对数)为纵坐标(也可以用 pAg 为纵坐标)，就可绘得滴定曲线．从滴定开始到化学计量点前，由溶液中剩余 X^- 浓度和 $K_{sp}^{\ominus}$ 计算 pX；计量点后，由过量的 Ag^+ 浓度和 $K_{sp}^{\ominus}$ 计算 pX；化学计量点时 $c(X^-)=\sqrt{K_{sp}^{\ominus}}$．

图 7-7 为 0.100 0 mol · L^{-1} $AgNO_3$ 溶液滴定 20.00 mL 0.100 0 mol · L^{-1} Cl^-、Br^-、I^- 溶液的滴定曲线．AgCl、AgBr、AgI 的 $K_{sp}^{\ominus}$ 值分别为 1.8×10^{-10}、5.0×10^{-13}、8.3×10^{-17}．

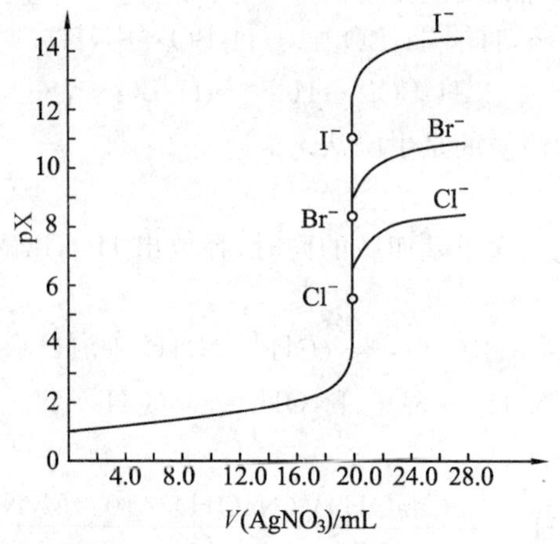

图 7-7　0.100 0 mol · L^{-1} $AgNO_3$ 溶液滴定 20.00 mL 0.100 0 mol · L^{-1} Cl^-、Br^-、I^- 溶液的滴定曲线图

滴定突跃的大小既与溶液的浓度有关，更取决于生成的沉淀的溶解度．当被测离子浓度相同时，滴定突跃大小仅与沉淀溶解度有关．显然溶解度越小，突跃越大．

二、沉淀滴定法的终点检测

在银量法中有两类指示剂．一类是利用稍过量的滴定剂与指示剂形成的带色化合物来指示终点；另一类是利用在化学计量点时指示剂被沉淀吸附带来颜色的改变以指示滴定终点．

三、沉淀滴定法举例

(一) 莫尔(Mohr)法——铬酸钾作指示剂

1．方法原理

在含有 Cl^- 的中性或弱碱性溶液中，以 K_2CrO_4 作指示剂，用 $AgNO_3$ 溶液直接滴定 Cl^-．由于 AgCl 的溶解度小于 Ag_2CrO_4 的溶解度，根据分步沉淀原理，先析出的是 AgCl 白色沉淀，当 Ag^+ 与 Cl^- 定量沉淀完全后，稍过量的 Ag^+ 与 CrO_4^{2-} 生成 Ag_2CrO_4 砖红色沉淀，以指示滴定终点．

$$Ag^+ + Cl^- = AgCl(s) \quad K_{sp}^{\ominus}=1.8\times10^{-10}$$

$$2Ag^+ + CrO_4^{2-} = Ag_2CrO_4(s) \quad K_{sp}^{\ominus}=1.1\times10^{-12}$$

2．滴定条件

莫尔法的滴定条件主要是控制溶液中 K_2CrO_4 的浓度和溶液的酸度．

K_2CrO_4 的浓度过大或过小，会使 Ag_2CrO_4 沉淀过早或过迟地出现，影响终点的判断．

应该在滴定到化学计量点时出现 Ag_2CrO_4 沉淀最为适宜.根据溶度积原理,化学计量点时,溶液中:

$$c(Ag^+)=c(Cl^-)=\sqrt{K_{sp}^{\ominus}}$$

则

$$c(CrO_4^{2-})=\frac{K_{sp}^{\ominus}(Ag_2CrO_4)}{c^2(Ag^+)}=\frac{1.1\times10^{-12}}{1.8\times10^{-10}}\ mol\cdot L^{-1}$$

计算得 $c(CrO_4^{2-})$ 为 0.006 $mol\cdot L^{-1}$. 实验证明,滴定终点时,K_2CrO_4 的浓度约 0.005 $mol\cdot L^{-1}$ 较为适宜.

以 K_2CrO_4 作指示剂,用 $AgNO_3$ 溶液滴定 Cl^- 的反应需在中性或弱碱性介质(pH 6.5～8.5)中进行.因为在酸性溶液中不生成 Ag_2CrO_4 沉淀(H_2CrO_4 的解离常数 $K_{a2}^{\ominus}=3.2\times10^{-7}$):

$$Ag_2CrO_4(s)+H^+ \Longrightarrow 2Ag^+ + HCrO_4^-$$

在强碱性或氨性溶液中,$AgNO_3$ 会与 OH^- 反应生成沉淀或与氨形成配合物:

$$2Ag^+ + 2OH^- \Longrightarrow Ag_2O\downarrow + H_2O$$

$$Ag^+ + 2NH_3 \Longrightarrow [Ag(NH_3)_2]^+$$

$$AgCl + 2NH_3 \Longrightarrow [Ag(NH_3)_2]^+ + Cl^-$$

因此,若试液显酸性,应先用 $Na_2B_4O_7\cdot10H_2O$ 或 $NaHCO_3$ 中和;若试液呈碱性,应先用 HNO_3 中和,然后进行滴定.

另外,滴定时要充分振荡.因为在化学计量点前,AgCl 沉淀会吸附 Cl^-,使 Ag_2CrO_4 沉淀过早出现而被误认为终点到达.滴定中充分摇荡可使 AgCl 沉淀吸附的 Cl^- 释放出来,与 Ag^+ 反应完全.

3. 应用范围

(1) 莫尔法主要用于测定氯化物中的 Cl^- 和溴化物中的 Br^-.当 Cl^-、Br^- 共存时,测得的是它们的总量.由于 AgI 和 AgSCN 强烈的吸附性质,会使终点过早出现,故不适宜用该法测定 I^- 和 SCN^-.

(2) 凡能与 Ag^+ 生成沉淀的阴离子,如 PO_4^{3-}、AsO_4^{3-}、S^{2-}、CO_3^{2-}、$C_2O_4^{2-}$ 等以及能与 CrO_4^{2-} 生成沉淀的阳离子,如 Ba^{2+}、Pb^{2+}、Hg^{2+} 等和能与 Ag^+ 生成配合物的物质,如 NH_3、EDTA、KCN、$S_2O_3^{2-}$ 等都对测定有干扰.在中性或弱碱性溶液中能发生水解的金属离子也不应存在.

(3) 使用莫尔法时,适宜于用 Ag^+ 溶液滴定 Cl^-,而不能用 NaCl 溶液滴定 Ag^+.因为滴定前 Ag^+ 与 CrO_4^{2-} 生成 $Ag_2CrO_4(s)$,它转化为 AgCl(s)的速率很慢.

(二) 佛尔哈得(Volhard)法——铁铵矾作指示剂

1. 方法原理

用铁铵矾[$FeNH_4(SO_4)_2\cdot12H_2O$](利用其中的 Fe^{3+})作指示剂的佛尔哈得法,按滴定方式的不同,可分为直接滴定法和返滴定法.

(1) 直接滴定法测定 Ag^+.在含有 Ag^+ 的硝酸溶液中,以铁铵矾作指示剂,用 NH_4SCN 作滴定剂,产生 AgSCN 沉淀.在化学计量点后,稍过量的 SCN^- 与 Fe^{3+} 生成红色的 $[Fe(SCN)]^{2+}$ 配合物,以指示终点.

$$Ag^+ + SCN^- \Longrightarrow AgSCN(s)\ (白色)\quad K_{sp}^{\ominus}=1.1\times10^{-12}$$

$$Fe^{3+} + SCN^{-} \longrightarrow [Fe(SCN)]^{2+}(红色) \quad K^{\ominus} = 200$$

(2) 返滴定法测定 Cl^-、Br^-、I^-、SCN^-. 先于试液中加入过量的 $AgNO_3$ 标准溶液,以铁铵矾作指示剂,再用 NH_4SCN 标准溶液滴定剩余的 Ag^+.

2. 滴定条件

需注意控制指示剂浓度和溶液的酸度. 实验表明,$[Fe(SCN)]^{2+}$ 的最低浓度为 6×10^{-5} mol·L^{-1}时,能观察到明显的红色,且滴定反应要在 HNO_3 介质中进行. 在中性或碱性介质中,Fe^{3+} 会水解;Ag^+ 在碱性介质中会生成 Ag_2O 沉淀,在氨性溶液中会生成$[Ag(NH_3)_2]^+$. 滴定反应在酸性溶液中进行还可避免许多阴离子的干扰. 因此溶液酸度一般大于 0.3 mol·L^{-1}. 另外,用 NH_4SCN 标准溶液直接滴定 Ag^+ 时要充分摇荡,避免 AgSCN 沉淀对 Ag^+ 的吸附,防止终点过早出现.

当用返滴定法测定 Cl^- 时,溶液中有 AgCl 和 AgSCN 两种沉淀. 化学计量点后,稍过量的 SCN^- 会与 Fe^{3+} 形成红色的$[Fe(SCN)]^{2+}$,也会使 AgCl 转化为溶解度更小的 AgSCN 沉淀. 此时剧烈的摇荡会促使沉淀转化,而使溶液红色消失,给测定带来误差. 为避免这种误差,可在加入过量 $AgNO_3$ 后,将溶液煮沸使 AgCl 沉淀凝聚,以减少 AgCl 沉淀对 Ag^+ 的吸附. 然后过滤,再用 NH_4SCN 标准溶液滴定滤液中剩余的 Ag^+. 也可以加入有机溶剂如硝基苯(有毒),用力摇荡使 AgCl 沉淀进入有机层,避免 AgCl 与 SCN^- 的接触,从而消除沉淀转化的影响.

3. 应用范围

由于采用佛尔哈得法时,滴定在酸性介质中进行,许多弱酸根离子的存在不影响测定,因此该法选择性高于莫尔法,可用于测定 Cl^-、Br^-、I^-、SCN^-、Ag^+ 等. 但强氧化剂、氮的氧化物、铜盐、汞盐等能与 SCN^- 作用,对测定有干扰,须预先除去.

当用返滴定法测定 Br^- 和 I^- 时,由于 AgBr 和 AgI 的溶解度小于 AgSCN 的溶解度,故不会发生沉淀的转化反应,不必采取上述措施. 但在测定 I^- 时,应先加入过量的 $AgNO_3$ 溶液,后加指示剂,否则 Fe^{3+} 将与 I^- 反应析出 I_2,影响测定结果的准确度.

四、应用示例

1. 标准溶液的配制与标定

银量法中常用的标准溶液是 $AgNO_3$ 和 NH_4SCN 溶液.

$AgNO_3$ 标准溶液可以直接用干燥的 $AgNO_3$ 来配制,一般采用标定法. 配制 $AgNO_3$ 溶液的蒸馏水中应不含 Cl^-. $AgNO_3$ 溶液见光易分解,应保存于棕色瓶中. 常用基准物 NaCl 标定$AgNO_3$ 溶液. NaCl 易吸潮,使用前将它置于瓷坩埚中,加热至 500 ℃～600 ℃干燥,然后放入保干器中冷却备用. 标定的方法应采取与测定相同的方法,可消除方法的系统误差,一般用莫尔法.

市售 NH_4SCN 不符合基准物质要求,不能直接称量配制. 常用已标定好的 $AgNO_3$ 溶液按佛尔哈得法的直接滴定法进行标定.

2. 应用示例

(1) 天然水中 Cl^- 含量的测定. 天然水中几乎都含 Cl^-,其含量变化大,河水湖泊中 Cl^- 含量一般较低,海水、盐湖及地下水中 Cl^- 含量较高. 一般用莫尔法测定 Cl^-,若水中含 PO_4^{3-}、S^{2-}、SO_3^{2-} 等,则采用佛尔哈得法测定.

(2) 固体溴化钾的测定. 准确称取试样,用蒸馏水溶解后,加稀醋酸及曙红指示剂,用 $AgNO_3$ 标准溶液滴定至出现桃红色凝乳状沉淀为终点.

7-6-3 配位滴定法

一、乙二胺四乙酸(Ethylenediamine Tetraacetic Acid，EDTA)的螯合物

乙二胺四乙酸是“NO”型螯合剂，其结构式如下：

$$\begin{matrix} HOOCCH_2 & & & & CH_2COOH \\ & \diagdown & & \diagup & \\ & N-CH_2-CH_2-N & & & \\ & \diagup & & \diagdown & \\ HOOCCH_2 & & & & CH_2COOH \end{matrix}$$

EDTA 的特征是其中含有$—N(CH_2COOH)_2$，而胺氮($\gt\!\ddot{N}$—)和羧基($-\overset{O}{\overset{\|}{C}}-\ddot{O}-$)均具有孤对电子，因此是多齿配体.它能与许多金属离子形成稳定的螯合物，在分析化学、生物学和药物学中都有着广泛的用途.

二、影响金属与 EDTA 螯合物稳定性的因素

1. 主反应和副反应

在配位滴定中，往往涉及多个化学平衡.除 EDTA 与被测金属离子 M 之间的配位反应外，溶液中还存在着 EDTA 与 H^+ 和其他金属离子的反应，被测金属离子 M 与溶液中其他共存配位剂或 OH^- 的反应，反应产物 MY 与 H^+ 或 OH^- 的作用，等等.一般将 EDTA 与被测金属离子 M 的反应称为主反应，而溶液中存在的其他反应都称为副反应，它们之间的平衡关系如下所示：

$$M + Y \rightleftharpoons MY \quad \text{主反应}$$

M：$\xrightarrow{OH^-}$ M(OH) …… $M(OH)_n$；$\xrightarrow{L}$ ML …… ML_n

Y：$\xrightarrow{H^+}$ HY …… H_6Y；$\xrightarrow{N}$ NY

MY：$\xrightarrow{H^+}$ MHY；$\xrightarrow{OH^-}$ M(OH)Y

副反应

由于副反应的存在，使主反应的化学平衡发生移动，主反应产物 MY 的稳定性发生变化，因而对配位滴定的准确度可能有较大的影响，其中以介质酸度的影响最大.

2. 副反应(一)——酸效应和酸效应系数

在上述平衡中，当滴定体系中 H^+ 存在时，H^+ 与 EDTA 之间发生反应，使参与主反应的 EDTA 浓度减小，主反应化学平衡向左移动，配位反应的完全程度降低，这种现象称为 EDTA 的酸效应.酸效应的大小可用酸效应系数来表示，它是指未参与配位反应的 EDTA 各种存在形式的总浓度 $c(Y')$ 与能直接参与主反应的 $c(Y)$ 的平衡浓度之比，用符号 $\alpha_{Y(H)}$ 表示，即

$$\alpha_{Y(H)}=\frac{c(Y')}{c(Y)}=\frac{c(Y)+c(HY)+c(H_2Y)+\cdots+c(H_6Y)}{c(Y)}$$
$$=1+c(H)\beta_1+c^2(H)\beta_2+\cdots+c^6(H)\beta_6$$

其中，$\beta_1\sim\beta_6$ 是 EDTA 的累积生成常数(生成常数为酸解离常数的倒数).因此，酸效应系数仅是氢离子浓度的函数.

表 7-8 给出了不同 pH 下的 $\lg\alpha_{Y(H)}$.随着介质的酸度增大，$\lg\alpha_{Y(H)}$ 增大，即酸效应显著，EDTA 参与配位反应的能力显著降低.而在 pH＝12 时，$\lg\alpha_{Y(H)}$ 接近于零，所以 pH≥12 时，可

忽略 EDTA 酸效应的影响. 以 pH 对 $\lg\alpha_{Y(H)}$ 作图,即得 EDTA 的酸效应曲线(图 7-8),从曲线上也可查得不同 pH 下的 $\lg\alpha_{Y(H)}$.

表 7-8 不同 pH 下的 $\lg\alpha_{Y(H)}$

pH	$\lg\alpha_{Y(H)}$	pH	$\lg\alpha_{Y(H)}$	pH	$\lg\alpha_{Y(H)}$	pH	$\lg\alpha_{Y(H)}$	pH	$\lg\alpha_{Y(H)}$
0	23.64	2.2	12.82	4.4	7.64	6.6	3.79	8.8	1.48
0.2	22.47	2.4	12.19	4.6	7.24	6.8	3.55	9.0	1.28
0.4	21.32	2.6	11.62	4.8	6.84	7.0	3.32	9.2	1.10
0.6	20.18	2.8	11.09	5.0	6.45	7.2	3.10	9.6	0.75
0.8	19.08	3.0	10.60	5.2	6.07	7.4	2.88	10.0	0.45
1.0	18.01	3.2	10.14	5.4	5.69	7.6	2.68	10.5	0.20
1.2	16.98	3.4	9.70	5.6	5.33	7.8	2.47	11.0	0.07
1.4	16.02	3.6	9.27	5.8	4.98	8.0	2.22	11.5	0.02
1.6	15.11	3.8	8.85	6.0	4.65	8.2	2.07	12.0	0.01
1.8	14.27	4.0	8.44	6.2	4.32	8.4	1.87	13.0	0.00
2.0	13.51	4.2	8.04	6.4	4.06	8.6	1.67		

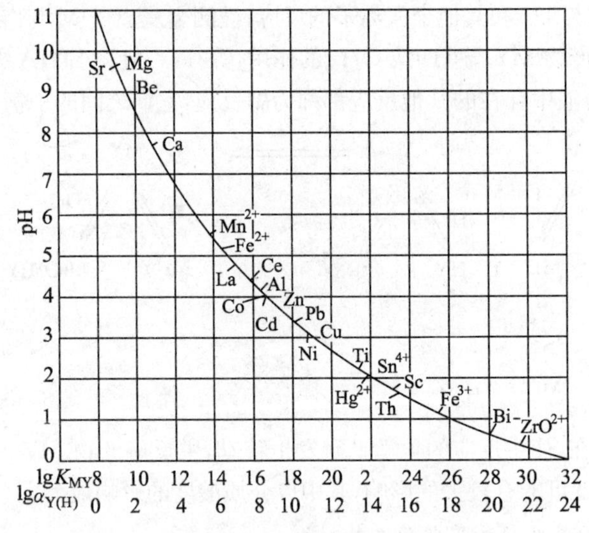

图 7-8 EDTA 的酸效应曲线(林邦曲线)

3. 副反应(二)——配位效应和配位效应系数

与酸效应类似,滴定体系中如果存在其他配位剂,而这种配位剂能与被测金属离子形成配合物,则参与主反应的被测金属离子浓度减小,主反应平衡向左移动,EDTA 与金属离子形成的配合物的稳定性下降. 这种由于共存配位剂的作用而使被测金属离子参与主反应的能力下降的现象称为配位效应. 溶液中的 OH^- 能与金属离子形成氢氧化物或羟基配合物,从而降低了参与主反应的能力,这种金属离子的水解作用也是配位效应的一种.

配位效应的大小可用配位效应系数来表示,它是指未与 EDTA 配位的金属离子的各种存在形式的总浓度 $c(M')$ 与游离金属离子的浓度 $c(M)$之比,用 $\alpha_{M(L)}$ 表示,即

$$\alpha_{M(L)}=c(M')/c(M)$$

配位效应系数 $\alpha_{M(L)}$ 的大小与共存配位剂 L 的种类和浓度有关. 共存配位剂的浓度越

大，与被测金属离子形成的配合物越稳定，则配位效应越显著，对主反应的影响越大.

$$\alpha_{M(L)}=\frac{c(M')}{c(M)}=\frac{c(M)+c(ML)+c(ML_2)+\cdots+c(ML_n)}{c(M)}$$
$$=1+\beta_1 c(L)+\beta_2 c^2(L)+\cdots+\beta_n c^n(L)$$

其中，$\beta_1\sim\beta_n$ 是金属离子与 L 配体生成配合物的累积稳定常数. 因此，配位效应系数仅是 L 的函数.

4. EDTA 配合物的条件(稳定)常数

EDTA 与金属离子所形成的配合物的稳定常数 K_{MY} 越大，表示配位反应进行得越完全，生成的配合物越稳定. 由于 K_{MY} 是在一定温度和离子强度的理想条件下的平衡常数，不受溶液中其他条件的影响，因此也称为 EDTA 配合物的绝对稳定常数. 但是，在实际操作时，如果有副反应存在，则溶液中未与 EDTA 配位的金属离子的总浓度和未与金属离子配位的 EDTA 的总浓度都会发生变化，主反应的平衡会发生移动，配合物的实际稳定性下降. 这时，再用 K_{MY} 来表示配合物的实际稳定性就不合适了，而应该采用配合物的条件稳定常数 K'_{MY}，它可表示为：

$$K'_{MY}=\frac{c(MY)}{c(M')\cdot c(Y')}=\frac{c(MY)}{\alpha_{M(L)}\cdot c(M)\cdot\alpha_{Y(H)}\cdot c(Y)}=\frac{K^{\ominus}_{MY}}{\alpha_{M(L)}\cdot\alpha_{Y(H)}}$$
$$\lg K'_{MY}=\lg K^{\ominus}_{MY}-\lg\alpha_{M(L)}-\lg\alpha_{Y(H)}$$

显然，副反应系数越大，条件稳定常数 K'_{MY} 越小. 也就是说，酸效应和配位效应越严重，配合物的实际稳定性越低. 由于在 EDTA 滴定过程中存在酸效应和配位效应，应使用条件稳定常数来衡量 EDTA 配合物的实际稳定性.

三、配位滴定的基本原理(单一金属离子的滴定)

1. 配位滴定曲线

在配位滴定中，随着滴定剂 EDTA 的加入，溶液中被滴定的金属离子浓度不断减小，在化学计量点附近，pM(即$-\lg c(M)$)将急剧变化. 以 EDTA 加入的体积为横坐标，pM 为纵坐标，作图即可得到 pM-EDTA 滴定曲线. 通常仅计算化学计量点时的 pM，以此作为选择指示剂的依据.

下面以 pH=12.00 时，用 0.010 00 $mol\cdot L^{-1}$ EDTA 标准溶液滴定 20.00 mL 0.010 00 $mol\cdot L^{-1}$ Ca^{2+} 为例，对不同滴定阶段金属离子的浓度进行计算.(假定滴定体系中不存在其他辅助配位剂，而只考虑 EDTA 的酸效应)

$$K^{\ominus}_{CaY^{2-}}=10^{10.69}\text{，pH}=12.0\text{ 时，}\alpha_{Y(H)}=10^{0.01}\approx 1$$
$$K'_{CaY^{2-}}=K^{\ominus}_{CaY^{2-}}/\alpha_{Y(H)}=K^{\ominus}_{CaY^{2-}}=10^{10.69}$$

(1) 滴定前：

$$c'(Ca^{2+})=c(Ca^{2+})=0.010\,00\ mol\cdot L^{-1}$$
$$pCa=2.0$$

(2) 化学计量点前：

由于 $K'_{CaY^{2-}}=10^{10.69}$，即 CaY^{2-} 很稳定，计量点前其解离作用可忽略. 所以，

$$c(Ca^{2+})=\frac{c'(Ca^{2+})(V_M-V_{EDTA})}{V_M+V_{EDTA}}$$

假设加入 EDTA 溶液 19.98 mL，此时还剩 0.1%的 Ca^{2+} 没被配位.

$$c(Ca^{2+})=0.010\ 00\times(20.00-19.98)/(20.00+19.98)=5.0\times10^{-6}\ mol\cdot L^{-1}$$

$$pCa=5.3$$

(3) 化学计量点时：

Ca^{2+} 与 EDTA 几乎全部配位产生 CaY^{2-}，$c(CaY^{2-})=0.01/2=0.005\ mol\cdot L^{-1}$，

$$c(Ca^{2+})=c(Y^{4-})$$

$$pM=\frac{1}{2}\left[\lg K'_{MY}+p\left(\frac{c(M)}{2}\right)\right]\quad pCa=6.5$$

(4) 化学计量点后：

假设加入 EDTA 溶液 20.02 mL，此时 EDTA 过量 0.1%，所以，

$c(Y^{4-})=(20.02-20.00)\times0.01/(20.00+20.02)=5.0\times10^{-6}\ mol\cdot L^{-1}$

$c(CaY^{2-})=[20.00/(20.00+20.02)]\times0.01=0.005\ mol\cdot L^{-1}$

$$c(Ca^{2+})=\frac{c(CaY^{2-})}{K^{\ominus}_{CaY}\cdot c(Y^{4-})}$$

$$=5.0\times10^{-3}/(10^{10.69}\times5.0\times10^{-6})$$

$$=10^{-7.69}(mol\cdot L^{-1})$$

$$pCa=7.7$$

按照上述计算方法，所得结果列于表 7-9 中. 以 EDTA 加入的体积为横坐标，pCa 值为纵坐标，可得到 pCa-EDTA 滴定曲线，如图 7-9 所示.

表 7-9　pH=12.00 时，0.010 00 mol · L⁻¹ EDTA 标准溶液滴定 20.00 mL 0.010 00 mol · L⁻¹ Ca^{2+} 过程中 pCa 的变化

加入 EDTA 溶液		Ca^{2+} 被配位百分比/%	过量 EDTA 的百分比/%	pCa
V/mL	百分比/%			
0.00	0.0	0.0		2.0
18.00	90.0	90.0		3.3
19.80	99.0	99.0		4.3
19.98	99.09	99.9		5.3
20.00	100.0	100.0	0.0	6.5
20.02	100.1		0.1	7.7
20.20	101.0		1.0	8.7

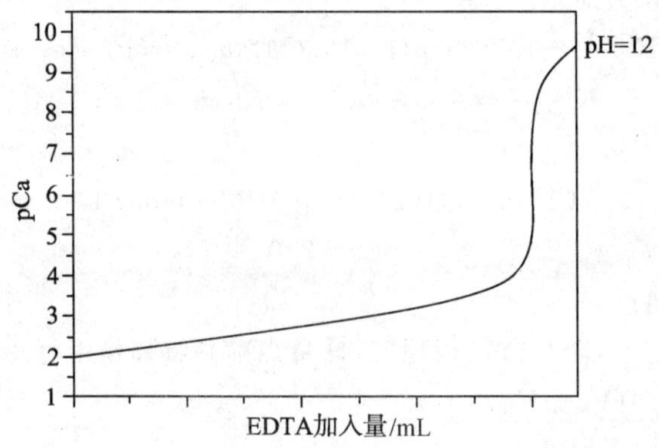

图 7-9　0.01 mol · L⁻¹ EDTA 标准溶液滴定 20.00 mL 0.01 mol · L⁻¹ Ca^{2+} 的滴定曲线

若滴定过程中使用了辅助配位剂，与被测金属离子发生其他配位反应，这时要考虑酸效应和配位效应对滴定过程的影响，滴定曲线中应该用 pM′来代替 pM.

当用 0.010 00 mol·L^{-1} EDTA 标准溶液滴定 20.00 mL 0.010 00 mol·L^{-1} 金属离子 M^{n+} 时，若配合物的$\lg K'_{MY}$分别为 6、8、10、12，同样可绘制出相应的滴定曲线，如图 7-10 所示.

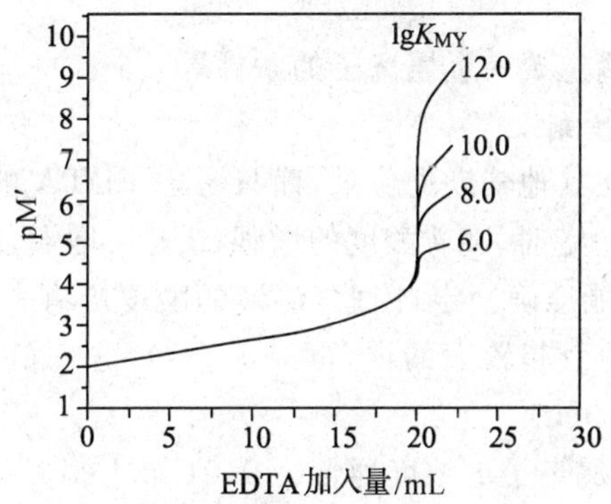

图 7-10　不同 K'_{MY} 时用 0.01mol·L^{-1} EDTA 标准溶液滴定 20.00 mL 0.01mol·L^{-1} M^{n+} 的滴定曲线

若 $\lg K_{MY}'=10$，如 c(M)分别为 $10^{-1}\sim10^{-4}$ mol·L^{-1}，分别用与金属离子等浓度的 EDTA 标准溶液滴定，滴定过程中的 pM′也可计算出来，其滴定曲线如图 7-11 所示.

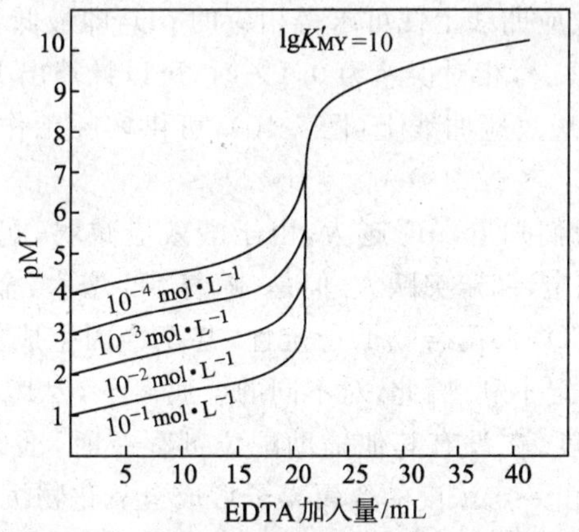

图 7-11　各浓度 EDTA 标准溶液滴定 20.00 mL 不同浓度 M^{n+} 的滴定曲线

2. 影响滴定突跃的因素

从图 7-13 可看出，在配位滴定中，化学计量点前后存在着滴定突跃，而突跃的大小与配合物的条件稳定常数和被滴定的金属离子的浓度直接相关.

(1) 条件稳定常数对滴定突跃的影响. 配合物的条件稳定常数的大小影响滴定突跃的大小，K'_{MY}越大，滴定突跃越大. 而配合物的条件稳定常数的大小，除了决定于配合物的绝对稳定常数外，主要还受溶液的酸度和其他辅助配位剂的影响.

(2) 被滴定金属离子浓度的影响. 金属离子浓度越低，滴定曲线的起点就越高，滴定突跃越小.

3. 单一金属离子准确滴定的界限

在配位滴定中，通常采用指示剂来指示滴定的终点. 在理想的情况下，指示剂的变色点与化学计量点一致，但由于肉眼判断颜色的局限性，仍可能造成滴定终点和化学计量点有差别，因为配位滴定一般要求滴定的相对误差不超过 0.1%（$\Delta pM'$为 0.2 个 pM 单位），根据终点误差理论，此时要求被滴定的初始金属离子浓度和其配合物的条件稳定常数 K'_{MY}的乘积大于 10^6，即

$$\lg c(M)K'_{MY} \geqslant 6$$

此条件为配位滴定中准确滴定单一金属离子的条件.

4. 配位滴定中酸度的控制

假定滴定体系中不存在其他辅助配位剂，而只考虑 EDTA 的酸效应，则 $\lg K'_{MY}$主要受溶液的酸度影响. 在 $c(M)$一定时，随着酸度的增强，$\lg\alpha_{Y(H)}$增大，$\lg K'_{MY}$减小，最后可能导致 $\lg c(M)K'_{MY}<6$，这时就不能准确滴定. 因此，溶液的酸度应有一上限，超过它，便不能保证 $\lg c(M)K'_{MY}$有一定的值，会引起较大的误差（>0.1%），这一最高允许的酸度称为最高酸度，与之相应的 pH 为最低 pH.

在配位滴定中，被测金属离子的浓度通常为 0.01 mol·L^{-1}，根据 $\lg c(M)K'_{MY} \geqslant 6$，得 $\lg K'_{MY} \geqslant 8$，若只考虑酸效应，则

$$\lg K'_{MY} = \lg K_{MY} - \lg\alpha_{Y(H)} \geqslant 8$$

$$\lg\alpha_{Y(H)} \leqslant \lg K_{MY} - 8$$

在 $c(M)=0.01$mol·L^{-1}，且只考虑 EDTA 的酸效应时，可由上式求出配位滴定的最大 $\lg\alpha_{Y(H)}$，然后从表或酸效应曲线上便可求得相应的 pH，即最低 pH.

在 $c(M)=0.01$mol·L^{-1}，相对误差为 0.1%时，可以计算出 EDTA 滴定各种金属离子的最低 pH，并将其标注在酸效应曲线上（图 7-10），可供实际工作使用，这种曲线通常又称为**林邦（Ringbom）曲线**.

从滴定曲线的讨论，我们知道，pH 越大，由于酸效应减弱，配合物越稳定，被测金属离子与 EDTA 的反应也越完全，滴定突跃大. 但是，随着 pH 增大，金属离子可能会发生水解，生成多羟基配合物，降低 EDTA 配合物的稳定性，甚至会因生成氢氧化物沉淀而影响 EDTA 配合物的形成，故对滴定不利. 因此，对不同的金属离子，因其性质的不同而在滴定时有不同的最高酸度或最低酸度. 在没有其他辅助配位剂存在时，准确滴定某一金属离子的最低允许酸度通常可粗略地由一定浓度的金属离子形成氢氧化物沉淀时的 pH 估算.

配位滴定应控制在最高酸度和最低酸度之间进行，此酸度范围称为配位滴定的适宜酸度范围.

5. 缓冲溶液的作用

在配位滴定过程中，随着配合物的不断生成，不断有 H^+释放出来：

$$M^{n+} + H_2Y^{2-} \rightleftharpoons MY^{(n-4)} + 2H^+$$

因此，溶液酸度随着配位反应的进行不断增加，不仅降低了配合物的实际稳定性（K'_{MY}减小），使滴定突跃减小，同时也可能改变指示剂变色的适宜酸度，导致很大的误差，甚至无法滴定. 因此，在配位滴定中，通常要加缓冲溶液来控制 pH.

四、金属离子指示剂

1. 金属离子指示剂工作原理

在配位滴定中，通常利用一种能与金属离子生成有色配合物的显色剂来指示滴定的终点. 这种显色剂称为金属离子指示剂，简称金属指示剂.

在滴定开始时，金属指示剂(In)与少量被滴定金属离子反应，形成一种与指示剂本身颜色不同的配合物(MIn). 随着 EDTA 的加入，游离金属离子逐渐被配位，形成 MY. 当达到反应的化学计量点时，EDTA 从 MIn 中夺取金属离子 M，使指示剂游离出来，这样溶液的颜色由 B 色变为 A 色，指示终点到达：

$$\underset{(\text{B色})}{\mathrm{MIn}}+\mathrm{Y} = \mathrm{MY}+\underset{(\text{A色})}{\mathrm{In}}$$

作为金属指示剂的主要条件：

(1) 金属指示剂配合物与指示剂有明显的颜色区别.

(2) 指示剂与金属离子形成的配合物的稳定性适当，即既要有足够的稳定性，但又要比该金属离子的 EDTA 配合物的稳定性小. 即 MIn 的稳定性要略低于 M-EDTA 的稳定性. 如果 MIn 的稳定性太低，终点就会提前出现，且变色不敏锐；如果 MIn 的稳定性太高，终点就会拖后，甚至使 EDTA 不能夺取其中的金属离子，达不到滴定终点.

(3) 指示剂与金属离子的反应要快，灵敏度好且有良好的变色可逆性.

(4) 指示剂应比较稳定，有利于存储和使用.

(5) 指示剂与金属离子形成的配合物要易溶于水. 如果生成胶体或沉淀，会使变色不明显.

应当指出，金属离子指示剂多为有机弱酸，具有酸碱指示剂的性质，即指示剂自身颜色随 pH 变化而不同，因而在使用此类金属指示剂时，也必须控制酸度.

如果滴定体系中存在干扰离子，并能与金属指示剂形成稳定的配合物，虽然加入过量的 EDTA，在化学计量点附近仍没有颜色的变化，这种现象就是所谓的指示剂封闭现象，可加入适当的掩蔽剂来消除.

有些指示剂或指示剂与金属离子形成的配合物在水中溶解度较小，以致在化学计量点时 EDTA 与指示剂置换缓慢，使终点拖长，这种现象就是所谓的指示剂僵化现象，可以通过放慢滴定速度，加入适当的有机溶剂或加热，以增加有关物质的溶解度来消除这一影响.

2. 常用金属离子指示剂简介

(1) 铬黑 T (EBT)：化学名称是 1-(1-羟基-2-萘偶氮基)-6-硝基-2-萘酚-4-磺酸钠，属于偶氮染料，结构式为：

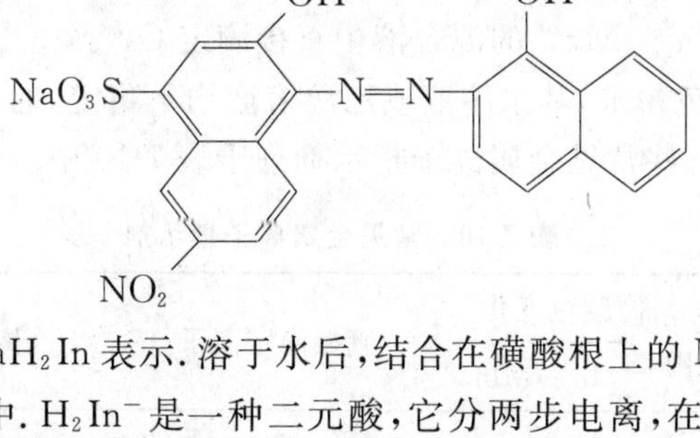

铬黑 T 可用符号 NaH_2In 表示. 溶于水后，结合在磺酸根上的 Na^+ 全部解离，以 H_2In^- 阴离子形式存在于溶液中. H_2In^- 是一种二元酸，它分两步电离，在溶液中存在下列平衡关系而呈现三种不同的颜色：

$$\underset{\substack{(\text{紫红色})\\ \mathrm{pH}<6}}{H_2In^-} \xrightleftharpoons{-H^+} \underset{\substack{(\text{蓝色})\\ \mathrm{pH}=7\sim 11}}{HIn^{2-}} \xrightleftharpoons{-H^+} \underset{\substack{(\text{橙色})\\ \mathrm{pH}>12}}{In^{3-}}$$

即溶液的 pH 在 6 以下时，铬黑 T 显紫红色；pH 在 7～11 时显蓝色，pH 在 12 以上则显橙色. 铬黑 T 与许多二价金属离子如 Ca^{2+}、Mg^{2+}、Mn^{2+}、Zn^{2+}、Cd^{2+}、P 等形成稳定的配合物，在 pH＝7～11 的溶液中，铬黑 T 显蓝色，而与金属离子生成的配合物显酒红色，颜色变化明显，所以用铬黑 T 作指示剂应控制 pH 在此范围内.

铬黑 T 可作 Zn^{2+}、Ca^{2+}、Mg^{2+}、Hg^{2+} 等离子的指示剂，它与金属离子以 1∶1 配位.

例如，以铬黑 T 为指示剂用 EDTA 滴定 Mg^{2+}（pH＝10）：

滴定前：$\underset{}{Mg^{2+}} + \underset{\text{(蓝色)}}{HIn^{2-}} \rightleftharpoons \underset{\text{(酒红色)}}{MgIn^{-}} + H^{+}$

滴定阶段：$Mg^{2+} + HY^{3-} \rightleftharpoons MgY^{2-} + H^{+}$

滴定终点时：由 $MgIn^{-}$ 的酒红色转变为 HIn^{2-} 的蓝色.

$$\underset{\text{(酒红色)}}{MgIn^{-}} + HY^{3-} \rightleftharpoons MgY^{2-} + \underset{\text{(蓝色)}}{HIn^{2-}}$$

在滴定过程中，颜色变化为酒红色→紫色→蓝色.

因铬黑 T 水溶液不稳定，很易聚合，通常把它与惰性盐 NaCl 以 1∶100 相混，配成固体混合物使用，也可配成三乙醇胺溶液使用.

(2) 钙指示剂：化学名称是 2-羟基-1-(2-羟基-4-磺酸基-1-萘偶氮基)-3-萘甲酸(-钠盐)，简称 NN 或称钙红，其结构式为：

OH HO COOH
NaO_3S—N=N—

该指示剂的二钠盐可用符号 Na_2H_2In 表示，溶于水后存在如下平衡：

$$\underset{\substack{\text{(红色)}\\ pH<7}}{H_2In^{2-}} \underset{+H^+}{\overset{-H^+}{\rightleftharpoons}} \underset{\substack{\text{(蓝色)}\\ pH=8\sim13}}{HIn^{3-}} \underset{+H^+}{\overset{-H^+}{\rightleftharpoons}} \underset{\substack{\text{(橙色)}\\ pH>13.5}}{In^{4-}}$$

此指示剂在 pH＝12～13 时呈蓝色，它与 Ca^{2+} 形成相当稳定的红色配合物，与 Mg^{2+} 形成更稳定的红色配合物. 但当溶液 pH 达到 12 时，Mg^{2+} 已被沉淀为 $Mg(OH)_2$，故在此酸度时，用钙指示剂可以在 Ca^{2+}、Mg^{2+} 的混合液中直接滴定 Ca^{2+}.

纯的钙指示剂为紫色粉末，其水溶液或乙醇溶液均不稳定，通常与干燥的 NaCl 粉末以 1∶100 相混合后应用. 一些常见金属离子指示剂列于表 7-10 中.

表 7-10 常见金属离子指示剂

指示剂	使用 pH 范围	颜色变化		直接滴定离子	指示剂配置	备注
		In	MIn			
铬黑 T(EBT) Eriochrome Black T	7～10	蓝	红	pH 10 Ca^{2+}，Mg^{2+}，Zn^{2+}，Cd^{2+}，Pb^{2+}，Mn^{2+}，稀土	1∶100NaCl（固体）	Fe^{3+}，Al^{3+}，Cu^{2+} 等对 EBT 有封闭

续表

指示剂	使用pH范围	颜色变化 In	颜色变化 MIn	直接滴定离子	指示剂配置	备注
二甲酚橙(XO) Xyleuo Orange	<6	黄	红	pH<1 ZrO^{2+} pH 1～3 Bi^{3+},Th^{4+} pH 5～6 Zn^{2+},Pb^{2+},Cd^{2+},Hg^{2+},稀土	质量分数为0.5%的水溶液	Fe^{3+},Al^{3+}等有封闭
PAN [1-(2-Pyridylazo)-2-naphrhol]	2～12	黄	红	pH 2～3 Bi^{3+},Th^{4+} pH 5～6 Cu^{2+},Ni^{2+}	质量分数为0.1%的乙醇溶液	
酸性铬蓝K Acid Chrome Blue K	8～13	蓝	红	pH 10 Mg^{2+}, Zn^{2+} pH 13 Ca^{2+}	1∶100NaCl（固体）	
钙指示剂(NN) Calcon-Carboxylic acid	10～13	蓝	红	pH 12～13, Ca^{2+}	1∶100NaCl（固体）	Fe^{2+}, Al^{2+}, Cu^{2+},Mn^{2+}等有封闭
磺基水杨酸(SSA) Sulfo-Salicylic acid		无	紫红	pH 1.5～2.5 Fe^{3+}（加热）	质量分数为2%的水溶液	SSA无色,终点:红→黄

五、配位滴定的方法和应用实例

配位滴定可以选用多种滴定方法,包括直接滴定、间接滴定、返滴定和置换滴定等.采用不同的方法,可以扩大配位滴定的应用范围,也可以提高选择性.

1. EDTA标准溶液的配制和标定

EDTA标准溶液通常用EDTA二钠盐($Na_2H_2Y \cdot 2H_2O$)配制.此溶液若需长期保存,应储于聚乙烯塑料瓶中.

标定EDTA溶液的基准物质一般用金属锌,也可以用$CaCO_3$或$MgSO_4 \cdot 7H_2O$等.标定时可吸取一定体积的锌标准溶液,加pH=10的$NH_3 \cdot H_2O$-NH_4Cl缓冲溶液,以铬黑T为指示剂.用待标定的EDTA溶液滴定至溶液由酒红色变纯蓝色为终点.记下EDTA溶液消耗的体积V(EDTA)(mL),按下式计算EDTA的浓度:

$$c(\text{EDTA})=\frac{c(\text{Zn})V(\text{Zn})}{V(\text{EDTA})}$$

式中,c(Zn)为锌标准溶液浓度;V(Zn)为吸取的锌标准溶液的体积(mL).

2. 直接滴定法测定水的硬度

钙、镁测定在动、植物分析中都有广泛的应用.工业上将含钙、镁盐等杂质较多的水称为“硬水”.它易在锅炉中形成水垢并使肥皂泡沫减少.用EDTA配位滴定法测定钙、镁时,首先测定的是钙、镁总量,然后测定钙量,二者之差即为镁量.水的硬度通常用质量浓度ρ表示,单位为$mg \cdot dm^{-3}$.

钙、镁总量的测定:将水样调节至pH=10,以铬黑T为指示剂用EDTA直接滴定.铬黑T和EDTA均能与Ca^{2+}、Mg^{2+}生成配合物,但其稳定性有如下差别:

$$CaY^{2-} > MgY^{2-} > MgIn^{-} > CaIn^{-}$$

所以,滴定前铬黑T首先与Mg^{2+}结合,生成酒红色配合物.滴加的EDTA则先与游离的Ca^{2+}结合,然后再结合溶液中游离的Mg^{2+},最后夺取铬黑T结合的Mg^{2+},并使铬黑T游离出来,溶液由酒红色变为蓝色,即为终点.记下 EDTA 消耗的体积 V_1(mL).

钙的测定:以 NaOH 调节至 pH>12,此时 Mg^{2+} 转化为 $Mg(OH)_2$ 沉淀,不干扰 Ca^{2+} 滴定.加入钙试剂后,即与 Ca^{2+} 生成红色配合物.用 EDTA 滴定时,EDTA 首先结合游离的 Ca^{2+},继续滴定,将夺取指示剂结合的 Ca^{2+},并使指示剂游离出来,溶液由红色变为纯蓝色即为终点.记下 EDTA 消耗的体积 V_2(mL).

按下式计算水中 Ca^{2+}、Mg^{2+} 含量:

$$\rho(\mathrm{Ca})(\mathrm{mg\cdot dm^{-3}})=\frac{V_2c(\mathrm{EDTA})M(\mathrm{Ca})}{V(\text{水})}\times 1\,000\ \mathrm{mg\cdot L^{-1}}$$

$$\rho(\mathrm{Mg})(\mathrm{mg\cdot dm^{-3}})=\frac{(V_1-V_2)c(\mathrm{EDTA})M(\mathrm{Mg})}{V(\text{水})}\times 1\,000\ \mathrm{mg\cdot L^{-1}}$$

水中 Fe^{3+}、Al^{3+}、Mn^{2+}、Pb^{2+} 含量较高时,应加三乙醇胺和酒石酸钾钠掩蔽.

3. 间接滴定法测定 SO_4^{2-}

对于不能与 EDTA 形成稳定配合物的物质,可以采用间接滴定法测定.例如,SO_4^{2-} 不与 EDTA 发生配位反应,故用间接法测定.在酸性试液中加 $BaCl_2+MgCl_2$ 标准混合液①,其中 Ba^{2+} 与 S 生成 $BaSO_4^{2-}$ 沉淀.调节溶液 pH=10,以铬黑 T 为指示剂,用 EDTA 标准溶液滴定剩余的 Ba^{2+} 和 Mg^{2+},至溶液的红色变为蓝色,即为终点.由 $BaCl_2+MgCl_2$ 的总量减去剩余量,即为与 SO_4^{2-} 作用的量.

$$w(\mathrm{SO_4^{2-}})=\frac{[c(\mathrm{BaCl_2+MgCl_2})V(\mathrm{BaCl_2+MgCl_2})-c(\mathrm{EDTA})V(\mathrm{EDTA})]M(\mathrm{SO_4^{2-}})}{m}\times 100\%$$

4. 返滴定法测定 Al^{3+}

若被测离子与 EDTA 反应缓慢,被测离子在选定滴定条件下发生水解等副反应,无适宜指示剂或被测离子对指示剂有封闭作用,不能直接进行 EDTA 滴定时,可采用返滴定法.即加入一定量的 EDTA 标准溶液到被测离子溶液中,待反应完全后,再用另一金属离子的标准溶液返滴定过量的 EDTA,根据两种标准溶液的浓度和用量,即可求得被测离子的含量.例如,测定 Al^{3+} 时,由于 Al^{3+} 易水解形成多羟基配合物,且与 EDTA 反应较慢,同时 Al^{3+} 对二甲酚橙有封闭作用,因此不能用 EDTA 直接测定,可在含 Al^{3+} 溶液中先加入一定量过量的 EDTA 标准溶液,加热至沸以使 Al^{3+} 与 EDTA 反应完全后,再加入二甲酚橙,用 Zn^{2+} 或 Cu^{2+} 标准溶液返滴定过量的 EDTA.

5. 置换滴定法

置换滴定法在配位滴定中也经常使用.利用置换反应,用一种配位剂将被测离子与 EDTA 配合物中的 EDTA 置换出来,然后用另一金属离子的标准溶液滴定;或者用被测离子将另一金属离子配合物中的金属离子置换出来,然后用 EDTA 标准溶液滴定.例如,测定某合金中的 Sn^{4+} 时,可在试液中先加过量的 EDTA,使共存的 Pb^{2+}、Zn^{2+}、Cd^{2+}、Bi^{3+} 等与 Sn^{4+} 一起都与 EDTA 配位,然后用 Zn^{2+} 的标准溶液滴定过量的 EDTA,除去溶液中游离的 EDTA.再加入 NH_4F(F^- 与 Sn^{4+} 形成稳定性更高的 $[SnF_6]^{2-}$),选择性地将 SnY 中的 EDTA 置换出来,然后再用 Zn^{2+} 的标准溶液滴定,即可求得 Sn^{4+} 的含量.又如,测定 Ag^+,由于 Ag^+ 的 EDTA 配合物不够稳定,因而不能用 EDTA 直接滴定.如在 Ag^+ 试液中加入过量

① 由于 Ba^{2+} 与铬黑 T 指示剂生成的配合物不稳定,所以不单独用 $BaCl_2$ 标准溶液,而用 $BaCl_2+MgCl_2$ 标准溶液.

的$[Ni(CN)_4]^{2-}$，则发生反应：$2Ag^+ + [Ni(CN)_4]^{2-} \rightleftharpoons 2[Ag(CN)_2]^- + Ni^{2+}$，置换出来的 Ni^{2+} 可在 pH=10.0 的氨性缓冲溶液中用 EDTA 滴定，由此可计算出 Ag^+ 的含量.

7-6-4 氧化还原滴定法

氧化还原滴定法（Oxidation-Reduction Titration）和酸碱滴定法不同，它是以氧化还原反应为基础的滴定分析方法. 氧化还原滴定法能直接或间接测定很多物质，应用范围较广.

因为氧化还原滴定的本质是通过电子转移进行的反应，反应机理往往比较复杂，并且经常是分步进行的. 有的反应速率很慢，使滴定很难进行；有的反应有副反应，使反应物之间没有确定的计量关系；还有一些反应在不同的条件下会生成不同的产物. 因此，在氧化还原滴定中要注意控制反应条件，如通过加热或加入催化剂来加快反应速率，同时还要防止副反应的发生，以满足滴定分析对计量关系的基本要求.

氧化还原滴定分析的条件是：

(1) 被测定物质要处于所滴定的氧化态或还原态.

(2) 氧化还原滴定反应要定量进行，其反应的平衡常数 $K>10^6$，一般要求 $\varphi^{\ominus}>$ 0.4V ($n=1$ 时).

(3) 反应速率要快.

(4) 氧化还原反应要有指示滴定终点的指示剂或方法.

一、氧化还原滴定法基本原理

(一) 条件电极电势

在 Nernst 方程式的推导过程中，我们直接用浓度代替了活度，即假设 $a=\gamma\frac{c}{c^{\ominus}}\approx\frac{c}{c^{\ominus}}=\frac{c}{1\text{mol}\cdot\text{L}^{-1}}$，当溶液的离子强度不大时，这种处理方法是可行的. 但在实际工作中，往往在溶液中加入一些强电解质的溶液作为介质，这使得溶液的离子强度变大，如果用浓度代替活度会产生较大的误差，进而影响电极电势. 此外，外加的电解质还会使氧化型或还原型物质发生副反应，如酸度的变化，沉淀与配合物的形成等，都会使电极电势发生变化. 因此，需要对 Nernst 方程进行校正.

在浓度代替活度的式中，保留活度系数 γ，并引入表征副反应对活度的影响的副反应系数 α，即

$$a(\text{ox})=\frac{\gamma(\text{ox})}{\alpha(\text{ox})}\times\frac{c(\text{ox})}{c^{\ominus}},a(\text{red})=\frac{\gamma(\text{red})}{\alpha(\text{red})}\times\frac{c(\text{red})}{c^{\ominus}} \tag{7-13}$$

式中，ox 表示氧化型，red 表示还原型，c 为浓度.

将式(7-13)代入式(3-2)，得

$$E=\varphi^{\ominus}+\frac{0.059\,2}{n}\lg\frac{\gamma(\text{ox})\alpha(\text{red})}{\gamma(\text{red})\alpha(\text{ox})}+\frac{0.059\,2}{n}\lg\frac{c(\text{ox})}{c(\text{red})}$$

当 $c(\text{ox})=c(\text{red})=1\text{mol}\cdot\text{L}^{-1}$时，得到

$$E=\varphi^{\ominus}+\frac{0.059\,2}{n}\lg\frac{\gamma(\text{ox})\alpha(\text{red})}{\gamma(\text{red})\alpha(\text{ox})}$$

令此时的 $E=\varphi^{\ominus\prime}$，即

$$\varphi^{\ominus\prime}=\varphi^{\ominus}+\frac{0.059\,2}{n}\lg\frac{\gamma(\text{ox})\alpha(\text{red})}{\gamma(\text{red})\alpha(\text{ox})} \tag{7-14}$$

$\varphi^{\ominus'}$表示在一定介质中，氧化型和还原型的分析浓度都是 $1mol \cdot L^{-1}$ 时的实际电极电势. 和标准电极电势不同的是，它在一定条件下才是常数，所以称为**条件电极电势**，如果溶剂、介质不同，其数值也不同. 它反映了离子强度与各种副反应对电极影响的总结果，在处理实际问题时比标准电极电势更准确. 条件电极电势可能大于标准电极电势，也可能小于标准电极电势，这取决于$\frac{\gamma(ox)\alpha(red)}{\gamma(red)\alpha(ox)}$的大小. 各种 $E^{\ominus'}$都是由实验测定的. 若没有相同条件下的 $\varphi^{\ominus'}$，可采用条件相近的 $E^{\ominus'}$，对于没有条件电极电势的电对，则只能使用标准电极电势. 本教材的附录列出了部分电对在部分条件下的条件电极电势.

引入条件电极电势后，Nernst 方程可表示成：

$$E=\varphi^{\ominus'}+\frac{0.0592}{n}\lg\frac{c(ox)}{c(red)}$$

(二) 氧化还原反应条件平衡常数

某氧化还原反应：

$$a\ ox_1+b\ red_2=c\ red_1+d\ ox_2$$

其平衡常数为

$$K^{\ominus}=\frac{[a(red_1)]^c[a(ox_2)]^d}{[a(ox_1)]^a[a(red_2)]^b}$$

将式(7-13)代入得

$$K^{\ominus}=\frac{\left[\frac{\gamma(red_1)}{\alpha(red_1)}\right]^c\left[\frac{\gamma(ox_2)}{\alpha(ox_2)}\right]^d}{\left[\frac{\gamma(ox_1)}{\alpha(ox_1)}\right]^a\left[\frac{\gamma(red_2)}{\alpha(red_2)}\right]^b}\times\frac{\left[\frac{c(red_1)}{c^{\ominus}W}\right]^c\left[\frac{c(ox_2)}{c^{\ominus}W}\right]^d}{\left[\frac{c(ox_1)}{c^{\ominus}W}\right]^a\left[\frac{c(red_2)}{c^{\ominus}W}\right]^b}$$

令

$$K'=K^{\ominus}\times\frac{\left[\frac{\gamma(ox_1)}{\alpha(ox_1)}\right]^a\left[\frac{\gamma(red_2)}{\alpha(red_2)}\right]^b}{\left[\frac{\gamma(red_1)}{\alpha(red_1)}\right]^c\left[\frac{\gamma(ox_2)}{\alpha(ox_2)}\right]^d}=\frac{\left[\frac{c(red_1)}{c^{\ominus}W}\right]^c\left[\frac{c(ox_2)}{c^{\ominus}W}\right]^d}{\left[\frac{c(ox_1)}{c^{\ominus}W}\right]^a\left[\frac{c(red_2)}{c^{\ominus}W}\right]^b}$$

K'称为条件平衡常数，可以表示在特定条件下，某氧化还原反应进行的程度，它与在该条件下的离子强度、副反应是否发生等因素有关.

条件平衡常数可由电极电势计算得到

$$\lg K^{\ominus}=\frac{n\varepsilon^{\ominus}}{0.0592}=\frac{n(\varphi_+^{\ominus}-\varphi_-^{\ominus})}{0.0592}$$

整理得到

$$\lg K'=\frac{n(\varphi_+^{\ominus'}-\varphi_-^{\ominus'})}{0.0592}$$

一般来说，$\varphi_+^{\ominus'}-\varphi_-^{\ominus'}$的值越大，反应越完全，越适合滴定. 实际在氧化还原滴定中，可以根据该差值是否大于 0.4V 来判断能否进行滴定，所以常常采用强氧化剂作为滴定剂，有时还需要控制反应条件(酸度、沉淀剂、配位剂等)以改变电极电势来满足该要求.

(三) 氧化还原滴定曲线

1. 氧化还原滴定曲线的绘制

在氧化还原滴定过程中，溶液中的各电对的电极电势随着滴定剂加入的体积(或者滴定百分数)而不断发生变化. 因此，和其他类型的滴定一样，也可以用滴定曲线来描述滴定的过程. 现以在 1 mol·L^{-1} H_2SO_4 介质中，用 0.100 0 mol·L^{-1} $Ce(SO_4)_2$ 滴定 20.00 mL 0.100 0 mol·L^{-1} $FeSO_4$ 为例，简要介绍氧化还原滴定曲线.

滴定反应：$Ce^{4+} + Fe^{2+} = Ce^{3+} + Fe^{3+}$.

各电对的半反应和条件电极电势为

$$Fe^{2+} \longrightarrow Fe^{3+} + e^- \quad \varphi^{\ominus\prime}_{Fe^{3+}/Fe^{2+}} = 0.68\ V$$

$$Ce^{4+} + e^- \longrightarrow Ce^{3+} \quad \varphi^{\ominus\prime}_{Ce^{4+}/Ce^{3+}} = 1.44\ V$$

(1) 滴定前：溶液中无 Ce^{4+}/Ce^{3+} 电对，而 Fe^{3+}/Fe^{2+} 电对中，基本上只有 Fe^{2+}，所以电极电势无法求得.

(2) 滴定开始到化学计量点前：在滴定过程中，如果很好地控制滴定速率，则滴定过程是一个平衡过程，即滴定反应始终处于平衡状态，因此反应的电动势 $\varepsilon = E_+ - E_- = 0$，$E_{Ce^{4+}/Ce^{3+}} = E_{Fe^{3+}/Fe^{2+}}$. 以 Fe^{3+}/Fe^{2+} 电对来计算各平衡点的电极电势，即

$$E = \varphi^{\ominus\prime}_{Fe^{3+}/Fe^{2+}} + 0.059\,2\lg\frac{[Fe^{3+}]}{[Fe^{2+}]}$$

当加入 2.00 mL Ce^{4+} 溶液时，有 10% 的 Fe^{2+} 被滴定，未被滴定的 Fe^{2+} 为 90%，则电极电势为

$$E = \varphi^{\ominus\prime}_{Fe^{3+}/Fe^{2+}} + 0.059\,2\lg\frac{[Fe^{3+}]}{[Fe^{2+}]} = 0.68 + 0.059\,2\lg\frac{10}{90} = 0.62(V)$$

当加入 19.98 mL Ce^{4+} 溶液时，即滴定到计量点前半滴时，有 99.9% 的 Fe^{2+} 被滴定，未滴定的 Fe^{2+} 为 0.1%，此时电极电势为

$$E = \varphi^{\ominus\prime}_{Fe^{3+}/Fe^{2+}} + 0.059\,2\lg\frac{[Fe^{3+}]}{[Fe^{2+}]} = 0.68 + 0.059\,2\lg\frac{99.9}{0.1} = 0.86(V)$$

(3) 化学计量点时：化学计量点时的电极电势计算通式为

$$E_{计} = \frac{n_1\varphi_1^{\ominus\prime} + n_2\varphi_2^{\ominus\prime}}{n_1 + n_2} = \frac{1.44 + 0.68}{2} = 1.06(V)$$

滴定曲线的突跃范围为 $\varphi_2^{\ominus\prime} - \frac{3\times 0.059\,2}{n_2} \sim \varphi_1^{\ominus\prime} + \frac{3\times 0.059\,2}{n_1}$，约为 0.86～1.26 V.

(4) 化学计量点后：化学计量点后，滴定剂过量，而 Fe^{2+} 量极少，以 Ce^{4+}/Ce^{3+} 来计算溶液的电极电势. 当 Ce^{4+} 过量了 0.1%(加入了 20.02 mL)，则电极电势为

$$E = \varphi^{\ominus\prime}_{Ce^{4+}/Ce^{3+}} + 0.059\,2\lg\frac{[Ce^{4+}]}{[Ce^{3+}]} = 1.44 + 0.059\,2\lg\frac{0.1}{100} = 1.26(V)$$

当 Ce^{4+} 过量了 1%(加入了 20.20 mL)时，电极电势为

$$E = \varphi^{\ominus\prime}_{Ce^{4+}/Ce^{3+}} + 0.059\,2\lg\frac{[Ce^{4+}]}{[Ce^{3+}]} = 1.44 + 0.059\,2\lg\frac{1}{100} - 1.32(V)$$

按照上述方法，可以计算出其他平衡点的电极电势. 表 7-11 列出了相关数据.

表 7-11　在 1mol·L^{-1} H_2SO_4 介质中用 0.100 0 mol·L^{-1} $Ce(SO_4)_2$ 滴定 20.00 mL 0.100 0 mol·L^{-1} $FeSO_4$

滴定剂体积/mL	滴定百分数/%	电极电势/V
2.00	10.0	0.62
10.00	50.0	0.68

续表

滴定剂体积/mL	滴定百分数/%	电极电势/V
18.00	90.0	0.74
19.80	99.0	0.80
19.98	99.9	0.86 ⎫
20.00	100.0	1.06 ⎬突跃范围
20.02	100.1	1.26 ⎭
20.20	101.0	1.32
22.00	110.0	1.38
30.00	150.0	1.42
40.00	200.0	1.44

根据表中数据可以绘制出滴定曲线(图 7-12).

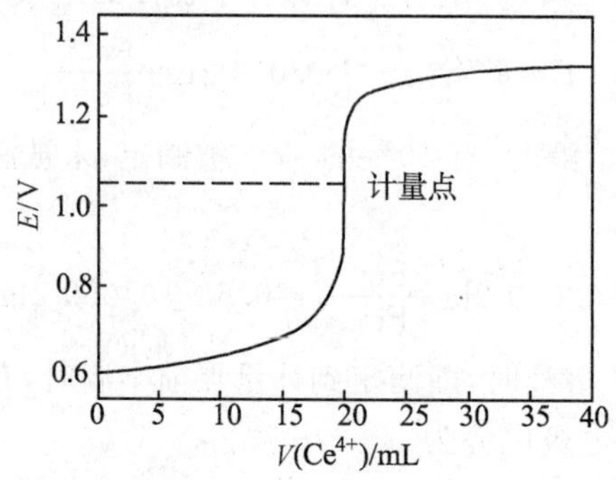

图 7-12　1 mol·L^{-1} H_2SO_4 介质中用 0.100 0 mol·$L^{-1}$$Ce(SO_4)_2$ 滴定 20.00 mL 0.100 0 mol·L^{-1} $FeSO_4$

如图 7-12 所示,从化学计量点前 Fe^{2+} 剩余 0.1%到计量点后 Ce^{4+} 过量 0.1%,溶液的电极电势从 0.86 V 突跃到 1.26 V,改变了 0.40 V,这个变化称为氧化还原滴定的电势突跃.电势突跃范围是选择氧化还原指示剂的依据.

2. 氧化还原滴定曲线的影响因素

电势突跃范围与参与反应的两个电对的条件电极电势有关.条件电极电势差值越大,突跃越大;差值越小,突跃越小.突跃越大,滴定的准确度越高,通常要求有 0.2 V 以上的突跃.

图 7-13 是用 $KMnO_4$ 溶液滴定不同介质中的 Fe^{2+} 的滴定曲线.由于不同介质中的条件电极电势不同,所以曲线的突跃不同.其中,以 HCl 和 H_3PO_4 混合酸作介质时,由于 H_3PO_4 对 Fe^{3+} 的配位作用,使得 Fe^{3+}/Fe^{2+} 的条件电极电势降低,从而使滴定突跃起点降低,突跃增大,指示剂的颜色变化较为敏锐.

从图 7-13 中还可以发现,实测滴定曲线在计量点之后和理论曲线有区别,这是因为 MnO_4^-/Mn^{2+} 不是一个可逆电对.也就是说,在 $KMnO_4$ 滴定 Fe^{2+} 时,在反应的一瞬间,不能建立起氧化还原平衡,用 Nernst 方程式计算所得的电势值与实测值就会有误差,一般可达到 0.1～0.2 V.对于图中的理论曲线,计量点之前以 Fe^{3+}/Fe^{2+} 来计算电势,所以差别不大,而计量点之后,以 MnO_4^-/Mn^{2+} 来计算,就会产生较大的差别.一般来说,使用 Nernst 方

程式计算得到的可逆电对的滴定曲线仍可作为实际工作的参考.

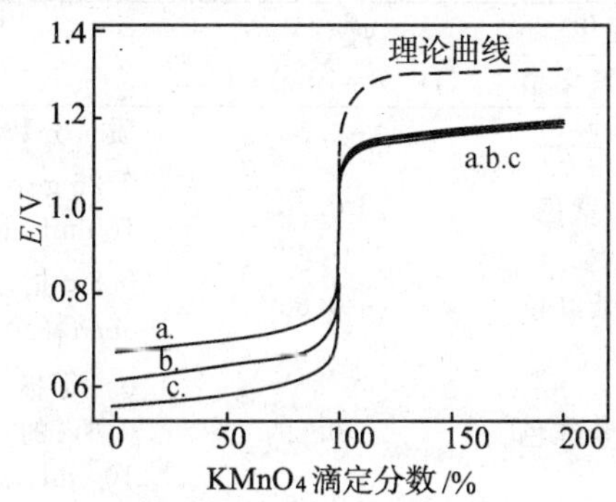

图 7-13　在不同介质中用 $KMnO_4$ 溶液滴定 Fe^{2+} 的实测滴定曲线

a. $HClO_4$ 介质；b. H_2SO_4 介质；c. $HCl+H_3PO_4$ 介质

(四) 氧化还原滴定法中的指示剂

氧化还原滴定法中常用的指示剂有以下几类：

1. 自身指示剂

利用滴定剂或被滴定物质本身的颜色变化来指示滴定终点，无须另加指示剂. 例如，用 $KMnO_4$ 溶液滴定 $H_2C_2O_4$ 溶液，滴定至化学计量点只要有很少的过量的 $KMnO_4$（约 $2\times10^{-6}\ mol\cdot L^{-1}$）就能使溶液呈现浅紫红色，指示终点的到达.

2. 特殊指示剂

有些物质本身并不具有氧化还原性，但它能与滴定剂或被滴定物质产生特殊的颜色以指示终点，这些指示剂称为特殊指示剂或显色指示剂. 例如，碘量法中，利用可溶性淀粉与生成深蓝色的吸附化合物，反应特效且灵敏，以蓝色的出现或消失指示终点.

3. 氧化还原指示剂

这类指示剂具有氧化还原性质，和酸碱指示剂类似的是其氧化型和还原型具有不同的颜色. 在滴定过程中，因被氧化或还原而发生颜色变化以指示终点. 这类指示剂必须根据滴定曲线的突跃来选择，选择方法类似于酸碱指示剂.

氧化还原指示剂的半反应和 Nernst 方程式为

$$\mathrm{In(ox)}+ne^- \rightleftharpoons \mathrm{In(red)}$$

$$E_{\mathrm{In}}=\varphi_{\mathrm{In}}^{\ominus\prime}+\frac{0.059\,2}{n}\lg\frac{[\mathrm{In(ox)}]}{[\mathrm{In(red)}]}$$

在滴定过程中，$\frac{[\mathrm{In(ox)}]}{[\mathrm{In(red)}]}$随着溶液的电极电势的变化而变化，溶液的颜色也发生变化. 当$\frac{[\mathrm{In(ox)}]}{[\mathrm{In(red)}]}$从 10 变为 1/10 时，指示剂由氧化型颜色变成还原型颜色，变色范围为 $\varphi_{\mathrm{In}}^{\ominus\prime}\pm\frac{0.059\,2}{n}$(V).

表 7-12 列出了常用的氧化还原指示剂. 在氧化还原滴定中选择这类指示剂的原则是指示剂变色点的电极电势应处于滴定体系的电极电势突跃范围内.

例如，在 H_2SO_4 介质中，用 Ce^{4+} 溶液滴定 Fe^{2+} 溶液宜选用邻二氮菲亚铁做指示剂. 二苯胺磺酸钠常用作在 H_3PO_4 介质中，用 $K_2Cr_2O_7$ 溶液滴定 Fe^{2+} 溶液时的指示剂.

表 7-12 常用的氧化还原指示剂

指示剂	颜色变化		$\varphi_{In}^{\ominus'}$/V	配制方法
	还原型	氧化型	$c(H^+)=1mol\cdot L^{-1}$	
次甲基蓝	无色	蓝色	+0.53	质量分数为 0.05%的水溶液
二苯胺	无色	紫色	+0.76	0.25 g 指示剂与 3 mL 水混合溶于 100 mL 浓 H_2SO_4 或浓 H_3PO_4 中
二苯胺磺酸钠	无色	紫红色	+0.85	0.8 g 指示剂加 2 g Na_2CO_3，用水溶解并稀释至 100 mL
邻苯氨基苯甲酸	无色	紫红色	+0.89	0.1 g 指示剂溶于 30 mL 质量分数为 0.6%的 Na_2CO_3 溶液中，用水稀释至 100 mL，过滤，保存在暗处
邻二氮菲-亚铁	红色	淡蓝色	+1.06	1.49 g 邻二氮菲加 0.7 g $FeSO_4\cdot H_2O$ 溶于水，稀释至 100 mL

(五) 氧化还原预处理

氧化还原滴定中，有一些被测物的价态往往不适于滴定，需要进行氧化还原滴定前的预处理. 例如，用 $K_2Cr_2O_7$ 法测定铁矿中的含铁量，Fe^{2+} 在空气中不稳定，易被氧化成 Fe^{3+}，而 $K_2Cr_2O_7$ 溶液不能与 Fe^{3+} 反应，必须预先将溶液中的 Fe^{3+} 还原至 Fe^{2+}，才能用 $K_2Cr_2O_7$ 溶液进行直接滴定. 预处理时所用的氧化剂或还原剂应满足下列条件：

(1) 必须将欲测组分定量地氧化或还原；

(2) 预氧化或预还原反应要迅速；

(3) 剩余的预氧化剂或预还原剂应易于除去；

(4) 预氧化或预还原反应应具有好的选择性，避免其他组分的干扰.

表 7-13 列出了常用的预处理氧化剂和还原剂.

表 7-13 常用的预氧化剂和还原剂

氧化剂	反应条件	主要应用	过量试剂除去方法
$(NH_4)_2S_2O_8$	酸性	$Mn^{2+}\rightarrow MnO_4^-$ $Cr^{3+}\rightarrow Cr_2O_7^{2-}$ $VO^{2+}\rightarrow VO_3^-$	煮沸分解
$NaBiO_3$	HNO_3 介质	同上	过滤
H_2O_2	碱性	$Cr^{3+}\rightarrow CrO_4^{2-}$	煮沸分解
Cl_2，Br_2 液	酸性或中性	$I^-\rightarrow IO_3^-$	煮沸或通空气
还原剂	反应条件	主要应用	过量试剂除去方法
$SnCl_2$	酸性加热	$Fe^{3+}\rightarrow Fe^{2+}$ As(Ⅴ)→As(Ⅲ)	加 Hg_2Cl_2 氧化
$TiCl_3$	酸性	$Fe^{3+}\rightarrow Fe^{2+}$	稀释，Cu^{2+} 催化空气氧化
联胺		As(Ⅴ)→As(Ⅲ)	加浓 H_2SO_4 煮沸
锌汞齐还原剂	酸性	$Fe^{3+}\rightarrow Fe^{2+}$ Sn(Ⅳ)→Sn(Ⅱ) Ti(Ⅳ)→Ti(Ⅲ)	

三、氧化还原滴定法的分类和应用举例

根据所用的滴定剂的种类不同，氧化还原滴定法可分为高锰酸钾法（potassium permanganate method）、重铬酸钾法、碘量法（iodimetry）、铈量法和溴酸盐法等. 各种方法都有其特点和应用范围，应根据实际测定情况选用. 本节着重介绍高锰酸钾法.

（一）高锰酸钾法

1. 基本原理

$KMnO_4$ 是一种强氧化剂，在不同酸度条件下，其氧化能力不同，反应产物也不同.

强酸性：$MnO_4^- + 8H^+ + 5e^- \Longrightarrow Mn^{2+} + 4H_2O \quad \varphi^\ominus = 1.5\ V$

中性、弱酸(碱)性：$MnO_4^- + 2H_2O + 3e^- \Longrightarrow MnO_2 + 4OH^- \quad \varphi^\ominus = 0.59\ V$

强碱性：$MnO_4^- + e^- \Longrightarrow MnO_4^{2-} \quad \varphi^\ominus = 0.56\ V$

由于在弱酸性、弱碱性和中性条件下 MnO_4^- 被还原成褐色的 MnO_2 沉淀，使得溶液变浑浊，影响滴定终点的判断，因而高锰酸钾法宜在强酸性条件下进行，一般使用 H_2SO_4 来调节酸度，使$[H^+]$保持在 $0.5 \sim 1.0\ mol \cdot L^{-1}$ 范围内. 酸度过高会引起 $KMnO_4$ 分解：

$$4MnO_4^- + 12H^+ = 4Mn^{2+} + 5O_2 \uparrow + 6H_2O$$

硝酸具有氧化性，盐酸可被 $KMnO_4$ 氧化，所以这两种酸均不宜用来调节溶液的酸度.

因为 $KMnO_4$ 具有明显的紫红色而其还原产物 Mn^{2+} 则基本无色，所以高锰酸钾法的指示剂就是 $KMnO_4$ 本身. 如果被滴定物质溶液及其氧化产物没有明显的颜色，那么在滴定到计量点以前滴入的 $KMnO_4$ 所显示的颜色会迅速褪去，而到达计量点时，再滴入的稍过量的 $KMnO_4$ 就会使溶液出现浅红色，从而指示出滴定终点.

高锰酸钾滴定法的滴定反应速率较慢，因此，在滴定前常常将被滴定溶液加热（但对于亚铁盐、过氧化氢等易氧化或易分解的物质不能加热），或者使用催化剂（如 Mn^{2+}）加快反应. 实际上，在高锰酸钾法中，滴定初期反应速率很慢，随着反应的进行，反应生成的 Mn^{2+} 的量逐渐增加，对反应本身产生了催化作用，使反应速率大大加快. 这种由反应产物本身起到的催化作用，称为自催化作用.

2. $KMnO_4$ 标准溶液的配制和标定

市售的 $KMnO_4$ 试剂常含有少量 MnO_2 和其他杂质，而且配制 $KMnO_4$ 标准溶液的蒸馏水中也常含有微量的还原性物质，此外，$KMnO_4$ 容易发生分解反应：

$$4KMnO_4 + 2H_2O \Longrightarrow 4KOH + 4MnO_2 + 3O_2 \uparrow$$

光线和 $MnO(OH)_2$、Mn^{2+} 等都能促进 $KMnO_4$ 的分解，因此不能用直接法配制准确浓度的 $KMnO_4$ 溶液. 一般采取间接法，其配制方法为：称取略多于理论计算量的固体 $KMnO_4$，溶解于一定体积的蒸馏水中，加热煮沸，保持微沸约 1 h，或在暗处放置 7～10 天，使还原性物质完全氧化. 冷却后用微孔玻璃漏斗过滤除去 $MnO(OH)_2$ 沉淀. 过滤后的 $KMnO_4$ 溶液贮存于棕色瓶中，置于暗处，避光保存.

标定 $KMnO_4$ 溶液的基准物质有 $H_2C_2O_4 \cdot 2H_2O$、$(NH_4)_2Fe(SO_4)_2 \cdot 6H_2O$、$Na_2C_2O_4$、$As_2O_3$等. 常用的是 $Na_2C_2O_4$，它易提纯，稳定，不含结晶水. 在酸性溶液中$KMnO_4$ 与 $Na_2C_2O_4$ 的反应为：

$$2MnO_4^- + 5C_2O_4^{2-} + 16H^+ \Longrightarrow 2Mn^{2+} + 10CO_2 + 8H_2O$$

为使反应定量进行，需注意以下滴定条件.

（1）温度. 此反应在室温下速率缓慢，需加热至 75 ℃～85 ℃，但温度不宜过高，于 90 ℃，

$H_2C_2O_4$ 会发生分解：

$$H_2C_2O_4 \xlongequal{\Delta} CO_2\uparrow + CO\uparrow + H_2O$$

(2) 酸度.酸度过低,MnO_4^- 会部分被还原成 MnO_2；酸度过高,会促使 $H_2C_2O_4$ 分解.一般滴定开始的最适宜酸度为 1 $mol \cdot L^{-1}$.

(3) 滴定速度.若开始滴定速度太快,会使滴定的 $KMnO_4$ 来不及和 $C_2O_4^{2-}$ 反应,而发生分解反应：

$$4MnO_4^- + 12H^+ \xlongequal{} 4Mn^{2+} + 5O_2\uparrow + 6H_2O$$

有时也可以加入少量 Mn^{2+} 作催化剂以加速反应.

3. 高锰酸钾法应用示例

高锰酸钾法可以直接或间接测定很多物质,如双氧水、亚铁盐、草酸盐、亚砷酸盐和亚硝酸盐等.

(1) 直接滴定法测定市售双氧水中 H_2O_2 的含量.

市售双氧水的质量分数大约是 0.3,由于浓度较高,需要稀释才能滴定. H_2O_2 受热易分解,滴定应在室温下进行.

在酸性溶液中 H_2O_2 被 $KMnO_4$ 定量氧化,其反应为

$$2MnO_4^- + 5H_2O_2 + 6H^+ \xlongequal{} 2Mn^{2+} + 5O_2\uparrow + 8H_2O$$

可加入少量 Mn^{2+} 加速反应.

当滴入 $KMnO_4$ 溶液呈现淡红色并在半分钟内不褪色,即为滴定终点.

(2) 直接法测定硫酸亚铁的含量.

硫酸亚铁($FeSO_4 \cdot 7H_2O$)呈浅绿色.在酸性溶液中,$KMnO_4$ 与 $FeSO_4$ 发生如下反应：

$$2MnO_4^- + 10Fe^{2+} + 16H^+ \xlongequal{} 2Mn^{2+} + 10Fe^{3+} + 8H_2O$$

由于 Fe^{2+} 在空气中容易被氧化,因此滴定时不宜加热,应在室温下进行.当滴定进行到溶液呈现淡红色并保持半分钟内不褪色,即为滴定终点.

(3) 间接滴定法测定 Ca^{2+}.

先用 $C_2O_4^{2-}$ 将 Ca^{2+} 全部沉淀为 CaC_2O_4：

$$Ca^{2+} + C_2O_4^{2-} \xlongequal{} CaC_2O_4(s)$$

沉淀经过滤、洗涤后溶于稀 H_2SO_4,然后用 $KMnO_4$ 标准溶液滴定,间接测得 Ca^{2+} 的含量.

(4) 返滴定法测定 MnO_2 和有机物.

在含 MnO_2 试液中加入一定量过量的 $C_2O_4^{2-}$,在酸性介质中发生反应：

$$MnO_2 + C_2O_4^{2-} + 4H^+ \xlongequal{} Mn^{2+} + 2CO_2\uparrow + 2H_2O$$

待反应完全后,用 $KMnO_4$ 标准溶液返滴定剩余的 $C_2O_4^{2-}$,即可求得 MnO_2 含量.此法也可用于测定 PbO_2 的含量.

在碱性溶液中,用高锰酸钾法可以测定某些具有还原性的有机物(如甘油、甲酸、甲醇、甲醛等).以测定甘油为例,将一定量过量的碱性(2 $mol \cdot L^{-1}$ NaOH)$KMnO_4$ 标准溶液溶于含有甘油的试液中,发生如下反应：

$$\begin{array}{ccccc} H_2C & — & HC & — & CH_2 \\ | & & | & & | \\ OH & & OH & & OH \end{array} + 14MnO_4^- + 20OH^- \xlongequal{} 3CO_3^{2-} + 14MnO_4^{2-} + 14H_2O$$

待反应完全后,将溶液酸化,MnO_4^{2-} 歧化成 MnO_4^- 和 MnO_2,加入一定量过量的还原剂标

准溶液使所有高价锰还原为 Mn^{2+}，再用 $KMnO_4$ 标准溶液滴定剩余的还原剂. 最后通过一系列计量关系的计算，求得甘油的含量.

(二) 重铬酸钾法

1. 基本原理

$K_2Cr_2O_7$ 是种常用的氧化剂，在酸性介质中的半反应为

$$Cr_2O_7^{2-} + 14H^+ + 6e^- \Longrightarrow 2Cr^{3+} + 7H_2O \quad \varphi^\ominus = 1.33\ V$$

重铬酸钾法与 $KMnO_4$ 法相比有如下特点：

(1) $K_2Cr_2O_7$ 易提纯，较稳定，在 140 ℃～150 ℃干燥后，可作为基准物质直接配制标准溶液；

(2) $K_2Cr_2O_7$ 标准溶液非常稳定，可以长期保存在密闭容器内，溶液浓度不变；

(3) 在室温下，$K_2Cr_2O_7$ 不与 Cl^- 反应，故可以在 HCl 介质中作滴定剂；

(4) $K_2Cr_2O_7$ 法需用指示剂.

2. $K_2Cr_2O_7$ 法应用示例

铁的测定：将含铁试样用 HCl 溶解后，先用 $SnCl_2$ 将大部分 Fe^{3+} 还原至 Fe^{2+}，然后以 Na_2WO_3 为指示剂，用 $TiCl_3$ 还原剩余的 Fe^{3+} 至 Fe^{2+}，而稍过量的 $TiCl_3$ 会将 Na_2WO_3 还原为钨蓝，使溶液呈现蓝色，以指示 Fe^{3+} 被还原完毕. 然后以 Cu^{2+} 作催化剂，利用空气氧化或滴加稀 $K_2Cr_2O_7$ 溶液使钨蓝恰好褪色. 再于 H_3PO_4 介质中(也可以用 H_2SO_4-H_3PO_4 介质)，以二苯胺磺酸钠为指示剂，用 $K_2Cr_2O_7$ 标准溶液滴定 Fe^{2+}. 加 H_3PO_4 的作用是提供必要的酸度，且 H_3PO_4 与 Fe^{3+} 形成稳定的且无色的 $Fe(HPO_4)_2^-$，导致 Fe^{3+}/Fe^{2+} 电对的电极电势降低，使二苯胺磺酸钠变色点的电极电势可落在滴定的电极电势突跃范围内，并掩蔽了 Fe^{3+} 的黄色，有利于终点的观察.

7-7 仪器分析法

借助于光电仪器测量试样溶液的光学、电学等物理、化学性质计算出组分含量的方法称为仪器分析法(近代分析法或物理化学分析法).

物质相互作用时会产生各种实验现象. 仪器分析就是利用能直接或间接地表征物质的各种特性(如物理的、化学的、生理性质等)的实验现象，通过探头或传感器、放大器、分析转化器等转变成人可直接感受的、已认识的关于物质成分、含量、分布或结构等信息的分析方法. 该法通过测量光、电、磁、声、热等物理量而得到分析结果.

仪器分析法除了可用于定性和定量分析外，还可用于结构.价态、状态分析，微区和薄层分析，微量及超痕量分析等，是分析化学发展的方向.

7-7-1 仪器分析方法的分类

仪器分析法主要包括光学分析法、电化学分析法、色谱法等.

一、光学分析法(Optical Analysis)

这是建立在物质与电磁辐射互相作用的基础上的一类分析方法，包括原子发射光谱法、原子吸收光谱法、紫外-可见吸收光谱法、红外吸收光谱法、核磁共振波谱法和荧光光谱

法等.

二、电化学分析法(Electroanalytical Methods)

这是建立在溶液电化学性质基础上的一类分析方法,包括电位分析法、电重量分析和库仑分析法、伏安法和极谱分析法以及电导分析法等.

三、色谱法(Chromatography)

这是利用混合物中各组分的不同的物理或化学性质来达到分离的目的的分析方法.分离后的组分可以进行定性或定量分析,有时分离和测定同时进行,有时先分离后测定.色谱法包括气相色谱法和液相色谱法等.

表 7-14 列出了仪器分析的类型及相应的分析方法.

表 7-14 仪器分析法分类

方法类型	测量参数或有关性质	相应的分析方法
电化学分析法	电导	电导分析法
	电位	电位分析法、计时电位法
	电流	电流滴定法
	电流-电压	伏安法、极谱分析法
	电量	库仑分析法
色谱法	两相间分配	气相色谱法、液相色谱法
光学分析法	辐射的发射	原子发射光谱法、火焰光度法等
	辐射的吸收	原子吸收光谱法、分光光度法(紫外、可见、红外)、核磁共振波谱法,荧光光谱法
	辐射的散射	比浊法、拉曼光谱法、散射浊度法
	辐射的折射	折射法、干涉法
	辐射的衍射	X 射线衍射法、电子衍射法
	辐射的转动	偏振法、旋光色散法、圆二向色性法
热分析法	热性质	热重法、差热分析法
质谱法	质荷比	质谱法

7-7-2 吸光光度法

吸光光度法属于光学分析法.它是基于物质对光的选择性吸收而建立的分析方法,包括比色分析法,可见吸光光度法,紫外、红外吸光光度法等.

许多物质是有颜色的,如 K_2CrO_4 溶液呈黄色,$CuSO_4$ 溶液呈蓝色,$KMnO_4$ 溶液呈紫色等.这些有色溶液颜色的深浅随浓度变化而变化,溶液浓度越大,颜色就越深,因此可以通过比较溶液颜色的深浅来测定溶液中该物质的含量.这种分析方法称为比色分析法.随着近代测试仪器的发展,目前已经普遍使用分光光度计进行比色分析.应用分光光度计的方法称为分光光度法.

实际上很多物质在溶液中都是无色的,如 Zn^{2+}、Al^{3+} 等;有些有色物质在溶液中当浓度很小时,颜色很淡,几近无色,如 Fe^{3+} 等.显然这些无色或近似无色的物质是不能用比色法直接测定的,我们可以将这些物质与某些试剂作用而显色.例如:

$$Fe^{3+} + 3SCN^- \xlongequal{\quad} \underset{\text{血红色}}{Fe(SCN)_3}$$

得到有色物质后就可以用吸光光度法来测定.

吸光光度法所测定的溶液浓度可低至 10^{-5}～10^{-6} mol·L^{-1},具有较高的灵敏度,故常用于微量组分的测定.

吸光光度法具有较高的准确度,通常相对误差为 2%～5%,可满足对微量组分测定的要求.

吸光光度法的仪器设备简单,操作方便、快速,选择性好.近年来由于新显色剂和掩蔽剂的不断出现,更大大提高了选择性,一般不分离干扰物质就能测定.

吸光光度法应用广泛,可测定大多数无机物质和具有共轭双键的有机化合物.在化工、医学、生物等领域中常用于剖析天然产物的组成和结构,化合物的含量的测定及生化过程的研究等.

一、物质对光的选择性吸收

不同颜色的物体放在暗处时,我们看不到任何颜色,但是在光亮处,我们的世界五彩斑斓.显然,物体的颜色与光有着密切的关系.

光是具有一定波长和频率的电磁波,分为可见光和不可见光.我们日常所见的白光(如日光、白炽灯光、日光灯光等)是波长为 400～700 nm 的可见光.白光是由各种不同颜色的光按一定强度比例混合而成的,称为复合光.如让一束白光通过三棱镜,就可分解为红、橙、黄、绿、青、蓝、紫七种颜色的光.具有一定波长的光称为单色光.实验证明,不仅七种单色光可混合成白光,两种适当颜色的单色光按一定的强度比例混合,也可以得到白光.这两种单色光称为互补色光,见图 7-14.

图 7-14 有色光的互补色

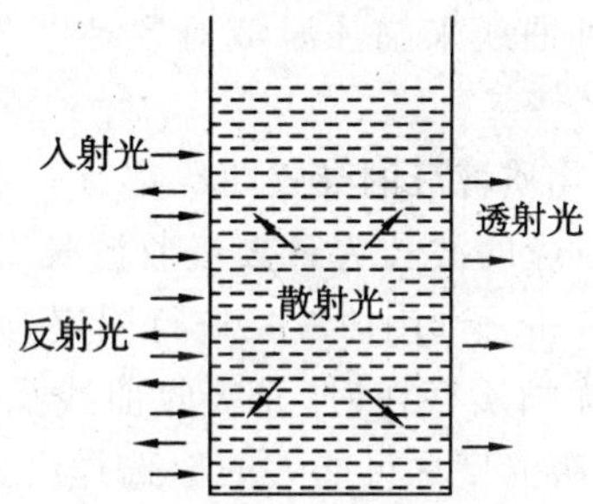

图 7-15 溶液对光的作用

图 7-14 中成直线关系的两种光可混合成白光.当光束照射到物质上时,光与物质会产生散射、吸收、反射或透射作用,见图 7-15.物质之所以有颜色,是因为物质对光的吸收有一定的选择,对溶液来说,是因溶液选择性地吸收了某种颜色的光.如果各种颜色的光以相同程度透过溶液,溶液就呈现无色透明,如果只让一部分波长的光透过,其他波长的光被吸收,溶液就呈现它吸收光的互补色的颜色.例如,$KMnO_4$ 溶液强烈地吸收绿色光,对其他颜色光的吸收很少或者不吸收,所以溶液呈现绿色的互补色光——紫红色;$CuSO_4$ 溶液是因为吸收了黄色光而呈现蓝色.各种物质的颜色与吸收光颜色的互补关系列于表 7-15中.

表 7-15 可见光的吸收与颜色

吸收光波长/nm	颜色	
	吸收光	透过光(人眼看到)
380～435	紫	黄绿
435～480	蓝	黄
480～490	绿蓝	橙
490～560	蓝绿	红
500～560	绿	红紫
560～580	黄绿	紫
580～595	黄	蓝
595～650	橙	绿蓝
650～780	红	蓝绿

任何一种溶液,对不同波长的光的吸收程度是不相等的.将各种波长的单色光依次通过一定浓度的某种溶液,测其对各种单色光的吸收程度(称吸光度,用 A 表示),以波长 λ 为横坐标,以吸光度 A 为纵坐标,可得一曲线如图 7-16 所示,称为光吸收曲线.通常用这种曲线来描述溶液对各种波长的光的吸收情况.

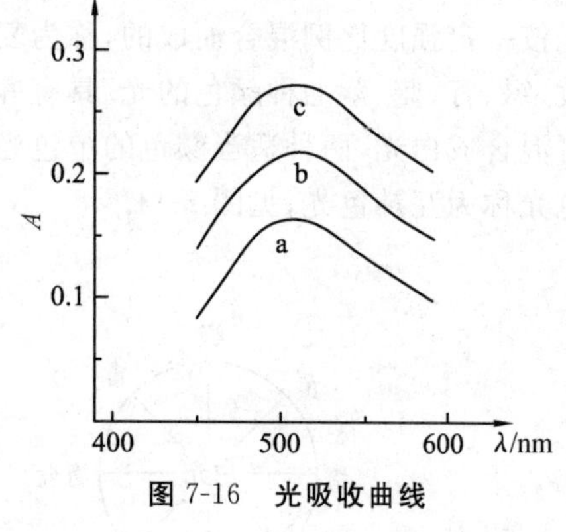

图 7-16 光吸收曲线

每种有色物质溶液的吸收曲线都有一个最大的吸收值,它所对应的波长为**最大吸收波长**,用 λ_{max} 表示.一般定量分析就选用该波长进行测定,此时灵敏度最高.有干扰物质存在时,光吸收曲线重叠,可根据干扰较小而吸光度尽可能大的原选择测定波长.对不同物质的溶液,其最大吸收波长各不相同,此特性可以作为物质定性的依据.对同一物质,溶液浓度不同时,最大吸收波长相同,而吸光度值不同.因此,吸收曲线是吸光光度法中选择测定波长的重要依据.

二、光吸收定律(Law of Absorption)——朗伯-比耳定律(Lambert-Beer Law)

当一束平行的光通过均匀的有色溶液时,有

$$I_0 = I_a + I_t + I_r$$

式中:I_0 为入射光强度;I_a 为吸收光强度;I_t 为透过光强度;I_r 为反射光强度.

实验证明:有色溶液对光的吸收程度与该溶液的浓度、溶液液层的厚度以及入射光的强度成正比.表示它们之间的定量关系的定律称为朗伯-比耳定律,这是各类吸光光度法定量测定的依据.

1729 年波格(Bouguer)发现了物质对光的吸收与吸光物质的厚度有关.1760 年朗伯提出了一束单色光通过吸光物质后,光的吸收程度与溶液液层厚度成正比的关系,该关系称为**朗伯定律**.即

$$A=\lg\frac{I_0}{I}=k'b \tag{7-15}$$

式中：A 为吸光度；I_0 为入射光强度；I 为透射光强度；k'为比例常数；b 为液层厚度(光程长度).

1852 年比耳又提出了一束单色光通过吸光物质后，光的吸收程度与吸光物质微粒的数目(溶液的浓度)成正比的关系，该关系称比耳定律. 即

$$A=\lg\frac{I_0}{I}=k''c \tag{7-16}$$

式中 k''为比例常数；c 为溶液的浓度.

将两个定律合并起来就成为**朗伯-比耳定律**，其数学表达式为：

$$A=\lg\frac{I_0}{I}=abc \tag{7-17}$$

式(7-17)中，a 为比例常数，它与吸光物质性质、入射光波长及温度等因素有关. 该常数称吸光系数. 通常液层厚度 b 以 cm 为单位，若 c 以 $g\cdot L^{-1}$为单位，则 a 以 $L\cdot g^{-1}\cdot cm^{-1}$为单位，而 A 是量纲为一的量. 如果 c 以 $mol\cdot L^{-1}$为单位，此时的吸光系数称为摩尔吸光系数，用 ε 表示，它的单位为 $L\cdot mol^{-1}\cdot cm^{-1}$. 则式(7-17)可改写为：

$$A=\varepsilon bc \tag{7-18}$$

式(7-18)中，ε 是各种吸光物质在特定波长和溶剂下的一个特征常数，数值上等于溶液液层厚度为 1 cm 吸光物质为 1 $mol\cdot L^{-1}$时的吸光度，它是吸光物质的吸光能力的量度. ε 值是定性鉴定的重要参数之一，也可用以估量定量分析方法的灵敏度，即 ε 值越大，表示该吸光物质对某一波长的光的吸收能力越强，则方法的灵敏度越高. 为了提高定量分析的灵敏度，就必须选择生成 ε 值大的配合物及具有最大 ε 值的波长的单色光作为入射光. 通常由实验结果计算 ε 值时，是以被测物质的总浓度代替吸光物质的浓度，这样计算的 ε 值实际上是表观摩尔吸光系数. ε 和 a 的关系为 $\varepsilon=Ma$，M 为物质的摩尔质量.

朗伯(1728—1777)为德国数学家、天文学家、物理学家. 他自学成才，1748 年受聘为家庭教师. 他利用东家的显贵地位和丰富藏书，继续深造，并结识许多学者. 1759 年移居奥格斯堡，1764 年接受腓特烈大帝的邀请，进入柏林科学院，成为欧拉和拉格朗日的同事. 朗伯研究的范围很广. 1761 年证明了 π 和 e 的无理性(1768 年发表). 1766 年试图证明欧几里得几何中的平行公设，虽然没有成功，但对非欧几何的诞生起了一定的作用. 他首次系统地研究了双曲函数，对画法几何也有研究. 此外，在球面几何、热学、光学、气象学、天文学等方面也都有贡献.

1729 年和 1760 年，布格(Bouguer)和朗伯先后阐明了物质对光的吸收程度与吸收层厚度之间的关系；1852 年比尔又提出光的吸收程度和吸光物质浓度之间也有类似关系，二者结合起来就是朗伯-比耳定律.

由式(7-17)可见，如果光通过溶液时完全不被吸收，则 $I=I_0$，即 $I/I_0=1$.

透过光 I 值越小，则 I/I_0 的比值越小，因此，将 I/I_0 称为透光度 T.

$$A=\lg\frac{1}{T}=abc \text{ 或 } A=\lg\frac{1}{T}=\varepsilon bc$$

式(7-17)是各类光吸收的基本定律，即**朗伯-比耳定律**. 其物理意义为：当一束平行的

单色光通过一均匀的、非散射的吸光物质溶液时，其吸光度与溶液液层厚度和浓度的乘积成正比. 它不仅适用于溶液，也适用于均匀的气体和固体状态的吸光物质. 这是各类吸光光度法定量测定的依据.

例 7-9 铁(Ⅱ)浓度为 $5.0\times10^{-4}\ g\cdot L^{-1}$ 的溶液，加入邻二氮杂菲显色后，放入厚度为 2.0 cm 的比色皿中，在波长为 508 nm 处测吸光度，测得 $A=0.19$. 计算该配合物的吸光系数 a 及 ε.

解: 已知铁的相对原子量为 55.85.

$$a=\frac{A}{bc}=\frac{0.19}{2.0\times5.0\times10^{-4}}=190(L\cdot g^{-1}\cdot cm^{-1})$$

$$\varepsilon=Ma=55.85\times190=1.1\times10^{4}(L\cdot mol^{-1}\cdot cm^{-1})$$

朗伯-比耳定律用于互相不作用的多组分体系测定时，总吸光度是各组分吸光度之和：

$$A_{总}=\varepsilon_1bc_1+\varepsilon_2bc_2+\cdots+\varepsilon_ibc_i \qquad (7\text{-}19)$$

根据朗伯-比耳定律，当波长和强度一定的入射光通过光程长度固定的有色溶液时，吸光度与有色溶液的浓度成正比. 也就是说，吸光度对溶液浓度作图所得的直线的截距为零，即在液层厚度一定，入射光波长、强度一定时，以吸光度 A 为纵坐标，以标准溶液的浓度为横坐标作图，应该得到一通过原点的直线. 但是在实际工作中，经常会出现标准曲线为非线性的，或者不通过原点，这种现象称为偏离朗伯-比耳定律.

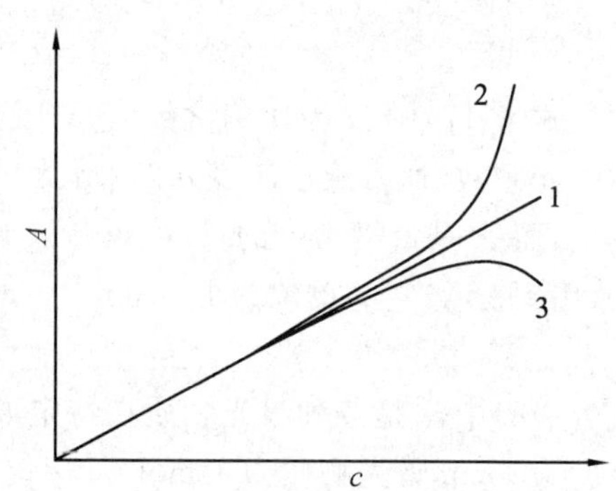

图 7-17 偏离朗伯-比耳定律

1. 无偏离；2. 正偏离；3. 负偏离

若溶液的实际吸光度比理论值大，则为正偏离朗伯-比耳定律；吸光度比理论值小，为负偏离朗伯-比耳定律，如图 7-17 所示.

三、引起偏离朗伯-比耳定律的因素

偏离朗伯-比耳定律是由定律本身的局限性、溶液的化学因素以及仪器因素等引起的.

1. 朗伯-比耳定律本身的局限性

朗伯-比耳定律适用于浓度小于 $0.01\ mol\cdot L^{-1}$ 的稀溶液. 摩尔吸光系数 ε 与浓度无关，但与折射率 n 有关. 在低浓度时，n 基本不变，服从朗伯-比耳定律；在高浓度时，由于 n 随浓度增加而增加，因此引起偏离朗伯-比耳定律.

当入射光通过具有不同折射率的两种介质的界面时会发生反射作用. 若被测溶液的折射率和空白溶液的折射率基本相同，则反射作用的影响互相抵消. 当被测溶液的浓度增加时，二者的差异增加，曲线不通过零点. 为了校正或消除这种差异，测定时可用空白溶液作相对校正. 空白溶液应与被测溶液的组成相近，且二者应装入大小、形状和材料相同的吸收池中.

2. 化学因素

朗伯-比耳定律的基本假设，是要求吸收粒子为独立的，粒子之间没有相互作用. 这只有在浓度很低时才能符合要求. 在高浓度(一般大于 $0.1\ mol\cdot L^{-1}$)时，由于粒子之间的距离减小，会影响其邻近粒子的电荷分布，这种影响的结果是粒子的吸光能力发生改变. 显

然，浓度越高，偏离现象越大.

另外，若溶液中发生了解离反应、酸碱反应、配位反应及缔合反应等化学变化，这些都会改变了吸光物质的浓度，导致偏离现象的发生. 若化学反应使吸光物质浓度降低，而产物在测量波长处不吸收，则引起负偏离；若产物比原吸光物质在测量波长处的吸收更强，则引起正偏离. 因此，只要根据溶液中吸光物质的性质、化学平衡的移动等知识，对偏离现象加以控制和防止，就能得到较好的测定效果.

3. 仪器因素

当入射光为单色光时，溶液的吸收才严格服从朗伯-比耳定律. 实际上，真正的单色光却难以得到. "单色光"仅是一种理想情况，即使用棱镜或光栅等单色器所得到的"单色光"，实际上也是有一定波长范围的光谱带(此波长范围即谱带宽度). 单色器由色散元件和入射及出射狭缝等组成. 单色光的纯度与狭缝宽度有关，狭缝越窄，它所包含的波长范围也越窄，单色光的纯度越好.

四、显色反应和显色条件的选择

在进行吸光光度法分析时，首先必须将待测组分转变为有色物质. 这种转变称为显色反应. 能使待测组分转变为有色物质的试剂称为显色剂. 常用的显色反应大多是能形成很稳定的、具有特征颜色的螯合物的反应，也有的是氧化还原反应. 为了得到准确的分析结果，除了需选择合适的测量仪器外，还必须使被测离子转化成一种灵敏度高、选择性好的有色化合物.

1. 显色反应的选择

显色反应可分为两类：配位反应和氧化还原反应，主要为前者. 相同的待测组分常常可以和多种显色剂反应生成不同的有色物质. 为提高准确度，必须考虑以下因素：

(1) 灵敏度. 光度法一般用于微量组分的测定. 摩尔吸光系数 ε 的大小是显色反应灵敏度高低的重要标志，因此可选择生成有色物质摩尔吸光系数 ε 大的显色反应. 一般来说，ε 为 $10^4 \sim 10^5$ 时，反应灵敏度较高.

(2) 选择性. 显色剂仅与一种组分发生显色反应，这是最理想的. 但是这样的显色剂是不存在的. 而选择干扰较少，或干扰易于消除的反应还是可以找到的.

显色剂在测定波长处无明显吸收.

生成的有色物质组成恒定，性质稳定.

2. 显色条件的选择

(1) 显色剂的用量. 在显色反应中存在下列平衡：

$$\text{M(被测离子)} + \text{R(显色剂)} \rightleftharpoons \text{MR(有色配合物)}$$

根据溶液平衡原理，有色配合物的稳定常数越大，显色剂过量越多，越有利于有色配合物的生成. 但是显色剂的过量加入，可能会引起某些副反应，这对测定是不利的. 在具体测定中，显色剂的适宜量常通过实验方法来确定. 首先将被测组分的浓度及其他条件都固定，在一系列的溶液中加入不同量的显色剂，测定其吸光度 A，以吸光度 A 对显色剂的浓度 $c(\text{R})$ 作图，从图中可选取最适宜的显色剂用量.

(2) 酸度. 酸度对显色反应的影响是多方面的. 多数显色剂是有机弱酸，在溶液中存在如下平衡：

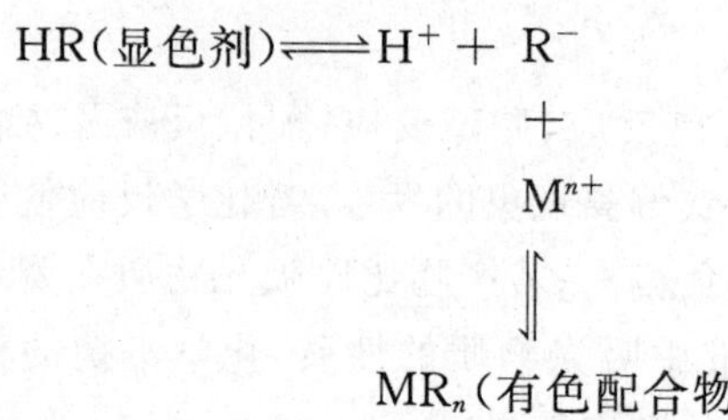

酸度的改变会引起平衡的移动,从而影响显色剂及有色物质的浓度,继而影响配位基团 R^- 数目以致改变溶液的颜色.

另外,酸度还可能对待测离子的存在状态以及是否发生水解产生影响.

(3) 显色温度.多数显色反应在室温下能很快地进行,但有些反应受温度影响很大,室温下反应很慢,必须加热至一定温度(如磷钼蓝法测定磷,其发色温度 55 ℃~60 ℃)才能反应完全.有些反应由于高温下不稳定,反应生成物易褪色.为此,对不同的显色反应,应通过实验找出各自适宜的温度范围.

(4) 显色时间.显色反应由于反应速度不同,完成反应的时间也不同.有些反应能瞬时完成,且颜色能在长时间内保持稳定;有些反应虽能快速完成,但产物迅速分解.因此,必须通过实验,做出在一定温度下的吸光度对时间的关系曲线,求出适宜的显色时间.

(5) 溶剂的影响.许多有色配合物在水中解离度较大,而在有机溶剂中的解离度较小.例如,$[Fe(SCN)^{2+}]$在丙酮溶液中,配合物颜色变深,测定的吸光度增大,这种方法称萃取比色法.它的优点是:分离了杂质,提高了方法的选择性;把有色物质浓缩到有机溶剂的小体积内,降低了它的解离度,从而提高了测定的灵敏度;方法比较简单、方便、快速.

(6) 干扰物质的影响及消除.常见的干扰物质对显色反应的影响表现为干扰离子本身有颜色,在测量条件下或有吸收,或发生水解,或析出沉淀,这些都会影响到吸光度的测量.例如,干扰离子与显色剂生成更稳定的无色配合物,消耗显色剂,使被测离子显色反应不完全;或干扰离子与显色剂生成有色配合物而干扰测定.消除干扰的方法有:控制溶液的酸度;加入适当的掩蔽剂,利用氧化还原反应改变干扰离子的价态;选择适当的测量条件,如利用两者的 λ_{max} 不同,选择适当波长进行测定;采用萃取或其他分离方法,预先分离干扰离子;选择合适的参比溶液等.

五、显色剂

1. 无机显色剂

无机显色剂与金属离子生成的化合物不够稳定,选择性和灵敏度也不高,目前已大都不用,尚有实用价值的见表 7-16.

表 7-16 某些无机显色剂

测定元素	显色剂	酸度/(mol·L^{-1})	配合物组成及颜色	测定波长/nm
铁 钼 钨	硫氰酸盐	0.05~0.2(HNO_3) 1.5~2(H_2SO_4) 1.5~2(H_2SO_4)	$[Fe(SCN)]^{2+}$红 $[MoO(SCN)_5]^{2-}$橙 $[WO(SCN)_4]^-$黄	480 450 405
硅 磷	钼酸铵	0.15~0.3(H_2SO_4) 0.5(H_2SO_4)	$H_4SiO_4 \cdot 10MoO_3 \cdot Mo_2O_5$蓝 $H_3PO_4 \cdot 10MoO_3 \cdot Mo_2O_5$蓝	670~820 670~820
钛	过氧化氢	0.7~1.8(H_2SO_4)	$[TiO(H_2O_2)]^{2+}$黄	420

2. 有机显色剂

大多数有机显色剂常与金属生成稳定螯合物，有机显色剂中一般都含有生色团和助色团. 有机化合物中的不饱和键基团能吸收波长大于 200 nm 的光. 这种基团称为广义的生色团，如偶氮基（—N＝N—）、醌基等. 某些含有环对电子的基团，它们与生色团上的不饱和键相互作用，可以影响有机化合物对光的吸收，使颜色加深，这些基团称为助色团. 例如，氨基（$—NH_2$）、羟基（—OH）以及卤代基（X—）等，是一般分析工作中常用的显色剂，它们能与金属离子生成螯合物.

（1）有机显色剂具有的优点：

① 颜色鲜明，灵敏度高.

② 稳定，解离常数小.

③ 选择性高，专属性强.

④ 可被有机溶剂萃取，广泛应用于萃取光度法.

（2）常见有机显色剂：

① 邻二氮菲. 属于偶氮类显色剂，分子中含有偶氮基. 凡含有偶氮结构的有机化合物都带有颜色. 邻二氮菲属于偶氮类显色剂中的 NN 型螯合显色剂，它是目前测定微量组分较好的显色剂. 它显色灵敏度高，可直接测定 Fe^{2+}. 常常利用还原剂（如盐酸羟氨）将 Fe^{3+} 还原为 Fe^{2+}，然后在 pH 为 5～6 条件下，使 Fe^{2+} 与试剂作用，生成稳定的红色配合物.

② 二硫腙. 属于含硫显色剂，能用于测定 Cu^{2+}、Pb^{2+}、Zn^{2+}、Cd^{2+}、Hg^{2+} 等多种重金属离子. 在一定的酸度条件下加入掩蔽剂，可以消除重金属离子之间的干扰，提高反应的选择性. 反应灵敏度很高.

③ 铬天青 S. 属于三苯甲烷类显色剂，是一种应用很广泛的分析试剂. 铬天青 S 可与许多金属离子显色，如 Al^{3+}、Be^{2+}、Co^{2+}、Cu^{2+}、Ga^{2+}、Fe^{3+} 等及阳离子表面活性剂如氯化十六烷基三甲基胺、溴化十六烷基吡啶等的测定，广泛应用于吸光光度法的测定.

六、吸光度测量条件的选择

为使吸光光度法有较高的灵敏度与准确度，除了选择适当的显色条件外，还必须选择适当的测量条件.

1. 入射光波长的选择

入射光波长应根据吸收曲线，以选择溶液最大吸收波长为宜. 这是因为，在此波长处摩尔吸光系数 ε 最大，灵敏度较高，同时，在此波长处的一个较小范围内，吸光度变化不大，不会造成对吸收定律的偏离，使得测量达到较高的准确度. 如果最大吸收波长不在仪器可测范围内，或干扰物质在此波长处有强烈吸收，那么入射波长应选择在 ε 随波长改变变化不太大（且 ε 较大的区波）处的波长. 现以图 7-18 为例：测 A 应选 500 nm，而不选 420 nm，即选近平台且较大的波长.

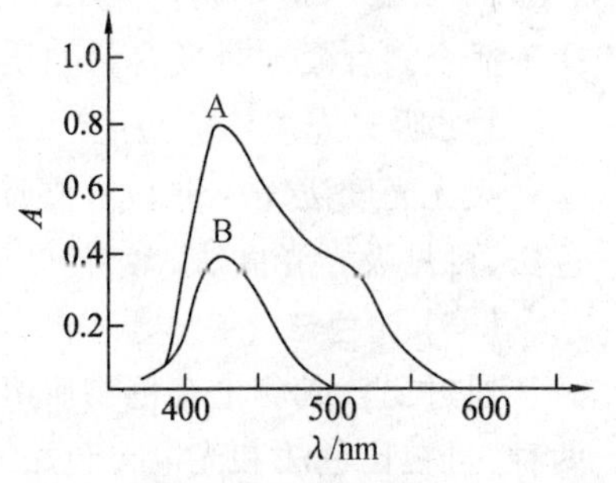

图 7-18 吸收曲线

A 为钴配合物的吸收曲线；B 为 1-亚硝基-2-萘酚-3，6-磺酸显色剂的吸收曲线

2. 参比溶液的选择

在测量中，须将待测溶液装入透明材质的比色皿中，

当平行光照射时，会发生反射、吸收及透射现象.反射以及溶液中溶剂、溶质对光的吸收都会造成透射光强度的减弱.为使光强度的减弱与溶液中待测物质的浓度有关联，必须对上面所述的影响加以校正.所以，应采用光学性质相同、厚度相同的比色皿盛放参比溶液，然后调节仪器使透过参比器皿的吸光度为零.测得溶液的吸光度为

$$A=\lg\frac{I_0}{I}=\lg\frac{I_{参比}}{I_{试液}}$$

实际上是以通过参比器皿的光强度作为入射光的强度，这样测得的吸光度能比较真实地反映待测物质对光的吸收，也能比较真实地反映待测物质的浓度.因此，在吸光光度法中，参比溶液的作用是非常重要的.选择参比溶液的原则是使试液的吸光度真正反映待测物的浓度.通常的做法是：

(1) 如果仅有待测物质与显色剂的反应产物有吸收，可用纯溶剂作参比溶液.

(2) 如果显色剂或其他试剂为略有吸收，可用空白溶液作参比溶液.

(3) 如果试样中其他组分有吸收，但不与显色剂反应：当显色剂无吸收时，可用试样的溶液作参比溶液；当显色剂略有吸收时，可在试液中加入适宜的掩蔽剂以掩蔽显色剂，并以此作参比溶液.

3. 吸光度读数范围的选择

在不同吸光度范围内读数时，会对测定带来不同程度的误差，见表7-17.

表7-17　不同 T(或 A)时的浓度相对误差(假定 $\Delta T=0.5\%$)

透光度 $T/\%$	吸光度 A	浓度相对误差 $\frac{\Delta c}{c}\times100$	透光度 $T/\%$	吸光度 A	浓度相对误差 $\frac{\Delta c}{c}\times100$
95	0.022	(±)10.2	40	0.399	1.36
90	0.046	5.3	30	0.523	1.38
80	0.097	2.8	20	0.699	1.55
70	0.155	2.0	10	1.000	2.17
60	0.222	1.63	3	1.523	4.75
50	0.301	1.44	2	1.699	6.38

浓度相对误差的大小和透光度读数范围有关.当吸光度为0.15～1.0，浓度测量误差为2.0%～2.2%，最小误差为1.4%.测量的吸光度过低或过高，误差都比较大，因此吸光光度法不适合高含量或过低含量物质的测定.

七、吸光光度法的应用

吸光光度法是一种基于物质对光的选择性吸收而建立起来的一种分析方法.它包括比色法、可见吸光光度法、紫外-可见吸光光度法和红外光谱法等.

(一) 比色法

通过比较或测量有色物质溶液颜色深度来确定待测组分含量的方法.常用的比色法有两种：目视比色法和光电比色法.

1. 目视比色法

常用的目视比色法是标准系列法.其方法是使用一套由同种材料制成、大小形状相同的平底玻璃管(比色管)，在这一系列比色管中分别加入不同浓度的标准溶液和待测液，在实验条件相同的情况下，再加入等量的显色剂和其他试剂，稀释至一定体积摇匀，然后从管

口垂直向下观察，比较待测溶液与标准溶液颜色的深浅．若待测溶液与某一标准溶液颜色深度一致，则说明两者浓度相等；若待测溶液颜色介于两标准溶液之间，则取其算术平均值作为待测溶液的浓度．

目视比色法的优点是不需要特殊仪器，操作简便，适合大批量试样的分析．因比色管管体较长，可以测出颜色很淡的稀溶液中微量组分的含量．目视比色法通常在复合光（白光）下进行，测定条件相同，因此某些不完全符合光吸收定律的显色反应，也可用该法测定．因而它广泛用于准确度要求不高的常规分析中，如土壤和植物中氮、磷、钾的速测等．主要缺点是准确度不够高，如果待测液中存在第二种有色物质，就无法进行测定．另外，由于许多有色溶液颜色不稳定，标准系列不能久存，经常需在测定时配制，比较麻烦．虽然可采用某些稳定的有色物质（如重铬酸钾、硫酸铜和硫酸钴等）配制永久性标准系列，或利用有色塑料、有色玻璃制成永久色阶，但由于它们的颜色与试液的颜色往往有差异，也需要进行校正．

2．光电比色法

利用光电效应测量光线通过有色溶液透过光的强度，求出被测组分含量的方法称为光电比色法．光电比色法所用的仪器称为光电比色计．

该法是用光电池代替人眼进行测定．首先在光电比色计上测量一系列标准溶液的吸光度，将吸光度对浓度作图，绘制工作曲线，然后根据待测组分溶液的吸光度在工作曲线上查得其浓度或含量．

光电比色法的优点是克服了目视比色法因人的眼睛造成的主观误差，提高了分析结果的准确度；在有其他有色物质共存时，可选用适当的滤光片来消除干扰，从而提高了选择性．在分析结果的计算时，可使用工作曲线，这样在分析大批量试样时，简化了手续，加快了速度．该法的缺点是当电源电压改变时，光源强度发生波动，造成误差．光电比色计利用滤光片只能得到一定波长范围的复合光，而不是单色光，容易使吸光系数不为常数而偏离光吸收定律．这些都使得它在测量的准确度、灵敏度和应用范围上都不能达到最好．

（二）紫外-可见吸光光度法

利用被测物质的分子对紫外-可见光具有选择性吸收的特性而建立的分析方法称为紫外-可见吸光光度法．它是通过物质分子对波长为 200～760 nm 的电磁波的吸收特性所建立起来的一种定性、定量和结构分析方法，常用于生物试样的分析工作中．该法操作简单、准确度高、重现性好．

1．仪器

紫外-可见吸光光度法用到的仪器为紫外-可见分光光度计．紫外-可见分光光度计分为单波长和双波长分光光度计两类．单波长分光光度计又分为单光束和双光束分光光度计．本节介绍单波长单光束分光光度计．

单波长单光束分光光度计的工作原理如图 7-19 所示．光源发出的混合光经单色器分光，其获得的单色光通过参比（或空白）吸收池后，照射在检测器上转换为电信号，并调节由读出装置显示的吸光度为零或透光度为 100%，然后将装有被测试液的吸收池置于光路中，最后由读出装置显示试液的吸光度值．假设通过参比吸收池的单色光强度为 I_0，通过试液吸收池的光强度为 I，由朗伯-比耳定律知，若入射光波长一定时，摩尔吸光系数为常数，吸光度 A 与浓度 c 成正比．若在一系列不同波长处，测定试液的吸光度 A 或百分透光度 T%，就可以获得吸收光谱图．

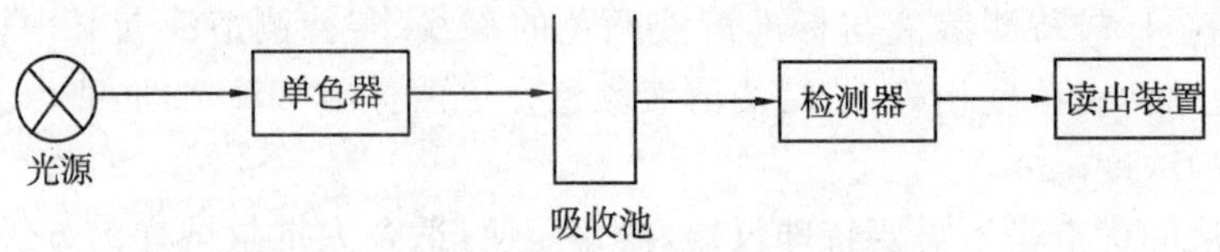

图 7-19 单波长单光束分光光度计原理图

(1) 722 型光栅分光光度计.

它是一种应用较广的简便的可见分光光度计,波长范围为 330～800 nm. 由钨卤灯光源、单色器、吸收池、光电管以及微电流放大器、对数放大器、数字显示器和稳压电源等部件组成.

由钨卤灯光源发出的混合光经滤光片(消除二级光谱)和经聚光镜至入射狭缝聚焦成像,再通过平面反射镜反射至准直镜使成平行光后,被光栅色散,再经准直镜聚焦通过出射狭缝. 调节波长调节器可获得所需要的单色光,此单色光通过聚光镜和试液后,照射在光电管上,所产生的电流经放大,由数字显示器直接读出吸光度 A 或百分透光度 $T\%$ 或浓度 c.

(2) 751 型紫外-可见分光光度计.

它是一种较精密的仪器,波长范围为 200～1 000 nm. 波长 200～320 nm 用氢弧灯,320～1 000 nm 用钨灯. 用石英棱镜分光. 光电管用 GD-5 紫敏光电管和 GD-6 红敏光电管. GD-5 为锑铯阴极面,适用的波长范围为 200～625 nm;GD-6 为银氧铯阴极面,适用的波长范围为 625～1 000 nm.

光路图如图 7-20 所示.

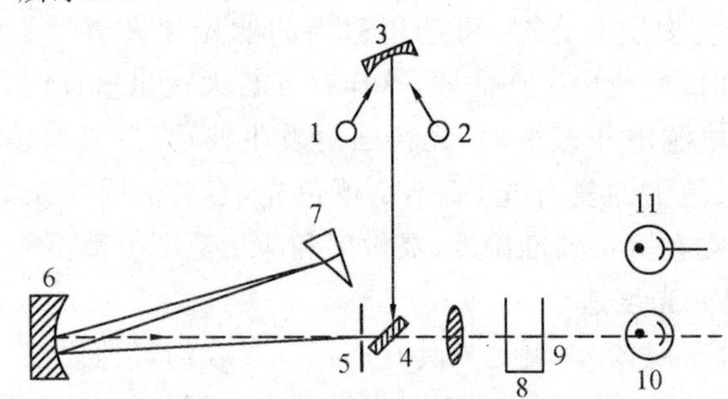

图 7-20 751 型紫外-可见分光光度计光路图

1-氢弧灯;2-钨灯;3,4-反射镜;5-狭缝;6-准直镜;

7-石英棱镜;8-聚光镜;9-吸收池;10-紫敏光电管;11-红敏光电管

2. 紫外-可见吸光光度法的应用

紫外-可见吸光光度法可以用于定性和定量分析,以及配合物的组成和稳定常数的测定等.

(1) 定性分析.

利用紫外-可见吸收光谱可以对有机化合物尤其是共轭体系进行定性分析. 通常情况下:

① 在 200～800 nm 范围内无吸收峰,该有机化合物可能是链状或环状的脂肪族化合物,或是它的简单衍生物,如醇、胺、氯代烷及不含双键的共轭体系.

② 在 210～250 nm 范围内有强吸收带($\varepsilon=1\times10^4\sim2\times10^4$),可能含有两个共轭双键.

③ 在 210～300 nm 有强吸收带,可能含有 3～5 个共轭双键.

④ 在 250～300 nm 有吸收峰，表示有羰基存在；有中强吸收峰且有振动结构时，表示有苯环.

⑤ 比较法. 可以将未知纯试样的紫外吸收光谱图与标准纯试样的紫外吸收光谱图，或与标准紫外吸收光谱图比较进行定性. 当溶剂和试样浓度相同时，若两紫外吸收光谱图的 λ_{max} 和 ε_{max} 相同，表明它们是同一有机化合物.

必须注意，有机化合物的紫外吸收光谱的吸收带宽而平坦，并且数目也不多. 当它们的结构有差异，而分子中含有相同的生色团时，吸收曲线的形状基本相同，因此在比较它们的 λ_{max} 时还应该比较其 ε_{max}.

⑥ 计算最大吸收波长. 利用紫外吸收光谱中的经验规律计算不饱和有机化合物的最大吸收波长 λ_{max}，并与实验值比较，从而推断其结构.

共轭二烯、三烯和四烯以及 α,β-不饱和羰基化合物的 $\pi\rightarrow\pi^*$ 跃迁的最大吸收波长 λ_{max}，可用 Woodward-Fieser 经验规律来计算，计算时以母体生色团的最大吸收波长 λ_{max} 为基数，再加上连接在母体 π 电子体系上的不同取代基助色团的修正值. 通常情况下，同一化合物的计算值和实验值比较接近，约相差 5 nm 或更小.

Scott 经验规则可用于计算苯甲酸、苯甲醛或苯甲酸酯等芳香族羰基衍生物 R—C_6H_4—COX 的 λ_{max}.

紫外吸收光谱法不是定性分析的主要工具，但它可为红外吸收光谱、核磁共振波谱和质谱等方法进行有机化合物的结构分析提供有用的信息.

(2) 定量分析.

对单组分或多组分体系，若溶液对光的吸收服从朗伯-比耳定律，可用紫外-可见吸光光度法进行定量测定.

① 实验条件的选择.

波长：通常测定时选择最大吸收处的波长 λ_{max} 作为分析波长，此时测定的灵敏度高，并且在最大吸收波长 λ_{max} 附近，吸光度随波长的变化小，测定的误差也小. 但选用 λ_{max} 并不一定都是可行的，因为有的显色剂在被测物质的 λ_{max} 处往往也有吸收，如 3,3′-二氨基联苯(DAB)和 Se 形成配合物 Se-DAB 的最大吸收波长在 340 nm 和 420 nm，如图 7-21 所示，在波长 340 nm 处，DAB 也有很强的吸收，在这种情况下，分析波长应选用 420 nm，否则测量误差较大.

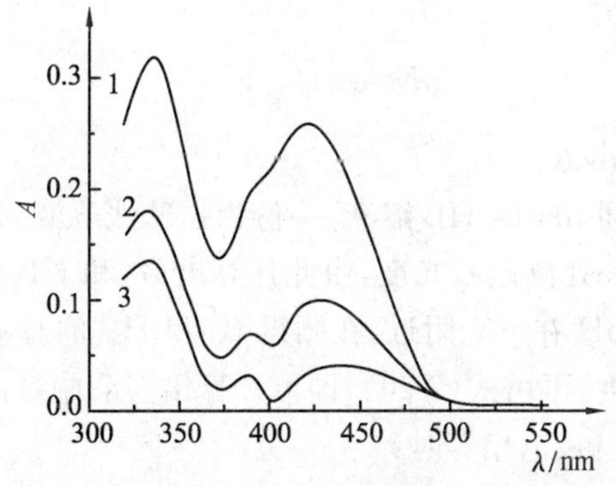

图 7-21　DAB 和 Se-DAB 在甲苯溶液中的吸收曲线

1. 25mg Se-DAB 在 10 mL 甲苯溶液中；2. 5mg Se-DAB 在 10 mL 甲苯溶液中；3. DAB 在甲苯溶液中

狭缝宽度:理论上,定性分析时采用最小的狭缝宽度.在定量分析中,为了避免狭缝太小,使出射光太弱而引起信噪比降低,可以将狭缝开大一点.通过测定吸光度随狭缝宽度的变化规律,可选择出合适的狭缝宽度.狭缝宽度在某范围内,吸光度恒定,狭缝宽度增大至一定程度时吸光度减小.因此,合适的狭缝宽度就是在吸光度不减小时的最大狭缝宽度.

吸光度值:将吸光度值控制在一定范围内,以使测定的相对误差较小.

② 单组分定量分析.

对试样中某种组分的测定,常常采用标准曲线法.配制一系列不同浓度的被测组分的标准溶液,在选定的波长和最佳的实验条件下分别测定其吸光度 A.以吸光度对浓度作图得一条直线.在相同条件下,再测量样品溶液的吸光度,然后可以从标准曲线上查得样品溶液的浓度.也可以采用目视比色法.

③ 多组分定量分析.

需要同时测定试样中的 n 个组分时,若它们在吸收曲线上的吸收峰互相不重叠,则可以不经分离分别选择适当的波长,按单组分的方法进行测定.

若试样中需要测定 $n(2\sim5)$个组分的吸收峰重叠,但不严重,能服从朗伯-比耳定律,则根据吸光度的加和性,可不经分离,在 n 个指定的波长处测量样品混合组分的吸光度,然后解 n 个联立方程,求出各组分的含量.若选定 2 个波长 λ_1 和 λ_2,测得试液的吸光度为 A_1 和 A_2,则

$$A_1=\varepsilon_{A_1}bc_A+\varepsilon_{B_1}bc_B(\text{在 }\lambda_1\text{ 处})$$
$$A_2=\varepsilon_{A_2}bc_A+\varepsilon_{B_2}bc_B(\text{在 }\lambda_2\text{ 处})$$

式中,四个摩尔吸光系数可以分别在 λ_1 和 λ_2 处,从纯物质 A 和 B 求得.解此方程组即可求出混合物中两组分的浓度 c_A 和 c_B.

利用等吸光点也可以测定混合试样中两组分的含量.在等吸光点处两组分的 ε 相同.测量时,首先测出该波长处两组分的总浓度,然后再测定一个组分在指定分析波长处的浓度.从总浓度中减去一个组分的浓度,即可求得另一组分的浓度.

(3) 测定平衡常数.

吸分光光度法可以测定酸碱解离常数,若为一元弱酸,在溶液中的解离反应为:

$$HB \rightleftharpoons H^+ + B^-$$

$$K_a=\frac{c_{H^+}\cdot c_{B^-}}{c_{HB}}$$

$$pK_a=pH-\lg\frac{c_{B^-}}{c_{HB}} \tag{7-20}$$

若测出 c_{B^-} 和 c_{HB},就可算出 K_a.

测定时,配制三份不同 pH 的 HB 溶液.一份为强碱性溶液,另一份为强酸性溶液,分别在 B^- 和 HB 的吸收峰波长处测定吸光度,由此计算出 B^- 和 HB 的摩尔吸光系数.第三份为已知 pH 的缓冲溶液,其 pH 在 pK_a 附近,在测得 B^- 和 HB 的总吸光度后,用双组分测定的方法算出 B^- 和 HB 的浓度,再由式(7-20),即可计算出弱酸的解离常数.

由式(7-20)知,当 c_{B^-} 和 c_{HB} 相等时:

$$pK_a=pH$$

若以 pH 为横坐标,以某波长处测得的不同 pH 时的吸光度为纵坐标作图,得一条 S 形曲

线，该曲线的中点所对应的 pH 即为 pK_a. 吸光光度法也可以测定配合物的组成及其不稳定常数.

例 7-10 用分光光度法测定以下反应的平衡常数.

$$Zn^{2+} + 2L^{2-} \rightleftharpoons [ZnL_2]^{2-}$$

已知配离子$[ZnL_2]^{2-}$的最大吸收波长 λ_{max} 为 480 nm，测量时用 1.00 cm 的吸收池. 配位剂 L^{2-} 的量至少比 Zn^{2+} 大 5 倍，此时的吸光度仅决定于 Zn^{2+} 的摩尔浓度. Zn^{2+} 和 L^{2-} 在 λ_{max} 为 480 nm 处无吸收. 测得含 2.30×10^{-4} mol·L^{-1} Zn^{2+} 和 8.60×10^{-3} mol·L^{-1} L^{2-} 溶液的吸光度为 0.690. 在同样条件下，含 2.30×10^{-4} mol·L^{-1} Zn^{2+} 和 5.00×10^{-4} mol·L^{-1} L^{2-} 溶液的吸光度为 0.540. 试计算平衡常数.

解：根据题意，可由吸光度为 0.690 的溶液计算配离子的摩尔吸光系数 ε：

$$\varepsilon = \frac{A}{bc} = \frac{0.690}{1.00\times2.30\times10^{-4}} = 3.00\times10^{3}\ \text{L}\cdot\text{mol}^{-1}\cdot\text{cm}^{-1}$$

由吸光度为 0.540 的溶液分别计算平衡时$[ZnL_2]^{2-}$、Zn^{2+} 和 L^{2-} 的浓度. 由于 Zn^{2+} 和 L^{2-} 在 λ_{max} 为 480 nm 处无吸收，则

$$c_{[ZnL_2]^{2-}} = \frac{A}{\varepsilon b} = \frac{0.540}{3.00\times10^{3}\times1.00} = 1.80\times10^{-4}(\text{mol}\cdot\text{L}^{-1})$$

因 $c'_{Zn^{2+}} = c_{Zn^{2+}} + c_{[ZnL_2]^{2-}}$，则

$$c_{Zn^{2+}} = 2.30\times10^{-4} - 1.80\times10^{-4} = 5.00\times10^{-5}(\text{mol}\cdot\text{L}^{-1})$$

因 $c'_{L^{2-}} = c_{L^{2-}} + 2c_{[ZnL_2]^{2-}}$，则

$$c_{L^{2-}} = 5.00\times10^{-4} - 2\times1.80\times10^{-4} = 1.40\times10^{-4}(\text{mol}\cdot\text{L}^{-1})$$

则平衡常数为：

$$K = \frac{c_{[ZnL_2]^{2-}}}{c_{Zn^{2+}}\cdot c_{L^{2-}}^{2}} = \frac{1.80\times10^{4}}{5.00\times10^{-5}\times(1.40\times10^{-4})^{2}} = 1.84\times10^{8}$$

八、原子吸收光谱法简介

该方法基于样品中的基态原子对该元素的特征谱线的吸收程度来测定待测元素的含量. 一般情况下原子都是处于基态的. 当特征辐射通过原子蒸气时，基态原子从辐射中吸收能量，最外层电子由基态跃迁到激发态. 原子对光的吸收程度取决于光程内基态原子的浓度. 在一般情况下，可以近似地认为所有的原子都是处于基态. 因此，根据光线被吸收后的减弱程度就可以判断样品中待测元素的含量. 这就是原子吸收光谱法定量分析的理论基础.

原子吸收光谱法是依据处于气态的被测元素基态原子对该元素的原子共振辐射有强烈的吸收作用而建立的. 该法具有检出限低、准确度高、选择性好、分析速度快等优点.

在温度、吸收光程、进样方式等实验条件固定时，样品产生的待测元素气相基态原子对作为锐线光源的该元素的空心阴极灯所辐射的单色光产生吸收，其吸光度(A)与样品中该元素的浓度(c)成正比，即 $A=Kc$，式中，K 为常数. 据此，通过测量标准溶液及未知溶液的吸光度，又已知标准溶液浓度，可作标准曲线，求得未知液中待测元素浓度.

该法主要适用于样品中微量及痕量组分分析.

原子吸收光谱仪在结构上可以分为单光束型光谱仪和双光束型光谱仪.

7-7-3 电位分析法

电位分析法属于电化学分析法，与溶液的电化学性质有关. 溶液的电化学性质是指所构成的电池的电学性质(如电极电位、电流、电量和电导等)和化学性质(溶液的化学组成、浓度等). 电化学分析法就是利用这些性质，通过传感器——电极，将被测物质的浓度转换成电学参数而加以测量的方法.

电化学分析法主要有电位分析法(通过测量电池电动势或电极电位来确定被测物质浓度的方法)、电量分析法(通过测量电解过程中消耗的电量求出被测物质含量的方法)和伏安分析法(利用电解过程中所得的电流-电位(电压)曲线进行测定的方法，称为伏安法或极谱分析法)等. 电位分析法包括直接电位法和电位滴定法. 直接电位法是利用专用电极将被测离子的活度转化为电极电位后加以测定. 电位滴定法是利用指示电极电位的突跃来指示滴定终点. 两种方法的区别在于：直接电位法只测定溶液中已经存在的自由离子，不破坏溶液中的平衡关系；电位滴定法测定的是被测离子的总浓度. 电位滴定法可直接用于有色和浑浊溶液的滴定. 在酸碱滴定中的，它可以滴定不适于用指示剂的物质，还能滴定平衡常数小于 5×10^{-9} 的弱电解质溶液；在沉淀和氧化还原滴定中，它的应用更为广泛. 电位滴定法可以进行连续和自动滴定.

电位分析法是利用物质的电化学性质进行分析的一大类分析方法.

一、电极

(一) 金属电极、膜电极、微电极和化学修饰电极

在电化学分析中，**电极(Electrode)**是将溶液浓度变换成电信号(如电位或电流)的一种传感器. 电极的类型很多，一类是电极反应中有电子交换反应即发生氧化还原反应的金属电极，另一类是膜电极，还有微电极和化学修饰电极等.

1. 金属电极

金属电极又可以分为四类.

(1) 第一类电极：它由金属与该金属离子溶液组成，可表示为 $M|M^{n+}$. 例如，Ag 丝插在 $AgNO_3$ 溶液中，其电极反应为：

$$Ag^+ + e^- \rightleftharpoons Ag$$

$Ag|Ag^+$ 电极的电极电位为：

$$E=\varphi^{\ominus}_{Ag^+/Ag}+0.059\ 2\lg c_{Ag^+} \tag{7-21}$$

(2) 第二类电极：它由金属与该金属的难溶盐和该难溶盐的阴离子溶液组成. 例如，银-氯化银电极、甘汞电极等. 银-氯化银电极($Ag, AgCl|Cl^-$)的电极反应为：

$$AgCl + e^- \rightleftharpoons Ag + Cl^-$$

$Ag|Ag^+$ 电极的电极电位为：

$$E=\varphi^{\ominus}_{Ag^+/Ag}+0.059\ 2\lg c_{Ag^+}$$

而

$$c_{Ag^+}=\frac{K_{sp}}{c_{Cl^-}}$$

因此，$Ag, AgCl|Cl^-$ 的电极电位可表示为：

$$E=\varphi^{\ominus}_{Ag^+/Ag}+0.059\ 2\lg\frac{K_{sp}}{c_{Cl^-}}$$

$$=\varphi^{\ominus}_{Ag^+/Ag}+0.0592\lg K_{sp}-0.0592\lg c_{Cl^-}$$
$$=\varphi^{\ominus}_{AgCl/Ag}-0.0592\lg c_{Cl^-} \tag{7-22}$$

对于甘汞电极 $Hg,Hg_2Cl_2|Cl^-$，电极反应为：

$$Hg_2Cl_2+2e^-\rightleftharpoons 2Hg+2Cl^-$$

电极电位为：

$$E=\varphi^{\ominus}_{Hg_2Cl_2/Hg}-0.0592\lg c_{Cl^-} \tag{7-23}$$

(3) 第二类电极：它由金属与两种具有相同阴离子的难溶盐（或稳定的配离子）以及含有第二种难溶盐（或稳定的配离子）的阳离子达平衡状态时的体系所组成. 例如，$Hg|HgY^{2-},CaY^{2-},Ca^{2+}$ 电极，其电极反应为：

$$HgY^{2-}+Ca^{2+}+2e^-\rightleftharpoons Hg+CaY^{2-}$$

电极电位为：

$$E=\varphi^{\ominus}_{Hg^{2+}/Hg}+\frac{0.0592}{2}\lg\frac{K_{CaY^{2-}}}{K_{HgY^{2-}}}+\frac{0.0592}{2}\lg\frac{c_{HgY^{2-}}}{c_{CaY^{2-}}}+\frac{0.0592}{2}\lg c_{Ca^{2+}} \tag{7-24}$$

这种电极可以作为 EDTA(Y^{4-})滴定时的 pM 指示电极.

(4) 零类电极：它由一种惰性金属（如 Pt）与含有可溶性的氧化态和还原态物质的溶液组成. 例如，$Pt|Fe^{3+},Fe^{2+}$ 电极，其电极反应为：

$$Fe^{3+}+e^-\rightleftharpoons Fe^{2+}$$

电极电位为：

$$E=\varphi^{\ominus}_{Fe^{3+}/Fe^{2+}}+0.0592\lg\frac{c_{Fe^{3+}}}{c_{Fe^{2+}}} \tag{7-25}$$

这种电极材料本身并不参与电化学反应，仅起传导电子的作用.

2. 膜电极

这类电极具有敏感膜并能产生膜电位，故称为膜电极. 膜电极又可分为若干类，这方面的内容将在电位分析法中讨论.

用于构成电极的材料除上面提及的 Pt 等金属之外，还有碳、石墨、汞等材料. 由碳、石墨、玻璃碳或贵金属 Pt、Au 等材料制成的电极称为固体电极. 由汞制成的电极称为汞电极，如滴汞电极、悬汞电极以及汞膜电极等.

3. 微电极或超微电极

它们用铂丝或碳纤维制成，其直径只有几纳米或几微米. 微电极具有电极区域小、扩散传质速率快、电流密度大、信噪比大、输入阻抗上的电压降小等特性，可用于有机介质或高阻抗溶液中的测定. 由于电极微小，测定能在微体系中进行，有利于开展生命科学的研究.

4. 化学修饰电极

在由铂、玻璃碳等制成的电极表面通过共价键键合、强吸附或高聚物涂层等方法，把具有某种功能的化学基团修饰在电极表面，使电极具有某种特定的性质，这类电极称为化学修饰电极(CME). 例如，将苯胺用电化学聚合的方法修饰在铂或玻璃碳电极上，就制成了聚苯胺化学修饰电极. CME 有单分子层修饰电极、无机物薄膜修饰电极、聚合物薄膜（多分子层）修饰电极等. CME 自 1975 年问世以来，在理论上和应用上都有很大的进展. 它在光电转换、催化反应、不对称有机合成、电化学传感器、分析等方面显示出突出的优点. 将微电极制成化学修饰微电极，必将产生更为显著的作用.

(二) 指示电极和参比电极

电化学分析中测量一个电池的电学参数，需要使用两支或三支电极. 分析方法不同，电极的性质和用途也不同，所以电极的名称也各有差异. 除前面已提及的正极、负极，阳极、阴极外，还有指示电极、参比电极、对比电极等.

1. 指示电极(Indicator Electrode)

指示电极是能对溶液中待测离子的活度产生灵敏的能斯特响应的电极，而且响应速度快，并且很快地达到平衡，干扰物质少，且较易消除. 前面所介绍的四类电极都可以作为指示电极使用. 玻璃电极是分析化学实验中经常会使用到的电极，以下进行重点介绍.

玻璃电极包括对 H^+ 响应的 pH 玻璃电极和对 Na^+、K^+ 响应的 pNa、pK 玻璃电极等.

pH 玻璃电极(Glass Electrode)是最早出现的离子选择电极. pH 玻璃电极的关键部分是敏感玻璃膜，内充 0.1 mol·L^{-1} HCl 溶液作为内参比溶液，内参比电极是 Ag|AgCl，结构如图 7-22 所示.

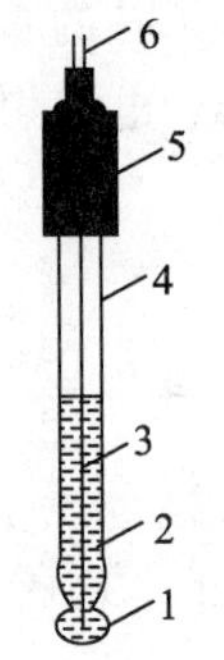

图 7-22 pH 玻璃电极

敏感玻璃膜的化学组成对 pH 玻璃电极的性质有很大的影响，其玻璃由 SiO_2、Na_2O 和 CaO 等组成. 它没有可供离子交换的电荷点(又称定域体)，所以没有响应离子的功能. 当加入碱金属的氧化物后部分硅氧键断裂，生成固定的带负电荷的硅氧骨架(称载体)，在骨架的网络中是活动能力强的抗衡离子 M^+. 玻璃结构是一个无限的三维网络骨架，当玻璃电极与水溶液接触时，M^+ 与 H^+ 发生交换反应，在玻璃膜表面形成一层"$\equiv SiO^- H^+$"($G^- H^+$)：

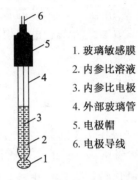

$$G^- Na^+ + H^+ \rightleftharpoons G^- H^+ + Na^+$$

它称为水化凝胶层. 该反应的平衡常数大，有利于水化凝胶层的形成.

玻璃膜中，在干玻璃层中的电荷传导主要由 Na^+ 承担；在干玻璃层和水化凝胶层间为过渡层，$G^- Na^+$ 只部分转化为 $G^- H^+$. 由于 H^+ 在未水化的玻璃中的扩散系数小，故其电阻率比干玻璃层高 1 000 倍左右. 在水化凝胶层中，表面"$\equiv SiO^- H^+$"的解离平衡是决定界面电位的主要因素：

$$\underset{\text{表面}}{\equiv SiO^- H^+} + \underset{\text{溶液}}{H_2O} \longrightarrow \underset{\text{表面}}{SiO^-} + \underset{\text{溶液}}{H_3O^+}$$

H_3O^+ 在溶液与水化凝胶层表面界面上进行扩散，从而在内、外两相界面上形成双电层结构，产生两个相间电位差. 在内、外两水化凝胶层与干玻璃之间形成两个扩散电位，若玻璃膜两侧的水化凝胶层性质完全相同，则其内部形成的两个扩散电位大小相等但符号相反，结果相互抵消. 因此，玻璃膜的膜电位决定于内、外两个水化凝胶层与溶液界面上的相间电位，如表 7-18 所示.

表 7-18 水化敏感玻璃膜的分层模式

	水化层	干玻璃层	水化层	
外部试液 $a(H^+)=x$	10^{-4} mm $a(Na^+)$上升→ ←$a(H^+)$上升	抗衡离子 Na^+	10^{-4} mm ←$a(Na^+)$上升 $a(H^+)$上升→	内部溶液 $a(H^+)$=定值

膜电位与溶液 pH 的关系：

$$E_M = 常数 + 0.0592\lg a_{外,H^+}$$
$$= 常数 - 0.0592\text{pH}$$

pH 玻璃电极的电位由 E_M 内参比电极电位以及不对称电位等组成. pH 玻璃电极电位可表示为：

$$E_g = k - 0.0592\text{pH} \tag{7-26}$$

2. 参比电极(Reference Electrode)

凡是提供标准电位的辅助电极称为参比电极. 它是测量电池电动势和计算指示电极电势必不可少的基准. 电化学分析中常用的参比电极是甘汞电极(尤其是饱和甘汞电极)以及银氯化银电极.

由式(7-23)和式(7-24)知，它们的电极电位随阴离子浓度增加而下降(表 7-19). 饱和甘汞电极(Saturated Calomel Electrode, SCE)和银-氯化银电极的结构如图 7-23 所示.

表 7-19　参比电极的电位与浓度的关系(298K)

电　极	电极电位/V(vs. SHE)
甘汞 $Hg, Hg_2Cl_2 \mid Cl^-(c)$	
$0.10\ mol \cdot L^{-1}$ KCl	0.334
$1.0\ mol \cdot L^{-1}$ KCl	0.282
饱和 KCl	0.242
银-氯化银 $Ag, AgCl \mid Cl^-(c)$	
$0.10\ mol \cdot L^{-1}$ KCl	0.288
$1.0\ mol \cdot L^{-1}$ KCl	0.228
饱和 NaCl	0.194

在非水介质中测定时，参比电极也可用饱和甘汞电极而外套管中用饱和 KCl(NaCl)-甲醇溶液或饱和 LiCl-乙二胺溶液等.

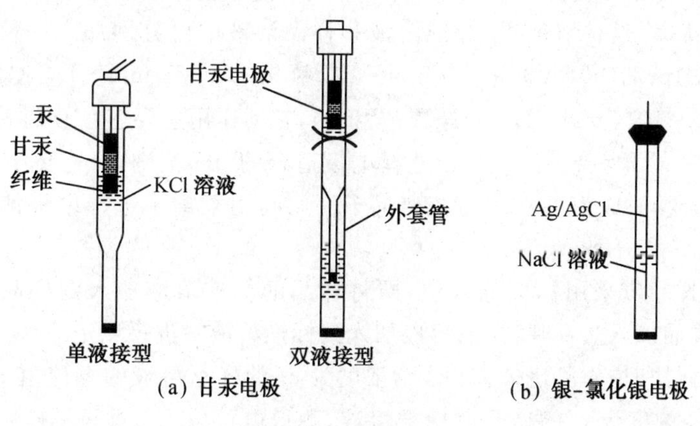

图 7-23　参比电极

二、电位分析法的应用

电位分析法(Potentiometric Methods)是在通过电池的电流为零的条件下测定电池的

电动势或电极电位,从而利用电极电位与浓度的关系来测定物质浓度的一种电化学分析方法.

电位分析法分为电位法和电位滴定法两类.

电位法用专用的指示电极如离子选择电极,把被测离子 A 的活度转变为电极电位,电极电位与离子活度间的关系可用能斯特方程表示:

$$E=常数+\frac{0.059\,2}{Z_A}\lg a_A \tag{7-27}$$

式(7-27)是电位分析法的基本公式.式中 E 代表电极电位,a_A 代表被测离子的活度,在离子活度比较低时,可直接用离子浓度代替,Z_A 是被测离子所带电荷数.

电位滴定法是利用电极电位的突变代替化学指示剂颜色的变化来确定终点的滴定分析法.必须指出,电位法是在溶液平衡体系不发生变化的条件下进行测定的,测得的是物质游离离子的量.电位滴定法测得的是物质的总量.

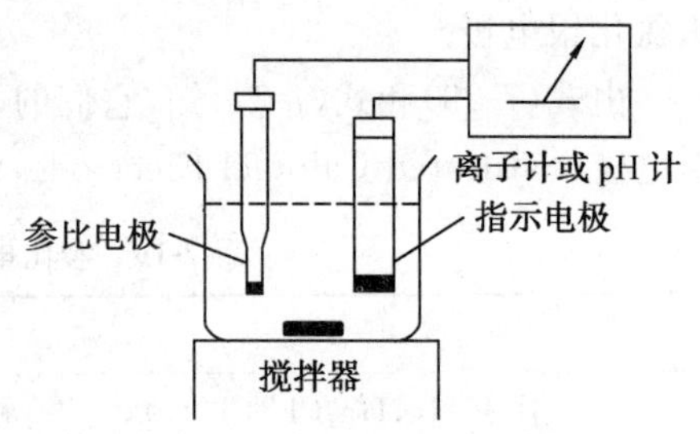

图 7-24 电位分析法示意图

电位分析法利用一支指示电极与另一支合适的参比电极构成一个测量电池(如图 7-24 所示),通过测量该电池的电动势或电极电位来求得被测物质的含量、酸碱解离常数或配合物的稳定常数等.

(一) 分析方法

电位分析法包括电位法和电位滴定法.电位法包括标准曲线法、标准加入法和直读法.电位滴定法采用作图和微商计算法求滴定终点.

1. 电位法

(1) 标准曲线法和标准加入法.

配制一系列含被测组分的标准溶液,分别测定其电位值 E,绘制 E-$\lg c$ 曲线.然后测量样品溶液的电位值,在标准曲线上查出其浓度,这种方法称为标准曲线法.

标准曲线法适用于被测体系较简单的例行分析.对较复杂的体系,样品的本体较复杂,离子强度变化较大,在这种情况下,标准溶液和样品溶液中可分别加入一种称为离子强度调节剂(TISAB)的试剂(TISAB 由 $1.0\ mol \cdot L^{-1}$ 氯化钠、$0.25\ mol \cdot L^{-1}$ 醋酸、$0.75\ mol \cdot L^{-1}$ 醋酸钠和 $1.0\times10^{-3}\ mol \cdot L^{-1}$ 柠檬酸钠组成),它的作用主要有:① 维持样品和标准溶液恒定的离子强度;② 保持试液在离子选择电极适合的 pH 范围内,避免 H^+ 或 OH^- 的干扰;③ 使被测离子释放成为可检测的游离离子.例如,用氟离子选择电极测定自来水中氟离子.

分析复杂的样品应采用标准加入法,即将样品的标准溶液加入到样品溶液中进行测定.也可以采用样品加入法,即将样品溶液加入到标准溶液中进行测定.

采用标准加入法时,先测定体积为 V_x,浓度为 c_x 的样品溶液的电位值 E_x;然后在样品中加入体积为 V_s,浓度为 c_s 的样品的标准溶液,测得电位值 E_1,求得 ΔE 后代入能斯特方程就可求得 c_x.

$$\Delta E=E_1-E_x=S\lg\frac{V_x c_x+V_s c_s}{c_x(V_x+V_s)}$$

(2) 直读法.

在 pH 计或离子计上直接读出试液的 pH(pM)的方法称为直读法.测定溶液的 pH 时,组成如下测量电池:

$$\text{pH 玻璃电极} | \text{试液}(a_{H^+}=x) \parallel \text{饱和甘汞电极}$$

电池电动势:

$$\varepsilon = E_{SCE} - E_g$$

ε_{SCE}是定值,得:

$$\varepsilon = b + 0.059\,2\text{pH} \tag{7-28}$$

在实际测定未知溶液的 pH 时,需先用 pH 标准缓冲溶液定位校准,其电动势:

$$\varepsilon_s = b + 0.059\,2\text{pH}_s$$

再测定未知溶液的 pH,其电动势:

$$E_x = b + 0.059\,2\text{pH}_x$$

合并以上两式得:

$$\text{pH}_x = \text{pH}_s + \frac{E_x - E_s}{0.059\,2} \tag{7-29}$$

式(7-29)称为 pH 的操作定义.常用的几种 pH 标准缓冲溶液见表 7-20.

表 7-20 标准缓冲溶液的 pH

温度 /℃	草酸氢钾 0.05 mol·L^{-1}	25 ℃饱和酒石酸氢钾	邻苯二甲酸氢钾 0.05 mol·L^{-1}	KH_2PO_4 0.025 mol·L^{-1}, Na_2HPO_4 0.025 mol·L^{-1}	硼砂 0.01 mol·L^{-1}	25 ℃饱和氢氧化钙
0	1.666	—	4.003	6.984	9.464	13.423
10	1.670	—	3.998	6.923	9.332	13.003
20	1.675	—	4.002	6.881	9.225	12.627
25	1.679	3.557	4.008	6.865	9.180	12.454
30	1.683	3.552	4.015	6.853	9.139	12.289
35	1.688	3.549	4.024	6.844	9.102	12.133
40	1.694	3.547	4.035	6.838	9.068	11.984

2. 电位滴定法

电位滴定法是利用电极电位的突跃来指示终点到达的滴定方法.将滴定过程中测得的电位值对消耗的滴定剂体积作图,绘制成滴定曲线,由曲线上的电位突跃部分来确定滴定的终点.电位滴定的装置如图 7-25 所示.

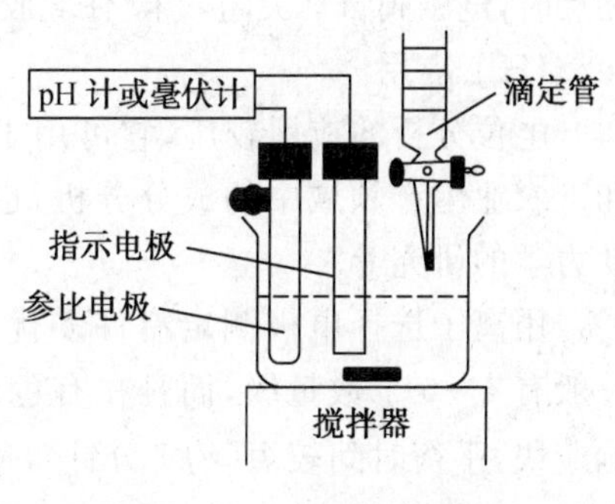

图 7-25 电位滴定装置

电位滴定终点的确定并不需要知道终点电位的绝对值,仅需注意电位值的变化.确定电位滴定终点的方法有作图法和微商计算法.

(二) 离子计和自动电位滴定计

1. 离子计

使用离子计(或 pH 计)进行测定时,选用的离子计的输入阻抗应大于 10^{11} Ω,最小分度为 0.1 mV,量程±1 000 mV,其稳定性要好.

(1) 输入阻抗.

测量电极电位是在零电流条件下进行的,如果要求测量误差小于 0.1%,那么就需要离子计的输入阻抗大于 10^{11} Ω.玻璃电极的内阻最高,达 10^{8} Ω,因此由离子选择电极和参比电极组成的电池的内阻,主要决定于离子选择电极的内阻.电池电动势 ε 因电极内阻的存在而不可能全部落在外电路上,根据欧姆定律,离子计的输入阻抗 $R_{入}$ 上的电压(即仪器的读数)为:

$$V=iR_{入}$$

电池电动势 ε:

$$\varepsilon=i(R_{内}+R_{入})$$

结合以上两式得:

$$\frac{V}{\varepsilon}=\frac{R_{入}}{R_{入}+R_{内}} \tag{7-30}$$

若 $R_{入}=1\,000\,R_{内}$,则

$$V\approx\varepsilon \tag{7-31}$$

也就是说,若仪器的输入阻抗比电极的内阻大 1 000 倍以上,所产生的测量误差小于千分之一.

(2) 最小分度.

若电位测量有 1 mV 的误差,则引起的浓度相对误差对一价离子为 4%,二价离子为 8%.若要求浓度的相对误差小于 0.5%,仪器读数的最小分度应为 0.1 mV.

(3) 量程.

在实际应用中,离子选择电极的电位在±(0~700 mV)范围内,因此要求仪器的量程达±1 000 mV.

2. 自动电位滴定计

自动电位滴定计可用于自动滴定、pH 和电位的测定.

自动电位滴定的装置如图 7-26 所示.滴定管下端连接一段通过电磁阀的细乳胶管,此管下端接毛细管.首先,对具体滴定体系求出终点时的电位或 pH,并在自动电位滴定计上设置该终点数值.当按下滴定开关,电磁阀自动开、关,滴定自动进行.滴定到达终点时,电磁阀自动关闭,"卡"住乳胶管,滴定终止.

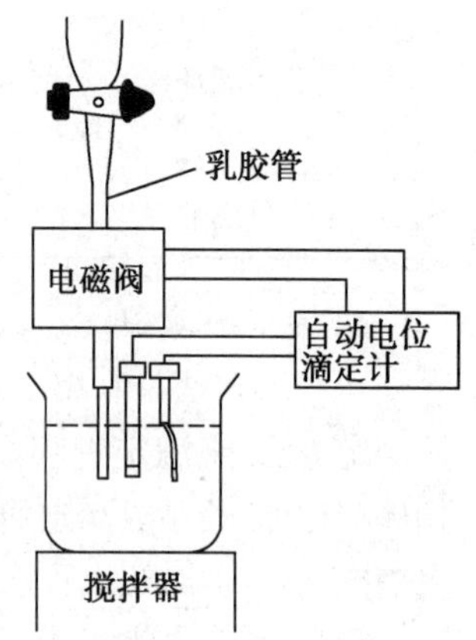

图 7-26　自动电位滴定装置

(三) 应用

电位分析的应用较广,它可用于环保、生物化学、临床化工和工农业生产领域中的成分分析,也可用于平衡常数的测定和动力学的研究等.

用离子选择电极测定有许多优点:测量的线性范围较宽,一般有 4~6 个数量级,而且在有色或浑浊的试液中也能测定;响应快,平衡时间较短(约 1 分钟),适用于流动分析和在线分析,且仪器设备简便.采用电位法时,对样品是非破坏性的,而且能用于小体积试液的测定.它还可用作色谱分析的检测器.离子选择电极的检测下限与膜材料有关,通常为 10^{-6} mol·L^{-1}.

通常,在分析化学中测定的是浓度而不是活度.离子选择电极在一定 pH 范围内响应自由离子的活度,所以必须在试液中加入离子强度调节缓冲剂 TISAB.测定电位时应注意控制搅拌速度和选择合适的参比电极.溶液搅拌速度的快慢会影响电极的平衡时间,测定低

浓度试液时搅拌速度应快一些，但不能使溶液中的气泡吸着在电极膜上. 选择参比电极时应注意参比电极的内参比溶液是否干扰测定，若有，应采用双液接型参比电极.

1. 电位法

电位法的应用较广泛，常见的离子选择电极及其应用见表 7-21.

表 7-21 电位法中离子选择电极及其应用

被测物质	离子选择电极	线性范围/($mol \cdot L^{-1}$)	适用的 pH 范围	应用举例
F^-	氟	$1\times10^{0}\sim5\times10^{-7}$	5～8	水，牙膏，生物体液，矿物
Cl^-	氯	$1\times10^{-2}\sim5\times10^{-5}$	2～11	水，碱液，催化剂
CN^-	氰	$1\times10^{-2}\sim1\times10^{-6}$	11～13	废水，废渣
NO_3^-	硝酸根	$1\times10^{-1}\sim1\times10^{-5}$	3～10	天然水
H^+	pH 玻璃电极	$1\times10^{-1}\sim1\times10^{-14}$	1～14	溶液酸度
Na^+	pNa 玻璃电极	$1\times10^{-1}\sim1\times10^{-7}$	9～10	锅炉水，天然水
NH_3	气敏氨电极	$1\times10^{0}\sim1\times10^{-6}$	11～13	废气，土壤，废水
脲	气敏氨电极	$1\times10^{0}\sim1\times10^{-6}$	11～13	生物化学
氨基酸	气敏氨电极	$1\times10^{0}\sim1\times10^{-6}$	11～13	生物化学
K^+	钾微电极	$1\times10^{-1}\sim1\times10^{-4}$	3～10	血清
Na^+	钾微电极	$1\times10^{-1}\sim1\times10^{-3}$	4～9	血清
Ca^{2+}	钾微电极	$1\times10^{-1}\sim1\times10^{-7}$	4～10	血清

2. 电位滴定法

电位滴定法能用于酸碱滴定、氧化还原滴定、配合滴定和沉淀滴定分析. 它的灵敏度高于用指示剂指示终点的滴定分析，而且还能在有色和浑浊的试液中滴定.

(1) 酸碱滴定.

在酸碱滴定中发生溶液的 pH 变化，所以常用 pH 玻璃电极做指示电极，用饱和甘汞电极作参比电极. 在化学计量点附近，指示电极电位发生突跃而指示出滴定终点. 用化学指示剂指示终点的弱酸滴定中，往往要求在化学计量点的附近有 2 个 pH 单位的突跃，才能观察出指示剂颜色的变化. 而使用电位法确定终点，因为比较灵敏，化学计量点附近即使只有零点几个 pH 单位的变化，也能观察出，所以很多弱酸、弱碱以及多元酸碱和混合酸碱可用电位滴定法测定.

用电位滴定法来确定非水滴定的终点较合适. 滴定时使用 pH 计的毫伏标度比 pH 标度更好些.

(2) 氧化还原滴定.

指示电极用零类电极，如惰性的 Pt 电极等，参比电极用饱和甘汞电极. 氧化还原滴定都能应用电位法确定终点. 滴定过程中的电极电位可以用能斯特方程求得，化学计量点时的电位可由下式表示：

$$E_{ep}=\frac{z_1\varphi_1^{\ominus}+z_2\varphi_2^{\ominus}}{z_1+z_2} \tag{7-32}$$

(3) 配位滴定.

在配位滴定中(以 EDTA 为滴定剂)，若共存杂质离子对所用金属指示剂有封闭、僵化作用而使滴定难以进行，或需要进行自动滴定时，电位滴定是一种较好的方法. 常用的指示电极有第三类电极中的 pM 电极. 测量时将 Hg 电极插入含有微量($1\times10^{-6}\ mol\cdot L^{-1}$)

Hg^{2+}-Y^{4-}(EDTA)和被测金属离子 M^{z+} 的溶液中，此电极($Hg|HgY^{2-}$，MY^{z-4}，M^{z+})的电极电位与 M^{z+} 浓度有关，见式(7-24). 指示电极也可以用离子选择电极.

对于利用待测离子的变价的氧化还原体系进行电位滴定，即利用某些氧化还原体系，如 Fe^{3+}/Fe^{2+}，Cu^{2+}/Cu^{+} 等，在滴定过程中的电位变化来确定终点，指示电极可以使用铂电极，参比电极用饱和甘汞电极.

(4) 沉淀滴定.

在进行沉淀反应的电位滴定中，应根据不同的沉淀反应采用不同的指示电极，指示电极用 Ag 电极、Hg 电极或氯、碘等离子选择电极. 例如，用硝酸银标准溶液滴定卤素离子时，可以用银电极作为指示电极. 滴定过程中的电极电位可用能斯特方程表示. 终点时的电极电位，如以 $AgNO_3$ 溶液滴定 Cl^- 溶液为例，终点时的银电极的电极电位可按下式计算：

$$E=E'+0.0592\lg\sqrt{K_{sp(AgCl)}} \tag{7-33}$$

在这类滴定中，直接插入甘汞电极作为参比电极是不适当的，因为甘汞电极漏出的氯离子显然对测定有干扰，因此需要用硝酸钾盐桥将试液与甘汞电极隔开. 比较方便的做法是在试液中加入少量酸(HNO_3)，然后用 pH 玻璃电极作为参比电极. 因为在滴定过程中，pH 不会变化，所以玻璃电极的电位就能保持平衡.

库仑分析法简介

库仑分析法属于电化学分析法. 它是以测量电解过程中被测物质在电极上发生电化学反应所消耗的电量来进行定量分析的一种分析法. 根据电解方式分为控制电位库仑分析法和恒电流库仑滴定法. ① 控制电位库仑分析法：在电解过程中，将工作电极电位调节到一个所需要的数值并保持恒定，直到电解电流降到零，由库仑计记录电解过程所消耗的电量，由此计算出被测物质的含量. ② 恒电流库仑滴定法，简称库仑滴定法：用恒电流电解在溶液中产生滴定剂(称为电生滴定剂)以滴定被测物质来进行定量分析的方法.

库仑分析法要求工作电极上没有其他的电极反应发生，电流效率必须达到 100%. 库仑分析法的优点是：① 灵敏度高，准确度好. 测定 $10^{-10}\sim10^{-12}$ mol·L^{-1} 的物质，误差约为 1%. ② 不需要标准物质和配制标准溶液，可以用作标定的基准分析方法. ③ 一些易挥发、不稳定的物质如卤素、Cu(Ⅰ)、Ti(Ⅲ)等也可作为电生滴定剂用于容量分析，扩大了容量分析的范围. ④ 易于实现自动化. 此法已广泛用于有机物测定、钢铁快速分析和环境监测，也可用于准确测量参与电极反应的电子数.

极谱分析法简介

极谱分析法属于电化学分析法. 该法起始于 1925 年，在短短的几十年里，这一分析法的应用范围得到了很大扩展. 可以说，电化学在 20 世纪的发展中最大的成果就是极谱分析法. 当前，极谱分析法的类型日益增多，不仅在痕量组分的分析中得以广泛应用，在电化学的基本理论研究上也成为一种重要手段.

1922 年，海洛夫斯基首先向外界透露了他用滴汞电析进行电解的研究情况. 1925 年，他又和日本人志方盗三发明了第一台可以自动照相记录的极谱仪，用这种仪器他们获得了铅、锌和硝基苯的极谱图. 1934 年，尤考维奇提出扩散电流理论，随后又导出了著名的尤考维奇方程式，这一方程式反映了去极平均极限扩散电流和其浓度之间的关系，从而奠定了经典极谱定量分析理论基础. 1935 年，极谱波的方程式在海洛夫斯基和尤考维奇的共同努力下问世了，从理论上解释了去极剂的半波电位与其浓度无关.

在极谱分析法中，一般情况下以滴汞电极作为阴极. 在电解过程中由于滴汞电极表面积很小，因此，在电解过程中电流密度相当大，它附近的可还原物质的浓度却趋向于零值，所以出现了极化浓差，可见扩散电流和可还原物质的浓度成正比关系. 这就是极谱分析的根据. 又由于不同的物质有不同的还原电位，极谱法正是利用这一点进行定性分析的.

经典极谱分析测定范围的灵敏度在 $10^{-3} \sim 10^{-5}$ mol · L^{-1}，一般可以完成与其他分析法相同的分析. 但是对于超纯物质及半导体材料的分析，却要求有 $10^{-8} \sim 10^{-10}$ mol · L^{-1} 灵敏度，因此在 20 世纪 40 年代左右，各国科学家都已着手于极谱分析灵敏度的提高工作. 在这一时期，一方面是改进了极谱仪，如 1938 年示波极谱仪问世，这种方法是用阴极射线示波仪观察极化电极表面的电解过程. 之后，又先后出现了交流极谱仪、方波极谱仪和脉冲极谱仪等新的极谱仪. 提高极谱分析法灵敏度的另一个方法，就是从电化学方面着手，如 1957 年克木拉发明了“阳极溶出法”，其灵敏度可达到 10^{-9} mol · L^{-1}. 另外，科学家们试图从溶液中的化学反应上着手以提高极谱分析的灵敏度，发明了所谓催化极谱. 1943 年以后，捷克的一些科学家们研究了极谱动力学，使催化极谱的机理逐渐明朗起来.

1926 年，普拉特首先将极谱光分析引进到生物化学中，不久之后即扩展到对有机化合物的研究中，取得了较好的效果.

7-7-4 色谱法

色谱法是 1906 年由俄国植物学家茨维特（Tswett）提出的. 当时茨维特把含有植物色素的石油醚倒入一根装有碳酸钙粉的竖直玻璃管中，然后用大量纯石油醚作为溶剂，任其自由流下进行冲洗，结果各种不同的植物色素得到了分离，在玻璃管内形成了不同颜色的分层谱带，由此得到了色谱法的名称. 玻璃管被称为**色谱柱**，管内的碳酸钙粉因固定不动被称为**固定相**，冲洗用的纯石油醚被称为**流动相**. 被分析试样中的不同组分就是在两相中做相对运动的过程中进行反反复复的多次分配，从而得到很好的分离.

后来人们发现，固定相可以是固体，也可以是液体；流动相可以是液体，也可以是气体. 于是出现了各种类型的色谱法，并能广泛地应用于无色物质的分离. 近年来，随着科学技术的发展，色谱法中使用的仪器已经不仅限于色谱柱，而能通过检测器把各组分的量转化为电信号进行自动记录.

现代色谱法的分离过程与其含量测定过程是在线的，即是连续进行的. 当一个二组分（A 和 B）的混合样品在 t_1 时刻从柱头加入，随着流动相不断加入，洗脱作用连续进行，直至 A 和 B 组分先后流出柱子而进入检测器，从而使各组分浓度转变成电信号后记录在记录纸上，或显示在荧光屏上，或由电脑贮存后打印出来. 图 7-27(a)为色谱柱内 A 和 B 的洗脱过程；图 7-27(b)为记录下来的色谱图. 一般来说，在图上不同位置的峰代表不同的组分，而峰的面积代表各组分的含量.

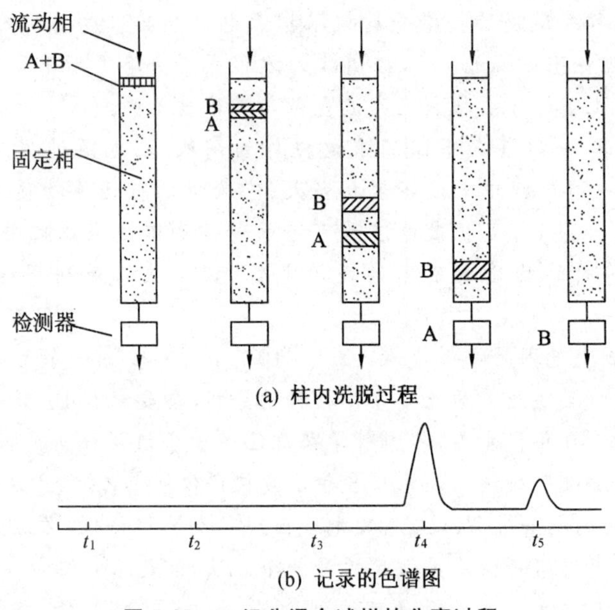

(a) 柱内洗脱过程

(b) 记录的色谱图

图 7-27　二组分混合试样的分离过程

一、分类

色谱法分类见表 7-22：

表 7-22　色谱法分类

流动相	名 称	固定相	其他名称
气体	气相色谱(gas chromatography,GC)	固体	气固色谱(gas solid chromatography,GSC)
		液体	气液色谱(gas liquid chromatography, GLC)
液体	液相色谱*(liquid chromatography,LC)	固体吸附剂	液固色谱(liquid solid chromatography,LSC)
		液体	液液色谱(liquid liguid chromatography,LLC)
		键合固定相	键合相色谱(bonded phase chromatography,BPC)
		多孔固体	尺寸排阻色谱(sized exclusion chromatography,SEC)
		离子交换剂	离子交换色谱(ion exchange chromatography,IEC)
		纤维中的水	纸色谱**(paper chromatography,PC)
		固体吸附剂	薄层色谱**(thin layer chromatography,TLC)
超临界流体	超临界流体色谱	类似 LC	超临界流体色谱(supercritical fluid chromatography,SFC)

* 为泛指名称,目前一般指高效液相色谱(high performance liquid chromatography,HPLC)

** 为平板色谱,其余均为柱色谱

二、色谱流出曲线和术语

(一) 色谱流出曲线

在色谱法中,当样品加入后,样品中各组分随着流动相的不断向前移动而在两相间反复进行溶解、挥发,或吸附、解吸的过程. 如果各组分在固定相中的分配系数(表示溶解或吸附的能力)不同,它们就有可能实现分离. 分配系数大的组分,滞留在固定相中的时间长,在柱内移动的速度慢,后流出柱子;分配系数小的组分则相反. 分离后的各组分的浓度经检测器转换成电信号而记录下来,得到一条信号随时间变化的曲线,称为**色谱流出曲线**,也称为**色谱峰**,如图 7-28 所示. 理想的色谱流出曲线应该是正态分布曲线.

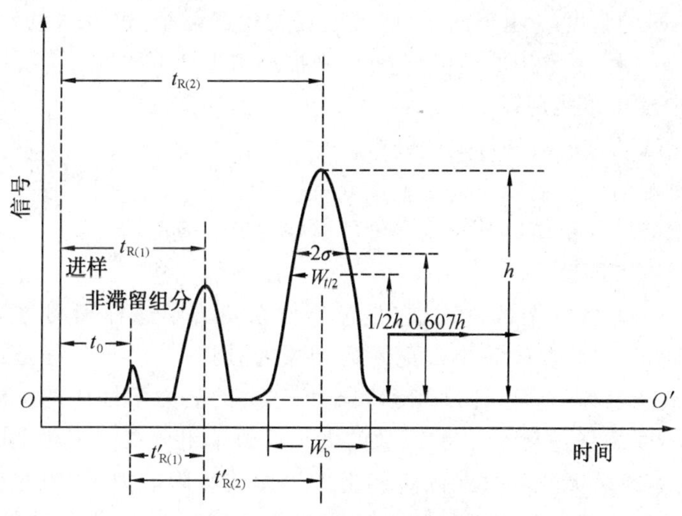

图 7-28 典型色谱流出曲线

(二) 术语

1. 基线(Baseline)

基线为操作条件稳定后，无样品通过时检测器所反映的信号时间曲线. 稳定的基线是一条水平直线，如图 7-28 中的 OO'线.

2. 死时间(Dead Time)t_0

不被固定相吸附或溶解的组分，即非滞留组分(如空气，适用于热导检测器；或甲烷，适用于火焰离子化检测器)从进样开始到色谱峰顶(即浓度极大)所对应的时间. 死时间主要与柱前后的连接管道和柱内固定相之间的空隙体积的大小有关.

3. 保留时间(Retention Time)t_R

组分从进样开始到色谱峰顶所对应的时间.

4. 调整保留时间(Adjusted Retention Time)t'_R

扣除死时间后的组分的保留时间. 它表示该组分因吸附或溶解于固定相后，比非滞留组分在柱内多滞留的时间($t'_R = t_R - t_0$).

5. 峰高(Height)h

色谱峰顶到基线的垂直距离.

6. 半峰宽(Peak Width at Half-height)$W_{1/2}$

色谱峰高一半处的宽度，又称半宽度.

7. 峰底宽(Peak Width at Peak Base)W_b

从色谱流出曲线两侧拐点所作的切线与基线交点之间的距离，也称基线宽度.

8. 标准偏差(Standard Deviation)σ

正态分布曲线两侧拐点之间距离的一半，即 0.607 倍峰高处的色谱峰宽度的一半. σ 与半峰宽的关系为：

$$W_{\frac{1}{2}} = 2.35\sigma \tag{7-34}$$

与峰底宽的关系为：

$$W_b = 4\sigma \tag{7-35}$$

σ 反映谱带展宽的程度. σ 越小,表示谱带展宽的程度越小,也表示组分浓度相对集中,检测器给出的信号越大. 更常用的是由方差 σ^2 来描述谱带展宽程度.

由色谱流出曲线可以实现以下目的:

(1) 依据色谱峰的保留值进行定性分析;

(2) 依据色谱峰的面积或峰高进行定量分析;

(3) 依据色谱峰的保留值以及峰宽评价色谱柱的分离效能.

三、色谱分析基本原理

色谱分离是一个非常复杂的过程,它是色谱体系热力学过程和动力学过程的综合表现. 热力学过程是指与组分在体系中分配系数相关的过程;动力学过程是指组分在该体系两相间扩散和传质的过程. 组分、流动相和固定相三者的热力学性质使不同组分在流动相和固定相中具有不同的分配系数. 分配系数的大小反映了组分在固定相上的溶解挥发或吸附解吸的能力. 分配系数大的组分在固定相上的溶解或吸附能力强,因此在柱内的移动速度慢. 反之,分配系数小的组分在固定相上的溶解或吸附能力弱,在柱内的移动速度快. 经过一定时间后,由于分配系数的差别,各组分在柱内形成差速移行,达到分离的目的.

(一) 分配过程

1. 分配系数(Partition Coefficient)

在色谱分配过程中,假设考虑柱内极小一段的情况(图 7-29). 在一定的温度、压力条件下,组分在该一小段柱内发生的溶解-挥发或吸附-解吸的过程称为分配过程. 当分配达平衡时,组分在两相间的浓度之比为一常数,该常数称**分配系数**(或称分布系数)K.

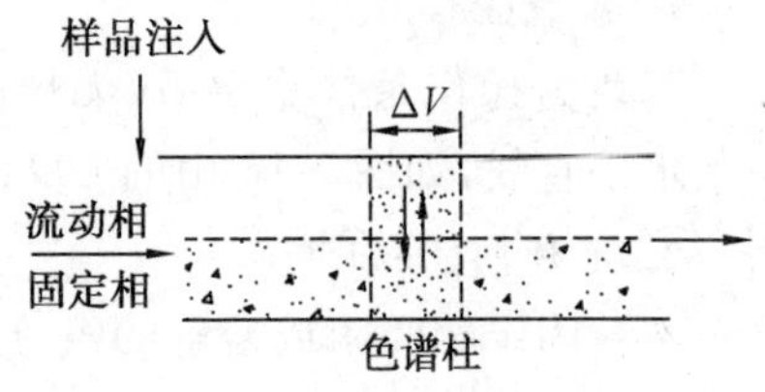

图 7-29 色谱柱柱内的分配平衡

$$K=\frac{组分在固定相中的浓度}{组分在流动相中的浓度}=\frac{c_s}{c_m} \tag{7-36}$$

分配系数决定于组分和两相的热力学性质. 在一定温度下,分配系数 K 小的组分在流动相中浓度大,先流出色谱柱;反之,后流出色谱柱. 两组分 K 值之比大(不是指每一组分的 K 的绝对值越大),是获得良好色谱分离的关键. 柱温是影响分配系数的一个重要参数,在其他条件一定时,分配系数与柱温的关系为:

$$\ln K=-\frac{\Delta_r G_m}{RT_c} \tag{7-37}$$

这是色谱分离的热力学基础. 式中 $\Delta_r G_m$ 为标准状态下组分的自由能,R 为气体常数,T_c 为柱温.

组分在固定相中的 $\Delta_r G_m$ 通常是负值,所以分配系数与温度成反比. 升高温度,分配系数变小. 在气相色谱分离中,柱温是一个很重要的操作参数,温度的选择对分离影响很大,而对液相色谱分离的影响小.

2. 分配比(Partition Ratio)

一定的温度、压力条件下,分配达平衡时,组分在两相中的总量之比称分配比 k,又称容量因子(Capacity Factor).

$$k=\frac{组分在固定相中的总量}{组分在流动相中的总量}=\frac{m_s}{m_m} \tag{7-38}$$

k 与 K 的关系为：

$$K=\frac{c_s}{c_m}=\frac{m_s V_m}{m_m V_s}=k\frac{V_m}{V_s}=k\beta \tag{7-39}$$

或

$$k=K\frac{V_s}{V_m}=\frac{K}{\beta} \tag{7-40}$$

式中：β 为色谱柱的相比；V_m 为柱内的流动相体积，也称为柱的死体积（无效体积或孔隙体积），包括固定相颗粒之间和颗粒内部孔隙中的流动相体积；V_s 为固定相体积，它指真正参与分配的那部分体积，若固定相是吸附剂、固定液、离子交换剂或凝胶，则分别指吸附剂表面积、固定液体积、离子交换剂交换容量或凝胶孔容.

分配比与分配系数的不同在于分配比不但与组分和两相性质有关，而且还与两相体积有关.

（二）保留值(Retention Value)

保留值是色谱分离过程中的组分在柱内滞留行为的一个指标，它可以用保留时间、保留体积和相对保留值等表示. 保留值与分配过程有关，受热力学和动力学因素的控制.

1. 保留体积和调整保留体积

保留体积(Retention Volume)V_R 表示在组分的保留时间内所流过的流动相体积：

$$V_R=t_R\cdot F_c \tag{7-41}$$

F_c 为柱内流动相体积流速（$mL\cdot min^{-1}$）. 流动相流速大，相应的保留时间短，保留体积不变，所以 V_R 与 F_c 无关.

调整保留体积(Relative Retention Volume)V'_R 表示扣除死体积后的保留体积，因为死体积不能反映组分在固定相中的保留行为. 调整保留体积可表示为：

$$V'_R=V_R-V_m \tag{7-42}$$

V'_R 与 F_c 也无关. V_m 为死体积，它与死时间和柱出口的流动相体积流速有关：

$$V_m=t_0\times F_c \tag{7-43}$$

以上所指的死体积既包括了柱内死体积，也包括柱外死体积，如柱前后连接管道的体积等.

必须注意区分组分和流动相的线速度（$cm\cdot s^{-1}$）：

$$r=\frac{L}{t_R} \tag{7-44}$$

$$u=\frac{L}{t_0} \tag{7-45}$$

r，u 分别为组分和流动相的线速度，L 为柱长.

2. 基本保留方程

基本保留方程可表示为：

$$t_R=t_0(1+k)=\frac{L}{u}\left(1+K\frac{V_s}{V_m}\right) \tag{7-46}$$

它表示组分保留时间与柱长、流动相速度、分配比、分配系数和两相体积之间的关系. 也可以用保留体积表示：

$$V_R=t_0(1+k)F_c=V_m(1+k)=V_m+KV_s \tag{7-47}$$

式(7-47)是色谱基本保留方程的又一形式，同样适用于任何色谱过程. 该式表示某组分从柱后流出所需要的流动相体积,包括柱的死体积以及在组分滞留在固定相中的 t'_R时间内所流过的流动相体积. 后者的大小决定于该组分的分配系数和固定相体积,即 KV_s.

由式(7-47)得:

$$k=\frac{t_R-t_0}{t_0}=\frac{t'_R}{t_0} \tag{7-48}$$

由此可知,组分的分配比也等于组分调整保留时间与死时间之比,它可以直接从色谱图上求得.

3. 相对保留值(Relative Retention Value)

用相对保留值(α)可以消除由于流动相流速、柱长、填充情况等不能完全重复而带来的实验误差. 在柱温和固定相性质不变的条件下,相对保留值不变.

相对保留值定义为:

$$\alpha_{2,1}=\frac{K_{(2)}}{K_{(1)}}=\frac{k_{(2)}}{k_{(1)}}=\frac{V'_{R(2)}}{V'_{R(1)}} \tag{7-49}$$

$\alpha_{2,1}$用来讨论固定相对组分的分离能力. $\alpha_{2,1}$的计算用后流出柱的组分的调整保留值除以先流出柱的组分的调整保留值. α 主要决定于固定相性质,其次是色谱柱温度. α 值越大,表示固定相对组分的选择性越高,则两组分分离得越开. α 等于 1 时,两组分重叠.

(三) 塔板理论(Plate Theory)

Martin 等人于 1952 年提出的塔板理论是将一根色谱柱当作一个精馏塔,用塔板概念来描述组分在色谱柱内的分配行为. 塔板的概念是从精馏中借用来的,可以理解为极小的一段色谱柱. 塔板理论是一种半经验理论,但它能成功地解释色谱流出曲线呈正态分布的原因.

塔板理论假定:① 塔板与塔板之间不连续. ② 塔板之间无分子扩散. ③ 组分在每块塔板的两相间的分配平衡瞬时达到,达到一次分配平衡所需的最小柱长称为理论塔板高度. ④ 一个组分在每块塔板上的分配系数相同. ⑤ 流动相以不连续的形式加入,即以一个一个的塔板体积加入. 把色谱柱比作精馏塔,视作由许许多多小段组成. 连续的色谱过程视作一个小段中的两相平衡过程的重复,每小段代表一块塔板. 组分进入色谱柱后,在每块塔板上进行两相间的分配. 塔板数越多,组分在柱内两相间达到分配平衡的次数也越多,柱效越高,分离就越好. 在气相色谱柱内,理论塔板数一般达 $10^3\sim10^6$. 塔板数越多,其流出曲线越接近于正态分布曲线. 根据塔板理论可计算柱子的塔板数,用来评价一根柱子的柱效. 当然,色谱柱中并无真正的塔板,故塔板数又称理论塔板数. 理论塔板数可按下式计算:

$$n=5.54\left(\frac{t_R}{W_{\frac{1}{2}}}\right)=5.54\left(\frac{V_R}{W_{\frac{1}{2}}}\right)^2 \tag{7-50}$$

或

$$n=16\left(\frac{t_R}{W_b}\right)^2=16\left(\frac{V_R}{W_b}\right)^2 \tag{7-51}$$

从上式可以看出,理论塔板数决定于组分保留值和色谱峰宽度.

假设色谱柱长为 L,则每块理论塔板的高度可按下式计算:

$$H=\frac{L}{n} \tag{7-52}$$

显然,理论塔板高度相当于单位理论塔板所占的柱长度,它与柱长无关,因此在比较柱效时,采用理论塔板高度更可取. 理论塔板数越多,理论塔板高度越小,色谱峰越窄,表明柱效越高.特别要注意塔板数计算时,量纲应一致.保留时间乘以记录器纸速即为保留距离;保留时间乘以流动相速度即为保留体积.

在采用塔板数评价一根色谱柱的柱效时,必须指明组分、固定相及其含量、流动相及操作条件等.在色谱柱使用过程中应定期测量柱子的理论塔板数,检查其柱效是否降低,以便及时采取措施,延长柱子使用寿命.

四、气相色谱法(Gas Chromatography,GC)

气相色谱法是一种以气体为流动相的柱色谱分离分析方法,它又可分为气液色谱法和气固色谱法.它的原理简单,操作方便.在全部色谱分析的对象中,约20%的物质可用气相色谱法分析.气相色谱法具有分离效率高、灵敏度高、分析速度快及应用范围广等特点.

气相色谱法能分离性质极相似的物质,如同位素、同分异构体、对映体以及组成极复杂的混合物,如石油、污染水样及天然精油等.它的分离能力主要是通过选择高选择性固定相和增加理论塔板数达到的.

气相色谱法使用高灵敏度的检测器,有的检测器其检测下限可达 $10^{-12}\sim10^{-14}$ g,是痕量分析不可缺少的工具之一.例如,它可检测食品中 10^{-9} 数量级的农药残留量,大气污染中 10^{-12} 数量级的污染物等.

气相色谱法测定一个样品只需几分钟到几十分钟,分析速度很快,如用微机控制整个操作过程,分析周期更短.

在仪器允许的汽化条件下,凡是能够汽化且热稳定、不具腐蚀性的液体或气体,都可用气相色谱法分析.有的化合物因沸点过高难以汽化或遇热不稳定而分解,则可以通过化学衍生化的方法,使其转变成易汽化或热稳定的物质后再进样分析.

(一) 气相色谱仪

气相色谱仪的型号和种类较多,但它们都是由气路系统、进样系统、色谱柱、温度控制系统、检测器和信号记录系统等部分组成,如图7-30所示.

气相色谱法中把作为流动相的气体称为载气.载气自钢瓶经减压后输出,通过净化器、稳压阀或稳流阀、转子流量计后,以稳定的流量连续不断地流过汽化室、色谱柱、检测器,最后放空.被测物质(若液体须在汽化室内瞬间汽化)随载气进入色谱柱,根据被测组分的不同分配性质,在柱内形成分离的谱带,然后在载气携带下先后离开色谱柱进入检测器,转换成相应的输出信号,并记录成色谱图.

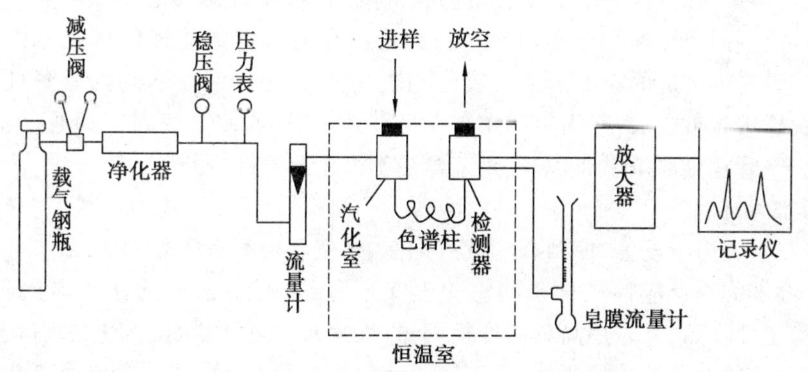

图7-30 气相色谱仪示意图

1. 气路系统

气相色谱仪的气路是一个载气连续运行的密闭系统.常见的气路系统有单柱单气路和双柱双气路.单柱单气路适用于恒温分析;双柱双气路适用于程序升温分析,它可以补偿由于固定液流失和载气流量不稳等因素引起的检测器噪声和基线漂移.气路的气密性、载气流量的稳定性和测量流量的准确性,对气相色谱的测定结果起着重要的作用.

气相色谱常用的载气为氮气、氢气和氦气等.载气的选择主要由检测器性质及分离要求所决定.载气在进入色谱仪前必须经过净化处理.例如,载气中若含有微量水会使聚酯类固定液解聚,载气中的氧在高温下易使某些极性固定液氧化.对电子捕获检测器,载气中的水更是严重影响仪器的稳定性和检测灵敏度.某些检测器除载气外还需要辅助气体,如火焰离子化和火焰光度检测器需用氢气和空气作燃气和助燃气.各气路都应有气体净化管.常用的气体净化剂为分子筛、硅胶、活性炭等.

载气流量由稳压阀或稳流阀调节控制.稳压阀有两个作用,一是通过改变输出气压来调节气体流量的大小,二是稳定输出气压.恒温色谱中,整个系统阻力不变,用稳压阀便可使色谱柱入口压力稳定.在程序升温中,色谱柱内阻力不断增加,其载气流量不断减少,因此需要在稳压阀后连接一个稳流阀,以保持恒定的流量.色谱柱的载气压力(柱入口压)由压力表指示,压力表读数反映柱入口压与大气压之差,柱出口压力一般为常压.柱前流量由转子流量计指示,柱后流量必要时可用皂膜流量计测量.

2. 进样系统

液体样品在进柱前必须在汽化室内变成蒸气.汽化室由绕有加热丝的金属块制成,温控范围在 50 ℃～500 ℃.对汽化室要求热容量大,使样品能够瞬间汽化,并要求死体积小.对易受金属表面影响而发生催化、分解或异构化现象的样品,可在汽化室通道内置一玻璃插管,避免样品直接与金属接触.

液体样品的进样通常采用微量注射器,进样速度必须很快,进样时间在 1 秒钟之内.气体样品的进样通常采用医用注射器或六通阀.

3. 色谱柱

色谱柱是色谱仪的心脏,安装在温控的柱室内.色谱柱有填充柱和开管柱(也称毛细管柱)两大类.填充柱用不锈钢或玻璃等材料制成,根据分析要求填充合适的固定相.填充柱制备简单,对于气液色谱填充柱,制备方法为:根据固定液与载体的合适配比(通常为 5%～20%),称取一定量固定液,并溶解于合适的有机溶剂中,然后加入定量载体混合均匀,在红外灯下烘烤,让溶剂慢慢挥发殆尽,最后,将此已涂布有固定液的载体填充至色谱柱内.对气固色谱柱,只需将合适的吸附剂直接填充进柱.填充固定相时要求均匀紧密,以保证良好的柱效.开管柱用石英制成,其固定相涂布在毛细管内壁,或使某些固定相通过化学反应键合在管壁上.开管柱分离效率高,对较复杂样品都采用开管柱分析.

4. 温度控制系统

温度控制系统用于设置、控制和测量汽化室、柱室和检测室等处的温度.

汽化室温度的选择应使试样瞬间汽化但又不分解,通常选在试样的沸点或稍高于沸点.对热不稳定性样品,可采用高灵敏度检测器,大大减少进样量,使汽化温度降低.

检测室温度的波动影响检测器(火焰离子化检测器除外)的灵敏度或稳定性,为保证柱后流出组分不至于冷凝在检测器上,检测室温度必须比柱温高数十度,检测室的温度控制精度要求在±0.1 ℃以内.

柱室温度的变动会引起柱温的变化，从而影响柱的选择性和柱效，因此柱室的温度控制要求精确. 温控方法根据需要可以恒温，也可以程序升温.

当被测样品复杂，其中的组分的 k 范围过宽，而分离在恒温下进行时，往往会带来两个问题. 首先是高沸点样品保留时间过长，而使色谱峰既宽又矮，使分离变坏，且难以准确定量. 更严重的是某些高沸点组分迟迟不流出. 若对未知样品，则会误认为组分已全部洗脱出柱，但到了以后的分析中，它又被洗脱出来，造成组分的漏检和误检. 其次对沸点过低的组分，峰会相互紧挨，而不能很好分离. 解决此问题的办法是采用程序升温气相色谱法，即根据样品组成的性质使柱温按照人为优化的升温速率改变，从而使各组分能在各自获得良好分离的温度下洗脱. 程序升温方式应根据样品中组分的沸点分布范围来选择，可以是线性或多阶线性等. 程序升温的优点有分离效果好、峰窄、检测限下降以及省时等.

5. 检测器

气相色谱检测器约有十多种，常用的是热导检测器、火焰离子化检测器、电子捕获检测器、火焰光度检测器等. 这四种检测器都是微分型检测器. 微分型检测器的特点是被测组分不在检测器中积累，色谱流出曲线呈正态分布，即呈峰形. 峰面积或峰高与组分的质量或浓度成比例.

气相色谱检测器可分为通用性检测器，如热导和火焰离子化检测器，以及选择性检测器，如电子捕获、火焰光度检测器. 通用性指对绝大多数物质都有响应，选择性指只对某些物质有响应，对其他物质无响应或响应很小.

根据检测原理，又可将检测器分为浓度型和质量型. 热导和电子捕获检测器属浓度型；火焰离子化、火焰光度检测器属质量型. 浓度型检测器指其响应与进入检测器的浓度的变化成比例；质量型检测器指其响应与单位时间内进入检测器的组分量成比例.

五、定性和定量分析

色谱分析时，有些试样可以直接用注射器抽取进行分析，但对不少试样需要进行预处理，如试样中干扰物质的消除或低浓度试样的浓缩. 此外，对一些极性较大的有机酸、醇等，它们的挥发性过低，或对于一些热稳定性差的试样须进行化学衍生化，如重氮甲烷甲酯化、三甲基硅烷化等，使它们转变为稳定的、易挥发的物质后再进行色谱分析.

(一) 定性分析

气相色谱法定性主要采用未知组分的保留值与相同条件下的标准物质的保留值进行比较，必要时还须应用其他化学方法或仪器分析方法联合鉴定，才能准确判断存在的组分.

1. 利用保留值定性

利用保留值定性是最常用的也是最简单的方法. 在相同条件下，如果标准物质的保留值与被测物中某色谱峰的保留值一致，可初步判断二者可能是同一物质. 也可以在样品中加入一已知的标准物质，若某一峰明显增高，则可认为此峰代表该物质. 在无纯的标准物质时，可将得到的相对保留值 $r_{i,s}$ 与文献报道的 $r_{i,s}$ 值比较，但必须在相同条件下进行. 在定性分析时，相对保留值 α 往往用 $r_{i,s}$ 表示. i 代表需定性的某一组分，s 代表标准物质.

利用保留值定性时必须注意，在同一柱上，不同的物质常常会有相同的保留值，所以单柱定性是不可靠的，解决的办法是选择极性不同的两根或两根以上柱子再进行比较，若在两根极性不同的柱上，标准物质与被测组分的保留值相同，则可确定该被测组分的存在.

2. 色谱-质谱联用定性

色谱-质谱联用是分离、鉴定未知物最有效的手段. 利用气相色谱的高分离能力和质谱的高鉴别能力,将多组分混合物先通过气相色谱仪分离成单个组分,然后逐个送至质谱仪中,获得质谱图. 根据质谱图上碎片离子的特征信息和分子裂解规律可推测其分子结构. 也可以与标准图谱对照,查找出结构. 更方便的是对计算机中储存的质谱图进行检索. 也可以由色谱与傅里叶变换红外光谱联用,即可确定每个峰的归属.

(二) 定量分析

色谱定量分析的依据是组分的量(m_i)与检测器的响应信号(峰面积 A_i 或峰高 h_i)成比例:

$$m_i = f_i A_i \tag{7-53}$$

因此必须求得峰面积和定量校正因子 f_i(简称校正因子).

1. 峰面积的测量

一个色谱峰的面积,在理想状态下可视作一个等腰三角形,利用几何学方法即可求得,但此面积与相应高斯曲线的积分面积相比,只有 0.94,因此准确的面积可按下式计算:

$$A_i = 1.065hW_{\frac{1}{2}} \tag{7-54}$$

峰拖尾、前伸、太窄、太矮都会带来测量误差.

目前的色谱仪都配有电子积分仪或微处理机,甚至计算机工作站.

电子积分仪的原理是将色谱信号直接输入电压频率转换器,转换器将色谱信号以脉冲方式输出并累加(脉冲总数正比于峰面积),然后以积分形式打印出峰面积. 电子积分仪测量峰面积的准确性超过其他任何方法,而且快速. 由于动态线性范围广,因此对痕量和常量组分的测定都合适. 许多积分仪都具有校正数据的能力,并可打印出峰面积或峰高、保留时间,并根据选择的定量方法给出样品中组分的浓度. 先进的色谱仪具有内存的电子积分和数据处理能力,并可通过网络系统将检测器给出的大量信息输入中心计算机,以进行面积测量和一系列数据处理.

2. 校正因子(Calibration Factor)

(1) 绝对校正因子. 由式(7-53)可得到绝对校正因子:

$$f_i = \frac{m_i}{A_i} \tag{7-55}$$

由此可知,绝对校正因子表示单位峰面积或单位信号所代表的组分量.

f_i 值与检测器性能、组分和流动相性质及操作条件等有关.

(2) 相对校正因子. 由于不易得到准确的绝对校正因子,在实际定量分析中采用相对校正因子. 组分的绝对校正因子 f_i 和标准物的绝对校正因子 f_s 之比即为该组分的相对校正因子 f_i':

$$f_i' = \frac{f_i}{f_s} = \frac{m_i/A_i}{m_s/A_s} = \frac{m_i A_s}{m_s A_i} \tag{7-56}$$

式中,m_i 和 m_s 分别为组分和标准物的量;A_i 和 A_s 分别为组分和标准物的峰面积.

(3) 相对校正因子的测定. 相对校正因子一般都应由实验者自己测定. 准确称取含被测组分的样品和标准物,配制成一溶液,取一定体积注入色谱柱,经分离后,测得各组分的峰面积,再由式(7-56)可计算出该组分的相对校正因子. 标准物可以是外加的,也可以指定某一被测组分.

相对校正因子与组分和标准物的性质及检测器类型有关，与操作条件无关. 当无法得到被测的纯组分时，也可利用文献值. 文献中的相对校正因子常用苯(对热导检测器)或庚烷(对火焰离子化检测器)作标准物.

测定相对校正因子时应注意：组分和标准物的纯度应符合色谱分析要求，一般不小于98%. 在某一浓度范围内，响应值与浓度呈线性关系，组分的浓度应在线性范围内.

3. 定量方法

(1) 归一化法. 归一化法简便、准确，且操作条件的波动对结果的影响较小. 当样品中所有组分经色谱分离后均能产生可以测量的色谱峰时才能使用. 样品中组分的质量分数 P_i 可按下式计算：

$$P_i=\frac{m_i}{m}=\frac{m_i}{m_1+m_2+\cdots+m_n}=\frac{A_if'_i}{A_1f'_1+A_2f'_2+\cdots+A_nf'_n} \tag{7-57}$$

式中，$A_1, A_2, \cdots, A_n$ 和 $f'_1, f'_2, \cdots, f'_n$ 分别为样品中各组分的峰面积和相对校正因子.

如果样品中各组分的相对校正因子相近(如同分异构体)，上式可简化为：

$$P_i=\frac{A_i}{A_1+A_2+\cdots+A_n}$$

也可采用峰高归一化法：

$$P_i=\frac{h_if'_{h,i}}{h_1f'_{h,1}+h_2f'_{h,2}+\cdots+h_nf'_{h,n}} \tag{7-58}$$

式中，$f'_{h,i}$ 为峰高相对校正因子，测定 $f'_{h,i}$ 的方法与 f'_i 相同. 由于峰高相对校正因子易受操作条件影响，因此必须严格控制实验条件.

(2) 内标法. 选择一种与样品性质相近的物质为内标物，加入到已知质量的样品中，进行色谱分离，测量样品中被测组分和内标物的峰面积. 被测组分的质量分数可按下式计算：

$$P_i=\frac{m_i}{m}=\frac{m_i}{m_s}\times\frac{m_s}{m}=\frac{A_if_i}{A_sf_s}\times\frac{m_s}{m}=\frac{A_if'_i}{A_sf'_s}\times\frac{m_s}{m} \tag{7-59}$$

在测定相对校正因子时，常以内标物本身作为标准物，则 $f'_s=1$. 式中，A_i 和 A_s 分别为样品中被测组分和内标物的峰面积；f'_i 为相对校正因子；m 和 m_s 分别为样品和内标物的质量.

内标物色谱峰位置应尽量靠近被测组分，但不与其重叠，且其含量应与组分含量接近.

内标法定量准确，对进样量和操作条件控制的要求不是很严格，但必须准确称量样品和内标物. 此法适用于只需对样品中某几个组分进行定量分析的情况.

(3) 校准曲线法. 用被测组分的纯物质配制一系列不同含量的标准溶液，在一定色谱条件下分别进样分离，测得相对应的响应值(峰高或峰面积)，绘制含量-响应曲线，通过原点的直线部分为校准曲线的线性范围. 在同样条件下测得被测组分的响应值，再从曲线上查得相应的含量.

在已知样品校准曲线呈线性的前提下，配制一个与被测组分含量相近的标准物，在同一条件下先后对被测组分和标准物进行测定. 被测组分的质量分数可按下式计算：

$$P_i=\frac{A_i}{A_s}\times P_s \tag{7-60}$$

式中，A_i 和 A_s 分别为被测组分和标准物的数次峰面积的平均值；P_s 为标准物的质量分数. 也可用峰高代替峰面积进行计算.

校准曲线法要求操作条件稳定，进样体积一致. 此法适用于样品的色谱图中无内标峰可插入,或找不到合适的内标物的情况.

(三) 气相色谱法的应用

气固色谱的分离原理是基于不同的物质(特别对于气体)在固体表面的吸附能力不同,它常用于永久性气体及低碳数化合物的分离.例如,采用10 m长,直径为0.53 mm的多孔层分子筛柱可以分离He、Ne、Ar、O_2、N_2及甲烷等气体;采用多孔层高聚物开管柱(长25 m,内径0.53 mm)可以分离He、空气、CH_4、CO_2、CO、C_2H_4及C_2H_6等气体,也可用来分离低碳数的卤代烃.用Porapak Q(长25 m,内径0.53 mm)可以分离低碳数的醇类(如甲醇、乙醇、异丙醇)、酯类(如乙酸甲酯、乙酸乙酯)、烃类(正戊烷、正己烷)等.

气液色谱的应用面要远远广于气固色谱法.只要在气相色谱仪允许的条件下可以汽化而不分解的物质,都可以用气相色谱法分析.对部分热不稳定物质,或者难以汽化的物质,通过化学衍生化的方法,仍可以用气相色谱法分析.所谓化学衍生化,就是通过合适的化学反应,使原先热不稳定性物质或难以汽化的物质转变成三甲基硅烷基衍生物或酯类、醚类等衍生物,以降低沸点和极性,增加稳定性和挥发度.

对被分析对象的分离,主要是选择良好的固定液及优化的操作条件,而对固定液,不是只有唯一的选择.对低沸点烃类分离可以用角鲨烷柱或GDX类吸附剂;对高沸点烃类,可以用SE-30或OV-101类;分离醇、醚、醛、酯、酮、酸类等可以用PEG-20M;分离生物碱可以用SE-30或OV类;分离氨基酸衍生物可以用OV类或XE-60;分离碳水化合物或糖类可以预先衍生化为三甲基硅烷基衍生物,用OV类、SE-30或XE-60;分离药物可以用OV类或DEGS;分离杀虫剂可以用SE-30、OV类或PEG-20M;分离萜类可以用SE-30、PEG-20M、OV类或DEGS.

分离比较简单的样品,可以用填充柱;分离比较复杂的样品应用开管柱,并采用程序升温方式.

气相色谱除了用于一个样品的定性及定量分析之外,还可用于物理化学研究中多种参数的测量.例如,测量一种固体的比表面积;利用溶质(被分析组分)与溶剂(固定液)的相互作用,可以研究溶液热力学性质;通过测量吸附热可以研究吸附剂与被吸附物质之间的作用;通过分析在不同时间间隔内的反应混合物成分的变化来研究化学反应动力学过程;等等.

六、高效液相色谱法及临界流体色谱法

高效液相色谱法(High Performance Liquid Chromatography,HPLC)是一种以液体为流动相的现代柱色谱分离分析方法.它是在经典液相色谱的基础上,引入气相色谱的理论和技术而发展起来的,因此气相色谱的许多理论与技术同样适用于高效液相色谱.

高效液相色谱法与气相色谱法的主要差别在于流动相和操作条件.在气相色谱中,流动相是惰性的气体,分离主要取决于组分分子与固定相之间的作用力;而在高效液相色谱中,流动相与组分之间有一定亲和力,分离过程的实现是组分、流动相和固定相三者间相互作用的结果,分离不但取决于组分和固定相的性质,还与流动相的性质密切相关.高效液相色谱一般可在室温下进行.由于采用颗粒极细的固定相,柱内压降很大,加上流动相黏度高,因此必须采用高入口压,以维持一定的流动相线速度.

高效液相色谱法与经典液相色谱法的主要差别在于固定相的性质和粒度等.高效液相色谱所用固定相颗粒细而规则,孔浅,能承受高压,加上使用高压输液设备和高灵敏度的检测器,其分离效率、分析速度和灵敏度都远远高于经典液相色谱法.

原则上，只要能溶解在流动相中的物质都可以用高效液相色谱分析，尤其适用于那些不宜用气相色谱分析的难挥发性物质、热不稳定性物质、离子型物质和生物大分子等. 在目前已知的有机化合物中，有 80% 的有机化合物能用高效液相色谱法分析. 由于此法不破坏样品，因此可方便地制备纯样.

习　题

1. 在以下数值中，各数值包含多少位有效数字？

(1) 0.004 050　　(2) 5.6×10^{-11}　　(3) 1 000

(4) 96 500　　(5) 6.20×10^{10}　　(6) 23.408 2

(4;2;4;5;3;6)

2. 进行下述运算，并给出适当位数的有效数字.

(1) $\dfrac{2.52\times4.10\times15.14}{6.16\times10^{4}}$　　(2) $\dfrac{3.10\times21.14\times5.10}{0.000\,112\,0}$

(3) $\dfrac{51.0\times4.03\times10^{-4}}{2.512\times0.002\,034}$　　(4) $\dfrac{0.032\,4\times8.1\times2.12\times10^{2}}{1.050}$

(5) $\dfrac{2.285\,6\times2.51+5.42-1.894\,0\times7.50\times10^{-3}}{3.546\,2}$

(6) pH=2.10，求$[H^+]$.

(2.54×10^{-3};2.98×10^{5};4.02;53;3.14;7.9×10^{-3} mol/L)

3. 一位气相色谱工作新手，要确定自己注射样品的精密度. 他注射了 10 次，每次 0.5 μL，量得色谱峰高分别为：142.1、147.0、146.2、145.2、143.8、146.2、147.3、150.3、145.9 及 151.8(mm). 求标准偏差与相对标准偏差.（有经验的色谱工作者，很容易达到 RSD=1%，或更小）

(s=2.8; RSD=1.9%)

4. 某一操作人员在滴定时，溶液过量了 0.10 mL，假如滴定的总体积为 2.10 mL，其相对误差为多少？如果滴定的总体积为 25.80 mL，其相对误差又是多少？它说明了什么问题？(4.8%;0.39%;在同样过量 0.1 mL 情况下，所用溶液体积越大，相对误差越小)

5. 如果要使分析结果的准确度为 0.2%，应在灵敏度为 0.000 1 和 0.001 的分析天平上分别称取试样多少克？如果要求称取试样为 0.5 g 以下，应取哪种灵敏度的天平较为合适？

(0.050 00 g; 0.500 0 g; 应取灵敏度为 0.000 1 g 的分析天平)

6. 测定碳的原子量所得数据：12.008 0、12.009 5、12.009 9、12.010 1、12.010 2、12.010 6、12.011 1、12.011 3、12.011 8 及 12.012 0.

求算：(1) 平均值；(2) 标准偏差；(3) 平均值在 99% 置信水平的置信限.

(12.010 4;0.001 2;±0.001 2)

7. 标定 NaOH 溶液的浓度时获得以下分析结果：

0.102 1，0.102 2，0.102 3 和 0.103 0($mol\cdot dm^{-3}$). 问：

(1) 对于最后一个分析结果 0.103 0，按照 Q 检验法是否可以舍弃？

(2) 溶液准确浓度应该怎样表示？

(3) 计算平均值在置信水平为 95%时的置信区间.

(弃去;0.102 2;0.102 0±0.000 2)

8. 某学生测定 HCl 溶液的浓度,获得以下分析结果($mol \cdot dm^{-3}$):0.103 1,0.103 0,0.103 8 和 0.103 2. 请问按 Q 检验法,0.103 8 的分析结果可否舍弃?如果第 5 次的分析结果是 0.103 2,这时 0.103 8 的分析结果可以弃去吗?

(保留;弃去)

9. In each of the following numbers, underline all of the significant digits, and give the total number of significant digits.

(a) 0.201 8 $mol \cdot L^{-1}$ (b) 0.015 7 g (c) 3.44×10^{-5} (d) pH = 4.11 (e) 1.030 0 $g \cdot L^{-1}$

(a. 0.<u>201 8</u> $mol \cdot L^{-1}$, 4 sig figs; b. 0.0<u>15 7</u>g, 3 sig figs; c. <u>3.44</u>$\times 10^{-5}$, 3 sig figs; d. pH=4.<u>11</u>, 2 sig figs; e. <u>1.030 0</u> $g \cdot L^{-1}$, 5 sig figs)

10. Perform each of the following operations and round to the appropriate number of significant figures.

a. (5.21−4.71)×0.250= b. 45.117÷1.002+101.460 4=

c. 0.12×(1.76×10^{-5})=

(a. 0.12 b. 146.49 c. 2.2×10^{-6})

11. Define precision. How is it related to accuracy? How does one measure precision?

12. Weigh a nickel coin on the balance, remove the coin, and re-zero the balance. Repeat this process five times. Assuming the following weight results were obtained: 5.000 3 g, 5.000 7 g, 4.998 8 g, 4.999 4 g, and 5.000 2 g. Please determine the average mass ($\bar{x}$), the average deviation ($\bar{d}$), the relative average deviation (($\bar{d}/\bar{x}$)×100%), the standard deviation (SD) and the relative standard deviation (RSD).

($\bar{x}$=4.999 9 g, $\bar{d}$=0.000 62, ($\bar{d}/\bar{x}$)×100%=0.01%, SD=0.000 766, RSD=0.02 %)

13. 下列物质能否用酸碱滴定法滴定?直接还是间接?选用什么标准溶液和指示剂?

(1) HCOOH (2) H_3BO_3 (3) KF (4) NH_4NO_3

(5) $H_2C_2O_4$ (6) 硼砂 (7)水杨酸 (8)乙胺

14. 某弱酸的 pK_a 为 9.21,现有其共轭碱 A^- 溶液 0.100 0 $mol \cdot L^{-1}$ 20.00 mL,用 0.100 0 $mol \cdot L^{-1}$ HCl 溶液滴定时,化学计量点的 pH 为多少?滴定突跃是多少?选用何种指示剂?

(5.26 6.21~4.30)

15. 称取一含有丙氨酸[$CH_3CH(NH_2)COOH$]和惰性物质的试样 2.220 0 g,处理后,蒸馏出 NH_3 被 50.00 mL、0.147 2 $mol \cdot L^{-1}$ 的 H_2SO_4 溶液吸收,再以 0.100 2 $mol \cdot L^{-1}$ NaOH 溶液 11.12 mL 回滴. 求丙氨酸的质量分数.

(0.546 1)

16. 以 0.200 0 $mol \cdot L^{-1}$ NaOH 标准溶液滴定 0.200 0 $mol \cdot L^{-1}$ 邻苯二甲酸氢钾溶液. 化学计量点的 pH 为多少?滴定突跃是多少?选用何种指示剂?

(9.27 8.54~10.00 酚酞)

17. 称取混合碱试样 1.120 0 g,溶解后,用 0.500 0 mol·L^{-1} HCl 溶液滴定至酚酞褪色,消耗 30.00 mL,加入甲基橙,继续滴加上述 HCl 溶液至橙色,又消耗 10.00 mL.问:试样中含有哪些物质?其质量分数各为多少?

(NaOH:0.357 2　Na_2CO_3:0.473 2)

18. 称取混合碱试样 0.650 0 g,以酚酞为指示剂,用 0.180 0 mol·L^{-1} HCl 溶液滴定至终点,用去 20.00 mL,再加入甲基橙,继续滴定至终点,又用去 23.00 mL.问:试样中含有哪些物质?其质量分数各为多少?

(Na_2CO_3:0.587 1　$NaHCO_3$:0.069 8)

19. 现有一时间比较长久的双氧水.为检测其 H_2O_2 的含量,吸取 5.00 mL 试液于一吸收瓶,加入过量 Br_2,发生下列反应:

$$H_2O_2 + Br_2 = 2H^+ + 2Br^- + O_2$$

反应 10 min 左右,驱除过量 Br_2,以 0.318 0 mol·L^{-1} NaOH 溶液滴定,用去 17.66 mL 到达终点.计算双氧水中 H_2O_2的质量体积分数.

(1.911 g/100 mL)

20. 以 0.010 00 mol·L^{-1}HCl 溶液滴定 20.00 mL 0.010 00 mol·L^{-1} NaOH 溶液,若①用甲基橙作指示剂,终点为 pH=4.0;② 用酚酞作指示剂,终点为 pH=8.0.分别计算终点误差,并请选用合适的指示剂.

21. 称取试样 0.250 0 g,溶解后定容在 250 mL 的容量瓶中.用 25 mL 移液管吸取试液于烧瓶中,调节溶液的 pH 为 5~6,用二甲酚橙作指示剂,用 0.010 68 mol·L^{-1}的 EDTA 溶液滴定之,用去 15.35 mL.试求试样中 $ZnCl_2$ 的百分含量.

(39.91%)

22. 在 0.232 0 g 含有氯离子的试样中,加入 0.120 0 mol·L^{-1}的 $AgNO_3$ 溶液 30.00 mL,充分反应后用 0.102 8 mol·L^{-1}的 NH_4SCN 溶液滴定过量的 Ag^+,用去 4.02 mL.计算试液中氯的百分含量.

(48.69%)

23. 现将 25.00 mL $AgNO_3$ 溶液与含有 0.128 8 g NaCl 的溶液反应.过量的 Ag^+ 需用 2.68 mL NH_4SCN 溶液回滴.已知 20.00 mL NH_4SCN 溶液相当于 20.66 mL 的 $AgNO_3$ 溶液.求 $AgNO_3$ 溶液和 NH_4SCN 溶液的浓度.

(0.099 14 mol·L^{-1}, 0.102 4 mol·L^{-1})

24. 在 0.10 mol·$L^{-1}$$[Ag(NH_3)_2]^+$ 的溶液里含有 0.10 mol·L^{-1}氨.试计算该溶液中的$[Ag^+]$.

(6.2×10^{-7}mol·L^{-1})

25. 求在 pH=5 的溶液中,Zn 和 EDTA 配合物的条件稳定常数.已知 Zn^{2+}和 EDTA 的浓度均为 0.01 mol·L^{-1}(不考虑其他副反应).在此条件下,能否用 EDTA 标准溶液滴定 Zn^{2+}?

($10^{10.05}$)

26. 已知一物质中含有 NaCl 和 NaBr.称取该物质 0.320 8 g,为求其含量,用 0.123 2 mol·L^{-1}的 $AgNO_3$ 标准溶液 35.20 mL 滴定.求混合物的组成.

(NaCl:51.40%,NaBr:48.60%)

27. 在 0.5 mol·L^{-1}的硫酸溶液中，已知 Co^{4+}/Co^{3+} 的浓度之比为：(1) 10^{-2}；(2) 10^{-1}；(3) 1；(4) 10；(5) 100. 计算 Co^{4+}/Co^{3+} 电对的电极电势.（已知 Co^{4+}/Co^{3+} 在 0.5 mol·L^{-1}的硫酸溶液中的电极电势为 1.44V）

(1.32,1.38,1.44,1.50,1.56)

28. 计算在 1 mol·L^{-1} HCl 溶液中用 Fe^{3+} 滴定 Sn^{2+} 的电势突跃范围. 应选用何种指示剂？若用所选指示剂，滴定终点与化学计量点是否一致？

(0.23～0.50V,0.32V)

29. 称取软锰矿试样 0.400 8 g，加以 0.429 8 g 的 $Na_2C_2O_4$ 溶液反应，过量的 $Na_2C_2O_4$ 需消耗 0.010 01 mol·L^{-1}的 $KMnO_4$ 标准溶液 28.26 mL. 求出试样中 MnO_2 的百分含量.

(49.54%)

30. 现有一试样中只含有 As_2O_3 和 As_2O_5. 将该试样溶解后，用 0.025 00 mol·L^{-1} 的 I_2 溶液滴定，用去 20.00 mL. 再在酸性条件下加入过量的 KI，析出的 I_2 用 25.68 mL 0.180 0 mol·L^{-1}的 $Na_2S_2O_3$ 溶液滴定之. 计算出试样的质量.

(0.257 5 g)

31. 将下列百分透光度值换算成吸光度：

(1) 1% (2) 10% (3) 50% (4) 75% (5) 99%

(2,1,0.30,0.12,0.004 4)

32. 将下列吸光度值换算成百分透光度：

(1) 0.01 (2) 0.10 (3) 0.50 (4) 1.00

(97%,79%,31%,10%)

33. 有一标准 Fe^{3+} 溶液，浓度为 6 μg·mL^{-1}，其吸光度为 0.304，而样品溶液在同一条件下测得吸光度为 0.510，求样品溶液中 Fe^{3+} 的含量(mg·L^{-1}). (10.1 mg·L^{-1})

34. 计算下列电极的电极电位(25 ℃)，并将其换算为相对于饱和甘汞电极的电位值.

(1) Ag|Ag^+(0.001 mol·L^{-1})

(2) Ag|AgCl(固)|Cl^-(0.1 mol·L^{-1})

(3) Pt|Fe^{3+}(0.01 mol·L^{-1}), Fe^{2+}(0.001 mol·L^{-1})

(0.623 V,0.040 V,0.589 V)

35. 计算下列电池 25 ℃时的电动势，并判断银极的极性.

Cu|Cu^{2+}(0.01 mol·L^{-1}) ‖ Cl^-(0.01 mol·L^{-1}) |AgCl(固)|Ag

(0.062 V)

36. 用下面电池测量溶液 pH： 玻璃电极|H^+(Xmol·L^{-1}) ‖ SCE.

用 pH=4.00 缓冲溶液，25 ℃时测得电动势为 0.209 V. 改用未知溶液代替缓冲溶液，测得电动势分别为 0.312、0.088 V，计算未知溶液的 pH. (5.75,1.95)

37. 在 2 m 长的色谱柱上，测得某组分保留时间(t_R)6.6 min，峰底宽(W_b)0.5 min，死时间(t_0)1.2 min，载气流速为 40 mL·min^{-1}，固定相体积 2.1 mL，求：

(1) 容量因子. (2) 死体积. (3) 调整保留时间.

(4) 分配系数. (5) 有效塔板高度.

(4.5,48 mL,216 mL, 103, 1866, 1.07 mm)

38. Try to explain the theory of gas chromatography (GC).

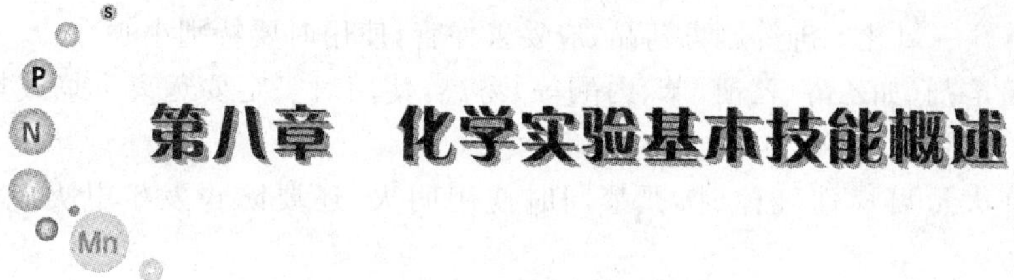

第八章　化学实验基本技能概述

8-1　实验规则和安全知识

8-1-1　实验规则

为确保实验的正常进行，培养良好的实验习惯和工作作风，要求学生必须遵守下列规则：

(1) 实验前要认真预习有关实验的全部内容，做好预习报告. 通过预习了解实验的基本原理、方法、步骤及注意事项，做到有备而来.

(2) 实验前应清点仪器. 如发现有破损或缺少，应立即更换或补领. 实验过程中仪器损坏应及时补充，并按规定赔偿.

(3) 实验时应遵守操作规则，保证实验安全.

(4) 遵守纪律，不迟到早退，保持室内安静，不要大声喧哗.

(5) 要节约使用药品、水、电和煤气，要爱护仪器和实验室设备. 不会操作的仪器，不要随便使用.

(6) 在实验过程中，要保持实验室及台面整洁，废物与回收溶剂等应放到指定的地方，不得乱丢乱放.

(7) 实验过程中要实事求是、细心观察、认真记录，将实验中的一切现象和数据如实记在报告本上. 根据原始记录，认真地分析问题，处理数据，写出实验报告. 对于实验异常现象应进行讨论，提出自己的看法.

(8) 实验结束后必须将所用仪器洗涤干净，放置整齐.

(9) 值日生负责门窗玻璃、桌面、地面及水槽的清洁工作，以及整理公用原料、试剂和器材，清除垃圾，检查水、电、煤气安全，最后关好门窗.

8-1-2　安全知识

进行化学实验时，常会使用水、电、煤气和各种药品、仪器. 而许多化学药品是易燃、易爆、有腐蚀性或有毒的，故在实验过程中要集中注意力，遵守操作规程，避免事故发生.

(1) 实验室内严禁饮食、吸烟. 切勿用实验器皿作为餐具. 实验结束后应洗手.

(2) 使用酒精灯应随用随点，不用时盖上灯罩.

(3) 浓酸、浓碱具有强腐蚀性，使用时要小心，不能溅在皮肤和衣服上.

(4) 有些药品(如苯、有机溶剂、汞等)能透过皮肤进入人体，应避免与皮肤接触.

(5) 氰化物、高汞盐[如 $HgCl_2$、$Hg(NO_3)_2$ 等]、可溶性钡盐($BaCl_2$)、重金属盐(如 Cd^{2+}、Pb^{2+} 等)、三氧化二砷等剧毒药品,应妥善保管,使用时要特别小心.

(6) 有机溶剂(如乙醇、乙醚、苯、丙酮等)易燃,使用时一定要远离火焰或热源,用毕及时盖紧瓶塞,放在阴凉的地方.

(7) 操作大量可燃性气体时,严禁同时使用明火,还要防止发生电火花及其他撞击火花.

(8) 产生有刺激性或有毒气体(如 H_2S、Cl_2、Br_2、NO_2、浓 HCl 和 HF 等)的实验,应在通风橱内(或通风处)进行;苯、四氯化碳、乙醚、硝基苯等的蒸气会引起中毒,它们虽有特殊气味,但久嗅会使人嗅觉减弱,所以也应在通风良好的情况下使用.

(9) 实验中所用的易燃、易爆、有腐蚀性或有毒的物品不得随意散失、丢弃.

(10) 用完煤气后或遇煤气临时中断供应时,应立即把煤气关闭.煤气管道漏气时,应立即停止实验,进行维修.

(11) 安全用电知识:

① 操作电器时,手必须干燥,不得直接接触绝缘性能不好的电器.

② 超过 45 V 的交流电都有危险,故电器设备的金属外壳应接上地线.

③ 为预防触电时电流通过心脏,不要用双手同时接触电器.

④ 使用高压电源要有专门的防护措施,千万不要用电笔测试高压电.

⑤ 实验进行时,在接好电路后应仔细检查,正确无误后方可试探性通电,一旦发现异常应立即切断电源,对设备进行检查.

8-1-3 事故处理和急救

一、着火事故的处理

实验室如果发生着火事故,切勿惊慌失措,应沉着镇静,及时采取措施,控制事故的扩大.

1. 防止火势蔓延

关闭煤气阀,切断电源,移走一切可燃物质(特别是有机溶剂和易燃易爆物质).

2. 灭火

常用的灭火剂有水、沙、二氧化碳(灭火器)、四氯化碳(灭火器)、泡沫(灭火器)和干粉(灭火器)等,可根据起火的原因选择使用.注意以下几种情况不能用水灭火:

(1) 金属钠、钾、镁、铝粉、电石、过氧化钠着火,应用干沙灭火.

(2) 比水轻的易燃液体,如汽油、丙酮等着火,可用泡沫灭火器灭火.

(3) 有灼烧的金属或熔融物的地方着火时,应用干沙或干粉灭火器灭火.

(4) 电器设备或带电系统着火,可用二氧化碳灭火器或四氯化碳灭火器灭火.

二、试剂灼伤的处理

1. 酸碱灼伤

酸(或碱)溅上皮肤或眼内,应立即用大量水冲洗,然后用饱和碳酸氢钠溶液(或硼酸溶液)洗涤,最后再用水冲洗;浓硫酸则应先用干布吸收后再用大量水冲洗.

2. 溴灼伤

应立即用酒精洗涤,再涂上甘油.也可立即用 2% 硫代硫酸钠溶液洗至伤处呈白色,然后涂甘油.

三、中毒的处理

(1) 将吸入气体中毒者移至室外,解开衣领及纽扣.

(2) 如吸入少量氯气或溴,可用碳酸氢钠溶液漱口.

(3) 若吸入氯、氯化氢气体,可立即吸入少量酒精和乙醚的混合蒸气以解毒.

(4) 若吸入硫化氢气体而感到头晕不适,应立即到室外呼吸新鲜空气.

四、烫伤的处理

可用高锰酸钾或苦味酸溶液擦洗灼伤处,再涂上凡士林或烫伤油膏.

五、玻璃割伤的处理

受伤后要仔细观察伤口有无玻璃碎粒,若伤口不大可先抹上红药水再用创可贴粘贴;如伤口较大应先做止血处理(如扎止血带或按紧主血管)以防止大量出血,然后急送医疗单位.

六、触电事故的处理

首先应切断电源.在必要时,对伤者进行人工呼吸.

8-2 化学实验基础知识

8-2-1 化学试剂介绍

一、水

水是化学实验中应用最多的溶剂和洗涤剂.配制不同的试剂,对水质的要求也有所不同.一般化学实验,只要用普通蒸馏水就可以了.配制标准溶液,就要用能满足试剂分析要求的蒸馏水或去离子水;配制氢氧化钠标准溶液,还要求用不含二氧化碳的水.水的纯度是相对的,一般通过测定水的电阻率、酸碱度,检验阴、阳离子等方法来检验水的质量.

(一) 蒸馏水

一般实验用水,可以用市售蒸馏水.实验室用铜制或玻璃制造的蒸馏器来制备蒸馏水.若制备高纯水,则用硬质玻璃蒸馏器或石英蒸馏器、聚四氟乙烯蒸馏器等来制备.为了提高水的纯度,实验室经常将蒸馏水进行二次、三次或四次蒸馏而获得二次、三次或四次蒸馏水.蒸馏水能除去水中的非挥发性杂质,但不能除去溶解于水中的气体.另外,由于空气、灰尘、蒸馏器材质的污染等因素,限制了蒸馏水纯度的进一步提高.

(二) 去离子水

使一次蒸馏水流经装有阴、阳离子交换树脂的交换器时,水中所溶解的各种正负离子被除去.这种方法制得的水称为去离子水.用这种方法制备纯水成本低,除去杂质的能力强,但不能除去有机物等非电解质杂质.

(三) 电导水

电导水的制备是将自来水通过阴、阳离子交换膜组成的电渗析器,在外电场作用下,利用阴、阳离子交换膜对水中阴、阳离子的选择性透过而除去水中离子态杂质.电导水中常含有一些非离子型杂质,适用于一些要求不高的实验,298 K 时的电导率约为 $0.1\ mS \cdot m^{-1}$.

(四) 特殊用水

在化学实验中,因实验要求,可以通过纯水机(反渗透膜)或其他方法制备一些特殊用水,如无二氧化碳的水、无氨的水、无氧的水、不含有机物质的水等,使水中杂质仅含百万分之几.

二、试剂

化学试剂是指有一定纯度标准的各种单质和化合物. 化学试剂基本上分为无机试剂和有机试剂两大类. 根据其用途,可分为通用试剂、专用试剂两大类.

(一) 试剂的规格

我国的通用化学试剂按纯度不同分为四级,即优级纯、分析纯、化学纯和实验试剂. 目前实验试剂已不多见,取而代之的是生化试剂,参见表 8-1.

表 8-1 化学试剂的分级

试剂等级	优级纯 (一级)	分析纯 (二级)	化学纯 (三级)	实验试剂 (四级)	生化试剂
试剂符号	G. R.	A. R.	C. P.	L. R.	B. R.
标签颜色	绿色	红色	蓝色	黄色 棕色	咖啡色 玫瑰红色
用途	精密分析及 科学研究	一般分析及 科学研究	一般定性及 化学制备	一般的化学制备	生化实验

专用试剂是随着科学和工业的发展,对化学试剂的纯度要求越加严格,越加专门化的情况下而出现的,其纯度一般在 99.99% 以上,杂质控制在 $10^{-6}\sim10^{-10}$ 数量级,如高纯试剂、色谱纯试剂、光谱纯试剂等.

化学试剂的纯度级别及性质类别,一般在标签的左上方用符号注明,规格注在标签右端,并用不同颜色加以区别.

不同级别的试剂价格相差较大,应本着节约的原则在实验中选择试剂,不应盲目追求纯度高的试剂,应根据实验具体情况进行选择,以免造成浪费.

(二) 试剂的选用

化学试剂的纯度对化学实验结果影响很大,不同实验对试剂纯度的要求也不同. 试剂选用的一般原则是:在能满足实验要求前提下选用级别较低的试剂. 例如,滴定分析中常用到标准溶液,一般先用分析纯试剂粗配,再用基准物质标定. 若分析结果要求不是非常高,就可用优级纯或分析纯试剂代替基准物质.

如果现有试剂纯度不能符合实验要求,则需进行提纯. 常用的提纯手段有重结晶(固体试剂)和蒸馏(液体试剂).

(三) 试剂的贮藏

贮存化学试剂既要保管好试剂不使其变质或损耗,又要避免危险性试剂的毒害作用,严防着火、中毒、损害及放射性污染等事故的发生.

一般地,固体试剂应装在广口瓶内,试剂瓶塞一般使用磨口玻璃塞. 装碱液的试剂瓶要用橡皮塞. 每只试剂瓶上都要贴上标签,标明名称、浓度和纯度.

8-2-2 常用仪器介绍

一、常用玻璃仪器及物品

(一) 普通玻璃仪器及物品

玻璃仪器具有良好的化学稳定性，在化学实验中经常大量使用. 玻璃分硬质和软质两种. 从断面处看偏黄者为硬质玻璃，偏绿色者为软质玻璃. 硬质玻璃耐热性、抗腐蚀性、耐冲击性能较好. 软质玻璃性能稍差，所以软质玻璃常用来制造非加热仪器，如量筒、容量瓶等. 常用的普通玻璃仪器及物品列于表 8-2.

表 8-2 普通玻璃仪器及物品

仪器及物品	一般用途	使用注意事项
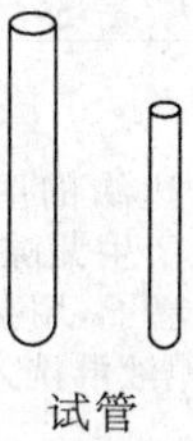 试管	反应容器，便于操作、观察，药品用量少	1. 试管系玻璃品，分硬质与软质两种，前者可加热至高温，但不宜急剧冷热；若温度急剧变化，后者更易破裂 2. 一般可直接在火焰上加热 3. 加热时应注意使试管内的溶液受热均匀
离心管	少量沉淀的辨认和分离	不能直接用火加热
 烧杯	反应容器，尤其是反应物较多时使用，易使反应物混合均匀	1. 硬质者可加热至高温，软质者使用时应注意勿使温度变化过于剧烈或加热温度太高 2. 一般不直接加热，加热时应放在石棉网上，石棉网应放在铁环上
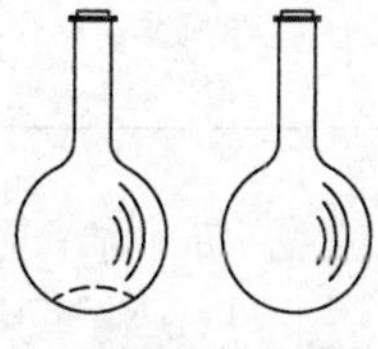 平底烧瓶 圆底烧瓶	反应容器，尤其是反应物较多、需经长时期加热时使用. 平底烧瓶还可以做成洗瓶	同上
锥形烧瓶(三角烧瓶)	反应容器，振荡很方便	同上

续表

仪器及物品	一般用途	使用注意事项
表面皿	1. 盖在蒸发皿上以免液体溅出或灰尘落入 2. 盛放小结晶进行观察 3. 盖在烧杯上等	不能用火直接加热
蒸发皿	反应容器,蒸发液体用,一般分玻璃与瓷质两种	1. 瓷质可耐高温,能直接用火加热 2. 注意高温时不要用冷水去洗,以防受热不均而发生爆裂
碘量瓶	用于碘量法	1. 塞子及瓶口边缘的磨砂部分注意勿擦伤,以免产生漏隙 2. 滴定时打开塞子,用蒸馏水将瓶口及塞子上的碘液淋洗入瓶中
量筒 量杯	量度一定体积的液体	1. 不能当作反应容器用,也不能加热 2. 量度体积时,读取量筒的刻度要以液体的凹下最低面为准,观察时视线应与液体最低面成水平
石棉铁丝网	作玻璃反应容器的承托板,且能使受热较为均匀	1. 勿使石棉网浸水以免铁丝锈蚀 2. 爱护石棉层,防止损坏
(c) (b) (a) (a) 铁架台、(b) 铁圈、(c) 铁夹	1. 固定反应容器之用 2. 铁圈还可放置漏斗、石棉网或铁丝网	应先将铁夹等放至合适高度并旋转螺丝,使之牢固后再进行试验
试管刷	洗刷试管及其他仪器用	洗试管时要把前部的毛捏住放入试管,以免铁丝顶端将试管底顶破

续表

仪器及物品	一般用途	使用注意事项
药匙	取固体试剂时用	1. 取少量固体时用小的一端 2. 药匙大小的选择，应以盛取试剂后能放进容器口内为宜
研钵	研磨固体物质用	不能代替反应容器用，也不可加热
称量瓶	称量物质和在干燥箱中干燥所要检测的样品等	本品系带有磨口塞的薄口壁小杯，注意不能将磨口塞与其他称量瓶上的磨口塞调错
滴管	1. 吸取或滴加少量(数滴或1～2 mL)液体 2. 吸取沉淀的上层清液以分离沉淀	1. 滴加时，保持垂直，避免倾斜，尤忌倒立 2. 管尖不可接触其他物体，以免沾污
滴瓶	盛放每次使用只需数滴的液体试剂	1. 见光易分解的试剂要用棕色瓶装 2. 碱性试剂要用带橡皮塞的滴瓶盛放 3. 其他使用注意事项同滴管 4. 使用时切忌张冠李戴
点滴板	用于点滴反应，一般用于不要分离的沉淀反应，尤其是显色反应	1. 不能加热 2. 不能用于含氢氟酸和浓碱溶液的反应
干燥器	1. 定量分析时，将灼烧过的坩埚置于其中冷却 2. 存放样品，以免样品吸收水气	1. 灼烧过的物体放入干燥器前温度不能过高 2. 使用前要检查干燥器内的干燥剂是否失效

续表

仪器及物品	一般用途	使用注意事项
(a) 吸量管、(b) 移液管	吸取一定量液体移入另一容器时使用	1. 刻度容器,一般不能放入干燥箱中去烘或火上烤 2. 使用前应注意所装容量体积以检查刻线位置 3. 不可吸取浓酸、浓碱或有强烈刺激性的物质
容量瓶	配制标准溶液用 在细长的颈上刻有环形标线,注入的液体必须与标线一致,才能达到容量瓶上所标记的容积	1. 磨口的玻璃塞不能和其他容量瓶上的塞子调错 2. 刻度容器,一般不能放入干燥箱中去烘或在火上烤
玻璃漏斗	1. 过滤用 2. 引导溶液或粉末状物质入小口容器用	不能用火直接加热
分液漏斗　滴液漏斗	1. 往反应体系中滴加较多的液体 2. 分液漏斗用于互不相溶的液-液分离.	活塞应用细绳系于漏斗颈上,或套以小橡皮圈,防止滑出跌碎
(a) 布氏漏斗、(b) 吸滤瓶	用于减压过滤	

续表

仪器及物品	一般用途	使用注意事项
(a) (b) (a) 碱式滴定管、(b) 酸式滴定管	滴定时准确地测量所消耗的试剂体积	1. 刻度容器,一般不能放入干燥箱中去烘或火上烤 2. 具橡胶管的滴定管(a)一般盛碱,具玻璃活塞的滴定管(b)一般盛酸 3. 使用时,用左手控制
漏斗板	过滤时承放漏斗	固定漏斗板时,不要倒放
洗瓶	用蒸馏水或去离子水洗涤沉淀和容器时使用	
三脚架	放置较大或较重的加热容器	

（二）标准磨口玻璃仪器

常用标准磨口玻璃仪器见图 8-1. 标准磨口玻璃仪器的特点是磨口、磨塞的锥度均符合国际标准 ISO－383－71 玻璃标准口、塞部标准所规定的技术要求制造,所以同口径的磨口、磨塞都可以互换,使用极为方便.

标准磨口玻璃仪器密合性能良好,对某些易挥发又具有毒性的物质或有些不宜与胶塞接触的有机物质采用标准磨口更为合适.

由于仪器容量大小及用途不一,通常标准磨口有 10 口、14 口、19 口、24 口、29 口等. 这些数字编号是指磨口最大端直径的毫米整数,相同编号的内外磨口可相互连接.

使用标准磨口玻璃仪器应注意以下事项:

(1) 磨口处必须洁净.若附有固体则磨口对接不紧密,将导致漏气,甚至损坏磨口.

(2) 用后应拆开洗净,否则长期放置后磨口连接处常会粘牢不可拆开.

(3) 一般使用磨口仪器不需涂润滑剂.若反应中有强碱,则应涂润滑剂,以免磨口连接处因碱腐蚀粘牢而无法拆开.

(4) 安装标准磨口玻璃仪器应特别注意整齐、正确,使磨口连接处不受歪斜的应力,否则在加热时仪器受热,应力增大,易将仪器折裂.

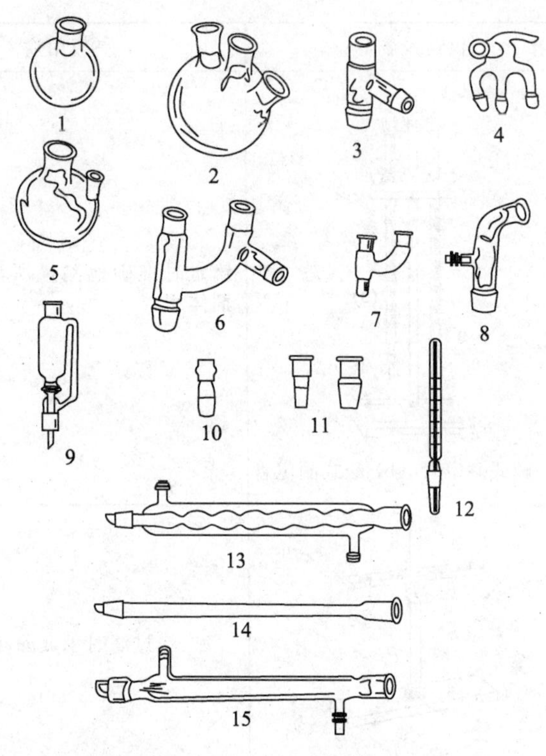

1—圆底烧瓶;2—三颈烧瓶;3—蒸馏头;4—真空三叉接液管;5—二颈烧瓶;6—克氏蒸馏头;7—二叉管;8—真空接液管;9—恒压漏斗;10—温度计套管;11—接头;12—温度计;13—球形冷凝管;14—空气冷凝管;15—直形冷凝管

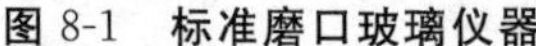
图 8-1 标准磨口玻璃仪器

二、干燥器

干燥器是保持物品干燥的仪器,它是由厚质玻璃制成的.其结构如图 8-2 所示,上面是一个磨口边的盖子(盖子的磨口边上一般涂有凡士林),器内的底部放有干燥的氯化钙或硅胶等干燥剂,中部有一个可取出的带有若干孔洞的圆形瓷板,供承放装有干燥物的容器用.

打开干燥器时,不应把盖子往上提,而应把盖子往水平方向移开(图 8-2).用后按同法盖好.搬动干燥器时,不应只捧着下部,必须用两手的大拇指将盖子按住(图 8-2),以防止盖子滑落而打碎.

使用干燥器时应注意:

(1) 干燥器应注意保持清洁,不得存放潮湿的物品.

(2) 干燥器只在存放或取出物品时打开,物品取出或放入后,应立即盖上盖子.

(3) 放在底部的干燥剂,不能高于底部高度的 1/2,以防沾污存放的物品.干燥剂失效后,要及时更换.

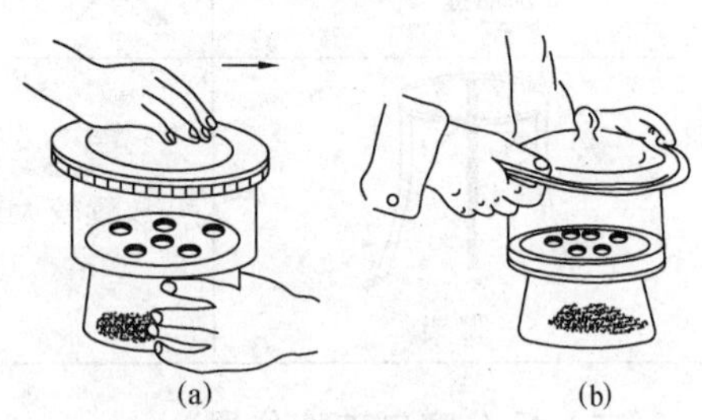

图 8-2 干燥器的使用

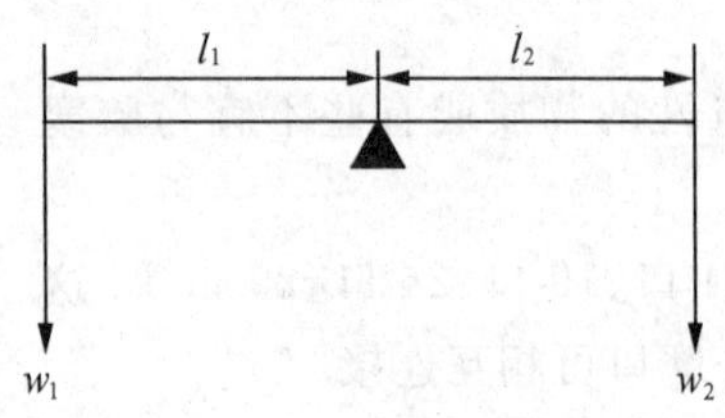

图 8-3 杠杆原理示意图

三、分析天平

(一) 分析天平称量原理

分析天平一般是指称量到万分之一克(0.1 mg)的天平.分析天平是根据杠杆原理(图 8-3)制成的称量仪器,在等臂天平中,$l_1=l_2$.若砝码放在左盘,重量为 w_1,称量物放在右盘,重量为 w_2,当达到平衡时,根据杠杆原理,支点

两边的力矩相等，即

$$l_1 w_1 = l_2 w_2$$

因为

$$l_1 = l_2,$$

所以

$$w_1 = w_2$$

即砝码的重量等于被称物的重量.

由于物体的重量 w 等于质量 m 乘以重力加速度 g，即

$$w_1 = m_1 g \quad w_2 = m_2 g$$

因为

$$w_1 = w_2,$$

所以

$$m_1 = m_2$$

因此，在天平上称量时，测得的是物体的质量.

(二) 分析天平使用规则

称量前，必须用软毛刷清扫天平，然后检查天平是否水平，并检查和调整天平的零点. 较大的零点调整，可由横梁上端左右两个平衡铊来旋动调节；如遇有较小的零点调整，可以用底板下部的微动调节杆来调整，移动到投影窗的"0"位直线重合为止.

使用过程中无论加减物体或砝码时，一定要先把天平关上，开、关天平时应该缓慢进行，否则容易使天平的刀口损坏.

称量物要放在称盘中央，以防称盘摆动. 化学试剂和试样不得直接放在天平盘上，必须盛放在干净的容器中称量. 对会产生腐蚀性气体或具有吸湿性的物质，必须放在称量瓶或其他适当密闭的容器中称量.

称量时应适当估计添加砝码，然后开动天平，按指针偏移方向，增减砝码，至投影屏中出现静止到 10 mg 内的读数为止. 如指针向"+"数值偏移，说明物体偏重，需添加砝码；如指针向"−"数值偏移，说明物体偏轻，需减少砝码.

称量完毕后，关闭天平，取出物体，将指数盘还原，切断电源，关好天平门，最后罩上天平罩.

天平的载重绝不能超过天平的最大负荷. 在同一次实验中，应使用同一台天平，决不允许互用.

(三) 几种常用的分析天平

1. TG-328A 型电光分析天平

该天平属于双盘等臂式、全机械加码电光分析天平. 横梁采用铜镍合金制成，上面装有玛瑙刀三把. 中间为固定的支点刀，两边为可调整的承重刀. 支点刀位于中刀承上，这三把刀口的棱边完全平行，并位于同一水平上.

承重刀上面分别挂有两个吊耳，吊耳下面悬挂承重挂钩，左承重挂钩上装有砝码承受架，另有秤盘各一个分别挂在承重挂钩上. 秤盘上节中间的阻尼装置，是用铝合金板制成的，固定在中柱上，以利用空气阻力来减少横梁摆动时间，迅速达到静止，从而提高工作效率.

整个天平固定在大理石的基座上，底板前下部装有二只可供调整水平位置的螺旋脚，后面装有一个固定脚，天平木框前面有一扇可供启闭及随意停止在上下位置的玻璃门，右侧有一扇玻璃移门.

天平外框左侧装有机械加码装置，通过三挡增减砝码的指示旋钮来变换 10～199.990 mg 砝码所需重量值. 光学投影装置固定在底板上前方，可直接读出 0.1～10 mg 的重量值.

2. 电子分析天平

电子分析天平的规格品种繁多，各厂生产的型号也不相同，但其使用功能和操作方法基本相同. 现以 FA 型电子分析天平为例，简单介绍电子分析天平的结构功能、安装调试及使用方法.

FA 型电子分析天平有多种规格，具有不同的称重范围以适应用户的不同要求. 它的使用和操作非常方便，同时具有以下特点：数字化多点线性修正；数字化多点温漂修正；国际公认的计量性能最优的传感器结构以及 LCD 显示等.

下面仅对 FA 型电子分析天平作简单介绍.

(1) FA 型电子分析天平基本结构如图 8-4 和图 8-5 所示.

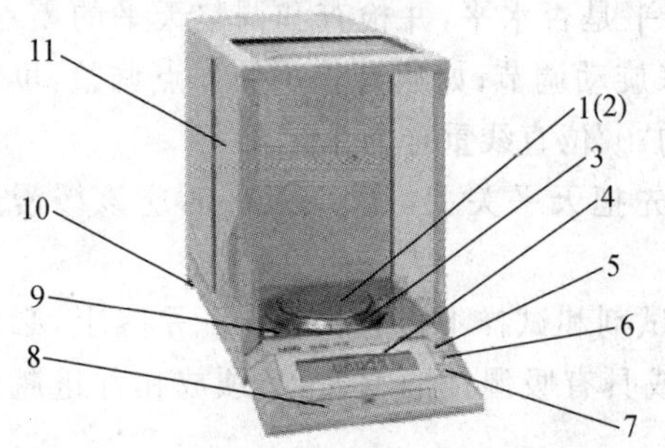

1. 秤盘 2. 秤盘座(在秤盘下) 3. 气流罩 4. 显示窗 5. M 键 6. C 键 7. I/⏻键 8. TARE 键 9. 水平泡 10. 水平调整脚 11. 玻璃门

图 8-4 FA 型电子分析天平基本结构(正面)

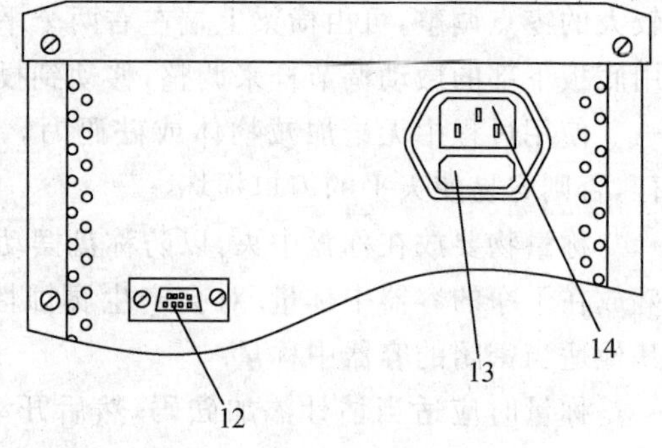

12. RS232C 接口 13. 保险丝盒 14. 电源插座

图 8-5 FA 型电子分析天平基本结构(背面)

(2) 安装与校准.

① 天平工作环境的选择. FA 型电子分析天平是一种精密分析仪器，选择合适的设置位置对今后的使用将有更准确、可信的保障. 理想的位置应设定在房间角落，稳定的台面，无直接来自房门、窗户、空调通风口的气流，无强电磁干扰和热源，湿度为 50%～75%，温度为 10 ℃～30 ℃.

② 检查. 检查玻璃是否完好，门状态是否正常；用手指非常小心地、轻轻地左右晃动秤盘座，秤盘座应能自如晃动，静止后，与四周有间隙；称重腔内应无异物，特别注意清除细小异物.

③ 安装. 放上气流罩使之落位准确；将秤盘轻轻地放入秤盘座.

④ 调节水平. 用天平后部的两只水平调整脚，将气泡调整至水平中央，关好三面玻璃门.

⑤ 校准. 电源线插入天平后部电源插座，并接入外部电源，按一下"I/⏻"键，天平进行自检(30 s)，在这段时间内天平在适应周围环境.

使用要求一般时，天平应预热 30 min 以上；精确称重时，天平应预热 120 min 以上.

有校准必要的情形：天平首次使用之前；称重操作进行了一段时间；放置地点变更之后；环境温度强烈变化后.

准备好所需校准砝码（E2、E1 级砝码），从秤盘上取走任何加载物，按"TARE"键，清零.等待天平稳定后，按"C"键，显示"[" 后，轻轻放上校准砝码至秤盘中心，关上玻璃门约 30s 后，显示校准砝码值，听到"嘟"一声后，取出校准砝码，天平校准完毕.

（3）称重.

① 基本称重.按"TARE"键，将天平清零，等待天平显示零，在秤盘上放置所称物体.称重稳定后，即可读数.

② 使用容器称重.如需用容器装着待测物（如液体）进行称重（不包括容器的重量），方法如下：先将空的容器放在秤盘上；按"TARE"键清零，等待天平显示零；将待测物体放入容器中，称重稳定后，即可读数.

（4）称重模式切换.

① 称重模式选择.按住"M"键不放，天平在克、金盎司、克拉、计件、百分比称重模式之间循环切换，待天平显示所需称重模式时，放开"M"键，天平进入所选称重模式.

② 计件称重.放上容器，若无需容器，请跳过此步；按"TARE"键清零，等待天平显示零；放上 10 件被计件物，待称重稳定后，按步骤（4）① 操作，进入计件称重模式.

③ 百分比称重.放上容器（若无需容器，请跳过此步）；按"TARE"键清零，等待天平显示零；放上标准样，待称重稳定后，按步骤（4）① 操作，进入百分比称重模式.

四、酸度计

（一）pHS-25 型酸度计

如图 8-6 所示，该仪器适用于一般精度要求的实验室及化验室测量水溶液的酸度（pH），pH 的测量范围为 0～14.0；pH 的测量精度为 0.1 个 pH 单位.仪器如配上适当的选择电极，通过测量离子电极电位，则可以测量溶液离子的浓度，也可以作为电位滴定分析的终点指示器.

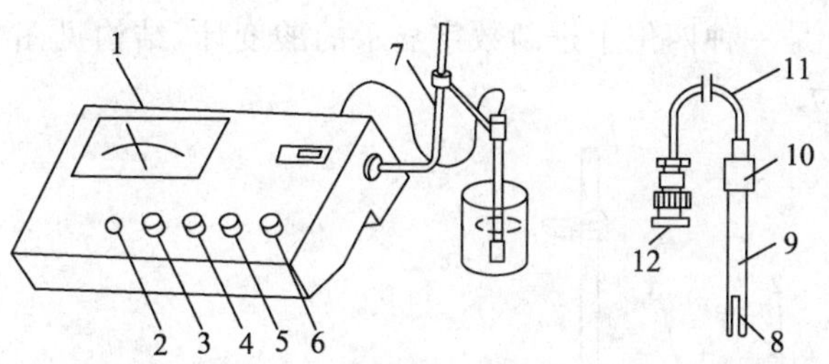

1—指示表；2—指示灯；3—温度；4—定位；5 选择；6—范围；7—电极杆；8—球泡；9—玻璃管；10—电极帽；11—电极线；12—电极插头

图 8-6 pHS-25 型酸度计的构造

1. 基本原理

pHS-25 型酸度计测定 pH 的基本原理是在待测溶液中插入一对电极，一个为指示电极，其电极电势随溶液的 pH 而改变，另一个作为参比电极，其电极电势在一定条件下具有一定值，这对电极构成一个电池.由于在一定条件下参比电极的电极电势具有固定值，所以该电池的电势便决定于指示电极电势的大小，即决定于待测溶液 pH 的大小.当溶液的 pH

固定时,电池的电动势就为一定值,而且通过酸度计内的电子仪器放大后,可以正确地测量出来.一般 pH 计由指示电极(玻璃电极)、参比电极(甘汞电极)和电极组成,而 pHS—25 型酸度计使用 E-201-C-9 复合电极进行测量.用复合电极比分立电极测量更方便,响应更快.

2. 操作步骤

(1) 将 E-201-C-9 复合电极端部的塑料保护套拔去,并将它浸在 3.3 mol·L^{-1} 氯化钾溶液中.

(2) 按图 8-6 所示装上电极杆和电极夹,并按需要的位置固定,然后装上电极,支好仪器背部的支架.在开电源开关前,先检查电流表指针是否指在 pH=7.0 处,如不指在 7.0 处,可调节电表上调零装置到 pH=7.0,把“范围开关”置于中间的位置.

(3) 接上电源,打开电源开关,指示灯应亮.预热 10 min.

(4) 将短路插接在电极插口上,调节仪器零点至 pH=7.0.拆下电极插口上的短路插,将 E-201-C-9 复合电极插头接上.

(5) 仪器的定位.

① 将“温度补偿旋钮(3)”(图 8-6 中所示 3,下同)旋到被测溶液的温度值.

② 将“选择开关(5)”置于 pH 挡.

③ 选择预先配制好的标准缓冲溶液作为校正溶液,选择的原则是,被测溶液的值尽量靠近所选择缓冲溶液的标准 pH.

④ 用蒸馏水冲洗复合电极,再用滤纸条吸干,把电极插入相应的标准缓冲溶液中.

⑤ 将“范围开关(6)”置于缓冲溶液相应的 pH 范围(0~7 或 7~14).

⑥ 调节“定位旋钮(4)”,使指针的读数与该温度下缓冲溶液的 pH 相同.

(6) pH 的测量.将复合电极用蒸馏水冲洗干净,并用滤纸条吸干,把电极插入被测溶液中,指针所指的 pH 就是被测溶液的 pH.

(7) 测量完毕,切断电源,拆下复合电极,插上短路插,将电极冲洗干净,套上内装适量 3.3 mol·L^{-1} 氯化钾溶液的塑料保护套.

(二) pHS-3 型酸度计

pHS-3 型酸度计是一种四位十进制数字显示的酸度计,结构见图 8-7.用于测定溶液的酸度(pH)和其他电位.

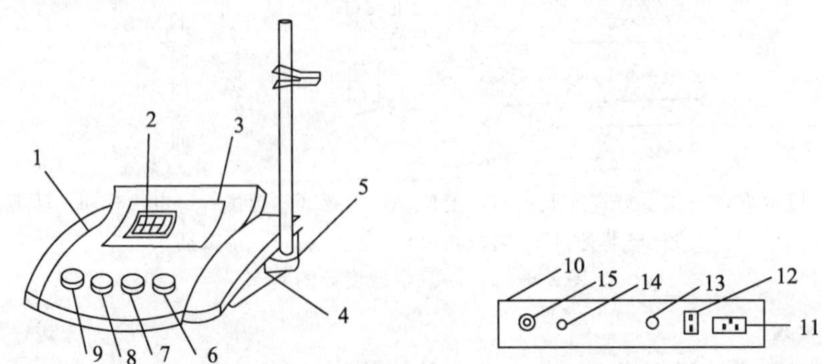

1—机箱盖;2—显示屏;3—面板;4—机箱底;5—电极梗插座;6—定位调节旋钮;7—斜率补偿调节旋钮;8—温度补偿调节旋钮;9—选择开关旋钮;10—仪器后面板;11—电源插座;12—电源开关;13—保险丝;14—参比电极接口;15—测量电极插座

图 8-7 pHS-3 型酸度计的构造

pHS-3 型酸度计是把 pH 电极(或玻璃电极)和甘汞电极因被测溶液的酸度而产生的直流电势转换为 pH 的数字显示,用它可以直接读出溶液的 pH,仪器测量的 pH 范围为 0～14,仪器最小 pH 分度为 0.01.

仪器使用方法如下:

(1) 仪器使用前的准备:同 pHS-25 型酸度计.

(2) 仪器的预热:打开"测量"开关,按下"pH"按钮(或"mV" 按钮),接通电源,仪器预热 30 min.

(3) 仪器的标定:仪器使用前,先要标定.一般仪器在连续使用时,每天要标定一次.标定方法如下:

① 在"测量电极插座(15)"处拔去短路插头,插上复合电极.

② 把"选择开关旋钮(9)"调到 pH 挡.

③ 将"温度补偿调节旋钮(8)"旋到被测溶液的温度值.

④ 把"斜率补偿调节旋钮(7)"顺时针旋到底(即调到 100%位置).

⑤ 调节"定位调节旋钮(6)",使仪器显示读数与该温度下缓冲溶液的 pH 相一致.定位调节旋钮在标定后不应再变动.

(4) pH 测量:仪器标定后,就可用来测量被测溶液的 pH.操作步骤如下:

① 放开"测量"开关.

② 把干净电极插在被测溶液内,将溶液搅拌均匀.

③ 按下"测量"开关,读出该溶液的 pH.

五、高效液相色谱仪

(一) 高效液相色谱的基本原理

高效液相色谱是以液体作为流动相,并采用颗粒极细的高效固定相的柱色谱分离技术.高效液相色谱对样品的适用性广,不受分析对象挥发性和热稳定性的限制,因而弥补了气相色谱的不足.在目前已知的有机化合物中,可用气相色谱分析的约占 20%,而 80%则需用高效液相色谱来分析.

高效液相色谱和气相色谱在基本理论方面没有显著不同,它们之间的重大差别在于作为流动相的液体与气体之间的性质的差别.液相色谱根据固定相性质可分为吸附色谱、键合相色谱、离子交换色谱和大小排阻色谱.

吸附色谱的原理是组分分子流经固定相(吸附剂,如硅胶或氧化铝)时,不同组分分子、流动相分子就要对吸附剂表面的活性中心展开竞争,这种竞争能力的大小,决定了保留值大小,被活性中心吸附得越牢的分子,保留值越大.

键合相色谱的原理是将类似于气相色谱中的固定液的液体,通过化学反应键合到硅胶表面,从而形成固定相.若采用极性键合相、非极性流动相,则称为正相色谱;采用非极性键合相、极性流动相,则称为反相色谱.这种分离的保留值大小,主要决定于组分分子与键合相固定液分子间作用力的大小.

离子交换色谱的原理是流动相中的被分离离子,与作为固定相的离子交换剂上的平衡离子进行可逆交换时,由于它们对交换剂的基体离子亲和力大小的不同而达到分离.组分离子对交换剂基体离子亲和力越大,保留时间就越长.

大小排阻色谱的固定相是一类孔径大小有一定范围的多孔材料.被分离的分子大小不

同,它们扩散渗入多孔材料的难易程度不同.小分子最易扩散进入细孔中,保留时间最长;大分子完全排斥在孔外,随流动相很快流出,保留时间最短.

在以上四种分离方式中,反相键合相色谱应用最广,因为它采用醇水或腈水体系作流动相.纯水易得、廉价,它的紫外吸收极小.在纯水中添加各种物质可改变流动相选择性.使用最广的反相键合相是十八烷基键合相,即将十八烷基($C_{18}H_{37}$—)键合到硅胶表面.这种键合相又称 ODS(Octadecylsilyl)键合相,如国外的 Partisil 5-ODS、Zorbax-ODS、Shim-pack CLC-ODS,国产的 YWG-C_{18} 等.

(二) 高效液相色谱仪的流程

图 8-8 为高效液相色谱仪的流程示意图.

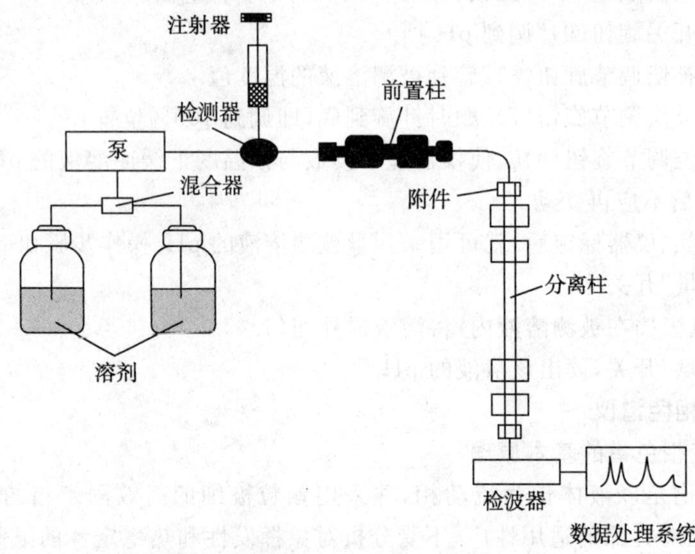

图 8-8 高效液相色谱仪的流程示意图

1. 流动相

贮液器用来存放流动相.流动相从高压的色谱柱内流出时,会释放其中溶解的气体,这些气体进入检测器后会使噪声剧增,甚至由于产生巨大的吸收或吸收读数波动很大使信号不能检测.因此,流动相在使用前必须经过脱气处理.贮液器应带有脱气装置,通常采用氦脱气法.氦在各种液体中的溶解度极低,用它鼓泡来驱赶流动相中的溶解气体.首先让氦气快速清扫溶剂数分钟,然后使氦以很小的流量不断清扫此溶剂.有的仪器本身附有反压脱气装置,将它与配套检测器使用,就可避免吸收池内产生气泡.

为了延长色谱柱的寿命,流动相在使用前需用孔径小于 0.5 μm 的过滤器进行过滤,除去颗粒物质.低沸点和高黏度的溶剂不适宜作为流动相.含有 KCl、NaCl 等卤素离子的溶液,pH 小于 4 或大于 8 的溶液,由于会腐蚀不锈钢管道或使硅胶的性能受到破坏,也不宜作流动相.

2. 输液系统

输液系统通常由输液泵、单向阀、流量控制器、混合器、脉动缓冲器、压力传感器等部件组成.输液泵分为单柱塞往复泵和双柱塞往复泵,用来输送流动相.由于高效液相色谱固定相颗粒极细,色谱柱阻力很大,因此泵的输液压力最高可达 40 MPa,输出流量为

0～20 mL·min^{-1}(对分析用高效液相色谱仪),输液准确性达±2%,精密度优于±0.3%.单向阀装在泵头上部,在泵的吸液冲程中用来关闭出液液路.流量控制器可使流量保持恒定,确保流量不受色谱柱反压影响.混合器由接头和空管组成,使溶剂经混合器完全混合均匀.脉动缓冲器的作用是将压力与流量的脉动除去,使到达色谱柱的液流为无脉动液流.压力传感器是用压敏半导体元件测量柱头压力,测出的压力由显示窗或显示器(CRT)显示.为了改进分离效果,往往采用多元溶剂,而且在分离过程中按一定程序连续改变流动相组成,因此泵系统还需具备梯度淋洗装置.实现梯度淋洗可以采用两种方式:第一种,在泵的入液阀头安装三个电子比例阀,当泵工作时,根据比例阀是否开启及开启时间的长短,可选一个或几个溶剂按任意比例混合.这是一种低压混合溶剂的方式,只需一台输液泵,在使用恒定溶剂比例时,操作十分方便,但由于输出的溶剂组成准确度和精密度均较差,在梯度淋洗时,分析结果的重现性不理想.第二种为采用多台恒流输液泵,在高压方式下,混合溶剂,实现梯度淋洗.这种方式可以保证溶剂混合的高度准确性和重现性,但成本较高.

3. 进样器

在高压液相色谱中,采用六通高压微量进样阀进样.它能在不停流的情况下将样品进样分析.进样阀上可装不同容积的定量管,如10 μL、20 μL等.利用进样阀进样精密度较好.

4. 色谱柱

高效液相色谱仪的色谱柱通常都采用不锈钢柱,内填颗粒直径为3 μm、5 μm或10 μm等几种规格的固定相.由于固定相的高效,柱长一般都不超过30 cm.分析柱的内径通常为0.4～0.5 cm,制备柱则可达2.5 cm.虽然液相色谱的分离操作可以在室温下进行,但大多数高效液相色谱仪都配置恒温柱箱,用来对色谱柱恒温.为了保护分析柱,通常可在分析柱前再装一根短的前置柱.前置柱内填充物要求与分析柱完全一样.

5. 检测器

高效液相色谱常用检测器有紫外检测器、荧光检测器、示差折光检测器和电导检测器.紫外检测器分固定波长和可调波长两类.固定波长紫外检测器采用汞灯,产生254 nm或280 nm谱线.可调波长检测器的光源为氘灯和钨灯,可提供190～750 nm范围内的辐射,从而可用于紫外-可见区的检测.检测器吸收池体积一般为8～10 μL,光路长度约为8 mm.紫外检测器灵敏度较高,通用性也较好.荧光检测器是一种选择性较强的检测器,仅适合于对荧光物质的测定,灵敏度比紫外检测器高出2～3个数量级.示差折光检测器是一类通用型检测器,只要组分折光率与流动相折光率不同就能检测,但两者之差有限,故灵敏度较低,且对温度变化敏感,不能用于梯度淋洗.电导检测器是离子色谱法中应用最多的检测器.

6. 馏分收集器和记录器

馏分收集器用来收集纯组分.当进行制备色谱操作时,可以设置一个程序使之将欲分离的组分自动逐个收集,以备后用.记录器可采用色谱处理机和长图记录仪.

(三) 高效液相色谱仪的使用方法

1. LC-10A液相色谱仪(日本岛津公司)

LC-10A液相色谱仪基本配置包括LC-10AD双柱塞往复输液泵、CTO-10AC柱温箱、SPD-10A分光光度检测器等独立单元.通过SCL-10A系统控制器可以统一控制这些单元的操作,也可独立对各个单元进行操作.记录系统一般配置记录仪、色谱处理机或色谱工作站.

LC-10AD输液泵操作面板各键名称和功能列于表8-3.

表 8-3 LC-10AD 输液泵操作面板各键功能介绍

序号	名称	含义或功能
1	显示窗	显示所设的流量或显示由压力传感器所测得的系统内压力值；显示所设置的允许压力上限和下限. 当按 func 键时，显示仪器的其他设置功能
2	信号指示灯	当灯亮时，该灯上方所描述的功能正在起作用
3	数字键	用于参数值输入
4	CE 键	清除键. 可使显示窗回到起始显示状态；取消错误输入的数据或清除显示窗显示的错误信息
5	run 键	"启动/停止"时间程序
6	purge 键	清洗管道或排除管道气泡的"启动/停止"键. 注意：按下 purge 键，输液泵以 10 mL/min 流量工作，因而色谱柱前的排液阀应旋在排液位置，此时流动相不经色谱柱直接排到废液瓶中
7	pump 键	"启动/停止"输液泵
8	back 键	退回键. 如当编辑时间程序时，按此键，退回至前一步设置
9	func 键	功能键. 按此键，仪器进入其他功能设置
10	del 键	删除一行时间顺序
11	Edit 键	转入编辑时间程序模式
12	前盖门	掩盖输液泵头及连接管道
13	排液阀旋钮	"开/关"排液阀
14	前盖门按钮开关	按下，打开前盖门

LC-10A 液相色谱仪基本操作步骤如下：

① 开机前准备工作：开机前准备工作包括选择、纯化和过滤流动相；检查贮液瓶中是否具有足够的流动相，吸液砂芯过滤器是否已可靠地插入检查贮液瓶底部；查看废液瓶是否已倒空，所有排液管道是否已妥善插在废液瓶中.

② 开启稳压电源，待"高压"红灯亮后，打开 LC-10AD 输液泵、CTO-10AC 柱温箱、SPD-10A 分光光度检测器和色谱处理机电源开关.

③ 输液泵基本参数设置：打开输液泵电源开关后，输液泵的微处理机首先对各部分被控制系统进行自检，并在显示窗内显示操作版本后，显示初始信息(表 8-3).

显示窗中 flow/press 下面的数字闪烁，提示可以进行流量设定，按"1.0""ENTER"后，flow/press 下面显示 1.000，表示此时已设定流量为 1.000 $mL \cdot min^{-1}$. 按"func"键后，p. max 下面的数字闪烁，按"300"、"ENTER"后下面显示 300. 按照同样方法，可以设置 p. min为 10. 上述基本设置完成后，为回到起始状态，需按"CE"键. 如果这时再按"func"键，则在 pressure 下面显示仪器其他的辅助功能，每按一次，顺序显示一种功能，按"back"键，返回到前一种功能，按"CE"键，则回到起始状态.

④ 排除管道气泡或冲洗管道：将排液阀旋转 180°至"open"位置，按"purge"键，输液泵以 10 $mL \cdot min^{-1}$ 流量输液，观察输液管道中是否有气泡排出. 当确信管道中无气泡后，按"pump"键，使输液泵停止工作，再将排液阀旋钮转至"close"位置.

⑤ 色谱柱冲洗：按“pump”键，输液泵以 1.0 mL·min^{-1}的流量向色谱柱输液，在显示窗中可以监测到系统压力的变化情况. 在常用的甲醇-水流动相体系中，压力值应为 10MPa 左右.

⑥ SPD-10A 分光光度检测器：转动波长旋转至所需波长，按下“ABS”键，并在响应选择键中按下“STD”键，用“ZERO”键调节输出零点.

⑦ C-R6A 数据微处理机：按“SHIFT DOWN”、“FILE/POLT”，数据处理机开始走基线. 如果记录笔不在合适位置，请按“ZERO”、“ENTER”. 待基线平直后，再按“SHIFT DOWN”、“FILE/POLT”，停止走基线. 输入下列命令：“SHIFT DOWN”、“PRINT/LIST”、“WIDTH”、“ENTER”，调出色谱峰分析参数，进行修改或确认.

⑧ 进样：将六通进样阀转至“LOAD”位置，用平头注射器进样后，转回至“INJECT”，并同时按下 C-R6A 的“START”键，C-R6A 处理机开始对色谱峰记录时间、积分. 待色谱峰流出后，按“STOP”键，色谱处理机停止积分，并按色谱分析参数表规定的方法对数据进行处理并打印结果.

2. Varian 5000 型高效液相色谱仪(北京分析仪器厂组装)

Varian 5000 型高效液相色谱仪包括一个独立的微处理机以及由它控制的高效液相色谱仪的所有部件. 这些部件包含三个流动相贮液瓶、梯度淋洗部件、一个单柱塞往复泵输液系统、一个进样器、一个色谱柱箱和柱加热器、一台可调波长的分光光度检测器，另外还有一个装有控制键盘和荧光屏显示器的电气机箱. 同时，它还可以配接自动进样器和数据处理装置.

3. 使用液相色谱仪的注意事项

(1) 流动相更换：如果欲更换的流动相与前一种流动相混溶，另取一个 500 mL 干净的烧杯，放入 200 mL 新的流动相，把砂芯过滤器从先前的流动相贮液瓶中取出，放入烧杯中，轻轻摇动一下，打开排液阀(转至“open”位置)，按键，使输液泵以 10 mL·min^{-1}流量工作 5～10 min，排出先前的流动相(约 50～100 mL). 关泵后再把过滤器放入新的流动相中，关闭排液阀，以 1.0 mL·min^{-1}流量清洗色谱柱，最后接上柱后检测器，清洗整个流路. 如果新的流动相与原来的流动相不相溶，则用一个与两种流动相都混溶的流动相进行过渡清洗. 如果使用缓冲溶液作为流动相，则更换流动相之前，必须用蒸馏水彻底清洗泵. 为避免缓冲溶液中溶质的沉淀磨损输液泵活塞及活塞密封圈，清洗方法如下：将注射器吸满水，与输液泵清洗管道相连，然后把蒸馏水推入管道，先清洗输液泵，再清洗进样器.

(2) 输液泵应避免长时间在高压(＞30 MPa)下工作. 如果发现输液泵工作压力过高，可能由以下原因造成：色谱柱、管道、过滤器和柱子上端接头等堵塞或输液流量太大，应立即停泵，查清原因后再开泵.

(3) 实验开始前和实验结束后用纯甲醇冲洗管道和色谱柱，可以避免许多意想不到的麻烦. 当用 pH 缓冲液作流动相时，实验结束后先用亚沸蒸馏水冲洗 0.5 h，再用纯甲醇冲洗 15 min.

六、紫外-可见分光光度法基本原理及仪器简介

(一) 基本原理

1. 吸收光谱的产生

紫外-可见吸收光谱属于分子吸收光谱，是由分子的外层价电子跃迁产生的，也称电子光谱. 分子电子能级跃迁所需能量一般在 1～20 eV，相当于 62～1 230 nm，紫外-可见光区

的波长为 200～780 nm,分子吸收此波区的光能足以使价电子发生跃迁,由此产生的吸收光谱称为紫外-可见吸收光谱,也称电子光谱.它与原子光谱的窄吸收带不同,每种电子能级的跃迁会伴随若干振动和转动能级的跃迁,使分子光谱呈现出比原子光谱复杂得多的宽带吸收.当分子吸收紫外-可见的辐射后,产生价电子跃迁.这种跃迁有三种形式:① σ、π、和 n 电子跃迁;② d 和 f 电子跃迁;③ 电荷转移跃迁.常见电子跃迁所处的波长范围见图 8-9.

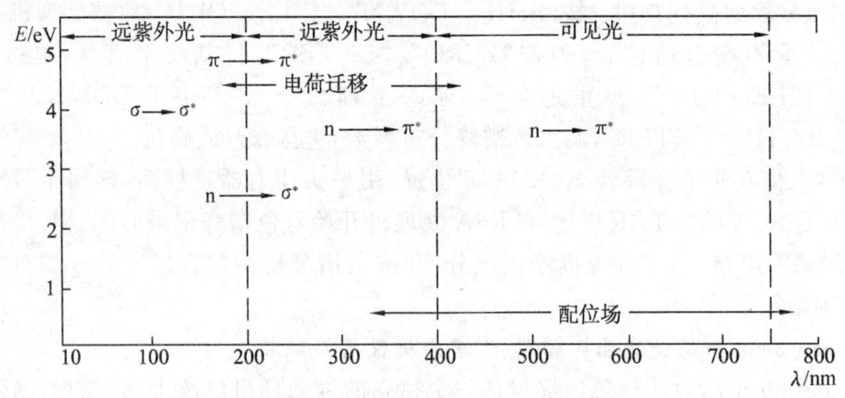

图 8-9 常见电子跃迁所处的波长范围

2. 光的吸收定律

物质对光的吸收遵循朗伯-比耳定律(Lamber-Beer's Law),即当一定波长的光通过某物质的溶液时,入射光强度 I_0 与透过光强度 I 之比的对数值与该物质的浓度成正比.其数学表达式为:

$$A = \lg \frac{I_0}{I} = \varepsilon bc$$

式中,A 为吸光度;b 为液层厚度,单位为 cm;c 为被测物质的浓度,单位 $mol \cdot L^{-1}$;ε 称摩尔吸光系数.ε 在特定波长和溶剂情况下,是吸光分子(或离子)的一个特征常数,在数值上等于单位摩尔浓度在单位光程中所测的溶液的吸光度.它是物质吸光能力的量度,可作定性分析的参数.

朗伯-比耳定律是紫外-可见吸收分光光度法定量分析的依据.当比色皿及入射光强度一定时,吸光度正比于被测物质的浓度.

3. 紫外吸收光谱与分子结构的关系

有机化合物的紫外吸收光谱常被用作结构分析的依据,因为有机化合物的紫外吸收光谱的产生与它的结构是密切相关的.

(1) 饱和有机化合物.甲烷、乙烷等饱和有机化合物只有 σ 电子,只产生 $\sigma \to \sigma^*$ 跃迁,吸收带在远紫外区.当这类化合物的氢原子被电负性大的 O、S、N、X 等取代后,由于孤对 n 电子比 σ 电子易激发,使吸收带向长波移动,故含有—OH、—NH_2、—X、—S 等基团时,有红移现象.

(2) 不饱和脂肪族有机化合物.此类化合物含有 π 电子,产生 $\pi \to \pi^*$ 跃迁,在 175～200 nm处有吸收,若存在有—OH、—NH_2、—X、—S 等基团,也产生红移并使吸收强度增大.对含有共轭双键的化合物、多烯共轭化合物,则由于大 π 键的形成,吸收带红移更甚.

(3) 芳香化合物.苯环有 $\pi \to \pi^*$ 跃迁及振动跃迁,其特征吸收带在 250 nm 附近有 4 个强吸收峰，当有取代基时，λ_{max}红移，此外芳环还有 180 nm 和 200 nm 处的 E 带吸收.

此外，不饱和杂环化合物也有紫外吸收.

(4) 无机化合物. 无机化合物除利用本身颜色或紫外区有吸收的特性外，为提高灵敏度，常采用三元配合的方法. 金属离子配位数高，配体体积小，加上另一多齿配体可得到灵敏度增高、吸收值红移的效果.

(5) 溶剂的影响. 当物质溶解在极性溶剂中时，溶质分子溶剂化，使其转动光谱消失，并限制了溶质分子的自由转动和分子振动，导致精细结构模糊甚至不出现. $\pi \rightarrow \pi^*$ 跃迁吸收带随溶剂极性加大红移，$n \rightarrow \pi^*$ 跃迁的吸收带紫移.

(二) 分光光度计

分光光度法所采用的仪器称为分光光度计，分光光度计的主要组件由五个部分组成，即光源、单色器、吸收池、检测器、显示记录装置，如图 8-10 所示.

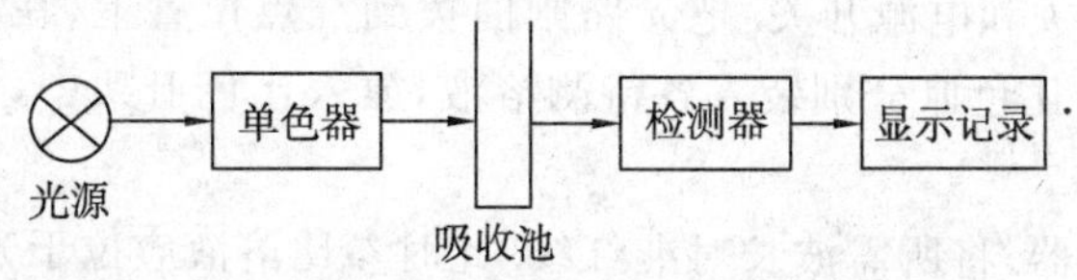

图 8-10 分光光度计光路图

下面分别简介这五部分基本部件：

1. 光源

发射的是连续光谱，要求光强大而稳定. 在可见区通常使用白炽光源如钨灯或碘钨灯，适用波长范围为 320～2 500 nm. 在紫外区使用的光源为气体放电灯，如低压直流氢放电灯或氘放电灯，适用波长范围为 180～375 nm.

2. 单色器

单色器的作用在于将复合光分解为单色光，并能任意改变波长的位置，主要有三种类型：第一种是滤光片，透过光即滤光片本身颜色，与吸收物质颜色互补；第二种为棱镜，其工作原理是利用不同波长光通过棱镜时折射率不同进行分光，半宽度大于 5 ～ 10 nm；还有一种是光栅，利用光的衍射和干涉作用进行分光，波长范围宽，色散均匀，分辨率强.

3. 吸收池

吸收池由无色透明的普通光学玻璃或石英玻璃制成，厚度有 0.5 cm、1.0 cm、2.0 cm、3.0 cm 等，形状有方形、圆柱形和长方形等.

4. 检测器

检测器的作用是对透过样品池的光做出响应，并将它转变为电信号输出. 输出的电信号大小与透过光的强度成正比. 分光光度计常用的检测器有硒光电池、光电管和光电倍增管.

5. 显示记录装置

分光光度计信号显示最常用的显示记录装置有检流计、微安表、记录仪、示波器、数据处理台等.

(三) 几种类型分光光度计的使用

常见的分光光度计有单光束型和双光束型以及多通道型.

1. 72 型分光光度计

(1) 仪器的性能.

波长范围：420～700 nm.

波长误差：400～500 nm，≤2 nm；500～620 nm，≤3 nm；620～700 nm，≤4 nm.

灵敏度：以 0.001% $K_2Cr_2O_7$ 溶液注入 1 cm 的比色皿内，在波长 440 nm 处进行测定，在与蒸馏水比较时，吸光度不低于 0.01.

交流电压：190～230 V，稳压器输出电压为 5.5 V 或 10 V，电压变化小于 1%.

微电计灵敏度：$(1.6\sim2.0)\times10^{-9}$ A.

(2) 操作方法.

① 接通电源，把单色器的光路闸门拨到黑点位置，再将检流计电源拨到"开"处，此时指示光标出现在标尺上. 用"0"点调节器将指示光点准确地调节到透光率标尺"0"位上.

② 打开稳压器开关和电源开关. 把光路闸门拨到红点位置上，在一个比色皿中装入蒸馏水或参比溶液，其余比色皿分别装入各待测溶液，放入比色皿架中，然后放在暗箱定位器上，盖好暗箱.

③ 旋转波长调节器，将所需波长对准红线. 此时参比溶液应位于光路中，慢慢旋转光量调节器使指示光点正好对准吸光度为"0"读数.

④ 将待测溶液置于光路中，按指示光标位置读出吸光度或透光率.

⑤ 注意事项：

a. 更换溶液时，应先关闭光路闸门. 全部测定完毕后，关闭开关，拔下电源插头.

b. 仪器连续使用不得超过 2 h. 关闭开关后最好间歇 0.5 h 再使用.

c. 拿比色皿时，只能捏住毛玻璃的两面. 擦拭比色皿时，要用细软、易吸水的绸布或擦镜纸擦拭透光面，以防磨毛.

d. 经常更换单色器内的防潮硅胶.

2. 722 型分光光度计

(1) 技术指标.

722 型分光光度计是在 72 型基础上改进而成的. 其主要技术指标是：

波长范围：	330～800 nm；波长精密度±2 nm
电源：	220 V±10%，49.5～50 Hz
浓度直读范围：	0～2 000
吸光度测量范围：	0～1.999
透光率测量范围：	0～100%
光谱带宽：	6 nm
色散元件：	衍射光栅
光源：	卤钨灯　12 V，30 W
接受元件：	光电管，端窗式 19008
噪声：	0.5%

(2) 光学系统.

仪器的光学系统如图 8-11 所示.

由卤钨灯(1)发出的混合光，经滤光片(2)和聚光镜(3)至入射狭缝(4)聚焦成像，再通

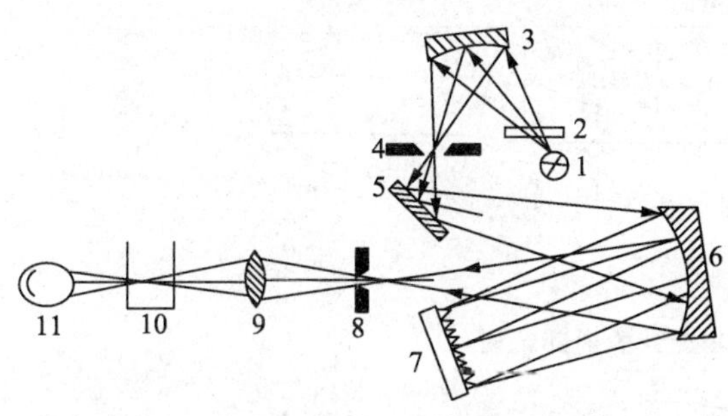

1. 卤钨灯；2. 滤光片；3. 聚光镜；4. 入射狭缝；5. 反射镜；6. 准直镜；7. 光栅；8. 出射狭缝；9. 聚光镜；10. 吸收池；11. 光电管

图 8-11　722 型分光光度计光路图

过平面反射镜(5)反射至准直镜(6)使成平行光后，被光栅(7)色散，再经准直镜聚焦在出射狭缝(8). 调节波长调节器可获得所需要的单色光，此单色光通过聚光镜(9)和吸收池(10)后，照在光电管(11)上，产生的电流经放大，由数字显示器直接读出吸光度 A 或百分透光率 T 或浓度.

(3) 操作方法.

① 将灵敏度旋钮置"1"挡.

② 开启电源，指示灯亮，仪器预热 20 min，选择开关置于"T".

③ 旋动波长手轮，将波长置于测试所需波长.

④ 打开试样室，调节"0"旋钮，使数字显示为"000.0".

⑤ 将装有的参比溶液和样品溶液置于比色皿架上.

⑥ 盖上样品室盖，将参比溶液置于光路中，调节透光率"100"旋钮，使数字显示为"100.0".

⑦ 将样品溶液置于光路中，数字表直接显示出被测溶液的透光率.

若测量吸光度 A，调整仪器的"000.0"和"100.0"后，将选择开关置于"A"，调节吸光度调零旋钮，使数字显示为"000.0"，将样品溶液移入光路，显示值即为被测溶液相应的吸光度值.

(4) 注意事项.

仪器在使用过程中，应经常调"000.0"和"100.0". 实验过程中，若大幅度改变测试波长，需等数分钟才能正常工作.

3. 721 型分光光度计

721 型分光光度计是用于近紫外和可见光范围内(360～800 nm)进行比色分析的一种分光光度计.

(1) 仪器的光学系统.

721 型分光光度计采用自准式光路，单光束方法，其波长范围为 360～800 nm. 用钨丝白炽灯泡作为光源.

由光源灯发出的辐射光线，射到聚光透镜上，会聚后再经过平面镜转角 90°，反射至入射狭缝，由此入射到单色光器内. 狭缝正好位于球面准直镜的焦面上，当入射光线经过准入镜反射后就以一束平行光射向棱镜，光线进入棱镜后，就在其中色散，从棱镜色散后出来的光线再经过物镜反射后，就会聚在出光狭缝上，经聚光透镜后，照射至比色皿. 未被吸收的光波通过光门至光电管产生电流.

(2) 仪器结构.

721 型分光光度计的内部结构如图 8-12 所示，外观如图 8-13 所示.

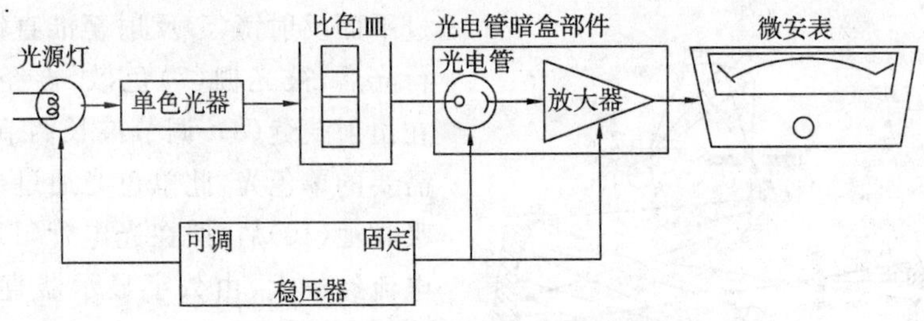

图 8-12 721 型分光光度计的内部结构

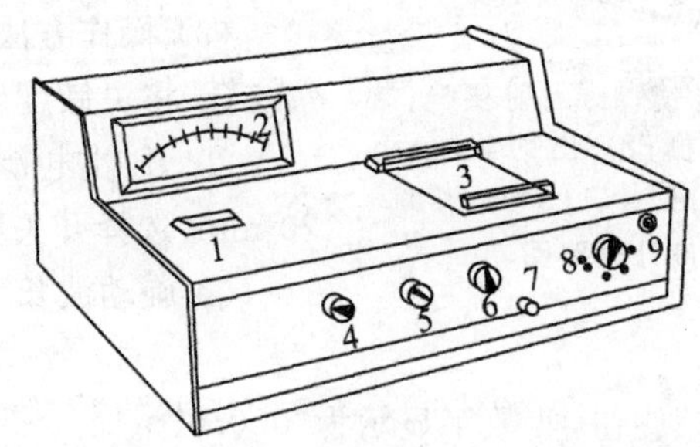

1—波长读数盘;2—电表;3—比色槽暗盒盖;4—波长调节;5—"0"透光调节;
6—"100%"透光调节;7—比色槽架拉杆;8—灵敏度选择;9—电源开关

图 8-13 721 型分光光度计的外部结构

(3) 操作方法.

① 仪器尚未接通电源时,电表指针必须位于"0"刻线上,若不是这种情况,则可以用电表上的校正螺丝进行调节.

② 将仪器的电源开关接通,打开比色槽暗盒盖,选择需用的单色波长和灵敏度挡,调节"0" 透光调节电位器使电表指针指向"0",仪器预热 20 min.

③ 合上比色槽暗盒盖,比色皿处于空白校正位置,使光电管受光,旋转"100%" 透光调节电位器,使电表指针处于"100%".

④ 按上述方法,连续几次调整"0"和"100%"位置,仪器即可以进行测定工作.

⑤ 把待测溶液置于比色皿中,按空白校正方法,拉比色槽架拉杆使待测溶液置于光路中,测定、记录光电信号(吸收度 A 或百分透光率 T).

⑥ 测定完毕,切断电源,电源开关置于"关"位. 洗净比色皿. 在比色槽暗盒中放好干燥硅胶.

(4) 维护及注意事项.

① 仪器应安放在干燥的房间内,置于坚固平稳的工作台上,室内照明不宜太强,夏天不能让电扇对仪器直接吹风,防止灯丝发光不稳. 仪器灵敏度挡的选择是根据不同的单色光波长光能量不同而分别选用的,第一挡为 1(为常用挡),灵敏度不够时再逐级升高,但在改变灵敏度后须重新调整"0"和"100%". 选择原则是使空白挡能良好地用"100%" 透光调节电位器调至"100%"处.

② 使用本仪器之前,使用者应该首先了解本仪器的结构和工作原理,以及各个操作旋钮的功能. 在未接通电源之前,应对仪器的安全性进行检查,各调节旋钮的起始位置应该正确,然后再接通电源开关.

③ 仪器在使用之前先检查一下放大器及单色器的两个干燥筒,如发现干燥剂受潮变

色，应更换蓝色硅胶或者倒出原硅胶烘干后再用.

④ 仪器长期使用或搬动后，要检查波长精度等，以确保测定结果的精确.

⑤ 在使用过程中应注意的问题：

a. 在测定过程中，应随时打开比色槽暗盒盖(关闭遮盖光路的闸门)，以保护光电管.

b. 比色皿要保持清洁，池壁上液滴应用擦镜纸或绸布擦干，不能用手拿透光玻璃面.

c. 仪器连续使用时间不宜过长，更不允许仪器处于工作状态而测定人员离开工作岗位. 最好是仪器工作 2 h 左右后，歇半小时左右再工作.

七、电位分析仪器

(一) 基本原理

电位分析法是在零电流条件下通过测量插入待测溶液中两电极所组成电池的电动势，根据电极电位与待测物质间的定量关系计算被测物质的含量.

电位分析法分为电位法和电位滴定法两类. 电位法用专用的指示电极如离子选择电极，把被测离子 A 的活度转变为电极电位，电极电位与离子活度间的关系可用能斯特方程表示：

$$E = \text{常数} + \frac{0.0592}{z_A}\lg a_A \tag{8-1}$$

上式是电位分析法的基本公式. 式中 E 代表电极电位，a_A 代表被测离子的活度，在离子活度比较低时，可直接用离子浓度代替，z_A 是被测离子所带电荷数.

电位滴定法是利用电极电位的突变代替化学指示剂颜色的变化来确定终点的滴定分析法. 必须指出，电位法是在溶液平衡体系不发生变化的条件下进行测定的，测得的是物质游离离子的量；电位滴定法测得的是物质的总量. 电位分析法利用一支指示电极与另一支合适的参比电极构成一个测量电池，如图 8-14 所示.

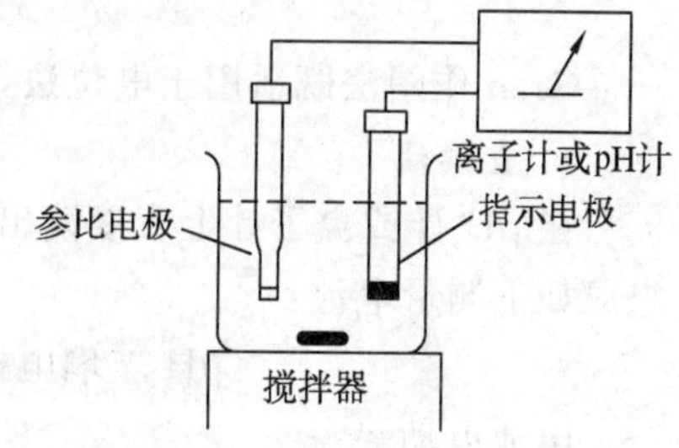

图 8-14 电位分析装置示意图

通过测量该电池的电动势或电极电位可求得被测物质的含量、酸碱解离常数或配合物的稳定常数等.

(二) 分析方法

电位法包括：标准曲线法、标准加入法、Gran 作图法和直读法等分析测定方法.

1. 标准曲线法

配制一系列含被测组分的标准溶液，分别测定其电位值 E，绘制 E 对 $\lg c$ 曲线. 然后测量样品溶液的电位值，在标准曲线上查出其浓度，这种方法称为标准曲线法.

标准曲线法适用于被测体系较简单的例行分析. 对较复杂的体系，样品的本底较复杂，离子强度变化大. 在这种情况下，标准溶液和样品溶液中可分别加入一种称为离子强度调节剂(TISAB)的试剂，它的作用主要有：第一，维持样品和标准溶液恒定的离子强度；第二，保持试液在离子选择电极适合的 pH 范围内，避免 H^+ 或 OH^- 的干扰；第三，使被测离子释放成为可检测的游离离子.

2. 标准加入法

先测定由试样溶液(c_x, V_0)和电极组成电池的电动势 ε_1；再向试样溶液(c_x, V_0)中加入少量的(约为 V_0 的 $\frac{1}{1000}$)标准溶液(c_s, V_s)，测量其电池的电动势 ε_2；推出待测浓度 c_x.

$$\varepsilon_1 = K'' \mp \frac{2.303RT}{nF} \cdot \lg c_x \tag{8-2}$$

$$\varepsilon_2 = K'' \mp \frac{2.303RT}{nF} \cdot \lg \frac{c_x V_0 + c_s V_s}{V_0 + V_s} \tag{8-3}$$

以(8-3)式减去(8-2)式，且令 $S = \frac{2.303RT}{nF}$，得

$$c_x = \frac{c_s V_s}{(V_0 + V_s) \cdot 10^{\Delta\varepsilon/S} \cdot V_0}$$

因 $V_0 \gg V_s$，故 $V_0 + V_s \approx V_0$. 令 $c_\Delta = c_s \frac{V_s}{V_0}$，有

$$c_x = c_\Delta (10^{\Delta\varepsilon/S} - 1)^{-1} \tag{8-4}$$

3. Gran 作图法

转化(8-4)式得：

$$(V_0 + V_s) \cdot 10^{\frac{\Delta\varepsilon}{S}} = \frac{c_s V_s}{c_x} + V_0 \tag{8-5}$$

以 $(V_0 + V_s) \cdot 10^{\frac{\Delta\varepsilon}{S}}$ 对 V_s 作图，可以得到一条直线，延长直线使之与横坐标相交，此时纵坐标等于零，所以 $(V_0 + V_s) \cdot 10^{\frac{\Delta\varepsilon}{S}} = 0$，即

$$c_x = -\frac{c_s V_s}{V_0} \tag{8-6}$$

Gran 作图法既适用于电位法，也适用于电位滴定法.

4. 直读法

在 pH 计或离子计上直接读出试液的 pH(pM)的方法称为直读法. 测定溶液的 pH 时，组成如下测量电池：

pH 玻璃电极|试液($a_{H^+} = x$)‖饱和甘汞电极

电池电动势：

$$\varepsilon = E_{SCE} - E_g$$

E_{SCE} 是定值，得：

$$\varepsilon_x = b + 0.0592 pH_x$$

在实际测定未知溶液的 pH 时，需先用 pH 标准缓冲溶液定位校准，其电动势：

$$\varepsilon_s = b + 0.0592 pH_s$$

合并以上两式得：

$$pH_x = pH_s + \frac{\varepsilon_X - \varepsilon_s}{0.0592} \tag{8-7}$$

式(8-7)称为 pH 的操作定义.

常用的几种标准缓冲溶液的 pH 见表 8-4.

表 8-4　标准缓冲溶液的 pH

温度/℃	草酸氢钾 0.05 mol·L^{-1}	酒石酸氢钾 25 ℃饱和	邻苯二甲酸氢钾 0.05 mol·L^{-1}	磷酸二氢钾 0.025 mol·L^{-1} 磷酸二氢钠 0.025 mol·L^{-1}	硼砂 0.01 mol·L^{-1}	氢氧化钙 25 ℃饱和
0	1.666	—	4.003	6.984	9.464	13.423
10	1.670	—	3.998	6.923	9.332	13.003
20	1.675	—	4.002	6.881	9.225	12.627
25	1.679	3.557	4.008	6.865	9.180	12.454
30	1.683	3.552	4.015	6.853	9.139	12.289
35	1.688	3.549	4.024	6.844	9.102	12.133
40	1.694	3.547	4.035	6.838	9.068	11.984

(三) 仪器及其使用

1. 离子选择电极

离子选择电极是对溶液中特定阴、阳离子有选择性响应能力的电极. 离子选择电极由电极敏感膜、电极管、内参比溶液和内参比电极等构成，其关键部位在于敏感膜. 离子选择电极的构造如图 8-15 所示.

当电极膜浸入外部溶液时，膜内外有选择响应的离子，通过交换和扩散作用在膜两侧建立电位差，达平衡后即形成稳定的膜电位.

氟离子选择电极如图 8-16 所示. 敏感膜由 LaF_3 单晶片制成，LaF_3 的晶格中有空穴，在晶格上的 F^- 可以移入晶格邻近的空穴而导电. 当氟电极插入到 F^- 溶液中时，F^- 在晶体膜表面进行交换.

25 ℃时：$E=K-0.059\ \lg a_{F^-}=K+0.059\ pF$

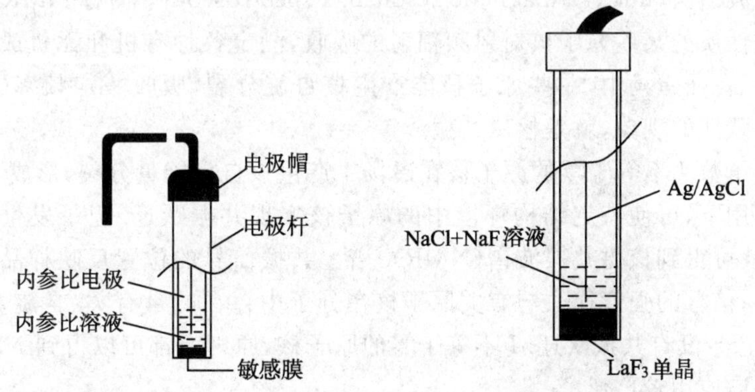

图 8-15　离子选择电极的构造图　　图 8-16　氟离子选择电极的构造图

2. 离子计

离子计是用于测定电动势(电极电位)的仪器. 离子计的输入阻抗较高(约为 10^{11} Ω). 其仪器表头的最小分格为 0.1 mV(或 1 mV)，量程范围一般为±(0～700 mV). 必须注意的是，在连接电极时，负端应接离子选择电极，正端接参比电极.

3. PXD-12 型数字式离子计的使用

PXD-12 型数字式离子计可以用作毫伏计、pH 计或直接测定离子活度的负对数值. 使用方法如下：

(1) 开机通电预热约半小时可进行测定.

(2) "选择"键:测毫伏值时揿下"mV"键;测一价离子的 pX 时揿下"pX_I"键;测二价离子的 pX 时揿下"pX_{II}"键.

(3) "调零"键:测试前调节仪器的电器零点,使它显示 0.000.

(4) "温度补偿"键:测量 pH(pX)时,试液的温度是多少,就将它调节在相应的位置上.

(5) "斜率补偿"键:当电极斜率与理论值相符时,斜率补偿键置于 100%的位置;若不符合时,置于 80%~110%,并用两种 pX 标准溶液校准. 校准时,先将斜率补偿键置于 100%,电极插入 pX_1 溶液,调节温度补偿键至试液 pX_1 相对应的温度,揿下测量键,调节定位键使仪器显示 pX 0.00,松开测量键. 然后清洗电极,插入 pX_2 溶液,斜率补偿键置于 80%~110%,揿下测量键,调节温度补偿键使仪器显示 $\Delta pX = pX_2 - pX_1$,调节完毕,此键不得变动,否则需重新调节.

(6) "定位"键:测量 pH(或 pX)时,调节此键使仪器显示标准溶液的 pH(或 pX). 调节完毕,此键不得变动,否则需重新调节.

(7) 测量"mV"时,定位键、斜率补偿键、温度补偿键不起作用.

4. 注意事项

氟离子选择性电极使用前用蒸馏水浸泡活化过夜或在 10^{-3} mol·L^{-1} NaF 溶液中浸泡 1~2 h,再用蒸馏水洗至空白电位 300 mV 左右,方可使用. 电极的单晶薄膜切勿用手指或尖硬的东西碰划,以免损坏或沾上油污影响测定,使用后需用蒸馏水冲洗干净,然后浸入水中,长久不用时,吹干保存.

八、核磁共振谱仪

(一) 基本原理

核磁共振波谱法(nuclear magnetic resonance spectroscopy, 简称 NMR spectroscopy)是研究具有磁性质的某些原子核对射频辐射的吸收,测定各种有机和无机成分结构的强有力的工具之一. 在强磁场中,一些原子核能产生核自旋分裂,吸收一定频率的无线电波,而发生自旋能级跃迁的现象,就是核磁共振.

核自旋量子数 I 不等于零的原子核在磁场中产生核自旋能量分裂,形成不同的能级,在射频辐射的作用下,可使特定结构环境中的原子核实现共振跃迁. 记录发生共振时的信号位置和强度,就可得到核磁共振波谱(NMR). 谱上共振信号的位置反映样品分子的局部结构(如官能团);信号的强度往往与有关原子核在分子中存在的量有关. 自旋量子数 $I=0$ 的核,如 ^{12}C、^{16}O、^{32}S 没有共振跃迁. I 不等于零的原子核,原则上都可以得到 NMR 信号,而其中的氢谱和碳谱应用较广泛.

I 不等于零的原子核做自旋运动时产生核磁 μ_N,在外磁场 H_0 中,核磁矩向量有 $2I+1$ 个不同的空间取向. 若 $I=1/2$,对应于两种取向,一种是沿着磁场方向,另一种是逆着磁场方向. 在外磁场的作用下,核磁矩按照一定的方向排列. I 为 1/2 的核: m 是 1/2,顺磁场,能量低;m 为 $-1/2$,逆磁场,能量高,类似于激发态和基态的关系,这就是能级分裂. 图 8-17 为能级分裂示意图.

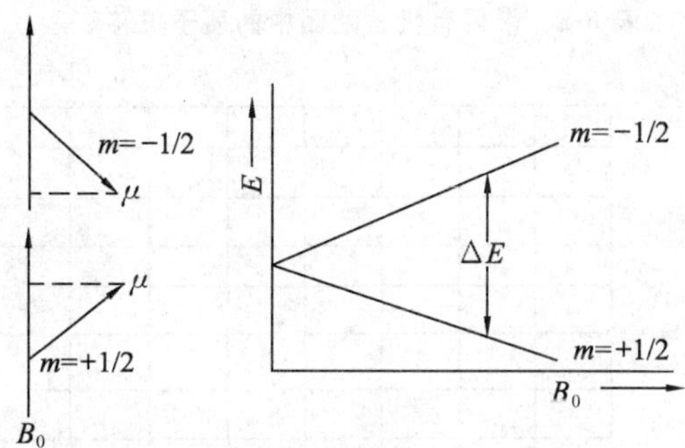

图 8-17　磁场中的能级分裂示意图

质子的高能级与低能级之间的能量差为：

$$\Delta E=\gamma \frac{h}{2\pi}B_0 \tag{8-8}$$

结合普朗克方程即可求出所需射频辐射的频率.

如果以射频照射处于外磁场 H_0 中的核，且射频的频率恰好满足这样的关系 $h\nu=\Delta E$ 时，就发生共振跃迁. 实际上，原子核外有电子绕核运动，电子会起屏蔽作用，抵消一部分外加磁场的作用，原子核实际受到的磁场强度为 $(1-\sigma)H_0$.

核磁共振的条件为：

$$\nu=\frac{\gamma(1-\sigma)B_0}{2\pi} \tag{8-9}$$

式中的 σ 为屏蔽常数，反映了感应磁场抵消外加磁场的程度. 电子云对核的屏蔽程度不同，σ 值不同，使核产生共振所需的射频辐射频率也不相同.

由于屏蔽作用，使得原子的共振频率与裸核的共振频率不同，即发生了位移，称为化学位移，用 δ 表示(有些文献中常以 ppm 为单位来表示).

$$\delta=\frac{\nu_{样品}-\nu_{标准}}{\nu_{标准}}\times 10^6 \tag{8-10}$$

式中：$\nu_{样品}$ 是试样被测定核磁的共振频率；$\nu_{标准}$ 是标准物中核磁的共振频率.

最常用的参比物是四甲基硅烷，简称 TMS，将它的 δ 值定为零. 实验时加入到样品溶液中. 对水溶性样品，应选择 $(CH_3)_3SiCH_2CH_2CH_2SO_3Na$(DSS)作为参比化合物.

表 8-5 列出了常见有机官能团中的质子位移值.

选用 TMS 作标准的原因：

(1) TMS 中 12 个质子处于完全相同的化学环境中，只有一个尖峰.

(2) TMS 中质子外围的电子云密度和一般有机物相比是最密的，因此氢核受到最强烈的屏蔽，共振时需要外加磁场强度最强(实际 δ 值最大)，不会和其他化合物的峰重叠.

(3) TMS 是化学惰性的，不会和试样反应.

(4) TMS 易溶于有机溶剂，沸点低，回收试样容易.

相邻核的相互干扰作用称为自旋-自旋偶合. 这种由于自旋偶合而引起谱峰增多的现象，称为自旋-自旋分裂. 自旋分裂服从 $n+1$ 律. 某一个基团上的氢与 n 个邻近的氢偶合时被分裂为 $n+1$ 重峰，而与该基团本身的氢的数目无关，这就是 $n+1$ 律.

表 8-5 常见有机官能团中的质子位移表

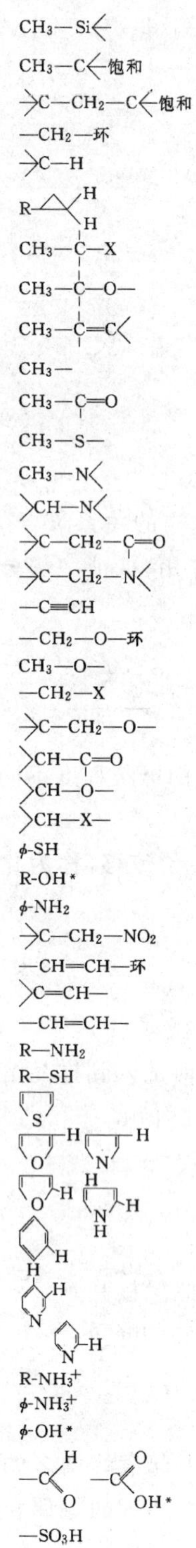

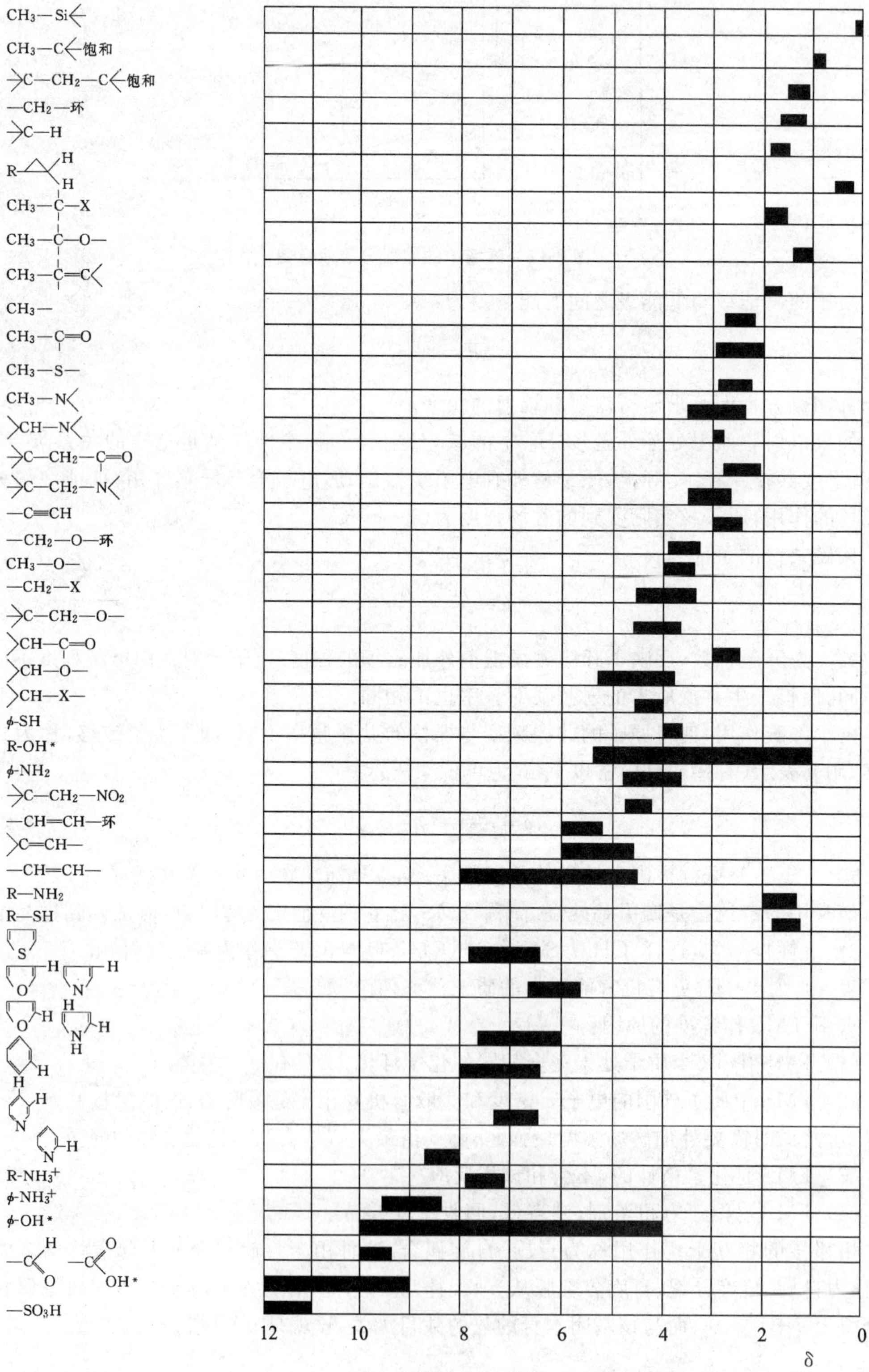

分裂峰的面积之比，为二项式$(X+1)^n$的展开式的各项系数之比. 自旋偶合产生峰的分裂以后，两峰间的间距称为偶合常数，用J表示，单位是Hz，它的大小，表示偶合作用的强弱. 吸收带下面的面积也是提供信息的重要参数，它正比于产生吸收的质子数，而与质子所处的化学环境无关.

(二) 核磁共振波谱仪

核磁共振波谱仪的示意图如图8-18所示. 仪器主要由磁铁、射频发射器、射频接收器、探头、信号记录系统等组成.

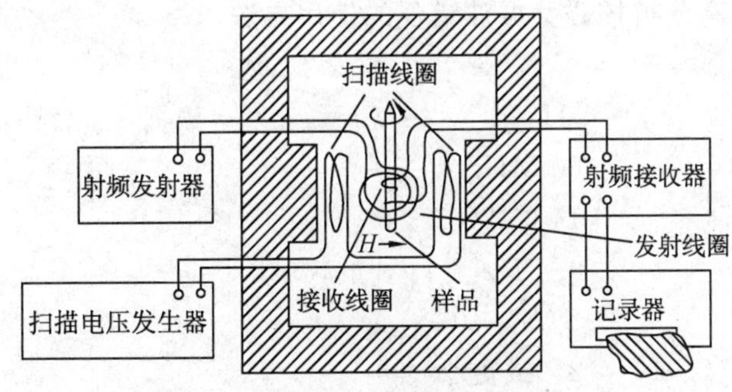

图8-18　核磁共振波谱仪示意图

1. 磁铁

磁铁是核磁共振波谱仪的关键部分，要求能够提供强而稳定、均匀的磁场. 可以是永久磁铁，也可以是电磁铁、超导磁体，前者稳定性较好. 磁铁上还备有扫描线圈，可以连续改变磁场强度的百万分之十几，可以在射频振荡器的频率固定时，改变磁场强度，进行扫描. 改变磁场强度就叫作扫场.

2. 扫描线圈

扫描线圈围绕在磁铁凸缘上，由扫描电压发生器提供一个可控的周期性变化的锯齿波直流电流，使样品除受磁铁所提供的强磁场外再加一个可变的附加磁场. 这个小的附加磁场通常由弱到强地连续变化，称为扫场. 在扫描过程中，样品中化学环境不同的同类磁场，相继满足共振条件产生吸收信号. 扫描发生器的锯齿波还加到示波器的水平转板上，所以在示波器上会周期地出现核磁共振信号. 记录纸上横坐标自左至右对应于扫描附加磁场由弱变强，故称横坐标的左端为“低场”，右端为“高场”.

3. 射频发射器与接收器

将射频发射器连接到发射线圈上，然后将能量传递给样品，而射频发射方向垂直于磁场. 射频接收器连接到一个围绕样品管的线圈上，发射线圈与接受线圈互相垂直，又同时垂直于磁场方向.

当振荡器发生的电磁波的频率和磁场强度达到特定组合时，放置在磁场和射频线圈中间的试样中的氢核就会发生共振而吸收能量，这个能量的吸收情况为射频接收器所检出，通过放大器后记录下来. 所以核磁共振波谱仪测定的是共振吸收.

4. 探头

样品探头不仅用于固定样品管在磁场中的位置，还用来检测核磁共振信号. 探头除了包括样品管外，还有发射线圈等元件. 磁场和频率源通过探头作用于样品. 分析试样配成溶液后装在玻璃管中封好，插在射频线圈中间的试管插座内，分析时插座和试样不断旋转，以消除任何不均匀性.

5. 信号检测及处理系统

共振信号通过探头上的接收线圈送入射频接收器,经一系列处理被放大后由 NMR 记录仪记录,纵轴为共振吸收信号,横轴驱动与扫描同步. NMR 仪通常都配有一套装置,可以在 NMR 波谱上以阶梯的形式显示出积分数据,用以估计各类核的相对数量及含量.

一些连续波 NMR 波谱仪配有多次重复扫描将信号进行累加的功能,以提高其灵敏度. 由于受仪器稳定性的影响,一般累加次数在 100 次左右为宜.

(三) PMX-60SI 高分辨核磁共振波谱仪的使用方法

1. 技术指标

可供测试的核	^{1}H
标准频率	60 MHz
标准磁场	14 092 G
分辨率	0.4 Hz
灵敏度	$S/N>40$
积分强度	2%或更小
扫描方法	扫场法
扫描宽度	60,120,180,240,300,360,480,600,1 200(Hz)
扫描时间	25,50,100,250,500,1 000(s)
室内温度	18 ℃~28 ℃

2. 仪器使用方法

(1) 开机,放置标准样品管.

a. 开波谱仪电源开关,1 h 后方可进行测试.

b. 开控制台自旋开关,空气压缩机工作.

c. 控制把手旋至 EJECT.

d. 标准混合样品管套上转子,插入量规内,按其高度取出样品管并用绸布擦净,放入探头管口.

e. 控制把手旋至 SET,待标准管沉入探头底部,再旋至 SPINNING.

(2) 找信号.

a. 波谱仪面板除 MODE 功能部分只按 MANUAL、CRT 键外,再按下其他所有白键.

b. 交替调节 FIELD COARSE,FIELD ZERO 移场旋钮,至 CRT 上显示标准样品的 7 个吸收峰.

调节中若峰小,便用 AMPLITUDE 旋钮调至适当高度,若相位不好,用 PHASE 旋钮调至峰前峰后在一条直线上.

(3) 粗调分辨率.

a. 用 FIELD ZERO 旋钮将 TMS 峰调至 CRT 中间.

b. 将 SWEEP WIDTH 从 0~600 Hz 换成 0~120 Hz.

c. 交替调节 RESOLUTION C、Y 匀场细调旋钮,直至 CRT 中看到 TMS 吸收信号的尾波高度是吸收信号高度的 70%.

(4) 用信号强度表进一步调分辨率.

a. 用 FIELD ZERO 旋钮将 TMS 峰调至 CRT 中间,按下 CRT 键.

b. 按下 MODE 功能中的 LOCK 键,数秒钟后信号强度表的指针偏至绿色区,左右旋转 FIELD ZERO 旋钮,指针反方向在 1～10 范围内偏转,说明 LOCK 起作用.

c. 按下 MODE 功能中的 RESO 和 H1 LEVEL 中的×1/10.

d. 交替调节 RESOLUTION C、Y 匀场旋钮,使信号强度表指针向 0 方向偏转,指针超出 0,将 AMPLTUDE FINE 旋钮数字减小,直至 C、Y 旋钮不能使表针向右偏转为止.

e. 按下 MODE 功能中的 LOCKRESO 和×1/10 键,按下 CRT 键,若 TMS 吸收信号的尾波的峰高是吸收信号高度的 85%～90%,则分辨率已调好,否则重调.

(5) 幅度与相位调节.

将 SWEEP WIDTH 恢复到 0～600 Hz,按下 CRT、PEN 键,按下 SWEEP TIME 的 250 键和 CHAR HOLD 键,按下 STOP、AMPL SET 键约 20 s,看信号强度表指示值,再将 AMPLITUDE FINE 旋钮调至所观察指示值减去 2 的位置上.若信号强度超出表值范围,按下 AMPL SET 键,将 AMPLITUDE COARSE 旋钮减小一档,再按前述操作.幅度调节好后,按下 AMPL SET 键.

放好记录纸,按 QUICK 键将记录笔移至 8 ppm 处,按下 PEN、REC 键,通过扫谱过程,调节 PHASE 旋钮使标准混合样吸收信号的峰前峰后在一条直线上.

(6) 样品测试.

取出标准样品管,换上样品管.

a. 按实验步骤(5)调节被测样品的幅度与相位参数.

b. 通过 FIELD ZERO 旋钮,将样品的内标 TMS 吸收信号峰调至记录纸的 0 ppm 处.

c. 按住 QUICK 键将记录笔移至 10 ppm 处.

d. 按下 REC 键记录图谱.

(7) 扫积分线.

a. 按住 QUICK 键将记录笔移至 10 ppm 处,按下 STOP 键,按一下记录笔在记录纸上打一个点.

b. 按下 INTEG 键,看记录笔是否离开原记录纸上所打点的位置,若漂移,调节 BALANCE旋钮,再按一下 RESET 键,记录笔回到原点,若仍有漂移,按上述步骤再调,直至调至记录笔在 50 s 内不漂移.

c. 按下 SWEEP TIME 50 键和 REC 键,即进行积分.

(8) 自旋去偶.

a. 按下 H_1LEVEL 中的 SD 键,INT/NORMAL/SD 中的 SD 键.

b. 按住 QUICK 键,当记录笔移至选择被去偶峰的辐照点时,按下 STOP 键,调节 H_2FREQ 至指示灯闪速很慢或不闪为止.

c. 按住 QUICK 键将记录笔移至未辐照分裂峰前 0.5 ppm 处,按下 PEN、REC 键扫谱,原来自旋偶合分裂的多重峰成为单峰.若扫谱不是单峰,是因为辐照点位置选择不佳.

3. 注意事项

(1) 调节好磁场均匀性是提高仪器分辨率、做好实验的关键.为了调好匀场,首先,必须保证样品管以一定转速平稳旋转.转速太高,样品管旋转时会上下颤动;转速太低,则影响样品所感受磁场的平均化.其次,匀场旋钮要交替、有序调节.第三,调节好相位旋钮,保证样品峰前峰后在一条直线上.

(2) 示波器和记录仪的灵敏度是不同的.在示波器上观察到大小合适的波谱图,在记录仪上,幅度至少衰减至$\frac{1}{10}$,才能记录到适中图形.

(3) 温度变化时会引起磁场漂移,所以记录样品谱图前必须经常检查 TMS 零点.

(4) NMR 波谱仪是大型精密仪器,实验中应特别仔细,以防损害仪器.

九、恒温槽

恒温槽是物理化学实验中必不可少的一项设备.

(一) 恒温槽构造

常用的恒温槽以液体作介质,如图 8-19 所示,一般由下列部件组成:

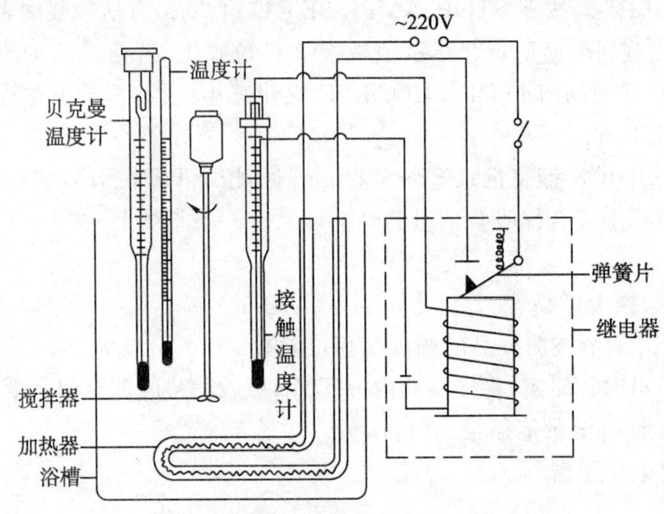

图 8-19 恒温槽装置示意图

(1) 浴槽:一般为玻璃缸,圆形或长方形.

(2) 加热器:一般为电热加热器,其电热丝的功率视恒温槽的大小和所需要温度的高低而定.一般升温时可用较大功率的电加热器,当接近所需恒温温度时可改用小功率的电加热器(通过调压变压器改变输入电压来实现),以提高恒温控制精度.

(3) 温度调节器(接触温度计):它是恒温水浴的主要设备.它的功能是:当恒温槽的温度低于所需温度时能通过温度控制器使电热器自动加热,而达到所需温度时会使温度控制器停止给加热器供电.其结构如图 8-20 所示.

(4) 温度控制器(继电器):它是控温的执行机构,一般用晶体管继电器.它通过电子线路控制继电器的电磁线圈中的电流,使其触点断开或接触,控制加热器和指示灯的工作.

(5) 搅拌器:搅拌器的作用为搅拌恒温介质,使介质

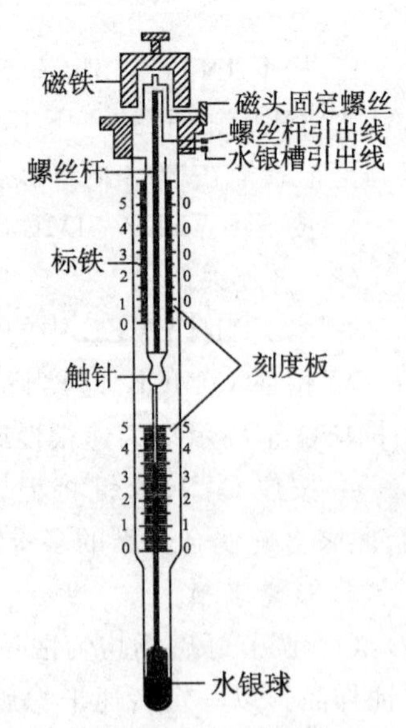

图 8-20 温度调节器结构示意图

各部分温度均匀.

（二）恒温原理

如果恒温的温度比室温高，则恒温槽工作过程中自然散热，使恒温介质温度逐渐下降.当温度降到某一数值（T_1）时，温度控制器使加热器加热.搅拌器把热量均匀地分布于恒温介质中，此时温度上升.当温度升高到某一数值（T_2）时，温度控制器又使加热器停止加热.随后，恒温介质又因自然散热而温度下降，如此往复就使恒温槽温度保持恒定.在理想情况下，以温度计的读数 T 对时间 t 作图，得到的曲线是对称的.故恒温温度 T_0 可取温度的最低值 T_1 和最高值 T_2 的算术平均值：

$$T_0=\frac{T_1+T_2}{2}$$

（三）恒温槽的灵敏度

恒温槽的性能是否优良，主要由灵敏度来衡量.恒温槽在某温度下的灵敏度为：

$$\Delta T=\pm\frac{T_2-T_1}{2}$$

恒温槽的灵敏度与各部件的质量有关，也与各部件在恒温槽中的布置有关.优良的恒温槽应该是：① 热容量要大一些；② 加热器的导热性能好，而且功率适当；③ 温度控制器工作灵敏；④ 搅拌强烈而又均匀；⑤ 温度控制器、搅拌器和加热器要适当靠近一些，一旦恒温介质被加热立即由搅拌器搅拌均匀，并流经温度控制器及时进行温度控制.

此外，恒温槽的灵敏度还与环境温度有关.

（四）恒温槽的使用

(1) 在初次使用前，应先将恒温器电源插头用万用表做一次安全检查，用测量电阻之一挡，测试仪器插头上相、中、地三线相互之间是否有短路或绝缘不良现象.

(2) 按规定加入蒸馏水（水位离盖板约 30～43 mm），将电源插头接通电源，开启控制箱上的电源开关.

(3) 调节恒温水浴至设定温度.假定室温为 20 ℃，欲设定实验温度为 25 ℃，其调节方法如下：先旋开水银接触温度计上端螺旋调节帽的锁定螺丝，再旋动磁性螺旋调节帽，使温度指示螺母位于大约低于欲设定实验温度 2 ℃～3 ℃处（如 23 ℃），开启加热器开关加热（为缩短加热时间，最好灌入较所需恒温温度约低数度的热水），如水温与设定温度相差较大，可先用大功率加热，当水温接近设定温度时，改用小功率加热.注视温度计读数，当达到 23 ℃左右时，再次旋动磁性螺旋调节帽，使触点与水银柱处于刚刚接通与断开状态（恒温指示灯时明时灭）.此时要缓慢加热，直到温度达 25 ℃为止，然后旋紧锁定螺丝.

(4) 恒温器加热最好选用蒸馏水，切勿使用井水、河水、泉水等硬水，若用自来水必须在每次使用后将该器内外进行清洗，防止筒壁积聚水垢而影响恒温灵敏度.

十、贝克曼温度计

贝克曼温度计的最小分度是 0.01 ℃，可以估读到 0.002 ℃，整个温度计的刻度为 5 ℃，可较精确地测量温度差值，但不能直接精确地测量温度的绝对值.其使用范围较大，可在 −20 ℃～120 ℃内使用.这是因为在它的毛细管上端装有一个辅助水银贮槽，可用来调节水银球中的水银量，因此可以在不同的温度范围内使用.

(一) 使用方法

(1) 先确定所使用的温度范围. 例如,测量水溶液凝固点的降低需要能读出 1 ℃～5 ℃ 的读数;测量水溶液沸点的升高则希望能读出 99 ℃～105 ℃的读数;至于燃烧热的测定,则室温时水银柱示值在 2 ℃～3 ℃最为适宜.

(2) 根据使用范围,估计当水银柱升至毛细管末端弯头处的温度值. 一般的贝克曼温度计,水银柱由刻度最高处上升至毛细管末端,还需要升高 2 ℃左右. 根据这个估计值来调节水银球中的水银量. 例如,测定水的凝固点降低时,最高温度读数拟调节至 1 ℃,那么毛细管末端弯头处的温度应相当于 3 ℃.

(3) 另用一恒温浴,将其调至毛细管末端弯头所应达到的温度,把贝克曼温度计置于该恒温浴中,恒温 5 min 以上.

(4) 取出温度计,用右手紧握它的中部,使其近乎垂直,用左手轻击右手小臂,这时水银即可在弯头处断开. 温度计从恒温浴中取出后,由于温度差异,水银体积会迅速变化,因此,这一调节步骤要求迅速、轻快,但不必慌乱,以免造成失误.

(5) 将调节好的温度计置于预测温度的恒温浴中,观察其读数值,并估计量程是否符合要求.

(二) 注意事项

(1) 贝克曼温度计由薄玻璃制成,比一般水银温度计长得多,易受损坏. 所以一般应放置于温度计盒中,或者安装在使用仪器架上,或者握在手中,不应任意放置.

(2) 调节时,注意勿让它受剧热或剧冷,还应避免重击.

(3) 调节好的温度计,注意勿使毛细管中的水银柱再与贮槽里的水银相连接.

8-3 基本技能

8-3-1 仪器的洗涤和干燥

一、仪器的洗涤

化学实验中经常用到各种玻璃仪器. 如果仪器不洁净,往往因污物和杂质的存在,而得不到正确的结果,故仪器的洗涤是化学实验中的一项重要内容. 由于实验要求、污物性质以及黏着程度的不同,洗涤要求也不同. 一般而言,可有以下几种洗涤方式.

1. 一般洗涤

用水和试管刷刷洗,可除去仪器上的灰尘、可溶性和不溶性物质.

2. 洗液洗涤

用去污粉或合成洗涤剂可除去一般有机物和油垢,若洗不干净可使用碱性高锰酸钾洗涤液.

大多数不溶于水的无机物都可用少量粗盐酸洗去;对不易用刷子刷洗的器皿(如滴定管、移液管等),可用铬酸洗液洗涤,铬酸洗液用后应倒回原瓶,切勿倾入水槽. 洗液具有较强的腐蚀性,操作时要小心.

3. 超声波洗涤

用超声波清洗器洗涤仪器，既省时又方便，只要把用过的仪器放在配有洗涤剂的溶液中，接通电源即可. 其原理是利用声波的振动和能量，达到清洗仪器的目的.

用上述方法洗过的仪器，均需用自来水冲洗干净，定量实验的仪器还要用蒸馏水荡洗 2～3 次. 洗涤过的仪器要求内壁不挂水珠，不要用布或纸擦抹，倒置安放即可.

二、仪器的干燥

实验时往往需要既洁净又干燥的仪器，仪器的干燥与否有时甚至是实验成败的关键. 下面介绍几种常用的仪器干燥方法.

1. 自然晾干

将洗涤后的仪器倒置在适当的仪器架上自然晾干.

2. 吹烤

倒尽仪器内的水并擦干外壁，用电热吹风机吹干残留水分. 也可直接用小火烤干，注意用火烘烤时试管必须开口向下，烧杯、锥瓶等须在石棉网上进行.

3. 烘干

将洗净的仪器放入电热恒温干燥箱内加热烘干. 注意尽量将仪器内的水倒干，并开口朝上安放平稳，于 105 ℃左右加热 15 min 即可.

4. 有机溶剂干燥

体积较小的仪器急需干燥时可用此法. 倒尽仪器内的水，加入少量乙醇或丙酮摇洗（用后回收），然后晾干或用冷风吹干即可.

5. 仪器干燥注意事项

带有刻度的计量仪器不能用加热法干燥，否则会影响其精度，如需干燥，可采用晾干或有机溶剂干燥，吹干则应用冷风.

8-3-2 加热与冷却

一、加热器具的使用

1. 酒精灯

酒精灯是最常用的加热器具，温度可达 400 ℃～500 ℃. 添加酒精可借助于小漏斗，以免外洒，最多加入量为灯壶容积的三分之二. 长期未用的酒精灯，在第一次点燃时，应先打开盖子，用嘴吹去聚集的蒸气，然后点燃. 点燃必须用火柴，决不允许用一盏燃着的酒精灯去点燃别的酒精灯. 熄灭时不要用嘴吹，可将灯罩盖上，火灭后要提起灯罩，待灯口稍冷再盖上，防止灯口破裂.

2. 煤气灯

有煤气供应的实验室，常用煤气灯加热. 其构造简单，由灯管和灯座组成，灯管下部有螺旋与灯座相连，并开有空气进入的圆孔. 旋转灯管，可调节空气进入量. 灯座侧部为煤气入口，下面有螺旋针阀，可调节煤气进入量. 如图 8-21 所示.

使用时先关小空气入口，将点燃的火柴移近灯口，同时打开煤气开关，点燃煤气灯. 然后旋转灯管，调节空气进入量，得到正常的分层火焰. 若火焰呈黄色，应调大空气进入量. 若为凌空火焰（火焰凌空燃烧）或侵入火焰（管内燃烧，可见细长火焰并有特殊嘶嘶声），都应关闭煤气，再重新点燃和调节. 火焰燃烧情况如图 8-22 所示.

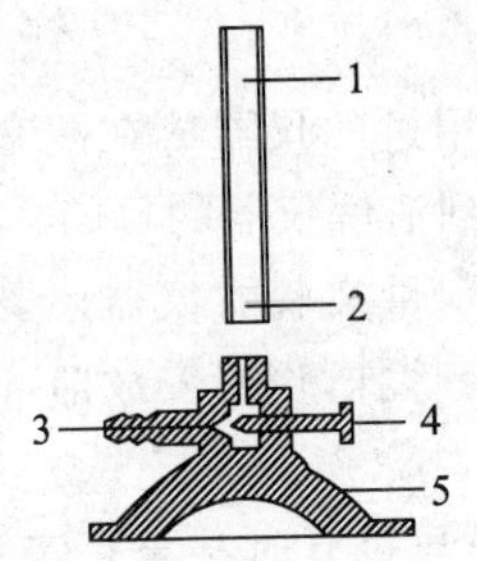

1. 灯管;2. 空气入口;3. 煤气入口;

4. 针阀;5. 灯座

图 8-21 **煤气灯构造**

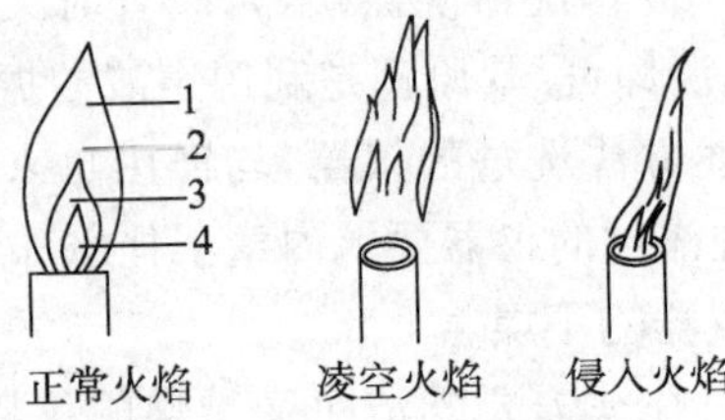

1. 氧化焰;2. 最高温处;3. 还原焰;4. 焰心

图 8-22 **火焰燃烧情况**

必须指出,煤气中含有毒气体 CO,使用中要防止煤气的泄漏,用完后要立即关闭煤气开关,离开实验室要关闭煤气总阀,避免引起中毒和火灾.

3. 电加热器

除了明火加热外,实验室还经常使用一些电加热装置.例如,电热套是玻璃纤维包裹着电炉丝织成的"碗状"电加热器,可加热到 400 ℃左右,尤其适合圆底烧瓶、三颈烧瓶等的加热.使用时注意不可让有机液体或酸、碱、盐溶液流到电热套中,以免引起短路而损坏电热套.其他常用的电加热器还有电炉、恒温水浴装置、管式炉和马福炉等.

二、加热方法

1. 直接加热

金属容器或坩埚、蒸发皿可直接用火加热,玻璃仪器则要在石棉网上加热.

2. 间接加热

(1) 水浴加热.加热温度在 100 ℃以下时可用水浴,一般在水浴锅中进行,也可用烧杯代替水浴锅.锅内水量勿超过容积的 2/3,水面要略高于容器内液面.若不慎将水烧干,应立即停止加热,待冷却后再续水使用.

(2) 油浴加热.加热温度在 100 ℃~250 ℃时可用油浴,其优点是温度易控制在一定范围,反应物受热均匀.常用的油浴有甘油(可加热到 140 ℃~150 ℃,下同);植物油(220 ℃);石蜡或液体石蜡(200 ℃);硅油(250 ℃)等.

使用油浴要特别注意防止着火.若已冒烟应立即停止加热.万一着火,要立即撤除热源,用石棉板盖住油浴口,切勿用水浇.油浴中可悬挂温度计,以便随时调节油温.

此外,还有沙浴、盐浴、酸浴、合金浴、空气浴等多种间接加热法,这里不再一一介绍.

3. 液体的加热

液体加热可在试管、烧杯、烧瓶或蒸发皿中进行.试管加热要注意管口朝上,勿对着别人和自己,液体量不超过 1/3 容积,注意受热均匀,防止沸腾溅出.烧杯(瓶)要在石棉网上加热并固定,液体量不超过 1/2 容积,烧杯要不时搅拌,烧瓶则视情况添加沸石,以防爆沸.蒸发皿要放在泥三角上加热(也可用水浴),注意不断搅拌防止近干时晶体溅出.

4. 固体的加热

固体加热可在试管或坩埚中进行.试管加热应注意管口略朝下倾斜,防止产生的水珠倒流使试管破裂.坩埚应置于泥三角上,先用小火均匀加热,再用大火灼烧底部,并充分搅拌防止颗粒喷溅;取下坩埚时应用干净的坩埚钳,注意预热后再夹取,用后尖端朝上以保证坩埚钳尖端洁净.

三、冷却方法

化学实验有时需在低温下进行,可根据不同的要求选用合适的制冷技术.

1. 自然冷却

热溶液可在空气中放置,让其自然冷却至室温.

2. 冰、水浴冷却

需快速冷却时,可用流水淋洗器壁,或用冰水浴加速冷却.

3. 使用冷却剂

最简单的冷却剂是冰盐混合物,其不同比例可得不同的制冷温度. 如 100 g 碎冰和 33 g 氯化钠可冷至−21 ℃,100 g 碎冰和 35 g 氯化铵可冷至−15 ℃,等等. 更强的制冷剂是干冰与乙醇或丙酮混合,可冷至−77 ℃,液氮甚至能降至−190 ℃.

注意,温度低于−38 ℃时,不能使用水银温度计,应改用装有有机液体的低温温度计. 另外,使用冷却剂时要防止低温冻伤事故发生.

4. 回流冷凝

许多有机反应要求反应物在较长时间内保持沸腾状态,为防止反应物以气体逸出,可使用回流装置进行冷凝(图 8-23). 注意冷却水应从下口进入,上口流出,水流不必很大,能保持蒸气充分冷凝即可. 为防止湿空气进入体系或吸收反应中放出的有害气体,可在回流冷凝管口装上氯化钙干燥管或气体吸收装置.

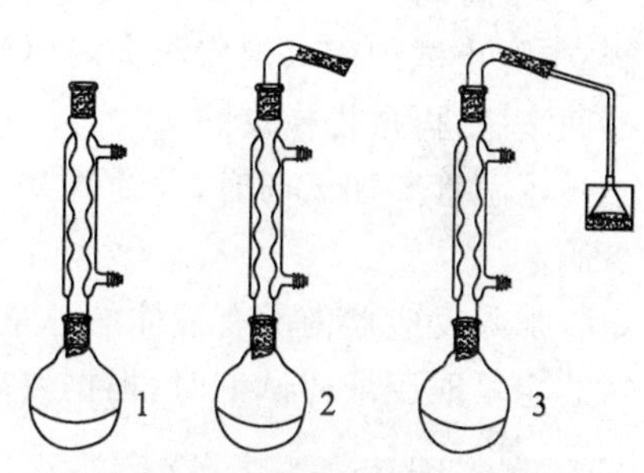

1. 普通回流装置;2. 防潮回流装置;
3. 气体吸收回流装置

图 8-23　回流装置

8-3-3　试剂的取用

一、固体试剂的取用

固体试剂的取用一般用清洁的牛角勺或不锈钢匙,称为药匙,使用时必须干净且专匙专用. 取用时先将瓶塞倒放在桌面上,取出试剂后应立即将瓶塞盖紧放回原处. 多取的试剂不能倒回原瓶,可放入指定容器,用过的药匙必须立即清洗擦干.

要求取用一定质量的固体试剂时,可将固体试剂置于称量纸或表面皿上,在台秤上进行称量,但易潮解或有腐蚀性的固体,应放在玻璃容器内称量. 若要求准确称量一定质量的固体试剂,应在分析天平上进行.

二、液体试剂的取用

1. 由试剂瓶中取用

取下瓶盖,并倒置于桌上. 然后如图 8-24 所示,右手握试剂瓶,标签向手心,将试剂缓缓倒入容器中,再慢慢将瓶子竖起,注意把瓶口残余的液滴靠到容器内,用完试剂后应立即将瓶盖盖上. 多取的试剂不能倒回原瓶中,可以回收.

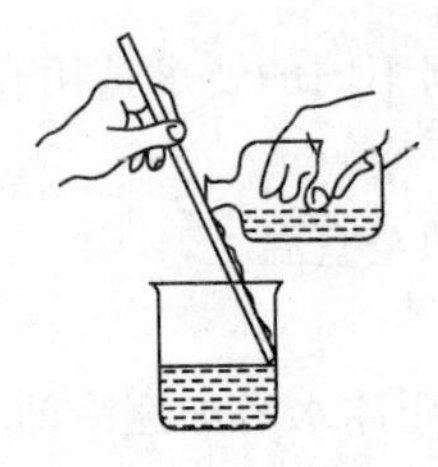

图 8-24 从试剂瓶中倒取液体试剂

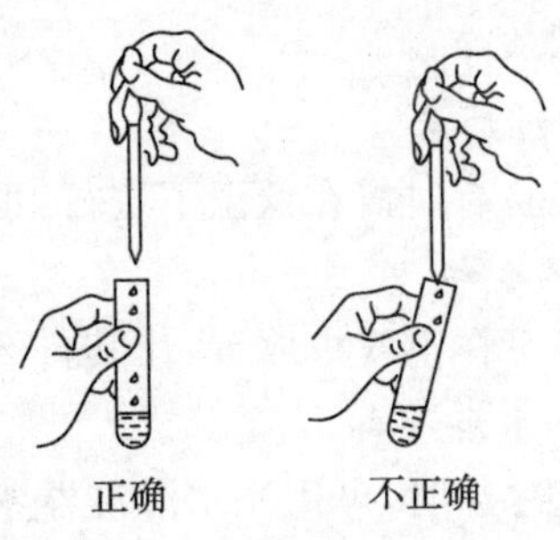

图 8-25 由滴瓶中取用液体试剂

2. 由滴瓶中取用

图 8-25 为用滴瓶上的滴管取用液体试剂. 滴加到容器中时，应在容器口上方将试剂滴入，严禁将滴管伸入容器内部，以免玷污滴管而污染试剂. 滴管必须专管专用，避免倾斜或倒立，防止试剂流入橡皮滴头内而被污染，用完立即插回原瓶(注意先将滴管中的剩余试剂捏回滴瓶，再放松橡皮滴头).

用滴管滴加试剂时，大约每 20 滴的体积相当于 1 mL，若用量未加指明，应尽可能用最少滴数.

加入反应器内所有液体的总量不得超过总容量的 2/3，如为试管，则不能超过其容量的 1/3. 定量取用液体试剂时，根据要求可选用量筒或移液管等.

8-3-4 称量

一、台秤的使用

台秤用于精确度不高的称量. 常见的台秤最大荷载有 200 g(能称准至 0.1 g)和 500 g(能称准至 0.5 g)两种.

使用台秤称量前，应检查台秤是否平衡(指针是否停在刻度尺中间)，即调节零点. 方法是：先将标尺上的游码拨至标尺的左端(“0”刻度处)，观察指针的摆动情况. 如果指针在刻度尺的中央左右摆动几乎相等，即表示台秤可以使用；如果指针在刻度尺的中央左右摆动的距离相差很大或完全偏到某一边，则必须在调节零点螺丝(零点螺丝有的在梁的中间，有的在梁的两端)后方可使用.

称量时，被称量的物品放在左盘，砝码放在右盘，先加大砝码，后加小砝码，10 g 以下则通过移动标尺上的游码调节，直到两盘平衡时，即为停点(停点与零点之间允许偏差在 1 小格之内). 此时砝码和游码所示的质量之和就是被称量物品的质量.

台秤使用时要注意以下几点：

(1) 被称量物品不能直接放在托盘上，应根据不同情况放在纸上、表面皿或其他容器内. 易潮解或具有腐蚀性的物品必须放在玻璃容器内.

(2) 不能称量热的物品.

(3) 取放砝码要用镊子，不得用手直接取放.

(4) 保持台秤的整洁，如托盘上撒有药品和污物时应立即清理.

(5) 称量完毕，砝码放回砝码盒，游码移回“0”处，使台秤恢复原状.

二、分析天平的使用

精度要求高的称量需在分析天平上进行.本课程主要使用 TG—328A 型电光分析天平,而更方便、快捷的电子分析天平也已成为首选.其使用方法前已作介绍.

8-3-5　基本度量仪器的使用

一、移液管

移液管是用来准确移取一定体积溶液的量器,准确度与滴定管相当.移液管有两种,一种中部具有"胖肚"结构,无分刻度,两端细长,只有一个标线."胖肚"上标有指定温度下的容积.常见的规格为 5 mL、10 mL、25 mL、50 mL、100 mL 等.另一种是标有分刻度的直型玻璃管,通常又称吸量管或刻度吸管,在管的上端标有指定温度下的总体积.吸量管的容积有 1 mL、2 mL、5 mL、10 mL 等,可用来吸取不同体积的溶液,一般只量取小体积的溶液,其准确度比"胖肚"移液管稍差.移液管的使用方法是:

1.洗涤

移液管使用前要进行洗涤.洗涤时,可选择适当规格的移液管刷用自来水清洗;若有油污可用洗液洗涤,方法是吸入 1/3 容积洗液,平放并转动移液管,用洗液润洗内壁,洗毕将洗液放回原瓶,稍候,用自来水冲洗,再用去离子水清洗 2～3 次备用.

2.润洗

洗净后的移液管移液前必须用吸水纸吸净尖端内、外的残留水.然后用待取液润洗 2～3 次,以防改变溶液的浓度.润洗时,当溶液吸至"胖肚"约 1/4 处,即可封口取出.应注意勿使溶液回流,以免稀释溶液.润洗后将溶液由下端放出至指定容器内.

3.移液

将润洗好的移液管插入待吸取溶液液面以下约1～2 cm 处(不能太浅以免吸空,也不能插至容器底部以免吸起沉渣),右手的拇指与中指拿住移液管标线以上部分,左手拿洗耳球,排出洗耳球内空气,将洗耳球尖端插入移液管上端,并封紧管口,逐步松开洗耳球,以吸取溶液(图 8-26).当液面上升至标线以上时,拿掉洗耳球,立即用食指堵住管口,将移液管提出液面,倾斜容器,将管尖紧贴容器内壁成约 45°,稍待片刻,以除去管外壁的溶液,然后微微松动食指,并用拇指和中指慢慢转动移液管,使液面缓慢下降,直到溶液的弯月面与标线相切.此时,应立即用食指按紧管口,使液体不再流出.将接受容器倾斜 45°角,小心把移液管移入接受溶液的容器,使移液管的下端与容器内壁上方接触.松开食指,让溶液自由流下(图 8-26).当溶液流尽后,再停 15 s,并将移液管向左右转动一下,取出移液管.注意,除标有"吹"字样的移液管外,不要把残留在管尖的液体吹出,因为在校准移液管容积时,没有算上这部分液体.移液完成后,要将移液管清洗干净.

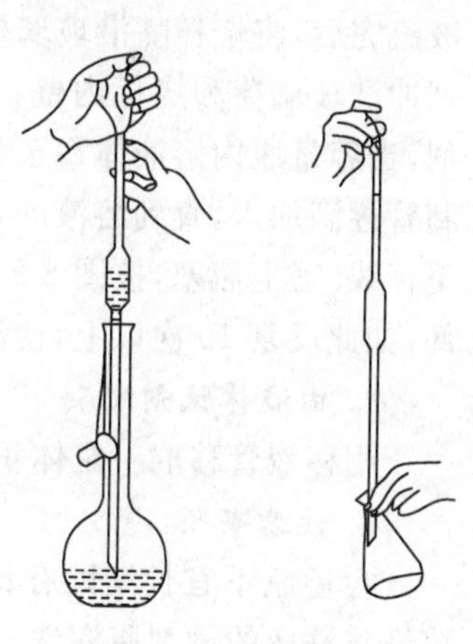

图 8-26　移液操作

二、容量瓶

在配制标准溶液或将溶液稀释至一定浓度时,我们往往要使用容量瓶.容量瓶的外形是一平底、细颈的梨形瓶,瓶口带有磨口玻璃塞或塑料塞.颈上有环形标线,瓶体标有体积,一般表示 20 ℃时液体充满至刻度时的容积. 常见的有 10 mL,25 mL,50 mL,100 mL,250 mL,500 mL 和 1 000 mL 等各种规格. 此外还有 1 mL,2 mL,5 mL 的小容量瓶,但用得较少.

容量瓶的使用主要包括以下几个方面:

1. 检查

使用容量瓶前应先检查其标线是否离瓶口太近,如果太近则不利于溶液混合,故不宜使用. 另外还必须检查瓶塞是否漏水. 检查时加自来水近刻度,盖好瓶塞用左手食指按住,同时用右手五指托住瓶底边缘[图 8-27(a)、(b)],将瓶倒立 2 min,如不漏水,将瓶直立,把瓶塞转动 180°再倒立 2 min,若仍不渗水即可使用.

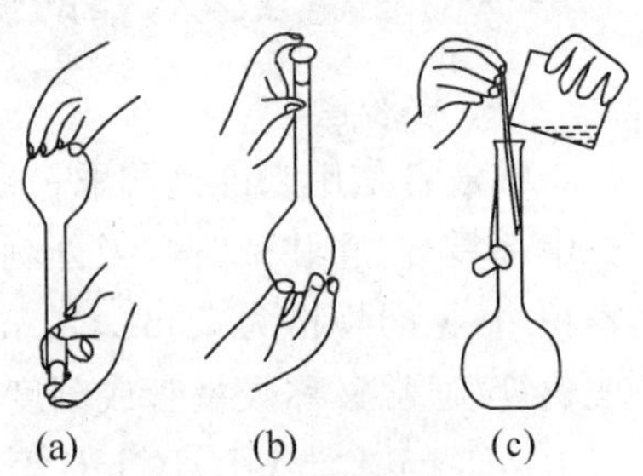

图 8-27 容量瓶的拿法和定量转移操作

2. 洗涤

可先用自来水刷洗,洗后,如内壁有油污,则应倒尽残水,加入适量的铬酸洗液(250 mL 规格的容量瓶可倒入 10～20 mL),倾斜转动,使洗液充分润洗内壁,再倒回原洗液瓶中,用自来水冲洗干净后再用去离子水润洗 2～3 次备用.

3. 由固体试剂配制

将准确称量好的药品倒入干净的小烧杯中,加入少量溶剂将其完全溶解后再定量转移至容量瓶中. 注意,如使用非水溶剂则小烧杯及容量瓶都应事先用该溶剂润洗 2～3 次. 定量转移时,右手持玻璃棒悬空放入容量瓶内,玻璃棒下端靠在瓶颈内壁(但不能与瓶口接触),左手拿烧杯,烧杯嘴紧靠玻璃棒,使溶液沿玻璃棒顺瓶壁而下流入瓶内(图 8-27). 烧杯中溶液流完后,将烧杯嘴沿玻璃棒上提,同时使烧杯直立. 将玻璃棒取出放入烧杯内,用少量溶剂冲洗玻璃棒和烧杯内壁,也同样转移到容量瓶中. 如此重复操作三次以上. 然后补充溶剂,当容量瓶内溶液体积至 3/4 左右时,可初步摇荡混匀. 再继续加溶剂至近标线,最后改用滴管逐滴加入,直到溶液的弯月面恰好与标线相切. 若为热溶液,应冷至室温后,再加溶剂至标线. 盖上瓶塞,按图 8-27 将容量瓶倒置,待气泡升至底部,再倒转过来,使气泡上升到顶部,如此反复 10 次以上,使溶液混匀.

4. 由液体试剂配制

用移液管移取一定体积的浓溶液于容量瓶中,加水至标线. 同上法混匀即可.

5. 注意事项

容量瓶不宜长期贮存试剂,配好的溶液如需长期保存应转入试剂瓶中. 转移前须用该溶液将洗净的试剂瓶润洗 3 遍. 用过的容量瓶,应立即用水洗净备用,如长期不用,应将磨口和瓶塞擦干,用纸片将其隔开. 此外,容量瓶不能在电炉、烘箱中加热烘烤,如确需干燥,可将洗净的容量瓶用乙醇等有机溶剂润洗后晾干,也可用电吹风或烘干机的冷风吹干.

三、滴定管

滴定管是滴定分析中最基本的量器. 常量分析用的滴定管有 50 mL 及 25 mL 等几种规格,它们的最小分度值为 0.1 mL,读数可估计到 0.01 mL. 此外,还有容积为 10 mL、5 mL、2 mL 和 1 mL 的半微量和微量滴定管,最小分度值为 0.05 mL、0.01 mL 或 0.005 mL. 它们的形状各异.

根据控制溶液流速的装置不同,滴定管可分为酸式和碱式两种. 下端装有玻璃活塞的为酸式滴定管，用来盛放酸性或氧化性溶液. 碱式滴定管下端用乳胶管连接一个带尖嘴的小玻璃管，乳胶管内有一玻璃珠用以控制溶液的流出，碱式管用来装碱性溶液和无氧化性溶液，不能用来装对橡皮有侵蚀作用的液体如 HCl、H_2SO_4、I_2、$KMnO_4$、$AgNO_3$ 等溶液.

滴定管的使用包括洗涤、检漏、涂油、排气、读数等步骤.

1. 洗涤

干净的滴定管如无明显油污，可直接用自来水冲洗，或用滴定管刷蘸肥皂水或洗涤剂刷洗(但不能用去污粉)，而后再用自来水冲洗. 刷洗时应注意勿用刷头露出铁丝的毛刷以免划伤内壁. 如有明显油污，则需用洗液浸洗. 洗涤时向管内倒入 10 mL 左右 H_2CrO_4 洗液(碱式滴定管将乳胶管内玻璃珠向上挤压封住管口或将乳胶管换成乳胶滴头)，再将滴定管逐渐向管口倾斜，并不断旋转，使管壁与洗液充分接触，管口对着废液缸，以防洗液撒出. 若油污较重，可装满洗液浸泡，浸泡时间的长短视沾污的程度而定. 洗毕，洗液应倒回洗液瓶中，洗涤后应用大量自来水淋洗，并不断转动滴定管，至流出的水无色，再用去离子水润洗三遍，洗净后的管内壁应不挂水珠.

2. 检漏

滴定管在使用前必须检查是否漏水. 若碱式管漏水可更换乳胶管或玻璃珠；若酸式管漏水或活塞转动不灵则应重新涂抹凡士林. 其方法是：将滴定管平放于实验台上，取下活塞，用吸水纸擦净或拭干活塞及活塞套，在活塞孔两侧周围涂上薄薄一层凡士林，再将活塞平行插入活塞套中，单方向转动活塞，直至活塞转动灵活且外观为均匀透明状态为止. 用橡皮圈套在活塞小头一端的凹槽上，固定活塞，以防其滑落打碎.

如遇凡士林堵塞了尖嘴玻璃小孔，可将滴定管装满水，用洗耳球鼓气加压，或将尖嘴浸入热水中，再用洗耳球鼓气，便可以将凡士林排除.

3. 装液与赶气泡

洗净后的滴定管在装液前，应先用待装溶液润洗内壁三次，用量依次约为 10 mL、5 mL、5 mL.

装入操作溶液的滴定管，应检查出口下端是否有气泡，如有应及时排除. 其方法是：取下滴定管倾斜约 30°. 若为酸式管，可用手迅速打开活塞(反复多次)使溶液冲出并带走气泡. 若为碱式管，则将橡皮管向上弯曲，捏起乳胶管使溶液从管口喷出，即可排除气泡. 将排除气泡后的滴定管补加操作溶液到零刻度以上，然后再调整至零刻度线位置.

4. 读数

读数前，滴定管应垂直静置 1 min. 读数时，管内壁应无液珠，管出口的尖嘴内应无气泡，尖嘴外应不挂液滴，否则读数不准. 读数方法：取下滴定管用右手大拇指和食指捏住滴定管上部无刻度处，使滴定管保持垂直，并使自己的视线与所读的凹液面最低处处于同一水平上[图 8-28(a)]. 不同的滴定管读数方法略有不同. 对无色或浅色溶液，有乳白板蓝线衬背的滴定管读数应以两个弯月面相交的最尖部分为准[图 8-28(b)]. 一般滴定管应读取弯月面最低点所对应的刻度. 对深色溶液，则一律按液面两侧最高点相切处读取.

对初学者，可使用读数卡，以使弯月面显得更清晰. 读数卡是用贴有黑纸或涂有黑色的长方形(约 3 cm×15 cm)的白纸板制成. 读数时，将读数卡紧贴在滴定管的后面，把黑色部分放在弯月面下面约 1 mm 处，使弯月面的反射层全部成为黑色，读取黑色弯月面的最低点[图 8-28(c)].

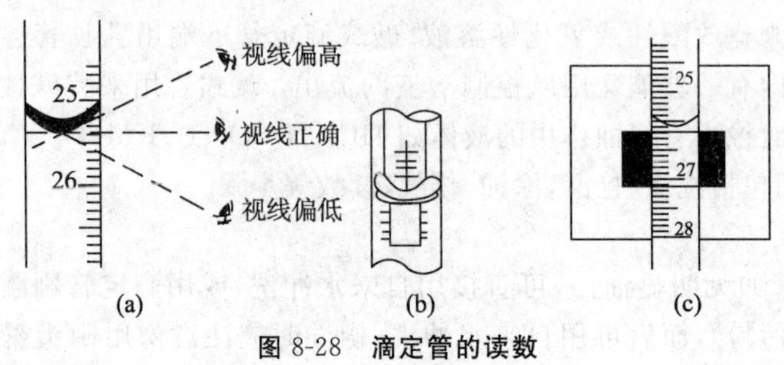

图 8-28 滴定管的读数

5. 滴定

读取初读数之后,立即将滴定管下端插入锥形瓶(或烧杯)口内约 1cm 处,再进行滴定,如图 8-29(c)所示. 操作酸式滴定管时,左手拇指与食指跨握滴定管的活塞处,与中指一起控制活塞的转动. 但应注意,不要因过于紧张而手心用力,以免将活塞从大头推出造成漏液,而应将三手指略向手心回力,以塞紧活塞,如图 8-29(a). 操作碱式滴定管时,用左手的拇指与食指捏住玻璃珠外侧的乳胶管向外捏,形成一条缝隙,溶液即可流出[图 8-29(b)]. 控制缝隙的大小即可控制流速,但要注意不能使玻璃珠上下移动,更不能捏玻璃珠下部的乳胶管,以免产生气泡. 滴定时,还应双手配合协调. 当左手控制流速时,右手拿住锥形瓶颈,单方向旋转溶液. 若用烧杯滴定,则右手持玻璃棒作圆周搅拌溶液,注意玻璃棒不要碰到杯壁和杯底.

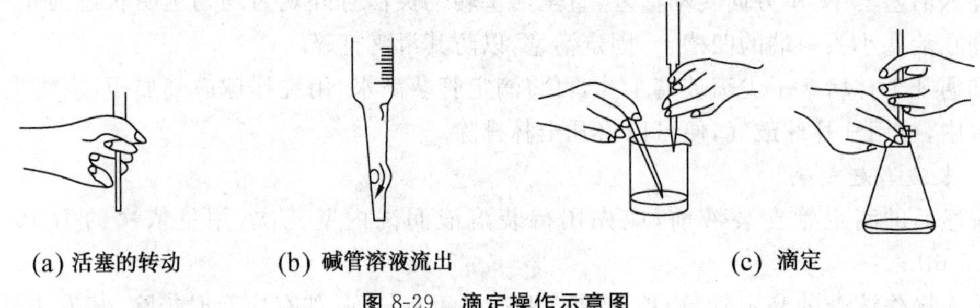
(a) 活塞的转动　(b) 碱管溶液流出　(c) 滴定

图 8-29 滴定操作示意图

6. 滴定速度

滴定时速度的控制一般是:开始时 10 mL · min^{-1} 左右;接近终点时,每加一滴摇匀一次;最后,每加半滴摇匀一次(加半滴操作,是使溶液悬而不滴,让其沿器壁流入容器,再用少量去离子水冲洗内壁,并摇匀). 仔细观察溶液的颜色变化,直至滴定终点为止. 读取终读数,立即记录. 注意,在滴定过程中左手不应离开滴定管,以防流速失控.

7. 平行实验

平行滴定时,应该每次都将初刻度调整到"0"刻度或其附近,这样可减少滴定管刻度的系统误差.

8. 最后整理

滴定完毕,应放出管中剩余的溶液,洗净,装满去离子水,罩上滴定管盖备用.

8-3-6 溶解与结晶

一、溶解

固体物质的溶解可视物质的多少分别在烧杯、试管中进行. 若被溶解的物质固体颗粒较大时，可以在溶解前，放入研钵中研细，再移入容器中溶解. 为了加速溶解，可辅以搅拌、加热等方法.

加热时，应根据被溶解物的性质控制加热温度.

搅拌液体时，应使玻璃棒在液体中均匀旋转，不要用力过大，也不要碰击容器，以免碰破容器.

二、蒸发

蒸发一般是指用加热的方法使溶液中的溶剂变成蒸气而挥发，从而使固体物质析出，或把溶液浓缩.

蒸发通常在蒸发皿中进行. 溶液在蒸发前应过滤除去不溶性杂质，然后将溶液移至蒸发皿中，溶液的量不超过蒸发皿的 2/3. 把蒸发皿放在泥三角上加热，用玻璃棒不断搅动液体. 当蒸发皿内的液体较少且析出固体颗粒时，说明蒸发接近完毕，应停止加热，利用余热继续蒸发，以免固体物质受热溅出. 最安全可靠的蒸发是在快干时，把蒸发皿移至水浴上加热，使温度不超过 100 ℃，这样蒸发皿中的固体就不会因过热而四处飞溅.

如果溶剂是易燃的，蒸发时要特别小心，不得使用明火，应改用间接加热法.

三、结晶和重结晶

溶液蒸发到一定浓度后冷却，就会析出溶质晶体. 析出晶体颗粒的大小与外界条件有关：

(1) 溶液浓度高、溶质的溶解度小、冷却快，得到的晶体细小. 反之可得较大颗粒晶体.

(2) 搅拌有利于细晶的生成；摩擦器壁后静止溶液或加入晶种有利于大晶体的生成. 结晶的快速生成有利于提高制备物的纯度，因为它不易裹入母液或别的杂质，而大的晶体的慢速生成则不利于纯度的提高. 因此，无机制备中常要求制得的晶体不要粗大.

(3) 重结晶：当结晶所得的物质的纯度不合乎要求时，可以重新添加尽可能少的溶剂溶解、蒸发和结晶. 重结晶得到的晶体一般能达到要求，但在产量和产率上必然降低一些.

8-3-7　化合物的分离和提纯

一、固-液分离

把液体和不溶性固体的混合物经滤器而分开的操作叫作过滤. 它是分离液体和固体的常用方法. 根据生成的沉淀物性质和实验要求的不同，过滤可以分为常压过滤、减压过滤以及热过滤等.

1. 常压过滤

常压过滤是最常见的过滤方法，它使用玻璃漏斗和滤纸进行操作. 根据要过滤的沉淀物多少，选择大小合适的漏斗、滤纸.

标准玻璃漏斗圆锥体的角度为 60°，因此需要折叠滤纸. 一般按四折法折叠，即将滤纸对折两次，得到四层重叠的扇形，把折叠的滤纸展开一层就得到一圆锥体，且锥体的角度与漏斗的圆锥体角度相同，用食指把它放入漏斗内，滤纸和漏斗应贴紧，否则影响过滤速度. 若漏斗的圆锥体角度略大于或小于 60°时，在第二次折叠滤纸时，采取不完全对折，然后视具体情况展开滤纸即可. 滤纸的边缘应比漏斗略低 0.5～1.0 cm，不要使滤纸边缘和漏斗边缘相平，更不要超出漏斗边缘. 如果滤纸边缘过高，溶液就会沿滤纸上升而外溢. 要求不高的趁热过滤，可将滤纸折成菊花型，以防热量快速散失.

过滤方法：在倾倒溶液之前，应选用同类溶剂润湿滤纸，这样既可以使滤纸紧贴漏斗而使过滤速度加快，又可以避免部分滤液被滤纸吸收而造成损失.若溶液浓度不可稀释者，则不必先用溶剂润湿，可以直接倒入溶液过滤.

将溶液倒入漏斗时，还应注意以下几点：

(1) 漏斗应放在漏斗架上，并调节漏斗架的高度，使漏斗的出口靠在接受容器的内壁上，以便滤液能顺着器壁流下，不致溅出.

(2) 转移溶液和沉淀时，均应使用玻璃棒，让溶液沿玻璃棒倾入漏斗内壁三层滤纸处，切勿突然倒在滤纸底部的尖端和单层滤纸处，以免滤纸尖端受液体的冲击而破裂，影响过滤效果.

(3) 过滤含有较多沉淀的溶液时，先转移溶液，后转移沉淀.这样不会使沉淀物堵塞滤纸而减慢过滤的速度.

(4) 加入漏斗中的溶液不能超过圆锥滤纸总容积的 2/3，加得过多，会使溶液通过滤纸和漏斗内壁间的缝隙流入接受容器而失去过滤的作用.

若沉淀物的颗粒较大，而且沉淀物弃去不要，也可以用棉花代替滤纸来过滤.方法是：取一块棉花放在漏斗底部，用水润湿，棉花的边缘应紧贴在漏斗的内壁上，然后把要过滤的液体小心倒入.

2. 减压过滤(抽气过滤或抽滤)

减压过滤就是利用一些设备使滤纸上方的压力大于滤纸下方的压力，从而缩短过滤所需时间，加快过滤速度的过滤方法.该方法可以使沉淀物(或晶体)能充分与母液分离，所滤集的固状物也较容易干燥.分离胶态沉淀或颗粒很细的沉淀时，使用减压过滤就不太合适.减压过滤装置通常由抽气泵、缓冲瓶、抽滤瓶及专用的布氏漏斗组成，如图 8-30 所示.

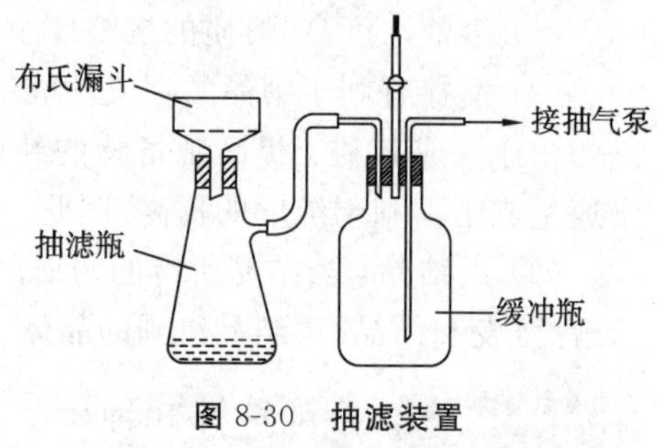

图 8-30 抽滤装置

减压过滤操作方法：首先在布氏漏斗中铺一层滤纸(为防止滤纸破裂，必要时可以使用双层滤纸)，所用滤纸直径应比漏斗筛板的内径略小，但必须使漏斗筛板上的小孔全部盖没，用少量相同溶剂或要过滤的溶液润湿滤纸，再按图 8-30 连接装置.倾倒溶液前，先开启抽气泵，使滤纸紧贴漏斗筛板(这样既可防止滤纸因滤液倒入而漂起，也可防止固状物颗粒从滤纸四周透入填塞漏斗筛孔)，然后小心地把要过滤的混合物沿玻璃棒倒入漏斗中过滤.过滤完毕，应先拔掉连接抽滤瓶和缓冲瓶之间的橡皮管(若连接的是活塞，就先关闭活塞)，然后再停止抽气.

3. 热过滤

如果溶液中的溶质在温度下降时易大量析出结晶，而我们又不希望其在过滤过程中留在滤纸上，这时就要进行热过滤.过滤时把玻璃漏斗放在铜质装有热水的热漏斗内，以维持溶液温度(图 8-31).也可在过滤前把漏斗放在水浴上用蒸汽加热，然后使用.后法较简单易行.另外，热过滤时选用的玻璃漏斗颈部越短越好，以免过滤时溶液在漏斗颈内停留过久，因散热降温而析出晶体.

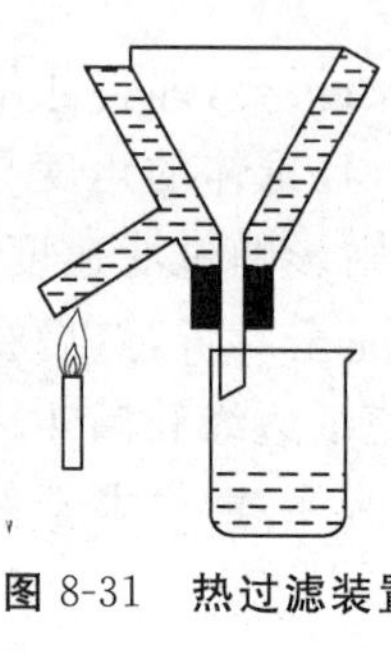

图 8-31 热过滤装置

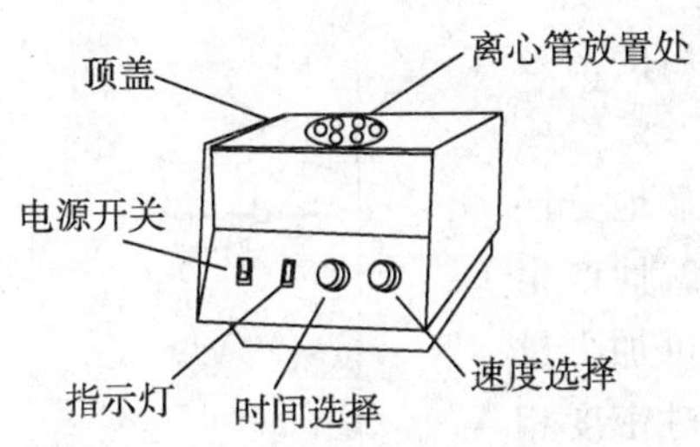

图 8-32　O412 型电动离心机

4．离心分离

以上是三种常用的过滤方法，当被分离的沉淀物量较少时，可用离心分离法．该方法速度快，且能迅速判断沉淀是否完全．实验室常用的电动离心机如图8-32所示．

将盛有沉淀和溶液的离心管放在离心机内高速旋转，因离心作用使沉淀物聚集在管底，上部是澄清的溶液．

电动离心机转动的速度极快，使用时要特别注意安全．使用离心机时，应在它的套管底部适当垫一点棉花．为使离心机转动时保持平衡，几只离心管要放在对称的位置上，且要求离心管的规格相同，管内的液体量尽可能相等，若只有一份试样，则在对称的位置上放一支装有与试样等量水的离心管．加入离心管内液体的量不应超过其容积的 1/2．放好离心管后，把盖旋紧．打开离心机开关，开始应把变速旋钮旋到低挡，以后逐渐加速．离心一定时间后，将旋钮逆时针旋到停止位置，待离心机自行停止，再打开盖子取出离心管，绝不可用外力使离心机强制停止，以免发生意外．

电动离心机在使用时，如机身振动或有噪声，应立即切断电源，查明原因．

通过离心作用，沉淀物紧密地聚集在离心管的底部而清液在上部，用吸管将上层清液吸出．如需得到纯净的沉淀物，必须洗涤．往离心管中注入少量的蒸馏水或洗涤液，充分搅拌后再次离心分离沉降，用吸管吸出洗涤液，如此重复操作，直至洗净．

二、液-液分离

1．萃取

液-液萃取是利用物质在两种不互溶（或微溶）溶剂中溶解度或分配比的不同来达到分离、提取或纯化的目的，其主要理论依据是分配定律．有机化合物的提取、分离或纯化常常通过萃取来完成，该操作通常在分液漏斗中进行．

取容积较溶液体积大 1～2 倍的分液漏斗，检查活塞、玻璃塞是否严密．如有漏水现象应作如下处理：先检查两个塞子是否配套，如是配套的，则取下活塞，用纸擦净活塞及活塞孔道的内壁，然后用玻棒沾少量凡士林涂上薄薄的一层，注意勿堵住活塞孔，插上活塞，反时针旋转数圈至透明，即可使用．上塞不要涂脂，而应塞紧．然后将分液漏斗放入固定的铁圈中，关闭活塞（分液漏斗的固定可参见图 8-34）．

从上口依次加入待萃取溶液和萃取剂，塞好上端塞子．取下分液漏斗，如图 8-33 所示，用右手手掌顶住漏斗上端玻璃塞，左手握住下端活塞部分，大拇指和食指按住活塞柄，中指垫在塞座下边，振摇数次．然后斜持漏斗使下端朝上，开启下端活塞朝无人处放气，以平衡压力（原来的蒸气压和空气加上振荡时产生的蒸气压，使漏斗内压力增大，若不放气，塞子可能会冲出，造成伤害）．如此重复 4～5 次，将漏斗静置于铁圈上数分钟，使其分层．

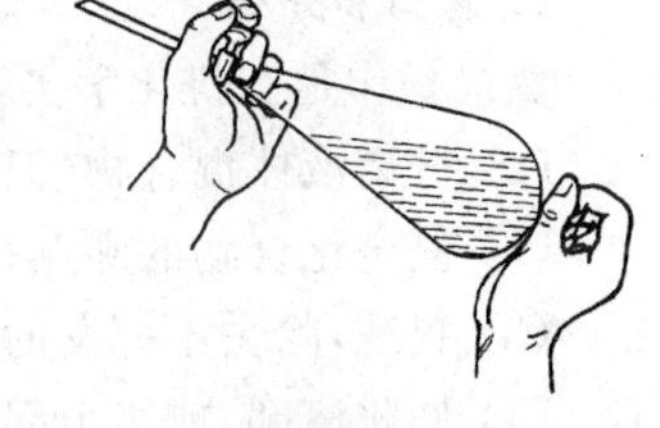
图 8-33　分液漏斗的振摇和放气

待乳浊液分层后，如图 8-34 所示，打开上面塞子，缓缓旋开下端活塞，将下层溶液从下口分出，注意尽可能分离干净，有时在两相间出现的絮状物也应分去；上层液体应从上口倒出，切不可由下口放出（避免被残留的第一种溶液污染）．

需要指出，溶液中溶有有机化合物后，有时密度会改变，因此不要以为密度小的溶剂在萃取时一定在上层．若分不清哪一层是有机层，可取少量任何一层液体，加水振荡，分层的则为有机层,不分层的则是水相.实验结束前,不要把萃取后的溶液轻易倒掉,以免万一搞错无法挽救.

在液-液萃取中,有时会发生乳化现象,很难使两相明显地分层而进行分离.这时可根据乳化原因,采取相应措施:若因碱性产生乳化,可加少量稀酸中和;若因两种溶液部分互溶而乳化,可加少量电解质(如氯化钠),利用盐析作用加以破坏;若是两相相对密度相差很小,可加氯化钠增加水相密度;若存在一些轻质沉淀,可采用长时间静置并过滤来消除;此外,还可采用加热破乳、滴加乙醇改变表面张力等方法来破坏乳化作用.

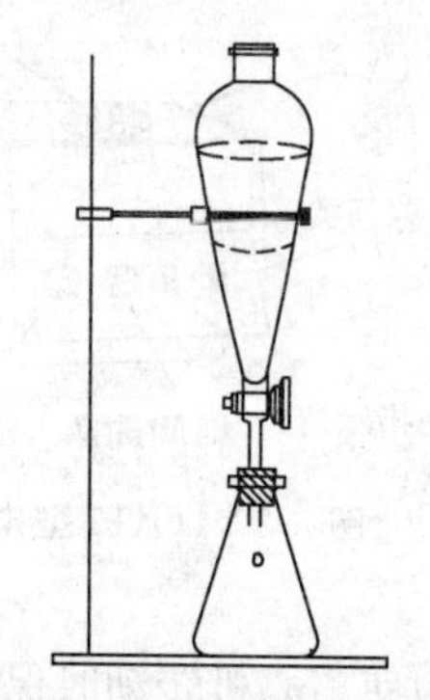

图 8-34 分液操作示意图

萃取效果好坏的关键在于萃取剂的选择,它应符合以下条件:

(1) 萃取剂在水中溶解度很小或几乎不溶,对杂质溶解度小,与水和被萃取物都不反应;

(2) 被萃取物在萃取剂中的溶解度比在水中大;

(3) 萃取后萃取剂应易于用常压蒸馏方式回收,还要价格便宜、操作方便、毒性微小.

实验室常用的萃取剂有乙醚、苯、四氯化碳、石油醚、氯仿、二氯甲烷和乙酸乙酯等.一般经验是:难溶于水的物质用石油醚萃取,较易溶于水的物质用乙醚或苯萃取,易溶于水的物质用乙酸乙酯萃取效果显著.若使用乙醚,注意近旁不能有明火,否则易引起火灾.

此外,还有另一类萃取剂,其萃取原理是利用它能与被萃取物质起化学反应,常用于从化合物中除去少量杂质或分离混合物,常用的有5%氢氧化钠、5%或10%的碳酸钠、碳酸氢钠溶液、稀盐酸、稀硫酸等.碱性萃取剂主要除去混合物中的酸性杂质,酸性萃取剂主要除去混合物中的碱性杂质,但要注意此时分配定律已不再适用.

若待分离液体量很少,则可在离心管中进行微型萃取,如图 8-35所示.将溶液转移至合适的离心管中,通过挤压毛细滴管的乳胶头,充分鼓泡搅动(或将离心管加塞子振摇并开塞放气),充分混匀后加塞静置、分层,然后用毛细滴管将其中一层溶液吸出,转移至另一离心管中.若不小心吸入了混合液,可待液体重新分层后再重复进行.

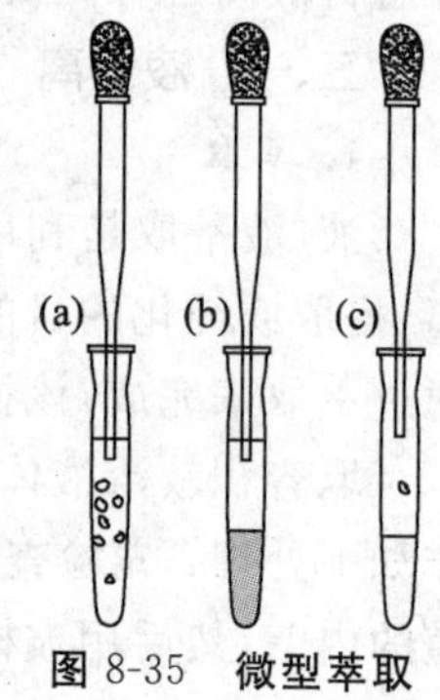

图 8-35 微型萃取

2. 蒸馏和分馏

蒸馏操作是有机化学实验中常用的实验技术,一般用于下列几方面:

(1) 分离液体混合物(但仅对混合物中各成分沸点有较大差别时才能达到有效分离);

(2) 测定化合物的沸点;

(3) 提纯,除去不挥发的杂质;

(4) 回收溶剂,或蒸出部分溶剂以浓缩溶液.

分馏是使沸腾着的混合物蒸气通过分馏柱进行一系列的热交换,最终将沸点不同的物质分离出来的一种操作方法.

8-3-8 化合物的干燥

一、液体干燥

1. 干燥剂的选择

常用的干燥剂的种类很多,选用时必须注意下列几点:

(1) 液态有机化合物的干燥，通常是将干燥剂加入液态有机化合物中，故所用的干燥剂必须不与该有机化合物发生化学或催化作用.

(2) 干燥剂应不溶于该液态有机化合物中.

(3) 当选用与水结合生成水合物的干燥剂时，必须考虑干燥剂的吸水容量和干燥效能.吸水容量是指单位质量干燥剂吸水量的多少，干燥效能是指达到平衡时液体被干燥的程度.例如，无水硫酸钠可形成 $Na_2SO_4 \cdot 10H_2O$，即 1 g Na_2SO_4 最多能吸 1.27 g 水，其吸水容量为 1.27.但其水化物的水蒸气压也较大(25 ℃时为 255.98 Pa)，故干燥效能差.氯化钙能形成 $CaCl_2 \cdot 6H_2O$，其吸水容量为 0.97，此水化物在 25 ℃时的水蒸气压为 39.99 Pa，故无水氯化钙的吸水容量虽然较小，但干燥效能强，所以干燥操作时应根据除去水分的具体要求而选择合适的干燥剂.通常这类干燥剂形成水合物需要一定的平衡时间，所以，加入干燥剂后必须放置一段时间才能达到脱水效果.

已吸收水的干燥剂受热后又会脱水，其蒸气压随着温度的升高而增加，所以，对已干燥的液体在蒸馏之前必须把干燥剂滤去.

2. 干燥剂的用量

掌握好干燥剂的用量是很重要的.若用量不足，则不可能达到干燥目的；若用量过多，则由于干燥剂的吸附而造成液体的损失.以乙醚为例，水在乙醚中的溶解度在室温时为 1%～1.5%，若用无水氯化钙来干燥 100 mL 含水的乙醚，全部转变成 $CaCl_2 \cdot 6H_2O$，其吸水容量为 0.97，也就是说 1 g 无水氯化钙大约可吸收 0.97 g 水，这样，无水氯化钙的理论用量至少要 1 g，而实际上远远超过 1 g，这是因为醚层中还有悬浮的微细水滴，其次形成高水化合物的时间需要很长，往往不可能达到应有的吸水容量，故实际投入的无水氯化钙的量是大大过量的，常需用 7～10 g 无水氯化钙.操作时，一般投入少量干燥剂到液体中，进行振摇，如出现干燥剂附着器壁或相互黏结，则说明干燥剂量不足；如投入干燥剂后出现水相，必须用吸管把水吸出，然后再添加新的干燥剂.

干燥前，液体呈浑浊状，经干燥后变成澄清，这可简单地作为水分基本除去的标志.一般干燥剂的用量为每 10 mL 液体 0.5～1 g.由于含水量不等、干燥剂质量的差异、干燥剂的颗粒大小和干燥时的温度不同等因素，较难规定干燥剂具体用量，上述用量仅供参考.

3. 常用的干燥剂

有机化合物的常用干燥剂列于表 8-6.

表 8-6 各类有机化合物的常用干燥剂

液态有机化合物	适用的干燥剂
醚类、烷烃、芳烃	$CaCl_2$，Na，P_2O_5
醇类	K_2CO_3，$MgSO_4$，Na_2SO_4，CaO
醛类	$MgSO_4$，Na_2SO_4
酮类	$MgSO_4$，Na_2SO_4，K_2CO_3
酸类	$MgSO_4$，Na_2SO_4
酯类	$MgSO_4$，Na_2SO_4，K_2CO_3
卤代烃	$CaCl_2$，$MgSO_4$，Na_2SO_4，P_2O_5
有机碱类(胺类)	NaOH，KOH

4. 液态有机化合物的干燥操作

液态有机化合物的干燥操作一般在干燥的三角烧瓶内进行. 待水分清后，按照条件选定适量的干燥剂投入液体里，塞紧(用金属钠作干燥剂时则例外，此时塞中应插入一个无水氯化钙管，使氢气放空而水气不致进入)，振荡片刻，静置，使所有的水分全被吸去. 若干燥剂用量太少，致使部分干燥剂溶解于水时，用吸管吸出水层，再加入新的干燥剂，放置一定时间，至澄清为止. 然后过滤，进行蒸馏精制.

二、固体干燥

干燥固体的方法很多. 最常见的方法就是自然干燥，既简便又经济. 那些遇热易分解的物质或附有易燃、易挥发溶剂的结晶用此方法最合适. 另一种干燥方法就是加热干燥. 对于热稳定的固体可以直接放在烘箱中烘干. 但应根据被干燥物质的物理性质控制温度，切勿超过被干燥物质的熔点，以免固体分解和变色，必要时可以放在恒温真空干燥箱中进行. 某些易吸水潮解或需要长时间保持干燥的固体可以放在干燥器中. 但要注意经常更换干燥剂.

8-3-9 熔点测定

熔点测定仪器有提勒管、双浴式以及电热式显微熔点测定仪. 这里介绍使用提勒管测定熔点的方法.

一、样品填装

取少量待测样品放在表面皿上研细后堆成小堆，将熔点管(一端封闭的毛细管)开口端插入样品堆，装取少量粉末后口向上竖立，投入一根长约 30～40 cm 、竖直放在洁净表面皿上的玻璃管中心，使其自由落下并在表面皿上跳动，然后从玻璃管下端取出，反复投入约 20 次，使装样紧密并使样品高度约为 2～3 mm.

二、测定仪安装

如图 8-36 所示，固定好提勒管后，将浴液装入提勒管内，液面稍高于上支口；用橡皮圈把样品管与温度计套在一起，样品部位应紧靠在温度计水银球中部，然后用有缺口的塞子作支撑套入温度计，直接插入浴液中，注意温度计水银球应位于提勒管两支口中部.

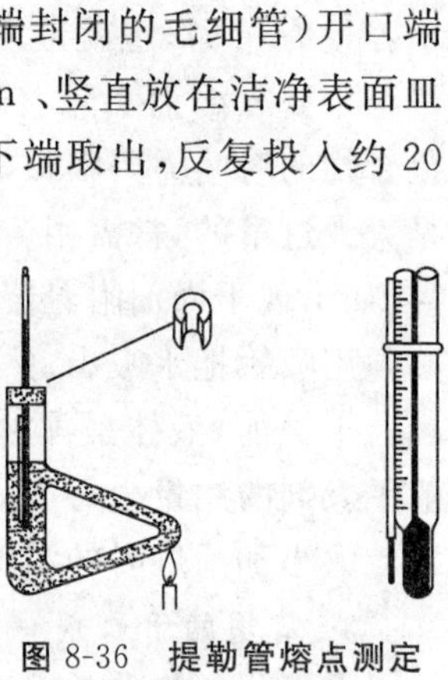

图 8-36　提勒管熔点测定装置及样品毛细管位置

三、测定

在如图 8-36 所示位置加热，使浴液受热呈对流循环.

测已知样品时，可先快速加热，距熔点 10 ℃时，应以 1 ℃～2 ℃ · min^{-1} 的速度加热，并仔细观察样品变化. 如果样品开始出现变毛、塌落或湿润，表明开始熔化，此时即为初熔温度. 继续缓缓升温，直至样品全熔，此刻即为全熔温度. 固体熔化过程可参见图 8-37.

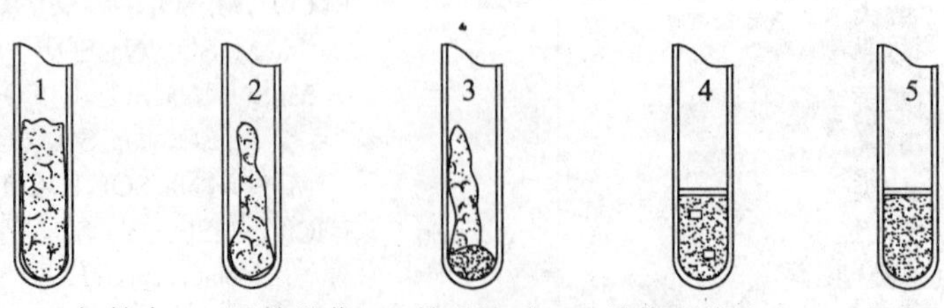

1. 初始态；2. 开始塌落；3. 始现液珠；4. 晶体即将消失；5. 全熔

图 8-37　固体样品熔化过程示意图

未知样品熔点的测定可分粗测和精测两步进行. 粗测时可快速加热，测得大致的熔点范围后，停止加热，使浴液温度降至熔点以下 30 ℃，进行精测. 精测时需置换新毛细管，开始可较快升温，距粗测熔点约 10 ℃时，再按上述方法细测. 熔点测定至少要有两次重复数据，每次都要换新熔点管重新装样.

对于易分解的样品(在达到熔点时，可见其颜色变化，且样品有膨胀和上升现象)，可把浴液预热到距熔点 20 ℃左右，再插入样品毛细管，改用小火加热测定. 若是易升华的物质，装入毛细管后，可将毛细管上端封闭再行测定.

四、温度计校正

用以上方法测定熔点时，温度计上的熔点读数与真实熔点之间常有一定的偏差. 原因有：温度计质量差(如毛细孔不均匀，刻度不准确)；使用全浸式温度计(刻度是在温度计汞线全部均匀受热的情况下刻出来的)测熔点时仅有部分汞线受热，因而露出的汞线温度较全部受热者低.

为提高测定精确度，可对温度计进行校正：选用一标准温度计与之比较；或采用纯有机化合物熔点作为校正标准——测定数种纯化合物(熔点已知)的熔点，以所测熔点作纵坐标，所测熔点与已知熔点的差值作横坐标，作校正曲线，由曲线可读出任一温度的校正值.

8-3-10　蒸馏和分馏

一、常压蒸馏

1. 蒸馏装置

常压蒸馏操作所用仪器如图 8-38 所示. 烧瓶大小取决于蒸馏液体体积，一般液体量不超过瓶子容量的 2/3，也不要少于 1/3. 仪器安装应从下往上、从左至右，并使仪器处于一个垂直平面内. 安装时应注意：温度计水银球上限与蒸馏头支管下限相切，整个装置应与大气相通.

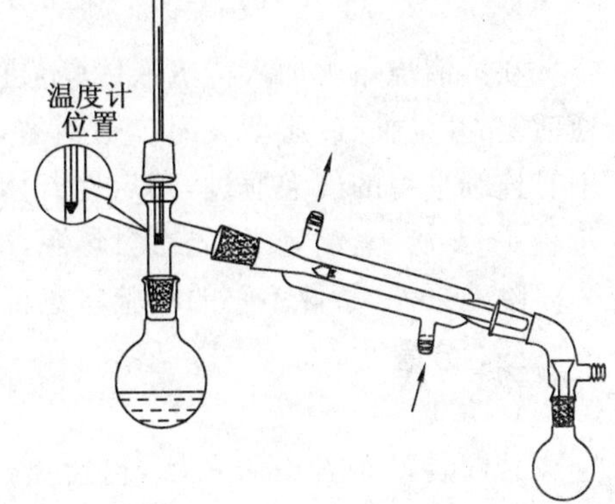

图 8-38　常压蒸馏装置

2. 蒸馏操作

(1) 加料. 装料应在组装好仪器后进行. 方法是取下温度计，在蒸馏头上放一长颈漏斗，漏斗下口斜面朝向蒸馏头支管，慢慢将试剂加入，另加 2～3 粒沸石防止暴沸. 如发现未加沸石，则应停止加热，稍冷后补加，切勿直接投放. 若中途停止蒸馏，再续蒸时，加热前仍需补加沸石.

(2) 加热. 接通冷凝水(沸点超过 140 ℃要用空气冷凝管)，开始加热，液体沸腾后调节火焰，控制蒸馏速度，以每秒 1～2 滴为宜. 蒸馏时，温度计水银球上应始终保持有液滴，此时的温度即为该液体的沸点. 液珠如果消失，表示蒸气过热，指示的温度较液体沸点高，应调小火力.

需要指出，蒸馏低沸点易燃液体(如乙醚)时，不可用明火加热，应改用其他方法加热.

(3) 馏分收集. 达到所需物质沸点前，常有沸点较低的液体先蒸出，称为前馏分. 前馏分蒸完，温度稳定后，另换接收瓶收集所需馏分. 当温度超过沸程范围时，停止接收.

(4) 结束蒸馏. 当加热不再有馏分流出或温度突然变化，表明该段馏分已近蒸完，如不需接收其他组分，可停止蒸馏(无论如何，都不要使蒸馏烧瓶蒸干，以防意外). 结束时应先停止加热,后关掉冷凝水,以与安装相反的顺序拆除仪器并清洗.

二、减压蒸馏

图 8-39 所示为减压蒸馏装置,分为蒸馏、减压以及测压和保护装置三个部分. 仪器装置完毕后应检查气密性和减压程度是否符合实验要求. 如果含有低沸点物质应先以普通蒸馏除去.

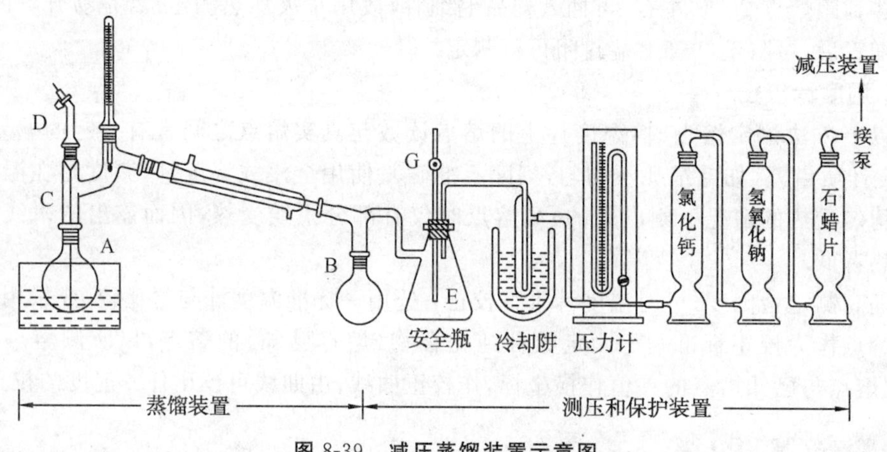

图 8-39 减压蒸馏装置示意图

在蒸馏烧瓶中加入待蒸液体(不超过 1/2 容积),旋紧烧瓶顶部螺旋夹,打井安全瓶的二通活塞,开泵抽气. 逐渐关闭二通活塞,观察压力计调节至所需真空度. 调节螺旋夹使液体中有连续平稳的气泡通过,开启冷却水,用合适的热浴加热蒸馏. 控制温度,使馏出速度为每秒 1～2 滴. 蒸馏完毕,先撤去热源,冷却后再缓慢解除真空,平衡后关闭油泵.

除油泵外,条件不够的实验室也可采用水泵或水循环来进行减压,但效果不如油泵.

三、分馏

1. 装置

分馏装置如图 8-40 所示,包括烧瓶、分馏柱、冷凝管和接收器四个部分,安装顺序与蒸馏装置相似. 为保持蒸气不断上升,减少热量散发,可用保温材料包裹分馏柱. 实验室常用的分馏柱是一种柱内呈刺状的简易分馏柱,不需另加填料,称韦氏分馏柱.

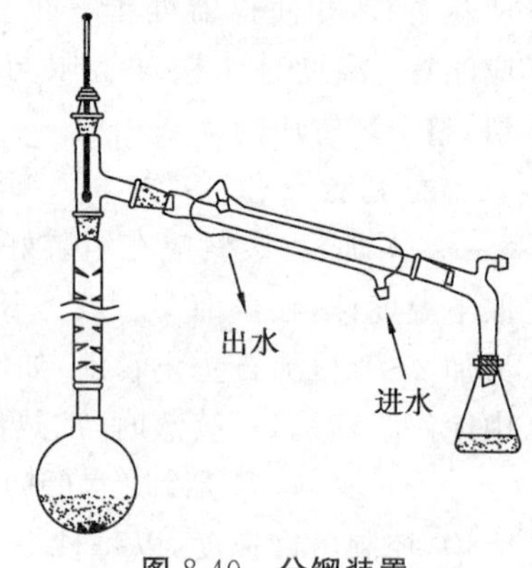

图 8-40 分馏装置

2. 操作

分馏操作基本与蒸馏相似. 烧瓶中装入待分馏液体,加 2～3 粒沸石,先通冷却水,然后加热. 液体沸腾后需调节加热速度,使蒸气缓缓升入分馏柱,约 10 min 升至柱顶,继续调节加热温度,控制馏出液体速度在每秒 2～3 滴. 当温度突然下降,表明该组分已基本蒸完,记录收集馏分的温度范围和体积. 继续升温,按沸点收集其他组分直至全部蒸出,停止加热.

要达到良好的分馏效果,必须注意以下几个方面:

(1) 分馏要缓慢进行,控制合适的、恒定的蒸馏速度.

(2) 调节好加热温度,使有一定量的液体从分馏柱流回烧瓶.

(3) 尽量保持热源的稳定,减少分馏效果的波动和热量散发.

8-3-11 沸点的测定

一、常量法

用蒸馏法测定沸点称常量法，此法液体用量较大，要 10 mL 以上. 测定方法参见蒸馏部分.

二、微量法

样品量不多时，沸点测定可采用微量法，部分装置与熔点测定装置相似，微量法仅适用于测定纯液体的沸点.

微量法测定沸点的装置见图 8-41. 将沸点管（小试管）用橡皮圈附着在温度计的一侧，然后在沸点管中加入数滴待测液体，试样部位与温度计水银球位置齐平，再放入一根内径 1 mm、长 7～8 mm 的上端封闭的毛细管，其开口处浸入样品中. 最后将整套装置悬放入一盛有水的小烧杯中加热.

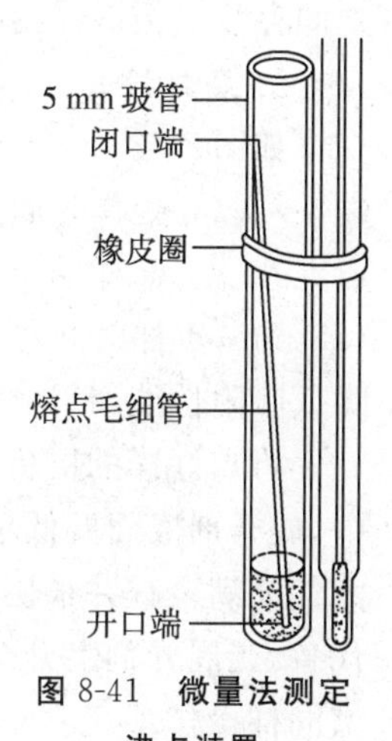

图 8-41 微量法测定沸点装置

随着温度不断上升，毛细管内断续有小气泡逸出. 当到达液体的沸点时，将有一连串的小气泡快速逸出，此时停止加热，让热浴慢慢冷却，气泡也逐渐减少. 仔细观察，当最后一个气泡刚欲缩回至毛细管内的瞬间，记下此刻的温度，即为待测液体的沸点. 重复测定，每次均要另换干净毛细管.

测定准确与否，关键要注意以下几点：

(1) 加热不能过快，被测液体量不能太少，以免液体全部汽化.

(2) 毛细管内空气尽量赶净，保证管内完全充满待测液蒸气.

(3) 观察要仔细，必要时可重复测定.

8-3-12 色谱

橡皮塞
玻璃钩
滤纸条
溶剂前沿
起点线
溶剂

图 8-42 纸色谱装置

一、纸色谱

纸色谱装置如图 8-42 所示. 选择的滤纸应厚薄均匀无折痕，大小视展开缸而定. 在滤纸一端 2～3 cm 处用铅笔画起点线和点样位置，然后用毛细管将样品点在该位置上（直径约 1.5～2 mm），如溶液较稀，斑点不够明显，则需重复多次点样以保证能获得鲜明的层析谱（注意：每点一种试样，必须换一根毛细管；一次点样后，务必等待溶剂挥发后再在原先斑点的中心位置上进行第二次点样）. 干燥后，把滤纸另一端置于挂钩上，插入展开剂进行展开，注意展开剂液面必须位于样点之下. 当展开剂前沿接近滤纸上端时，取出并立即画出前沿线，干燥. 若为有色样品，则在滤线上即可看到各种颜色斑点；若样品无色，可用显色剂喷雾使其显色，也可在紫外灯下观察荧光斑点. 接着在滤纸上画出斑点位置和形状，计算各组分的比移值 R_f：

$$R_f=\frac{\text{从起始点到物质斑点（中心）的距离}}{\text{从起始点到溶剂前缘的距离}}$$

二、薄层色谱

1. 层析板制备

实验室常用 10 cm×3 cm×0.25 mm 的玻璃板或载玻片进行铺层. 在洁净干燥的玻片上铺设一层均匀的糊状薄层吸附剂(氧化铝、硅胶等),厚度为 0.25～1 mm,可使用涂布器,也可用玻棒或边缘光滑的不锈钢尺将糊状物刮平,或将糊状液倒在玻片上,用手轻轻振摇使表面均匀光滑.

将涂好的层析板晾干,放入烘箱加热活化. 硅胶板要缓慢升温,在 105 ℃～110 ℃活化 30 min,氧化铝板一般在 220 ℃～220 ℃活化 4 h. 活化后的层析板在室温下冷却数分钟后,立即存放于干燥器内备用. 层析板也可直接购买成品使用.

2. 层析操作

如图 8-43 所示,层析操作在展开缸中进行. 在距层析板一端 1～2 cm 处作为起点线,用内径 1 mm 的毛细管将样品垂直点在线上,点样直径不超过 2 mm,样点间距至少为 1～1.5 mm,点样时间尽可能短,以免薄层吸收空气中的水分而降低吸附性能.

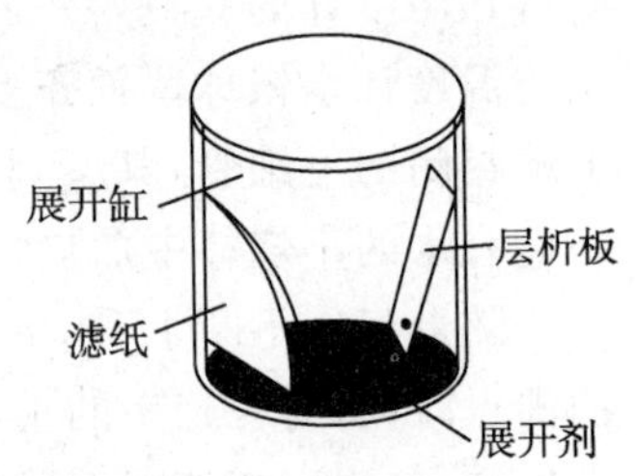

图 8-43 薄层色谱展开装置

将点好样的层析板倾斜放入密闭的盛有展开剂的展开缸中,展开剂液面要低于样点,一般高度为 0.5 cm. 为使展开剂蒸气充满全缸并很快达到平衡,可在缸内衬一张滤纸. 没有展开缸可用盖上表面皿的烧杯代替. 当展开剂上升至距板顶 1～1.5 cm 处时,取出层析板并立即画出前沿线,然后与纸色谱同样操作.

纸色谱所用显色剂均可用于薄层色谱,而薄层色谱还可使用一些纸色谱不能用的腐蚀性显色剂如浓硫酸、浓盐酸等. 但是,薄层色谱在操作上不如纸色谱方便,层析板也不易保存.

三、柱色谱

柱色谱装置如图 8-44 所示,主要部件为色谱柱,它是一根下端带活塞的玻璃管,管内装入适合的吸附剂(氧化铝或硅胶).

1. 装柱

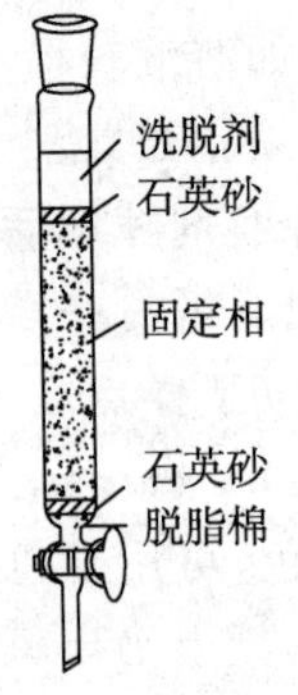

图 8-44 柱色谱装置

装柱有干法和湿法两种. 干法是在色谱柱下端塞一些脱脂棉,在上端放一干燥的漏斗,将吸附剂倒入漏斗,使其呈一股细流不断装入柱中,并轻轻敲打柱身,使填充均匀,然后加洗脱剂润湿,最后在吸附剂上端覆盖一层 0.5 cm 的石英砂. 湿法是先将溶剂倒入衬有脱脂棉的色谱柱内至柱高的 3/4 处,再慢慢加入用洗脱剂(混合洗脱剂选用极性最低的组分)调成糊状的吸附剂,同时打开活塞,控制溶剂流速为每秒 1 滴,并轻轻敲打柱身,直至吸附剂装填紧密、不再下沉为止,然后在吸附剂上端覆盖一层 0.5 cm 的石英砂. 无论采用哪种方法,都必须使吸附剂紧密均匀不留缝隙,并排除空气,且柱内洗脱剂的高度始终不能低于吸附剂最上端,这是分离效果好坏的关键. 比较而言,湿法装柱更紧密均匀;而干法在添加洗脱剂时易出现气泡,吸附剂也易溶胀,故较少采用.

2. 分离

装柱完毕先要洗柱：打开活塞，沿柱壁缓缓加入洗脱剂，洗涤除去吸附剂中的可溶性杂质并驱走气泡，然后进行加样洗脱.

液体样品可直接加入，固体样品需用最少量的溶剂溶解后加入. 当洗脱剂降至稍低于石英砂表面时停止排液，用滴管沿柱内壁一次性加入样品，注意滴管尽量靠近石英砂表面. 然后打开活塞，使样品进入石英砂层，再加少量洗脱剂洗下壁上附着的样品，待这部分液体进入石英砂层后，加入洗脱剂淋洗，控制洗脱液流速为每秒1～2滴，分别接收不同组分的洗脱液，直至所有色带被展开. 注意整个过程始终要有溶剂覆盖吸附剂.

8-3-13 样品检测

样品检测大致包括以下几个步骤：取样、试样的分解、干扰组分的分离、测定、数据处理及分析结果的表示. 此处仅就试样的采取和制备，分析试样的分解和处理，测定方法的选择，进行讨论.

一、试样的采取和制备

试样的采取和制备必须保证所取试样具有代表性，即分析试样的组成能代表整批物料的平均组成. 否则，无论分析工作做得怎样认真、准确，所得结果也毫无实际意义；更有害的是提供了无代表性的分析数据，会给实际工作造成严重的混乱. 因此，慎重地审查试样的来源，使用正确的取样方法是非常重要的.

取样大致可分三步：收集粗样(原始试样)；将每份粗样混合或粉碎、缩分，减少至适合分析所需的数量；制成符合分析用的样品.

1. 取样的基本原则

正确取样应满足以下几个要求：

第一，大批试样(总体)中所有组成部分都有同等的被采集的概率；第二，根据给定的准确度，采取有次序的和随机的取样，使取样的费用尽可能低；第三，将 n 个取样单元(如车、船、袋或瓶等容器)的试样彻底混合后，再分成若干份，每份分析一次，这样比采用分别分析几个取样单元的办法更优化.

2. 采样方法

试样种类繁多，形态各异，试样的性质和均匀程度也各不相同. 因此，首先将被采取的物料总体分为若干单元. 它可以是均匀的气体和液体，也可以是车辆或船只装载的物料. 其次，了解各取样单元间和各单元内的相对变化. 如煤在堆积或运输中出现的偏析，即颗粒大的会滚在堆边上，颗粒小或密度大的会沉在堆下面，细粉甚至可能飞扬. 正确划分取样单元和确定取样点是十分重要的. 以下针对不同种类的物料简略讨论一些采样方法.

(1) 组成比较均匀的物料. 这一类试样包括气体、液体和某些固体，取样单元可以较小. 对于大气样品，根据被测组分在空气中存在的状态(气态、蒸气或气溶胶)、浓度，以及测定方法的灵敏度，可用直接法或浓缩法取样. 对于贮存于大容器(如贮气柜或槽)内的物料，因密度不同可能影响其均匀性时，应在上、中、下等不同处采取部分试样混匀. 对于水样，其代表性和可靠性，首先决定于取样面和取样点的选择，如江河、湖泊、海域、地下水等取样点的布法就很不一样；其次决定于取样方法，如表层水、深层水、废水、天然水等水质不同，应采用不同的取样方法，同时还要注意季节的变化. 对于含有悬浊物的液槽，在不断搅拌下于不同深度取出若干份样本，以补偿其不均匀性.

如果是较均匀的粉状固体或液体，且分装在数量较大的小容器(如桶、袋或瓶)内，可从总体中按有关标准规定随机地抽取部分容器，再采取部分试样混匀即可.

对于金属制品如板材和线材等，由于经过高温熔炼，组成一般较均匀，可将许多板(或线)对齐横切削一定数量的试样. 但对钢锭和铸铁，由于表面和内部的凝固时间不同，铁和杂质的凝固温度也不一样，因此表面和内部所含杂质的质量不同，采样时应在不同部位和深度钻取屑末混匀. 对于那些坚硬的如白口铁、硅钢等，无法钻取，可用钢锤砸碎，在钢钵中再捣碎，取一部分作分析试样.

(2) 组成很不均匀的物料. 如矿石、煤炭、土壤等，颗粒大小不等，硬度相差也大，组成极不均匀. 若是堆成锥形，应从底部周围几个对称点对顶点画线，再沿底线按均匀的间隔按一定数量的比例取样. 若物料是采用输送带运送的，可在输送带的不同横断面取若干份样品. 如是用车或船运的，可按散装固体随机抽样，再在每车(或船)中的不同部位多点取样，以克服运输过程中的偏析作用. 取出份数越多，试样的组成越具有代表性，但处理时所耗人力、物力将大大增加. 因此采样的数量可按统计学处理，选择能达到预期的准确度最节约的采样量.

3. 试样的制备

固体试样加工的一般程序是：先用颚式破碎机或球磨机进行粗碎，使试样能通过 4～6 号筛；再用盘式破碎机进行中碎，使试样能过 20 号筛，然后再细磨至所需的粒度. 不同性质的试样要求磨细的程度不同，一般要求分析试样能过 100～200 号筛.

试样过筛时未通过的细粒，应再碎至全部通过，决不能随意弃去，否则会影响试样的代表性，因为不易粉碎的粗粒往往具有不同的组成.

试样每经破碎至一定细度后，都需将试样仔细混匀进行缩分. 缩分的目的是使破碎试样的质量减小，并保证缩分后试样中的组分含量与原始试样一致. 缩分方法很多，常用的是四分法. 即将试样混匀后，堆成圆锥形，略为压平，由锥中心划成四等份，弃去任意对角的两份，收集留下的两份混匀. 如此反复处理至所需的分析试样为止.

将制好的试样分装成两瓶，贴上标签，注明试样的名称、来源和采样日期. 一瓶作为正样供分析用，另一瓶作副样备查. 试样收到后，一般应尽快分析，否则也应妥善保存，避免试样受潮、风干或变质等.

二、试样的分解和处理

在一般分析工作中，除干法分析(如光谱分析、差热分析等)外，通常都用湿法分析，即先将试样分解制成溶液再进行分析，故试样的分解是分析工作的重要步骤之一. 它不仅直接关系到待测组分转变为合适的测定形态，也关系到以后的分离和测定. 如果分解方法选择不当，就会增加不必要的分离手续，给测定造成困难和增大误差，有时甚至使测定无法进行.

分解试样时，带来误差的原因很多，如分解不完全，分解时与试剂和反应器皿作用导致待测组分的损失或玷污，这些现象在测定微量成分时尤应注意. 另外，分解试样时应尽量避免引入干扰成分.

选择分解方法时，不仅要考虑对准确度和测定速度的影响，而且要求分解后杂质的分离和测定都容易进行. 所以，应选择那些分解完全，分解速度快，分离测定较顺利，同时对环境没有污染或很少污染的分解方法.

湿法是用酸或碱溶液来分解试样，一般称为溶解法.干法则用固体碱或酸性物质熔融或烧结来分解试样，一般称为熔融法.此外，还有一些特殊分解法，如热分解法、氧瓶燃烧法、定温灰化法、非水溶剂中金属钠或钾分解法等.在实际工作中，为了保证试样分解完全，各种分解方法常常配合使用.例如，在测定高硅试样中小含量元素时，常先用 HF 分解加热除去大量硅，再用其他方法完成分解.

另外，在分解试样时总希望尽量少引入盐类，以免给测定带来困难和误差，所以分解试样尽量采用湿法.在湿法中选择溶剂的原则是：能溶于水的先用水溶解，不溶于水的酸性物质用碱性溶剂，碱性物质用酸性溶剂，还原性物质用氧化性溶剂，氧化性物质用还原性溶剂.

除在常温下和加热条件下溶解外，近来也有采用在封闭容器内微波溶解技术.利用样品和适当的溶(熔)剂吸收微波能产生热量加热样品，同时微波产生的交变磁场使介质分子极化，极化分子在高频磁场交替排列导致分子高速振荡，使分子获得高的能量.由于这两种作用，样品表层不断被搅动破裂，促使样品迅速溶(熔)解.该方法可靠和易控制.总之，分解试样时要根据试样的性质、分析项目要求和上述原则，选择一种合适的分解方法.

(一) 无机物的分解

1. 溶解法

溶解试样常用的溶剂除水以外，还有以下几种：

(1) 盐酸.利用酸中 H^+ 和 Cl^- 的还原性与某些金属离子的配位作用，主要用于弱酸盐(如碳酸盐、磷酸盐等)、一些氧化物(如 Fe_2O_3、MnO_2 等)、一些硫化物(如 FeS、Sb_2S_3 等)及电位次序在氢以前的金属(如 Fe、Zn 等)或合金的溶解，还可溶解灼烧过的 Al_2O_3、BeO 及某些硅酸盐.

盐酸加 H_2O_2 或 Br_2 等氧化剂，常用来分解铜合金和硫化物矿等，同时还可破坏试样中的有机物，过量的 H_2O_2 或 Br_2 可加热除去.在溶解钢铁时，也常加入少量 HNO_3 以破坏碳化物.

用盐酸分解试样和蒸发其溶液时，必须注意 Ge(Ⅳ)、As(Ⅲ)、Sn(Ⅳ)、Se(Ⅳ)、Te(Ⅳ)和 Hg(Ⅱ)等氯化物的挥发损失.

(2) 硝酸.几乎所有的硝酸盐都易溶于水，且硝酸具有强氧化性，除铂、金和某些稀有金属外，浓硝酸能分解几乎所有的金属试样.但铁、铝、铬等在硝酸中由于生成氧化膜而钝化，锑、锡、钨则生成不溶性的酸(偏锑酸、偏锡酸和钨酸)，这些金属不宜用硝酸溶解.几乎所有硫化物及其矿石皆可溶于硝酸，但宜在低温下进行，否则将析出硫黄；欲使硫氧化成 SO_4^{2-}，可用 HNO_3+KClO_3 或 HNO_3+Br_2 等混合溶剂.

浓硝酸和浓盐酸按 1∶3(体积比)混合的王水，或 3∶1 混合的逆王水，以及二者按其他比例混合形成的混合酸，可用来氧化硫和分解黄铁矿及铬-镍合金钢、钼-铁合金、铜合金等.

试样中有机物的存在常干扰分析，可用浓硝酸加热氧化破坏，也可加入其他酸如 H_2SO_4 或 $HClO_4$ 来分解.

用硝酸溶解试样后，溶液中往往含有 HNO_2 和氮的低价氧化物，它们常能破坏某些有机试剂而影响测定，应煮沸除去.

(3) 硫酸.除碱土金属和铅等硫酸盐外，其他硫酸盐一般都易溶于水，所以硫酸也是重要溶剂之一.其特点是沸点高(338 ℃),热的浓硫酸还具有强的脱水和氧化能力,用它分解试样较快.在高温下可用来分解萤石(CaF_2)、独居石(稀土和钍的磷酸盐)等矿物和某些金属及合金(如铁、钴、镍、锌等).当加热至冒白烟(产生 SO_3)时,可除去试样中低沸点的 HF、HCl、HNO_3 及氮的氧化物等,并可破坏试样中的有机物.

(4) 高氯酸.除 K^+、NH_4^+ 等少数离子的高氯酸盐外,一般的高氯酸盐都易溶于水.浓热的高氯酸具有强的脱水和氧化能力,常用于不锈钢、硫化物的分解和破坏有机物,可将铬氧化为 $Cr_2O_7^{2-}$,钒氧化为 VO^{3-},硫氧化为 SO_4^{2-}.由于 $HClO_4$ 的沸点高(203 ℃),加热蒸发至冒烟时也可驱除低沸点酸,所得残渣加水很易溶解.

在使用高氯酸时应注意安全.浓度低于 85%的纯高氯酸在一般条件下十分稳定,但有强脱水剂(如浓硫酸)或有机物、某些还原剂等存在一起加热时,就会发生剧烈的爆炸.所以对含有机物和还原性物质的试样,应先用硝酸加热破坏,然后再用高氯酸分解,或直接用硝酸和高氯酸的混合酸分解.在氧化过程中补加高氯酸时必须有硝酸存在,这样才较安全.

(5) 氢氟酸.常与 H_2SO_4 或 $HClO_4$ 等混合使用,分解硅铁、硅酸盐及含钨、铌、钛等试样.这时硅以 SiF_4 形式除去,用 H_2SO_4 或 $HClO_4$ 是为了除去过量的氢氟酸.如有碱土金属和铅时,用 $HClO_4$,有 K^+ 时用 H_2SO_4.用氢氟酸分解试样,需用铂坩埚或聚四氟乙烯器皿(温度低至 250 ℃)和在通风柜内进行,并注意防止氢氟酸触及皮肤以及灼伤(不易愈合).

(6) 氢氧化钠溶液(20%~30%).可用来分解铝、铝合金及某些酸性氧化物等.分解应在银或聚四氟乙烯器皿中进行.

2. 熔融法

根据所用的熔剂性质可分为酸熔法和碱熔法两种,此外还有半熔法.

(1) 酸熔法.常用焦硫酸钾($K_2S_2O_7$)或硫酸氢钾($KHSO_4$)分解一些难溶于酸的碱性或中性氧化物、矿石,如 Fe_2O_3、刚玉(Al_2O_3)、金红石(TiO_2)等,生成可溶性的硫酸盐.例如:

$$TiO_2 + 2K_2S_2O_7 = Ti(SO_4)_2 + 2K_2SO_4$$

熔融常在瓷坩埚中进行,熔融温度不宜过高,时间也不要太长,以免硫酸盐再分解成难溶氧化物.熔块冷却后用稀硫酸浸取,有时还加入酒石酸或草酸等配位剂,抑制某些金属离子(如 Nb(Ⅴ)、Ta(Ⅴ)等)水解.

此外,可用 KHF_2 分解稀土和钍的矿物,用它的铵盐可分解一些硫化物及硅酸盐.

(2) 碱熔法.常用的碱性熔剂有碳酸钠、碳酸钾、氢氧化钠、氢氧化钾、过氧化钠或它们的混合熔剂等.Na_2CO_3(或 K_2CO_3)可分解一些硅酸盐、酸性炉渣等,如用来分解钠长石和重晶石:

$$NaAlSi_3O_8 + 3Na_2CO_3 = NaAlO_2 + 3Na_2SiO_3 + 3CO_2$$

$$BaSO_4 + Na_2CO_3 = BaCO_3 + Na_2SO_4$$

经高温熔融后均转化为可溶于水和酸的化合物.

为了降低熔融温度,可用 1∶1 Na_2CO_3 与 K_2CO_3 混合熔剂(熔点约 700 ℃).Na_2CO_3 加少量氧化剂(如 KNO_3 或 $KClO_3$)的混合熔剂,常用于分解含 S、As、Cr 等的试样,使它们分别分解并氧化为 SO_4^{2-}、AsO_4^{3-}、CrO_4^{2-}.Na_2CO_3 加入硫,常用于分解含 As、Sb、Sn 等的氧化物、硫化物和合金试样,使它们转变为可溶性硫代酸盐,如锡石的分解:

$$2SnO_2 + 2Na_2CO_3 + 9S \xlongequal{} 2Na_2SnS_3 + 3SO_2 + 2CO_2$$

NaOH 和 KOH 是低熔点强碱性熔剂，常用于分解硅酸盐、铝土矿、黏土等试样. 在分解难熔物质时，可加入少量 Na_2O_2 或 KNO_3.

熔融时为了使分解反应完全，通常加入 6～12 倍的过量熔剂. 由于熔剂对坩埚腐蚀比较严重，所以应注意选择适宜的坩埚，以保证分析的准确度. 例如，以 $K_2S_2O_7$ 作熔剂进行熔融时，可以在铂、石英甚至瓷坩埚中进行，但若在瓷坩埚中进行，会引入瓷中的组分，如少量铝等，因此在分析含有这些元素的试样时就不宜选用. 又如，用碳酸钠或碳酸钾作熔剂熔融时可使用铂坩埚；但用氢氧化钠作熔剂时会腐蚀铂器皿，应改用银坩埚或镍坩埚. 此时银或镍也将进入溶液中，但进入溶液的银易以不溶性的氯化物形式除去. 当用碱性熔剂如 Na_2O_2 熔融时，还常用价廉的刚玉坩埚.

(3) 半熔法(烧结法). 将试样和熔剂在低于熔点的温度下进行反应，若试样磨得很细(如 200 目)，分解时间长一些也可分解完全，又不致侵蚀器皿. 烧结可在瓷坩埚中进行. 例如，常用 $Na_2CO_3 + MgO$(或 ZnO)(1∶2)作熔剂，分解煤或矿石中的硫. 其中 Na_2CO_3 作熔剂，MgO 或 ZnO 起疏松和通气作用，使空气中氧将硫氧化为硫酸盐，用水浸出即可测定. 为了促使硫定量地氧化，也可在烧结剂中加入少量氧化剂，如 $KMnO_4$ 等.

用 $CaCO_3 + NH_4Cl$ 可分解硅酸盐，测定其中的 K^+、Na^+，如用它分解钾长石：

$$2KAlSi_3O_8 + 6CaCO_3 + 2NH_4Cl \xlongequal{} 6CaSiO_3 + Al_2O_3 + 2KCl + 6CO_2 + 2NH_3 + H_2O$$

烧结温度 750 ℃～800 ℃，反应产物仍为粉末状，但 K^+、Na^+ 已转变为氯化物，可用水浸取.

(二) 有机物的分解

1. 溶解法

低级醇、多元酸、糖类、氨基酸、有机酸的碱金属盐，均可用水溶解. 许多有机物不溶于水可溶于有机溶剂. 例如，有机酸易溶于乙二胺、丁胺等碱性有机溶剂；生物碱等有机碱易溶于甲酸、冰醋酸等酸性有机溶剂. 根据相似相溶原理，极性有机化合物易溶于甲醇、乙醇等极性有机溶剂，非极性有机化合物易溶于 $CHCl_3$、CCl_4、苯、甲苯等非极性有机溶剂. 有关溶剂的选择可参考有关资料，此处不详述.

表 8-7 列出了几种高聚物的常见溶剂.

表 8-7 高聚物的常见溶剂

高聚物	溶剂
聚苯乙烯，醋酸纤维，醋酸-丁酸纤维素	甲基异丁基酮
聚丙烯腈，聚氯乙烯，聚碳酸酯	二甲替甲酰胺
聚氯乙烯-聚乙烯共聚物	环己酮
聚酰胺	60%甲酸
聚醚	甲醇

2. 分解法

欲测有机物中的无机元素，分解试样的方法可分湿法、干法和定温灰化法.

(1) 湿法. 常用硫酸、硝酸或混合酸分解试样，在克氏烧瓶中加热，试样中有机物即被氧化成 CO_2 和 H_2O，金属元素则转变为硝酸盐或硫酸盐，非金属元素则转变为相应的阴离子. 此法用于有机物中的金属、硫、卤素等元素的测定.

(2) 干法. 典型的分解方式有两种. 一种是在充满 O_2 的密闭瓶内,用电火花引燃有机试样,瓶内可盛适当的吸收剂以吸收其燃烧产物,然后用适当方法测定. 这种方式叫氧瓶燃烧法. 它广泛用于有机物中卤素、硫、磷、硼等元素的测定,也可用于许多有机物中部分金属元素,如 Hg、Zn、Mg、Co、Ni 等的测定.

(3) 定温灰化法. 将试样置于敞口皿或坩埚内,在空气中一定温度范围(500 ℃～550 ℃)内,加热分解、灰化,所得残渣用溶剂溶解后进行测定. 灰化前加入一些添加剂(如 CaO、MgO、Na_2CO_3 等),可使灰化更有效. 此法常用于测定有机物和生物试样中的无机元素,如锑、铬、铁、钼、锶、锌等. 近来使用低温灰化操作及装置,如高频电激发的氧气通过试样,温度仅 150 ℃即可使试样分解,适用于生物试样中 As、Se、Hg 等易挥发元素的测定.

近年有人提出用 V_2O_5 作熔剂,它的氧化力强,可用于含 N、S、卤素的有机物的分解,释放出的气体可检测出 N、S、卤素等.

三、测定方法的选择

工农业生产和科学技术的发展对分析化学不断提出了更高的要求和任务,同时也为分析化学提供了更多更先进的测定方法,一种组分(无机离子或有机官能团等)可用多种方法测定,因此必须根据不同情况和要求选择一两种方法. 选择测定方法应考虑的问题如下:

1. 测定的具体要求

首先应明确测定的目的及要求,其中主要包括需要测定的组分、准确度及完成测定的速度等. 一般对标准物和成品分析的准确度要求较高,微量成分分析则对灵敏度要求较高,而中间控制分析则要求快速简便. 例如,在无机非金属材料(如黏土、玻璃等)的分析中,二氧化硅是主要测定项目之一. 测定二氧化硅的含量较多采用重量分析法,在试样分解后,在盐酸溶液中蒸干脱水两次,使二氧化硅呈硅酸胶凝状沉淀析出,然后过滤,灼烧至恒重. 但得到的二氧化硅往往含有少量杂质,如 Fe^{3+}、Al^{3+}、Ti^{4+} 等,使测定结果偏高. 若是标准样或管理样,准确度要求更高,应用 HF 和 H_2SO_4 进一步处理,使 SiO_2 转化为 SiF_4 挥发除去,再灼烧至恒重,由减差法求得二氧化硅含量. 此法具有干扰少、准确度高、滤液可用于其他组分测定等优点;但操作繁复,时间冗长. 如果是成品分析,可只脱水两次,或改用动物胶-盐酸脱水一次,这样分析时间就大大缩短. 如果是生产过程中的例行分析,则要求快,就宜用氟硅酸键合滴定法.

2. 待测组分的含量范围

适用于测定常量组分的方法常不适用于测定微量组分或低浓度的物质;反之,测定微量组分的方法也多不适用于常量组分的测定. 因此,在选择测定方法时应考虑欲测组分的含量范围. 常量组分多采用滴定分析法(包括电位、电导、库仑和光度等滴定法)和重量分析法,它们的相对误差为千分之几. 由于滴定法简便、快速,因此当两者均可应用时,一般选用滴定法. 对于微量组分的测定,则应用灵敏度较高的仪器分析法,如分光光度法、原子吸收光谱法、色谱分析法等. 这些方法的相对误差一般是百分之几,因此用这些方法测定常量组分时,其准确度就不可能达到滴定法和重量法的那样高;但对微量组分的测定,这些方法的准确度就能满足要求了. 例如,钢铁中硅的测定,不能用重量法和滴定法,而应用分光光度法或原子吸收光谱法.

3. 待测组分的性质

了解待测组分的性质常有助于测定方法的选择. 例如，大部分金属离子均可与 EDTA 形成稳定的螯合物，因此配位滴定法是测定金属离子的重要方法. 对于碱金属，特别是钠离子等，由于它们的配合物一般都很不稳定，大部分盐类的溶解度较大，又不具有氧化还原性质，但能发射或吸收一定波长的特征谱线，因此火焰光度法及原子吸收光谱法是较好的测定方法. 又如，溴酸盐法可测定有机物的不饱和度. 再如，生物碱大多数具有一定的碱性，可用酸碱滴定法测定.

4. 共存组分的影响

选择测定方法时，必须同时考虑共存组分对测定的影响. 例如，测定铜矿中的铜时，用 HNO_3 分解试样，若选用碘量法测定，其中所含 Fe^{3+}、Sb(Ⅴ)、As(Ⅴ)、Al^{3+}、Zn^{2+}、Pb^{2+} 等能与 EDTA 配位，干扰测定；若用原子吸收光谱法，则一般元素 Fe、Zn、Pb、Al、Co、Ni、Ca、Mg 等均不干扰，但 H_2SO_4（或 SO_4^{2-}）的存在使吸收值降低产生负干扰. 因此，如果没有合适的直接滴定法，应改变测定条件，加入适当的掩蔽剂或进行分离，排除各种干扰后再行测定.

5. 实验室条件

选择测定方法时，还要考虑实验室是否具备所需条件，如现有仪器的精密度和灵敏度，所需试剂和水的纯度以及实验室的温度、湿度和防尘等实际情况. 有些方法虽能在很短时间内分析成批试样，很适合于例行分析，但需要昂贵的仪器，一般实验室不一定具备，也只能选用其他方法.

一种理想的分析方法应该是灵敏度高、检出限低、精密度佳、准确度高、操作简便，但在实际中往往很难同时满足这些要求，所以需要综合考虑各个指标，对选择的各方法进行综合分析. 最近邓勃提出一个综合评价分析方法的函数，它主要包括了表征分析方法特征的各参数：标准偏差(S)、检出限(L)、灵敏度(b)、测定次数(n)、系统误差(δ)及置信概率等.

选择分析方法时，首先查阅有关文献，然后根据上述原则判定切实可行的分析方案，通过实验进行修改完善，最好应用标准样或管理(合成)样判断方法的准确度和精密度，确认能满足分析的要求后，再进行试样的测定.

8-3-14 形象化的计算机模拟化学实验

计算机模拟实验是用计算机模拟实验过程，作为代替和加强传统的实验教学的手段，可帮助学生解决一些实验中的实际困难，加强对学生的实验技能训练，培养学生独立解决问题的能力，而且可以大大地节省实验费用.

许多同学都做过酸碱中和反应实验，如果用计算机来模拟这个实验，学生启动计算机后，彩色显示屏上可显示一套滴定实验装置，锥形瓶中盛有 x 摩尔的盐酸，滴定管中盛有 y 摩尔的氢氧化钠溶液，学生按下键盘上的“S”键，滴定开始. 学生看到氢氧化钠溶液从滴定管中逐滴逐滴地滴入锥形瓶的盐酸中，到达滴定终点时，锥形瓶中的溶液颜色突变，随着滴定的进行，滴定的曲线不断延伸，整个实验过程非常形象地显示在荧光屏上，学生看得清清楚楚. 同时“计算机教师”从数据库中调出各种问题，随机给出不同的 x 或 y 值向学生提问，要求学生回答，答错者要求重新进行计算或重做实验，直到回答正确为止.

下面是无机化学中一个置换法测定镁化学计量值的模拟实验. 学生启动计算机，在荧光屏上显示出一套实验装置和需要使用的各种化学试剂.通过人机对话,学生从键盘输入各种实验参数:镁的质量,实验温度及在该温度下的饱和水蒸气压,实验时的大气压.此后计算机提问,是否加入硫酸(Y/N),学生键入Y,硫酸开始加入到试管中,置换反应开始,试管内出现闪烁,镁块消失,同时看到氢气泡冒出,平衡管液面下降,达到平衡后读取产生的氢气体积数.这时荧光屏上出现氢气体积是多少的提问:V?学生键入氢气体积数,计算机随即计算出镁化学计量值、标准镁化学计量值和实验误差并显示在荧光屏上.学生可以改变实验条件,重复进行几次实验,对几次重复实验的结果进行统计处理,最后打印出实验报告.计算机模拟实验,非常形象,有利于学生深入理解实验的内容.学生在实验过程中,必须积极开动脑筋,手脑并用才能完成任务,有利于调动学生的学习积极性.

对于有危险性的化学实验,不便进行真实的实验,如稀释硫酸的操作,用计算机模拟,告诉学生正确的做法是,只能将浓硫酸缓慢地一小份一小份地加入到水中,让产生的热量充分地散发出去.如果将水加入到浓硫酸中,就会发生浓硫酸飞溅出来烧伤人的严重事故,这时在荧光屏上显示出飞溅的浓硫酸烧伤人的情景,会在学生的头脑中留下深刻的印象,学生以后在实验中就会牢牢地记住正确的操作.对于实验周期长、费用高的大型化学化工实验,由于客观条件的限制,在短短的教学时间内常常不可能进行真实的实验,用计算机进行模拟更具有突出的优越性.

随着科学技术的发展,大型精密分析仪器在高等学校的教学科研中使用越来越普遍,这些大型精密分析仪器都是组装好的,学生无法清楚地了解其内部结构,教师也不能随便将仪器拆开来让学生看.而计算机可以把仪器"拆开",将其内部的各部件和整体结构显示在学生面前,让学生一目了然.这样非常有利于学生对仪器的整体结构、各部件的功能的深入了解,以及对仪器的正确使用和日常维护.

进行实验获取可靠的实验数据,只是获取有用信息的第一步,要将实验数据变为可利用的信息,还需对实验数据进行加工处理,如数据运算、噪声滤波、曲线平滑、曲线拟合、求导、谱峰分辨和解析、背景和空白校正等,都需用到计算机.

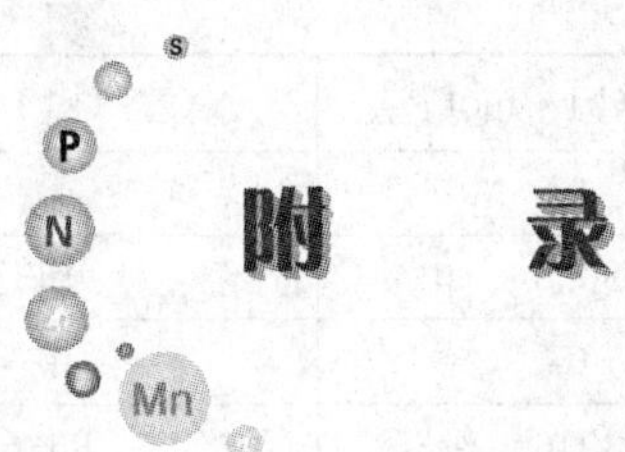

附　录

附录一　一些重要的物理常数

真空中的光速	$c=2.997\ 924\ 58\times10^{8}\ m\cdot s^{-1}$
电子的电荷	$e=1.602\ 177\ 33\times10^{-19}\ C$
原子质量单位	$\mu=1.660\ 540\ 2\times10^{-27}\ kg$
质子静质量	$m_p=1.672\ 623\ 1\times10^{-27}\ kg$
中子静质量	$m_b=1.674\ 954\ 3\times10^{-27}\ kg$
电子静质量	$m_e=9.109\ 389\ 7\times10^{-31}\ kg$
理想气体摩尔体积	$V_m=2.241\ 410\times10^{-2}\ m^3\cdot mol^{-1}$
摩尔气体常数	$R=8.314\ 510\ J\cdot mol^{-1}\cdot K^{-1}$
阿佛伽德罗常数	$N_A=6.022\ 136\ 7\times10^{23}\ mol^{-1}$
里德堡常数	$R_{LD}=1.097\ 373\ 153\ 4\times10^{7}\ m^{-1}$
法拉第常数	$F=9.648\ 530\ 9\times10^{4}\ C\cdot mol^{-1}$
普朗克常数	$h=6.626\ 075\ 5\times10^{-34}\ J\cdot s$
玻尔兹曼常数	$\kappa=1.380\ 658\times10^{-23}\ J\cdot K^{-1}$

附录二　一些物质的 $\Delta_f H_m^\ominus$，$\Delta_f G_m^\ominus$ 和 $S_m^\ominus$(298.15 K)

物　质	$\Delta_f H_m^\ominus/(kJ\cdot mol^{-1})$	$\Delta_f G_m^\ominus/(kJ\cdot mol^{-1})$	$S_m^\ominus/(J\cdot K^{-1}\cdot mol^{-1})$
Ag(s)	0	0	42.6
Ag^+(aq)	105.4	76.98	72.8
AgCl(s)	−127.1	−110	96.2
AgBr(s)	−100	−97.1	107
AgI(s)	−61.9	−66.1	116
$AgNO_2$(s)	−45.1	19.1	128
$AgNO_3$(s)	−124.4	−33.5	141
Ag_2O(s)	−31.0	−11.2	121
Al(s)	0	0	28.3
Al_2O_3(s,刚玉)	−1 676	−1 582	50.9
Al^{3+}(aq)	−531	−485	−322
AsH_3(g)	66.4	68.9	222.67
AsF_3(l)	−821.3	−774.0	181.2
As_4O_6(s,单斜)	−1 309.6	−1 154.0	234.3

续表

物　质	$\Delta_f H_m^\ominus/(kJ \cdot mol^{-1})$	$\Delta_f G_m^\ominus/(kJ \cdot mol^{-1})$	$S_m^\ominus/(J \cdot K^{-1} \cdot mol^{-1})$
Au(s)	0	0	47.3
Au_2O_3(s)	80.8	163	126
B(s)	0	0	5.85
B_2H_6(g)	35.6	86.6	232
B_2O_3(s)	−1 272.8	−1 193.7	54.0
$B(OH)_4^-$(aq)	−1 343.9	−1 153.1	102.5
H_3BO_3(g)	−1 094.5	−969.0	88.8
Ba(s)	0	0	62.8
Ba^{2+}(aq)	−537.6	−560.7	9.6
BaO(s)	−553.5	−525.1	70.4
$BaCO_3$(s)	−1 216	−1 138	312
$BaSO_4$(s)	−1 473	−1 362	132
Br_2(g)	30.91	3.14	245.35
Br_2(l)	0	0	152.2
Br^-(aq)	−121	−104	82.4
HBr(g)	−36.4	−53.6	198.7
$HBrO_3$(aq)	−67.1	−18	161.5
C(s,金刚石)	1.9	2.9	2.4
C(s,石墨)	0	0	5.73
CH_4(g)	−74.8	−50.8	186.2
C_2H_4(g)	52.3	68.2	219.4
C_2H_6(g)	−84.68	−32.86	229.5
C_2H_2(g)	226.75	209.20	200.82
CH_2O(g)	−115.9	−110	218.7
CH_3OH(g)	−201.2	−161.9	238
CH_3OH(l)	−238.7	−166.4	127
CH_3CHO(g)	−166.4	−133.7	266
C_2H_5OH(g)	−235.3	−168.6	282
C_2H_5OH(l)	−277.6	−174.9	161
CH_3COOH(l)	−484.5	−390	160
$C_6H_{12}O_6$(s)	−1 274.4	−910.5	212
CO(g)	−110.5	−137.2	197.6
CO_2(g)	−393.5	−394.4	213.6
Ca(s)	0	0	41.4
Ca^{2+}(aq)	−542.7	−535.5	−53.1
CaO(s)	−635.1	−604.2	39.7

续表

物　质	$\Delta_f H_m^\ominus/(kJ \cdot mol^{-1})$	$\Delta_f G_m^\ominus/(kJ \cdot mol^{-1})$	$S_m^\ominus/(J \cdot K^{-1} \cdot mol^{-1})$
$CaCO_3$(s,方解石)	−1 206.9	−1 128.8	92.9
CaC_2O_4(s)	−1 360.6	—	—
$Ca(OH)_2$(s)	−986.1	−896.8	83.39
$CaSO_4$(s)	−1 434.1	−1 321.9	107
$CaSO_4 \cdot 1/2H_2O$(s)	−1 577	−1 437	130.5
$CaSO_4 \cdot 2H_2O$(s)	−2 023	−1 797	194.1
Ce^{3+}(aq)	−700.4	−676	−205
CeO_2(s)	−1 083	−1 025	62.3
Cl_2(g)	0	0	223
Cl^-(aq)	−167.2	−131.3	56.5
ClO^-(aq)	−107.1	−36.8	41.8
HCl(g)	−92.5	−95.4	186.6
HClO(aq,非解离)	−121	−79.9	142
$HClO_3$(aq)	104.0	−8.03	162
$HClO_4$(aq)	−9.70	—	—
Co(s)	0	0	30.0
Co^{2+}(aq)	−58.2	−54.3	−113
$CoCl_2$(s)	−312.5	−270	109.2
$CoCl_2 \cdot 6H_2O$(s)	−2 115	−1 725	343
Cr(s)	0	0	23.77
CrO_4^{2-}(aq)	−881.1	−728	50.2
$Cr_2O_7^{2-}$(aq)	−1 490	−1 301	262
Cr_2O_3(s)	−1 140	−1 058	81.2
CrO_3(s)	−589.5	−506.3	—
$(NH_4)_2Cr_2O_7$(s)	−1 807	—	—
Cu(s)	0	0	33
Cu^+(aq)	71.5	50.2	41
Cu^{2+}(aq)	64.77	65.52	−99.6
Cu_2O(s)	−169	−146	93.3
CuO(s)	−157	−130	42.7
$CuSO_4$(s)	−771.5	−661.9	109
$CuSO_4 \cdot 5H_2O$(s)	−2 321	−1 880	300
F_2(g)	0	0	202.7
F^-(aq)	−333	−279	−14

续表

物质	$\Delta_f H_m^\ominus/(kJ\cdot mol^{-1})$	$\Delta_f G_m^\ominus/(kJ\cdot mol^{-1})$	$S_m^\ominus/(J\cdot K^{-1}\cdot mol^{-1})$
HF(g)	−271	−273	174
Fe(s)	0	0	27.3
Fe^{2+}(aq)	−89.1	−78.6	−138
Fe^{3+}(aq)	−48.5	−4.6	−316
FeO(s)	−272	—	—
Fe_2O_3(s)	−824	−742.2	87.4
Fe_3O_4(s)	−1117.1	−1 015	146
$Fe(OH)_2$(s)	−569	−486.6	88
$Fe(OH)_3$(s)	−823.0	−696.6	107
H_2(g)	0	0	130
H^+(aq)	0	0	0
H_2O(g)	−241.8	−228.6	188.7
H_2O(l)	−285.8	−237.2	69.91
H_2O_2(l)	−187.8	−120.4	109.6
OH^-(aq)	−230.0	−157.3	−10.8
Hg(l)	0	0	76.1
Hg^{2+}(aq)	171	164	−32
$Hg_2{}^{2+}$(aq)	172	153	84.5
HgO(s,红色)	−90.83	−58.56	70.3
HgO(s,黄色)	−90.4	−58.43	71.1
HgI_2(s,红色)	−105	−102	180
HgS(s,红色)	−58.1	−50.6	82.4
I_2(s)	0	0	116
I_2(g)	62.4	19.4	261
I^-(aq)	−55.19	−51.59	111
HI(g)	26.5	1.72	207
HIO_3(s)	−230	—	—
K(s)	0	0	64.7
K^+(aq)	−252.4	−283	102
KCl(s)	−436.8	−409.2	82.59
K_2O(s)	−361	—	—
K_2O_2(s)	−494.1	−425.1	102
Li^+(aq)	−278.5	−293.3	13
Li_2O(s)	−597.9	−561.1	37.6
Mg(s)	0	0	32.7
Mg^{2+}(aq)	−466.9	−454.8	−138

续表

物　质	$\Delta_f H_m^\ominus/(kJ \cdot mol^{-1})$	$\Delta_f G_m^\ominus/(kJ \cdot mol^{-1})$	$S_m^\ominus/(J \cdot K^{-1} \cdot mol^{-1})$
$MgCl_2(s)$	−641.3	−591.8	89.62
$MgO(s)$	−601.7	−569.4	26.9
$MgCO_3(s)$	−1 096	−1 012	65.7
$Mn(s,\alpha)$	0	0	32.0
$Mn^{2+}(aq)$	−220.7	−228	−73.6
$MnO_2(s)$	−520.1	−465.3	53.1
$N_2(g)$	0	0	192
$NH_3(g)$	−46.11	−16.5	192.3
$NH_3 \cdot H_2O$(aq,非解离)	−366.1	−263.8	181
$N_2H_4(l)$	50.6	149.2	121
$NH_4Cl(s)$	−315	203	94.6
$NH_4NO_3(s)$	−366	−184	151
$(NH_4)_2SO_4(s)$	−901.9	—	187.5
$NO(g)$	90.4	86.6	210
$NO_2(g)$	33.2	51.5	240
$N_2O(g)$	81.55	103.6	220
$N_2O_4(g)$	9.16	97.82	304
$HNO_3(l)$	−174	−80.8	156
$Na(s)$	0	0	51.2
$Na^+(aq)$	−240	−262	59.0
$NaCl(s)$	−327.47	−348.15	72.1
$Na_2B_4O_7(s)$	−3 291	−3 096	189.5
$NaBO_2(s)$	−977.0	−920.7	73.5
$Na_2CO_3(s)$	−1 130.7	−1 044.5	135
$NaHCO_3(s)$	−950.8	−851.0	102
$NaNO_2(s)$	−358.7	−284.6	104
$NaNO_3(s)$	−467.9	−367.1	116.5
$Na_2O(s)$	−414	−375.5	75.06
$Na_2O_2(s)$	−510.9	−447.7	93.3
$NaOH(s)$	−425.6	−379.5	64.45
$O_2(g)$	0	0	205.03
$O_3(g)$	143	163	238.8
P(s,白)	0	0	41.1
$PCl_3(g)$	−287	−268	311.7
$PCl_5(g)$	−398.9	−324.6	353
P_4O_{10}(s,六方)	−2 984	−2 698	228.9

续表

物　质	$\Delta_f H_m^{\ominus}/(kJ \cdot mol^{-1})$	$\Delta_f G_m^{\ominus}/(kJ \cdot mol^{-1})$	$S_m^{\ominus}/(J \cdot K^{-1} \cdot mol^{-1})$
Pb(s)	0	0	64.9
Pb^{2+}(aq)	−1.7	−24.4	10
PbO(s,黄色)	−215	−188	68.6
PbO(s,红色)	−219	−189	66.5
Pb_3O_4(s)	−718.4	−601.2	211
PbO_2(s)	−277	−217	68.6
PbS(s)	−100	−98.7	91.2
S(s,斜方)	0	0	31.8
S^{2-}(aq)	33.1	85.8	−14.6
H_2S(g)	−20.6	−33.6	206
SO_2(g)	−296.8	−300.2	248
SO_3(g)	−395.7	−371.1	256.6
SO_3^{2-}(aq)	−635.5	−486.6	−29
SO_4^{2-}(aq)	−909.27	−744.63	20
SiO_2(s,石英)	−910.9	−856.7	41.8
SiF_4(g)	−1 614.9	−1 572.7	282.4
$SiCl_4$(l)	−687.0	−619.9	239.7
Sn(s,白色)	0	0	51.55
Sn(s,灰色)	−2.1	0.13	44.14
Sn^{2+}(aq)	−8.8	−27.2	−16.7
SnO(s)	−286	−257	56.5
SnO_2(s)	−580.7	−519.6	52.3
Sr^{2+}(aq)	−545.8	−559.4	−32.6
SrO(s)	−592.0	−561.9	54.4
$SrCO_3$(s)	−1 220	−1 140	97.1
Ti(s)	0	0	30.6
TiO_2(s,金红石)	−944.7	−889.5	50.3
$TiCl_4$(l)	−804.2	−737.2	252.3
V_2O_5(s)	−1 551	−1 420	131
WO_3(s)	−842.9	−764.08	75.9
Zn(s)	0	0	41.6
Zn^{2+}(aq)	−153.9	−147.0	−112
ZnO(s)	−348.3	−318.3	43.6
ZnS(s,闪锌矿)	−206.0	−210.3	57.7

注：数据主要摘自 R. C. Weast. CRC Handbook of Chemistry and Physics. 66th ed. 1985—1986.

附录三　一些弱电解质的标准解离常数

名　称	解离常数	pK_a
HCOOH(20 ℃)	$K_a=1.77\times10^{-4}$	3.75
HClO(18 ℃)	$K_a=2.95\times10^{-8}$	7.53
$H_2C_2O_4$	$K^{\ominus}_{a(1)}=5.9\times10^{-2}$	1.23
	$K^{\ominus}_{a(2)}=6.4\times10^{-5}$	4.19
HAc	$K_a=1.76\times10^{-5}$	4.75
H_2CO_3	$K^{\ominus}_{a(1)}=4.3\times10^{-7}$	6.37
	$K^{\ominus}_{a(2)}=5.6\times10^{-11}$	10.25
HNO_2(12.5 ℃)	$K^{\ominus}_a=4.6\times10^{-4}$	3.37
H_3PO_4(18 ℃)	$K^{\ominus}_{a(1)}=7.52\times10^{-3}$	2.12
	$K^{\ominus}_{a(2)}=6.23\times10^{-8}$	7.21
	$K^{\ominus}_{a(3)}=2.2\times10^{-13}$	12.67
H_2SO_3(18 ℃)	$K^{\ominus}_{a(1)}=1.54\times10^{-2}$	1.81
	$K^{\ominus}_{a(2)}=1.02\times10^{-7}$	6.91
H_2SO_4	$K^{\ominus}_{a(2)}=1.20\times10^{-2}$	1.92
H_2S	$K^{\ominus}_{a(1)}=1.1\times10^{-7}$	6.96
	$K^{\ominus}_{a(2)}=1.0\times10^{-14}$	14.0
HCN	$K_a=4.93\times10^{-10}$	9.31
HF	$K_a=3.53\times10^{-4}$	3.45
H_2O_2	$K_a=2.4\times10^{-12}$	11.62
$NH_3\cdot H_2O$	$K_b=1.77\times10^{-5}$	4.75

注：数据主要参照 R. C. Weast. CRC Handbook of Chemistry and Physics. 69th ed. 1988—1989. 以上数据除注明温度外，其余均在 25 ℃测定.

附录四　常用缓冲溶液的 pH 范围

缓冲溶液	pK_a	pH 有效范围
盐酸-甘氨酸($HCl-NH_2COOH$)	2.4	1.4～3.4
盐酸-邻苯二甲酸氢钾{$HCl-C_6H_4(COO)_2HK$}	3.1	2.2～4.0
柠檬酸-氢氧化钠($C_3H_5(COOH)_3-NaOH$)	2.9,4.1,5.8	2.2～6.5
蚁酸-氢氧化钠(HCOOH-NaOH)	3.8	2.8～4.6
醋酸-醋酸钠($CH_3COOH-CH_3COONa$)	4.74	3.6～5.6
邻苯二甲酸氢钾-氢氧化钾($C_6H_4(COO)_2HK-KOH$)	5.4	4.0～6.2
琥珀酸氢钠-琥珀酸钠		

续表

缓冲溶液	pK_a	pH 有效范围
$\begin{pmatrix} CH_2\text{—}COOH & CH_2\text{—}COONa \\ \vert & - \vert \\ CH_2\text{—}COONa & CH_2\text{—}COONa \end{pmatrix}$	5.5	4.8～5.3
柠檬酸氢二钠-氢氧化钠 ($C_3H_5(COOH)_3HNa_2$ - NaOH)	5.8	5.0～6.3
磷酸二氢钾-氢氧化钠(KH_2PO_4 - NaOH)	7.2	5.8～8.0
磷酸二氢钾-硼砂(KH_2PO_4 - $Na_2B_4O_7$)	7.2	5.8～9.2
磷酸二氢钾-磷酸氢二钾(KH_2PO_4 - K_2HPO_4)	7.2	5.9～8.0
硼酸-硼砂(H_3BO_3 - $Na_2B_4O_7$)	9.2	7.2～9.2
硼酸-氢氧化钠(H_3BO_3 - NaOH)	9.2	8.0～10.0
甘氨酸-氢氧化钠(NH_2CH_2COOH - NaOH)	9.7	8.2～10.1
氯化铵-氨水(NH_4Cl-$NH_3\cdot H_2O$)	9.3	8.3～10.3
碳酸氢钠-碳酸钠($NaHCO_3$ - Na_2CO_3)	10.3	9.2～11.0
磷酸二氢钠-氢氧化钠(NaH_2PO_4 - NaOH)	12.4	11.0～12.0

附录五　难溶电解质的溶度积 (18 ℃～25 ℃)

化合物		溶度积	化合物		溶度积
氯化物	$PbCl_2$	1.60×10^{-5}		Ag_2CrO_4	9.00×10^{-12}
	AgCl	1.56×10^{-10}		$PbCrO_4$	1.77×10^{-14}
	Hg_2Cl_2	2.00×10^{-18}	碳酸盐	$MgCO_3$	2.60×10^{-5}
溴化物	AgBr	7.70×10^{-13}		$BaCO_3$	8.10×10^{-9}
碘化物	PbI_2	1.39×10^{-8}		$CaCO_3$	8.70×10^{-9}
	AgI	1.50×10^{-16}		Ag_2CO_3	8.10×10^{-12}
	Hg_2I_2	1.20×10^{-28}		$PbCO_3$	3.30×10^{-14}
氰化物	AgCN	1.20×10^{-16}	磷酸盐	$MgNH_4PO_4$	2.50×10^{-13}
硫氰化物	AgSCN	1.16×10^{-12}	草酸盐	MgC_2O_4	8.57×10^{-5}
硫酸盐	Ag_2SO_4	1.60×10^{-5}		$BaC_2O_4\cdot 2H_2O$	1.20×10^{-7}
	$CaSO_4$	2.45×10^{-5}		$CaC_2O_4\cdot H_2O$	2.57×10^{-9}
	$SrSO_4$	2.80×10^{-7}	氢氧化物	AgOH	1.52×10^{-8}
	$PbSO_4$	1.06×10^{-8}		$Ca(OH)_2$	5.50×10^{-6}
	$BaSO_4$	1.08×10^{-10}		$Mg(OH)_2$	1.20×10^{-11}
硫化物	MnS	1.40×10^{-15}		$Mn(OH)_2$	4.00×10^{-14}
	FeS	3.70×10^{-19}		$Fe(OH)_2$	1.64×10^{-14}
	ZnS	1.20×10^{-23}		$Pb(OH)_2$	1.60×10^{-17}
	PbS	3.40×10^{-28}		$Zn(OH)_2$	1.20×10^{-17}
	CuS	8.50×10^{-45}		$Cu(OH)_2$	5.60×10^{-20}
	HgS	4.00×10^{-53}		$Cr(OH)_3$	6.00×10^{-31}
	Ag_2S	1.60×10^{-49}		$Al(OH)_3$	1.30×10^{-33}
铬酸盐	$BaCrO_4$	1.60×10^{-10}		$Fe(OH)_3$	1.10×10^{-36}

注：数据主要参照 R. C. Weast. CRC Handbook of Chemistry and Physics. 63th ed. 1982—1983.

附录六　元素的原子半径/pm

ⅠA	ⅡA	ⅢB	ⅣB	ⅤB	ⅥB	ⅦB	Ⅷ			ⅠB	ⅡB	ⅢA	ⅣA	ⅤA	ⅥA	ⅦA	ⅧA
H — 37.1																	He — 54
Li 152.0 133.6	Be 113.9 90											B 98 79.5	C 91.4 77.2	N 92 54.9	O — 66	F — 64	Ne — 71
Na 185.8 153.9	Mg 159.9 136											Al 143.2 118	Si 117.6 112.6	P 110.5 94.7	S 103 104	Cl — 99.4	Ar — 98
K 227.2 196.2	Ca 197.4 174	Sc 164.1 144	Ti 144.8 132	V 132.1 122	Cr 124.9 118	Mn 136.6 117	Fe 124.1 117	Co 125.3 116	Ni 124.6 115	Cu 127.8 117	Zn 133.3 125	Ga 122.1 126	Ge 122.5 122	As 124.8 120	Se 116.1 117	Br — 114.2	Kr — 112
Rb 274.5 216	Sr 215.2 191	Y 180.3 162	Zr 159.0 145	Nb 142.9 134	Mo 136.3 130	Tc 135.2 127	Ru 132.5 125	Rh 134.5 125	Pd 137.6 128	Ag 144.4 134	Cd 149.0 148	In 162.6 144	Sn 140.5 141	Sb 145 140	Te 143.2 137	I — 133.3	Xe — 131
Cs 265.5 235	Ba 217.4 198	La 187.7 169	Hf 156.4 144	Ta 143 134	W 137.1 130	Re 137.1 128	Os 133.8 126	Ir 135.7 127	Pt 138.8 130	Au 144.2 134	Hg 150.3 149	Tl 170.4 148	Pb 175.0 147	Bi 154.8 146	Po 167.3 146	At — 145	Rn
Fr	Ra	Ac 187.8 —															

Ce	Pr	Nd	Pm	Sm	Eu	Gd	Tb	Dy	Ho	Er	Tm	Yb	Lu
182.4 165	182.8 165	182.2 164	— 163	180.2 162	198.3 185	180.1 161	178.3 159	177.5 159	176.7 158	175.8 157	174.7 156	193.9 —	173.5 156
Th 179.8 165	Pa 160.6 —	U 138.5 142	Np 131 —	Pu 151.3 —	Am 173 —	Cm	Bk	Cf	Es	Fm	Md	No	Lr

注：第一行数据为金属半径，第二行数据为共价半径.

附录

附录七 元素的第一电离能/(kJ · mol^{-1})

ⅠA																	ⅧA
H 1312.0	ⅡA											ⅢA	ⅣA	ⅤA	ⅥA	ⅦA	He 2272.3
Li 520.3	Be 899.5											B 800.6	C 1086.4	N 1402.3	O 1314.0	F 1681.0	Ne 2080.7
Na 495.8	Mg 737.7	ⅢB	ⅣB	ⅤB	ⅥB	ⅦB	Ⅷ			ⅠB	ⅡB	Al 577.6	Si 786.5	P 1011.8	S 999.6	Cl 1251.1	Ar 1520.5
K 418.9	Ca 589.8	Sc 631	Ti 658	V 650	Cr 652.8	Mn 717.4	Fe 759.4	Co 758	Ni 736.7	Cu 745.5	Zn 906.4	Ga 578.8	Ge 762.2	As 944	Se 940.9	Br 1139.9	Kr 1350.7
Rb 403.2	Sr 549.5	Y 616	Zr 660	Nb 664	Mo 685.0	Tc 702	Ru 711	Rh 720	Pd 805	Ag 731.0	Cd 867.7	In 558.3	Sn 708.6	Sb 831.6	Te 869.3	I 1008.4	Xe 1170.4
Cs 375.7	Ba 502.9	La 538.1	Hf 654	Ta 761	W 770	Re 760	Os 840	Ir 880	Pt 870	Au 890.1	Hg 1007.0	Tl 589.3	Pb 715.5	Bi 703.3	Po 812	At 912	Rn 1037.0
Fr	Ra 509.4	Ac 490															

Ce 528	Pr 523	Nd 530	Pm 536	Sm 543	Eu 547	Gd 592	Tb 564	Dy 572	Ho 581	Er 589	Tm 596.7	Yb 603.4	Lu 523.5
Th 590	Pa 570	U 590	Np 600	Pu 585	Am 578	Cm 581	Bk 601	Cf 608	Es 619	Fm 627	Md 635	No 642	Lr

注：数据摘自 J. E. Huheey. Inorganic Chemistry. Second edition. Harper & Row. New York. 1997.

附录八 元素的电子亲合能/(kJ · mol^{-1})

ⅠA																	ⅧA
H −72.8	ⅡA											ⅢA	ⅣA	ⅤA	ⅥA	ⅦA	He +21
Li −59.6	Be +240											B −23.0	C −122	N 0±20	O −141	F −328	Ne +29
Na −52.9	Mg +230	ⅢB	ⅣB	ⅤB	ⅥB	ⅦB	Ⅷ			ⅠB	ⅡB	Al −44	Si −120	P −74	S −200.4	Cl −348.6	Ar +35
K −48.4	Ca +156	Sc	Ti —	V —	Cr −63.0	Mn	Fe	Co	Ni −111	Cu −123	Zn	Ga −36	Ge −116	As −77	Se −195	Br −324.5	Kr +39
Rb −46.9	Sr +168	Y	Zr	Nb	Mo −96	Tc	Ru	Rh	Pd	Ag	Cd −126	In −34	Sn −121	Sb −101	Te −190.2	I −295	Xe +40
Cs −45.5	Ba +52	La～ Lu	Hf	Ta −80	W −50	Re −15	Os	Ir	Pt −205.3	Au −222.7	Hg	Tl −50	Pb −100	Bi −100	Po −183	At −270	Rn +40
Fr −44.0	Ra	Ac～ Lr															

注：数据摘自 J. E. Huheey. Inorganic Chemistry. Second edition. Harper & Row. New York. 1997.

附录九　元素的电负性

ⅠA																	ⅧA
H 2.1	ⅡA											ⅢA	ⅣA	ⅤA	ⅥA	ⅦA	He
Li 1.0	Be 1.5											B 2.0	C 2.5	N 3.0	O 3.5	F 4.0	Ne
Na 0.9	Mg 1.2	ⅢB	ⅣB	ⅤB	ⅥB	ⅦB	Ⅷ			ⅠB	ⅡB	Al 1.5	Si 1.8	P 2.1	S 2.5	Cl 3.0	Ar
K 0.8	Ca 1.0	Sc 1.3	Ti 1.5	V 1.6	Cr 1.6	Mn 1.5	Fe 1.8	Co 1.9	Ni 1.9	Cu 1.9	Zn 1.6	Ga 1.6	Ge 1.8	As 2.0	Se 2.4	Br 2.8	Kr
Rb 0.8	Sr 1.0	Y 1.2	Zr 1.4	Nb 1.6	Mo 1.8	Tc 1.9	Ru 2.2	Rh 2.2	Pd 2.2	Ag 1.9	Cd 1.7	In 1.7	Sn 1.8	Sb 1.9	Te 2.1	I 2.5	Xe
Cs 0.7	Ba 0.9	La～Lu 1.0～1.2	Hf 1.3	Ta 1.5	W 1.7	Re 1.9	Os 2.2	Ir 2.2	Pt 2.2	Au 2.4	Hg 1.9	Tl 1.8	Pb 1.9	Bi 1.9	Po 2.0	At 2.2	Rn
Fr 0.7	Ra 0.9	Ac～Lr 1.1～1.4															

注：数据摘自 L. Pauling，P. Pauling. Chemistry. 1995.

附录十　一些化学键的键能/($kJ \cdot mol^{-1}$)(298.15 K)

单键		H	C	N	O	F	Si	P	S	Cl	Ge	As	Se	Br	I
	H	436													
	C	415	331												
	N	389	293	159											
	O	465	343	201	138										
	F	565	486	272	184	155									
	Si	320	281		368	540	197								
	P	318	264	300	352	490	214	214							
	S	364	289	247		340	226	230	264						
	Cl	431	327	201	205	252	360	318	272	243					
	Gc	289	243			465				239	163				
	As	274				465				289		178			
	Se	314	247			306				251			193		
	Br	368	276	243		239	289	272	214	218	276	239	226	193	
	I	297	239	201	201		214	214		209	214	180		180	151

双键 C=C 620 C=N 615 C=O 708 N=N 419 O=O 498 S=O 420 S=S 423 S=C 578

三键 C≡C 812 C≡N 879 C≡O 1072 N≡N 945

注：数据摘自 R. Steudel. Chemistry of Non-metals. 1977.

附录十一　鲍林离子半径 /pm

H^-	208	Be^{2+}	31	Ga^{3+}	62
F^-	136	Mg^{2+}	65	In^{3+}	81
Cl^-	181	Ca^{2+}	99	Ti^{3+}	95
Br^-	195	Sr^{2+}	113	Fe^{3+}	64
I^-	216	Ba^{2+}	135	Cr^{3+}	63
		Ra^{2+}	140		
O^{2-}	140	Zn^{2+}	74	C^{4+}	15
S^{2-}	184	Cd^{2+}	97	Si^{4+}	41
Se^{2-}	198	Hg^{2+}	110	Ti^{4+}	68
Te^{2-}	221	Pb^{2+}	121	Zr^{4+}	80
		Mn^{2+}	80	Ce^{4+}	101
Li^+	60	Fe^{2+}	76	Ge^{4+}	53
Na^+	95	Co^{2+}	74	Sn^{4+}	71
K^+	133	Ni^{2+}	69	Pb^{2+}	84
Rb^+	148	Cu^{2+}	72		
Cs^+	169				
Cu^+	96	B^{3+}	20		
Ag^+	126	Al^{3+}	50		
Au^+	137	Sc^{3+}	81		
Ti^+	140	Y^{3+}	93		
NH_4^+	148	La^{3+}	115		

附录十二　配离子的标准稳定常数

配离子	$K_f^{\ominus}$	$\lg K_f^{\ominus}$	配离子	$K_f^{\ominus}$	$\lg K_f^{\ominus}$
$[AgCl_2]^-$	1.74×10^{5}	5.24	$[Co(NH_3)_6]^{3+}$	2.29×10^{34}	34.36
$[CdCl_4]^{2-}$	3.47×10^{2}	2.54	$[Cu(NH_3)_4]^{2+}$	2.10×10^{13}	13.32
$[CuCl_4]^{2-}$	4.17×10^{5}	5.60	$[Ni(NH_3)_6]^{2+}$	1.02×10^{8}	8.01
$[HgCl_4]^{2-}$	1.59×10^{16}	16.20	$[Zn(NH_3)_4]^{2+}$	5.00×10^{8}	8.70
$[PtCl_3]^-$	25	1.4	$[AlF_6]^{3-}$	6.9×10^{19}	19.84
$[SnCl_4]^{2-}$	30.2	1.48	$[FeF_5]^{2-}$	2.19×10^{15}	15.34
$[SnCl_6]^{2-}$	6.6	0.82	$[Zn(OH)_4]^{2-}$	1.4×10^{15}	15.15
$[Ag(CN)_2]^-$	1.3×10^{21}	21.1	$[CdI_4]^{2-}$	1.26×10^{6}	6.10
$[Cd(CN)_4]^{2-}$	1.1×10^{16}	16.04	$[HgI_4]^{2-}$	3.47×10^{30}	30.54
$[Cu(CN)_4]^{3-}$	5×10^{30}	30.7	$[Fe(SCN)_5]^{2-}$	1.20×10^{6}	6.08
$[Fe(CN)_6]^{4-}$	1.0×10^{24}	24.00	$[Hg(SCN)_4]^{2-}$	7.75×10^{21}	21.89
$[Fe(CN)_6]^{3-}$	1.0×10^{31}	31	$[Zn(SCN)_4]^{2-}$	20	1.3
$[Hg(CN)_4]^{2-}$	3.24×10^{41}	41.51	$[Ag(Ac)_2]^-$	4.37	0.64
$[Ni(CN)_4]^{2-}$	1.0×10^{22}	22.00	$[Pd(Ac)_4]^{2-}$	2.46×10^{3}	3.39
$[Zn(CN)_4]^{2-}$	5.75×10^{16}	16.76	$[Al(C_2O_4)_3]^{3-}$	2×10^{16}	16.3
$[Ag(NH_3)_2]^+$	1.62×10^{7}	7.21	$[Fe(C_2O_4)_3]^{4-}$	1.66×10^{5}	5.22
$[Cd(NH_3)_4]^{2+}$	3.63×10^{6}	6.56	$[Fe(C_2O_4)_3]^{3-}$	1.59×10^{20}	20.20
$[Co(NH_3)_6]^{2+}$	2.46×10^{4}	4.39	$[Zn(C_2O_4)_2]^{2-}$	1.4×10^{8}	8.15

注：主要摘自 L. G. Sillen. Stability Constants of Metal-ion Complexes. 1964.

Ac^- 代表醋酸根.

附录十三　软硬酸碱分类

硬酸	H^+，Li^+，Na^+，K^+，Be^{2+}，Mg^{2+}，Ca^{2+}，Sr^{2+}，Mn^{2+}，Al^{3+}，Sc^{3+}，Ga^{3+}，In^{3+}，La^{3+}，Cl^{3+}，Gd^{3+}，Lu^{3+}，Cr^{3+}，Co^{3+}，Fe^{3+}，As^{3+}，CH_3Sn^{3+}，Si^{4+}，Ti^{4+}，Zr^{4+}，Th^{4+}，U^{4+}，Pu^{4+}，Ce^{4+}，Hf^{4+}，WO^{4+}，Sn^{4+}，$UO_2{}^{2+}$，$(CH_3)_2Sn^{2+}$，$VO_2{}^{2+}$，MoO^{2+}，$Be(CH_3)_2$，BF_3，$B(OR)_3$，$Al(CH_3)_3$，$AlCl_3$，AlH_3，RPO_2^+，$ROPO_2{}^+$，RSO_2，$ROSO_2{}^+$，SO_3，RCO^+，CO_2，NC^+，I^{7+}，I^{5+}，Cl^{7+}，Cr^{6+}，HX(成氢键分子)
交界酸	Fe^{2+}，Co^{2+}，Ni^{2+}，Cu^{2+}，Zn^{2+}，Pb^{2+}，Sn^{2+}，Sb^{3+}，Bi^{3+}，Rh^{3+}，Ir^{3+}，$B(CH_3)_3$，SO_2，NO^+，Ru^{2+}，Os^{2+}，R_3C^+，C_6H^+，GaH_3，Cr^{2+}
软酸	Cu^+，Ag^+，Au^+，Tl^+，Hg^+，Pd^{2+}，Cd^{2+}，Pt^{2+}，Hg^{2+}，Tl^{3+}，$Tl(CH_3)_3$，CH_3Hg^+，$Co(CN)_5{}^{2-}$，Pt^{4+}，Te^{4+}，BH_3，$Ga(CH_3)_3$，$GaCl_3$，RS^+，RSe^+，RTe^+，I^+，Br^+，HO^+，RO^+，$InCl_3$，GaI_3，I_2，ICN 等，三硝基苯，氰乙烯等，醌类，O，Cl，Br，I，N，RO，RO_2，CH_2，M^0(金属原子)，金属
硬碱	H_2O，OH^-，O^{2-}，F^-，$CH_3CO_2^-$，PO_4^{3-}，SO_4^{2-}，Cl^-，CO_3^{2-}，ClC_4^-，$NO_3{}^-$，ROH，RO^-，R_2O，NH_3，RNH_2，N_2H_4
交界碱	$C_6H_5NH_2$，C_5H_5N，N_3^-，Br^-，NO_2^-，SO_3^{2-}，N_2
软碱	R_2S，RSH，RS^-，I^-，SCN^-，$S_2O_3{}^{2-}$，S^{2-}，R_3P，R_3As，$(RO)_3P$，CN^-，RNC，CO，C_2H_4，C_6H_6，H^-，R^-

附录十四　标准电极电势(298.15 K)

（一）在酸性溶液中

电　对	电极反应	$\varphi^\ominus$/V
Li(I)－(0)	$Li^+ + e^- \rightleftharpoons Li$	－3.045
K(Ⅰ)－(0)	$K^+ + e^- \rightleftharpoons K$	－2.925
Rb(Ⅰ)－(0)	$Rb^+ + e^- \rightleftharpoons Rb$	－2.925
Cs(Ⅰ)－(0)	$Cs^+ + e^- \rightleftharpoons Cs$	－2.923
Ba(Ⅱ)－(0)	$Ba^{2+} + 2e^- \rightleftharpoons Ba$	－2.90
Sr(Ⅱ)－(0)	$Sr^{2+} + 2e^- \rightleftharpoons Sr$	－2.89
Ca(Ⅱ)－(0)	$Ca^{2+} + 2e^- \rightleftharpoons Ca$	－2.87
Na(Ⅰ)－(0)	$Na^+ + e^- \rightleftharpoons Na$	－2.714
La(Ⅲ)－(0)	$La^{3+} + 3e^- \rightleftharpoons La$	－2.52
Ce(Ⅲ)－(0)	$Ce^{3+} + 3e^- \rightleftharpoons Ce$	－2.48
Mg(Ⅱ)－(0)	$Mg^{2+} + 2e^- \rightleftharpoons Mg$	－2.37
Sc(Ⅲ)－(0)	$Sc^{3+} + 3e^- \rightleftharpoons Sc$	－2.08
Al(Ⅲ)－(0)	$[AlF_6]^{2-} + 3e^- \rightleftharpoons Al + 6F^-$	－2.07
Be(Ⅱ)－(0)	$Be^{2+} + 2e^- \rightleftharpoons Be$	－1.85

续表

电 对	电 极 反 应	$\varphi^{\ominus}$/V
Al(Ⅲ)-(0)	$Al^{3+}+3e^- = Al$	-1.66
Ti(Ⅱ)-(0)	$Ti^{2+}+2e^- = Ti$	-1.63
Si(Ⅳ)-(0)	$[SiF_6]^{2-}+4e^- = Si+6F^-$	-1.2
Mn(Ⅱ)-(0)	$Mn^{2+}+2e^- = Mn$	-1.18
V(Ⅱ)-(0)	$V^{2+}+2e^- = V$	-1.18
Ti(Ⅳ)-(0)	$TiO^{2+}+2H^++4e^- = Ti+H_2O$	-0.89
B(Ⅲ)-(0)	$H_3BO_3+3H^++3e^- = B+3H_2O$	-0.87
Si(Ⅳ)-(0)	$SiO_2+4H^++4e^- = Si+2H_2O$	-0.86
Zn(Ⅱ)-(0)	$Zn^{2+}+2e^- = Zn$	-0.763
Cr(Ⅲ)-(0)	$Cr^{3+}+3e^- = Cr$	-0.74
C(Ⅳ)-(Ⅲ)	$2CO_2+2H^++2e^- = H_2C_2O_4$	-0.49
Fe(Ⅱ)-(0)	$Fe^{2+}+2e^- = Fe$	-0.440
Cr(Ⅲ)-(Ⅱ)	$Cr^{3+}+e^- = Cr^{2+}$	-0.41
Cd(Ⅱ)-(0)	$Cd^{2+}+2e^- = Cd$	-0.403
Ti(Ⅲ)-(Ⅱ)	$Ti^{3+}+e^- = Ti^{2+}$	-0.37
Pb(Ⅱ)-(0)	$PbI_2+2e^- = Pb+2I^-$	-0.365
Pb(Ⅱ)-(0)	$PbSO_4+2e^- = Pb+SO_4^{2-}$	-0.3553
Pb(Ⅱ)-(0)	$PbBr_2+2e^- = Pb+2Br^-$	-0.280
Co(Ⅱ)-(0)	$Co^{2+}+2e^- = Co$	-0.277
Pb(Ⅱ)-(0)	$PbCl_2+2e^- = Pb+2Cl^-$	-0.268
V(Ⅲ)-(Ⅱ)	$V^{3+}+e^- = V^{2+}$	-0.255
V(Ⅴ)-(0)	$VO^{2+}+4H^++5e^- = V+2H_2O$	-0.253
Sn(Ⅳ)-(0)	$[SnF_6]^{2-}+4e^- = Sn+6F^-$	-0.25
Ni(Ⅱ)-(0)	$Ni^{2+}+2e^- = Ni$	-0.246
Ag(Ⅰ)-(0)	$AgI+e^- = Ag+I^-$	-0.152
Sn(Ⅱ)-(0)	$Sn^{2+}+2e^- = Sn$	-0.136
Pb(Ⅱ)-(0)	$Pb^{2+}+2e^- = Pb$	-0.126
Hg(Ⅱ)-(0)	$[HgF_4]^{2-}+2e^- = Pb+4F^-$	-0.04
H(Ⅰ)-(0)	$2H^++2e^- = H_2$	0.00
Ag(Ⅰ)-(0)	$[Ag(S_2O_3)_2]^{3-}+e^- = Ag+2S_2O_3^{2-}$	0.01
Ag(Ⅰ)-(0)	$AgBr+e^- = Ag+Br^-$	0.071

续表

电　对	电 极 反 应	$\varphi^{\ominus}$/V
Ti(Ⅳ)－(Ⅲ)	$TiO^{2+}+2H^{+}+e^{-}$ ══ $Ti^{3+}+H_2O$	0.10
S(2.5)－(Ⅱ)	$S_4O_6^{2-}+2e^{-}$ ══ $2S_2O_3^{2-}$	0.08
S(0)－(－Ⅱ)	$S+2H^{+}+2e^{-}$ ══ H_2S	0.141
Sn(Ⅳ)－(Ⅱ)	$Sn^{4+}+2e^{-}$ ══ Sn^{2+}	0.154
Cu(Ⅱ)－(Ⅰ)	$Cu^{2+}+e^{-}$ ══ Cu^{+}	0.159
S(Ⅵ)－(Ⅳ)	$SO_4^{2-}+4H^{+}+2e^{-}$ ══ $H_2SO_3+H_2O$	0.17
Hg(Ⅱ)－(0)	$[HgBr_4]^{2-}+2e^{-}$ ══ $Hg+4Br^{-}$	0.21
Ag(Ⅰ)－(0)	$AgCl+e^{-}$ ══ $Ag+Cl^{-}$	0.222 3
Hg(Ⅰ)－(0)	$Hg_2Cl_2+2e^{-}$ ══ $2Hg+2Cl^{-}$	0.268
Cu(Ⅱ)－(0)	$Cu^{2+}+2e^{-}$ ══ Cu	0.337
V(Ⅳ)－(Ⅲ)	$VO^{2+}+2H^{+}+e^{-}$ ══ $V^{3+}+H_2O$	0.337
Fe(Ⅲ)－(Ⅱ)	$[Fe(CN)_6]^{3-}+e^{-}$ ══ $[Fe(CN)_6]^{4-}$	0.36
S(Ⅳ)－(Ⅱ)	$2H_2SO_3+2H^{+}+4e^{-}$ ══ $S_2O_3^{2-}+3H_2O$	0.40
Ag(Ⅰ)－(0)	$Ag_2CrO_4+2e^{-}$ ══ $2Ag+CrO_4^{2-}$	0.447
S(Ⅳ)－(0)	$H_2SO_3+4H^{+}+4e^{-}$ ══ $S+3H_2O$	0.45
Cu(Ⅰ)－(0)	$Cu^{+}+e^{-}$ ══ Cu	0.52
I(0)－(－Ⅰ)	I_2+2e^{-} ══ $2I^{-}$	0.534 5
Mn(Ⅶ)－(Ⅵ)	$MnO_4^{-}+e^{-}$ ══ MnO_4^{2-}	0.564
As(Ⅴ)－(Ⅲ)	$H_3AsO_4+2H^{+}+2e^{-}$ ══ $H_3AsO_3+H_2O$	0.58
Hg(Ⅱ)－(Ⅰ)	$2HgCl+2e^{-}$ ══ $Hg_2Cl_2+2Cl^{-}$	0.63
O(0)－(－Ⅰ)	$O_2+2H^{+}+2e^{-}$ ══ H_2O_2	0.682
Pt(Ⅱ)－(0)	$[PtCl_4]^{2-}+2e^{-}$ ══ $Pt+4Cl^{-}$	0.73
Fe(Ⅲ)－(Ⅱ)	$Fe^{3+}+e^{-}$ ══ Fe^{2+}	0.771
Hg(Ⅰ)－(0)	$Hg_2^{2+}+2e^{-}$ ══ $2Hg$	0.793
Ag(Ⅰ)－(0)	$Ag+e^{-}$ ══ Ag^{-}	0.799
N(Ⅴ)－(Ⅳ)	$NO_3^{-}+2H+e$ ══ NO_2+H_2O	0.80
Hg(Ⅱ)－(Ⅰ)	$2Hg^{2+}+2e^{-}$ ══ Hg_2^{2+}	0.920
N(Ⅴ)－(Ⅲ)	$NO_3^{-}+3H+2e^{-}$ ══ HNO_2+H_2O	0.94
N(Ⅴ)－(Ⅱ)	$NO_3^{-}+4H+3e^{-}$ ══ $NO+2H_2O$	0.96
N(Ⅲ)－(Ⅱ)	$HNO_2+H^{+}+e^{-}$ ══ $NO+2H_2O$	1.00
Au(Ⅲ)－(0)	$[AuCl_4]^{-}+3e^{-}$ ══ $Au+4Cl^{-}$	1.00

续表

电对	电极反应	$\varphi^{\ominus}/V$
V(Ⅴ)-(Ⅳ)	$VO_2^+ + 2H^+ + e^- = VO^{2+} + H_2O$	1.00
Br(0)-(-Ⅰ)	$Br_2(l) + 2e^- = 2Br^-$	1.065
Cu(Ⅱ)-(0)	$Cu^{2+} + 2CN^- + e^- = Cu(CN)_2^-$	1.12
Se(Ⅵ)-(Ⅳ)	$SeO_4^{2-} + 4H^+ + 2e^- = H_2SeO_3 + H_2O$	1.15
Cl(Ⅶ)-(Ⅴ)	$ClO_4^- + 2H^+ + 2e^- = ClO_3^- + H_2O$	1.19
I(Ⅴ)-(0)	$2IO_3^- + 12H^+ + 10e^- = I_2 + 6H_2O$	1.20
Cl(Ⅴ)-(Ⅲ)	$ClO_3^- + 3H^+ + 2e^- = HClO_2 + H_2O$	1.21
O(0)-(-Ⅱ)	$O_2 + 4H^+ + 4e^- = 2H_2O$	1.229
Mn(Ⅳ)-(Ⅱ)	$MnO_2 + 4H^+ + 2e^- = Mn^{2+} + 2H_2O$	1.23
Cr(Ⅵ)-(Ⅲ)	$Cr_2O_7^{2-} + 14H^+ + 6e^- = 2Cr^{3+} + 7H_2O$	1.33
Cl(0)-(-Ⅰ)	$Cl_2 + 2e^- = 2Cl^-$	1.36
I(Ⅰ)-(0)	$2HIO + 2H^+ + 2e^- = I_2 + 2H_2O$	1.45
Pb(Ⅳ)-(Ⅱ)	$PbO_2 + 4H^+ + 2e^- = Pb^{2+} + 2H_2O$	1.455
Au(Ⅲ)-(0)	$Au^{3+} + 3e^- = Au$	1.50
Mn(Ⅲ)-(Ⅱ)	$Mn^{3+} + e^- = Mn^{2+}$	1.51
Mn(Ⅶ)-(Ⅱ)	$MnO_4^- + 8H^+ + 5e^- = Mn^{2+} + 4H_2O$	1.51
Br(Ⅴ)-(0)	$2BrO_3^- + 12H^+ + 10e^- = Br_2 + 6H_2O$	1.52
Br(Ⅰ)-(0)	$2HBrO + 2H^+ + 2e^- = Br_2 + 2H_2O$	1.59
Ce(Ⅳ)-(Ⅲ)	$Ce^{4+} + e^- = Ce^{3+}$ ($1mol \cdot L^{-1}$ HNO_3)	1.61
Cl(Ⅰ)-(0)	$2HClO + 2H^+ + 2e^- = Cl_2 + 2H_2O$	1.63
Cl(Ⅲ)-(Ⅰ)	$HClO_2 + 2H^+ + 2e^- = HClO + H_2O$	1.64
Pb(Ⅳ)-(Ⅱ)	$PbO_2 + SO_4^{2-} + 4H^+ + 2e^- = PbSO_4 + 2H_2O$	1.685
Mn(Ⅶ)-(Ⅳ)	$MnO_4^- + 4H^+ + 3e^- = MnO_2 + 2H_2O$	1.695
O(-Ⅰ)-(-Ⅱ)	$H_2O_2 + 2H^+ + 2e^- = 2H_2O$	1.77
Co(Ⅲ)-(Ⅱ)	$Co^{3+} + e^- = Co^{2+}$	1.84
S(Ⅶ)-(Ⅵ)	$S_2O_8^{2-} + 2e^- = 2SO_4^{2-}$	2.01
F(0)-(-Ⅰ)	$F_2 + 2e^- = 2F^-$	2.87

（二）在碱性溶液中

电对	电极反应	$\varphi^{\ominus}/V$
Mg(Ⅱ)-(0)	$Mg(OH)_2 + 2e^- = Mg + 2OH^-$	-2.69
Al(Ⅲ)-(0)	$H_2AlO_3^- + H_2O + 3e^- = Al + 4OH^-$	-2.35
P(Ⅰ)-(0)	$H_2PO_2^- + e^- = P + 2OH^-$	-2.05
B(Ⅲ)-(0)	$H_2BO_3^- + H_2O + 3e^- = B + 4OH^-$	-1.97
Si(Ⅳ)-(0)	$SiO_3{}^{2-} + 3H_2O + 4e^- = Si + 6OH^-$	-1.70

续表

电　　对	电 极 反 应	$\varphi^{\ominus}$/V
Mn(Ⅱ)－(0)	$Mn(OH)_2+2e^- = Mn+2OH^-$	－1.55
Zn(Ⅱ)－(0)	$Zn(CN)_4^{2-}+2e^- = Zn+4CN^-$	－1.26
Zn(Ⅱ)－(0)	$ZnO_2^{2-}+2H_2O+2e^- = Zn+4OH^-$	－1.216
Cr(Ⅲ)－(0)	$CrO_2^-+2H_2O+3e^- = Cr+4OH^-$	－1.2
Zn(Ⅱ)－(0)	$Zn(NH_3)_4^{2+}+2e^- = Zn+4NH_3$	－1.04
S(Ⅵ)－(Ⅳ)	$SO_4^{2-}+H_2O+2e^- = SO_3^{2-}+2OH^-$	－0.93
Sn(Ⅱ)－(0)	$HSnO_2^-+H_2O+2e^- = SO_3^{2-}+2OH^-$	－0.91
Fe(Ⅱ)－(0)	$Fe(OH)_2+2e^- = Fe+2OH^-$	－8.77
H(Ⅰ)－(0)	$2H_2O+2e^- = H_2+2OH^-$	－0.828
Cd(Ⅱ)－(0)	$Cd(NH_3)_4^{2+}+2e^- = Cd+4NH_3$	－0.61
S(Ⅳ)－(Ⅱ)	$2SO_3^{2-}+3H_2O+4e = S_2O_3{}^{2-}+6OH^-$	－0.58
Fe(Ⅲ)－(Ⅱ)	$Fe(OH)_3+e^- = Fe(OH)_2+OH^-$	－0.56
S(0)－(－Ⅱ)	$S+2e^- = S^{2-}$	－0.48
Ni(Ⅱ)－(0)	$[Ni(NH_3)]_6^{2+}+2e^- = Ni+6NH_3(aq)$	－0.48
Cu(Ⅰ)－(0)	$[Cu(CN)_2]^-+e^- = Cu+2CN^-$	约－0.43
Hg(Ⅱ)－(0)	$[Hg(CN)_4]^{2-}+2e^- = Hg+4CN^-$	－0.37
Ag(Ⅰ)－(0)	$[Ag(CN)_2]^-+e^- = Ag+2CN^-$	－0.31
Cr(Ⅵ)－(Ⅲ)	$CrO_4{}^{2-}+2H_2O+3e^- = CrO_2^-+4OH^-$	－0.12
Cu(Ⅱ)－(0)	$[Cu(NH_3)_2]^++e^- = Cu+2NH_3$	－0.12
Mn(Ⅳ)－(Ⅱ)	$MnO_2+2H_2O+2e^- = Mn(OH)_2+2OH^-$	－0.05
Ag(Ⅰ)－(0)	$AgCN+e^- = Ag+CN^-$	－0.017
Mn(Ⅳ)－(Ⅱ)	$MnO_2+2H_2O+2e^- = Mn(OH)_2+2OH^-$	－0.05
N(Ⅴ)－(Ⅲ)	$NO_3{}^-+H_2O+2e^- = NO_2{}^-+2OH^-$	0.01
Hg(Ⅱ)－(0)	$HgO+H_2O+2e^- = Hg+2OH^-$	0.098
Co(Ⅲ)－(Ⅱ)	$[Co(NH_3)_6]^{3+}+e^- = [Co(NH_3)_6]^{2+}$	0.1
Co(Ⅲ)－(Ⅱ)	$Co(OH)_3+e^- = Co(OH)_2+OH^-$	0.17
I(Ⅴ)－(－Ⅰ)	$IO_3{}^-+3H_2O+6e^- = I^-+6OH^-$	0.26
Ag(Ⅰ)－(0)	$Ag(S_2O_3)_2^{3-}+e^- = Ag+2S_2O_3^{2-}$	0.30
Cl(Ⅴ)－(Ⅲ)	$ClO_3{}^-+H_2O+2e^- = ClO_2^-+2OH^-$	0.33

附录十五 金属离子与氨羧配位剂形成的配合物稳定常数的对数值

金属离子	EDTA			EGTA		HEDTA	
	$\lg K^{H}_{MHL}$	$\lg K_{ML}$	$\lg K^{OH}_{MOHL}$	$\lg K_{MHL}$	$\lg K_{ML}$	$\lg K_{ML}$	$\lg K^{OH}_{MOHL}$
Ag^{+}	6.0	7.3					
Al^{3+}	2.5	16.1	8.1				
Ba^{2+}	4.6	7.8		5.4	8.4	6.2	
Bi^{3+}		27.9					
Ca^{2+}	3.1	10.7		3.8	11.0	8.0	
Ce^{3+}		16.0					
Cd^{2+}	2.9	16.5		3.5	15.6	13.0	
Co^{2+}	3.1	16.3			12.3	14.4	
Co^{3+}	1.3	36.0					
Cu^{3+}	2.3	23.0	6.6				
Cu^{2+}	3.0	18.8	2.5	4.4	17.0	17.4	
Fe^{2+}	2.8	14.3				12.2	5.0
Fe^{3+}	1.4	25.1	6.5			19.8	10.1
Hg^{2+}	3.1	21.8	4.9	3.0	23.2	20.1	
La^{3+}		15.4			15.6	13.2	
Mg^{2+}	3.9	8.7			5.2	5.2	
Mn^{2+}	3.1	14.0		5.0	11.5	10.7	
Ni^{2+}	3.2	18.6		6.0	12.0	17.0	
Pb^{2+}	2.8	18.0		5.3	13.0	15.5	
Sn^{2+}		22.1					
Sr^{2+}	3.9	8.6		5.4	8.5	6.8	
Th^{4+}		23.2					8.6
Ti^{3+}		21.3					
TiO^{2+}		17.3					
Zn^{2+}	3.0	16.5		5.2	12.8	14.5	

附录十六　一些配位滴定剂、掩蔽剂、缓冲剂阴离子的 $\lg\alpha_{L(H)}$ 值

pH	EDTA	HEDTA	NH_3	CN^-	F^-
0	24.0	17.9	9.4	9.2	3.05
1	18.3	15.0	8.4	8.2	2.05
2	13.8	12.0	7.4	7.2	1.1
3	10.8	9.4	6.4	6.2	0.3
4	8.6	7.2	5.4	5.2	0.05
5	6.6	5.3	4.4	4.2	
6	4.8	3.9	3.4	3.2	
7	3.4	2.8	2.4	2.2	
8	2.3	1.8	1.4	1.2	
9	1.4	0.9	0.5	0.4	
10	0.5	0.2	0.1	0.1	
11	0.1				
酸的形成常数					
$\lg K_1$	10.34	9.81	9.4	9.2	3.1
$\lg K_2$	6.24	5.41			
$\lg K_3$	2.75	2.72			
$\lg K_4$	2.07				
$\lg K_5$	1.6				
$\lg K_6$	0.9				

附录十七　金属羟基配合物的稳定常数 $\lg\beta$

金属离子	离子强度	羟基配合物	$\lg\beta$
Al^{3+}	2	$[Al(OH)_4]^-$	33.3
		$[Al_6(OH)_{15}]^{3+}$	163
Ba^{2+}	0	$[Ba(OH)]^+$	0.7
Bi^{3+}	3	$[Bi(OH)]^{2+}$	12.4
		$[Bi_6(OH)_{12}]^{6+}$	168.3
Ca^{2+}	0	$[Ca(OH)]^+$	1.3
Cd^{2+}	3	$[Cd(OH)]^+$	4.3
		$[Cd(OH)_2]$	7.7
		$[Cd(OH)_3]^-$	10.3
		$[Cd(OH)_4]^{2-}$	12.0
Cu^{2+}	0	$[Cu(OH)]^+$	6.0
Fe^{2+}	1	$[Fe(OH)]^+$	4.5
Fe^{3+}	3	$[Fe(OH)]^{2+}$	11.0
		$[Fe(OH)_2]^+$	21.7
		$[Fe_2(OH)_2]^{4+}$	25.1
Mg^{2+}	0	$[Mg(OH)]^+$	2.6
Mn^{2+}	0.1	$[Mn(OH)]^+$	3.4
Ni^{2+}	0.1	$[Ni(OH)]^+$	4.6
Pb^{2+}	0.3	$[Pb(OH)]^+$	6.2

续表

金属离子	离子强度	羟基配合物	lgβ
		$[Pb(OH)_2]$	10.3
		$[Pb(OH)_3]^-$	13.3
		$[Pb_2(OH)]^{3+}$	7.6
Zn^{2+}	0	$[Zn(OH)]^+$	4.4
		$[Zn(OH)_3]^-$	14.4
		$[Zn(OH)_4]^{3-}$	15.5

附录十八　一些金属离子的 $\lg\alpha_{M(OH)}$

金属离子	离子强度	pH													
		1	2	3	4	5	6	7	8	9	10	11	12	13	14
Al^{3+}	2					0.4	1.3	5.3	9.3	13.3	17.3	21.3	25.3	29.3	33.3
Bi^{3+}	3	0.1	0.5	1.4	2.4	3.4	4.4	5.4							
Ca^{2+}	0.1													0.3	1.0
Cd^{2+}	3									0.1	0.5	2.0	4.5	8.1	12.0
Co^{2+}	0.1								0.1	0.4	1.1	2.2	4.2	7.2	10.2
Cu^{2+}	0.1								0.2	0.8	1.7	2.7	3.7	4.7	5.7
Fe^{2+}	1									0.9	0.6	1.5	2.5	3.5	4.5
Fe^{3+}	3			0.4	1.8	3.7	5.7	7.7	9.7	11.7	13.7	15.7	17.7	19.7	21.7
Hg^{2+}	0.1			0.5	1.9	3.9	5.9	7.9	9.9	11.9	13.9	15.9	17.9	19.9	21.9
La^{3+}	3										0.3	1.0	1.9	2.9	3.9
Mg^{2+}	0.1											0.1	0.5	1.3	2.3
Mn^{2+}	0.1										0.1	0.5	1.4	2.4	3.4
Ni^{2+}	0.1									0.1	0.7	1.6			
Pb^{2+}	0.1							0.1	0.5	1.4	2.7	4.7	7.4	10.4	13.4
Th^{4+}	1				0.2	0.8	1.7	2.7	3.7	4.7	5.7	6.7	7.7	8.7	9.7
Zn^{2+}	0.1									0.2	2.4	5.4	8.5	11.8	15.5

附录十九　条件电极电势 $\varphi^{\ominus\prime}$ 值

半　反　应	$\varphi^{\ominus\prime}$/V	介　质
$Ag(Ⅱ)+e^- \rightleftharpoons Ag^+$	1.972	$4mol\cdot L^{-1}HNO_3$
$Ce(Ⅳ)+e^- \rightleftharpoons Ce(Ⅲ)$	1.70	$1mol\cdot L^{-1}HClO_4$
	1.61	$1mol\cdot L^{-1}HNO_3$
	1.44	$0.5mol\cdot L^{-1}H_2SO_4$
	1.28	$1mol\cdot L^{-1}HCl$
$Co^{3+}+e^- \rightleftharpoons Co^{2+}$	1.85	$4mol\cdot L^{-1}HNO_3$
$[Co(乙二胺)_3]^{3+}+e^- \rightleftharpoons [Co(乙二胺)_3]^{2+}$	−0.2	$0.1mol\cdot L^{-1}KNO_3+0.1mol\cdot L^{-1}$乙二胺
$Cr(Ⅲ)+e^- \rightleftharpoons Cr(Ⅱ)$	−0.40	$5mol\cdot L^{-1}HCl$
$Cr_2O_7^{2-}+14H^++6e^- \rightleftharpoons 2Cr^{3+}+7H_2O$	1.00	$1mol\cdot L^{-1}HCl$
	1.025	$1mol\cdot L^{-1}HClO_4$
	1.08	$3mol\cdot L^{-1}HCl$
	1.05	$2mol\cdot L^{-1}HCl$
	1.15	$4mol\cdot L^{-1}H_2SO_4$
$CrO_4^{2-}+2H_2O+3e^- \rightleftharpoons CrO_2^-+4OH^-$	−0.12	$1mol\cdot L^{-1}NaOH$
$Fe(Ⅲ)+e^- \rightleftharpoons Fe(Ⅱ)$	0.73	$1mol\cdot L^{-1}HClO_4$
	0.71	$0.5mol\cdot L^{-1}H_2Cl$
	0.72	$1mol\cdot L^{-1}HClO_4$
$I_2(水)+2e^- \rightleftharpoons 2I^-$	0.628	$1mol\cdot L^{-1}H^+$
$I_3^-+2e^- \rightleftharpoons 3I^-$	0.545	$1mol\cdot L^{-1}H^+$
$MnO_4^-+8H^++5e^- \rightleftharpoons Mn^{2+}+4H_2O$	1.45	$1mol\cdot L^{-1}HClO_4$
	1.27	$8mol\cdot L^{-1}H_3PO_4$
$Os(Ⅷ)+4e^- \rightleftharpoons Os(Ⅳ)$	0.79	$5mol\cdot L^{-1}HCl$
$SnCl_6^{2-}+2e^- \rightleftharpoons SnCl_4^{2-}+2Cl^-$	0.14	$1mol\cdot L^{-1}HCl$
$Sn^{2+}+2e^- \rightleftharpoons Sn$	−0.16	$1mol\cdot L^{-1}HClO_4$
$Sb(Ⅴ)+2e^- \rightleftharpoons Sb(Ⅲ)$	0.75	$3.5mol\cdot L^{-1}HCl$
$Sb(OH)_6+2e^- \rightleftharpoons SbO_2+2OH^-+2H_2O$	−0.428	$3mol\cdot L^{-1}HaOH$
$SbO_2^-+2H_2O+3e^- \rightleftharpoons Sb+4OH^-$	−0.675	$10mol\cdot L^{-1}KOH$
$Ti(Ⅳ)+e^- \rightleftharpoons Ti(Ⅲ)$	−0.01	$0.2mol\cdot L^{-1}H_2SO_4$
	0.12	$2mol\cdot L^{-1}H_2SO_4$
	−0.04	$1mol\cdot L^{-1}HCl$
	−0.05	$1mol\cdot L^{-1}H_3PO_4$
$Pb(Ⅱ)+2e^- \rightleftharpoons Pb$	−0.32	$1mol\cdot L^{-1}NaAc$
	−0.14	$1mol\cdot L^{-1}HClO_4$
$UO_2^{2+}+4H^++2e^- \rightleftharpoons U(Ⅳ)+2H_2O$	0.41	$0.5mol\cdot L^{-1}H_2SO_4$

附录二十　一些化合物的摩尔质量

化合物	$M/(g \cdot mol^{-1})$	化合物	$M/(g \cdot mol^{-1})$
$AgBr$	187.78	CH_3COONa	82.03
$AgCl$	143.32	C_6H_5OH	94.11
$AgCN$	133.84	$(C_9H_7N)_3H_3(PO_4 \cdot 12MoO_3)$ (磷钼酸喹啉)	2 212.74
Ag_2CrO_4	331.73		
AgI	234.77	$COOHCH_2COOH$	104.06
$AgNO_3$	169.87	$COOHCH_2COONa$	126.04
$AgSCN$	165.95	CCl_4	153.81
Al_2O_3	101.96	CO_2	44.01
$Al_2(SO_4)_3$	342.15	Cr_2O_3	151.99
As_2O_3	197.84	$Cu(C_2H_3O_2)_2 \cdot 3Cu(AsO_3)_2$	1 013.80
As_2O_5	229.84	CuO	79.54
		$CuSCN$	121.63
$BaCO_3$	197.34	$CuSO_4$	159.61
BaC_2O_4	225.35	$CuSO_4 \cdot 5H_2O$	249.69
$BaCl_2$	208.24		
$BaCl_2 \cdot 2H_2O$	244.27	$FeCl_3$	162.21
$BaCrO_4$	253.32	$FeCl_3 \cdot 6H_2O$	270.30
BaO	153.33	FeO	71.58
$Ba(OH)_2$	171.35	Fe_2O_3	159.69
$BaSO_4$	233.39	Fe_3O_4	231.54
		$FeSO_4 \cdot H_2O$	169.93
$CaCO_3$	100.09	$FeSO_4 \cdot 7H_2O$	278.02
CaC_2O_4	128.10	$Fe_2(SO_4)_3$	399.89
$CaCl_2$	110.99	$FeSO_4 \cdot (NH_4)_2SO_4 \cdot 6H_2O$	392.14
$CaCl_2 \cdot H_2O$	129.00		
CaF_2	78.08	H_3BO_3	61.83
$Ca(NO_3)_2$	164.09	HBr	80.91
CaO	56.08	$H_2C_4H_4O_6$(酒石酸)	150.09
$Ca(OH)_2$	74.09	HCN	27.03
$CaSO_4$	136.14	H_2CO_3	62.03
$Ca_3(PO_4)_2$	310.18	$H_2C_2O_4$	90.04
$Ce(SO_4)_2$	332.24	$H_2C_2O_4 \cdot 2H_2O$	126.07
$Ce(SO_4)_2 \cdot (NH_4)_2SO_4 \cdot 2H_2O$	632.54	$HCOOH$	46.03
CH_3COOH	60.05	HCl	36.46
CH_3OH	32.04	$HClO_4$	100.46
CH_3COCH_3	58.08	HF	20.01
C_6H_5COOH	122.12	HI	127.91
C_6H_5COONa	144.10	HNO_2	47.01
$C_6H_4COOHCOOK$ (苯二酸氢钾)	204.23	HNO_3	63.01
		H_2O	18.02

续表

化合物	$M/(g \cdot mol^{-1})$	化合物	$M/(g \cdot mol^{-1})$
H_2O_2	34.02	$NaBiO_3$	279.97
H_3PO_4	98.00	$NaBr$	102.90
H_2S	34.08	$NaCN$	49.01
H_2SO_3	82.08	Na_2CO_3	105.99
H_2SO_4	98.08	$Na_2C_2O_4$	134.00
$HgCl_2$	271.50	$NaCl$	58.44
Hg_2Cl_2	472.09	NaF	41.99
		$NaHCO_3$	84.01
$KAl(SO_4)_2 \cdot 12H_2O$	474.39	NaH_2PO_4	119.98
$KB(C_6H_5)_4$	358.33	Na_2HPO_4	141.96
KBr	119.01	$Na_2H_2Y \cdot 2H_2O$ (EDTA二钠盐)	372.26
$KBrO_3$	167.01		
KCN	65.12	NaI	149.89
K_2CO_3	138.21	$NaNO_2$	69.00
KCl	74.56	Na_2O	61.98
$KClO_3$	122.55	$NaOH$	40.01
$KClO_4$	138.55	Na_3PO_4	163.94
K_2CrO_4	194.20	Na_2S	78.05
$K_2Cr_2O_7$	294.19	$Na_2S \cdot 9H_2O$	240.18
$KHC_2O_4\ H_2C_2O_4 \cdot 2H_2O$	254.19	Na_2SO_3	126.04
$KHC_2O_4 \cdot H_2O$	146.14	Na_2SO_4	142.04
KI	166.01	$Na_2SO_4 \cdot 10H_2O$	322.20
KIO_3	214.00	$Na_2S_2O_3$	158.11
$KIO_3 \cdot HIO_3$	389.92	$Na_2S_2O_3 \cdot 5H_2O$	248.19
$KMnO_4$	158.04	Na_2SiF_6	188.06
KNO_2	85.10	NH_3	17.03
K_2O	92.20	NH_4Cl	53.49
KOH	56.11	$(NH_4)_2C_2O_4 \cdot H_2O$	142.11
$KSCN$	97.18	$NH_3 \cdot H_2O$	35.05
K_2SO_4	174.26	$NH_4Fe(SO_4)_2 \cdot 12H_2O$	482.20
		$(NH_4)_2HPO_4$	132.05
$MgCO_3$	84.32	$(NH_4)_3PO_4 \cdot 12MoO_3$	1 876.53
$MgCl_2$	95.21	NH_4SCN	76.12
$MgNH_4PO_4$	137.33	$(NH_4)_2SO_4$	132.14
MgO	40.31	$NiC_6H_{14}O_4N_4$ (丁二酮肟镍)	288.19
$Mg_2P_2O_7$	222.60		

续表

化合物	$M/(g \cdot mol^{-1})$	化合物	$M/(g \cdot mol^{-1})$
MnO	70.94		
MnO_2	86.94	P_2O_5	141.95
		$PbCrO_4$	323.18
$Na_2B_4O_7$	201.22	PbO	223.19
$Na_2B_4O_7 \cdot 10H_2O$	381.37	PbO_2	239.19
Pb_3O_4	685.57	$SnCl_2$	189.60
$PbSO_4$	303.26	SnO_2	150.71
		TiO_2	79.88
SO_2	64.06		
SO_3	80.06	WO_3	231.85
Sb_2O_3	291.50		
Sb_2S_3	339.70	$ZnCl_2$	136.30
SiF_4	104.08	ZnO	81.39
SiO_2	60.08	$Zn_2P_2O_7$	304.37
$SnCO_3$	178.82	$ZnSO_4$	161.45

附录二十一　指数加减法表

表一 指数加法表

A \ B \ A	0.00	0.01	0.02	0.03	0.04	0.05	0.06	0.07	0.08	0.09
0.0	0.301	0.296	0.291	0.286	0.281	0.277	0.272	0.267	0.262	0.258
0.1	0.254	0.249	0.245	0.241	0.237	0.232	0.228	0.224	0.220	0.216
0.2	0.212	0.209	0.205	0.201	0.197	0.194	0.190	0.187	0.183	0.180
0.3	0.176	0.173	0.170	0.167	0.163	0.160	0.157	0.154	0.151	0.148
0.4	0.146	0.143	0.140	0.137	0.135	0.132	0.129	0.127	0.124	0.122
0.5	0.119	0.117	0.115	0.112	0.110	0.108	0.106	0.104	0.101	0.099
0.6	0.097	0.095	0.093	0.091	0.090	0.088	0.086	0.084	0.082	0.081
0.7	0.079	0.077	0.076	0.074	0.073	0.071	0.070	0.068	0.067	0.065
0.8	0.064	0.063	0.061	0.060	0.059	0.057	0.056	0.055	0.054	0.053
0.9	0.051	0.050	0.049	0.048	0.047	0.046	0.045	0.044	0.043	0.042
1.0	0.041	0.040	0.040	0.039	0.038	0.037	0.036	0.035	0.035	0.034
1.1	0.033	0.032	0.032	0.031	0.030	0.030	0.029	0.028	0.028	0.027
1.2	0.027	0.026	0.025	0.025	0.024	0.024	0.023	0.023	0.022	0.022
1.3	0.021	0.021	0.020	0.020	0.019	0.019	0.019	0.018	0.018	0.017
1.4	0.017	0.017	0.016	0.016	0.015	0.015	0.015	0.014	0.014	0.014
1.5	0.014	0.013	0.013	0.013	0.012	0.012	0.012	0.012	0.011	0.011
1.6	0.011	0.011	0.010	0.010	0.010	0.010	0.009	0.009	0.009	0.009
1.7	0.009	0.008	0.008	0.008	0.008	0.008	0.007	0.007	0.007	0.007
1.8	0.007	0.007	0.007	0.006	0.006	0.006	0.006	0.006	0.006	0.006
1.9	0.005	0.005	0.005	0.005	0.005	0.005	0.005	0.005	0.005	0.005
2.0	0.004	0.004	0.004	0.004	0.004	0.004	0.004	0.004	0.004	0.004

$10^a+10^b=10^c(a>b)$，先算出 $a-b=A$，再查表得 B，则 $c=a+B$.

表二 指数减法表

A B A	0.00	0.01	0.02	0.03	0.04	0.05	0.06	0.07	0.08	0.09
0.0	—	1.643	1.347	1.176	1.056	0.964	0.889	0.827	0.774	0.728
0.1	0.687	0.650	0.617	0.587	0.560	0.535	0.511	0.490	0.469	0.451
0.2	0.433	0.416	0.401	0.386	0.372	0.359	0.346	0.334	0.323	0.312
0.3	0.302	0.292	0.283	0.274	0.265	0.257	0.249	0.242	0.234	0.227
0.4	0.220	0.214	0.208	0.202	0.196	0.190	0.185	0.180	0.175	0.170
0.5	0.165	0.160	0.152	0.156	0.148	0.144	0.140	0.136	0.133	0.129
0.6	0.126	0.122	0.119	0.119	0.113	0.110	0.107	0.104	0.102	0.099
0.7	0.097	0.094	0.092	0.089	0.087	0.085	0.083	0.081	0.079	0.077
0.8	0.075	0.073	0.071	0.070	0.063	0.066	0.065	0.063	0.061	0.060
0.9	0.058	0.057	0.056	0.054	0.053	0.052	0.050	0.049	0.048	0.047
1.0	0.046	0.045	0.044	0.043	0.042	0.041	0.040	0.039	0.038	0.037
1.1	0.036	0.035	0.034	0.033	0.033	0.032	0.031	0.030	0.030	0.029
1.2	0.028	0.028	0.027	0.026	0.026	0.025	0.025	0.024	0.023	0.023
1.3	0.022	0.022	0.021	0.021	0.020	0.020	0.019	0.019	0.018	0.018
1.4	0.018	0.017	0.017	0.016	0.016	0.016	0.015	0.015	0.015	0.014
1.5	0.014	0.014	0.013	0.013	0.013	0.012	0.012	0.012	0.012	0.011
1.6	0.011	0.011	0.011	0.010	0.010	0.010	0.010	0.009	0.009	0.009
1.7	0.009	0.009	0.008	0.008	0.008	0.008	0.008	0.007	0.007	0.007
1.8	0.007	0.007	0.007	0.007	0.006	0.006	0.006	0.006	0.006	0.006
1.9	0.006	0.005	0.005	0.005	0.005	0.005	0.005	0.005	0.005	0.004

2.00～2.08　0.004；　2.25～2.46　0.002

2.09～2.24　0.003；　2.47～2.94　0.001

$10^a-10^b=10^c(a>b)$，先算出 $a-b=A$，再查表得 B，则 $c=a-B$.

附录